清华计算机图书·译丛

Principles of Distributed Database Systems

Fourth Edition

分布式数据库系统原理

（第4版）

[德] 塔姆尔·厄兹叙（M. Tamer Özsu）
帕特里克·瓦尔杜里兹（Patrick Valduriez） 著

范 举 等译

清華大學出版社
北 京

图书在版编目（CIP）数据

分布式数据库系统原理：第 4 版/（德）塔姆尔·厄兹叙，（德）帕特里克·瓦尔杜里兹著；范举等译. —2 版. —北京：清华大学出版社，2023.6
（清华计算机图书译丛）
ISBN 978-7-302-63652-6

Ⅰ. ①分…　Ⅱ. ①塔…　②帕…　③范…　Ⅲ. ①分布式数据库—数据库系统　Ⅳ. ①TP311.133.1

中国国家版本馆 CIP 数据核字（2023）第 094621 号

责任编辑：龙启铭
封面设计：傅瑞学
责任校对：胡伟民
责任印制：沈　露

出版发行：清华大学出版社
网　　址：http://www.tup.com.cn, http://www.wqbook.com
地　　址：北京清华大学学研大厦 A 座　　邮　　编：100084
社 总 机：010-83470000　　邮　　购：010-62786544
投稿与读者服务：010-62776969，c-service@tup.tsinghua.edu.cn
质 量 反 馈：010-62772015，zhiliang@tup.tsinghua.edu.cn
课 件 下 载：http://www.tup.com.cn,010-83470236
印 装 者：三河市人民印务有限公司
经　　销：全国新华书店
开　　本：185mm×260mm　　印　　张：30.25　　字　　数：755 千字
版　　次：2014 年 5 月第 1 版　　2023 年 7 月第 2 版　　印　　次：2023 年 7 月第 1 次印刷
定　　价：99.00 元

产品编号：086632-01

译　者　序

本书英文版由加拿大滑铁卢大学的 M. Tamer Özsu 和法国国立计算机及自动化研究院的 Patrick Valduriez 编写，周立柱、范举、吴昊、钟睿铖曾于 2014 年将本书的第 3 版翻译成简体中文。然而，随着新技术（如万维网、云计算等）的不断进步，分布式数据库系统所管理的数据以及运行的计算环境均发生了很大的变化。因此本书的第 4 版在对第 3 版进行大幅修订的基础上，引入了许多新的内容。出于以下几点考虑，我们将第 4 版翻译成简体中文介绍给国内读者。

首先，本书作者是国际著名的数据库领域专家，他们的学术造诣保证了本书的学术水平与价值。 第二，这本教材历经三十余年，四次更新，其核心内容经过多次写作和修改，堪称是分布式数据库系统的经典图书，是分布式计算在数据库领域的体现。第三，云技术的本质就是分布式计算，而分布式数据库系统揭示的正是分布式计算在数据管理领域的本质问题。从这个角度考虑，教材的内容对云技术的学习与研究也有一定的借鉴作用。当然，对于云计算时代来说，传统的数据管理技术已经远远不够，我们必须考虑新型分布式计算环境以及大数据带来的全新挑战。也正是出于这样的考虑，本书的第 4 版增加了大数据平台（如分布式存储系统、MapReduce、Spark、流数据处理、图数据分析等）、NoSQL、NewSQL 和 Polystore 系统、区块链技术等前沿研究内容。

在本书的翻译过程中我们曾经和第 3 版的翻译者进行过交流，得到过他们的帮助，在此我们表示衷心的感谢。另外，我们还得到了清华大学出版社的龙启铭编辑的大力支持。对此，我们也表示由衷的谢意。

本书第 1、2、4 章在第 3 版周立柱翻译的基础上，由罗尹清完成新版翻译；第 3、7、11、12 章由范举完成第 3 版翻译和新版翻译；第 5、6 章在第 3 版吴昊翻译的基础上，由涂荇泓完成新版翻译；第 8、9 章在第 3 版钟睿铖翻译的基础上，由李晓桐完成新版翻译；第 10 章由李晓桐翻译。范举和陈思蓓对全书的翻译进行了校阅。虽然我们尽了很大的努力来完成本书的翻译工作，但其中一定还会存在这样或那样的错误或不足。在此敬请读者谅解，并希望能够得到读者的赐教，对于这样的帮助我们将不胜感激。

译者
2023 年 2 月于北京

前　　言

在本书第 1 版出版的 1991 年，分布式数据库技术还很新，市面上的产品也不是很多。在第 1 版的前言中，我们引用了 Michael Stonebraker 的话——他在 1988 年提出，在接下来的 10 年中，集中式 DBMS 将成为一种“古董”，大多数组织将转向分布式 DBMS。可以说，Michael Stonebraker 的这一预测被证明是正确的，当今使用的大部分数据库系统都是分布式或并行的，它们通常也称为横向扩展系统。另外，在我们撰写本书第 1 版时，本科生和研究生的数据库课程并不像现在这样普及。因此，本书的第 1 版在介绍分布式/并行解决方案之前对集中式解决方案做了详尽介绍。然而，随着时代的变化，现在已经很难找到不具备数据库基本知识的研究生了。因此，一本关于分布式/并行数据库技术的研究生教材在今天需要有不同的定位。这正是我们在这一版本中的目标，我们同时还保留了第 3 版引入的许多新内容。具体而言，我们在第 4 版中引入的主要修订如下：

（1）多年来，分布式数据库系统的动机和环境均发生了变化（如 Web、云等的出现）。鉴于此，对分布式数据库技术进行整体介绍的章节需要进行更新。因此，我们修改了引言部分，以便可以从更为现代的视角看待这项技术。

（2）我们新增了一个关于大数据处理的章节，涵盖了分布式存储系统、数据流处理、MapReduce 与 Spark 平台、图分析和数据湖的内容。随着上述系统的激增，系统地对它们进行介绍是必不可少的。

（3）类似地，我们通过新的一章来介绍 NoSQL 系统日益增长的影响。该章涵盖了 4 种类型的 NoSQL 系统，即键值存储、文档存储、宽列系统和图 DBMS，此外还涵盖了 NewSQL 和 Polystore 系统。

（4）我们把第 3 版中的数据库集成和多数据库查询处理章节合并为一个数据库集成章节。

（5）我们对之前主要关注 XML 的 Web 数据管理章节进行了大幅修订，重新聚焦目前更常见的 RDF 技术。我们也在相关章节中讨论了 Web 数据集成方法，同时涵盖数据质量这一重要问题。

（6）我们修订了 P2P 数据管理章节，大幅新增了对区块链的介绍。

（7）为了使前面的章节更为简洁，我们删除了基本的集中式技术，已压缩查询处理和事务管理的相关章节，并将这些章节的重点放在分布式/并行技术上。同时，我们在这些章节中增加了一些近来重要的内容，例如动态查询处理技术（eddies），以及 Paxos 共识算法及其在提交协议中的使用。

（8）我们更新了并行 DBMS 的章节，阐明了系统的目标，特别是对比了纵向扩展与横向扩展，并介绍了包括 UMA 与 NUMA 的并行架构。此外，我们还新增了一个小节来介绍并行排序算法和并行连结算法的不同解决方案，从而探讨如何利用当今常见的大内存和多核处理器。

（9）我们更新了分布式设计章节，大幅增加了一些同时结合了数据分片和站点分配的现代方法。通过重新梳理材料，目前该章节是面向分布式/并行数据划分内容的核心章节。

（10）尽管对象技术持续在信息系统中发挥作用，但它在分布式/并行数据管理中的重要性已经下降。因此，这一版本删除了关于对象数据库的章节。

很明显，我们采用更为现代的处理方式对整本书和每一章进行了修订和更新。同时，我们仍保留了在此过程中删除的材料——这些材料作为在线附录包含在本书的官方网站上（https://cs.uwaterloo.ca/ddbs）。为了保持本书的合理篇幅（这也使价格保持合理），我们选择在线提供这些内容而不将它们纳入印刷版本。网站还包括基于本书的教学课件以及大多数习题的参考答案（仅开放给采用本书进行教学的教师）。

与之前的版本一样，许多同事为本书第 4 版的完成提供了帮助，在此感谢他们（排名不分先后）。Dan Olteanu 在第 3 章中对可以显著减少物化视图维护时间的两种优化方法进行了很好的探讨。Phil Bernstein 提供了有关多版本事务管理的新论文，这些论文指导了第 5 章的更新。Khuzaima Daudjee 提供了关于分布式事务处理的新参考文献，这些文献已被添加到第 5 章的参考文献说明部分。Ricardo Jimenez Peris 为第 5 章撰写了有关高性能事务系统的内容，他还为第 11 章撰写了关于 LeanXcale 的部分。Dennis Shasha 审阅了 P2P 章节中关于区块链的部分。Michael Carey 审阅了第 10 章、第 11 章和第 8 章的内容，给出了非常详细的建议，极大地改进了这些章节。Tamer 的学生 Anil Pacaci、Khaled Ammar 和博士后 Xiaofei Zhang 审阅了有关大数据的章节，他们发表的论文中的一些内容也包含在该章中。第 11 章（NoSQL、NewSQL 和 Polystores）涵盖了 Boyan Kolev 和 Patrick 的学生 Carlyna Bondiombouy 所发表论文中的内容。Jim Webber 审阅了第 11 章中有关 Neo4j 的部分。第 11 章中图分析系统的特征部分基于 Minyang Han 的硕士论文，他还提出了该章介绍的 GiraphUC 方法。Semih Salihoglu 和 Lukasz Golab 也审阅了该章的部分内容并提供了非常有帮助的建议。Alon Halevy 针对第 12 章中的 WebTables 提出了建议。Ihab Ilyas 和 Xu Chu 对 Web 数据集成中的数据质量进行了讨论。Stratos Idreos 介绍了如何使用 database cracking 进行数据划分，并为第 2 章撰写了相关的内容。Renan Souza 和 Fabian Stöter 审阅了整本书。

本书的第 3 版引入了许多新主题，这些主题延续到了这一版，许多同事在撰写这些章节时发挥了很大的作用。我们想再次感谢他们的帮助，因为他们的影响也反映在当前版本中。Renée Miller、Erhard Rahm 和 Alon Halevy 在整理关于数据库集成的讨论方面发挥了关键作用，Avigdor Gal 对相关章节进行了全面的审阅。Matthias Jarke、Xiang Li、Gottfried Vossen、Erhard Rahm 和 Andreas Thor 为相关章节贡献了习题。Hubert Naacke 为异构代价建模部分做出了贡献，Fabio Porto 为自适应查询处理部分做出了贡献。如果没有 Gustavo Alonso 和 Bettina Kemme 的帮助，我们无法撰写关于数据复制的内容（第 6 章）。Esther Pacitti 也通过审阅和提供背景材料为数据复制章节做出了贡献；她还参与了并行 DBMS 一章中有关数据库集群复制的部分。P2P 数据管理在很大程度上要归功于与 Beng Chin Ooi 的讨论。本章关于 P2P 系统中查询处理的部分使用了 Reza Akbarinia 和 Wenceslao Palma 的博士工作中的材料，而关于复制的部分，则使用了 Vidal Martins 的博士工作中的材料。

我们要感谢 Springer 的编辑 Susan Lagerstrom-Fife 在 Springer 内部推动这个项目，并督促我们及时完成本书。我们几乎错过了她所有的截止日期，但我们希望最终结果是令人满意的。

最后，我们愿意听取读者对本书的意见和建议。我们欢迎任何方面的反馈，但我们更加希望收到以下方面的意见与建议：

（1）尽管我们尽了最大努力，但可能仍然存在任何错误（我们希望不会有很多）；

（2）任何应该删减、添加或扩展的主题；

（3）您设计的任何习题，如果您希望将其纳入本书中。

M. Tamer Özsu (tamer.ozsu@uwaterloo.ca)
Patrick Valduriez (patrick.valduriez@inria.fr)

目　　录

第 1 章　引　　言

当今的计算环境多为分布式环境——不同的计算机通过连接到互联网，形成了一个全球性的分布式系统。组织或机构拥有在地理上分散，但通过网络互联的数据中心，每个数据中心又有成百上千台计算机，这些计算机之间通过高速网络连接，由此形成了既分布又并行的系统（如图 1.1 所示）。在这样的背景下，数据呈爆发式增长。尽管并不是所有数据都存储在数据库系统里——实际上只有一小部分数据存储在数据库中——但人们希望能够为这些分布广泛的数据提供数据管理功能。这就是分布与并行数据库系统所希望涵盖的范围，分布与并行数据库系统已从几十年前仅占全球计算环境中的一小部分逐渐发展成为主流。本章将对这项技术进行概述，后续章节会对技术细节进行详细介绍。

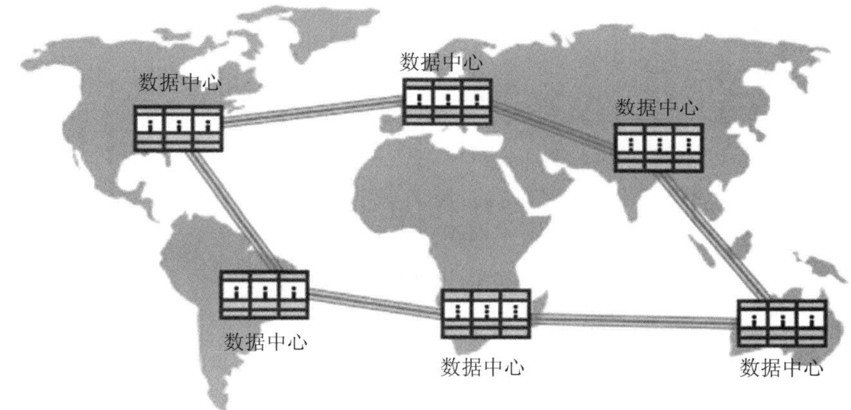

图 1.1　地理上分散的数据中心

1.1　什么是分布式数据库系统

我们将分布式数据库定义为一组位于分布式系统节点上的、逻辑上相互关联的数据库。分布式数据库管理系统（简称分布式 DBMS）则是支持管理分布式数据库的软件系统，它使得分布对于用户来说是透明的。有时使用分布式数据库系统（distributed database system）来统称分布式数据库和分布式 DBMS。定义中的“逻辑上相互关联”和“位于分布式系统”是分布式数据库系统的两个重要特征。

分布式系统的存在是一个重要的特征。在这种环境下，分布式计算系统可以定义为大量互连的自治处理单元（processing elements，PE）。这些处理单元的功能可能有所不同，它们可能是异构的，连接方式也可能不同。但重要的是这些处理单元无法直接访问彼此的状态，而是只能互相交换消息，由此带来了通信代价。因此，在数据是分布式的情况下，要实现逻辑上统一的数据管理和访问，就需要对分布式 DBMS 软件进行专门的设计。

分布式 DBMS 不是存储在分布式系统每个处理单元（通常称为 DBMS 的“站点”）上的“文件集合”——分布式 DBMS 中的数据是相互关联的。这里不会非常具体地说明相互关联的含义，因为这会因数据类型而异。例如，在关系数据的情况下，不同的关系表或者其不同的分片可能存储在不同的站点（详见第 2 章），此时就需要连结（join）或并集（union）操作来回答通常使用 SQL 表示的查询。此时，人们通常可以为这样的分布式数据定义一个模式（schema）。考虑另一个极端：NoSQL 系统（详见第 11 章）中的数据可能会对相互关联有更宽松的定义，例如可能指代同一个图中的存储在不同站点上的顶点。

上述讨论的要点在于：分布式 DBMS 在逻辑上是集成的，但在物理上是分布式的。这意味着，尽管底层数据在物理层面上呈现分布式的特点，但分布式 DBMS 需要为用户提供一个统一的数据库视图。

我们主要考虑两类分布式 DBMS：地理分布式（geographically distributed）和单一站点式（single site）。对于前者，站点之间通过广域网互连，广域网的特点是消息传输的时延和错误率高。对于后者，由于站点之间的距离比较近，信息交换可以更迅速，因此消息传输的时延更短（现在的新技术甚至可以让它忽略不计），错误率也非常低。单一站点式的分布式 DBMS 的典型特征是位于同一个数据中心中的计算机集群，这通常被称为并行 DBMS，其处理单元称为“节点”而非“站点”。前面提到，当今常见的分布式 DBMS 通常有多个通过广域网互连的单站点集群，从而构成混合的多站点系统。本书的大部分内容主要关注地理分布式 DBMS 中站点之间的数据管理问题，而第 8 章、第 10 章和第 11 章将讨论并行 DBMS、大数据系统和 NoSQL/NewSQL 系统。

1.2 分布式 DBMS 的发展历程

在 20 世纪 60 年代数据库系统出现之前，常见的计算模式是每个应用程序定义和维护自己的数据，如图 1.2 所示。在这种模式下，每个应用都定义它所使用的数据、数据结构和访问方式，并对存储系统中的文件进行管理。最终的结果是数据中存在大量不可控制的冗余信息，此外程序员在其应用程序中管理这些数据的开销也很高。

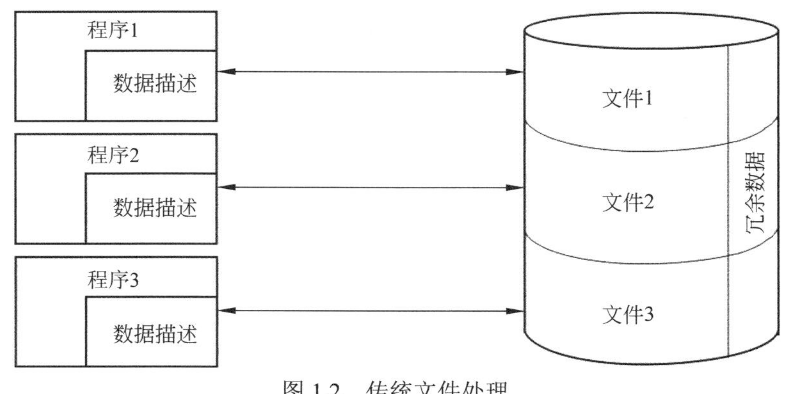

图 1.2 传统文件处理

数据库系统允许对数据进行集中定义和管理，如图 1.3 所示。这一新方向促成了数据独立性（data independence），也使应用程序不受数据在逻辑上或物理上组织变化的影响，反之亦然。因此，程序员可以从管理和维护所需数据的任务中解放出来，并且可以消除（或减少）数据的冗余。

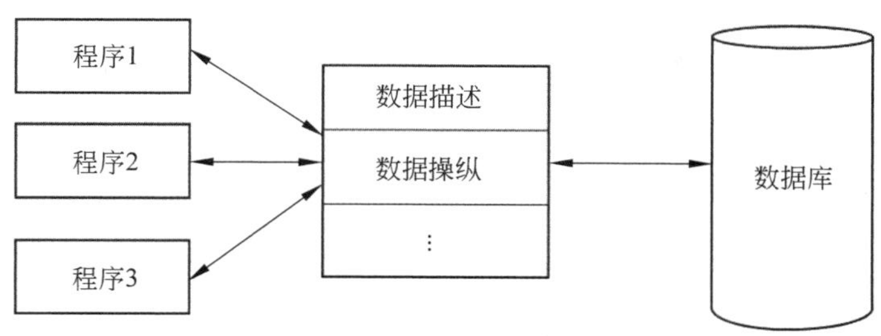

图 1.3　数据库处理

人们使用数据库系统的一个初衷是希望集成企业的运营数据，并提供集成的、受控的数据访问。在这里，我们谨慎地使用术语“集成”（integrated）而不是“集中”（centralized），因为数据可以在物理上位于不同的机器，而这些机器可能在地理上是分布式的。这恰恰就是分布式数据库技术希望提供的功能。前面提到，这种在物理上分布式的特点既可以集中在一个地理位置，也可以在多个位置。因此，图 1.5 所示的每个位置都可能是一个数据中心，它可以通过通信网络连接到其他数据中心后面。这些都是现在常见的分布式环境类型，也正是本书要讲授的内容。

这些年来，分布式数据库系统的架构发生了重大变化。早期的分布式数据库系统，如分布式 INGRES 和 SDD-1 旨在设计网络连接很慢的地理分布式系统，因此试图优化数据操作以减少网络通信。这类系统认为每个站点在数据管理方面都具有相似的功能，因此从这个意义上讲，它们是早期的点对点（P2P）系统。随着个人计算机和工作站的发展，主流的分布模型变成了“客户端/服务器”模型，其中数据操作由后端的服务器负责，而用户应用程序运行在前端的工作站上。这类系统逐渐成为主流，特别是针对网络速度更快的场景，能够支持客户端和服务器之间的频繁通信。到了 21 世纪，P2P 系统重新出现，在这种架构中，客户端机器和服务器之间没有区别。这些现代 P2P 系统与我们在本章后面讨论的早期系统有着本质不同。直到今天，上面提到的所有架构仍然可以在现实场景中找到，后续章节将会对其进行详细讨论。

作为主要的协作和共享平台，万维网（通常称为 Web）的出现对分布式数据管理研究产生了深远的影响。在万维网中，更多数据得以开放访问，但它们不是 DBMS 通常处理的结构良好、定义明确的数据；相反，这些数据是非结构化或半结构化的（即它具有某种结构，但还达不到数据库模式的级别），来源不确定（因此数据可能是“脏的”或不可靠的），并且存在冲突。此外，大量数据存储在不易访问的系统中（即所谓的暗网）。因此，分布式数据管理要研究如何以有意义的方式访问这些数据。

数据库集成（database integration）是自分布式数据库研究开始以来就存在的一个研究方向，而万维网的发展为这一方向添加了特别的推动力。最初，数据库集成的重点是研究不同数据库上统一的数据访问方法，因此出现了联邦数据库（federated database）和多数据库（multidatabase）等概念。但随着 Web 数据的出现，研究转向了不同数据类型的虚拟集成，推动了数据集成（data integration）这一概念的流行。现在流行的概念是数据湖（data lake），它是指所有数据都被放在逻辑上的单个存储中，人们可以从中为每个应用程序提取相关的数据。本书将在第 7 章讨论数据集成，而在第 10 章和第 12 章讨论数据湖。

云计算是在过去十年里的重大技术突破。云计算是指这样一种计算模型：许多服务提供商可以提供共享的、地理分布式的计算资源，以便用户可以根据自己的需要租用其中的一些资源。用户可以租用基本的计算基础设施，在此基础上开发自己的软件，决定使用哪个操作系统，并创建虚拟机（VM）来构建他们希望的工作环境——即所谓的基础架构即服务（Infrastructure-as-a-Service，IaaS）方法。除了可以租用基础设施，更复杂的云环境还可以租用完整的计算平台，从而实现平台即服务（Platform-as-a-Service，PaaS），客户可以在该平台上开发自己的软件。最复杂的情况是服务提供商提供客户可以租用的特定软件，这被称为软件即服务（Software-as-a-Service，SaaS）。作为 SaaS 产品的一部分，在云上提供分布式数据库管理服务已成为一种趋势，也是最新的技术进展之一。

上述这些架构除了在具体的章节中深入讨论之外，后续的 1.6.1.2 节也提供了所有这些架构的概述。

1.3 数据传输方案

在分布式数据库中，数据需要在站点之间进行传输，无论是从服务器站点到客户端站点还是多个服务器站点之间。本节从三个彼此正交的维度描述不同的数据传输方案，即传输模式（delivery mode）、频率（frequency）和通信方法（communication methods）。基于这三个维度的方法组合构成了复杂的设计空间。

可供选择的数据传输模式包括：拉取（pull-only）、推送（push-only）和混合（hybrid）。在拉取模式中，数据传输的发起是由某个站点向数据提供者进行拉取（即请求）的——这既可能是客户端向服务器请求数据，也可能是服务器向另一个服务器请求数据。本书的后续章节分别使用术语“接收者”（receiver）和“提供者”（provider）指代接收和发送数据的机器。当提供者接收到请求时，就会定位并传输数据。基于拉取的数据传输的主要特征是，接收者只有在显式轮询时才会知道提供者存在新的数据项或数据发生了更新，而且数据提供者必须不断中断以处理数据请求。此外，接收者可以从发送者处获得的数据存在局限性，即接收者需要知道何时获取哪些数据。传统的 DBMS 主要提供基于拉取的数据传输模式。

在推送模式中，数据传输不需要专门的请求，而是数据提供者主动推送的。基于推送的数据传输的主要挑战在于确定哪些是共同需要的数据，以及何时将其发送到有需要的接收者。关于推送时机，可以考虑的选择包括周期性发送、不规则发送或者按条件发送。因此，推送的有用性在很大程度上取决于提供者是否能够准确预测接收者的数据需求。在基于推送的数据传输模式中，提供者可以将信息传播给不固定的接收者（随机广播 random broadcast）或是有选择地发送给某些固定的接收者（多播 multicast）。

数据传输的混合模式结合了拉取和推送模式。持久查询（persistent query）方法（详见 10.3 节）是一种代表性的混合模式：从提供者向接收者的数据传输在初始情况下通过拉取模式发起，即发起一个查询；而后续更新数据的传输则由提供者通过推送模式发起。

为了描述数据传输的规律性，可以采用三种典型的频率度量指标，即周期性的

（periodic）、按条件的（conditional），以及即席的（ad-hoc）或称为无规律的（irregular）。

在周期性数据传输模式中，数据会定期地由提供者发送，其中时间间隔既可以设为系统默认值，也可以由接收器在配置文件中定义。推送和拉取模式都可以以周期性的方式执行。周期性的发送按照常规或者预定的计划重复执行。周期性拉取的一个例子是以周为单位请求某公司的股票价格，而周期性推送的一个例子是应用程序定期（比如每天早上）向客户发送股票价格列表。周期性推送在一些情况下会特别有用，比如接收者不一定总是在线或是无法对已发送的内容做出反应，例如在移动环境下客户端有可能会随时断开连接。

在按条件的数据传输模式中，只有满足接收者在配置文件中指定的某些条件，提供者才会发送数据。这些条件既可以是简单的时间跨度，也可以是复杂的“时间-条件-动作”规则。按条件数据传输模式主要用于基于混合或推送的系统中。使用按条件推送，数据可以按照事先定义的条件，而不是按照某个重复计划安排发送出去。按条件推送的一个例子是仅当股票价格发生变化时才发送股票价格。按条件混合传输的一个例子是仅当总余额低于预定义余额阈值的5%时才发送余额声明。按条件推送的模式假设变化对于接收者来说十分重要，因此接收者始终监听，并会根据接收到的数据进行响应。按条件混合推送模式进一步假设丢失某些更新信息对于接收者来说并不重要。

即席数据传输一般是无规律的，主要在基于拉取的系统中执行。数据按照即席的方式从提供者处拉取，从而对接收者进行响应。相比之下，周期性拉取是接收者基于固定的周期（某个计划表）使用轮询的方式从提供者处获取数据。

信息传输方案设计空间中的第三个维度是通信方法，即决定提供者和接收者之间采用什么样的通信方式将信息传输到客户端。这里的方法包括单播（unicast）和一对多（one-to-many）。在单播的情况下，接收者和发送者之间的通信是一对一的。具体来说，提供者使用特定的传输模式以一定的频率将数据发送给一个接收者。在一对多的情况下，顾名思义，提供者将数据发送给多个接收者。请注意，这里没有指定具体的协议，例如一对多通信可以使用多播或广播协议。

应当指出，上述设计空间存在相当大的争议，因为并非设计空间中的每个点都一定有意义。此外，某些特定的方案，例如实现按条件且周期性的模式（该模式可能是有意义的），是很难实现的。但是，这一设计空间可以用于初步刻画新兴分布式数据管理系统的复杂性。在本书的大部分内容中，我们仅关心拉取且即席的数据传输系统，而在10.3节探讨流式系统中的推送模式和混合模式。

1.4　分布式DBMS的承诺

分布式DBMS的许多优点都在文献里得到了阐述，所有这些可以归纳为分布式DBMS的四个基础问题，也可以视为分布式DBMS的承诺，即分布式及复制数据的透明管理、通过分布式事务实现数据的可靠访问、提升的性能，以及更容易的系统扩展。本节将讨论这些基础问题，并介绍会在后续章节学习到的一些概念。

1.4.1　分布式及复制数据的透明管理

透明的含义是将系统的高层语义和底层的实现问题分开。换句话说，一个透明的系统向用户“隐藏”了系统实现细节。完全透明的 DBMS 的优点在于可以为复杂应用程序的开发提供高层支持。分布式 DBMS 中的透明性可以被看作集中式 DBMS 中数据独立性这一概念的扩展，后续章节将会详细介绍。

下面从一个例子开始讨论。考虑这样一家工程公司，它在 Boston、Waterloo、Paris 和 San Francisco 都设有办公室。公司在这 4 个站点都运行项目，并在每一个站点都维护一个包含其雇员、项目和其他相关数据的数据库。假设数据库是关系型的，即将这些信息存储在多个关系表中，如图 1.4 所示：EMP 保存员工信息，包括员工编号、姓名和职务①；PROJ 保存项目信息，其中 LOC 记录项目所在的位置。工资信息存储在 PAY 中，此处假设有相同职务的人工资相同。项目人员分配信息保存在 ASG 中，其中 DUR 表示项目的持续时间，RESP 表示人员对该项目的职责。假设上述数据都存储在一个集中式 DBMS 中。如果想要找出在某个项目中工作超过 12 个月的员工姓名和职务，可以使用以下 SQL 查询：

```
SELECT ENAME, TITLE
FROM EMP NATURAL JOIN ASG, EMP NATURAL JOIN PAY
WHERE ASG.DUR > 12
```

然而，考虑到公司业务存在分布式的特性，我们更倾向于将数据本地化，也就是把 Waterloo 办公室的雇员数据保存在 Waterloo，把 Boston 办公室的雇员数据保存在 Boston，等等。这同样适用于项目和工资等数据。因此，就必须对每个关系表进行划分，而把划分产生的片段存在不同的站点上。这一过程称为数据划分（data partitioning）或数据分片（data fragmentation）。我们将在下面进一步讨论并在第 2 章深入介绍。

EMP(<u>ENO</u>, ENAME, TITLE)
PROJ(<u>PNO</u>, PNAME, BUDGET, LOC)
ASG(<u>ENO, PNO</u>, RESP, DUR)
PAY(<u>TITLE</u>, SAL)

图 1.4　样例工程数据库

此外，出于性能和可靠性原因，我们倾向于将某些数据复制到其他站点。这就产生了分片（fragmented）和复制（replicated）的分布式数据库，如图 1.5 所示。完全透明的数据访问意味着用户仍然可以像以前那样发出查询，而不用关心数据的分片、位置和复制信息——这些问题都交给系统来处理。为了使系统能够充分处理分布式、分片、复制的数据库上的查询，需要能够处理几种不同类型的透明性，下面具体介绍。

1. 数据独立性

数据独立性概念继承自集中式 DBMS，指的是用户应用程序不会受到数据定义和组织变化的影响，反之亦然。

① 主键属性用下画线标出。

一般有两种数据独立性：逻辑数据独立性和物理数据独立性。逻辑数据独立性（logical data independence）是指用户应用程序不受数据库逻辑结构（即数据模式）变化的影响。而物理数据独立性（physical data independence）向用户应用程序隐藏了存储结构的细节。这样，编写用户应用程序，无需关心物理数据组织的细节。因此，即便出于性能考虑需要改变数据组织，用户应用程序也不必修改。

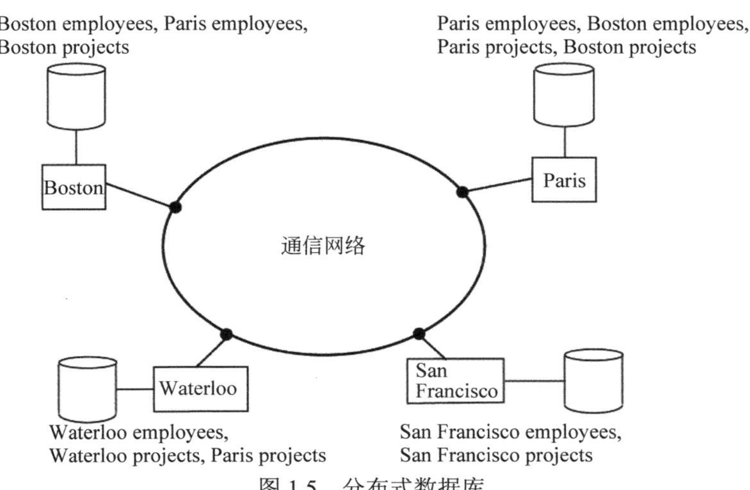

图 1.5 分布式数据库

2. 网络透明性

用户显然不必关心站点之间网络通信的细节，甚至可以不用关心是否有网络存在。这样，运行在集中式数据库上和分布式数据库上的应用程序就不会存在任何差别。这类透明性称为网络透明性（network transparency）或分布透明性（distribution transparency）。

有时还会考虑另外两种分布透明性：位置透明性和命名透明性。位置透明性（location transparency）是指用于执行任务的命令与数据所在的位置以及执行操作的系统无关。命名透明性（naming transparency）是指为数据库中的每个对象都提供唯一的名字。如果缺乏命名透明性，用户需要将位置名称（或标识符）也嵌入对象名称中。

3. 分片透明性

之前提到，人们通常希望将数据库关系划分为更小的片段，并将这些片段视为独立的数据库对象，即关系表。这样做通常是出于性能、可用性和可靠性的原因——更深入的探讨参见第 2 章。用户在指定查询时最好不必感知到数据分片的存在，而是让系统去把完整关系表上的用户查询映射为在子关系上执行的一组查询。换言之，系统需要计算出基于片段而不是关系表的查询处理策略，即便查询是定义在关系表上的。

4. 复制透明性

出于性能、可靠性和可用性的考虑，人们通常希望能够以复制的方式将数据分布在网络中的多台机器上。在数据复制的情况下，透明性问题主要关注用户是否应该知道数据拷贝的存在；还是应该由系统管理这些拷贝，而用户只需感知到一个数据拷贝。请注意，这里指的不是数据拷贝的放置问题，只是指它们的存在问题。从用户的角度看，答案是很明显的：最好不要参与数据拷贝的处理，也不必考虑应该对多个拷贝采取什么操作。分布式数据库中的数据复制问题将在第 2 章中提出，并在第 6 章中进行详细讨论。

1.4.2　基于分布式事务的可靠性

分布式DBMS旨在提高可靠性，因为系统具有重复的组件，从而避免了单点故障问题。也就是说，单个站点的故障，或者是导致一个或多个站点无法访问的通信链路故障，不足以导致整个系统瘫痪。在分布式数据库的情况下，这意味着某些数据可能无法访问，但通过恰当的办法仍然允许用户访问分布式数据库的其他部分——这里说的“恰当的办法”主要是指对分布式事务的支持。

提供完整事务支持的 DBMS 保证用户事务的并发执行不会违反数据库一致性。也就是说，在满足事务正确（遵守数据库的完整性约束）的前提下，每个用户都可以认为其查询是在数据库上执行的唯一查询（称为并发透明性），即使面对系统故障（称为故障透明性）。

事务的支持需要实现分布式并发控制和分布式可靠性协议，特别是两阶段提交（two-phase commit，2PC）协议和分布式故障恢复（distributed recovery）协议——这些协议比集中式协议要复杂得多。第 5 章将会讨论这些协议；第 6 章会介绍支持副本所需的副本控制协议，这些协议会规定副本访问的语义。

1.4.3　性能提升

分布式数据库性能的提升基于两点。第一点是分布式 DBMS 对数据库进行分片，这样能使数据存储在靠近其使用点的位置，这也被称为数据局部性（data locality）。数据局部性有两个潜在的优势：

（1）由于每个站点仅仅处理数据库中的一部分，因此对 CPU 和 I/O 的争用不会像集中式数据库那样严重。

（2）局部性减少了广域网中通常会有的远程访问带有的延迟。

数据局部性与分布式计算的开销有关的前提是：数据存放在远程站点且必须通过远程通信才能访问数据。理由在于：在这些情况下，最好将数据管理功能分布到数据所在的位置，而不是大量移动数据。不过，这有时是一个争议的话题。一些人认为，随着高速、高带宽网络的广泛使用，将数据和数据管理功能进行分布式不再有意义，不如将数据存储在一个中心站点并通过高速网络访问。这通常被称为垂直扩展（scale-up）架构。这种观点听起来有道理，但它忽略了分布式数据库的本质。首先，在当今的大多数应用程序中，数据本身就是分布式的，唯一需要讨论的是如何以及在何处处理这些数据。第二，也是更为重要的一点，这种观点没有区分带宽（计算机链路的容量）和延时（数据传输需要的时间）。延时是分布式环境中固有的，通过计算机网络发送数据存在的物理限制。因此，对于某些应用程序而言，远程数据访问可能会导致无法接受的延时。

第二点是分布式系统所固有的并行性可以被用于查询间并行与查询内并行。查询间并行（interquery parallelism）允许并发事务生成的多个查询并行执行，从而提高事务的吞吐量。查询内并行（intraquery parallelism）的定义在分布式 DBMS 和并行 DBMS 中有所不同。在分布式 DBMS 中，查询内并行是通过将单个查询分解为若干个子查询来实现的，其中每个子查询在不同的站点执行，且访问分布式数据库的不同部分。在并行 DBMS 中，查询内并行是通过算子间并行和算子内并行来实现的。算子间并行（interoperator parallelism）是通过在不同的处理器上并行执行查询的不同算子来获得的；而在算子内并行（intraoperator parallelism）中，同一个算子由多个处理器执行，其中每个处理器处理数据的一个子集。注意，这两种并行形式也存在于分布式查询处理中。

算子内并行的基础是可以将一个算子分解为一组彼此独立的子算子，其中每个子算子成为一个算子实例（operator instance）。上述分解通过划分关系表来完成，每个算子实例将处理关系表的一个分片。算子分解通常基于数据的初始划分，例如数据根据连结属性进行划分。为了说明算子内并行，这里考虑一个简单的选择-连结查询。选择算子可以直接分解为若干个选择算子，各自运行在不同的分片上，不需要重新分配，如图 1.6 所示。请注意：如果关系表是在选择属性进行划分的，则可以使用分片的一些特性来去除某些选择实例。例如，针对精确匹配的选择算子，如果关系表是在选择属性上按照哈希（或范围）进行划分的，则只需要执行一个选择实例。分解连结算子则比较复杂。为了独立地处理多个连结操作，一个关系 R 的每个分片都可能整体连结到另一个关系 S 上。这样的连结方式十分低效（除非关系表 S 非常小），因为它会在每个参与的处理器上广播 S。一种更高效的方法是使用分片的特性。例如，如果 R 和 S 在连结属性上进行哈希划分，并且查询中的连结操作是等价连结，那么可以将连结操作分解为多个独立的连结。不过，这是理想情况，由于取决于 R 和 S 的初始划分方式，并不总是成立。在其他情况下，可能会针对一个或两个关系表进行重新划分。最后，我们可能注意到划分函数（即哈希、范围、轮循，将在 2.3.1 节中讨论）独立于在每个处理器上处理连结的局部算法（例如嵌套循环、哈希、排序归并）。例如，使用哈希划分的哈希连结操作需要两个哈希函数。第一个哈希函数 h1 基于连结属性划分出两个基本关系表；而第二个哈希函数 h2 用于处理每个处理器上的局部连结，它在不同处理器上可能不同。

有两种形式的算子间并行。其一是流水线并行（pipeline parallelism），即多个具有生产者-消费者关系的算子并行执行。例如，图 1.7 中的两个选择算子可以与连结算子并行执行。这样执行的优点是不需要完全物化中间结果，从而节省了内存和磁盘的访问。其二是独立并行（independent parallelism），它适用于并行执行的算子之间不存在依赖关系的情况。例如，图 1.7 中的两个选择算子可以并行执行——这类并行非常有吸引力，因为不同的处理器之间互不干涉。

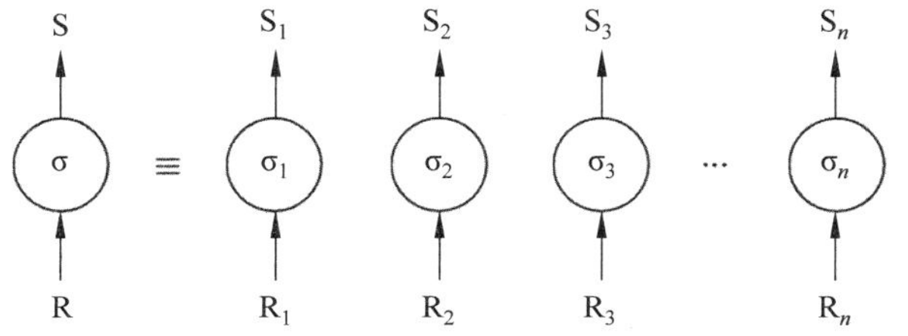

图 1.6　算子内并行：其中σ_i表示第i个算子，n表示并行度

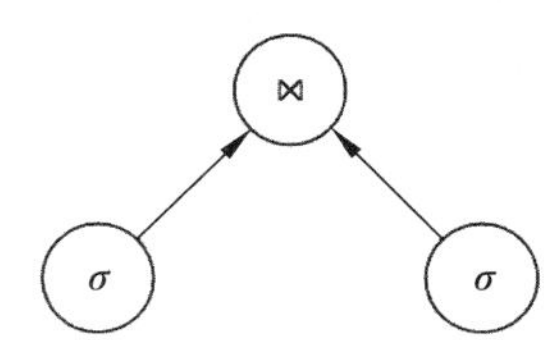

图 1.7　算子间并行

1.4.4　可扩展性

分布式环境更容易适应不断增加的数据库体量和更大的工作负载。系统的扩展可以通

过向网络中增加处理和存储的能力来实现。不过这显然无法做到能力上的线性提升，因为分布会产生额外开销。但是，获得能力上显著提升并非不可能，这就是分布式 DBMS 在集群和云计算环境中倾向于横向扩展（scale-out）架构的原因。横向扩展（也称水平扩展）是指以松耦合的方式添加更多服务器，称为“横向扩展服务器”，从而达到可以几乎无限扩展的目标。分布式 DBMS 可以使添加新的数据库服务器变得容易，因此可以提供横向扩展功能。

1.5 设计问题

上一节讨论了分布式数据库技术的优势，同时强调实现这些优势需要解决的挑战。本节沿着这一思路提出建立一个分布式 DBMS 所面临的设计问题，而围绕这些问题的讨论是占据本书大部分章节的核心内容。

1.5.1 分布式数据库设计

这一问题研究数据如何跨站点放置，问题的输入是一个全局数据库，输出是跨站点的数据分布——这被称为自顶向下的设计方法。对于数据的放置有两种选择：划分（partitioned，也称无复制）和复制（replicated）。在划分的方案中，数据被分为许多不相交的分片，存储在不同的站点上。复制的设计方案可以采用完全重复（fully replicated），即每个站点都存储整个数据库；也可以采用部分复制（partially replicated），即每个分片存储在多个站点上，但不会在所有站点上复制。分布式数据库设计有两个基本问题，即分片（fragmentation）和分布（distribution），前者将数据库划分为一组片段（fragment）而后者实现片段的最优分布。

一个相关的问题是系统目录的设计和管理。在集中式 DBMS 中，目录包含数据的元信息（即数据描述）。在分布式系统中，我们有一个包含附加信息的目录，比如数据的位置。与目录管理相关的问题在本质上类似于上一节讨论的数据库放置问题。目录可以对整个分布式 DBMS 来说是全局的，也可以对于每个站点来说是局部的。目录既可以集中在一个站点上，也可以分布在多个站点上。目录既可以是一份拷贝，也可以是多份拷贝。第 2 章将会介绍分布式数据库设计和目录管理。

1.5.2 分布式数据控制

DBMS 的一个重要要求是通过控制数据的访问方式来保持数据的一致性。这被称为数据控制，涉及视图管理、访问控制和完整性实施等内容。分布式环境会带来额外的挑战，因为需要检查规则的数据被分发到不同站点上，这就需要支持分布式的规则检查和执行。第 3 章将介绍分布式数据控制。

1.5.3 分布式查询处理

查询处理需要设计对查询进行分析并将其转换为一系列数据操作的算法。这里的主要问题是当给出了代价的定义之后，如何确定在网络上执行每个查询的最优策略。这里需要考虑的因素包括数据的分布、通信的代价和欠缺足够的局部信息。目标是在上述约束条件下，优化并行的使用时机来提高事务执行的性能。该问题本质上是一个 NP 难问题，因此通常是采用启发式规则予以解决。第 4 章将详细讨论分布式查询处理。

1.5.4　分布式并发控制

并发控制与分布式数据库访问的同步问题有关，它用于维护数据库的完整性。并发控制在分布式数据库的情况下和集中式的框架有所不同，不仅要考虑单个数据库的完整性，而且还要考虑数据库多个副本之间的一致性。需要保持每个数据项多个副本的所有值都趋于一致的条件称为相互一致性（mutual consistency）。

存在两类通用的方法，一类是悲观（pessimistic）方法，它在执行用户请求之前先对这些请求的执行进行同步。另一类是乐观（optimistic）方法，它首先执行用户请求，然后再检查它们是否违反了数据库的一致性。有两个基本元语可供上述两种方法所使用。第一个基本元语是加锁（locking），它建立在对数据进行互斥访问的基础之上；第二个元语是加时间戳（timestamping），它按照时间戳的顺序执行事务。这两个元语有各种不同的变种，也有一些混合算法试图把这两个机制结合起来。

在基于锁的方法中，可能会出现死锁，因为不同事务对数据的访问是互斥的。常见死锁预防、避免以及检测/恢复方案同样适用于分布式 DBMS。第 5 章将讨论分布式并发控制。

1.5.5　分布式数据库的可靠性

前面提到，分布式系统的一个潜在优势是可以提高可靠性和可用性。但这个优势不是自动获得的，而是需要提供一些机制来保证数据库的一致性，以及检测故障并从中恢复。对分布式数据库而言，当发生故障导致站点停止运行，或是不可访问时，正常运行的站点上的数据库仍然保持在一致和最新的状态。此外，当计算机系统或网络从故障中恢复时，分布式 DBMS 应当能够恢复，并将故障站点的数据库带入到最新状态。这在网络存在分区的情况下尤为困难，因为站点被划分成两个或多个小组，这些小组之间无法通信。第 5 章将介绍分布式可靠性协议。

1.5.6　复制

如果分布式数据库是部分或是全部复制的，则必须实现保证副本一致性的协议，即保证同一个数据项的多个拷贝具有相同的值。这些协议可能是积极的（eager），即在事务完成之前将更新应用于所有副本；也可以是懒惰的（lazy），即事务只更新一个副本，称为主副本（master），在事务完成之后再把更新传播给其他副本。第 6 章将讨论复制协议。

1.5.7　并行数据库

如前所述，分布式数据库和并行数据库之间存在着密切的联系。尽管前者假设每个站点都是一台逻辑计算机，但实际上今天大部分的设置都是并行集群。这就是为什么本章之前对单站点分布（比如数据中心集群）和地理分布进行区分。并行 DBMS 的目标与分布式 DBMS 有所不同，它主要关注可扩展性和性能。因此，尽管本书的大部分内容集中在地理分布式数据库中的数据管理问题，但如果单个的逻辑站点是并行系统，则还会存在有趣的并行数据管理问题，这些问题将在第 8 章进行讨论。

1.5.8 数据库集成

数据库的一个重要趋势是数据源之间朝着“松散”联合的方向发展，而这些数据源很可能是异构的。正如下一节讨论的那样，这一趋势产生了多数据库系统，也称联邦数据库（federated databases）的发展，促使我们重新研究一些基本的数据库技术。这里的输入是一组分布式数据库，目标是通过（物理上或逻辑上）集成它们来提供便捷的访问。这涉及自底向上的设计方法。类似的系统构成了当今分布式环境的重要组成部分。第 7 章将讨论多数据库系统，或者现在更普遍地称为数据集成（data integration）， 包括数据库设计和查询处理方面的挑战性问题。

1.5.9 其他分布式方法

互联网作为基础网络平台的发展引发了关于分布式数据库系统基础假设的一些重要问题。我们特别关注两个问题，其一是点对点计算（P2P）的重新出现，其二是万维网的发展与壮大。这两项技术都是为了促进数据共享，但采用了不同的方法并带来了不同的数据管理挑战。第 9 章和第 12 章将分别讨论 P2P 数据管理和万维网数据管理问题。

1.5.10 大数据处理和 NoSQL

最近的十年见证了“大数据”处理的爆炸式发展。大数据很难准确定义，但他们通常被认为具有“四 V”特征，即数量庞大（volume）、形态多样（variety）、高速变化（velocity）以及可能由于不确定的来源和取值冲突带来的质量低下（veracity）。人们为了开发能处理“大数据”的系统做了大量工作，所有这些都是因为人们认为关系型 DBMS 不适合许多新的应用程序。这些工作通常分为两类：其一是开发（几乎总是可以横向扩展的）通用计算平台；其二是研究特殊的一类 DBMS，它们不具备完整的关系功能，但具有更灵活的数据管理功能，这也就是所谓的 NoSQL 系统。第 10 章和第 11 章将分别讨论大数据平台和 NoSQL 系统。

1.6 分布式 DBMS 体系架构

系统的体系架构定义了系统的结构，即系统由哪些部分组成，每个部分具备哪些功能，以及这些部分之间如何交互。系统的体系架构说明需要给出不同的模块，并且用系统的数据和控制流说明模块之间的接口和相互关系。

在本节中，我们为分布式 DBMS 归纳了四种“参考”[①]架构：客户/服务器系统、点对点（P2P）、多数据库和云。这些是描述 DBMS 的“理想化”观点，因为许多商业上可用的系统可能会偏离这些架构。然而，这个体系架构将作为一个合理的框架，在这个框架中，我们可以讨论与分布式 DBMS 相关的问题。

我们从设计空间开始讨论，以便更好地定位将要呈现的架构。

1.6.1 分布式 DBMS 体系架构的模型

我们在三个维度上对分布式 DBMS 体系架构的模型进行分类（如图 1.8 所示）：（1）本地系统的自治性（autonomy）；（2）系统的分布（distribution）；（3）系统的异构（heterogeneity）。我们稍后会讨论到，这些维度是正交的，并且在每个维度中我们都确定了许多选择方案。因此，在设计空间中有 18 种可能的体系结构，并非所有的架构都是有意义的；从本书的角度来说，大多数都不相关。在图 1.8 中展示了我们重点关注的三种。

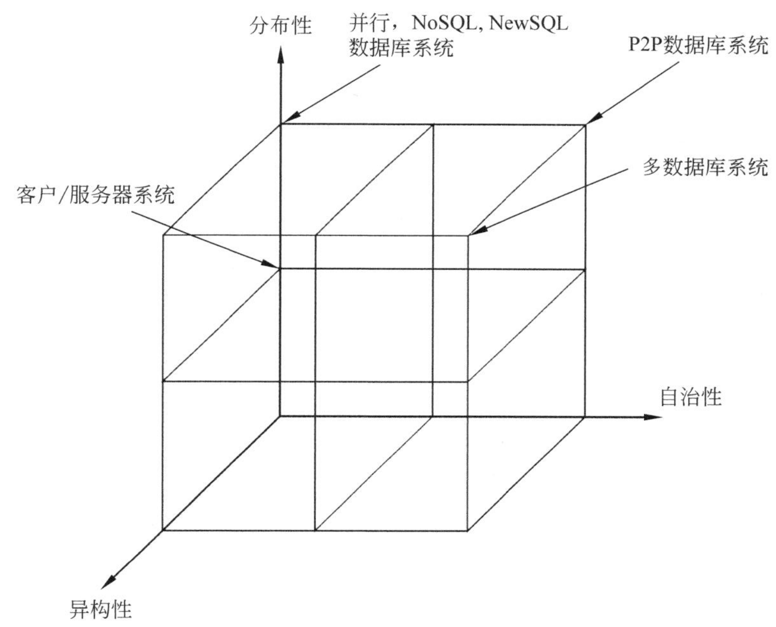

图 1.8 DBMS 实现方法

1.6.1.1 自治性

这里所说的自治性（autonomy）是指对控制的分配，而不是数据的分配，它表示各个 DBMS 可以独立运行的程度。自治性取决于许多因素，例如各个部件系统（即单独的 DBMS）是否交换信息，它们是否能够独立地执行事务，以及是否它们是否允许对其进行修改。

将利用这些特性的重要方面进行分类。其中三种类别比较突出。第一种选择方案就是紧密集成（tight integration），即对任何共享信息的用户而言，他看到的都是全部数据库的一个单一的形象，即便这些共享的信息是位于多个数据库里也是如此。从用户的角度看，

① 参考体系结构通常是由标准开发人员创建的，以清楚地定义需要标准化的接口。

所有数据被逻辑地集成为一个数据库。在这样紧密集成的系统里，数据管理程序是这样实现的：在多个数据管理程序中，有一个管理程序负责对每一个用户的请求处理进行控制，即使这个请求需要用到多个数据管理程序所提供的服务。这种情况下，数据管理程序通常不会作为一个独立的 DBMS 来运行，尽管它们一般都具有这样的功能。

接下来，我们来定义半自治系统（semiautonomous），它由可以独立运行的 DBMS 组成，但是它们必须要加入一个联盟才能实现本地数据的共享。这些 DBMS 中的每一个要决定自己数据中的哪个部分可供其他 DBMS 使用。它们不是完全自治的系统，因为对它们必须进行修改才能实现彼此间的信息交换。

最后一种选择就是全孤立（total isolation）系统。在这样的系统里，每个 DBMS 都是独立存在的，它们既不知道其他 DBMS 的存在，也不知道如何和它们通信。此时，处理访问多个数据库的用户事务就特别困难，因为系统中对于单个 DBMS 执行不存在全局控制。

1.6.1.2 分布性

前面讨论的自治指的是对于控制的分布性（或去中心化），而下面要讨论的分布性则指的是处理数据的分布维度。自然，我们要考虑数据在多个站点上的物理分布问题。正如我们已在前面讨论过的那样，用户把数据看成一个单一的逻辑池。对于 DBMS，已经有了几种不同的分布方式。我们可把这些选择方案抽象为两类：客户/服务器（client/server）分布式以及 P2P（peer-to-peer）分布式（即全分布式），再加上非分布式的 DBMS，共存在三种可选的体系架构。

客户/服务器分布式把数据管理的任务集中在服务器端，而客户端则集中于提供包括用户界面在内的应用环境。通信的任务则由客户端和服务器端共同承担。客户/服务器 DBMS 代表了对于分布式功能的一种实用的折中。有各种构造它们的方法，每一种都提供不同级别的分布。我们会在 1.6.2 节详细地讨论这一点。

在 P2P 系统（peer-to-peer systems）里，不存在客户端和服务器端机器这样的差别。每台机器具备完整的 DBMS 功能，同时可以和其他机器通信以完成查询和事务的执行。非常早期的分布式数据库系统的大部分工作都是基于 P2P 的体系架构的。因此，本书的主要重点将集中在 P2P 系统，也称为全分布式（full distribution），不过许多这样的技术也可以用于客户/服务器系统。

1.6.1.3 异构性

异构性可能以各种形式出现在分布式系统中，包括硬件的异构、网络协议的差异和数据管理程序的变化等。在本书中，和这个问题较为密切的是数据模型、查询语言以及事务管理的协议。由于各个数据模型固有的表达能力和局限性，使用不同的建模工具表示数据会产生异构性。查询语言方面的异构与不同数据模型采用的不同数据访问方式有关，比如关系系统中的一次设置访问（set-at-a-time access），还有一些面向对象系统的一次记录访问（record-at-a-time access）。不仅如此，查询语言的异构还涉及语言的差异，即便是使用相同的数据模型也仍然会出现这个问题。虽然现在 SQL 是标准的关系查询语言，但是不同的系统对它的实现不尽相同，而它们的语言会带着略有不同的风格（有时甚至不同的语义，从而产生不同的结果）。此外，大数据平台和 NoSQL 系统具有非常多的访问语言种类和访问机制。

1.6.2 客户/服务器系统

客户端/服务器 DBMS 于 20 世纪 90 年代初进入计算领域，对 DBMS 技术产生了重大影响。它的原理十分简单而巧妙，将需要在服务器机器上提供的功能与需要在客户端机器上提供的功能区分开来。这种两级体系架构（two-level architecture）可以更轻松地处理现代 DBMS 的复杂性和分布的复杂性。

在关系型客户端/服务器 DBMS 中，服务器端会完成大部分数据管理工作。就是说，所有的查询处理和优化、事务管理和存储管理都是在服务器完成的。对于客户端而言，除了应用和用户界面以外，它具有一个 DBMS 客户模块。这个模块负责管理缓存在客户端的数据，有时也负责管理可能缓存在客户端的事务锁。我们也可以把用户查询的一致性检查放置在客户端，但这并不常见，因为它需要把系统目录复制到客户端的机器上。如图 1.9 所示，这种架构在关系型系统中非常常见，因为客户端和服务器之间的通信是在 SQL 语句的级别上进行的。换句话说，客户机将 SQL 查询传递给服务器，而不尝试理解或优化它们。服务器完成大部分工作，并将结果关系返回给客户端。

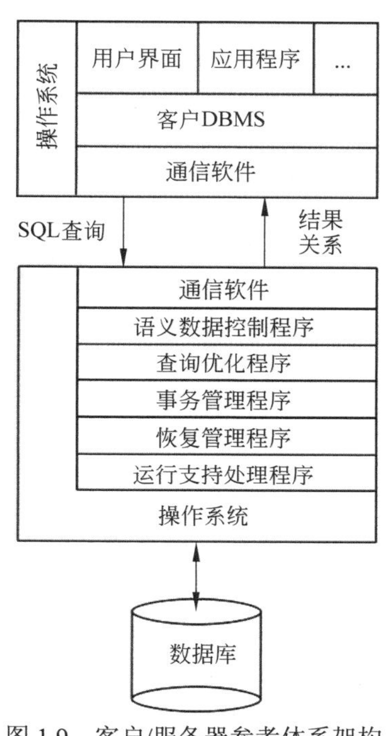

图 1.9 客户/服务器参考体系架构

客户端/服务器体系架构有许多不同的类型。一种最简单的架构可以由一个服务器和多个访问它的客户端组成，我们把它称为多客户端/单服务器（multiple client/single server）。从数据管理的角度上看，这和集中式数据库没有太大的区别，因为数据库和管理它的软件仅存储在一台机器（即服务器）上。但是和集中式数据库相比，在事务的执行和缓存管理方式方面，该系统还是有比较重要的区别——由于数据缓存在客户端，因此我们有必要部署缓存一致性协议。

一个更为复杂的客户端/服务器体系架构是系统内含有多个服务器，即多客户/多服务器（multiple client/multiple server）方法。对于这一情况，我们可以采用两种可能的管理策略：第一种是每个客户端管理自己和所需服务器间的通信，第二种是每个客户端仅仅知道如何和自己的“主服务器”通信，而在需要时由主服务器再和其他服务器通信。前一种方法简化了服务器端，但是给客户端增加了额外的责任，这就产生了所说的“重客户端”系统。而后一种方法把数据管理的功能集中在服务器上，在服务器的接口上提供对于数据的透明访问，从而产生了“轻客户端”系统。

在多服务器系统中，数据是分片的，可以通过跨服务器进行复制。在轻客户端方法中，这对客户端是透明的，服务器之间可以通信来回答用户的查询。这种方法在并行 DBMS 中实现，通过并行处理来提高性能。

客户端/服务器能够自然地加以扩充，使它在不同类型的服务器上提供更高效功能分布：

客户服务器（client server）运行用户界面（如 Web 服务器），应用服务器（application server）运行应用程序，而数据库服务器（database server）则运行数据库管理功能，这就产生了目前流行的三层分布式系统的体系架构。

如同经典的客户端/服务器体系架构那样，应用服务器方法（即 *n* 层方法）可以通过引入多个数据库服务器和多个应用服务器构成（图 1.10）。在这种情况下，通常情况是每个应用服务器专用于一个或几个应用程序，而数据库服务器则以前面讨论过的多服务器方式运行。此外，应用程序的接口通常是通过负载均衡器实现的，该均衡器将客户请求路由到适当的服务器。

数据库服务器方法作为经典的客户/服务器体系架构的一种延伸，具有几个潜在的优势。首先，由于对数据管理单独关注，开发用于增加数据可靠性和可用性的特殊技术成为可能，例如并行化等。第二，数据管理的总体性能能够通过数据库系统和专用的数据库操作系统之间的紧密集成而得到大幅度的提升。最后，数据库服务器也能够利用例如 GPU 或 FPGA 等最新的硬件体系架构，来提高性能和数据可用性。

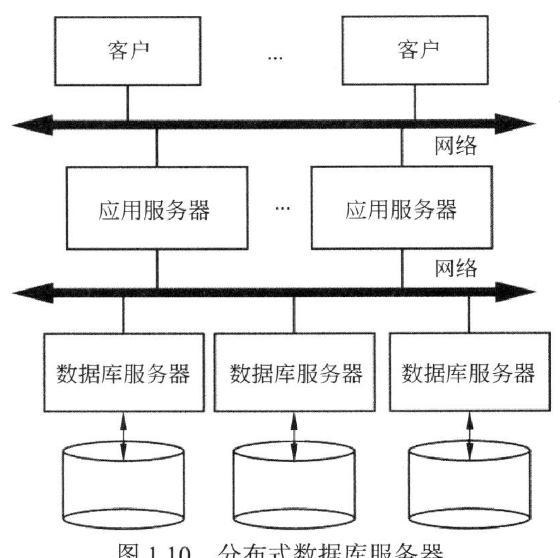

图 1.10　分布式数据库服务器

虽然上述优势甚为重要，但应用程序和数据服务器之间的通信会带来额外的开销。如果服务器接口级别足够高，使得其允许表达涉及密集数据处理的复杂查询，则该通信成本能够得以分摊。

1.6.3　P2P 系统

早期的分布式 DBMS 的工作几乎都专注于 P2P 架构，这种结构的系统里各个站点的功能没有什么区别。现代 P2P 系统和早期的工作有两点重要的不同。第一点是现代系统的大规模分布。早期的系统仅有几个（也许最多几十个）站点，而现在的系统则有数以千计的站点。第二点则是每一站点的自主性和它们在各个方面表现出来的固有的异构性。正像前面所讨论的那样，这本身一直是分布式数据库必须考虑的问题，再加上大规模分布、异构和自治，所有这些迫使我们不得不放弃一些方法。在本书中，我们首先讨论传统的 P2P 系统（每个站点具备同样的功能），这是因为它们的原理和基本技术和客户端/服务器系统非常相似，而后我们会在第 9 章专门讨论现代 P2P 数据库的问题。

在这些系统中，数据库的设计遵循前面讨论过的自顶向下的设计。因此，我们的输入是一个（集中的）数据库，它有自己的模式定义（全局概念模式（GCS）），且被划分并且分配给分布式 DBMS 的站点。因此，在每个站点上，都有一个具有自己模式的本地数据库（称为本地概念模式（LCS））。用户根据 GCS 指定查询，而不需要考虑它的位置。分布式 DBMS 将全局查询转换为一组本地查询，这些本地查询由相互通信的不同站点上的分布式 DBMS 组件执行。从查询的角度来看，P2P 系统和客户/服务器 DBMS 提供了相同的数据视图。也就是说，它们为用户提供逻辑上单一数据库的外观，而在物理级别上数据是分布式的。

一个分布式 DBMS 的详细部件由图 1.11 给出。其中的一个部件处理和用户间的交互，而另一个处理存储。

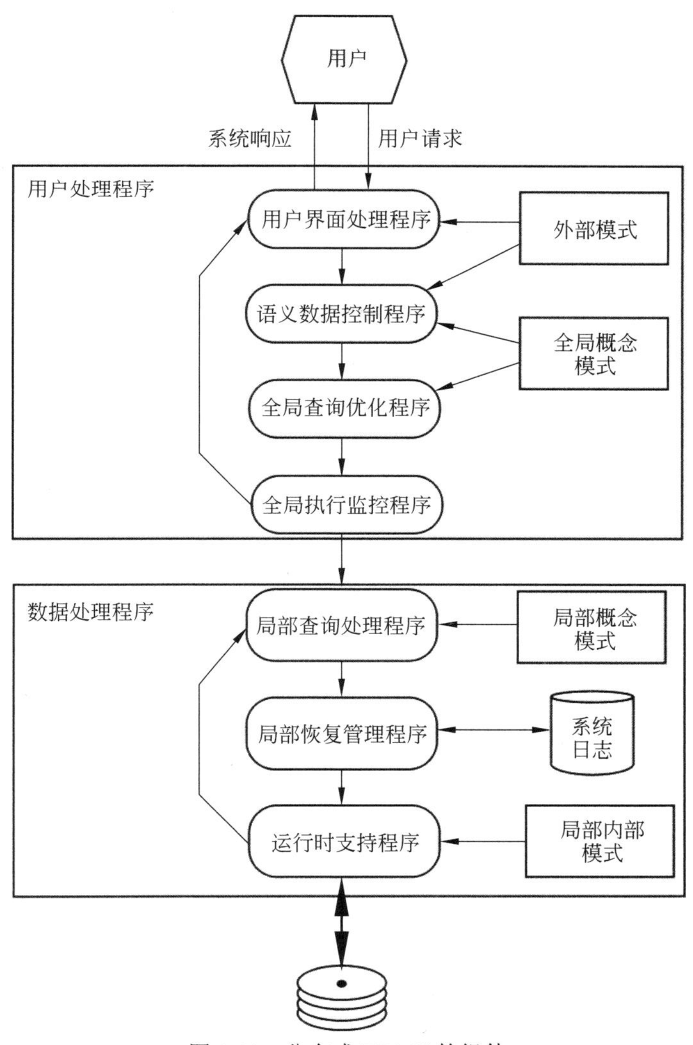

图 1.11　分布式 DBMS 的组件

第一个主要的部件是用户处理程序，它共包含了如下4部分。

（1）用户界面处理程序（user interface handler）接收用户的命令，对它们进行解释，并且对返回给用户的结果数据进行格式化。

（2）数据控制程序（data controller）利用在全局模式中定义的完整性约束和授权来检查能否对用户查询进行处理。这一部件同时负责执行授权和其他的功能，第3章会对它详细讨论。

（3）全局查询优化程序和分解程序（global query optimizer and decomposer）决定了执行策略来最小化代价函数，并利用全局和本地概念模式以及全局词典把全局查询翻译成本地查询。全局查询优化程序在所做的诸多工作中负责生成执行分布式连结的最好的策略。这些问题将在第4章讨论。

（4）分布式执行监控程序（distributed execution monitor）协调用户请求的分布式执行。这个执行监控程序也被称为分布式事务管理程序。在这种分布式的查询执行过程中，不同站点的监督程序在通常情况下会相互通信。分布式事务管理功能会在第5章进行讨论。

分布式DBMS的第二个主要部件是数据处理程序，它由以下3个部分组成。这些都是集中式DBMS要处理的问题，所以在本书中我们不关注它们。

（1）本地查询优化程序（local query optimizer）充当访问路径选择器，它负责选择最佳访问路径①来访问任何数据项（第8章）。

（2）本地恢复管理程序（local recovery manager）保证本地数据库的一致性，即使是在出现故障时也应如此。

（3）运行时支持处理程序（runtime support processor）根据查询优化程序所生成的调度中的物理命令来访问数据库，运行时支持处理程序是操作系统的接口，它包含了数据库缓冲区（或高速缓存）管理程序。缓冲区管理程序负责维护内存缓冲区和管理数据访问。

请注意，我们使用术语“用户处理程序”和“数据处理程序”并不意味着类似于客户/服务器系统中出现的那样一种功能划分。这里出现的划分仅仅是组织上的，它并没有定义将这些功能放在不同的机器上的。在P2P系统里，人们希望在每台机器上都能找到用户处理程序模块和数据处理程序模块。但是，也有人建议把系统中“仅为查询的站点”和全功能的站点互相分离。在这种情况下，前者则会仅仅具有用户处理程序。

1.6.4 多数据库体系架构

在多数据库系统（MDBS）的情景下，每个单独的DBMS（无论是否分布式）是完全自治的并且没有合作的意图，它们甚至不知道其他DBMS的存在，或者不知道如何和它们进行交互。自然，我们仅专注于分布式MDBS，即参与的DBMS位于不同站点的MDBS。我们讨论的许多问题在单节点和分布式MDBS中都是常见的；在这些情况下，我们将简单地使用术语MDBS，而不将其限定为单节点或分布式。在目前的大部分文献里，你会发现所使用的是数据集成系统（data integration system）这一术语。我们将在第7章深入讨论这

---

① 访问路径指的是用于访问数据的数据结构和算法。例如，一个典型的访问路径就是为一个或多个关系属性所建立的索引。

些系统。然而，我们也注意到文献中使用多数据库这一术语的不同变化。本书前后一致地使用前面给出的定义，这可能与它在某些现有文献中的使用有所不同。

在 MDBS 和分布式 DBMS 之间自治程度的差别也反映在体系架构的模型上，这一差别的本质与全局概念模式的定义相关。在逻辑上集成起来的分布式 DBMS 中，全局概念模式定义了整个数据库的概念视图。而在 MDBS 系统内，全局概念模式定义的仅仅是各个本地 DBMS 拿出来共享的某些数据库的视图。每个单独的 DBMS 可以允许自己的部分数据让其他 DBMS 访问。因此，MDBS 的全局数据库（global database）的定义与分布式 DBMS 相比确有不同。对于分布式 DBMS，全局数据库等同于局部数据库的并集。而对于 MDBS，全局数据库仅为这个并集的一个子集（也许是个真子集）。在一个 MDBS 内，GCS（也称中间模式）可以用本地概念模式的集成（也可能是这一模式的部分）加以定义。

一个多数据库系统的基于部件的体系架构模型和分布式 DBMS 有着本质的不同，因为每个站点都是管理不同数据库的成熟 DBMS。多数据库系统提供了一个运行在这些单独 DBMS 之上的外层软件，它为用户访问不同的数据库提供了一种设施（图 1.12）。注意，在分布式 MDBS 中，MDBS 层可以在多个站点上运行，也可以运行在一个中心站点上。还要注意，就每个单独的 DBMS 而言，MDBS 外层就是另一种应用，它提交请求并接收对请求的回答。

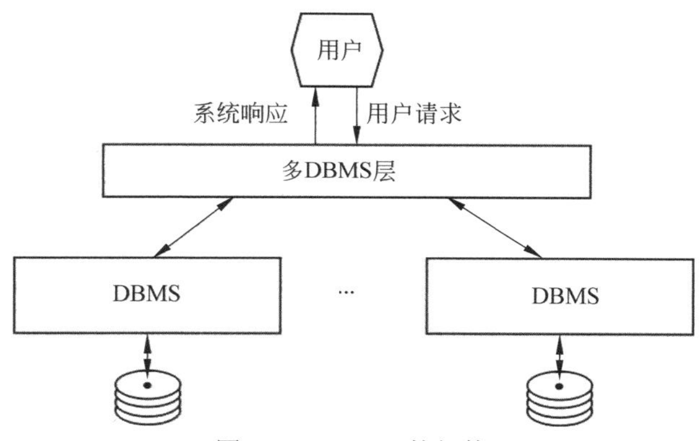

图 1.12　MDBS 的部件

中介程序/包装程序是一种流行的实现 MDBS 的方法（图 1.13）。“中介程序（mediator）是一个利用事先编写好的数据子集的知识，给高层应用提供信息的软件模块”【Wiederhold 1992】。因此，每个中介程序通过清晰定义的接口来完成特定的功能。当使用这种体系架构实现 MDBS 时，图 1.12 的 MDBS 的层次中每个模块都由一个中介程序实现。由于一个中介程序可以建立在另一个中介程序之上，所以可以构造一个分层的实现。中介程序这一层用于实现 GCS，也正是这一层需要处理用户针对 GCS 的查询并执行 MDBS 的功能。

中介程序一般使用通用的数据模型和接口语言进行操作。为了处理源 DBMS 可能的异构性，包装程序（wrapper）要实现在源 DBMS 视图和中介程序视图之间提供映射的任务。例如，如果源 DBMS 是关系的而中介程序是用面向对象实现的，那么这两者之间的映射则由包装程序完成。中介程序确切的作用和功能在不同的实现中会有所变化，在某些情况下，“薄”的中介程序仅仅完成翻译工作。而在另外的实现中，包装程序则替代执行某些查询功能。

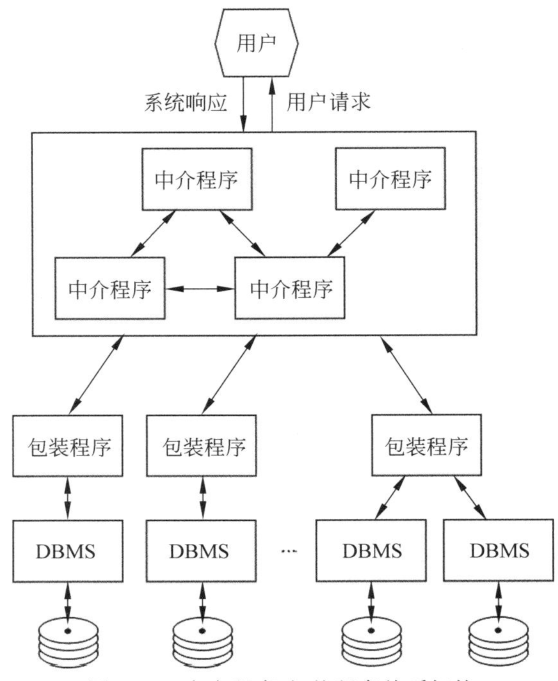

图 1.13 中介程序/包装程序体系架构

我们可以把一组中介程序看作建立在源系统之上提供服务的一个中间件层次。在过去十年里，中间件成为一个有影响的研究课题，出现了许多复杂的中间件系统，它们为分布式应用提供了先进的服务。我们所讨论的中介程序只不过是这些系统所提供的功能的一个子集。

1.6.5 云计算

云计算已经使得用户和机构在部署可扩展应用程序（特别是数据管理应用程序）的方式上产生了重大变化。这一愿景包括通过互联网（尤其是以云的形式）按需地提供可靠的服务，这一服务使人们可以轻松做到几乎无限地计算、存储和访问网络资源。通过非常简单的 Web 界面和很小的增量成本，用户可以将复杂的任务（如数据存储、数据库管理、系统管理或应用程序部署）外包给云提供商运营的大型数据中心。因此，管理软件/硬件基础设施的复杂性从用户群转移到了云服务提供商。

云计算是为支持 Web 上的应用程序而提出的不同计算模型的自然演变和组合：面向服务的体系结构（SOA）通过 Web 服务实现应用程序的高级通信，效用计算将计算和存储资源打包为服务、集群和虚拟化技术来管理大量的计算和存储资源，以及自主计算来实现复杂基础设施的自我管理。云提供了不同级别的功能，例如：

- 基础设施即服务（Infrastructure-as-a-Service，IaaS）：将计算基础设施（即计算、网络和存储资源）作为服务交付；
- 平台即服务（Platform-as-a-service，PaaS）：将拥有开发工具和 API 的计算平台作为服务交付；

- 软件即服务（Software-as-a-service，SaaS）：将应用软件作为服务交付；
- 数据库即服务（database-as-a-service，DaaS）：将数据库作为服务交付。

云计算的独特之处在于它能够提供和组合各种服务，以最佳地满足用户的需求。从技术的角度来看，最大的挑战是以一种经济有效的方式来支持大规模的基础设施，它必须以高质量的服务来管理大量的用户和资源。

就云计算的精确定义达成一致是很困难的，因为存在许多不同的视角（业务、市场、技术、研究等）。然而，一个很好的临时性定义是"云通过互联网提供按需资源和服务，通常具有数据中心的规模和可靠性"【Grossman and Gu 2009】。这个定义很好地抓住了主要目标（通过互联网提供随需应变的资源和服务）和支持它们的主要需求（以数据中心的规模和可靠性）。由于资源是通过服务访问的，因此所有的东西都以服务的形式交付。所以，与服务行业一样，云提供商可以提出一种按需付费的定价模式，用户只需为他们使用的资源付费。

云提供的主要功能有：安全、目录管理、资源管理（供应、分配、监控）、数据管理（存储、文件管理、数据库管理、数据复制）。此外，云还为定价、会计和服务级的协议管理提供支持。

云计算的典型优势如下：

- **成本**：客户的成本可以大大降低，因为他们不需要拥有和管理基础设施；计费的方式仅基于资源的消耗。对于云提供商来说，使用统一的基础设施并由多个客户分担成本可以降低持有和运营成本。
- **易于访问和使用**：云掩盖了 IT 基础设施的复杂性，使位置和分布变得透明。因此，客户可以在任何时间、任何地点通过互联网连接访问 IT 服务。
- **服务质量**：专业的云提供商在运行大型基础设施（包括其自身的基础设施）方面拥有丰富经验，由他们来运营 IT 基础设施可以提高服务质量和操作效率。
- **创新性**：使用云提供的最先进的工具和应用程序可以鼓励新型实践，从而提高客户的创新能力。
- **弹性**：它的一个主要优势是能够将资源扩展，动态地向上和向下扩展以适应不断变化的条件。这通常是通过服务器虚拟化来实现的，这种技术可以使多个应用程序像虚拟机一样运行在同一台物理计算机上，就好像它们运行在不同的物理计算机上一样。用户可以将计算实例当作虚拟机来使用，并根据需要挂载存储资源。

然而，在迁移到云计算之前，也必须充分理解云计算的缺点。这些缺点类似于将应用程序和数据外包给外部公司。

- **对供应商的依赖**：云服务提供商倾向于通过专有软件、专有格式或高出站数据传输成本锁定客户，从而使云服务迁移变得困难。
- **失去控制**：客户可能会失去对关键操作的管理控制，如系统停机，例如执行软件升级。
- **安全**：由于客户的云数据可以在互联网上的任何地方访问，安全攻击可能会危及企业数据。云安全可以通过使用高级功能（例如虚拟私有云）来改进，但这些功能与公司的安全策略集成起来可能比较复杂。
- **隐形成本**：使用 SaaS- PaaS 定制应用程序以使其适应云计算可能会带来巨大的开发成本。

目前没有标准的云架构，也可能永远不会有标准的云架构，因为不同的云提供商根据其业务模型以不同的方式（公共、私有、虚拟私有等）提供不同的云服务（IaaS、PaaS、SaaS 等）。因此，在本节中，我们将讨论一个简化的云架构，重点放在数据库管理上。

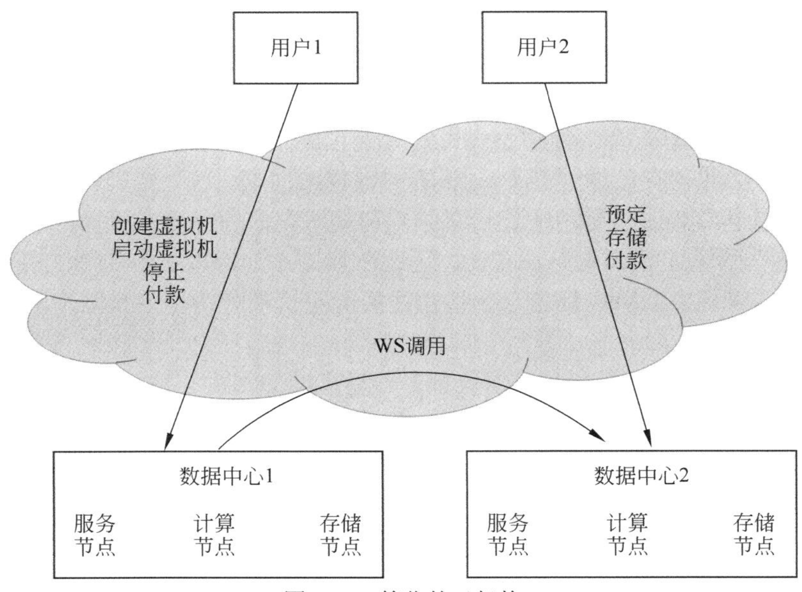

图 1.14　简化的云架构

云是典型的多站点（图 1.14），即由几个地理上分布的站点（或数据中心）组成，每个站点都有自己的资源和数据。主要的云提供商将世界划分为几个地区，每个地区有多个站点。这主要有三个原因。首先，用户所在区域的访问延迟较低，因为用户请求可以被定向到最近的站点。其次，在不同区域的站点之间使用数据复制可以提供高可用性，特别是能够抵抗灾难性（站点）故障。第三，一些保护公民数据隐私的国家法规迫使云提供商将数据中心设在其所在地区（如欧洲）。多站点透明性通常是一个默认选项，因此云呈现“集中化”，云提供商可以优化对用户的资源分配。然而，一些云供应商（如亚马逊和微软）允许用户（或应用程序开发人员）看到他们的站点。这可以让他们选择一个特定的数据中心来安装带有数据库的应用程序，或者跨多个站点来部署一个非常大的应用程序，这些站点通过 Web 服务（WS）通信。例如，在图 1.14 中，我们可以想象用户 1 首先连接到数据中心 1 的应用程序，该应用程序将使用 WS 调用数据中心 2 的应用程序。

云站点（数据中心）的架构通常是三层的。第一层由访问云 Web 服务器的 Web 客户端组成，它们通常通过云站点上的路由器或负载均衡器来访问。第二层由支持客户端并提供业务逻辑的 Web 或应用程序服务器组成。第三层由数据库服务器组成。还可以有其他类型的服务器，例如应用服务器和数据库服务器之间的缓存服务器。因此，云架构提供了两种级别的分布：第一种是使用广域网的跨站点的地理分布，第二种是站点内的跨服务器分布，后者通常在计算机集群中。第一级使用的技术是地理分布 DBMS，而第二级使用的技术是并行 DBMS。

云计算最初是由网络巨头设计的，目的是在拥有数千台服务器的数据中心上运行他们的大规模应用程序。大数据系统（第 10 章）和 NoSQL/NewSQL 系统（第 11 章）使用分布式数据管理技术，专门解决了云中的这些应用程序的需求。随着 SaaS 和 PaaS 解决方案的出现，云提供商还需要为数量非常多的客户（称为租户）提供小型应用程序，每个应用程序都有自己的（小型）数据库供用户访问。就硬件资源而言，为每个租户提供一台服务器是一种浪费。为了减少资源浪费和运营成本，云提供商通常使用“多租户”架构在租户之间共享资源，在这种架构中，一台服务器可以容纳多个租户。不同的多租户模型在性能、隔离（安全和性能隔离）和设计复杂性之间产生不同的权衡。IaaS 中使用的一个简单模型是硬件共享，这通常通过服务器虚拟化实现，每个租户数据库和操作系统都有一个 VM。该模型提供了强大的安全隔离。然而，由于冗余的 DBMS 实例（每个 VM 都有一个 DBMS 实例）不协作并执行独立的资源管理，资源利用率是有限的。在 SaaS、PaaS 或 DaaS 环境中，我们可以列举出三种主要的多租户数据库模型，它们提升了资源共享和性能，但降低了隔离性和增加了复杂性。

- **共享数据库服务器**：在这个模型中，租户与一个 DBMS 实例共享服务器，但是每个租户拥有不同的数据库。大多数 DBMS 在单个 DBMS 实例中提供对多个数据库的支持。因此，使用 DBMS 可以很容易地支持该模型。它在数据库级别上提供了强大的隔离，并且比共享硬件更高效，因为 DBMS 实例可以完全控制硬件资源。但是，单独管理这些数据库仍然可能导致低效的资源管理。
- **共享数据库**：在这个模型中，租户共享一个数据库，但是每个租户都有自己的模式和表。数据库整合功能通常由 DBMS 中的额外的抽象层提供。这个模型是由一些 DBMS（如 Oracle）实现的，使用一个数据库容器托管多个数据库。它在模式级别上提供了良好的资源利用率和隔离效果。但是，由于每个服务器有许多（数千个）租户，所以会有大量的小表，这就导致了很大的开销。
- **共享数据表**：在这个模型中，租户共享数据库、模式和表。为了区分表中不同租户的行，通常会增加一个列 tenant_id。尽管有更好的资源共享性（例如，高速缓存内存），但在安全性和性能方面，隔离较少。例如，大客户在共享表中会有更多的行，从而损害小客户的性能。

1.7 本章参考文献说明

关于分布式 DBMS 的书籍并不多。【Ceri and Pelagatti 1983】与【Bell and Grimson 1992】早期的两本现已绝版。【Rahimi and Haug 2010】最近出版的一本书涵盖了本书也涉及的一些经典主题。此外，现在几乎每一本数据库书籍都有关于分布式 DBMS 的章节。

【Stonebraker and Neuhold 1977】和【Wong 1977】分别讨论了分布式 INGRES 和 SDD-1 系统。

【Levin and Morgan 1975】以介绍性的方式讨论了数据库设计，【Ceri 等 1987】对此进行了更全面的讨论。【Dowdy and Foster 1982】给出了文件分发算法的一个概述。目录管理在研究界还没有被详细考虑，但是一般的技术可以在【Chu and Nahouraii 1975】和【Chu 1976】中找到。查询处理技术的概述可以在【Sacco and Yao 1982】中找到。并发控制算法在【Bernstein and Goodman 1981】和【Bernstein 等 1987】中得到了回顾。死锁管理也得到了广泛的研究；一篇介绍性论文是【Isloor and Marsland 1980】，一篇被广泛引用的论文是【Obermack 1982】。对于死锁检测，较好的概述有【Knapp 1987】和【Elmagarmid 1986】。可靠性是【Gray 1979】讨论的问题之一，这篇文章是该领域具有里程碑意义的论文之一。关于这一主题的其他重要论文有【Verhofstadt 1978】和【Härder and Reuter 1983】。【Gray 1979】也是第一个讨论操作系统支持分布式数据库问题的论文；在【Stonebraker 1981】中也提到了同样的主题。不过，这两篇论文都强调集中式数据库系统。早期【Sheth and Larson 1990】对多数据库系统进行了一个非常好的调研；【Wiederhold 1992】提出了 MDBS 的中介/包装方法。云计算已经成为许多新书的主题；也许【Agrawal 等 2012】是一个很好的起点，【Cusumano 2010】是一个很好的简短概述。我们在 1.6.5 节中使用的架构来自【Agrawal 等 2012】。云环境中的不同多租户模型在【Curino 等 2011】和【Agrawal 等 2012】中进行了讨论。

已经有了许多架构框架建议。一些有趣的例子包括 Schreiber 对 ANSI/SPARC 框架的详细扩展，该框架试图容纳数据模型的异构性【Schreiber 1977】，以及【Mohan and Yeh 1978】的提议。当然，这些可以追溯到分布式 DBMS 技术引入的早期。图 1.11 中详细的组件系统架构源自【Rahimi 1987】。在【Sheth and Larson 1990】中可以找到我们在图 1.8 中提供的分类的另一种方法。

【Agrawal 等 2012】这本书很好地介绍了云中的数据管理的挑战和概念，包括分布式事务、大数据系统和多租户数据库。

第 2 章　分布与并行数据库设计

典型的数据库设计是这样一个过程：从一组需求开始，定义一个包含一组关系表（relation）的数据库模式（schema）。分布设计从全局概念模式（global conceptual schema，GCS）开始，接下来要完成两个任务：划分（分片）和分配。有些技术将这两个任务结合到一个算法中，而另外一些技术则如图 2.1 所示，将这两个任务分来，独立地实现它们。这一流程通常会使用图 2.1 所示的一些辅助信息（auxiliary information），不过其中一些信息是可选的（因此图中使用虚线连接）。

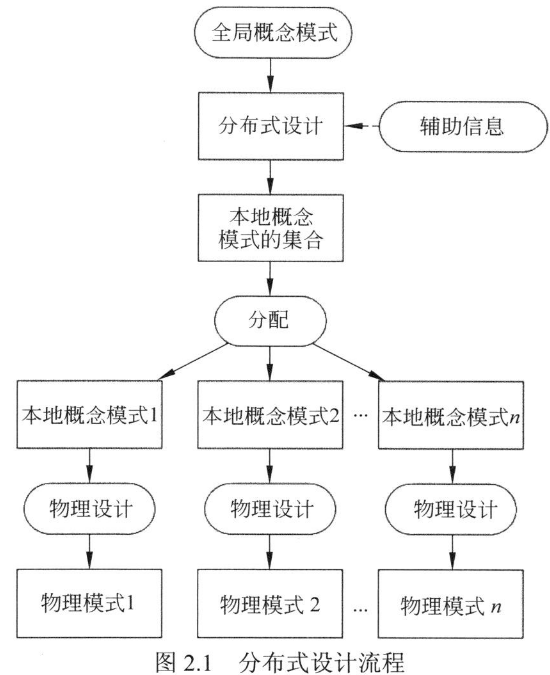

图 2.1　分布式设计流程

分布式 DBMS 和并行 DBMS 中出现分片的主要原因和目标略有不同。前者的主要原因是数据局部性（data locality）——我们希望查询尽可能地在单个站点访问数据，以避免代价高昂的远程数据访问。第二个主要原因是，分片使许多查询能够并发执行（这称为查询间并行性）。关系表的分片还可以支持单个查询的并行执行，方法是将其划分为一组分片上的子查询，这称为查询内并行性。因此，在分布式 DBMS 中，分片有希望减少代价高昂的远程数据访问，从而增加查询间和查询内的并行性。

在并行 DBMS 中，由于节点之间的通信成本比地理分布式 DBMS 要低得多，数据局部性并不是一个很重要的问题。我们更关心的是负载平衡，因为我们希望系统中的每个节点都完成差不多相同的工作量。否则，整个系统就会有抖动的危险，因为一个或很少的几个节点需要完成大部分工作，而更多的节点却处于空闲状态。这也会增加查询和事务的延迟，因为必须要等待这些负载过重的节点先完成任务。正如我们在第 8 章中讨论的那样，查询间和查询内的并行都很重要，尽管一些现代大数据系统（第 10 章）更关注查询间的并行。

分片对系统性能来说很重要，但它也给分布式 DBMS 带来了挑战。实现查询和事务完全的本地化，即它们只访问单个站点上的数据（这些被称为分布式查询和分布式事务）并不总是可行的。这样处理会造成性能的下降，原因在于：比如说，会出现执行分布式连结和分布式事务提交的代价（见第 5 章）。对于只读查询，克服这种性能下降的一种方法是在多个站点复制数据（见第 6 章），但是这会进一步加剧了分布式事务的开销。第二个问题与语义数据控制有关，特别是完整性检查。由于分片的存在，与约束有关的属性（见第 3 章）可能被分解成不同的分片，并分配到不同的站点。在这种情况下，完整性检查本身就会涉及分布式执行，带来很高的代价。我们将在下一章讨论分布式数据控制问题。因此，主要的挑战是如何进行数据的分片①和分配，从而让大多数用户查询和事务在本地的单个站点执行，从而尽量减少分布式查询和事务。

本章的讨论将遵循图 2.1 所示的方法论：我们首先讨论全局数据库的分片（2.1 节），然后讨论如何在分布式数据库的站点之间分配这些分片（2.2 节）。在上述方法论中，分布/分配的单位是一个片段（fragment）。也有一些方法将分片和分配步骤结合起来，我们将在 2.3 节中讨论这类方法。最后，2.4 节探讨能够自适应数据库和用户工作负载变化的一些方法。

在本章以及整本书中，我们使用第 1 章介绍的工程数据库，图 2.2 描述了该工程数据库的一个实例。

EMP

ENO	ENAME	TITLE
E1	J. Doe	Elect. Eng.
E2	M. Smith	Syst. Anal.
E3	A. Lee	Mech. Eng.
E4	J. Miller	Programmer
E5	B. Casey	Syst. Anal.
E6	L. Chu	Elect. Eng.
E7	R. Davis	Mech. Eng.
E8	J. Jones	Syst. Anal.

ASG

ENO	PNO	RESP	DUR
E1	P1	Manager	12
E2	P1	Analyst	24
E2	P2	Analyst	6
E3	P3	Consultant	10
E3	P4	Engineer	48
E4	P2	Programmer	18
E5	P2	Manager	24
E6	P4	Manager	48
E7	P3	Engineer	36
E8	P3	Manager	40

PROJ

PNO	PNAME	BUDGET	LOC
P1	Instrumentation	150000	Montreal
P2	Database Develop.	135000	New York
P3	CAD/CAM	250000	New York
P4	Maintenance	310000	Paris

PAY

TITLE	SAL
Elect. Eng.	40000
Syst. Anal.	34000
Mech. Eng.	27000
Programmer	24000

图 2.2 样例数据库

① 与术语相关的一个小问题是术语“分片”（fragmentation）和“划分”（partitioning）的使用：在分布式 DBMS 中，术语“分片”更常用；而在并行 DBMS 中，数据划分更受青睐。我们并不偏向其中一种，并将在本章和本书中交替使用它们。

2.1 数 据 分 片

关系表可以水平分片，也可以垂直分片。水平分片的基础是选择算子，其分片方式由选择谓词决定；垂直分片则由投影算子实现。当然，分片是可以嵌套的，不同类型的分片方式进行嵌套，则被称为混合分片。

【例 2.1】 图 2.3 显示了图 2.2 的 PROJ 关系表可以被水平划分为两个部分：$PROJ_1$ 包含了预算小于 200 000 美元的项目信息，而 $PROJ_2$ 包含了预算更大的项目信息。

$PROJ_1$

PNO	PNAME	BUDGET	LOC
P1	Instrumentation	150000	Montreal
P2	Database Develop.	135000	New York

$PROJ_2$

PNO	PNAME	BUDGET	LOC
P3	CAD/CAM	255000	New York
P4	Maintenance	310000	Paris

图 2.3 水平划分样例

【例 2.2】 如图 2.4 所示，图 2.2 的 PROJ 关系表垂直划分为 $PROJ_1$ 和 $PROJ_2$ 两个片段。$PROJ_1$ 只包含关于项目的预算信息，而 $PROJ_2$ 包含项目的名称和位置信息。需要注意的是，这两个片段都包含关系表的主键（PNO）。

$PROJ_1$

PNO	BUDGET
P1	150000
P2	135000
P3	250000
P4	310000

$PROJ_2$

PNO	PNAME	LOC
P1	Instrumentation	Montreal
P2	Database Develop.	New York
P3	CAD/CAM	New York
P4	Maintenance	Paris

图 2.4 垂直划分样例

水平分片在大多数系统中更为普遍，特别是在并行 DBMS 中（文献中更倾向于使用 sharding 这个术语）。水平分片被广泛使用的原因是最近大数据平台所提倡的查询内并行（intraquery parallelism）[①]。然而，垂直分片已经成功地用于列存储并行 DBMS（如 MonetDB 和 Vertica）用于分析型应用程序，这些应用程序通常需要快速访问某些属性。

我们在本章中讨论的系统性的分片技术确保了数据库在分片期间不会发生语义变化，比如由于分片而丢失数据。因此，有必要对完整性和可重构性进行讨论。在水平分片的情况下，分片的不相交性也可能是理想的特性（除非明确地希望复制某些元组，我们将在后面讨论这一点）。

（1）完整性（completeness）：如果关系表实例 R 被分解成分片 $F_R=\{R_1, R_2, ...,R_n\}$，其中 R 中的每个数据项都可以在一个或多个 R_i 中找到。这个特性与数据库规范化中的无损分

① 在本章中，我们交替使用术语“查询”和“事务”，因为它们都指的是分布设计的主要输入之一的系统工作负载。正如在第 1 章中强调的，以及将在第 5 章中详细讨论的，事务提供了额外的保证，因此它们的开销更高，我们将在需要时将这一点纳入我们的讨论。

解特性（参见附录 A（在线英文版））相同，它在分片中也很重要，因为它确保全局关系表中的数据在没有任何损失的情况下映射到分片中。注意，在水平分片中，数据项中的“项”通常指的是元组；而在垂直分片中，它指的是属性。

（2）可重构性（reconstruction）：如果一个关系表实例 R 被分解成分片 $F_R=\{R_1, R_2, ..., R_n\}$，那么应当能够定义一个关系算子∇，使得

$$R=\nabla R_i, \quad \forall R_i \in F_R$$

对不同的分片方式会有不同的运算符∇；然而，重要的是它能被定义出来。关系表分片的可重构性确保以依赖关系表的形式在数据上定义的约束得到保留。

（3）不相交性（disjointness）：如果一个关系表实例 R 被分解成分片 $F_R=\{R_1, R_2, ...,R_n\}$，并且数据项 d_i 属于 R_j，则 d_i 不属于任何其他的 $R_k(k\neq j)$。这一原则保证了水平划分是不相交的。如果 R 采用垂直划分，那么它的主码一般都要在所有的分片上重复（出于重构的目的）。因此，对于垂直划分，不相交性仅适用于非主码的其他属性。

2.1.1　水平分片

之前提到，水平分片是从元组的角度来划分关系表的。因此，每一片段含有关系表的一个元组子集。水平划分分为两类：自主式和诱导式。一个关系表的自主式水平分片（primary horizontal fragmentation）通过定义在该关系表上的谓词来完成，而诱导式水平分片（derived horizontal fragmentation）产生于定义在其他关系表上的谓词。

本节会介绍一个可以同时执行这两类分片的算法。不过，我们首先讨论水平分片所需的信息。

2.1.1.1　水平分片的信息需求

水平分片所需的数据库信息核心是全局概念模式，特别是要关注数据库中的关系表是如何相互关联的，尤其是通过连结（join）的关联关系表。捕获此信息的一种方法是在连结图中显式地建模主键-外键连结关系表。在这个图中，每个关系表 R_i 都被表示为一个顶点；如果有一个从 R_i 到 R_j 的主键-外键等值连结，则建立一条从 R_i 指向 R_j 的有向边L_k。注意：L_k也可以表示一个一对多的关系表。

【例 2.3】 图 2.5 表达了图 2.2 给出的数据库关系表之间的边。注意，边的方向表示了一对多的关联关系表。例如，对于每个 TITLE，有多个雇员具有这样的 TITLE，这样就产

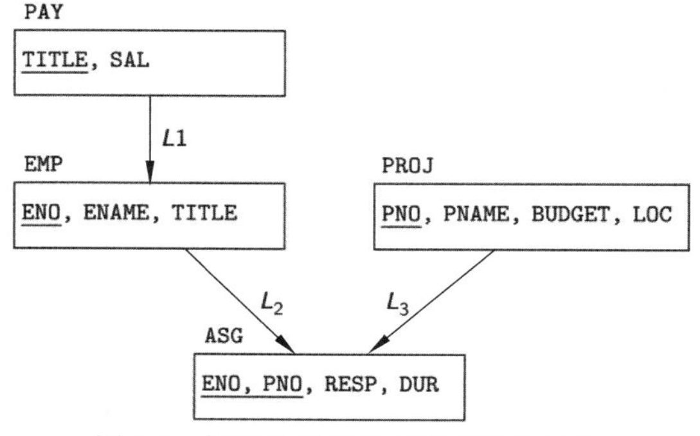

图 2.5　描述关系表之间联系的连结图

生了 PAY 和 EMP 关系表之间的链接。同理，EMP 和 PROJ 之间的多对多联系表示成了两条对于 ASG 关系表的边。

位于边的尾部的关系表称为边的源头（source），而位于头部的关系表则称为目标（target）。下面定义两个函数：*source*()和 *target*()，它们提供从边的集合到关系表的集合的映射。给定图 2.5 的边 L_1，*source*(L_1)=PAY，且 *target*(L_1)=EMP。

此外，每个关系表 R 的基数表示为 *card*(R)，这一信息在水平分片中很有用。

水平分片的相关方法还会利用负载（workload）信息，即在数据库上运行的查询集合，这里尤为重要的是用户查询中使用的谓词信息。在很多情况下，分析全部的负载信息往往是不现实的，因此设计人员通常会关注其中重要的查询。计算机科学中有一个众所周知的“80/20”法则也适用于这种情况：最常见的 20%的用户查询占了总数据访问的 80%，因此重点关注这 20%的查询通常就足以得到一个有效的分片方案，从而改善大多数 DBMS 的访问体验。

现在我们来定义简单谓词（simple predicate）。给定一个关系表 R($A_1,A_2,\cdots,A_n$)，这里 A_i 是定义域为D_i的属性。一个定义在关系表 R 上的简单谓词 p_j 具有以下形式：

$$p_j : A_i\ \theta\ Value$$

这里$\theta\in\{=,<,\neq,\leqslant,>,\geqslant\}$，并且 *Value* 要从 A_i 的定义域D_i里选择($Value\in D_i$)。我们使用 Pr_i 表示定义在关系表 R_i 上的简单谓词的集合，Pr_i 的成员表示为 p_{ij}。

【例 2.4】 给定图 2.2 中的 PROJ 关系表实例，

PNAME= “Maintenance” and BUDGET≤200000

是一个简单谓词。

用户查询经常包含更为复杂的谓词，这些复杂谓词是由简单谓词通过布尔运算组合构成的。其中一种组合方式称为中间项谓词（minterm predicate），这种方式将简单谓词做合取连结。由于一个布尔表达式总可以转换为合取范式的形式，因此算法中使用的中间项谓词不会造成通用性方面的损失。

给定一组关系表 R 上的简单谓词$Pr_i=\{p_{i1},p_{i2},\cdots,p_{im}\}$，其中间项谓词的集合 $M_i=\{m_{i1}, m_{i2},\cdots, m_{iz}\}$定义如下：

$$M_i=\{m_{ij}=\wedge_{p_{ik}\in Pr_i}p_{ik}^*\},1\leqslant k\leqslant m,\ 1\leqslant j\leqslant z$$

这里的$p_{ik}^*=p_{ik}$或者$p_{ik}^*=\neg p_{ik}$，也就是说任一简单谓词出现在中间项谓词里的形式要么是它本身，要么是其否定形式。

任意谓词的否定形式对于形如 *Attribute=Value* 的等值谓词是很容易推出的。对于不相等谓词，其否定应当处理成它的补集。例如，简单谓词 *Attribute*≤*Value* 的否定形式为 *Attribute*>*Value*。除了在理论上无穷集合的补集就比较难定义以外，也有一些实际问题导致补集定义并不容易。例如，如果将两个简单谓词写成如下形式：*Lower_bound*≤*Attribute_*1 和 *Attribute_*1≤*Upper_bound*，则可以推出它们的补集为¬(*Lower_bound*≤*Attribute_*1)和¬(*Attribute_*1≤*Upper_bound*)。然而，如果这两个简单谓词写成 *Lower_bound*≤*Attribute_*1≤*Upper_bound*，则其补集应为¬(*Lower_bound*≤*Attribute_*1≤*Upper_bound*)，这个补集是不好定义的。因此，本章仅讨论简单谓词。

【例 2.5】 对于图 2.2 的关系表 PAY，可以定义下列简单谓词：

p_1: TITLE = “Elect. Eng.”

p_2: TITLE = “Syst. Anal.”

p_3: TITLE = “Mech. Eng.”

p_4: TITLE = “Programmer” p_5: SAL≤ 30000

基于这些简单谓词，可以定义以下一些中间项谓词：

m_1:TITLE=“Elect. Eng.”∧SAL≤30000

m_2:TITLE=“Elect.Eng.”∧SAL>30000

m_3:¬ (TITLE=“Elect.Eng.”)∧SAL≤30000

m_4:¬ (TITLE=“Elect.Eng.”)∧SAL>30000

m_5:TITLE=“Programmer”∧SAL≤30000

m_6:TITLE=“Programmer”∧SAL>30000

上述六个中间项为此仅是有代表性的一些例子，还不是能够定义的全部。此外，根据关系表 PAY 的语义，有些中间项谓词可能无意义，因而需要被删除的。最后，需要注意上面这些是中间项谓词的简化版本。中间项的定义要求每个简单谓词必须出现，以其本身或是否定形式。例如，按照这一要求m_1就应当重写为：

m_1:TITLE=“Elect.Eng.”∧TITLE≠“Syst.Anal.”∧TITLE ≠“Mech. Eng.”∧TITLE ≠“Programmer” ∧SAL≤30000

显然，这样表示中间项谓词没有必要，故而我们仅使用简单的形式。

在工作负载方面我们还需要定量信息：

（1）中间项选择率（minterm selectivity）：用户使用中间项谓词进行查询，所能够得到的元组个数。例如，例 2.5 的m_2的选择率是 0.25，因为 4 个元组中有 1 个元组满足m_2的条件。我们把中间项m_i的选择率表示为$sel(m_i)$。

（2）访问频率（access frequency）：用户应用访问数据的频率。给定一组用户查询$Q=\{q_1,q_2,\dots,q_q\}$，我们记$acc(q_i)$为查询q_i在给定的周期内的访问频率。

注意：中间项的访问频率可以由查询的访问频率来推出。因此，我们把中间项m_i的访问频率记为$acc(m_i)$。

2.1.1.2 自主式水平分片

自主式水平分片（primary horizontal fragmentation）适用于连结图中没有入边的关系表，并使用在该关系表上定义的谓词实现。在我们的例子中，PAY 和 PROJ 关系表使用自主式水平分片，EMP 和 ASG 使用诱导水平分片。本节将重点关注自主式水平分片，下一节将专门讨论诱导水平分片。

自主式水平分片（primary horizontal fragmentation）是通过数据库模式的源关系表（source relation）上的选择操作定义的：给定关系表 R，它的水平分片可以定义为：

$$R_i=\sigma_{F_i}(R),\ 1\leqslant i\leqslant w$$

这里的 F_i 是用于得到片段 R_i 的选择公式（也称为分片谓词，fragmentation predicate）。注意，如果 F_i 是合取范式的形式，则 F_i 就是一个中间项谓词（m_i），我们将要讨论的算法要求F_i必须是中间项谓词。

【例 2.6】 由例 2.1 给出的关系表 PROJ 可以按如下方式水平划分为水平分片 $PROJ_1$ 和 $PROJ_2$：

$$\mathrm{PROJ}_1 \quad = \sigma_{\mathrm{BUDGET} \leqslant 200000}(\mathrm{PROJ})$$

$$\mathrm{PROJ}_2 \quad = \sigma_{\mathrm{BUDGET} > 200000}(\mathrm{PROJ})$$

例 2.6 揭示了水平划分的一个问题：如果选择公式里划分属性的值域是连续且无穷的（如例 2.6 所示），那么正确定义划分关系表的公式集$F = \{F_1, F_2, \ldots, F_n\}$会是十分困难的。一个可能的方法是像例 2.6 那样定义出选择的范围，但会出现如何处理两个边界点的问题。例如，如果在 PROJ 里插入一个新的元组，它的 BUDGET 的值为$600 000，这时必须重新检查分片，决定是否将这个新的元组插入 PROJ_2；抑或是修改分片，加入以下新的分片定义[①]

$$\mathrm{PROJ}_2 = \sigma_{200000 < \mathrm{BUDGET} \wedge \mathrm{BUDGET} \leqslant 400000}(\mathrm{PROJ})$$

$$\mathrm{PROJ}_3 = \sigma_{\mathrm{BUDGET} > 400000}(\mathrm{PROJ})$$

【例 2.7】 考虑图 2.2 的关系表 PROJ，基于项目的地点属性可以定义水平分片如下，图 2.6 显示了分片的结果。

$$\mathrm{PROJ}_1 = \sigma_{\mathrm{LOC}=\text{“Montreal”}}(\mathrm{PROJ}), \mathrm{PROJ}_2 = \sigma_{\mathrm{LOC}=\text{“New York”}}(\mathrm{PROJ}), \mathrm{PROJ}_3 = \sigma_{\mathrm{LOC}=\text{“Paris”}}(\mathrm{PROJ})$$

接下来，我们更为严谨地定义水平分片。关系表 R 的水平分片 R_i 由所有满足中间项谓词m_i的元组构成。因此，给定一个中间项谓词集合M，有多少个中间项谓词，就会有多少个水平片段——这组水平片段通常也被称为中间项片段（minterm fragments）集合。

PROJ_1

PNO	PNAME	BUDGET	LOC
P1	Instrumentation	150000	Montreal

PROJ_2

PNO	PNAME	BUDGET	LOC
P2	Database Develop.	135000	New York
P3	CAD/CAM	255000	New York
P4	Maintenance	310000	Paris

PROJ_3

PNO	PNAME	BUDGET	LOC
P4	Maintenance	310000	Paris

图 2.6　关系表 PROJ 的主水平分片结果

我们希望推出中间项的简单谓词集合 Pr 同时满足完整性（completeness）和最小性（minimality）。这里的完整性是指：当且仅当每个应用程序访问属于根据 Pr 定义的任何中间片段的任何元组的概率相等时，我们称这一组简单谓词 Pr 是完整的[②]。

【例 2.8】 考虑例 2.7 中的关系表 PROJ 的分片方案，如果 PROJ 上的应用仅仅根据地点来访问它，那么谓词集合 Pr 就是完整的，因为每个片段 PROJ_i 被访问的概率是相等的。可如果进一步考虑第二个应用，即仅访问预算小于或等于 200 000 美元的元组，那么 Pr 就

① 我们假设 BUDGET 值的非负性是由完整性约束强制执行的关系表的一个特征。否则，Pr 中还需要包含一个形式为 0 BUDGET 的简单谓词。在本章的所有例子和讨论中，我们假设这是已经成立的。

② 显然，此处的简单谓词集合的完整性定义不同于之前给出的分片规则的完整性定义。

是不完整的，因此在任意 $PROJ_i$ 中，某些元组会因为第二个应用的引入而具有更高的被访问概率。为了使 *Pr* 完整，我们需要向 *Pr* 中加入新的简单谓词，即（BUDGET≤200000, BUDGET>200000），这样形成：

Pr={LOC="Montreal",LOC="NewYork",LOC="Paris",BUDGET≤200000,BUDGET>200000}

完整性是可取的，原因在于：根据一组完整的谓词划分得到的片段在逻辑上是统一的，因为它们满足中间项谓词。同时，它们在统计上也是一致的，因为在应用访问这些片段时，完整性保证了在所有的片段上具有均衡的负载（对于给定的查询负载）。

最小性（Minimality）的含义是：如果一个简单谓词影响了分片结果（即导致一个片段，例如f，被进一步划分成f_i和f_j），那么必须至少存在这样的一个应用，它对f_i的访问和对f_j的访问频率不同。我们也可以说，这个简单谓词应当与分片结果是相关（relevant）。如果Pr中的所有简单谓词都具有这样的相关性，则称Pr满足最小性（minimal）。

下面给出相关性的形式化定义：如果m_i和m_j为两个几乎相同的中间项谓词，它们的唯一区别仅在于m_i含有简单谓词p_i的自然形式，而m_j含有该谓词的否定形式$\neg p_i$，令f_i和f_j分别为m_i和m_j对应的片段，则p_i是相关的当且仅当以下条件满足：

$$\frac{acc(m_i)}{card(f_i)} \neq \frac{acc(m_j)}{card(f_j)}$$

【例 2.9】在例 2.8 中给出的集合 *Pr* 是完整和最小的。但如果在 *Pr* 中加入谓词 PNAME=“Instrumentation”，则它就不再是最小的了。因为这个新的谓词与Pr不相关，即没有应用会对于该谓词所产生的片段进行不一样的访问。

算法 2.1 给出了一个迭代算法 COM_MIN，该算法的输入是一个简单谓词集合 *Pr*，输出是满足完整性和最小性的谓词集合 *Pr′*。下面介绍算法使用的规则与对应含义：

规则 1：每个片段至少会被一个应用进行不同的访问。

集合 *Pr′* 的元素 f_i：任一片段 f_i 根据 *Pr′*所定义的中间项谓词而定义。

COM_MIN 算法从寻找到一个谓词开始，该谓词既是相关的，又划分了输入的关系表。进而，repeat-until 循环迭代地在集合中加入谓词，在每一步保证最小性。因此，算法结束时，*Pr′* 既满足最小性，又满足完整性。

自主式水平设计过程的第二步是推导出定义在谓词集合 *Pr′*之上的中间项谓词集合，这些中间项谓词决定了在下一步分配中会存在哪些片段。决定单个中间项谓词十分容易，困难在于候选中间项谓词构成的集合可能相当大（是简单谓词数量的指数级别）。因此，下面讨论如何减少中间项谓词的数量——这是在分片时必须考虑的因素。

中间项谓词的减少可以通过删除某些无意义的中间项片段来获得，只要找到那些与一个蕴含集合 *I* 相矛盾的中间项我们就可以执行删除了。例如，给定集合 *Pr′*={*p*1,*p*2}，满足

$$p1: att = value\_1$$
$$p2: att = valu\_2$$

而且att的值域是$\{value_1, value_2\}$。显然，*I* 含有下面的两个蕴含：

算法 2.1：COM_MIN 算法
Input: R: relation; *Pr*: set of simple predicates **Output:** *Pr′*:set of simple predicates **Declare:***F*:set of minterm fragments

```
begin
    Pr' ←∅;F←∅                    {initialize}
    find p_i ∈ Pr such that p_i partitions R according to Rule 1
    Pr' ←Pr' ∪ p_i
    Pr←Pr' − p_i
    F←F∪f_i                                  {f_i is the minterm fragment according to p_i}
    repeat
        find p_j ∈ Pr such that p_j partitions some f_k of Pr' according to Rule 1
        Pr' ←Pr' ∪ p_i
        Pr←Pr−p_j
        F← F ∪ f_j
        if ∃p_k ∈ Pr' which is not relevant then
            Pr ←Pr'− p_k
            F ←F− f_k
        end if
    until Pr' is complete
end
```

$$i_1 : (att = value\_1) \Rightarrow \neg(att = value\_2)$$
$$i_2 : \neg(att = value\_1) \Rightarrow (att = value\_2)$$

根据 Pr' 可以定义出下面的 4 个中间项谓词：

$$m_1: (att = value\_1) \wedge (att = value\_2)$$
$$m_2 : (att = value\_1) \wedge \neg(att = value\_2)$$
$$m_3: \neg(att = value\_1) \wedge (att = value\_2)$$
$$m_4: \neg(att = value\_1) \wedge \neg(att = value\_2)$$

这里的m_1和m_4与蕴含I相矛盾，从而可以从M中删除。

算法 2.2 给出了自主式水平划分算法 PHORIZONTAL。该算法的输入是要进行自主式水平划分的关系表 R，而Pr则是从定义在关系表上 R 的应用上所得到的简单谓词集合。

【例 2.10】 我们现在来考虑图 2.5 中要进行自主式水平划分的两个关系表 PAY 和 PROJ。

假设我们考虑仅有一个应用访问关系表 PAY，检查薪水 salary 信息并决定是否加薪。假设雇员 Employee 的记录在两个站点进行管理，一个站点管理薪水小于或等于 30 000 美元的记录，另一个则管理薪水大于 30 000 美元的记录。因此，查询 PAY 要在两个地方发出。划分关系表 PAY 的两个简单谓词是

$$p_1: \text{SAL} \leqslant 30000$$
$$p_2: \text{SAL} > 30000$$

于是，对最初的简单谓词集合$Pr = \{p_1, p_2\}$应用 COM_MIN 算法，$i = 1$作为初始值，得到$Pr' = \{p_1\}$。这个结果满足完整性和最小性，因为根据规则 Rule 1，p_2不会划分f_1（f_1是从p_1得到的中间项片段）。最终，我们可以得到下述中间项谓词构成M：

$$m_1: \text{SAL} < 30000$$
$$m_2: \neg(\text{SAL} \leqslant 30000) = \text{SAL} > 30000$$

这样，根据M，我们可以得到两个片段，$F_{\text{PAY}} = \{\text{PAY}_1, \text{PAY}_2\}$（参见图 2.7）。

PAY_1

TITLE	SAL
Mech. Eng.	27000
Programmer	24000

PAY_2

TITLE	SAL
Elect. Eng.	40000
Syst. Anal.	34000

PAY_1

TITLE	SAL
Mech. Eng.	27000
Programmer	24000

PAY_2

TITLE	SAL
Elect. Eng.	40000
Syst. Anal.	34000

图 2.7　关系表 PAY 的水平分片

算法 2.2: PHORIZONTAL 算法

Input: R: relation; *Pr*: set of simple predicates
Output: F_R: set of horizontal fragments of R
begin
　$Pr^r \leftarrow$ COM_MIN(R,*Pr*)
　determine the set *M* of minterm predicates determine the set *I* of implications among $p_i \in Pr^r$
　for each $m_i \in M$ **do**
　　if m_i *is contradictory according to I* **then**
　　　$M \leftarrow M - m_i$
　　end if
　end foreach
　$F_R = \{R_i \mid R_i = \sigma_{m_i} R\}, \forall m_i \in M$
end

再考虑关系表 PROJ。假设存在两个查询，第一个查询在三个站点发出，目标是找到给定地点 location 的项目 project 的名称 names 和预算 budgets，相应的 SQL 语句是

```
SELECT PNAME, BUDGET
FROM   PROJ
WHERE  LOC=Value
```

对于这一应用，使用的简单谓词是：

```
p1: LOC= "Montreal"
p2: LOC= "New York"
p3: LOC= "Paris"
```

第二个查询从两个站点发出，与项目管理有关。预算 budget 小于或等于 200 000 美元的项目在一个站点管理，其余预算更高的项目在第二个站点管理。因此，根据第二个应用，用于分片的简单谓词是：

```
p4: BUDGET ≤200000
p5: BUDGET>200000
```

根据 COM_MIN 算法，集合$Pr' = \{p_1, p_2, p_4\}$显然是满足完整性和最小性的。其实 COM_MIN 可以从p_1、p_2和p_3中任选两个谓词加入Pr'，在本例中我们选择了p_1和p_2。

基于Pr'，我们得到了如下 6 个中间项谓词构成M：

```
m1:(LOC="Montreal")∧(BUDGET≤200000)
m2:(LOC="Montreal")∧(BUDGET>200000)
m3:(LOC="NewYork")∧(BUDGET≤200000)
m4:(LOC="NewYork")∧(BUDGET>200000)m5:(LOC="Paris")∧(BUDGET≤200000)
m6:(LOC="Paris")∧(BUDGET>200000)
```

正如例 2.5 指出的那样，这些并不是唯一可以生成的中间项谓词。例如，也可以指定下面这样的谓词

$$p_1\wedge p_2\wedge p_3\wedge p_4\wedge p_5$$

但是，类似上述的谓词可以很容易地被一些蕴涵规则（如$p_1 \Rightarrow \neg p_2 \wedge \neg p_3$或$\neg p_5 \Rightarrow p_4$）删减掉，最终只留下谓词$m_1$到$m_6$。

对于图 2.2 的数据库实例，有人可能认为下面的蕴涵是成立的：

```
i8: LOC= "Montreal"  ⇒ ¬(BUDGET>200000)
i9: LOC= "Paris"  ⇒ ¬(BUDGET≤ 200000)
i10: ¬(LOC= "Montreal")⇒ BUDGET  ≤ 200000
i11: ¬(LOC= "Paris")⇒ BUDGET  >200000
```

但是请记住，蕴含的定义应该是以数据库的语义为基础的，而不是依据当前的值。数据库的语义里没有指明蕴含i_8至i_{11}是成立的。另外，尽管某些根据$M=\{m_1,\dots,m_6\}$定义的片段可能为空，但即使如此，它们仍然还被定义为片段。

根据中间项谓词集合M，关系表 PROJ 上自主水平分片的结果是 6 个片段$F_{\text{PROJ}}=\{\text{PROJ}_1,\text{PROJ}_2,\text{PROJ}_3,\text{PROJ}_4,\text{PROJ}_5,\text{PROJ}_6\}$（图 2.8）。由于片段$\text{PROJ}_2$和$\text{PROJ}_5$为空，它们没有出现在图 2.8 中。

PROJ1

PNO	PNAME	BUDGET	LOC
P1	Instrumentation	150000	Montreal

PROJ3

PNO	PNAME	BUDGET	LOC
P2	Database Develop.	135000	New York

PROJ4

PNO	PNAME	BUDGET	LOC
P3	CAD/CAM	255000	New York

PROJ6

PNO	PNAME	BUDGET	LOC
P4	Maintenance	310000	Paris

图 2.8　关系表 PROJ 的水平划分

2.1.1.3 诱导式水平分片

诱导式水平分片基于连结图中的源头关系表（source relation）上的谓词实现对相应目标关系表（target relation）的划分。在我们的例子中，EMP 和 ASG 的关系表可以考虑采用诱导式水平分片。我们回顾一下：源头关系表和目标关系表在连结图上的边由一个等值连结定义，并可以用半连结来实现。

这里提到的半连结这一点尤其重要，因为我们一方面要根据源头关系表的分片信息来划分目标关系表，另一方面又希望所产生的分片仅由目标关系表的属性来定义。

根据以上讨论，给定一条边L满足$source(L)$ =S 和$target(L)$ =R，R 的诱导式水平片段的定义是：

$$R_i = R \ltimes S_i,\ 1 \leqslant i \leqslant w$$

定义中的 w 是定义在 R 上的片段的最大数量，且 $S_i = \sigma_{F_i}(S)$，此处F_i是定义自主水平分片 S_i 的公式。

【例 2.11】 考虑图 2.5 中的边L_1，有$source(L_1)$ =PAY，且$target(L_1)$ =EMP。可以按照薪水 salary 将工程师 engineers 进行分组：一组薪水少于或等于 30 000 美元，另一组高于 30 000 美元。两个片段 EMP_1 和 EMP_2 定义如下：

$$EMP_1 = EMP \ltimes PAY_1$$

$$EMP_2 = EMP \ltimes PAY_2$$

定义中

$$PAY_1 = \sigma_{SAL \leqslant 30000}(PAY)$$

$$PAY_2 = \sigma_{SAL > 30000}(PAY)$$

分片的结果由图 2.9 给出。

诱导式水平分片适用于连结图中的目标关系表，并基于在连结图边的源头关系表上定义的谓词来实现。在我们的例子中，EMP 和 ASG 采用诱导式水平分片。为了完成诱导式水平分片，需要三个输入：源头关系表的分区集合（如例 2.11 中的 PAY_1 及 PAY_2）、目标关系表，以及上述二者之间的半连结谓词（如例 2.11 中的 EMP.TITLE=PAY.TITLE）。这个划分算法相当容易，此处略去细节。

EMP_1

ENO	ENAME	TITLE
E3	A. Lee	Mech. Eng.
E4	J. Miller	Programmer
E7	R. Davis	Mech. Eng.

EMP_2

ENO	ENAME	TITLE
E1	J. Doe	Elect. Eng.
E2	M. Smith	Syst. Anal.
E5	B. Casey	Syst. Anal.
E6	L. Chu	Elect. Eng.
E8	J. Jones	Syst. Anal.

图 2.9 关系表 EMP 的诱导水平划分

这里需要关注这样一类可能的复杂情况：在数据库模式里，一个关系表 R 经常会有两个以上的入边（例如，图 2.5 的 ASG 就有两个入边）。这时，对于 R 可能会有不止一种诱导式水平分片的方式。具体选择哪个可以按照下面的准则进行：

（1）分片具有更好的连结特性；

（2）分片涉及更多的查询。

先讨论第二个准则。如果我们考虑应用访问数据的频率，这一准则就显得很直接。在可能的条件下，当然应该首先支持那些“大”用户的访问，目的是使他们对系统性能总的影响降到最低。

但是第一个准则的应用就没那么直接了。例如，例 2.1 所讨论的分片的效果（以及目标）是要从以下两个方面帮助查询中关系表 EMP 和 PAY 的连结操作：

（1）使得连结在较小的关系表（即片段）上执行；

（2）提供并行执行连结的可能。

第一点是显然的；而第二点是要将连结操作并行化，也就是并行地执行每个连结操作。就连结而言，在某些条件下，这是可能的。例如，观察一下例 2.9 的 EMP 的片段和 PAY 的片段之间存在的边（即连结图），包括 $PAY_1 \rightarrow EMP_1$ 和 $PAY_2 \rightarrow EMP_2$。我们可以看到每个片段仅有一条入边或出边，这样的连结图被称为简单图（simple graph）。当片段之间的连结关系表是简单图时，设计会存在这样的便利：一条边的目标关系表和源头关系表可以被分配在同一站点上，而且不同片段对之间的连结操作可以独立且并行地执行。

然而，我们不可能仅考虑简单连结图的情况。在这种情况下，下一个理想的替代方案是考虑一种导致划分连结图（partitioned join graph）的设计：一个划分连结图由两个或更多的子图组成，而且在这些子图之间不存在任何的边。这样得到的片段可能不会像简单连结图那样易于分布和并行执行，但是对于分配还是有利的。

【例 2.12】 继续例 2.10 的数据库分布设计，我们已经决定了如何根据 PAY 的片段（例 2.11）来对关系表 EMP 分片，现在来考虑 ASG。假定有以下两个查询：

（1）第一个查询查找在某些地点工作的工程师 engineers 的名字 name。事实上，三个站点上访问在本地工作的工程师信息的可能性比访问其他站点的可能性都要大。

（2）在每个存储雇员 employee 记录的管理站点，用户希望知道这些雇员对于项目 project 的责任 responsibility，以及他们将在这些项目上工作多久。

第一个查询产生根据例 2.10 的 PROJ 的非空片段 $PROJ_1$、$PROJ_3$、$PROJ_4$ 和 $PROJ_6$ 生成的 ASG 分片

$PROJ_1 : \sigma_{LOC=\text{“Montreal”} \wedge BUDGET \leqslant 200000}(PROJ)$

$PROJ_3 : \sigma_{LOC=\text{“New York”} \wedge BUDGET \leqslant 200000}(PROJ)$

$PROJ_4 : \sigma_{LOC=\text{“New York”} \wedge BUDGET > 200000}(PROJ)$

$PROJ_6 : \sigma_{LOC=\text{“Paris”} \wedge BUDGET > 200000}(PROJ)$

因此，根据$\{PROJ_1, PROJ_3, PROJ_4, PROJ_6\}$得到的 ASG 诱导分片如下:

$ASG_1 = ASG \ltimes PROJ_1$

$ASG_2 = ASG \ltimes PROJ_3$

$ASG_3 = ASG \ltimes PROJ_4$

$ASG_4 = ASG \ltimes PROJ_6$

这些分片的实例由图 2.10 给出。

第二个查询可以表示为下面的 SQL 查询：

```
SELECT  RESP, DUR
FROM    ASG NATURAL JOINEMPi
```

此处$i = 1$或$i = 2$，取决于发出查询的是哪个站点。基于 EMP 分片而产生的 ASG 的诱导式分片定义如下，图 2.11 展示了这一结果：

$ASG_1 = ASG \ltimes EMP_1$

$ASG_2 = ASG \ltimes EMP_2$

ASG_1

ENO	PNO	RESP	DUR
E1	P1	Manager	12
E2	P1	Analyst	24

ASG_2

ENO	PNO	RESP	DUR
E2	P2	Analyst	6
E4	P2	Programmer	18
E5	P2	Manager	24

ASG_3

ENO	PNO	RESP	DUR
E3	P3	Consultant	10
E7	P3	Engineer	36
E8	P3	Manager	40

ASG_4

ENO	PNO	RESP	DUR
E3	P4	Engineer	48
E6	P4	Manager	48

图 2.10　根据 PROJ 生成的 ASG 诱导水平分片

ASG_1

ENO	PNO	RESP	DUR
E3	P3	Consultant	10
E3	P4	Engineer	48
E4	P2	Programmer	18
E7	P3	Engineer	36

ASG_2

ENO	PNO	RESP	DUR
E1	P1	Manager	12
E2	P1	Analyst	24
E2	P2	Analyst	6
E5	P2	Manager	24
E6	P4	Manager	48
E8	P3	Manager	40

图 2.11　根据 EMP 生成的 ASG 诱导水平分片

这个例子说明了以下两点：

（1）诱导式水平分片可以形成一个链条，其中的一个关系表的分片结果会依次影响下一个关系表的分片（例如链条 PAY→EMP→ASG）。

（2）对一个给定的关系表（例如关系表 ASG），通常会有一个及以上的分片方式作为候选。最终如何选择可能需要在讨论分配问题时做出决策。

2.1.1.4　正确性检查

根据之前所讨论的三条准则，本节检验一下到目前为止所讨论的分片算法的正确性。

1. 完整性

自主式水平划分的完整性是以谓词的选择作为基础的。只要选择的谓词是完整的，那么它会保证所生成的分片也是完整的。由于分片算法的基础是完整且最小的谓词集合Pr'，只要在定义Pr'中没有出现错误，完整性就会得到保证。

定义诱导式水平分片的完整性会有些困难，其难处在于定义分片的谓词涉及两个关系表。

设 R 为一个目标关系表为 S 的边的源头关系表，R 和 S 的分片分别为 $F_R=\{R_1,R_2,\ldots,R_w\}$ 和 $F_S=\{S_1,S_2,\ldots,S_w\}$，同时 A 是 R 和 S 之间的连结属性。则对于 R_i 的每个元组t应该有 S_i 的一个元组t'，使得$t[A]=t'[A]$。这个规则称为参照完整性（referential integrity）约束，它保证了任何目标关系表片段中的元组同时也包含在源头关系表里。例如，不存在这样的 ASG 元组，它的项目号不会包含在 PROJ 之中。与此类似，不存在这样的 EMP 元组，它的

TITLE 的值会不出现在 PAY 之中。

2. 重构性

在自主水式平分片和诱导式水平分片中，通过执行片段上的并操作可以实现全局关系表的重构。具体地，对于一个具有分片 $F_R=\{R_1,R_2,\ldots,R_w\}$的关系表 R，它的重构操作为 $R=\cup R_i$，$\forall R_i \in F_R$。

3. 不相交性

自主式水平分片保证不相交性要比诱导式水平分片要容易。对于前者而言，只要用于分片的中间项谓词是互斥的，就可以保证不相交性。

但在诱导式水平分片的情况下，半连结的加入增加了相当大的复杂性。如果连结图是简单的，不相交性可以得到保证。否则，必须研究元组的实际值。一般而言，我们不希望目标关系表的一个元组去和源头关系表的从属于不同片段的两个或更多的元组进行连结。这可能不是很容易保证的，这也从一个侧面体现我们为什么总是希望得到具有简单连结图的诱导式水平分片。

【例 2.13】 在对关系表 PAY 分片时（例 2.10），中间项谓词为$M=\{m_1, m_2\}$：

$$m_1\text{: SAL} \leqslant 30000$$

$$m_2\text{: SAL} > 30000$$

由于 m_1 和 m_2 是互斥的，因此 PAY 的分片是满足不相交性的。

但对于关系表 EMP，我们需要进一步保证：

（1）每个工程师 engineer 只有一个职位 title。

（2）每一个职位 title 只能有一个相关的薪水 salary 值。

由于两条规则遵从数据库语义，基于 PAY 对 EMP 进行诱导水平分片可以保证不相交性。

2.1.2　垂直分片

垂直分片从一个关系表 R产生出片段$R_1,R_2,\ldots,R_r$，每个片段含有 R 属性的一个子集以及它的主码。垂直分片的目的是把一个关系表划分成更小的关系，而使许多用户的应用只在一个片段上运行。为了能够重构，每个片段都会有主码，这一点我们将在后面讨论。这也有利于加强完整性约束，因为主键在功能上决定了所有关系表属性；在每个片段中使用它可以避免为了保持主键约束而进行的分布式计算。

垂直分片本身要比水平分片更为复杂，这是因为可选择的方案的数量所引起的。例如，如果水平划分时Pr的简单谓词的总数是 n，从中可以定义出 2^n 的中间项谓词。另外，还知道这里还含有某些和已知的蕴涵相矛盾的中间项谓词，所以需要进一步考虑候选片段的数量缩减问题。可是在垂直划分的情况下，如果一个关系表含有 m 个非主码的属性，可能得到的分片的数量则是 $B(m)$，即第 m 个 Bell 数。如果 m 是个大数，$B(m)\approx m^m$。例如，如果 $m=10$，则 $B(m)\approx 115000$；如果 $m=15$，则 $B(m)\approx 10^9$；若 $m=30$，则 $B(m)\approx 10^{23}$。

这些数字表明，对于垂直划分问题要得到最优解是徒劳的，我们只能依赖于启发式的方法。有两种启发式的方法可以用于全局关系表的垂直分片[①]：

（1）分组（grouping）：从把每个属性分到一个片段开始，在每一步对某些片段进行连结操作，直到满足某些准则。

（2）分裂（splitting）：从一个关系表开始，根据应用对关系表属性的访问行为做出有益划分的决定。

在后面的讨论里，我们只涉及分裂技术，因为它对于我们之前讨论的设计方式更为自然，其“最优”解更为靠近完整关系表，而不是那些仅有单个属性构成的分片。再说，分裂生成非覆盖的片段，而分组却通常会生成互为覆盖的片段。从不相交的角度出发，我们更倾向非覆盖。当然，非覆盖只是对非主码的属性而言。

2.1.2.1 辅助信息需求

我们再次需要工作负载信息。由于垂直划分将被一起访问的属性放在一个片段，所以需要定义“在一起”的概念。这种度量是属性的亲和度（affinity），它指出属性之间在一起的紧密程度。不幸的是，要让设计者或用户容易地说明这些值是不切实际的。我们下面给出一种方法，它可以从基本的数据里得到这些值。

设$Q=\{q_1,q_2,\ldots,q_q\}$是访问关系表$\mathrm{R}(\mathrm{A}_1,\mathrm{A}_2,\ldots,\mathrm{A}_n)$的用户查询（应用）的集合，对于每个查询$q_i$和每个属性$\mathrm{A}_j$分配一个属性使用值（attribute usage value），表示为$use(q_i,\mathrm{A}_j)$，它的定义是：

$$use(q_i,\mathrm{A}_j)=\begin{cases}1, & \text{如果属性}\mathrm{A}_j\text{被查询}q_i\text{参考}\\ 0, & \text{其他情况}\end{cases}$$

如果设计者了解在数据库上运行的应用，定义每个应用的$use(q_i,\bullet)$向量是件容易的工作。

【例 2.14】 考虑图 2.2 的 PROJ 关系表，假设下面的查询定义在该关系表上运行，每个查询的 SQL 说明如下：

q_1: 已知一个项目的编号，查找该项目的预算。

```
SELECT BUDGET FROM PROJ WHERE  PNO=Value
```

q_2: 查找所有项目的名称和预算。

```
SELECT PNAME, BUDGET FROM  PROJ
```

q_3: 查找位于指定城市的项目。

```
SELECT PNAME FROM PROJ WHERE LOC=Value
```

q_4: 对每个城市给出项目预算的总和。

```
SELECTSUM(BUDGET) FROM PROJ WHERE LOC=Value
```

现在根据这四个查询来将属性使用值定义为矩阵表示（图 2.12）。其中元素(i,j)表示

① 在面向列的 DBMS（如 MonetDB 和 Vertica）中还有第三种极端的方法，即将每个列映射到一个片段。因为我们在本书中没有讨论面向列的 DBMS，所以我们不会进一步讨论这种方法。

$use(q_i, A_j)$。

属性使用值还不足以构成属性分裂和分片的基础，因为它们没有表示出应用频率的分量。频率的度量可以包括在属性亲和度$aff(A_i, A_j)$之内，该亲和度根据应用对属性的访问来度量一个关系表的两个属性之间的紧密程度。

	PNO	PNAME	BUDGET	LOC
q_1	0	1	1	0
q_2	1	1	1	0
q_3	1	0	0	1
q_4	0	0	1	0

图 2.12　属性使用值的矩阵表示样例

依据查询集合$Q = \{q_1, q_2, \dots, q_q\}$，关系表 $R(A_1, A_2, \dots, A_n)$的属性A_i和A_j之间的亲和度定义如下

$$aff(A_i, A_j) = \sum_{k|use(q_k,A_j)=1 \wedge use(q_k,A_j)=1} \sum_{\forall S_l} ref_l(q_k) acc_l(q_k)$$

公式里的$ref_l(q_k)$是在站点S_l每次执行q_k时访问属性(A_i, A_j)的次数，$accl(q_k)$是前面定义过的应用访问频率度量，修改后将它用于包括不同站点的频率。

这一计算结果是个$n \times n$的矩阵，它的每个元素是前面定义过的一个度量。我们把这个矩阵称之为属性亲和度矩阵（attribute affinity matrix，AA）。

【例 2.15】 我们继续例 2.14 的讨论。为简单起见，我们假定对所有的 S_l 和 q_k，都有 $ref_l(q_k)=1$，如果应用的频率为：

$acc_1(q_1)=15$　　$acc_1(q_2)=5$

$acc_1(q_3)=25$　　$acc_1(q_4)=3$

$acc_2(q_1)=20$　　$acc_2(q_2)=0$

$acc_2(q_3)=25$　　$acc_3(q_4)=0$

$acc_3(q_1)=10$　　$acc_3(q_2)=0$

$acc_3(q_3)=25$　　$acc_2(q_4)=0$

那么属性 PNO 和 BUDGET 之间的亲和度的度量是：

$$aff(\text{PNO}, \text{BUDGET}) = \sum_{k=1}^{1}\sum_{l=1}^{3} acc_l(q_k) = acc_1(q_1) + acc_2(q_1) + acc_3(q_1) = 45$$

这是因为同时访问它们的应用只有q_1。图 2.13 给出了完整的属性亲和矩阵。请注意，对角线的值没有计算，因为它们没有意义。

	PNO	PNAME	BUDGET	LOC
PNO	–	0	45	0
PNAME	0	–	5	75
BUDGET	45	5	–	3
LOC	0	75	3	–

图 2.13　属性亲和度矩阵

本章的剩下讨论将使用亲和度矩阵指导分片工作。这一过程包括首先对高亲和度的属性聚类，然后据此进行分裂。

2.1.2.2 聚类算法

设计一个垂直分片算法的基本任务是：在属性亲和度值的矩阵AA基础上，找到把一个关系表的属性进行分组的方法。键能算法（BEA）以实现这一目标，也可以使用其他聚类算法。

键能算法以关系表$R(A_1,...,A_n)$的属性亲和度矩阵作为输入，对行和列进行排列，生成聚类亲和度矩阵（clustered affinity matrix，CA）。在排列时将下列的全局亲和度度量（global affinity measure，AM）极大化：

$$AM=\sum_{i=1}^{n}\sum_{j=1}^{n} aff(A_i,A_j)[aff(A_i,A_{j-1})+aff(A_i,A_{j+1})+aff(A_{i-1},A_j)+aff(A_{i+1},A_j)]$$

其中

$$aff(A_0,A_j)=aff(A_i,A_0)=aff(A_{n+1},A_j)=aff(A_i,A_{n+1})=0$$

最后一组条件专门用于处理这样的情景：CA里把一个属性放到最左属性的左边，或者是把属性放到最右属性的右边；而在行排列时，则处理最上面的行之上，或是最下面的行之下的情况。我们用A_0表示最左属性左边的属性和最顶行之上的行，用A_{n+1}表示最右属性右边的属性或最后一行之下的行。在这些情况下，可把处于正在放置的排列属性和左边邻居或右边邻居（及最上面或最下面邻居）间的 *aff* 值设为 0，这些邻居在CA中不存在。

极大化函数仅考虑最近邻，这就产生了将较大的值放在一组，而将较小的值放在另一组的分组结果。同时，属性亲和度矩阵是对称的，这就将上述公式的目标函数规约到：

$$AM=\sum_{i=1}^{n}\sum_{j=1}^{n} aff(A_i,A_j)[aff(A_i,A_{j-1})+aff(A_i,A_{j+1})]$$

算法 2.3：BEA 算法

```
Input: R: relation; Pr: set of simple predicates
Input: AA: attribute affinity matrix
Output: CA: clustered affinity matrix
begin
    {initialize; remember that AA is an n × n matrix}
    CA(•,1) ← AA(•,1)
    CA(•,2) ← AA(•,2)
    index ← 3
    while index≤n  do              {choose the "best" location for attribute AAindex}
        for i from 1 to index1 by 1 do calculate cont(A_{i-1},Aindex,Ai)
        calculate cont(A_{index-1}, Aindex, A_{index+1})          {boundary condition}
        loc ←placement given by maximum contvalue
        for j from index to loc by -1 do
            CA(•,j) ← CA(•,j − 1)                        {shuffle the two matrices}
        end for
        CA(•,loc) ← AA(•,index)
        index ← index + 1
    end while
    order the rows according to the relative ordering of columns
end
```

算法 2.3 给出了键能算法的细节。CA的生成用三步完成：

（1）初始化。从AA里任选一列，将其放入CA。算法中选择了第一列。

（2）迭代。逐一选取剩余的$n-i$列（i是已经放入CA的列的数目）的每一列，尝试着把它们放入CA所剩余的$i+1$个位置上，所选择的位置应当对前面所描述的全局亲和度度量贡献最大。继续这一步骤，直到没有再可以放置的列。

（3）行排序。一旦列的顺序决定，行的放置也应改变，使得它们的相对位置和列的相对位置能够匹配[①]。

对算法的第（2）步工作，我们需要定义一个属性对亲和度度量的贡献究竟是什么。这种贡献可以从下面的推导得到，我们不妨回忆一下前面定义过的全局亲和度度量矩阵。

$$AM=\sum_{i=1}^{n}\sum_{j=1}^{n} aff(\mathrm{A}_i,\mathrm{A}_j)[aff(\mathrm{A}_i,\mathrm{A}_{j-1})+aff(\mathrm{A}_i,\mathrm{A}_{j+1})]$$

它可以重写成

$$\begin{aligned}AM&=\sum_{i=1}^{n}\sum_{j=1}^{n}[aff(\mathrm{A}_i,\mathrm{A}_j)aff(\mathrm{A}_i,\mathrm{A}_{j-1})+aff(\mathrm{A}_i,\mathrm{A}_j)aff(\mathrm{A}_i,\mathrm{A}_{j+1})]\\&=\sum_{i=1}^{n}[\sum_{j=1}^{n}aff(\mathrm{A}_i,\mathrm{A}_j)aff(\mathrm{A}_i,\mathrm{A}_{j-1})+\sum_{j=1}^{n}aff(\mathrm{A}_i,\mathrm{A}_j)aff(\mathrm{A}_i,\mathrm{A}_{j+1})]\end{aligned}$$

设属性A_x和A_y之间的粘合度 *bond* 为

$$bond(\mathrm{A}_x,\mathrm{A}_y)=\sum_{z=1}^{n}aff(\mathrm{A}_z,\mathrm{A}_x)aff(\mathrm{A}_z,\mathrm{A}_y)$$

则 AM 可以重写成

$$AM=\sum_{j=1}^{n}[bond(\mathrm{A}_j,\mathrm{A}_{j-1})+bond(\mathrm{A}_j,\mathrm{A}_{j+1})]$$

现在考虑下面的n个属性：

$$\underbrace{\mathrm{A}_1\mathrm{A}_2\ldots\mathrm{A}_{i-1}}_{AM'}\,\mathrm{A}_i\mathrm{A}_j\,\underbrace{\mathrm{A}_{j+1}\ldots\mathrm{A}_n}_{AM^1}$$

这些属性的全局亲和度度量可以写成

$$\begin{aligned}AM_{old}&=AM'+AM^1+bond(\mathrm{A}_{i-1},\mathrm{A}_i)+bond(\mathrm{A}_i,\mathrm{A}_j)+bond(\mathrm{A}_j,\mathrm{A}_i)+bond(\mathrm{A}_j,\mathrm{A}_{j+1})\\&=\sum_{l=1}^{i}[bond(\mathrm{A}_l,\mathrm{A}_{l-1})+bond(\mathrm{A}_l,\mathrm{A}_{l+1})]\\&\quad+\sum_{l=i+2}^{n}[bond(\mathrm{A}_l,\mathrm{A}_{l-1})+bond(\mathrm{A}_l,\mathrm{A}_{l+1})]+2bond(\mathrm{A}_i,\mathrm{A}_j)\end{aligned}$$

再来考虑将新的属性A_k放置到聚类的亲和度矩阵属性A_i和A_j之间，这个新的全局亲和度度量可以类似地写成

$$\begin{aligned}AM_{new}&=AM'+AM^1+bond(\mathrm{A}_i,\mathrm{A}_k)+bond(\mathrm{A}_k,\mathrm{A}_i)+bond(\mathrm{A}_k,\mathrm{A}_j)+bond(\mathrm{A}_j,\mathrm{A}_k)\\&=AM'+AM^1+2bond(\mathrm{A}_i,\mathrm{A}_k)+2bond(\mathrm{A}_k,\mathrm{A}_j)\end{aligned}$$

---

① 现在起，AA 矩阵和 CA 矩阵的元素分别用 $AA(i,j)$和 $CA(i,j)$表示，这仅仅是为了表示上的方便。对于亲和度的匹配则是 $AA(i,j)=aff(\mathrm{A}_i,\mathrm{A}_j)$和 $CA(i,j)=aff(CA$ 里放置在 i 列的属性，CA 里放置在 j 列的属性)。尽管 AA 和 CA 除了属性排序以外，其他部分完全一样，因为算法对 CA 的列进行排序优先于对行的排序，所以 CA 的亲和度度量的说明是和列相关的。注意，可以规定亲和度度量(AM)的端点条件，其表示为 $CA(0,j)=CA(i,0)=CA(n+1,j)=CA(i,n+1)=0$。

于是，在A_i和A_j之间放置属性A_k的净贡献为：

$$cont(A_i, A_k, A_j) = AM_{new} - AM_{old} = 2bond(A_i, A_k) + 2bond(A_k, A_j) - 2bond(A_i, A_j)$$

【例 2.16】 考虑图 2.13 的AA矩阵并计算在属性 PNO 和 PNAME 之间移动属性 LOC 的贡献，利用公式

$$cont(\text{PNO, LOC, PNAME}) = 2bond(\text{PNO, LOC}) + 2bond(\text{LOC, PNAME}) - 2bond(\text{PNO, PNAME})$$

计算其中的每一项，得到

$$bond(\text{PNO, LOC}) = 45 \times 0 + 0 \times 75 + 45 \times 3 + 0 \times 78 = 135$$
$$bond(\text{LOC, PNAME}) = 11865$$
$$bond(\text{PNO, PNAME}) = 225$$

因此，

$$cont(\text{PNO, LOC, PNAME}) = 2 \times 135 + 2 \times 11865 - 2 \times 225 = 23550$$

到目前为止，算法以及讨论都关注的是属性亲和度矩阵的列。我们也可以对算法重新设计，让它按行计算。由于AA矩阵是对称的，这两种方法会得到同样的结果。

关于算法 2.3 的另一点说明是，在初始化阶段第二列是固定地位于第一列之后。这是可以接受的，因为它们之间的粘合度和它们的相对位置无关。

应当指出端点$cont$的计算问题。如果一个属性 A_i 正在被考虑放置到最左属性的左边，有一个计算粘合度的等式会是在一个不存在的左元素和A_k之间的即$bond(A_0, A_k)$。因此，要用到全局亲和度度量AM之上的定义$CA(0, k) = 0$。放置在最右属性右边的时候同理。

【例 2.17】 使用图 2.13 的AA矩阵我们来考虑PROJ关系表的属性聚类。

根据初始化的步骤要求，我们将AA矩阵的第 1 列和第 2 列复制到矩阵CA（图 2.14(a)）而后从第 3 列（属性 BUDGET）始。第 3 列有三个可选的位置：1 列的左侧，产生（3-1-2）的排序；在第 1 列和第 2 列之间，得到（1-3-2）；以及第 2 列的右边，得到（1-2-3）。注意，要计算最后那个排序的贡献，我们必须计算$cont$(PNAME,BUDGET, LOC)，而不是$cont$(PNO, PNAME, BUDGET)。但是需要注意的是，属性 LOC 还没有被放入CA矩阵中（图 2.14(b)），因此需要如上所述的特殊计算。现在来计算每一选择对于全局亲和度度量的贡献。

排序（0-3-1）：

$$cont(A_0, \text{BUDGET, PNO}) = 2bond(A_0, \text{BUDGET}) + 2bond(\text{BUDGET, PNO}) - 2bond(A_0, \text{PNO})$$

已知

$$bond(A_0,\text{PNO}) = bond(A_0, \text{BUDGET}) =0$$
$$bond(\text{BUDGET, PNO}) = 45 \times 45 + 5 \times 0 + 53 \times 45 + 3 \times 0 = 4410$$

可得

$$cont(A_0, \text{BUDGET, PNO})= 8820$$

排序（1-3-2）：

$$cont(\text{PNO,BUDGET,PNAME})=2bond(\text{PNO,BUDGET})+2bond(\text{BUDGET,PNAME}) - 2bond(\text{PNO, PNAME})$$ $$bond(\text{PNO,BUDGET}) = bond(\text{BUDGET, PNO})= 4410$$

bond(BUDGET,PNAME)=890

bond(PNO,PNAME)=225

得到

$$cont(\text{PNO, BUDGET, PNAME}) = 10150$$

排序（2-3-4）：

cont(PNAME,BUDGET,LOC)=2*bond*(PNAME,BUDGET)+2*bond*(BUDGET,LOC) − 2*bond*(PNAME, LOC) *bond*(PNAME,BUDGET) =890

bond(BUDGET,LOC)=0

bond(PNAME,LOC)=0

得到

$$\text{cont(PNAME, BUDGET, LOC)} = 1780$$

因为排序（1-3-2）的贡献最大，所以把 BUDGET 放置到 PNO 的右边（图 2.14(b)）。对 LOC 的类似计算指出它应当在 PNAME 的右边（图 2.14(c)）。

最后，将行按照列的顺序进行组织，图 2.14(d)给出了最终结果。

	PNO	PNAME
PNO	45	0
PNAME	0	80
BUDGET	45	5
LOC	0	75

(a)

	PNO	BUDGET	PNAME
PNO	45	45	0
PNAME	0	5	80
BUDGET	45	53	5
LOC	0	3	75

(b)

	PNO	BUDGET	PNAME	LOC
PNO	45	45	0	0
PNAME	0	5	80	75
BUDGET	45	53	5	3
LOC	0	3	75	78

(c)

	PNO	BUDGET	PNAME	LOC
PNO	45	45	0	0
BUDGET	45	53	5	3
PNAME	0	5	80	75
LOC	0	3	75	78

(d)

图 2.14　聚类亲和度（CA）矩阵计算

图 2.14(d)产生了两个聚类：一个位于左上角，含有较小的亲和度值。另一个位于右下角，含有较大的亲和度值，它们指出了如何分裂关系表 PROJ 的属性。但是，通常情况下分裂的界限并不像这个例子显示的那样十分清楚。当CA矩阵较大时，通常会出现两个以上的聚类，会有一个以上的划分选择。因此，需要一个系统的方法来处理这一问题。

2.1.2.3　划分算法

分裂活动的目的是要找出由不同的应用集合进行单独访问的属性集合，至少是对大部分属性应该如此。例如，如果可以识别出属性A_1和A_2仅有q_1应用访问，而属性A_3和A_4仅有两个应用q_2和q_3访问，那么关于片段的决定就十分直接。我们的任务是要找到一个可以成为算法的方法来识别属性的分组。

以图 2.15 的聚类属性矩阵为例，如果在对角线上固定一点，则可以识别出两个属性集合：一个是左上角的$\{\mathrm{A}_1, \mathrm{A}_2, \dots, \mathrm{A}_i\}$（表示为$TA$），另一个是右下角的$\{\mathrm{A}_{i+1}, \dots, \mathrm{A}_n\}$（表示为$BA$）。

现在来划分查询集合，$Q=\{q_1,q_2,\dots,q_q\}$，它们会仅仅访问TA，仅仅访问BA，或两者都访问。这组集合的定义如下：

$$AQ(q_i)=\{A_j|use(q_i,A_j)=1\}\ TQ=\{q_i|AQ(q_i)\subseteq TA\}$$
$$BQ=\{q_i|AQ(q_i)\subseteq BA\}$$
$$OQ=Q-\{TQ\cup BQ\}$$

第一个等式定义了查询q_i访问的属性；TQ及BQ是仅分别访问TA或BA的查询集合，而OQ是两者都访问的查询集合。

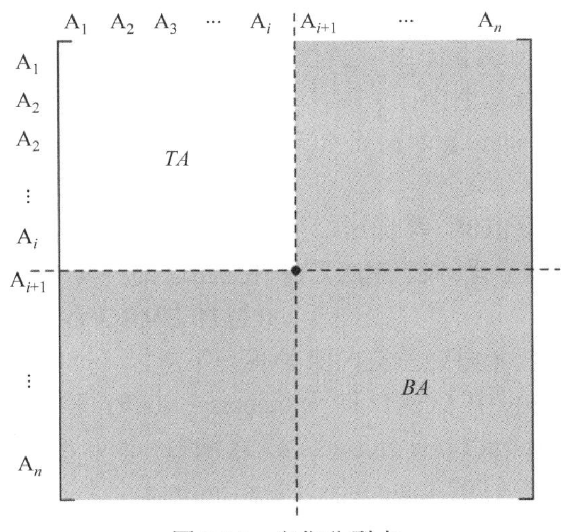

图 2.15 定位分裂点

这里出现了一个优化的问题。如果一个关系表有n个属性，则在这个关系表的聚类属性矩阵对角线上会有$n-1$个可能的位置作为分裂点。其中的最佳位置应该产生这样两个集合TQ和BQ，使得仅对一个片段的所有访问最大化，而对两个片段的所有访问最小化。为此，我们定义了以下的代价公式：

$$CQ=\sum_{q_i\in Q}\sum_{\forall S_j}ref_j(q_i)acc_{j(q_i)}$$
$$CTQ=\sum_{q_i\in TQ}\sum_{\forall S_j}ref_j(q_i)acc_{j(q_i)}$$
$$CBQ=\sum_{q_i\in BQ}\sum_{\forall S_j}ref_j(q_i)acc_{j(q_i)}$$
$$COQ=\sum_{q_i\in OQ}\sum_{\forall S_j}ref_j(q_i)acc_{j(q_i)}$$

上面的每个公式计算各自的查询对属性的访问数量。基于这些度量，优化问题定义为：找到这样一个点 $x(1\leqslant x\leqslant n)$，使得下面的表达式最大化：

$$z=CTQ\times CBQ-COQ^2$$

这个表达式的重要特点是它所定义两个片段使得CTQ和CBQ的值尽可能接近相等。当片段分配到不同的站点时，这使得负载的平衡处理成为可能。很清楚，划分算法和关系表的属性数量形成线性关系表，即$O(n)$。

分裂的过程把属性分成两组，但对于含有很多属性的属性集，很可能要分裂成m组。

设计出m组的划分是可能的，但其计算的代价昂贵。沿着CA矩阵的对角线，有必要尝试$1,2,\dots,m-1$的分裂点，对于每个点也有必要检查哪一个位置最大化了z。所以，这一算法的复杂度为$O(2^m)$。当然，在多个分裂点的情况下，z的定义必须修改。另一个方案是对前一轮迭代所得到的每个片段，递归地应用分为两组的分裂的算法。计算TQ、BQ和OQ，以及每一个相关片段的访问度量，必要时进行划分。

到目前为止的讨论都假定分裂点是唯一的，而且它把CA矩阵分为一个左上角的区域，还有一个包含其他属性的另一区域。然而，分区有可能在矩阵的中间形成。此时，算法需要加以修改。CA矩阵的最左列移位变成最右列，最上面的行要移位到底部。移位之后，需要检查$n-1$个对角线上的位置以得到最大的 z。移位的思想是要把构成聚类的属性块移动到最左上角，在这里容易进行识别。移位操作的加入，使得划分算法的复杂度增加了n倍，从而变成$O(n^2)$。

算法 2.4：SPLIT 算法

```
Input: CA: clustered affinity matrix; R: relation; ref: attribute usage matrix; acc: access frequency matrix
Output: F : set of fragments
begin
    {determine the z value for the first column}
    {the subscripts in the cost equations indicate the split point}
    calculate CTQ_{n-1}
    calculate CBQ_{n-1}
    calculate COQ_{n-1}
    best ← CTQ_{n-1} * CBQ_{n-1} − (COQ_{n-1})^2
    repeat
        {determine the best partitioning}
        for i from n − 2 to 1 by −1 do
            calculate CTQi
            calculate CBQi
            calculate COQi
            z ← CTQ * CBQ_i − COQ_i^2
            if z > best then best ← z          {record the split point within shift}
        end for
        call SHIFT(CA)
    until no more SHIFT is possible
    reconstruct the matrix according to the shift position
    R_1 ←∏_{TA}(R)∪K                           {K is the set of primary key attributes of R}
    R_2 ←∏_{BA}(R) ∪ K
    F ← {R_1, R_2}
end
```

假设移位的过程已经得到实现，其名字为 SHIFT，算法 2.4 给出了划分算法。PARTITION 算法的输入是聚类亲和度矩阵CA，要进行分片的关系表 R，还有属性使用及访问频率矩阵。它的输出是一个片段集合$F_{\mathrm{R}}=\{\mathrm{R}_1,\mathrm{R}_2\}$，这里$\mathrm{R}_i \subseteq \{\mathrm{A}_1, \mathrm{A}_2, \dots, \mathrm{A}_n\}$，而且$\mathrm{R}_1 \cap \mathrm{R}_2$=关系表 R 的主码属性。

注意，对于n组的划分，这一过程应该迭代地调用，或者用一个递归的过程来实现。

【例 2.18】 将 SPLIT 算法应用到从关系表 PROJ（例 2.17）得到的CA矩阵，所得到的是片段定义为 F_{PROJ}={$PROJ_1$,$PROJ_2$}，此处

$$PROJ_1=\{PNO, BUDGET\}$$

$$PROJ_2=\{PNO,PNAME,LOC\}$$

注意，这里对全部的属性集合（而不仅是非主码的属性）执行了分片，原因是这个例子比较简单。由于这一原因，我们把 PROJ 的主码 PNO 包含在$PROJ_2$以及$PROJ_1$之中。

2.1.2.4 正确性检查

我们采用在水平分片里使用的类似的方法来证明 SPLIT 算法生成正确的垂直分片。

1. 完整性

SPLIT 算法保证了完整性，因为全局关系表的每个属性都被分配到了一个片段里。只要关系表 R 的属性集合 A 被定义为$A=\cup R_i$，那么垂直分片的完整性就会得到保证。

2. 重构性

我们曾指出过可以通过连结操作重构出原来的关系表。因此，具有$F_R=\{R_1,R_2,\ldots,R_r\}$的垂直分片和主码属性 K 的关系表 R 的重构是K,$R=\bowtie_K R_i, \forall R_j\in F_R$。因此，只要每个$R_i$都是完整的，连接操作将正确地重构$R\dot{A}$另外一个重要的一点是，每个$R_i$要么包含 R 的主码属性，要么包含系统分配的元组 ID（TID）。

3. 不相交性

我们前面提到，主码属性在每个片段里进行了复制。如果排除这些属性，SPLIT 算法将找到互斥的属性簇，从而得到与属性相关的不相交片段。

2.1.3 混合分片

在某些情况下，单一的水平分片或垂直分片不能充分满足用户应用的需求。这时，在垂直分片之后可能要进行水平分片，或者在水平分片之后可能要进行垂直分片，从而生成树结构的划分（图 2.16）。因为这两种划分策略是一前一后，这种方法就称为混合分片，也叫交叉分片或嵌套分片。

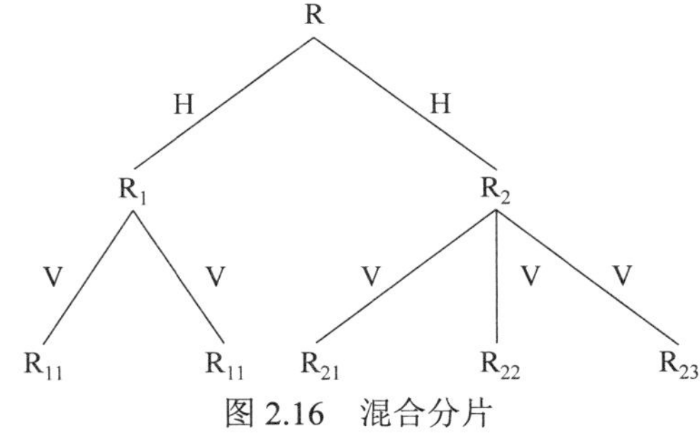

图 2.16 混合分片

一个需要水平分片的例子就是我们一直使用的关系表 PROJ。在例 2.10 中我们根据两个应用把它划分成 6 个水平分片。在例 2.18，我们把同样的关系表垂直划分成两个片段。于是，我们得到了一组水平分片，它们中的每一个又被进一步划分为两个垂直片段。

混合分片的正确性和条件可以自然地从水平分片和垂直分片得到。例如，为了重构混

合分片的原来关系表，可以从划分树的叶子节点开始，逐步向上执行连结和并操作（图 2.17）。如果中间分片和叶子分片是完整的，则整个分片就是完整的。类似地，如果中间分片和叶子分片是不相交的，那么不相交性就得到了保证。

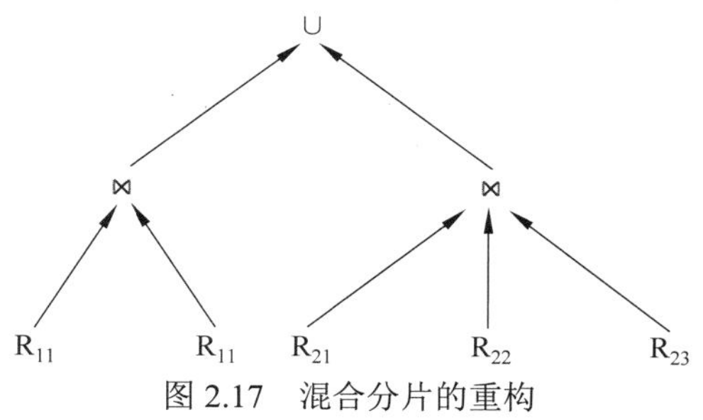

图 2.17　混合分片的重构

2.2　分　　配

在分片之后，下一个需要决策的问题是分配片段到分布式 DBMS 的站点。这可以通过将每个片段放在单个站点或将其复制到多个站点来实现。复制是为了只读查询的可靠性和效率。如果一个片段有多个副本，那么即使发生系统故障，数据的某些副本也很有可能在某处被访问。此外，访问相同数据项的只读查询可以并行执行，因为副本存在于多个站点上。另一方面，执行更新查询会比较麻烦，因为系统必须确保所有数据副本都得到了正确的更新。因此，有关复制的决定是一种权衡，这取决于只读查询与更新查询的比率。这个决定几乎影响了所有的分布式 DBMS 算法和控制功能。

非复制数据库（通常称为划分数据库）包含分配给站点的片段，这样每个片段就被放置在一个站点上。在复制的情况下，要么数据库在每个站点上完整地存在（完全复制的数据库），要么片段以这样的方式分布到站点：片段的副本可以驻留在多个站点（部分复制的数据库）中。在后者中，片段的副本数量可以是分配算法的输入，也可以是由算法决定其值的决策变量。图 2.18 比较了这三种复制方案与各种分布式 DBMS 功能的关系表。我们将在第 6 章详细讨论复制。

在以文件为分配单元的分布式计算系统中，文件分配问题一直在被研究。这通常被称为文件分配问题（FAP），公式通常非常简单，反映了文件 API 的简单性。即使是这个简单的版本也被证明是 NP 完备的，这引发了对合理的启发式方法的探索。

FAP 公式不适合分布式数据库设计，这主要是由于 DBMS 的特点：片段之间不是相互独立的，所以它们不能简单地映射到单个文件；访问数据库中的数据比简单地访问文件要复杂得多；DBMS 需要保证完整性和事务属性，它们的成本都需要考虑在内。

目前尚不存在这样的通用的启发式模型：其输入是一个片段的集合，而输出是满足我们这里所讨论过的限制的接近最优的分配。今天人们研究出的模型都有一些简化的假设，它们可用于一定的特殊分配问题。这里，我们不打算介绍一个或多个这样的分配算法，而是先给出一个相对通用的模型，然后讨论一些可用于解决模型中问题的可能的启发式方法。

	完整副本	部分副本	划分
查询处理	易	相同难度	
目录管理	容易或不存在	相同难度	
并发控制	中等	难	易
可靠性	非常高	高	低
可行性	有可能应用	可行	有可能应用

图 2.18　分配方法的比较

2.2.1　辅助信息

我们需要网络上每个站点的数据、工作负载、通信网络、处理能力，以及存储限制等定量信息。

为了执行水平分片我们定义过中间项选择率。现在把这一定义扩展到片段，定义和查询q_i有关的片段F_j的选择率：它是为了处理q_i而访问的F_j的元组数量，记为$sel_i(F_j)$。

另一个关于数据库片段的必须信息是他们的大小。一个片段F_j的大小由下式给出

$$size(F_j) = card(F_j) \times length(F_j)$$

这里的$length(F_j)$是片段F_j的元组长度（字节数）。

大部分和工作负载有关的信息已经在分片过程中使用过了，但是还有几个是分配模型所需的。两个最重要的是在q_i执行期间对于F_j的读的访问次数（记为RR_{ij}），以及更新的次数（记为UR_{ij}）。例如，查询所需的对于块的访问次数。

我们还需要定义两个度量UM和RM，它们的元素分别为u_{ij}和r_{ij}，也就是：

$$u_{ij} = \begin{cases} 1, & \text{如果查询}q_i\text{更新片段}F_j \\ 0, & \text{其他情况} \end{cases}$$

$$r_{ij} = \begin{cases} 1, & \text{如果查询}q_i\text{检索片段}F_j \\ 0, & \text{其他情况} \end{cases}$$

$\boldsymbol{O}$是由值$o(i)$组成的一个向量，$o(i)$是发出查询q_i的原始站点。最后是定义响应时间的限制，每个应用必须说明所允许的最大的响应时间。

对每个计算机站点，我们需要知道它的存储及计算的能力。显然，他们的值可以通过某些函数或简单的估计得到。在站点S_k存储数据的单位代价为USC_k。另一个代价度量LPC_k用以给出在站点S_k处理一个单位的任务时的代价。这个任务单位应该与RR和UR的度量完全一样。

在我们的模型中假定存在一个简单的网络，它的通信代价用数据帧表示，g_{ij}代表的是在站点S_i和S_j之间的每帧数据的代价。为了计算消息的数量，我们用$msize$表示一个消息的大小（字节数）。无疑，有很多精巧的网络模型，它们考虑了通道的容量、站点之间的距离、协议的额外开销等。但是对我们的目的来说这个简单的模型就足够了。

2.2.2　分配模型

让我们讨论一个模型，该模型试图满足一定的响应时间限制，同时将处理以及存储的

代价降到最低。模型具有以下形式：

$$\min(\text{总代价})$$

限制条件为：

- 响应时间限制。
- 存储限制。
- 处理限制。

本节的其余内容将基于 2.2.1 节所讨论的需求信息扩充这一模型，涉及的决策变量是x_{ij}，其定义为

$$x_{ij}=\begin{cases}1, & \text{如果}F_j\text{存储在站点}S_j\text{上}\\0, & \text{其他情况}\end{cases}$$

2.2.2.1　总代价

总的代价函数有两个部分：查询处理和存储。于是，它可以表示为：

$$TOC=\sum_{\forall q_i\in Q}QPC_i+\sum_{\forall S_k\in S}\sum_{\forall F_j\in F}STC_{jk}$$

这里的 OPC_i 是查询q_i的查询处理代价，STC_{jk} 是在站点S_k存储F_j的代价。

首先考虑存储代价，它的定义如下：

$$STC_{jk}=USC_k\times size(F_j)\times x_{jk}$$

这两个求和给出了在所有站点上存储所有片段的代价。

查询处理的说明更为困难。我们认为它由处理代价（PC）和传输代价（TC）两部分组成。因此，应用q_i查询处理的代价（QPC）是

$$QPC_i=PC_i+TC_i$$

查询处理部分（PC）由三个代价组成：访问代价（AC）、完整性实行代价（IE）和并发控制代价（CC）：

$$PC_i=AC_i+IE_i+CC_i$$

这三个成分的说明取决于完成这些任务的算法。为了说明这一点，我们对AC的某些细节予以说明：

$$AC_i=\sum_{\forall S_k\in S}\sum_{\forall F_j\in F}(u_{ij}\times UR_{ij}+r_{ij}\times RR_{ij})\times x_{jk}\times LPC_k$$

以上公式中的前两项计算用户查询q_i对于片段F_j的访问次数。注意，$(UR_{ij}+RR_{ij})$给出了全部的更新次数以及检索次数，假定它们在本地的处理时间是一样的。总和给出了对q_i所用到的片段的所我们有访问次数，用LPC_k相乘便得到了在站点S_k的访问代价。这里的x_{jk}再一次用于仅仅选择那些存储片段的站点。

访问代价函数作了这样的假设：查询处理要把一个查询分解成一个子查询的集合，每个子查询工作在站点上的一个片段上，紧接着的操作是把结果返回到最初发出查询的原始节点。现实情况更为复杂。例如，代价函数没有考虑连结操作（如果有的话）的执行代价，而这些连结又可以有多种执行方法（详见第 4 章）。

对于实行完整性的代价也应当像查询处理那样考虑，只不过它的本地处理的单位代价应当反映完整性在实行过程中的真实成本。因为完整性检查和并发控制方法在本书的后面会讨论，故而就没必要在这里研究了。在读完第 3 章和第 5 章之后，读者应当再回过头来

看本节的内容，从而确信这些代价函数是可以推导得到的。

可以像访问代价函数那样来处理传输代价函数。但是，更新引起的额外数据传输和检索的额外数据传输相当不同。在更新查询的情况下，必须通知所有存有副本的站点，而在查询的情况下，访问一个站点的副本就足够了。此外，在更新结束时除了确认消息以外，没有数据回传到发出请求的原站点。但对只检索的查询而言，则有可能相当数量的数据传输产生。

更新的传输代价为：

$$TCU_i = \sum_{\forall S_k \in S} \sum_{\forall F_j \in F} u_{ij} \times x_{jk} \times g_{o(i),k} + \sum_{\forall S_k \in S} \sum_{\forall F_j \in F} u_{ij} \times x_{jk} \times g_{k,o(i)}$$

公式里的第 1 项用于把查询q_i的更新消息从站点$o(i)$发送到所有持有需要更新副本的站点，第 2 项用于确认消息。

检索的代价函数为

$$TCR_i = \sum_{\forall F_j \in F} \min_{S_k \in S}(r_{ij} \times x_{jk} \times g_{o(i),k} + r_{ij} \times x_{jk} \times \frac{sel_i(F_j) * length(F_j)}{msize} * g_{k,o(i)})$$

TCR的第 1 项代表将检索请求发送到那些持有所需副本的站点的代价。第 2 项计算的是把结果从这些站点回传到初始站点的代价。这一公式指出，在所有持有同一个片段副本的站点中，应当选择传输代价最小的那个来执行这一操作。

现在，我们得到了查询q_i的传输代价函数：

$$TC_i = TCU_i + TCR_i$$

它完整地给出了全部计算。

2.2.2.2 限制

限制函数的类似细节也可以加以定义。但这里我们不再仔细地描述这些函数，而是简单地指出它们的大概形式。响应时间的限制应该规定为：

$$q_i\text{的执行时间} \leqslant q_i\text{的最大响应时间}，\forall q_i \in Q$$

目标函数的代价度量采用时间为好，因为这会使得执行时间的限制说明较为直接。

存储的限制是：

$$\sum_{\forall F_j \in F} STC_{jk} \leqslant \text{站点}S_k\text{的存储能力}，\forall S_k \in S$$

而处理的限制则为：

$$\sum_{\forall q_i \in Q} \text{站点 } S_k \text{ 上的负载处理 } q_i \leqslant \text{站点 } S_k \text{ 的处理能力}，\forall S_k \in S$$

至此，我们完成了分配模型。虽然没有完成它的所有细节，但我们讨论的某些概念已经指出如何形式化地刻画一个问题。另外，我们还指出了分配模型需要解决的重要方面。

2.2.3 解决办法

上一节给出了一般的分配模型，它比 FAP 模型复杂得多。因为 FAP 模型是 NP 完全的，人们自然会想到文件的分配问题也是 NP 完全的。于是，人们只能寻找得到次优解的启发式方法。对于“优”的检验，显然是启发式算法的结果接近最优解的程度。

很早人们就观察到 FAP 和运筹学的工厂位置问题间的对应关系表。事实上，单一的 FAP 问题和单一的社区仓库位置问题之间的同构已经得到了证明。所以，运筹学研究人员所取得的启发式成果普遍地被用于解决 FAP 问题。这些例子包括背包问题解法、分支定界技术以及网络流算法。

还有一些希望能降低这一问题复杂性的其他工作。一种策略是假设所有的候选划分、相关的代价、查询处理得到的收益是一起决定的。这样，问题的建模就变成为每个关系表寻找最优的划分和放置。另一个经常使用的简化就是先忽略复制，找到一个最优的非复制的解。第二步再来处理复制问题，把非复制的解作为起点，应用贪心算法，逐步改进。但是对于这些启发式方法，还缺乏足够的数据来决定其结果靠近最优解的距离。

2.3　结合的方法

我们在图 2.1 中描述的设计过程中分离了划分和分配步骤。该方法是线性的，其中划分的输出是分配的输入，我们称之为 fragment-then-allocate 方法。这简化了决策空间，从而简化了问题的表述，但这两个步骤的隔离实际上可能增加了分配模型的复杂性。这两个步骤都有类似的输入，不同之处在于划分处理全局关系表，而分配考虑分段。它们都需要工作负载信息，但忽略了彼此如何利用这些输入。最终的结果是，划分算法部分地根据查询访问关系表的方式来决定如何划分关系表，但是分配模型忽略了该输入在划分中所起的作用。因此，分配模型必须重新包含片段之间关系表的详细说明，以及用户应用程序如何访问它们。有一些方法可以结合划分和分配步骤，比如数据划分算法可指导分配，或者分配算法指导数据如何划分，我们称之为组合方法（combined approaches）。它们大多考虑水平划分，因为这是获得显著并行性的常用方法。在本节中，我们将介绍这些方法，分为“工作负载不可知”和“工作负载感知”两种。

2.3.1　工作负载不可知时的划分技术

这类技术忽略了将在数据上运行的工作负载，只关注数据库，甚至常常不关注模式定义。这些方法主要用于数据动态性高于分布式 DBMS 的并行 DBMS 中，因此可以快速应用的、更简单的技术是首选。

这些算法最简单的形式是轮询划分（图 2.19）。对于n个分区，插入顺序的第i个元组被分配给分段（$i \bmod n$）。这个策略使对关系表的顺序访问能够并行完成。但是，基于谓词直接访问单个元组需要访问整个关系表。因此，轮循划分适用于全扫描查询，如数据挖掘。

另一种方法是哈希划分，它将哈希函数应用于产生分区号的某个属性（图 2.20）。这种策略允许对选择属性的精确匹配查询由一个节点处理，所有其他查询由所有节点并行处理。但是，如果用于分区的属性具有不均匀的数据分布（例如人名），那么结果的放置可能是不平衡的，有些分区比其他分区大得多。这称为数据倾斜（data skew），这是一个可能导致不平衡负载的重要问题。

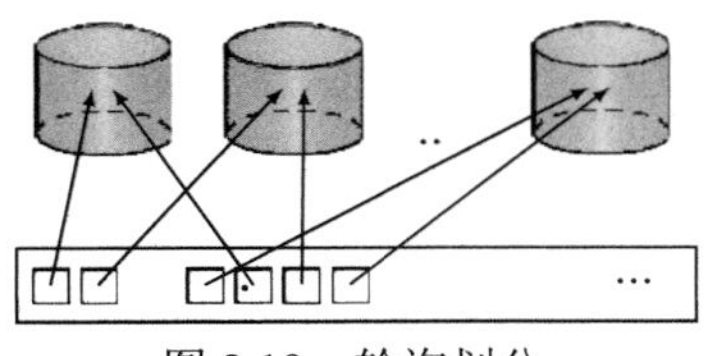

图 2.19　轮询划分

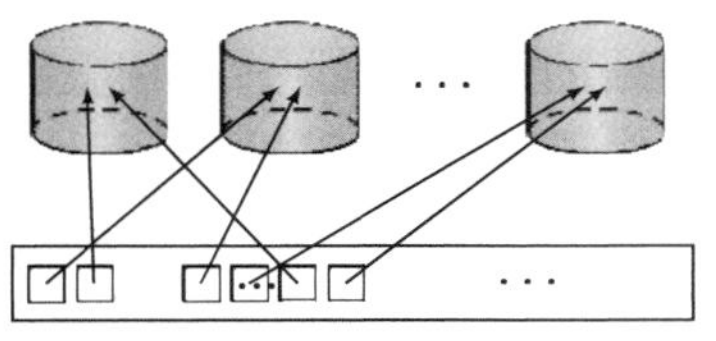

图 2.20　哈希划分

最后是范围划分（图 2.21），根据某些属性的值间隔（范围）分布元组，可以处理不均匀的数据分布。与依赖于哈希函数的哈希不同，范围必须在索引结构中维护，例如 B-树。除了支持精确匹配查询（就像在哈希中那样）之外，它还非常适合用于范围查询。例如，具有谓词“A在A_1和A_2之间”的查询可能由唯一包含A值在A_1和A_2范围内的元组的节点来处理。

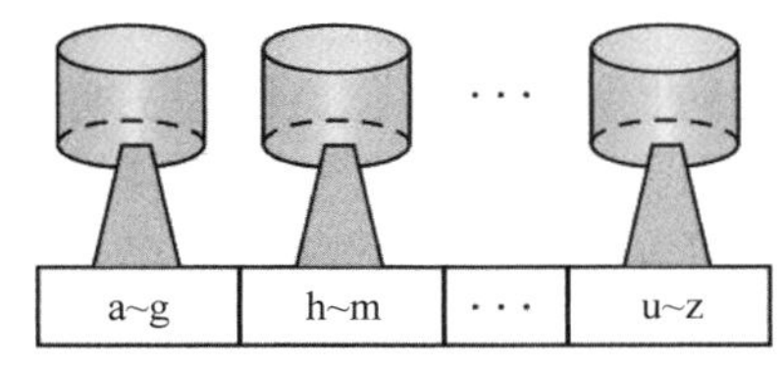

图 2.21　范围划分

这些技术很简单，可以快速计算，而且，正如我们在第 8 章中讨论的那样，很好地适应了并行 DBMS 中数据的动态性。但是，它们有间接的方法来处理数据库中关系表之间的语义关系表。

例如，考虑两个具有外键-主键连结关系的关系表，例如$R \bowtie_{R.A=S.B} S$，哈希划分将在属性R.A和S.B上使用相同的函数，以确保它们位于相同的节点上，从而本地化连结且并行化连结的执行。在范围划分中可以使用类似的方法，但是轮循不会考虑这种关系。

2.3.2　工作负载可知的划分技术

这类技术将工作负载视为输入，并执行划分以在一个站点上尽可能多地本地化工作负载。正如本章开始提到的，它们的目标是最小化分布式查询的数量。

在系统中有一种方法称为 Schism，它使用数据库和工作负载信息来建立一个图 G=V，E，每个V中的顶点 v 代表数据库中的元组，并且每个E中的边 e=(v_i, v_j)代表查询访问元组v_i和v_j。每条边都被赋予一个权重，该权重是访问两个元组的事务数。

在这个模型中，也很容易考虑副本，因为可以通过用一个单独的顶点表示每个副本。复制顶点的数量由访问元组的事务的数量决定；也就是说，每个事务访问一个副本。一个被复制的元组在图中由一个由n个顶点组成的星形配置表示，其中“中心”顶点表示逻辑元组，其他n个顶点表示物理副本。物理复制顶点和中心顶点之间的边的权重是更新元组的事务数量；其他边的权值保持为访问元组的查询数。这种安排很有意义，因为目标是尽可能地本地化事务，而这种技术使用复制来实现本地化。

【例 2.19】　让我们考虑一个数据库，它的一个关系表由 7 个元组组成，由 5 个事务访问。在图 2.22 中，我们描绘了所构造的图：有七个顶点对应于元组，同时访问它们的查询显示为同一团。例如查询Q_1访问元组 2 和 7，查询Q_2访问元组 2、3 和 6，查询Q_3访问元组 1、2 和 3，查询Q_4访问元组 3、4 和 5，查询Q_5访问元组 4 和 5，边的权重捕获事务访问的数量。

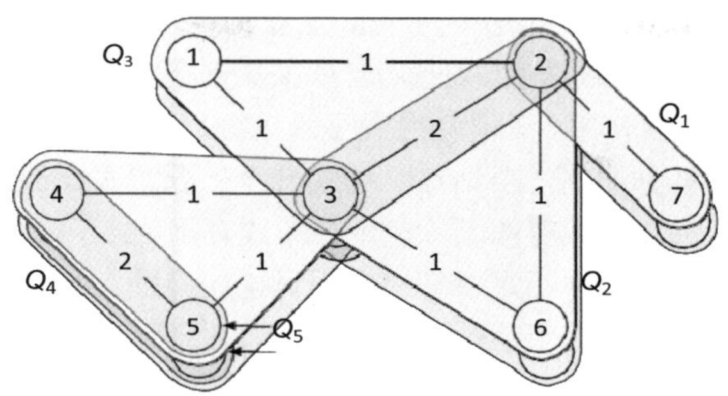

图 2.22　在 schism 中用于划分的图表示

可以将副本合并到此图中，但要复制由多个事务访问的元组，如图 2.23 所示。请注意，元组 1、6 和 7 没有被复制，因为它们每个只被一个事务访问，元组 4 和 5 被复制了两次，元组 2 和 3 被复制了三次。我们用虚线表示中心顶点和每个物理副本之间的“复制边”，在本例中省略了这些边的权重。

一旦该图表示捕获了数据库和工作负载，下一步就是执行顶点不相交图划分。由于我们将在 10.4.1 节中详细讨论这些技术，所以我们在这里不进行详细讨论，只是简单地说，顶点不相交划分将图的每个顶点分配到一个单独的分区，这样分区是互斥的。这些算法的目标函数是一组平衡（或接近平衡）的分区，同时最小化割边的代价。切边的代价考虑了每条边的权值，从而使分布式查询的数量最小化。

Schism 方法的优点是它的细粒度分配——它将每个元组作为一个分配单元，当为每个元组做出分配决策时，划分就“出现”了。因此，可以控制元组到查询的映射，其中许多元组可以在一个站点上执行。然而，这种方法的缺点是，随着数据库大小的增加，图会变得非常大，特别是在向图中添加副本时。这使得图的管理变得困难，并且划分代价昂贵。需要考虑的另一个问题是，记录每个元组存储位置（即目录）的映射表变得非常大，可能会带来自身的管理问题。

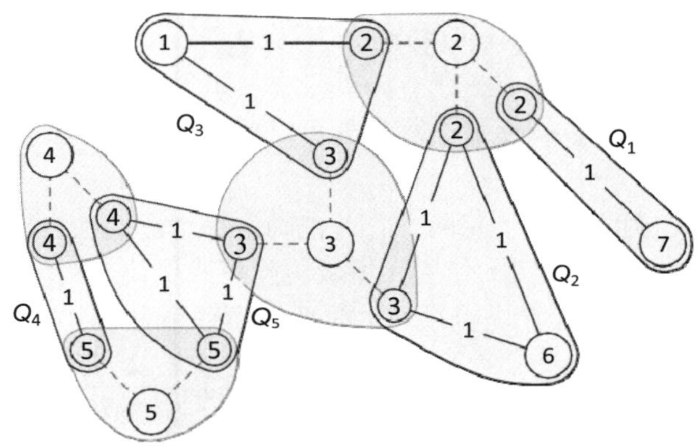

图 2.23　合并了副本的 Schism 图

克服这些问题的一种方法被提出作为 SWORD 系统的一部分，该系统采用超图模型[①]，

① 超图允许每条边（称为超边）连接两个以上的顶点，就像正则图那样。超图模型的细节超出了我们的范围。

图 2.22 中的每个团都表示为一个超边。每个超边表示一个查询，超边所生成的顶点集合表示它访问的元组。每个超边都有一个权重，表示该查询在工作负载中的频率。因此我们得到的是一个加权超图。然后使用k-way 均衡最小割划分算法对超图进行划分，该算法生成k个均衡分区，每个分区被分配到一个站点。这就减少了分布式查询的数量，因为该算法最小化了超边的裁剪，而每一个裁剪都表示一个分布式查询。

当然，模型中的这个更改并不足以解决上面讨论的问题。为了减少图的大小和维护相关映射表的开销，SWORD 对这个超图进行如下压缩。原始超图 G 中的顶点集合V被映射到虚拟顶点集合V'，使用哈希或其他函数对元组的主键进行操作。一旦确定虚拟顶点的集合，原来的超图的边这样映射到压缩图E'的超边：如果由超边$e \in E$张成的顶点在压缩图中映射到不同的虚拟顶点，就会有一条超边$e' \in E'$。

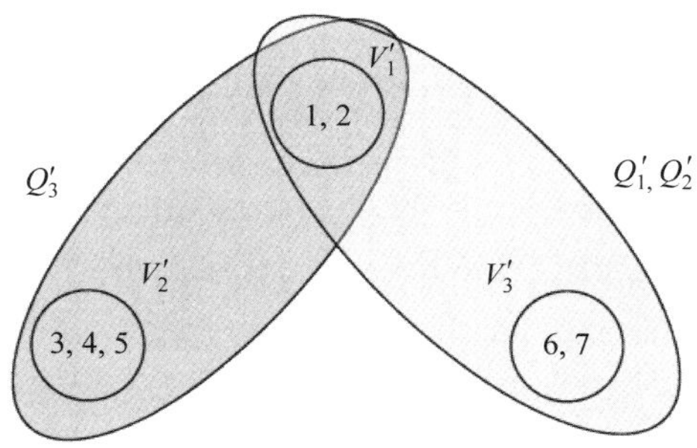

图 2.24　Sword 压缩后的超图

当然，这种压缩是有意义的，$|V'| < |V|$，所以关键问题是确定需要多少压缩—过多的压缩会减少虚拟顶点的数量，但会增加超边的数量，从而增加分布式查询的可能性。得到的压缩超图$G' = (V', E')$将比原来的超图更小，因此更容易管理和划分，映射表也将更小，因为它们只考虑虚顶点集的映射。

【例 2.20】 让我们重新考虑示例 2.19 中的情况，考虑我们将超图压缩为三个虚拟顶点：$v'_1 = 1{,}2$，$v'_2 = 3{,}4{,}5$，$v'_3 = 6{,}7$。那么就会有两个超边：频率为 2 的$e'_1 = (v'_1, v'_3)$（对应原超图的Q_1和Q_2），频率为 1 的$e'_2 = (v'_1, v'_2)$（对应Q_3）。表示查询Q_4和Q_5的超边是局部的（即不生成虚拟顶点），所以压缩超图中不需要超边，如图 2.24 所示。

在压缩超图上执行k-way 均衡最小割划分可以更快地执行，并且由于图的缩小，生成的映射表也会更小。

SWORD 在压缩超图中包含了复制。它首先确定每个虚拟顶点需要多少个副本。它通过对每个虚拟顶点v'_i中的每个元组t_j使用元组级访问模式统计来实现这一点，即它的读频率f^r_{ij}和写频率f^w_{ij}。利用这些，计算虚拟顶点v'_i的平均读写频率（分别为ARF和AWF）如下：

$$ARF(v'_i) = \frac{\sum_j f^r_{ij}}{\log S(v'_i)} \text{和} AWF(v'_i) = \frac{\sum_j f^w_{ij}}{\log S(v'_i)}$$

$S(v'_i)$是每个虚拟顶点的大小（根据映射到它的实际顶点的数量），它的log被用来补偿虚拟顶点大小的偏差（所以，这些是大小补偿的平均值）。由此，SWORD 定义了一个复制因子，$R=\dfrac{AWF(v'_i)}{ARWF(v'_i)}$，并定义了一个用户指定的阈值$\delta$ $(0 < \delta < 1)$。然后将虚拟顶点v'_i的副本数量（$\#\_rep$）给出为：

$$\#\_rep(v_i') = \begin{cases} 1, & \text{如果 } \mathcal{R} \geqslant \delta \\ ARF(v_i'), & \text{其他情况} \end{cases}$$

一旦确定了每个虚拟顶点的副本数量，这些副本将被添加到压缩超图中，并以最小化分割算法中的最小切割的方式分配给超边。我们忽略了这个任务的细节。

2.4　自适应方法

本章中描述的工作通常假设一个静态环境，其中设计只进行一次，并且这种设计可以持久。当然，现实是完全不同的。物理（例如，网络特征、各种站点的可用存储）和逻辑（例如，工作负载）的变化都需要我们重新设计数据库。在动态环境下，这一过程变成了设计-再设计-再设计物化的过程。当事情发生变化时，最简单的方法就是从头开始重新设计。对于大型或高度动态的系统，这是不太现实的，因为重新设计的开销可能非常高。首选的方法是执行增量重新设计，只关注数据库中可能受更改影响的部分。增量重新设计可以在每次检测到更改时进行，也可以定期对更改进行批处理和定期评估。

该领域的大部分工作都集中在工作负载（查询和事务）随时间的变化上，这也是我们在本节中所关注的。虽然这方面的一些工作主要集中在分片然后分配的方法上，但大多数工作遵循组合方法。在前一种情况下，提出的一种替代方案涉及一个拆分阶段，在这个阶段中，根据更改的应用程序需求进一步细分片段，直到根据成本函数进一步细分没有增益为止。此时，合并阶段开始，由一组应用程序一起访问的片段被合并到一个片段中。我们将更多地关注在工作负载变化时执行增量重新设计的动态组合方法。

自适应方法的目标与 2.3.2 节中讨论的工作负载感知的划分策略相同：最小化分布式查询的数量，并确保每个查询的数据是本地的。在此背景下，适应性分布设计需要解决 3 个相互关联的问题：

（1）如何检测需要在分布设计中更改的工作负载更改？

（2）如何确定哪些数据项将在设计中受到影响？

（3）如何以有效的方式执行更改？

接下来的部分将讨论这些问题。

2.4.1　检测工作负载的变化

这是一个困难的问题，没有多少这方面的工作。已经提出的大多数自适应技术都假设工作负载中的更改已被检测到，并且仅仅关注迁移问题。为了能够检测工作负载变化，需要监视传入的查询。一种方法是定期检查系统日志，但这可能会有很高的开销，特别是在高度动态的系统中。另一种方法是持续监控 DBMS 中的工作负载。在我们上面讨论的 SWORD 系统中，系统监视分布式事务数量的增加百分比，并认为如果增加的百分比超过了定义的阈值，则系统已经发生了足够的变化，需要重新配置。另一个例子是，E-Store 系统同时监视系统级指标和元级访问。它首先使用 OS 工具在每个计算节点收集系统级指标。E-Store 目前主要关注于检测计算节点之间的工作负载不平衡，因此只收集 CPU 利用率数据。如果 CPU 使用率不平衡超过了一个阈值，那么它将调用更细粒度的元级监视来检测受影响的项目（请参见下一节）。虽然 CPU 利用率的不平衡可能是可能出现的性能问题的一个很好的指示器，但是要捕获更重要的工作负载变化还不够，它太简单了。当然，也可以进行更复杂的监控，例如，可以创建一个概要文件，查看给定时间段内每个查询的频率、满足（或超过）其商定延迟的查询的百分比（可能在服务水平协议中捕获），以及其他内容。然后可以决定概要文件中的更改是否需要重新设计，可以连续地（即每次监视器注册信息时）或定期地重新设计。这里的挑战是在不影响系统性能的情况下有效地执行此操作。这是一个尚未得到充分研究的开放研究领域。

2.4.2 检测受影响的数据项

一旦在工作负载中检测到更改，下一步就是确定受影响的数据项以及需要迁移哪些数据项以解决此更改。如何做到这一点在很大程度上取决于检测方法。例如，如果系统正在监视查询的频率并检测到更改，那么查询将识别数据项。可以将单个查询概括为查询模板，以便捕获也可能受到更改影响的“类似”查询。这是在 Apollo 系统中完成的，其中每个常量都被通配符替换。例如，查询

```
SELECT PNAME FROM PROJ WHERE BUDGET>200000 AND LOC = "London"
```

可以推广到

```
SELECT PNAME FROM PROJ WHERE BUDGET>? AND LOC = "?"
```

虽然这减少了确定受影响的确切数据项集的粒度，但它可以允许检测可能受类似查询影响的其他数据项，并减少必要更改的频率。E-Store 系统一旦检测到系统负载不平衡，就会启动元级监控。在短时间内，它收集每个计算节点（即每个分区）的元组访问数据，并确定“热”元组，即在一段时间内访问频率最高的 Top-k 元组。为此，它使用每个元组的直方图，这些元组在启用元组级监视时被初始化，并在监视窗口中发生访问时被更新。在这段时间结束时，将组装 Top-k 列表。监控软件收集这些列表并生成热元组的全局 Top-k 列表—这些是需要迁移的数据项。一个副作用是冷元组的确定；特别重要的是，以前是热的，后来变成冷的元组。元级监控时间窗的确定和 k 的值是由数据库管理员设置的参数。

2.4.3 增量重构

如前所述，执行重新设计的简单方法是重做整个数据划分和分布。虽然这在工作负载变化不频繁的环境中可能会比较好，但在大多数情况下，重新设计的开销太高，无法从头开始。首选的方法是通过迁移数据增量的应用更改；换句话说，我们只查看更改的工作负载和受影响的数据项，并将它们四处移动[①]。因此，在本节中，我们将重点关注增量方法。

继上一节之后，一种明显的方法是使用递增图划分算法，该算法对我们所讨论的图表

① 该领域的研究主要集中在水平划分上，这也是我们这里的重点，这意味着我们的迁移单元是单个元组。

示中的变化做出反应。在上面讨论的 SWORD 系统和 AdaptCache 中都遵循了这一点，它们都展示了超图的使用，并对这些图执行增量划分。增量图划分启动数据迁移以进行重新配置。

我们一直在讨论的电子商店系统采用了更复杂的方法。一旦确定了热元组集合，就会准备一个迁移计划，该计划将确定应该将热元组移动到哪里，以及需要对冷元组进行哪些重新分配。这可以形成一个优化问题，它创建了一个跨计算节点的均衡负载（均衡被定义为跨计算节点的平均负载加减阈值），但实时地解决这个优化问题从而实现在线重组并不容易，所以它使用近似位置的方法（例如，贪婪，First-fit）生成重新配置计划。基本上，它首先确定每个热元组应该位于的适当计算节点，然后处理冷元组（如果由于剩余的不平衡而有这个必要），处理方式是在块中移动它们。因此，生成的重新配置计划单独处理热元组的迁移，但将冷元组迁移为块。作为计划的一部分，我们需要确定一个协调节点来管理迁移，该计划是 Squall 重新配置系统的输入。

Squall 用三个步骤进行重新配置和数据迁移。在第一步中，在重新配置计划中确定的协调器将初始化用于迁移的系统。这一步包括通过事务协调获得对所有这些分区的独占访问控制，我们将在第 5 章中讨论。然后协调器要求每个站点识别将要移出本地分区的元组和将要进入的元组。此分析是在元数据上完成的，因此可以在每个站点通知协调器并终止初始化事务之后快速完成。在第二步中，协调器指示每个站点进行数据迁移。这非常重要，因为在数据被移动时，会有查询访问数据。如果一个查询在一个给定的计算节点上执行，而根据重新配置计划，数据应该在该节点上，但是所需的元组在本地不可用，Squall 会拉出缺失的元组来处理查询。除了按照重新配置计划进行数据的正常迁移之外，还会执行此操作。换句话说，为了及时执行查询，除了正常的迁移外，Squall 还执行按需移动。一旦该步骤完成，每个节点将通知协调器，协调器随后将启动最终终止步骤，并通知每个节点重新配置已完成。这三个步骤对于 Squall 能够在同时执行用户查询的同时执行迁移是必要的，而不是停止所有查询执行，执行迁移，然后重新启动查询执行。

另一种方法是数据库破解，这是一种自适应索引技术，针对动态的、难以预测的工作负载和几乎没有空闲时间用于工作负载分析和索引构建的场景。数据库破解工作是通过不断地重组数据来匹配查询工作负载。每个查询都是关于如何存储数据的建议。破解通过作为查询处理的一部分部分地和增量地构建和细化索引来实现这一点。通过使用轻量级操作响应每个查询，数据库破解能够及时适应不断变化的工作负载。随着更多查询的到来，索引得到细化，性能得到提高，最终达到最佳性能，即我们从手动调优的系统中获得的性能。

原始数据库破解方法的主要思想是，数据系统每次重新组织数据的一列，并且仅在查询涉及时才这样做。换句话说，重组利用了数据已经被读取这一事实，并决定如何以最佳方式对其进行优化。实际上，原始的破解方法重载了数据库系统的选择操作符，并使用每个查询的谓词来确定如何重组相关列。查询第一次需要属性A时，就会创建基列A的一个副本，称为A的 cracker 列。A上的每个选择操作符都会根据请求的查询范围触发 cracker 列的物理重组。键值小于下界的表项被移动到下界之前，而键值大于上界的表项被移动到相应列的上界之后。每个 cracker 列的分区信息在 AVL-树中维护，即 cracker 索引。在列A上的未来查询将在 cracker 索引中搜索请求范围所在的分区。如果请求的键已经存在于索引中，也就是说，如果过去的查询已经破解了这些范围，那么选择操作符可以立即返回结果。否则，选择操作符将动态地进一步细化列，即，只有谓词所在的列的分区/块将被重新组织（在范围的边界上最多两个分区）。逐渐地，列变得更加“有序”，包含更多但更小的片段。

数据库破解的主要概念及其基本技术可以扩展到分布式设置中的数据划分，即，使用传入查询作为参考，跨一组节点存储数据。每当某个节点需要用于本地查询的数据的特定部分，但该节点中不存在该数据时，可以使用该信息作为可以将数据移动到该节点的提示。然而，与系统立即响应每个查询的内存数据库破解方法相反，在分布式设置中，我们需要考虑移动数据的代价更大。同时，出于同样的原因，以后的查询可能会有更大的好处。实际上，我们已经在对基于磁盘的数据进行优化的原始数据库破解方法的变体中研究过相同的权衡。净效应是双重的：（1）与其每一次查询都做出反应，我们不如等待更多的工作负载的证据进行昂贵的数据重组行动；（2）我们应该应用“更重的”重组，以利用在内存外读写数据的代价更高这一事实。我们希望未来的方法能够探索和开发这种自适应索引方法，以便在工作负载不容易预测、在第一个查询到达之前没有足够的时间对所有数据进行完全排序/划分的情况下，从有效的划分中获益。

2.5 数 据 目 录

我们最后讨论的分布设计问题与数据目录有关。系统需要存储和维护分布式数据库模式。这些信息在分布式查询优化期间是必要的，我们将在后面讨论这一点。模式信息存储在目录/数据字典/目录（简单的目录）（catalog/data dictionary/directory）中。目录是一个元数据库，它存储许多信息，如模式和映射定义、使用统计信息、访问控制信息等。

在分布式数据库的情况下，模式定义是在全局一级（即全局概念模式（GCS）），以及局部站点（即局部概念模式（LCS））一级完成的。GCS 定义整个数据库，而每个 LCS 描述该特定站点的数据。因此，有两种类型的目录：全局目录/字典（GD/D）[①]描述终端用户看到的数据库模式，本地目录/字典（LD/D）描述每个站点的本地映射和模式。于是，局部数据库管理部件通过全局 DBMS 的功能得到了集成。

如前所述，目录本身也是数据库，它包含实际存储的数据的元数据（metadata）。因此，本章讨论的分布式数据库设计技术也可用于目录管理。简而言之，一个目录可以是全部数据库的全局，也可以是每个站点的局部。换句话说，可以是包含所有数据库数据信息的单一目录。也可以是一些目录，它们分别保存存储在每个站点的数据信息。在后面的情况下，也可能建立目录的层次机构来帮助搜索。也可以采用分布式搜索的策略，这会在保存目录的站点之间产生不少的通信。

第二个问题是复制。可能保持目录的一个副本，或者多个副本。多副本提供更高的可靠性，因为得到一个副本的概率更大。进一步讲，访问目录的延迟会更低，这是因为较少的竞争以及目录副本之间的相对接近。但另一方面，目录的更新会更加困难，因为需要更新多个副本。因此，最后的选择要依赖于系统运行的环境，还要在响应时间的要求、目录的大小、站点上机器的能力、可靠性需求，以及目录的变更性（即目录的变化，它是由数

① 在剩下的部分中，我们将简单地将其称为全局目录（global directory）。

据库经历的变化引起的）之间做出折中。

2.6 本 章 小 结

在本章中，我们介绍了可用于分布式数据库设计的技术，特别强调了划分和分配问题。我们已经详细讨论了可以用各种方式分割关系模式的算法。这些算法都是独立开发的，没有结合水平和垂直划分技术的底层设计方法。如果一个人从一个全局关系表开始，那么有一些算法可以将其水平分解，也有一些算法可以将其垂直分解为一组片段关系表。然而，没有算法可以将全局关系表分割成一组片段关系表，其中一些片段关系表是水平分解的，另一些则是垂直分解的。人们通常指出，大多数现实生活中的分片将是混合的，即将涉及一个关系表的水平和垂直划分，但实现这一点的方法论研究缺乏。如果要遵循这种设计方法，就需要一种包含水平和垂直划分算法的分布设计方法，并将其作为更普遍的策略的一部分。这种方法应该输入一个全局关系表和一套设计标准，并输出一组片段，其中一些通过水平划分获得，其他通过垂直划分获得。

我们还讨论了不分离划分和分配步骤的技术——数据的划分方式决定了如何分配数据，反之亦然。这些技术通常有两个特征。首先，它们只关注水平划分。二是粒度更细，分配单元是元组；每个站点上片段的“出现”都来自分配给该站点的相同关系表的元组的联合。

我们最后讨论了考虑工作负载变化的自适应技术。这些技术通常也涉及水平划分，但是要监视工作负载的变化（查询集和访问模式方面的变化），并相应地调整数据分区。简单地实现这一点的方法是对划分算法进行新的批处理运行，但这显然不是我们想要的。因此，该类中较好的算法对数据分布进行增量调整。

2.7 本章参考文献说明

分布式数据库的设计在技术发展的初期就得到了系统的研究。一篇描述设计空间特征的早期论文是【Levin and Morgan 1975】。【Davenport 1981】、【Ceri 等 1983】和【Ceri 等 1987】对设计方法提供了很好的概述。【Ceri and Pernici 1985】讨论了一种称为 DATAID-D 的方法，它与我们在图 2.1 中展示的类似。【Fisher 等 1980】、【Dawson 1980】、【Hevner and Schneider 1980】和【Mohan 1979】也试图开发一种方法。

关于碎片化的大部分已知成果已经在本章中介绍了。分布式数据库中的划分工作最初集中于水平划分。关于这一主题的讨论主要基于【Ceri 等 1982b】和【Ceri 等 1983】。并行 DBMS 中的数据划分在【DeWitt and Gray 1992】中得到了处理。几篇论文（例如【Navathe 等 1984】和【Sacca and Wiederhold 1985】）讨论了分布式设计的垂直划分问题。关于垂直划分的最初研究可以追溯到 Hoffer 的论文【Hoffer 1975】、【Hoffer and Severance 1975】，以及【Niamir 1978】和【Hammer and Niamir 1979】。【McCormick 等 1972】提出了【Hoffer and Severance 1975】和【Navathe 等 1984】用于垂直划分的键能算法。

广域网上文件分配问题的研究可以追溯到 Chu 的著作【Chu 1969，1973】。【Dowdy 和 Foster 1982】所做的出色的调查已经涵盖了这方面的大部分早期工作。【Grapa and Belford

1977】和【Kollias and Hatzopoulos 1981】报道了一些理论结果。分布式数据分配的工作可以追溯到20世纪70年代中期【Eswaran 1974】和其他人的工作。在他们早期的工作中，【Levin and Morgan 1975】集中于数据分配，但后来他们把程序和数据分配结合在一起【Morgan and Levin 1977】。分布式数据分配问题也在许多专门的设定中得到了研究。已经得到研究的有：确定计算机和数据在广域网设计中的位置【Gavish and Pirkul 1986】。在超级计算机系统上【Irani and Khabbaz 1982】以及处理器集群上【Sacca and Wiederhold 1985】，通道容量与数据放置（【Mahmoud and Riordon 1976】）和数据分配（【Irani and Khabbaz 1982】）一起都得到了研究。【Apers 1981】的一项有趣的工作是，在虚拟网络的节点上最优地放置关系表，然后找到虚拟网络节点和物理网络之间的最佳匹配。由于【Ramamoorthy and Wah 1983】的研究，单个商品仓库选址问题的数据分配问题具有同构性。对于其他解决方法，来源如下：背包问题解决方案【Ceri 等 1982a】，分支定界技术【Fisher and Hochbaum 1980】，网络流算法【Chang and Liu 1982】。

结合划分的 Schism 方法（2.3.2 节）是由【Curino 等 2010】提出的，而 SWORD 是由【Quamar 等 2013】提出的。其他类似的工作有【Zilio 1998】、【Rao 等 2002】和【Agrawal 等 2004】，它们主要关注并行 DBMS 的划分。

【Wilson and Navathe 1986】讨论了一种早期的自适应技术。有限的重新设计，特别是物化问题，在【Rivera-Vega 等 1990，Varadarajan 等 1989】中进行了研究。在【Karlapalem 等 1996】、【Karlapalem and Navathe 1994】、【Kazerouni and Karlapalem 1997】中学者们研究了完全重新设计和物化问题。【Kazerouni and Karlapalem 997】描述了我们在 2.4 节中提到的逐步重新设计方法。AdaptCache 在【Asad and Kemme 2016】中进行了描述。

【Pavlo 等 2012】和【Lin 等 2016】研究了工作负载变化对分布式/并行 DBMS 的影响以及对每个事务的数据本地化的期望能力。在面对这些变化时，有许多工作都在处理适应性划分。我们的讨论聚焦于让 E-Store【Taft 等 2014】作为一个范例。E-Store 分别实现了 E-Monitor 和 E-Planner 系统，用于监视和检测工作负载变化，以及检测受影响的项目以创建迁移计划。对于实际迁移，它使用 Squall 的优化版本【Elmore 等 2015】。还有其他类似的作品；例如，P-Store【Taft 等 2018】预测负荷需求（而不是像 E-Store 对它们做出反应）。

基于日志检查的工作负载变化的确定来自于【Levan-doski 等 2013】。

【Holze and Ritter 2008】描述了一项致力于检测自主计算工作负载变化的工作。【Glasbergen 等 2018】描述了 Apollo 系统，我们在之前的讨论中提到过，它如何检测受影响的数据项，并将查询抽象为查询模板以进行预测计算。

数据库破解作为一个概念已经在主内存列存储的背景下进行了研究【Idreos 等 2007b】、【Schuhknecht 等 2013】。破解算法已经适用于许多核心数据库架构问题，如更新增量和自适应吸收数据变化【Idreos 等 2007a】，多属性查询重组整个关系表，而不是仅仅重组列【Idreos 等 2009】，也使用连接操作符作为适应的触发器【Idreos 2010】，并发控制以解决在破解中有效地将读转化为写的问题【Graefe 等 2014，2012】，以及类划分合并逻辑以提供能够平衡索引收敛和初始化代价的破解算法【Idreos 等 2011】。此外，还开发了量身定制的基准来测试关键特性，比如算法的适应速度【Graefe 等 2010】。随机数据库破解【Halim 等 2012】展示了如何在各种工作负载下实现健壮性，【Graefe and Kuno 2010b】展示了如何将自适应索引应用于键列。最后，最近在并行自适应索引方面的工作研究了 CPU 高效实现，并提出了利用多核【Pirk 等 2014】、【Alvarez 等 2014】，甚至空闲 CPU 时间【Petraki 等 2015】的破解算法。

数据库破解的概念也被扩展到更广泛的存储布局决策，即根据传入的查询请求重新组织基本数据（列/行）【Alagiannis 等 2014】，甚至是关于应该加载哪些数据【Idreos 等 2011】、【Alagiannis 等 2012】。破解还在 Hadoop 场景下被研究【Richter 等 2013】，从而改进每个节点的本地索引，改进更传统的基于磁盘的索引，因为它在页的粒度上读数据，因此写回重组数据需要被视为一个主要的开销【Graefe and Kuno 2010a】。

2.8 本章习题

习题 2.1（*）给定图 2.2 的关系表 EMP，设p_1:TITLE < "Programmer" 和 p_2:TITLE > "Programmer"为两个谓词。还设两个字符串之间按照字母顺序排序：

（a）根据$\{p_1, p_2\}$对 EMP 执行水平分片。

（b）解释为什么生成的分片$(\mathrm{EMP}_1, \mathrm{EMP}_2)$不满足分片的正确性要求。

（c）修改谓词p_1和p_2，使得它们按照分片的正确性规则划分 EMP。为此，需要修改谓词，形成所有的中间项谓词，归纳相应的蕴涵，然后按照中间项谓词将 EMP 水平分片。最后，证明你的结果具有完整性、重构性以及不相交性的性质。

习题 2.2（*）考虑图 2.2 的关系表 ASG，设有两个关系表对它进行访问。第一个在 5 个站点发出，在已知雇员号（employee number）的条件下查找所分配的工作任务的时间段（duration of assignment of employees）。假设经理（manager）、工程师（engineer）、咨询师（consultant）以及程序员（programmer）分别位于 4 个不同站点。第二个应用从 2 个站点发出，一个站点存储了工作任务的时间少于 20 个月的雇员，另一个则存储的是分配工作任务时间更长的雇员，利用以上信息给出自主水平分片。

习题 2.3　考虑图 2.2 的关系表 EMP 和 PAY，它们的水平分片如下：

$$\mathrm{EMP}_1 = \boldsymbol{\sigma}_{\mathrm{TITLE="Elect.Eng."}}(\mathrm{EMP})$$
$$\mathrm{EMP}_2 = \boldsymbol{\sigma}_{\mathrm{TITLE="Syst.Anal."}}(\mathrm{EMP})$$
$$\mathrm{EMP}_3 = \boldsymbol{\sigma}_{\mathrm{TITLE="Mech.Eng."}}(\mathrm{EMP})$$
$$\mathrm{EMP}_4 = \boldsymbol{\sigma}_{\mathrm{TITLE="Programmer."}}(\mathrm{EMP})$$
$$\mathrm{PAY}_1 = \boldsymbol{\sigma}_{\mathrm{SAL} \geq 30000}(\mathrm{PAY})$$
$$\mathrm{PAY}_1 = \boldsymbol{\sigma}_{\mathrm{SAL} < 30000}(\mathrm{EMP})$$

画出$\mathrm{EMP} \ltimes_{\mathrm{TITLE}} \mathrm{PAY}$的连结图。该图是简单的还是划分的？如果是划分的，修改 EMP 或者 PAY 的分片，使得$\mathrm{EMP} \ltimes_{\mathrm{TITLE}} \mathrm{PAY}$的连结图是简单的。

习题 2.4　给出一个CA矩阵的例子，它的分裂点不是唯一的，并且划分是位于矩阵的中间，给出为了得到单一的分裂点所需的移位操作。

习题 2.5（**）已知图 2.2 的关系表 PAY，设p_1:SAL < 30000, p_2:SAL≥30000 个简单谓词。执行和这两个谓词有关的 PAY 的水平分片得到PAY_1和PAY_2。利用 PAY 的分片进一步执行 EMP 的诱导式水平分片。证明 EMP 分片的完整性、重构性和不相交性。

习题 2.6（**）$Q = \{q_1, \dots, q_5\}$是查询集合，$\mathrm{A} = \{\mathrm{A}_1, \dots, \mathrm{A}_5\}$是属性集合$S = \{S_1, S_2, S_3\}$是站

点集合。图 2.25（a）的矩阵描述了属性的使用值，图 2.25（b）的矩阵给出了应用的访问频率。假设对于所有的q_k和S_i有$ref_i(q_k) = 1$且A_1是主码属性，使用健能以及垂直划分算法得到 A 的属性的垂直分片。

$$\begin{array}{c} \\ q_1 \\ q_2 \\ q_3 \\ q_4 \\ q_5 \end{array}\begin{array}{c} \begin{array}{ccccc} A_1 & A_2 & A_3 & A_4 & A_5 \end{array} \\ \begin{bmatrix} 0 & 1 & 1 & 0 & 1 \\ 1 & 1 & 1 & 0 & 1 \\ 1 & 0 & 0 & 1 & 1 \\ 0 & 0 & 1 & 0 & 0 \\ 1 & 1 & 1 & 0 & 0 \end{bmatrix} \end{array} \qquad \begin{array}{c} \\ q_1 \\ q_2 \\ q_3 \\ q_4 \\ q_5 \end{array}\begin{array}{c} \begin{array}{ccc} S_1 & S_2 & S_3 \end{array} \\ \begin{bmatrix} 10 & 20 & 0 \\ 5 & 0 & 10 \\ 0 & 35 & 5 \\ 0 & 10 & 0 \\ 0 & 15 & 0 \end{bmatrix} \end{array}$$

(a) (b)

图 2.25 习题 2.6 的属性使用值和应用访问频率

习题 2.7（**）写出诱导式水平分片的算法。

习题 2.8（**）设有以下的视图定义：

```
CREATEVIEW  EMPVIEW (ENO, ENAME, PNO,RESP)
AS  SELECT EMP.ENO, EMP.ENAME, ASG.PNO,ASG.RESP
    FROM EMP JOINASG
    WHERE DUR=24
```

它由位于站点 1 和站点 2 的应用q_1访问，访问频率分别为 10 和 20。假设还有另一个应用q_2：

```
SELECT ENO, DUR
FROM ASG
```

它在站点 2 和站点 3 运行，频率分别为 20 和 10。基于上述信息，构造关系表 EMP 和 ASG 的属性使用矩阵$use(q_i, A_j)$，同时构造含有 EMP 和 ASG 所有属性的亲和度矩阵。最后，对亲和度矩阵进行变换，使其用于根据 BEA 的启发式将关系表分裂成两个垂直片段。

习题 2.9（**）形式化地定义诱导式水平分片的三个正确性准则。

习题 2.10（*）已知关系表$R(K, A, B, C)$，其中K为主码，以及下列查询：

```
SELECT*
FROM R
WHERE R.A=10 ANDR.B=15
```

（a）如果在这一查询上运行 PHF 算法，其结果如何？

（b）这是由 COM_MIN 算法所生成的是一个既完整又最小的集合吗？证明你的答案。

习题 2.11（*）证明不论是用行还是用列，键能算法生成同样的结果。

习题 2.12（**）修改 SPLIT 算法，使它允许 *n* 组片段的划分，计算该算法的复杂度。

习题 2.13（**）给出混合分片的三个正确性准则的形式化定义。

习题 2.14 讨论混合分片中两个基本分片方法的顺序是如何影响最后的分片结果的。

习题 2.15（**）描述在数据分配问题中下列问题是如何建模的：

（a）片段间的关系表。

（b）查询处理。

（c）完整性的实行。

（d）并发控制机制。

习题 2.16（）** 考虑数据库分配问题的各种启发式算法：

（a）有哪些较为合理的准则可以用于比较它们？

（b）讨论用这些准则进行的比较。

习题 2.17（*） 选择一个解决 DAP 问题的启发式算法，写出该算法的程序。

习题 2.18（）** 假定习题 2.8 的环境成立，还假定查询 q_1 的 60%的数据访问是对视图 EMPVIEW 的 PNO 和 RESP 的更新，而且 ASG.DUR 不是通过 EMPVIEW 更新的。另外，站点 1 和站点 2 间的数据传输速率是站点 2 和站点 3 之间的一半。根据以上信息，找出一个较为合理的 ASG 和 EMP 的分片，以及片段的最优复制和放置，假设存储的代价不必考虑，但是副本要保持一致。

提示： 考虑水平分片 ASG 按照谓词DUR = 24的水平分片及其对应 EMP 的诱导式水平分片，观察例 2.7 得到的 EMP 和 ASG 亲和力矩阵，再考虑执行 ASG 的垂直分片是否合理。

第 3 章　分布式数据控制

DBMS 的一个重要需求是数据控制的能力，即使用高级语言控制如何访问数据。数据控制通常包括视图管理、访问控制和语义完整性控制。具体来说，这些功能必须确保授权的（authorized）用户对数据库进行正确的（correct）操作，从而维护数据库的完整性。在并发访问和故障情况下，维护数据库物理完整性所必需的功能将在第 5 章结合事务管理的场景单独介绍。在关系型 DBMS 中，数据控制可以通过统一的方式实现。视图、授权和语义完整性约束可以定义为一组系统能自动执行的规则。如果数据库操作违反其中的某些规则，会导致系统拒绝某些操作的效果（例如撤销某些更新）或传播某些效果（例如更新相关数据），从而使数据库的完整性得以保持。

定义规则对数据操作进行控制，是数据库管理的一部分，通常由数据库管理员（DBA）负责执行。数据库管理员同时负责处理数据库所在机构的一些规则。集中式 DBMS 的数据控制已有经典的解决策略。本章会简要回顾集中式数据控制方法，并分析分布式环境下遇到的问题与相应的解决策略。在性能方面，数据控制在集中式 DBMS 中就需要耗费大量资源，在分布式环境下则有过之而无不及。

由于用于数据控制的规则需要存储在目录中，因此本章与分布式目录的内容也有关系。分布式 DBMS 的目录本身就是一个分布式数据库。不同的目录管理方式会产生不同的方法来存储数据控制规则。目录信息根据类型的不同按照不同的方式进行存储：部分信息可能完全复制，部分信息可能分布式存放。例如，编译阶段用到的信息，如访问控制信息，可以按照复制方式存储。本章将重点讨论目录管理对数据控制机制的影响。

本章的组织方式如下：3.1 节探讨视图管理，3.2 节介绍访问控制。最后，3.3 节讨论语义完整性控制。每一节都采取以下方式进行展开：首先概述集中式 DBMS 的解决策略，然后给出分布式的策略——后者往往是前者在更为复杂情况下的扩展。

3.1　视 图 管 理

关系数据模型的一个突出优点是，以逻辑的方式完整地描述了数据独立性。如第 1 章所述，外部模式允许用户组拥有其特定的数据库视图。在关系数据系统中，视图是一个虚拟关系表（virtual relation），定义为基础关系表（base relations 或称真实关系表）上的查询结果，但无须像基础关系表那样将数据物化并存储在数据库中。视图可以反映数据库的所有更新。外部模式可以由一组视图和（或）基础关系表来定义。除了在外部模式中有着广泛的应用，视图也能以一种很简单的方式保证数据安全：通过选择数据库中的部分数据，视图可以隐藏一部分数据。这样，如果用户仅通过视图来访问数据库，而不能操作隐藏的数据，这样数据就是安全的。

本节讨论集中式和分布式系统中的视图管理和视图更新问题。需要注意的是，在分布式 DBMS 中，视图可由多个分布式关系表定义。因此，访问一个视图需要根据它的定义来执行分布式查询。分布式 DBMS 中的一个重要问题是如何使视图的物化更加高效。本节会讨论物化视图的概念，分析如何解决物化视图这一问题，以及物化视图的更新存在哪些高效的方法。

3.1.1　集中式 DBMS 中的视图

大多数关系 DBMS 使用视图机制。其中视图是由关系查询从基础关系表中获得的数据结果（视图机制首先由 INGRES 和 R 系统项目提出）。视图由视图名称和定义它的查询两部分组成。

【例 3.1】 系统分析师视图（SYSAN）从关系表 EMP 中产生，可以通过下面的 SQL 查询定义：

```
CREATE VIEW SYSAN(ENO, ENAME) AS
   SELECT ENO, ENAME
   FROM EMP
   WHERE TITLE = "Syst.Anal."
```

上述视图定义过程只会产生一个结果：在目录中存储视图定义。除此之外，不需要记录任何信息。因此，视图定义中查询需要返回的结果（即图 3.1 中包含属性 ENO 和 ENAME 的关系表）实际上并没有生成。尽管如此，视图 SYSAN 依然可以像基础关系表那样被系统使用。

SYSAN

ENO	ENAME
E2	M. Smith
E5 E8	B. Casey
	J. Jones

图 3.1　视图 SYSAN 对应的关系表

【例 3.2】 查询：“查找所有系统分析师的姓名和职责”。

涉及 SYSAN 视图和关系表 ASG，具体的查询如下：

```
SELECT ENAME, PNO, RESP
FROM SYSAN NATURAL JOINASG
```

查询修改（query modification）技术可以将视图上的查询映射为基础表上的查询。使用这项技术，查询中的一个变量会被映射为基础关系表上的一个区间。此外，查询条件与视图的限定条件可以合并（用 AND 连结）。

【例 3.3】 上述查询能够修改为：

```
SELECT ENAME, PNO, RESP
FROM EMP NATURAL JOIN ASG
WHERE TITLE = "Syst.Anal."
```

查询结果参见图 3.2。

ENAME	PNO	RESP
M. Smith	P1	Analyst
M. Smith	P2	Analyst
B. Casey	P3	Manager
J. Jones	P4	Manager

图 3.2 包含视图 SYSAN 的查询结果

修改后的查询是表达在基础关系表上的，因此可以由查询处理程序处理。特别注意：视图处理可以在编译阶段完成。视图机制也可以用于优化访问控制，以达到处理对象子集的目的。为了说明数据隐藏针对的用户，引入关键词 USER 来唯一标识登录用户。

【例 3.4】 定义视图 ESAME，限制任何用户只能访问和自己有相同头衔的雇员：

```
CREATE VIEW ESAME AS
  SELECT *
  FROM   EMP E1, EMPE2
  WHERE  E1.ENO = E2.ENO
  AND    E1.ENO = USER
```

在上述视图定义中，*表示“所有属性”。关系表 EMP 上的两个元组变量（E1 和 E2）表示 EMP 的一个元组（对应于登录的用户）和 EMP 中相同头衔元组的连结关系。例如，用户 J.Doe 可以提交如下的查询：

```
SELECT *
FROM  ESAME
```

该查询返回的结果列在图 3.3 中。注意用户 J.Doe 也出现在结果中。类似地，如果创建 ENAME 的是一个电子工程师，则视图表示一组电子工程师。

ENO	ENAME	TITLE
E1	J.Doe	Elect.Eng.
E2	L.Chu	Elect.Eng.

图 3.3 视图 ESAME 的查询结果

视图的定义可以包含任意复杂的查询，如选择（selection）、投影（projection）、连结（join）、聚合函数（aggregate functions）等。视图上的查询与基础关系表上的查询是完全一样的，但并不是所有的视图都能像基础关系表那样被更新。视图上的更新，当且仅当更新能够正确地传递到基础关系表上时才能自动完成。因此，视图可以分为可更新（updatable）视图和不可更新（not updatable）视图。具体而言，可更新视图可以将更新操作无歧义地传递到基础关系表上。例如，上面的 SYSAN 视图是可更新的：添加新的数据分析师〈201,Smith〉可以映射为添加新的雇员〈201,Smith,Syst.Anal.〉。如果除了 TITLE 之外的其他属性被隐藏了起来，则可把这些属性的值设置为 null 值（null values）。

【例 3.5】 下面这个使用了自然连结（即一个共同属性上的两个关系的等价连接）生成

的视图就是不可更新的：

```
CREATE VIEW EG(ENAME, RESP) AS
  SELECT DISTINCT ENAME, RESP
  FROM EMP NATURAL JOIN ASG
```

例如，删除元组〈Smith,Analyst〉会造成歧义，因而操作不能传递：从关系表 EMP 删除 Smith 或从关系表 ASG 删除 analyst 都可以实现视图元组的删除，但系统不知道哪个操作是正确的。

现有系统支持视图更新的能力十分有限。仅有那些通过选择和投影从单一关系表定义的视图才能自动更新。不能支持通过连结、聚合等操作定义的视图。然而，从理论上讲，支持更多类型视图的自动更新是有可能的。值得注意的是：通过连结操作定义的视图仅在包含基础关系表主码的时候才能够被更新。

3.1.2　分布式 DBMS 中的视图

分布式 DBMS 中的视图定义方式和集中式系统十分类似。然而，分布式系统中的视图可能是从多个站点中的分片关系表中获得的。当一个视图被定义后，它的名称和对应的查询将会被存储于目录中。

对于应用程序而言，视图与基础关系表是等同的。因此，与关系表的定义类似，视图的定义也应该是存储在目录中的。在不同系统中，站点的自治性程度也不尽相同，因此视图定义既可能集中于一个站点上，也可能部分重复或全部重复。无论哪种情况，视图名称关联定义站点的信息都应该重复。如果视图的定义不再查询所在的站点，系统需要远程获取视图的定义。

视图和基础关系表（可能已被划分）查询之间的映射与集中式系统情况下基本相同，都可以通过查询修改技术获得。使用这项技术，我们可以在分布式数据库的目录中找到定义视图的相关信息，并将这些信息与查询条件进行合并，即可生成基础关系表上的查询。修改后的查询是一种分布式查询（distributed query），我们可以通过分布式查询处理程序来处理它们（见第 4 章）。查询处理程序将分布式查询映射为物理分片上的查询。

第 2 章提供了基础关系表分片的不同方法。实际上，分片的定义与视图的定义十分类似。两者也有可能使用统一的机制进行管理，其原因是分布式 DBMS 中视图的定义规则与分片定义规则十分类似。此外，类似的管理方式也可以应用到复制的数据（replicated data）上。这种统一的机制有助于分布式数据库管理。数据库管理员操作的对象可以看作是一个层次的结构，叶节点是从关系表和视图上得到的片段。DBA 可以将视图一一对应到分片上，从而增加引用的局部性。例如，当大多数用户都在同一站点访问例 3.1 中的 SYSAN 视图时，可以将该视图实现为该站点上的一个分片。

在由分布式的关系表诱导出的视图上进行查询，处理的代价很高。例如，在某个机构中，很多用户都可能访问同一个视图，因而需要为每个用户重新计算视图。3.1.1 节给出了诱导视图的方法，即将视图的定义和查询条件进行合并。另一种办法是维护视图的实际版本，从而避免视图的计算，这种方法称为物化视图（materialized view）。物化视图将视图中的元组存储在一个数据库关系表中，有时还会创建索引。因此，访问物化视图要比导出视图要快很多，尤其是针对关系表位于远程站点的分布式 DBMS 的情况。自从 20 世纪 80 年代被首次提出以来，物化视图在数据仓库领域得到了广泛的重视，被用来加速联机分析处理（OLAP）应用。数据仓库中的物化视图一般包括聚合（如 SUM 和 COUNT）和分组（GROUP BY）操作，目的是提供数据库的概要信息。时至今日，所有主流的数据库都支持物化视图。

【例 3.6】 定义在关系表 PROJ(PNO,PNAME,BUDGET,LOC)之上的以下视图为每个地点提供其项目的数量和预算总和。

```
CREATE VIEW PL(LOC, NBPROJ, TBUDGET) AS
SELECT LOC, COUNT(*), SUM(BUDGET)
FROM PROJ
GROUP BY LOC
```

3.1.3 物化视图的维护

物化视图是一些基础数据的副本，因此必须与可能更新的基础数据保持一致。视图维护（view maintenance）就是一项根据基础数据改变而更新物化视图的技术。视图维护涉及的一些问题在某种程度上与第 6 章将要介绍的数据库复制类似。不过，它们的区别在于：物化视图的表达式（特别是在针对数据仓库时）一般要比副本定义更加复杂，通常包括连结、分组、聚合等操作。另一个区别在于数据库复制主要关心更加通用的复制配置，例如在不同的站点为同一组基础数据做多个副本。

视图维护策略使 DBA 可以指定视图更新的时机和具体方式。更新的首要问题是一致性（视图与基础数据之间）和效率。视图更新有两种方式：实时更新（immediate）和延迟更新（deferred）。在第一种方式下，视图更新实时进行，是视图所在的基础数据上更新事务的一部分。如果视图和基础数据由不同的 DBMS，甚至是在不同的站点管理，则需要使用分布式事务，例如两阶段提交协议（2PC），详见第 5 章。实时更新的主要优点是保持了视图和基础数据的一致性，从而使只读查询的速度很快。然而，由于需要在同一个事务中更新基础数据和视图，这种方式增加了事务处理时间。尤其是在使用分布式事务时，情况可能会更为复杂。

在实际的应用中，人们更倾向于使用延迟更新的方式，因为这种方式可以将视图的更新从基础数据的更新事务中分离出来，从而不影响后者的性能。视图更新事务可以在以下时机触发：惰式更新（lazily），即在该视图上执行查询之前更新；阶段性更新（periodically），即每隔一个固定时段（如一天）进行更新；强制性更新（forcedly），即在基础数据上做了固定次数的更新后，再对视图进行更新。惰式更新使查询获得与基础数据一致的视图数据，但其代价是延长了查询的时间。阶段性和强制性更新允许查询获得和基础数据不一致的视图数据。通过这些策略管理的视图也被称为快照（snapshot）。

视图更新的第二个重要问题是效率。最简单的更新方法是在基础数据上重新进行计算。诚然，在某些情况下，如大部分基础数据都改变，这可能是最高效的策略。然而在大多数情况下，视图中只有一小部分数据会发生改变。此时，更好的策略是增量地（incrementally）

计算视图——只计算视图改变的部分。增量式视图维护的核心概念是提出了区分关系表（differential relations）。假设 *u* 表示关系表 R 上的一项更新操作，R^+和R^-是关系表 R 对于 *u* 的区分关系表，其中R^+包含 *u* 添加到 R 中的元组，R^-包含 *u* 从 R 删除的元组。如果*u*是插入操作，则R^-为空；如果 *u* 是删除操作，则R^+为空；如果 *u* 是修改操作，关系表 R 可以使用公式$(R-R^-)\cup R^+$计算。类似地，物化视图 V 可通过公式$(V-V^-)\cup V^+$更新。计算视图的变化，即V^+和V^-，可能不仅需要区分关系表，还需要基础关系表本身。

【例 3.7】 考虑例 3.5 中的视图 EG，它以 EMP 和 ASG 为基础数据；假设该视图通过例 3.1 中的数据获得，EG 包含 9 个元组（见图 3.4）。假设EMP^+包含一个元组〈E9,B. Martin, Programmer〉，该元组将被插入 EMP 表中；ASG^+中包含两个元组〈E4,P3, Programmer,12〉和〈E9,P3,Programmer,12〉，将被插入 ASG 表中。视图 EG 的变化可以计算如下：

```
EG+ = (SELECT ENAME, RESP
       FROM   EMP NATURAL JOIN ASG+)
            UNION
      (SELECT ENAME, RESP
       FROM   EMP+ NATURAL JOIN ASG)
            UNION
      (SELECT ENAME, RESP
       FROM   EMP+ NATURAL JOIN ASG+)
```

上述计算的结果是〈B.Martin,Programmer〉和〈J.Miller,Programmer〉。注意：此处可以使用完整性约束来避免不必要的计算（见 3.3.2 节）。例如，如果假设关系表 EMP 和 ASG 之间存在参照完整性约束，则 ASG 中的 ENO 就必须存在于 EMP 之中。那么，上面的第二个 SELECT 语句将产生空的关系表，因而没有必要进行计算。

为了使用物化视图和基础关系表来增量地维护视图，人们开发出了高效的技术方法。不同的方法有着不同的视图表达、使用完整性约束的方式，以及处理添加和删除的策略。从视图表达的维度可以将技术分为：无递归视图、包含外连结的视图、递归视图。对于无递归视图，可能包含去重、求并和聚合的 SPJ 视图，一种有效的策略是计数算法（counting algorithm）。算法需要解决的问题是：视图中的元组可能产生自基础关系表中的多条元组，这给视图上的删除操作增加了难度。计数算法的核心思想是为视图中的每个元组维护一个派生计数：根据插入（或删除）操作来增加（减少）该技术；当计数为 0 时，该元组即可删除。

ENAME	RESP
J. Doe	Manager
M. Smith	Analyst
A. Lee	Consultant
A. Lee	Engineer
J. Miller	Programmer
B. Casey	Manager
L. Chu	Manager
R. Davis	Engineer
J. Jones	Manager

图 3.4　视图 EG 的状态

【例 3.8】 除了〈M.Smith,Analyst〉的派生计数是 2，图 3.4 的视图 EG 中其他所有元组的派生计数都为 1。假设元组〈E2,P1,Analyst,24〉和〈E3,P3,Consultant,10〉从 ASG 中删除，则只有元组〈A.Lee,Consultant〉需要从 EG 表中删除。

下面描述基本的计数算法：考虑由关系表 R 和 S 上的查询 q(R,S)定义的视图 V。假设 V 中的每个元组都有一个相关的派生计数，算法包含三个步骤（详见算法 3.1）。首先，使用视图区分（view differentiation）技术，针对视图、基础关系表和区分关系表上的查询，定义区分视图V^+和V^-。然后，计算V^+和V^-的元组及其计数值。最后，将V^+和V^-应用于视图 V，添加正的计数，减去负的计数，以及将计数为 0 的元组删除。

可以证明计数算法是最优的，因为它准确计算了插入和删除的元组。然而，算法需要访问基础关系表。这意味着，基础关系表需要在物化视图所在的站点维护，或在该站点保存一个副本。避免访问基础关系表可能导致视图存储在不同的站点上。为了避免这种对于基础关系的访问，视图可以存储在另外的站点，而仅仅使用视图本身和区分关系表来维护视图。这样的视图称为自维护视图（self-maintainable）。

算法 3.1：COUNTING 算法

Input: *V* : view defined as q(R, S); R, S: relations; R^+, R^-: changes to R
begin
    $V^+ = q^+(V, R^+, R, S)$
    $V^- = q^-(V, R^-, R, S)$
    compute V^+ with positive counts for inserted tuples
    compute V^- with negative counts for deleted tuples
    compute$(V\text{-}V^-) \cup V^+$ by adding positive counts and subtracting negativecounts
        deleting each tuple in V with count = 0;
end

【例 3.9】 考虑例 3.1 中的视图 SYSAN。首先给出视图定义：SYSAN = q(EMP)，表示该视图是通过查询q在关系表EMP上定义得到的。可以通过区分关系表来计算区分视图，$SYSAN^+ = q(EMP^+)$，以及$SYSAN^- = q(EMP^-)$。因此，视图 SYSAN 是自维护的。

是否满足自维护性取决于视图的表达式，并可以根据更新的类别（插入、删除或修改）进行定义。大多数 SPJ 视图对于插入操作不具备自维护性，但对删除和修改操作具备自维护性。例如，如果一个 SPJ 视图包含关系表 R 的主码属性，那么该视图对于 R 的删除操作就是自维护的。

【例 3.10】 在例 3.5 中的 EG 视图定义中添加属性 ENO（EMP 关系表的主码）。可以看到该视图对于插入操作不是自维护的。例如，插入一个 ASG 元组后，需要与 EMP 表进行连结来获得相应的 ENAME，并添加到视图中。然而，对于 EMP 上的删除操作该视图是自维护的。例如，如果删除一个 EMP 的元组，包含相同 ENO 的视图元组也可以被删除。

下面讨论两个可以显著减少 COUNTING 算法（算法 3.1）维护时间的优化策略。第一个优化策略是考虑输入查询的子查询，针对子查询的结果进行物化视图。视图构建的方式是从查询中删除关系表的子集，从而产生一组越来越小的视图，并构建了一个层次结构。F-IVM 方法构造了一个这样的层次结构，称为视图字典树（view trie）：视图字典树的根节点是输入查询，叶节点上是基础关系表，中间子节点是由连结聚合查询定义的内部视图。基于此，对关系表的数据更新可以在视图字典树中自下而上传播，从更新的关系表到根这条路径上的视图使用 COUNTING 算法的增量处理过程来维护。所有其他的视图则保持不变（如果它们已被物化，则可加快增量处理过程）。对于一个受限的非循环查询类（acyclic queries，称为q- hierarchy），上述视图树支持对任何输入关系表进行时间复杂度为常量的更新操作。

第二个优化策略是利用数据分布倾斜的特点。数据库中经常出现的值被认为是重值

（heavy），而其他所有值都是轻值（light）。IVM$^{\epsilon}$使用的评估策略对数据的重/轻倾斜非常敏感，并且使用物化视图和增量计算，就像前面提到的维护算法一样。

下面举例说明在计算图中三角形数量这样的查询中如何应用这两种优化方法。我们希望在对数据图的一次更新（可以是边的插入或删除）下立即并增量更新三角形的计数。考虑一个有N条边的图的二叉边关系的三个副本 R、S 和 T。我们在一个单独的列 P 中记录输入关系和视图中的元组的多重性，即它们的派生数。假设关系的模式为(A,B,P_R)、(B,C,P_S)和(C, A,P_T)，则三角形计数查询可以表示为：

```
CREATE VIEW Q(CNT) AS
  SELECT SUM(P_R * P_S * P_T) AS CNT
  FROM R NATURAL JOIN S NATURAL JOINT
```

一条边的插入或删除触发对三个关系副本中每个副本的更新。这里具体讨论更新 R 的情况，另外两个副本的处理方法与此类似。我们将这个更新建模为一个由单个元组(a,b,p)组成的关系 deltaR，其中(a,b)定义了更新的边，而p表示多重性。根据广义多集关系的形式，我们对插入和删除进行统一建模，允许多重性为整数，即负数和正数。然后，对于插入或删除这条边三次，我们将多重性p分别设置为+3 或-3。

COUNTING 算法动态计算一个增量查询 deltaQ，表示对查询结果的更改：这个查询与 Q 相同，其中我们用 deltaR 替换 R。这个 deltaR 计算需要$O(N)$时间，因为它需要针对两个可能有$O(N)$个C值的列表计算交集，这些C值在 S 中与b配对，在 T 中与a配对（也就是说，这些C值对在 S 和 T 中的多重性是非零的）。

DBToaster 方法通过预先计算三个辅助视图来加速增量计算过程，这些辅助视图表示三个关系更新的增量查询的更新独立部分：

```
CREATE VIEW V_ST(B, A, CNT) AS
  SELECT B, A, SUM(P_S * P_T) as CNT
  FROM S NATURAL JOIN T
  GROUP BY B, A

CREATE VIEW V_TR(C, B, CNT) AS
  SELECT C, B, SUM(P_T * P_R) AS CNT
  FROM T NATURAL JOIN R
  GROUP BY C, B

CREATE VIEW V_RS(A, C, CNT) AS
  SELECT A, C, SUM(P_R * P_S) AS CNT
  FROM R NATURAL JOINS
  GROUP BY A, C
```

视图 V_ST 允许以 $O(1)$的时间计算增量查询 deltaQ，因为 deltaR 和 V_ST 的连结需要一个常量时间在 V_ST 中查找〈a, b〉。但是，维护使用 R 定义的视图 V_RS 和 V_TR 仍然需要 $O(N)$的时间。

F-IVM 方法只物化了上述三个视图中的一个，如 V_ST。在这种情况下，对 R 进行更新需要花费 $O(1)$的时间，但是对 S 和 T 进行更新仍然要花费 $O(N)$的时间。

IVM^{ϵ}方法按照节点的度（即直接连接的节点的数量）进行划分：重（heavy）节点的度大于等于$N^{1/2}$，轻（light）节点的度小于$N^{1/2}$。这样划分会相应地将边关系的三个副本 R、S 和 T 分别划分为重的部分 R_h（S_h、T_h）和轻的部分 R_l（S_l、T_l）：如果 a 属于重节点，则将元组 $\langle a, b, p\rangle$ 放到 R_h 中，否则放到 R_l 中。同理，如果 b 属于重节点，则元组 $\langle b, c, p\rangle$ 放入 S_h，否则放入 S_l；如果c属于重节点，则元组 $\langle c, a, p\rangle$ 放入 T_h，否则放入 T_l。为了重写某一查询 Q，我们可以将 R、S 和 T 中的任一个关系表替换为重/轻两部分的并集——查询 Q 等价于 8 个倾斜感知视图Q_r、s、t的并集，其中 r、s、t∈$\{h,l\}$：

```
CREATEVIEW Q_r,s,t(CNT) AS
  SELECT SUM(P_R * P_S * P_T) AS CNT
   FROM R_r NATURAL JOIN S_s NATURAL JOIN T_t
```

考虑一个单元组更新：将deltaR_r = $\{(a, b, p)\}$更新到关系 R 中的 R_r 部分，其中 r 可以是 h 或 l。视图Q_r、s、t的增量计算由以下简单的查询给出：

```
CREATEVIEW deltaQ_r,s,t(CNT) AS
  SELECT SUM(P_R * P_S * P_T) AS CNT
       FROM deltaR_r NATURAL JOIN S_s NATURAL JOIN T_t
       WHERE S_s.A = a AND T_t.B =b
```

IVM^{ϵ}方法的维护策略是根据倾斜感知的视图进行调整，以达到亚线性的更新时间。虽然这些视图中的大多数都可以很容易地达到了$O(N^{1/2})$上界，但也存在一个例外。下面介绍如何在维护每个视图的时候达到时间复杂度的上界。

对 Q_r、l、t 三个视图（r,t ∈ $\{h, l\}$）的增量计算表示如下：

```
CREATEVIEW deltaQ_r,l,t(CNT) AS
  SELECT SUM(P_R * P_S * P_T) AS CNT
       FROM  deltaR_r NATURAL JOIN S_l NATURAL JOIN T_t
       WHERE S_l.A = a AND T_t.B =b
```

上述计算将 S_l 和 T_t 通过 C 连结起来。由于更新deltaR_r在 S_l 中将 B 设置为 b，而 b 在 S_l 中只是一个轻值，因此在 S_l 中最多有$N^{1/2}$个 C 值与 b 配对。因此，对 S_l 中的 C 值集合和 T_t 中的 C 值集合计算交集最多需要$O(N^{1/2})$的时间。

针对视图Q_r、h，h的增量计算也可以用类似的方式表示。因为 T_h 中的所有 C 值都是重的，所以每个 C 值至少有$N^{1/2}$个 A 值。这也意味着最多有$N^{1/2}$个重的 C 值。因此，对 T_h 中的 C 值集与 S_h 中的 C 值集计算交集，最多需要$O(N^{1/2})$的时间。

然而，对Q_r、h、l（$r \in$ {h,l}）的增量计算则需要线性时间，因为它需要遍历所有满足与 S_h 中的 b 配对且与 T_l 中的 a 配对的 C 值 c，而 C 值的数量与数据库的大小成线性关系。在这种情况下，IVM^{ϵ}方法会把增量查询中与更新无关的部分作为辅助物化视图进行预先计算，并利用这些视图来加快增量计算：

```
CREATE VIEW V_ST(B, A, CNT) AS
  SELECT B, A, SUM(P_S * P_T) AS CNT
  FROM S_h NATURAL JOIN T_l
```

```
        GROUP BY B, A
```

在分别对 T 和 S 进行更新的情况下，我们物化了类似的视图 V_RS 和 V_TR。这里，每个视图都需要$O(N^{3/2})$的空间。我们可以用 V_ST 来计算deltaQ_r、h、l：

```
CREATEVIEW deltaQ_r,h,l(CNT)
  AS SELECT SUM(P_R * CNT) AS CNT
  FROM deltaR_r NATURAL JOIN V_ST
  WHERE V_ST.B = b AND V_ST.A = a
```

上述过程需要$O(1)$的时间，因为只需要在 V_ST 中查找以获取边(a, b)的多重性，进而与 deltaR_r 中的p相乘即可。

3.2 访问控制

访问控制是数据安全的一个重要内容，即数据库系统保护数据不受未授权访问的功能。另一个重要内容是数据保护，防止未授权的用户了解到数据的物理内容。上述功能通常由集中式和分布式操作系统中的文件系统提供。数据保护的主要方法是数据加密。

访问控制必须保证只有授权用户才能在其被授权的内容上执行操作。不同的用户可能在同一集中式或分布式系统的控制下访问大量的数据，因此集中式或分布式 DBMS 必须限制用户只能访问到其被授权的内容。长期以来，访问控制是被操作系统作为文件系统服务的组成部分提供的。在这种情况下，提供了集中式的访问控制。具体来说，集中式控制器创建对象，并控制特定的用户在这些对象上执行特定的操作（读、写、执行）。此外，对象由它们的外部名称标识。

数据库系统中的访问控制与传统文件系统中的并不相同，体现在以下几个方面。首先，它需要更为精细的授权机制，从而使不同的用户对于同样的数据库对象有不同的权利。这需要对一组对象进行更为准确的描述——仅使用对象名称是远远不够的，要根据不同的用户组对对象进行区分。此外，在分布式的场景下，非集中式的授权控制尤为重要。在关系数据系统中，DBA 可以使用高级指令进行授权控制。例如，DBA 可以像定义查询那样，使用谓词对控制的对象进行描述。

数据库访问控制主要有两种方法。第一种方法称为裁决式访问控制（discretionary access control，DAC），这是 DBMS 长期以来提供的方法。DAC 基于用户、访问类型（如 **SELECT**、**UPDATE**）和要访问的对象定义访问权限。第二种方法称为强制访问控制（mandatory access control，MAC），通过将机密数据的访问权限限制在明确的用户中，进一步提高了安全性。主流 DBMS 最近开始支持多级访问控制，以应对日益严重的互联网安全威胁。还有一些方法进一步为访问控制添加更多的语义，例如：基于角色的访问控制（role-based access control）考虑具有不同角色的用户，以及基于目的的访问控制。比如说希波克拉底（hippocratic）数据库，它将目的信息（即数据收集和访问的原因）与数据进行关联。

从集中式系统访问控制机制中可以进而得到分布式 DBMS 访问控制机制。然而，分布式场景下的对象和用户可能会带来额外的复杂性。下面首先介绍集中式系统中的裁决式和多级访问控制，进而探讨分布式系统中的问题和解决方案。

3.2.1 裁决式访问控制

裁决式访问控制包含三个主要的角色：触发应用程序执行的主体（subject，如用户或用户组）、应用程序中的操作（operations）以及操作执行的数据库对象（database objects）。授权控制包含检查一个给定的三元组（subject, operation, object）是否可以得到执行的许可（即用户是否可以在对象上执行操作）。一次授权可以看成一个三元组（subject, operation, object），它指定了主体在某个对象上执行某些特定类型操作的权利。为了更好地控制授权，DBMS 需要定义主体、对象和访问权限。

系统主体通常由元组（user name, password）定义。前者唯一地标识（identifies）系统中的用户，而后者（仅对该用户可知）对用户进行认证（authenticates）。用户名（user name）和密码（password）是系统登录所必须的条件，避免仅知道用户名但不知道密码的用户登录。

需要保护的对象是数据库中的某些数据。与早期的系统相比，关系数据系统提供了更为精细和通用的保护粒度。在文件系统中，保护的最小单位是文件；在面向对象的 DBMS 中，最小单位是数据类型。而在关系数据系统中，对象的定义使用选择谓词来确定类型（视图、关系表、元组、属性）和内容。此外，3.1 节介绍的视图机制可以对未授权的用户隐藏关系表的部分属性或者元组，从而达到保护对象的目的。

权限定义了一组特定的操作下主体与对象之间的关系。在基于 SQL 的关系 DBMS 中，一个操作是一个高层的语句，如 **SELECT**、**INSERT**、**UPDATE** 或 **DELETE**，权限（授权或取消授权）使用下面的语句定义：

```
GRANT 〈operation type(s)〉 ON (object) TO 〈subject(s)〉
REVOKE 〈operation type(s)〉 FROM (object) TO 〈subject(s)〉
```

关键词 public 可以被用来表示所有用户。授权控制可以根据谁（授权者）授予这些权限加以刻画。为了简化数据库管理，可以方便地定义用户组（user group），就像在操作系统中一样，用于授权。定义后，用户组可用作 **GRANT** 和 **REVOKE** 语句中的主体。

控制最简单的形式是集中式的：单个用户或用户类，即数据库管理员，拥有数据库对象的所有特权，并且是唯一被允许使用 **GRANT** 和 **REVOKE** 语句的人。一种更为灵活也更为复杂的控制形式是非集中式的，即对象的创建者拥有对象的所有权和完全的授权能力。具体来说，添加新的操作类型 **GRANT**，将授权者的所有权限赋予特定的主体。因此，被授权人可以进一步在对象上赋予权限。这种方法的核心难点是：撤销权限进程需要递归执行。例如，假设A对B，B对C授予对象O上的 **GRANT** 权限。此时，如果A要撤销B在O上的所有权限，那么C在O上的所有权限也应被撤销。因此，为了执行撤销操作，系统需要为每个对象维护授权的层次结构，并将根节点设置为对象的创建者。

主体对于对象所拥有的权限以授权规则的形式记录在目录中。存储授权规则的方式有很多种。最方便的方式是将所有的权限标识为一个授权矩阵（authorization matrix），每行表示一个主体（subject），每列表示一个对象（object），矩阵中的每个元素（对应〈subject,object〉

对应）表示授权操作，授权操作可用其类型（如 **SELECT**、**UPDATE**）进行标识。另外一种常用的做法是为操作类型关联一个谓词，从而进一步限制对对象的访问。这种做法通常会在对象为基础关系表而不是视图的时候使用。例如，针对〈Jones,relation,EMP〉的一项授权操作可能是：

```
SELECT WHERE TITLE = "Syst.Anal."
```

该操作限制 Jones 仅可访问职位是系统分析师的雇员记录。图 3.5 给出了一个授权矩阵的例子，其中的对象可以是关系表（EMP 和 ASG）或属性（ENAME）。

	EMP	ENAME	ASG
Casey	UPDATE	UPDATE	UPDATE
Jones	SELECT	SELECT	SELECT WHERE RESP ≠ "Manager"
Casey	NONE	SELECT	NONE

图 3.5 授权矩阵示例

授权矩阵有三种存储方式：按行、按列或按元素。矩阵按行（row）存储时，每个主体关联一组对象的列表，这些对象有相关的访问权限。由于将注册用户的所有权限都放在用户信息中，这种方法可以使授权的执行更为高效。然而，在处理单一对象的访问权限（如使对象变为公共访问）时，这种方法的效率并不高，因为此时需要访问该对象相关的所有主体。矩阵按列（column）存储时，每个对象关联一组主体，每个主体都按照相关的权限访问该对象。这种方法的优缺点与按行存储的方法正好相反。

第三种方法结合了按行和按列存储方法的优点，按元素（element），即关系表（主体、对象、权限）对矩阵进行存储。该关系表可以在主体和对象上建有索引，从而快速地按照主体或是对象访问权限规则。

对于数据库管理员来说，直接管理大量主体和大量对象之间的关系会变非常复杂。为了解决这一问题，人们提出了基于角色的访问控制（role-based access control，即 RBAC），添加角色（role）作为主体和对象之间的一个独立层级。角色对应于各种工作类别（如职员、分析师、经理等），用户被分配特定的角色，对象的授权被分配给特定的角色。因此，用户不再直接获得授权，而只能通过其角色获得授权。由于角色的数量并不像主体那么多，RBAC 大大简化了访问控制，特别是添加或修改用户账号的情况下。

3.2.2 多级访问控制

DAC 存在着一些局限性。一个问题是恶意的用户可能通过某个授权的用户访问到未授权的内容。例如，假设用户A授权访问关系表 R 和 S，用户B只授权访问关系表 S。如果B通过某种方式修改了A的应用程序，将 R 的数据写到 S 中，那么B可以在不违反授权规则的情况下读到未授权的内容。

MAC 解决了这一问题，它为主体和数据对象定义不同的安全级别，从而达到提高安全性的目的。此外，与 DAC 不同的是，访问策略决策由单个管理员控制，即用户不能定义自己的策略并授予对对象的访问权。数据库中的 MAC 是基于为操作系统安全而设计的著名的 Bell-LaPadula 模型。在该模型中，主体是用户方运行的进程；进程关联一个从用户方得到的安全级别，也称为密级（clearance）。最简单的安全级别分为：绝密（*TS*）、机密（*S*）、秘密（*C*）和不涉密（*U*），其顺序为 *TS*>*S*>*C*>*U*，其中“>”表示“更加安全”。主体在读写访问上服从两个简单的原则：

（1）对于安全级别为 l 的对象，主体 T 只有在 $level(T)\geq l$ 的情况下才可以对其进行读操作。

（2）对于安全级别为 l 的对象，主体 T 只有在 $class(T)\leq l$ 的情况下才可以对其进行写操作。

原则（1）（称为“不向上读”）保护数据免于未授权的读取，即给定安全级别的主体只能读取同级别或更低级别的对象。例如，具有机密密级的主体不能读取绝密数据。原则（2）（称为“不向下写”）保护数据免于未授权的改变，即给定安全级别的主体仅能写同级别或更高级别的对象。例如，绝密密级的主体仅能写绝密的数据，但不能写机密数据（否则会使其包含绝密数据）。

在关系模型中，数据对象可以是关系表、元组或属性。因此，关系可以按照不同的级别进行保密处理: 关系表（即关系表中的所有元组具有相同的安全级别）、元组（即每个元组有属于自己的安全级别），以及属性（即，每个不同的属性值有属于自己的安全级别）。保密的关系称为多级关系（multilevel relation），这反映了对于不同的主体，关系的外在显示会根据这些主体的密级而有所不同（呈现不同的数据）。例如，元组级别加以保密的多级关系可以表示为在每个元组上添加一个安全级别的属性。与此类似，属性级别加以保密的多级关系可以表示为给每个属性添加相应的安全级别。图 3.6 给出了多级关系 PROJ*，它基于关系表 PROJ，属于属性级别的保密。注意，附加的安全级别属性可能会显著地增大存储关系表的空间。

PROJ*

PNO	SL1	PNAME	SL2	BUDGET	SL3	LOC	SL4
P1	*C*	Instrumentation	*C*	150000	*C*	Montreal	*C*
P2	*C*	Database Develop.	*C*	135000	*S*	New York	*S*
P3	*S*	CAD/CAM	*S*	250000	*S*	New York	*S*

图 3.6 在属性级别上分类的多级关系 PROJ*

关系表有一个整体的安全级别，这由它所包含数据的最低的安全级别来决定。例如，关系表 PROJ*整体的安全级别为 *C*。进而，关系表可以被具有相同或更高安全级别的主体所访问。然而，主体仅可以访问其拥有安全密级的数据。因此，如果主体没有某些属性的安全密级，则这样的属性对于该主体呈现空值，并关联一个与主体相同的安全级别。图 3.7 给出关系 PROJ*被保密安全级别主体访问的一个例子。

PROJ*C

PNO	SL1	PNAME	SL2	BUDGET	SL3	LOC	SL4
P1	*C*	Instrumentation	*C*	150000	*C*	Montreal	*C*
P2	*C*	Database Develop.	*C*	Null	*S*	Null	*S*

图 3.7 保密关系 PROJ*C

MAC 使不同的用户看到了不同的数据，对数据模型的影响很大，因此需要处理一些事先难以预料的副作用。一种副作用称为多例化（polyinstantiation），多例化允许同一个对象根据用户的安全级别有不同的属性值。图 3.8 给出了包含多例化元组的多关系表。主码 P3 的元组有两个实例，分别关联不同的安全级别。导致该结果的原因可能是：安全级别为 *C* 的主体 *T* 在关系表 PROJ*中插入主码为“P3”的元组，如图 3.6 所示。由于主体 *T*（密级为 *C*，即秘密）应该忽略现有主码为“P3”的元组（密级为机密）的存在，唯一实际的解决办法是针对同一主码添加第二个元组，并赋予不同的安全级别。然而，由于机密级别的用户可以同时看到主码为 P3（译注：原文为 E3，有误）的两条元组，因此系统应该对这种意外的效果做出解释。

PROJ**

PNO	SL1	PNAME	SL2	BUDGET	SL3	LOC	SL4
P1	*C*	Instrumentation	*C*	150000	*C*	Montreal	*C*
P2	*C*	Database Develop.	*C*	135000	*S*	New York	*S*
P3	*S*	CAD/CAM	*S*	250000	*S*	New York	*S*
P3	*C*	Web Develop.	*C*	200000	*C*	Paris	*C*

图 3.8　出现多例化情况的多级关系表

3.2.3　分布式访问控制

分布式环境给访问控制带来了新的课题。新课题的根源在于对象和主体可能是分布式存储的，带有敏感数据的信息可能会被未授权的用户读取。问题包括远程用户认证、裁决式访问控制规则管理、处理视图和用户组，以及实行 MAC。

由于分布式 DBMS 的任一站点都能接受在其他站点启动和授权的程序，因此远程用户认证十分有必要。为了避免未授权用户或应用的远程访问（例如，来自分布式 DBMS 之外的站点访问），用户必须在所访问的站点进行身份识别和得到认证。此外，由于密码可能会被恶意探测消息获得，因而需要使用加密证书。

管理认证的方法有如下 3 种。

（1）认证信息在中央站点维护，用户在中央站点进行一次全局认证，即可被多个站点访问。

（2）认证用户信息（用户名和密码）重复记录在目录中的所有站点上。远程站点发起的本地程序也必须给出用户名和密码。

（3）分布式 DBMS 的所有站点采用与用户类似的方式对自身进行识别认证。采用这种方式，站点间的通信可以使用站点密码进行保护。一旦发起的站点得到认证，就无须为其远程用户进行认证。

第（1）种方法显著地简化了密码管理，支持单次认证（也称为单次登录）。然而，中央认证站点可能会崩溃或成为性能瓶颈。由于引入新用户可能是一个分布式的操作，第（2）种方法在目录管理上的代价更大。然而，这种方法可以使用户从任意站点访问分布式数据库。第（3）种方法在用户信息没有复制的情况下是有必要的。不过，即便复制用户信息，也可以使用这种方法。此时，远程授权的性能会得到提升。如果不对用户名和密码进行复制，应该将他们存储在用户访问系统的站点上（即主站点）。这样做的前提是用户行为变动不大，经常从相同的站点访问分布式数据库。

分布式授权规则的表达方式与集中式相同。规则存储在目录中——这点与视图定义类似。规则既可能完全重复地存储在每个站点上，也可能仅仅存储在应用对象的站点上。完全重复方法的主要优点是授权可以被查询修改在编译阶段处理。然而，这种方法会使数据重复，因而使目录管理的代价更大。第二种方法在引用局部性高的条件下会更有效，但会使分布式授权无法在编译阶段得到控制。

在授权机制中，视图也可以被认为是一种对象——一种组合对象，即基础对象的组合。因此，访问视图的授权被翻译为访问基础对象的授权。如果针对所有对象的视图定义和授权规则是完全重复的（很多系统中都这样处理），翻译过程就会变得十分简单，并可以在局部完成。然而，如果视图定义和基础对象存储在不同的站点时，翻译就会变得困难很多。此时，翻译完全变成了一项分布式操作，且视图上的授权依赖于视图创建者在基础对象上的访问权限。解决该问题的一种可行方法是在每个基础对象的站点上记录相关的信息。

为了授权方便，可以针对用户组进行处理，这大大简化了分布式数据库管理。在集中式 DBMS 中，“所有用户”可以通过 public 来指定。在分布式 DBMS 中，可以使用类似的方式，通过 public 来指定系统的所有用户。同时，也可以引入中间层来表示在某个站点的所有用户，它的表示方式为 public@site_s。可以使用下面的命令定义更精细的用户组。

```
DEFINE GROUP (group_id) AS (list of subject_ids)
```

在分布式环境下，用户组管理会面临一些问题，问题产生的原因一方面是用户组的主体可能位于不同的站点，另一方面是对一个对象的访问可能授权给了不同的组——这些组可能分布在不同的站点上。如果组信息和访问规则在所有站点上完全复制，执行访问权限的方式便与集中式系统类似。然而，维护重复信息的代价很高。而且，如果需要维护站点的自治权（非集中式控制），问题会变得更加困难。目前提出了一些解决方法。一种方法通过向维护用户组定义的节点提交远程查询来执行访问权限。另一种方法是在主体有可能访问的对象的节点上重复存放组定义。这两种方法都会降低站点的自治性。

由于可能会有间接手段，即隐蔽通道（covert channels）对未授权的数据进行访问，在分布式环境下执行 MAC 十分困难。例如，考虑一个包含两个站点的简单分布式 DBMS 架构，每个站点都使用安全级别管理自身的数据库，例如一个站点是秘密级，另一个是机密级。基于“不向下写”原则，来自机密主体的更新操作只会被送到机密站点。然而，根据“不向上读”原则，来自同一个机密主体的读查询可以被同时送到机密和秘密的站点上。由于送到秘密站点的查询可能包含机密的信息（如在选择谓词中），因此可能会产生一个隐蔽通道。为了避免这样的问题，可以将数据库的一部分进行重复，以保证安全级别为 1 的站点包含级别为 1 的主体可以访问的所有数据。例如，机密站点可以将秘密的数据进行重复，以保证该站点可以完全处理机密查询。这种方法带来的新问题是如何维护副本之间的一致性（详见第 6 章）。此外，即便查询没有隐蔽通道，更新操作也可能由于同步事务中的延迟而带来隐蔽通道。因此，如果要在分布式数据库系统中完全支持多级访问控制，我们需要对事务管理技术和分布式查询技术做大幅的扩展。

3.3　语义完整性控制

另一个重要的数据库难题是如何保证数据库的一致性（database consistency）。我们称数据库的状态是一致的，当数据库满足一组约束（即语义完整性约束（semantic integrity constraints））时。维护一个一致的数据库需要不同的机制，如并发控制、可靠性、保护和语义完整性控制，这些机制从属于事务管理。语义完整性控制通过以下方式保证数据库的一致性：拒绝可能导致状态不一致的更新事务；触发数据库状态上的特定操作，从而抵消更新事务的效果。需要注意的是更新后的数据库必须要满足完整性约束。

一般而言，语义完整性约束是一组规则，用来表示应用领域的特性。这些规则定义了静态的或是动态的应用特性，且这些特性不能被数据模型中对象或操作概念所完全表示。正是因为这样，规则可以表示更多的应用语义。从这个意义上讲，完整性规则与数据模型紧密相关。

完整性约束有两种：结构约束和行为约束。结构约束（structural constraints）用来表达符合模型的基本语义属性。例如关系模型中的主码唯一性约束，或是面向对象模型中对象间的一对多关联。行为约束（behavioral constraints）对应用的行为进行了规范，在数据库设计流程中必不可少。行为约束可以表示对象之间的关联，例如关系模型中的包含依赖，或是描述对象的属性和结构。越来越多的数据库应用和数据库设计辅助工具需要更有效的完整性约束来丰富数据模型。

完整性控制出现于数据处理的过程中，并经历了从过程型方法（将控制嵌入在应用程序中）到声明型方法的发展过程。声明型方法出现于关系模型中，用来降低程序对于数据的依赖性、代码冗余，以及提高过程型方法的性能。基本的想法是使用谓词演算的断言来表达完整性约束。因此，数据库一致性可以由一组语义完整性断言来定义。这种方法可以使人们方便地声明或修改复杂的完整性约束。

支持自动语义完整性控制的主要问题是检查约束的代价很高。执行完整性约束的代价也很高，因为它一般需要访问大量的与数据库更新并不直接相关的数据。当这些约束定义在分布式数据库上时，问题将变得更加困难。

很多研究都探讨了如何结合优化策略来设计完整性管理程序，其目的是：

（1）限制需要执行的约束的数量；

（2）对于一个更新事务，如何降低为了实行一个约束而需要的数据库访问次数；

（3）设计预防策略，提前检测出可能的不一致性，从而避免对于更新的撤销；

（4）尽可能多地在编译阶段执行完整性控制。

现有研究提出了一些策略，然而这些策略在通用性方面还相当局限：不是局限于很少的断言（更通用的约束会带来更大的检查代价），就是仅支持一部分程序（如单个元组的更新）。

本节首先介绍集中式系统的语义完整性控制，进而探讨分布式系统。由于我们只考虑关系模型，因此本节仅涉及声明型方法。

3.3.1 集中式语义完整性控制

一个语义完整性管理程序包含两个部分：表达和处理完整性断言的语言，以及针对更新事务执行数据库完整性的机制。

3.3.1.1 完整性约束的定义

完整性约束是由数据库管理员通过某种高级语言进行操作的。本节介绍一种描述完整性约束的声明语言。该语言与标准 SQL 语言的基本想法很类似，但更具通用性。它可以支持完整性约束的定义、读取和取消。定义完整性约束的时机不局限在关系表创建阶段，也可以是任何阶段，甚至是在关系表已经包含元组的时候。无论在什么阶段，语法都是相同的。为了表述简单且不失一般性，本节假设违背完整性约束的后果是终止导致违例的进程。SQL 标准语法可以通过在约束定义时添加 CASCADING 子句来表示更新操作的传播，以此纠正不一致性。更为一般性地，可以使用触发器（trigger）机制（事件-条件-动作规则）来自动地传播更新操作，从而维护语义完整性。不过，和支持特定的完整性约束相比，触发机制功能更强，也更难得到有效的支持。

在关系数据库系统中，完整性约束被定义为断言。具体来说，一条断言是元组关系演算的一个特定表达式（见第 2 章），其中每个变量通过全称量词或存在量词来限定。因此，一条断言可以看作是这样的一条查询，这条查询作用在元组变量所代表的关系的笛卡儿积的每个元组上进行验证，其结果或者为真，或者为假。完整性约束分为三种：预定义约束、先决条件约束，以及通用约束。

预定义约束基于简单的关键词。通过这些约束，可以简洁地表达出关系模型上通用的约束，如非空属性、唯一码、外码，或函数依赖。例 3.11～例 3.14 给出了预定义约束的例子。

【例 3.11】 关系表 EMP 中的雇员编号不为空。

```
ENO NOT NULL IN EMP
```

【例 3.12】 (ENO,PNO)是关系表 ASG 中的唯一码。

```
(ENO, PNO) UNIQUE IN ASG
```

【例 3.13】 关系表 ASG 中的项目编号 PNO 是 PROJ 表中主码 PNO 的外码。换言之，任何指向 ASG 中的项目必须存在于关系表 PROJ 中。

```
PNO IN ASG REFERENCES PNO IN PROJ
```

【例 3.14】 雇员标号函数决定雇员姓名。

```
ENO IN EMP DETERMINES ENAME
```

在更新操作类型给定的情况下，先决条件约束需要关系表中的所有元组满足一组条件。更新类型可能为插入、删除，或是修改，可以对完整性控制进行限制。为了标识出约束定义中需要更新的元组，我们需要隐式地定义两个变量，NEW 和 OLD。它们分别表示新元组（需要插入的）和旧元组（需要删除的）。先决条件约束可以使用 SQL CHECK 语句标识，并可以附带具体的更新类型。CHECK 语句的语法如下：

```
CHECK ON <relation name> WHEN <change type> (<qualification over relation name>)
```

先决条件约束的例子如下。

【例 3.15】 项目的预算介于 50 万元和 100 万元之间。

```
CHECK ON PROJ (BUDGET+ >=500000 AND BUDGET <=1000000)
```

【例 3.16】 仅有预算为 0 的元组才能被删除。

```
CHECK ON PROJ WHEN DELETE (BUDGET = 0)
```

【例 3.17】 项目预算只能增加而不可减少。

```
CHECK ON PROJ (NEW.BUDGET > OLD.BUDGET AND
   NEW.PNO = OLD.PNO)
```

通用约束是一种元组关系演算公式，其中所有变量都需要用量词加以限制。数据库系统要保证这些公式永远为真。与预先编译好的约束相比，通用约束可以包含多个关系表，因而更加简洁。例如，为了表达一个三个关系表上的通用约束，至少需要三个预先编译好的约束，而通用约束则可以用下面的语法表示：

```
CHECK ON list of <variable name>:<relation name>, (<qualification>)
```

通用约束的例子如下。

【例 3.18】 例 3.8 中的约束也可以表示如下：

```
CHECK ON e1:EMP, e2:EMP
   (e1.ENAME = e2.ENAME IF e1.ENO = e2.ENO)
```

【例 3.19】 在 CAD 项目中所有的雇员的雇用时间小于 100。

```
CHECK ON g:ASG, j:PROJ (SUM(g.DUR WHERE
    g.PNO=j.PNO)<100 IF j.PNAME="CAD/CAM")
```

3.3.1.2 完整性的执行

本节讨论如何执行语义完整性，主要包括拒绝可能会违背完整性约束的更新事务。一般来讲，在更新事务执行后，如果一条约束在新的数据库状态中不再成立，则称该约束违例。设计完整性管理程序的主要难点在于找到高效的执行算法。拒绝导致不一致性的更新事务有两种基本的方法，第一种方法基于不一致性的检测（detection）。它执行更新事务u，使得数据库状态由D变到D_u，然后执行算法验证状态D_u中所有相关的约束，如果状态D_u是不一致的，DBMS 一种选择是通过补救措施修改D_u，使其变到一个一致的状态D'_u；另一种选择是取消u事务，使数据库变回状态D。由于上述检验是在数据库状态改变之后使用的，因此也被称为后测试（posttests）。后测试可能会导致大量的工作（D的更新事务）被取消，导致系统低效。

第二种方法基于不一致性的预防（prevention）。具体来说，仅当数据库可以变到一致的状态时，更新操作才得以执行。更新事务涉及的元组要么可以直接获取（插入操作），要么可以从数据库中检索到（删除或修改操作）。执行算法验证的内容是：在这些元组更新后，所有相关的约束是不是还都能成立。由于是在数据库状态改变之前进行的，这种方法中的验证也被称为前测试（pretests）。显然，由于不用取消更新操作，前测试更为高效。

查询修改算法就是一种基于预防的方法，它在执行领域约束方面尤其有效。该方法对查询的限定条件进行修改，使用 AND 操作将断言加入到限定条件中，于是通过执行修改后的查询达到了执行完整性的目的。

【例 3.20】 将 CAD/CAM 项目预算增加 10%的操作可以表示如下：

```
UPDATE PROJ
SET BUDGET = BUDGET*1.1
WHERE PNAME = "CAD/CAM"
```

为了执行例 3.9 中讨论到的领域约束，可以修改查询为：

```
UPDATE PROJ
SET BUDGET = BUDGET *1.1
WHERE PNAME = "CAD/CAM"
AND NEW.BUDGET ≥ 500000
AND NEW.BUDGET ≤ 1000000
```

查询修改算法将断言谓词通过 AND 操作添加到更新谓词中，巧妙地实现了在运行时对于数据库的保护，这点得到了广泛的认可。然而，该算法仅能应用于元组演算中，具体解释如下：假设有一个断言$(\forall x \in \mathrm{R})F(x)$，其中$F$为元组计算表达式，$x$是唯一的自由变量。R 的更新操作可以写为：$(\forall x \in \mathrm{R})(Q(x) \Rightarrow update(x))$，其中$Q$为元组演算表达式，$x$为唯一的变量。简单地讲，查询修改生成更新操作:$(\forall x \in \mathrm{R})((Q(x)$和$F(x)) \Rightarrow update(x))$。因此，$x$需要被全局限定。

【例 3.21】 例 3.13 中的外码约束可以表示为：

$\forall g \in \mathrm{ASG}, \exists j \in \mathrm{PROJ}: g.\mathrm{PNO}=j.\mathrm{PNO}$

该操作不能被查询修改算法处理，因为变量j并非全局限定的。

为了处理更为一般的约束，需要在约束定义阶段生成前测试，在操作执行阶段执行检验。在本节的其余部分中，我们将介绍一种通用方法。该方法基于在约束定义时产生的预测试，这些预测试随后用于防止在数据库中引入不一致。这是一种通用的预防性方法，用于处理前一节中介绍的全部约束。它大大减小了在更新中执行断言时必须检查的数据库的比例。这是应用于分布式环境时的一个主要优势。

如 3.1.3 节所示，事前检测的定义使用了区分关系表。事前检测可以定义为一个三元组(R, U, C)，其中 R 代表一个关系表，U代表一个更新类型，C代表U类型更新操作中区分关系表上的断言。如果定义了完整性约束I，则可以为I涉及的关系表生成一组前测试。一旦I涉及的一个关系表被事务u更新，事前检测则需要执行与u中更新类型相关的前测试来确保I的成立。这样做在性能上的好处有两点。其一，由于只考虑类型u的前测试，可以最小化执行断言的数量；其二，由于区分关系表小于基础关系表，执行前测试的成本比执行I的成本要低。

可以转换原有的断言来获得前测试，转换规则基于断言和量词排列的语法分析，并许可将基础关系表换成区分关系表。由于前测试比原有的断言要简单，该过程称为简化（simplification）。

【例 3.22】 考虑例 3.15 中修改的外键约束，与它相关的前测试为：

(ASG, **INSERT**, C_1), (PROJ, **DELETE**, C_2), (PROJ, **MODIFY**, C_3)

其中，C_1 是

$$\forall\ \text{NEW} \in \text{ASG}^+, \exists j \in \text{PROJ: NEW.PNO} = j\ .\text{PNO}$$

C_2 是

$$\forall g \in \text{ASG}, \forall\ \text{OLD} \in \text{PROJ}^-: g.\text{PNO} \neq \text{OLD.PNO}$$

C_3 是

$\forall g \in \text{ASG}, \forall \text{OLD} \in \text{PROJ}^-\ \exists \text{NEW} \in \text{PROJ}^+ : g.\text{PNO} \neq \text{OLD.PNO OR OLD.PNO} = \text{NEW.PNO}$

这种预测试提供的优势是显而易见的。例如，删除关系 ASG 不会引起任何断言检查。

强制算法使用预测试，并根据断言的类别进行专门化。区分了三类约束：单关系约束、多关系约束和涉及聚合函数的约束。

现在让我们总结一下实施算法。回想一下，更新事务会更新满足某些条件的关系 R 的所有元组。该算法分两步进行。第一步生成微分关系 R^+和 R^-，第二步只是检索 R^+和 R^-的元组，其不满足预测试。如果未检索到元组，则约束有效。否则，它将被违反。

【例 3.23】 考虑 PROJ 表上的删除操作。执行(PROJ,**DELETE**, C_2)将生成下述语句：

$$\textit{result} \leftarrow \text{retrieve all tuples of PROJ}^- \text{ where } \neg(C_2)$$

如果结果是空的，则说明断言得到了验证，一致性可以得到保证。

3.3.2 分布式语义完整性控制

本节给出分布式数据库中保证语义完整性的算法。这些算法扩展自前面讨论的简化方法。与同构系统或多数据库系统类似，本节假定系统具备全局事务管理的能力。因此，为这样的分布式 DBMS 设计完整性管理程序有两个问题：断言的定义和存储，以及约束的执行。本节也会探讨在不存在全局事务支持的情况下，系统如何对完整性约束进行检测。

3.3.2.1 分布式完整性约束的定义

完整性约束由元组关系演算进行表示。每个断言可以看作是值为真或假的查询条件，它作用于由元组变量对应的关系表做笛卡儿积之后所生成的元组上。由于断言可能包含不同站点上的数据，存储约束应使完整性检测的成本达到最小。有一种策略它以完整性约束的分类为基础，考虑了下面的三类完整性约束：

（1）个别约束（individual constraints）：单关系表单变量约束，它考虑元组的更新是相互独立的。例 3.15 中的领域约束属于这类。

（2）面向集合的约束（set-oriented constraints）：包含单关系表多变量约束（如例 3.14

中的函数依赖）和多关系表多变量约束（如例 3.13 中的外码约束）。

（3）包含聚合的约束（constraints involving aggregates）：考虑到聚合操作的代价，需要特别处理。例 3.19 中的断言是该类的代表。

我们可以在断言中关系表所在的任一站点开始定义新的完整性约束。注意：关系表可能被分片，这个分片谓词属于以上类别 1 的断言的一种特例。相同关系表的不同分片可以存放在不同的站点中。因此，定义完整性断言也可以是分布式操作，分以下两步完成。第一步是将上层的断言转换成前测试，可以使用上节介绍的技术。第二步是根据约束的类别对前测试进行存储。类别 3 的约束可以与类别 1 或 2 约束处理的方式相同，取决于约束为个别的还是面向集合的类型。

1. 个别约束

约束定义要被发送到包含所有关系分片的站点上。约束与每个站点中的关系数据要保持兼容。兼容性包含两个层面的含义：谓词和数据。首先，谓词兼容性可以通过比较约束谓词和分片谓词来验证：约束C与分片谓词p不兼容的条件是"C为真"可以推论出"p为假"，否则为兼容。如果在某一站点上发现不满足兼容性，则约束的定义会被全局拒绝，原因在于分片的元组不能满足完整性约束。其次，如果谓词兼容性得到了满足，则要从分片的实例上检测约束。如果不满足实例，约束也会被全局拒绝。如果兼容性得到了满足，可以将约束存储在每个站点上。注意：兼容性检测仅针对更新类型为“插入”的前测试（分片中的元组被看作是插入的元组）。

【例 3.24】 考虑关系 EMP，使用下述谓词水平分片，并存储于三个站点：

p_1: 0≤ENO≤"E3"

p_2: "E3"≤ENO≤"E6"

p_3: ENO≤"E6"

领域约束为C:ENO < "E4"。约束C与谓词p_1兼容（若C为真，则p_1为真），与p_2兼容（若C为真，则p_2不会为假），但与p_3不兼容（若C为真，则p_3为假）。因此，约束C应该全局拒绝，因为站点 3 中的元组无法满足C，因此关系 EMP 不满足C。

2. 面向集合的约束

面向集合的约束是多变量的，因此会考虑连结谓词。断言谓词可能是多关系的，但前测试仅与一个关系有关。因此，约束定义需要被发送到存储变量对应分片的所有站点上。兼容性检验也会考虑连结谓词中涉及的分片。这里不考虑谓词兼容性，原因在于无法基于约束C（基于连结谓词）为真判断分片谓词p为假。因此，C需要和数据比较，以此检验兼容性是否成立。兼容性检验基本上需要将关系 R 的所有分片与约束谓词中涉及的关系 S 的所有分片连结起来。该项操作可能代价很大，需要由分布式查询处理程序进行优化。下面按照代价逐渐增加的顺序给出如下三种情况。

（1）关系 R 的划分由 S 的划分诱导产生（见第 2 章），即基于断言谓词中属性的半连结操作获得。

（2）S 基于连结属性划分。

（3）S 不是基于连结属性划分。

第一种情况，由于 S 和 R 中的元组在同一站点进行匹配，兼容性检验的代价不高。第二种情况，由于 R 中元组的连结属性可以用来找到 S 中相应分片的站点，R 中的每个元组需要与 S 的至多一个分片进行比较。第三种情况，R 的每个元组需要和 S 的所有分片比较。如果 R 的所有元组都满足兼容性，则可以将约束存储在每个站点上。

【例 3.25】 考虑例 3.16 定义的面向集合的前测试(ASG,**INSERT**, C_1)，其中C_1为：

$\forall$ NEW $\in$ ASG$^+$, $\exists j \in$ PROJ: NEW.PNO $= j$.PNO

考虑下面三种情况。

（1）ASG 使用如下谓词进行分片：

ASG $\ltimes_{\text{PNO}}$ PROJ_i

其中PROJ_i为 PROJ 表的一个分片。这种情况下，ASG 的每个元组NEW与元组j放在同一个站点上，并满足NEW.PNO $= j$.PNO。由于分片谓词与C_1的谓词相同，兼容性检测不会引入站点间通信。

（2）PROJ 基于如下两个谓词水平划分：

p_1: PNO<P3

p_2: PNO≥"P3"

这种情况下，ASG 的每个元组 NEW 在 NEW.PNO<"P3"时需要与PROJ_1比较，或者在NEW.PNO≥"P3"时与分片PROJ_2比较。

（3）PROJ 基于如下两个谓词水平划分：

p_1: PNAME = "CAD/CAM"

p_2: PNAME ≠ "CAD/CAM"

这种情况下，ASG 的每个元组需要与 PROJ_1 和 PROJ_2 比较。

3.3.2.2　执行分布式完整性断言

即便是在全局事务支持的情况下，分布式完整性断言的执行也比集中式 DBMS 情况下更复杂。主要的问题是要决定在哪个站点执行完整性约束，这取决于约束的类别，更新的类型，以及更新发生的站点（称为查询主站点，即 query master site）的特性。主站点可能不会存储要更新的关系，或完整性约束中的某些关系。因此，需要考虑的关键参数包括从一个站点向另一个站点传输数据和消息的代价。下面基于这些准则讨论不同类型的策略。

1. 个别约束

考虑两种情况。如果更新事务为插入语句，则所有的插入元组都是由用户显式地提供的。此时，个别约束可以在更新提交的站点上执行。如果更新操作是有条件的（删除和修改语句），操作将会被发送到存储需要更新的关系的站点上。查询处理程序为每个分片执行更新条件，集中每个站点返回的结果元组。在语句为删除时，将结果元组存储在一个临时表中；在语句为修改时，将结果元组存储在两个临时表中（即R^+和R^-）。分布式更新操作涉及的每个站点都会执行这些断言（如删除时的领域约束）。

2. 面向集合约束

这里首先通过一个例子研究单关系表约束。考虑例 3.14 中的函数依赖。与 **INSERT** 更新类型相关的前测试是：

(EMP, **INSERT**, C)

其中C是

$(\forall e \in \text{EMP})(\forall \text{NEW}_1 \in \text{EMP})(\forall \text{NEW}_2 \in \text{EMP})$

$(\text{NEW}_1.\text{ENO} = \text{e.ENO} \Rightarrow \text{NEW}_1.\text{ENAME} = \text{e.ENAME}) \wedge$

$(\text{NEW}_1.\text{ENO} = \text{NEW}_2.\text{ENO} \Rightarrow \text{NEW}_1.\text{ENAME} = \text{NEW}_2.\text{ENAME}$

C 定义的第二行检查插入元组（NEW_1）与现有元组（e）之间的约束，第三行检查插入元组之间的约束，因而需要在第 1 行声明两个变量（NEW_1 和 NEW_2）。

现在考虑 EMP 表的更新。首先，查询处理程序执行更新条件，与个别约束的情况类似，返回一个或两个临时关系表。接下来，发送临时关系到所有包含 EMP 的站点上。假设更新为插入语句，那么每个存储 EMP 分片的站点都会执行上述约束 C。由于 C 中的 e 是全局的，每个站点的局部数据都要满足 C，原因在于$\forall x \in \{a_1, \ldots, a_n\} f(x)$等价于$[f(a_1) \wedge f(a_2) \wedge \ldots \wedge f(a_n)]$。因此，提交更新操作的站点需要从每个站点接受一条消息，表明约束在所有站点都得到了满足。如果某个站点不满足约束，它需要发送错误信息来表明这点。此时，更新操作无效，完整性管理程序需要决定是否要使用全局事务管理程序拒绝整个事务。

下面考虑多关系约束。为了表述方便，这里假设完整性约束在同一关系上只有一个元组变量。注意：这是经常会发生的情况。与单关系约束类似，更新操作在提交的站点进行计算。约束执行在查询主站点进行，使用算法 3.2 中的 ENFORCE 算法。

算法 3.2：ENFORCE 算法

```
Input: U:update type; R: relation
begin
    retrieve all compiled assertions (R, U, Ci )
    inconsistent ← false
    for each compiled assertion do
        result ←all new (respectively, old), tuples of R where ¬(Ci)
    end for
    if card(result) ≠ 0      then
        inconsistent ← true
    end if
    if inconsistent then
        send the tuples to update to all the sites storing fragments of R
    else
        reject the update
    end if
end
```

【例 3.26】 通过例 3.13 中外码约束的例子来说明算法。假设u表示将一个新元组插入到 ASG 中的操作。上一个算法使用前测试(ASG,**INSERT**, C)，其中C为：

$\forall \text{NEW} \in \text{ASG}^+, \exists j \in \text{PROJ}: \text{NEW.PNO} = j.\text{PNO}$

给定该约束，需要检索ASG^+中所有满足C不为真的新元组，表达为 SQL 语句：

```
SELECT NEW.*
FROM ASG+ NEW, PROJ
WHERE COUNT(PROJ.PNO WHERE NEW.PNO = PROJ.PNO) = 0
```

注意，NEW.*表示ASG^+的所有属性。

因此，该策略为了执行连结操作，需要将新元组发送到存储关系表 PROJ 的站点上，进而在查询主站点集中所有返回的结果。每个存储 PROJ 分片的站点为分片和ASG$^+$做连结操作，并将结果送回查询主站点进行汇总。如果汇总的结果为空，则数据库是一致的。否则，更新操作会导致不一致状态，需要使用全局事务管理程序拒绝这一事务，或设计更为复杂的策略来通知或补偿不一致性。

2. 包含聚合的约束

因为需要计算聚合函数，这类约束的检测代价最大。一般的聚合函数包括 **MIN**、**MAX**、**SUM** 和 **COUNT**。每个聚合函数包含投影部分和选择部分。为了高效地执行约束，可能需要产生前测试。这些前测试可以隔离冗余的数据，而这些冗余的数据都出现在存储和约束有关的关系的站点上。这部分数据就是 3.1.2 节所说的物化视图。

3.3.2.3　分布式完整性控制小结

分布式完整性控制的主要问题是执行分布式约束时通信和处理的代价可能会很高。设计分布式完整性管理器的两个主要问题是：分布式断言的定义，算法的实行，以及最小化分布式完整性检测的代价。从本节可以看出，通过扩展预防方法，在前测试中编译语义完整性约束，可以完全实现分布式完整性控制。该方法是通用的，能处理一阶逻辑表达的所有约束。方法与分片定义是兼容的，并能使站点间通信达到最小。更好的分布式完整性执行策略可以在更为精细的分片定义下得到。因此，分布式完整性约束的定义是分布式数据库设计流程的重要组成部分。

上述方法假设具有全局事务的支持。在某些松耦合的多数据库系统中，可能不支持全局事务，问题将变得更为复杂。首先，由于约束检测不再是全局事务验证的一部分，约束管理程序和组件 DBMS 之间的接口需要改变。组件 DBMS 需要通知完整性管理程序在某些事件后，例如在局部视图提交后，才执行约束检测。这可以通过触发器来完成，触发事件为全局约束中关系表的更新。其次，如果检测到全局约束违例，由于无法定义全局终止，需要提供专门的纠错事务以使数据库的状态保持一致。现有方法提出了一组全局一致性检测协议，该协议基于一种简单的策略，在区分关系表上进行计算（与之前方法类似）。该方法是安全的（能够不遗漏地识别出约束违例），但可能是不准确的（可能在没有约束违例的情况下引入错误事件）。这种不准确性源于：在不同的时间和站点上产生区分关系表可能使全局数据库产生幻影状态，即从未出现过的状态。为了解决这一问题，现有方法提出了将基础协议进行扩展：引入时间戳，或使用局部事务命令。

3.4　本 章 小 结

访问控制包括几个部分：视图管理、安全控制以及语义完整性控制。在关系数据的框架内，这些功能可以通过一致的方式实现，即执行规则来描述数据处理控制。集中式系统的方法得到了重要的扩展，从而适用于分布式系统，特别是支持了物化视图和分组裁决式访问控制。语义完整性控制得到的关注较少，没有被分布式 DBMS 产品所广泛支持。

在分布式系统中，完全支持语义数据控制是复杂的，在性能上也有很大的代价。高效地执行数据控制有两个主要的问题：规则的定义和存储（站点选择），以及设计执行算法来最小化通信代价。由于不断增加的功能（和通用性）会增加站点间通信，高效地数据控制十分困难。当控制规则在所有站点做到完全复制时，该问题会得到简化；当保留站点自治性时，问题的难度会增加。此外，可以设计专门的优化来最小化数据控制的成本，但同时会带来额外的开销，如管理物化视图或冗余数据。因此，为了考虑更新程序的控制代价，分布式数据控制定义需要包含于分布式数据库设计之中。

3.5 本章参考文献说明

数据控制在集中式系统中十分好理解，所有主流的 DBMS 都对此提供广泛的支持。分布式系统的语义数据控制研究开始于 20 世纪 80 年代 IBM 研究院的 R*项目，并得到了长远的发展，用来处理一些新的应用，如数据仓库和数据集成。

视图管理的大多数研究考虑如何利用视图更新，以及如何支持物化视图。集中式事务管理的两篇基础论文是【Chamberlin 等 1975】和【Stonebraker 1975】。第一篇论文是 R 系统中视图和授权管理的集成策略；第二篇论文描述了 INGRES 的查询修改技术，该技术以统一的方式处理视图、授权和语义完整性控制，参见 3.1 节对该方法的描述。

视图更新问题的理论解决方法由【Bancilhon and Spyratos 1981】、【Dayal and Bernstein 1978】和【Keller 1982】提供。第一篇论文是关于视图更新语义【Bancilhon and Spyratos 1981】的，其中规范化地定义了更新后的视图不变性，给出了大量包含连结操作的视图的更新方法。基础关系的语义信息在寻找更新操作的唯一传播时十分有用。然而，现有的商业系统在支持通过视图的更新操作上十分严格。

物化视图得到了广泛的关注。快照的概念由【Adiba and Lindsay 1980】提出，用来优化分布式数据库系统中的视图诱导。【Adiba 1981】泛化了快照的概念，引入了分布式环境下的诱导关系表。该论文同时提出了管理视图、快照和分片复制数据的同一机制。【Gupta and Mumick 1999c】编辑了物化视图管理方面全面的论文。【Gupta and Mumick 1999a】描述了执行物化视图增量式维护的主要技术。3.1.3 节提出的计数算法由【Gupta 等 1993】提出。我们介绍了两个最近提出的重要优化，以显著减少计数算法的维护时间，遵循广义多集关系的形式【Koch 2010】。第一个优化是物化表示输入查询子查询的视图【Koch 等 2014】、【Berkholz 等 2017】、【Nikolic and Olteanu 2018】。第二种优化利用数据中的倾斜【Kara 等 2019】。

【Hoffman 1977】提出了计算机系统的一般安全性问题。集中式数据库系统的安全性在【Lunt and Fernández 1990】、【Castano 等 1995】得到了讨论。分布式系统中的裁决式访问控制首先在 R*项目中得到了广泛的关注。【Wilms and Lindsay 1981】扩展了系统 R 中的访问控制机制【Griffiths and Wade 1976】，用来处理用户组，并在分布式环境下进行执行。分布式 DBMS 的多级访问控制近些年得到了广泛的关注。多级访问控制方面开创性的论文是 Bell-Lapaduda 模型，该模型的设计初衷是操作系统安全性【Bell and Lapuda 1976】。【Lunt and Fernández 1990】和【Jajodia and Sandhu 1991】给出了数据库的多级访问控制。关系 DBMS 多级安全的介绍可以参见【Rjaibi 2004】。多级安全 DBMS 中的事务管理参见【Ray 等 2000】、【Jajodia 等 2001】。【Thuraisingham 2001】提出了分布式 DBMS 的多级访问控制。基于角色的访问控制（RBAC）【Ferraiolo and Kuhn 1992】通过添加角色来扩展 DAC 和 MAC，作为主体和对象之间的独立水平。希波克拉底（Hippocratic）数据库【Sandhu 等 1996】将目的信息与数据联系起来，即数据收集和访问的原因。

3.3 节的内容大部分源于【Simon and Valduriez 1984、1986】和【Simon and Valduriez 1987】。具体来讲，【Simon and Valduriez 1986】扩展了集中式完整性控制基于前测试的预防策略，使其适用于分布式环境，并假设全局事务的支持。声明型方法最原始的想法产生于【Florentin 1974】，其目的是使用谓词逻辑断言来表示完整性约束。最重要的声明型方法有【Bernstein 等 1980a】、【Blaustein 1981】、【Nicolas 1982】、【Simon and Valduriez 1984】和【Stonebraker 1975】。存储冗余数据的具体视图参见【Bernstein and Blaustein 1982】。值得注意的是：具体视图在优化包含聚合的约束执行中也十分有用。【Civelek 等 1988】、【Sheth 等 1988b】和【Sheth 等 1988a】给出了语义数据控制的系统和工具，特别是视图管理。【Grefen and Widom 1997】讨论了不具备全局事务支持的松耦合多数据库系统如何做语义完整性检测。

3.6 本 章 习 题

习题 3.1 使用类 SQL 语法，定义工程数据库V(ENO,ENAME,PNO,RESP)的视图，其中的持续时间（duration）为 24。问视图 V 是否可更新？假设关系表 EMP 和 ASG 基于访问频率水平划分如下：

站点 1	站点 2	站点 3
EMP_1	EMP_2	
	ASG_1	
		ASG_2

其中

$$EMP_1 = \sigma_{TITLE \neq "Engineer"}(EMP)$$
$$EMP_2 = \sigma_{TITLE = "Engineer"}(EMP)$$
$$ASG_1 = \sigma_{0 < DUR < 36}(ASG)$$
$$ASG_2 = \sigma_{DUR \geq 36}(ASG)$$

哪些站点需要存储 V 的定义，而不用完全重复分片，从而增加引用的局部性？

习题 3.2 表达下述查询：在视图 V 中，工作于 CAD/CAM 项目中的雇员姓名。

习题 3.3 (*) 假设关系表 PROJ 水平分片为：

$$PROJ_1 = \sigma_{PNAME = "CAD/CAM"}(PROJ)$$
$$PROJ_2 = \sigma_{PNAME \neq "CAD/CAM"}(PROJ)$$

修改习题 3.2 得到的查询，从而支持分片。

习题 3.4（）** 提出一个高效的分布式算法用于在一个站点刷新快照，该快照由一个关系产生，而该关系在另外两个站点上进行了水平分片。给出一个在视图和基础关系上的查询实例，该查询会产生不一致的结果。

习题 3.5（*） 考虑例 3.5 中的视图 EG，使用关系表 EMP 和 ASG 作为基础数据，并假设状态由例 3.1 得到，因此 EG 包含 9 个元组（见图 3.4）。假设 ASG 中的元组〈E3,P3,Consultant,10〉更新为〈E3,P3,Engineer,10〉。使用基本的计数算法来更新视图 EG。哪些投影的属性应该添加到视图 EG 中来使它具备自维护性？

习题 3.6 提出一种关系表，在分布式数据库目录中存储与用户组关联的访问权限，并给出该关系表的划分方案，假设组成员都在同一个站点上。

习题 3.7（**） 给出一个算法在分布式 DBMS 中执行 **REVOKE** 语句，假设 **GRANT** 权限只能授予成员都在同一个站点的用户组。

习题 3.8（**） 考虑图 3.8 中的多级关系$PROJ_{**}$。假设对于属性（S 和 C）仅有两个分类级别，提出$PROJ_{**}$在两个站点上的分配方案，并使用划分和副本来避免读查询的隐蔽通道。探讨该分配方案更新操作的约束。

习题 3.9 使用本章中的完整性约束描述性语言，表达下述完整性约束：一个项目的持续时间不能超过 48 个月。

习题 3.10（*） 定义例 3.11～例 3.14 中完整性约束关联的前测试。

习题 3.11 假设下述关系 EMP、ASG 和 PROJ 上的垂直划分方案：

站点 1	站点 2	站点 3	站点 4
EMP_1	EMP_2		
	$PROJ_1$	$PROJ_2$	
		ASG_1	ASG_2

其中

$$EMP_1 = \prod_{EMO,\ ENAME}(EMP)$$
$$EMP_2 = \prod_{EMO,\ TITLE}(EMP)$$
$$PROJ_1 = \prod_{EMO,\ PNAME}(PROJ)$$
$$PROJ_2 = \prod_{EMO,\ BUGDET}(PROJ)$$
$$ASG_1 = \prod_{EMO,\ PNO,\ RESP}(ASG)$$
$$ASG_2 = \prod_{EMO,\ PNO,\ DUR}(ASG)$$

习题 3.9 中得到的前测试应该存储在哪里？

习题 3.12（**） 考虑下述面向集合的约束：

```
CHECK ON e:EMP, a:ASG
  (e.ENO = a.ENO AND (e.TITLE = "Programmer")
  IF a.RESP = "Programmer")
```

该约束的含义是什么？假设 EMP 和 ASG 的分配方案如前面的习题所示，定义相应的前测试和它们的存储方案。把算法 ENFORCE 应用到 ASG 中的 **INSERT** 更新类型上。

习题 3.13（**） 假设没有全局事务支持的分布式多数据库系统。考虑两个站点，每个站点包含不同的 EMP 关系表，并有一个完整性管理程序与组件 DBMS 进行通信。假设需要为 EMP 构建全局唯一码约束。提出一种简单的策略，使用区分关系表来检测约束。探讨可能会导致约束违例的操作。

第 4 章　分布式查询处理

关系数据库语言可以隐藏数据物理组织的底层细节，支持用户以简洁明了的方式表达复杂的查询需求。具体来说，用户无须明确指定计算查询结果的具体步骤，而是将这一过程交给数据库的查询处理程序（query processor）模块。这将用户从查询优化（query optimization）的工作中解放出来；查询优化是一项费时费力的任务，最好是由查询处理程序来处理，因为后者可以利用有关数据中的大量有用信息。

作为一个关键的性能问题，查询处理已经受到（并将继续受到）广泛的关注，无论是在集中式还是分布式 DBMS 的环境下。不过，查询处理问题在分布式的环境中要困难得多，因为会有大量的参数影响分布式查询的性能。特别是，分布式查询中涉及的关系表可能会被分片和/或复制，从而带来通信代价。此外，由于需要访问许多站点，查询响应时间可能会变得非常长。

本章将会详细介绍分布式 DBMS 的查询处理问题。我们将基于关系演算（relational calculus）和关系代数（relational algebra）进行探讨，这是因为它们十分通用且在分布式 DBMS 中应用广泛。第 2 章提到，实现分布式关系表的途径是分片操作，目的是增加数据访问的局部性，并在有些情况下对最重要的查询执行并行处理。分布式查询处理程序的任务就是将一个面向分布式数据库上的高级查询（假设用关系演算表示）映射为关系表的片段上的一系列数据库（关系代数）算子。这一映射应具备以下重要功能。首先，演算查询(calculus query)必须分解(decomposed)为一系列关系算子，称为代数查询(algebraic query)。其次，查询访问的数据必须要进行本地化（localized），以便将关系表上的算子转换为局部数据（即片段）上的操作。最后，需要扩展数据片段上的代数查询，进一步考虑通信算子（communication operator），并且通过最小化代价函数来对查询进行优化，其中代价函数通常要考虑磁盘 I/O、CPU、通信网络等计算资源。

本章的组织如下：4.1 节对分布式查询处理问题进行概述；4.2 节介绍数据本地化（data localization）问题，重点介绍面向水平、垂直、诱导和混合四类分片场景的规约（reduction）和简化（simplification）技术；4.3 节讨论查询优化的核心问题，包括分布式查询中的连结排序问题，以及基于半连结的连结策略；4.4 节介绍分布式代价模型；4.5 节讨论上述技术在动态、静态和混合这三种基本分布式查询优化方法中的应用；4.5 节讨论自适应查询处理技术。

本章假设读者熟悉集中式 DBMS 中的基本查询处理概念，这些概念在大多数本科的数据库课程与教科书中都会有所介绍。

4.1　查询处理概述

本节对分布式查询处理进行概述。首先在 4.1.1 节讨论查询处理问题，进而在 4.1.2 节介绍查询优化，最后在 4.1.3 节介绍查询处理的功能分层——从分布式查询开始一直到局部站点上的算子执行。

4.1.1 查询处理问题

查询处理程序的主要功能是将高级查询（通常用关系演算表达）转换为等价的低级查询（通常用某种关系代数表达），而低级查询实际上实现了查询的执行策略。这种转换必须同时保证正确性和高效性。其中，正确性体现在低级查询要和原始的高级查询具有相同的语义，即这两个查询产生相同的结果。正确性的实现并不困难，因为从关系演算到关系代数存在定义清晰的映射关系。真正困难的问题是如何指定高效的查询执行策略。一个关系演算查询可以转换为很多彼此等价且正确的关系代数查询，而每个查询的执行策略会耗费不同的计算机资源。因此，如何挑选出资源耗费最小的执行策略就成为了核心的难点问题。

【例 4.1】 考虑本书中使用的工程数据库模式的一个子集：

```
EMP(ENO,ENAME,TITLE)
ASG(ENO,PNO,RESP,DUR)
```

同时考虑一个简单的查询“找出所有正在管理某个项目的雇员”。该查询可以用基于 SQL 语法（带有自然连结）的关系演算表达如下：

```
SELECT ENAME
FROM EMP NATURAL JOIN AS G
WHERE RESP = "Manager"
```

该查询有两个彼此等价且均正确的关系代数查询：

$$\prod_{\text{ENAME}}(\sigma_{\text{RESP="Manager"} \wedge \text{EMP.ENO=ASG.ENO}}(\text{EMP} \times \text{ASG}))$$

$$\prod_{\text{ENAME}}(\text{EMP} \bowtie_{\text{ENO}} (\sigma_{\text{RESP="Manager"}} (\text{ASG})))$$

从直观上看，第二个查询避免了 EMP 和 ASG 的笛卡儿积，会比第一个查询耗费更少资源。因此，应选择第二个查询。

在分布式系统中，仅用关系代数表达执行策略是不够的，还需要扩充在站点间交换数据的算子。分布式查询处理程序除了要选择关系代数算子的执行顺序，还需要选择处理数据的最佳站点，以及可能的数据传输方案。这增加了分布式执行策略解决方案的搜索空间，使分布式查询处理相比于集中式查询处理要困难得多。

【例 4.2】 下面通过例子说明站点选择和通信对于一个已经分片的数据库执行关系代数查询的重要性。考虑例 4.1 中的查询：

$$\prod_{\text{ENAME}}(\text{EMP} \bowtie_{\text{ENO}} (\sigma_{\text{RESP="Manager"}} (\text{ASG})))$$

假设关系表 EMP 和 ASG 水平分片如下：

$$\text{EMP}_1 = \sigma_{\text{ENO}\leq\text{"E3"}}(\text{EMP})$$
$$\text{EMP}_2 = \sigma_{\text{ENO}>\text{"E3"}}(\text{EMP})$$
$$\text{ASG}_1 = \sigma_{\text{ENO}\leq\text{"E3"}}(\text{ASG})$$
$$\text{ASG}_2 = \sigma_{\text{ENO}>\text{"E3"}}(\text{ASG})$$

片段ASG_1、ASG_2、EMP_1和EMP_2分别存储在站点 1、2、3 和 4 上，而查询结果需要传输到站点 5。

简单起见，下面的讨论忽略投影算子。图 4.1 给出了查询的两种等价的分布式执行策略。从站点i指向站点j标有 R 的箭头表示关系表 R 从站点i传输到j站点。策略 A 利用关系表 EMP 和 ASG 以相同方式分片这一事实，从而并行地执行选择和连结算子。策略 B 则在处理查询之前简单地将操作需要的所有数据都集中到结果站点。

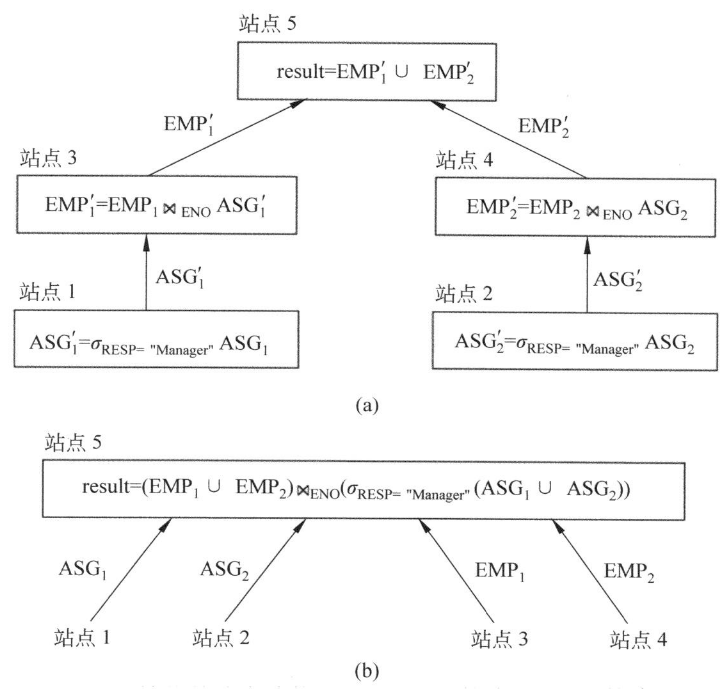

图 4.1　等价的分布式执行策略：(a) 策略 A；(b) 策略 B

这里使用一个简单的代价模型来评估策略 A 和策略 B 的资源消耗。假设元组访问的单位代价（记为$tupacc$）是 1（此处忽略具体的单位），而元组传输的单位代价（记为$tuptrans$）是 10。假设关系表 EMP 和 ASG 分别有 400 和 1000 个元组，且在关系 ASG 里有 20 个满足职务是经理（Manager）的元组。最后假设关系 EMP 和 ASG 在分别根据属性 RESP 和 ENO 局部聚簇，由此可以根据属性 RESP 的值直接访问 ASG 元组，以及根据 ENO 的值直接访问 EMP。

策略 A 的代价计算如下：

（1）对 ASG 执行选择算子生成 ASG′，代价为$(10+10)\times tupacc=20$。

（2）将ASG'传输到 EMP 所在的站点，代价为$(10+10)\times tuptrans=200$。

（3）通过连结 ASG′和 EMP 生成 EMP′，代价为$(10+10)\times tupacc*2=40$。

（4）将 EMP′传输到结果站点，代价为$(10+10)\times tuptrans=200$。

策略 A 的总代价为 460。

策略 B 的代价的计算如下：

（1）将 EMP 传输到站点 5，代价为$400\times tuptrans=4000$。

（2）将 ASG 传输到站点 5，代价为$1000 \times tuptrans = 10000$。

（3）对 ASG 执行选择算子生成 ASG′，代价为$1000 \times tupacc = 1000$。

（4）将 EMP 和 ASG′连结，代价为$400 \times 20 \times tupacc = 8000$。

策略 B 的总代价为 23000。

在策略 A 中，连结 ASG′和 EMP（第（3）步）可以利用建立在 EMP 的属性 ENO 上的聚簇索引。所以对于 ASG′的每个元组，EMP 仅被访问一次。在策略 B 中，可以认为关系表 EMP 和 ASG 的属性 RESP 和 ENO 上的索引由于数据传输而无效了，这在实践中是一个合理的假设。由此，可以认为第（4）步的 EMP 和 ASG′的连结只能采用默认的嵌套循环算法来完成，即简单地执行两个关系表的笛卡儿积。策略 A 要比策略 B 好出 50 倍，这是十分显著的。不仅如此，策略 A 将计算在站点间进行了更好的分配。如果我们假设通信速度更慢或是片段数量更短，策略 A 与策略 B 的差异会更加显著。

4.1.2 查询优化

查询优化是指生成查询执行计划（Query Execution Plan，QEP）的过程，QEP 代表了查询的执行策略，它会最小化某个目标代价函数。查询优化程序是一个执行查询优化的软件模块，通常由三个部分组成：搜索空间、代价模型和搜索策略。

4.1.2.1 搜索空间

给定一个输入查询，搜索空间（search space）是指该查询所有的执行计划构成的集合。这些执行计划具有等价性，即会输出相同的查询结果；不过，这些查询计划在数据库算子的执行顺序和这些算子的实现方法上有所不同，因此在性能上也会有所不同。搜索空间可以通过一系列转换规则产生，例如关系代数中的转换规则。

4.1.2.2 代价模型

代价模型（cost model）用于预测某个查询执行计划的代价，从而支持查询计划的比较与遴选。为了预测的准确性，代价模型必须对分布式执行环境有很好了解，这可以通过数据统计信息和代价函数完成。

在分布式数据库中，统计信息通常与数据片段有关，包括片段基数或大小以及每个属性的不同值的大小和数量。为了最大限度地减少出错的可能性，有时会使用更详细的统计数据，比如属性值的直方图，但这也会带来更高的管理成本。此外，需要定期更新统计信息以保证其准确性。

一个衡量代价的很好的标准是处理查询时产生的总代价（total cost），包括在各个站点处理查询算子和站点间通信所花费的所有时间的总和。另一个很好的衡量标准是查询的响应时间（response time），即执行从查询开始到结果返回所用的时间。由于算子可以在不同的站点并行执行，因此查询的响应时间可能会大大低于其总代价。

在分布式数据库系统中，需要优化的总代价包括 CPU、I/O 和通信代价。CPU 代价是在内存中对数据执行算子产生的，I/O 代价指的是磁盘访问所需的时间。I/O 代价可以通过减少磁盘访问次数来优化，具体的方法包括使用快速数据访问方法和更高效地使用内存（缓冲区管理）。通信代价是参与查询执行的各个站点交换数据时所需的时间，包括消息处理（格式化与反格式化）和通信网络上的数据传输两个部分。

通信代价可能是分布式数据库所要考虑的最重要因素。大多数早期的分布式查询优化研究都假设通信代价远远超过本地处理的代价（I/O 和 CPU 代价），从而忽略后者。然而，现代分布式处理环境具有更快的通信网络，其带宽可与磁盘带宽相当。因此，有一些工作建议将这三种代价进行加权组合，因为它们共同决定了查询执行的总代价。

本章使用关系代数表示查询处理的输出。因此，关系代数运算的复杂度，以及复杂度影响到的执行时间，决定了哪些方法原则适用于查询处理器，从而最终决定了如何选择执行策略。

定义复杂度最简单的方法是忽略分片和存储结构等物理实现细节，仅考虑关系表的基数。对于单目算子，如果是单独地获取每一个结果元组，则复杂度为$O(n)$，其中n代表关系表的基数。对于双目算子，如果一个关系表的每个元组必须和另一个关系表的元组在给定属性上进行等值比较，则复杂度为$O(n\log n)$，此处假设每个关系表的元组都已按给定属性排序。不过，如果使用哈希方法并且有足够大的内存存储哈希后的关系表，则双目算子的复杂度会降低到$O(n)$。考虑去重的投影算子和分组算子需要把关系表中的每个元组都和其他元组进行比较，因此复杂度也是$O(n\log n)$。最后，两个关系表的笛卡儿积的复杂度是$O(n^2)$，因为一个关系表中的任意元组都必须和另一个关系表中的每个元组进行计算。

4.1.2.3　搜索策略

搜索策略（search strategy）使用代价模型探索搜索空间以选择最好的查询执行计划，它决定探索哪些计划以及以何种顺序探索这些计划。分布式环境的具体信息由搜索空间和代价模型来体现。

查询优化的一个直接方法是遍历搜索空间，预测每一个策略的代价，并从中选择代价最小的策略。这种方法虽然可以有效地发现最好的策略，但是它可能会在优化的过程中产生巨大的处理代价。这是因为搜索空间可能会非常大：即便是针对涉及少量关系表的查询，也可能会有大量等价的执行策略。而当关系表或片段的数量增加时（如超过 10 个），这一问题会变得更为严重。不过，高的优化代价也不一定总是坏事，特别是当查询优化的结果可以应用于后续一批查询的执行时。

查询优化程序最常用的搜索策略是动态规划（dynamic programming），该策略最早由 IBM 研究院的 System R 项目提出。动态规划策略建立查询计划的过程由基础关系表开始，然后每一步都会多连结一个关系表，直至产生完整的计划。在选择出“最好”的计划之前，动态规划策略需要以广度优先的方式遍历所有可能的计划。为了降低优化代价，可以针对不完全的查询计划进行剪枝（或丢弃），当发现这些计划不会产生最优计划时。

针对非常复杂的查询，搜索空间可能会变大。此时可以采用随机化策略，例如迭代改进和模拟退火方法。这些方法并不追求找到最优解，其目标是找到较优的解，但要在查询优化和执行时间上进行很好的权衡。

另一个补充的解决方案是限制搜索空间只考虑少数的策略。无论是在集中式，还是在分布式系统中，一个常见的启发式方法是最小化中间结果的大小：首先执行单目算子，然后根据中间结果的大小将双目算子由小到大进行排序。

相对于查询执行，查询优化的时机可以有不同的选择：可以在查询执行前静态地完成优化，或者是在查询执行的过程中动态地完成优化。具体来说，静态查询优化是在查询编译时完成的，优化代价可以分摊到多次查询执行中。因此，静态查询优化适合使用遍历搜索方法。由于某个策略产生的中间结果大小只有在运行时才知道，因此静态查询优化必须使用数据库统计信息来估计中间结果的大小，而估计产生的误差可能会导致选择次优的策略。

动态查询优化是在查询执行时进行的。在执行的任何一个时间点，下一个最佳算子的选择都可以参考之前算子的准确执行结果。因此，不需要数据库统计信息来估计中间结果的大小。不过，数据库统计信息对于选择第一个算子可能仍然有。与静态优化相比，动态优化的主要优点在于查询处理程序可以使用中间结果的实际大小；主要的缺点在于较为耗时的查询优化任务需要在查执的每次行中重复运行，因此动态优化最适合即席查询（ad hoc queries）。

混合查询优化方法试图在保证静态查询优化优势的同时，避免由于估计不精确而产生的问题。这类方法基本上是静态的，但是在运行时，如果检测到实际的中间结果大小和估计值差别很大，则会启用动态查询优化。

4.1.3 查询处理的分层结构

查询处理问题本身可以分解成几个子问题，对应不同的功能分层。图 4.2 展示了一个用于查询处理的通用分层方案，其中每一层解决一个定义明确的子问题。简单起见，我们考虑采用一个静态、半集中式、不考虑复制片段的查询处理程序的情况。系统的输入是一个用关系演算表示的查询，该查询是面向全局（分布式）关系表提出的，这意味着数据的分布信息是隐藏的。分布式查询处理包含四个层次。前三个层次把输入的查询映射为一个

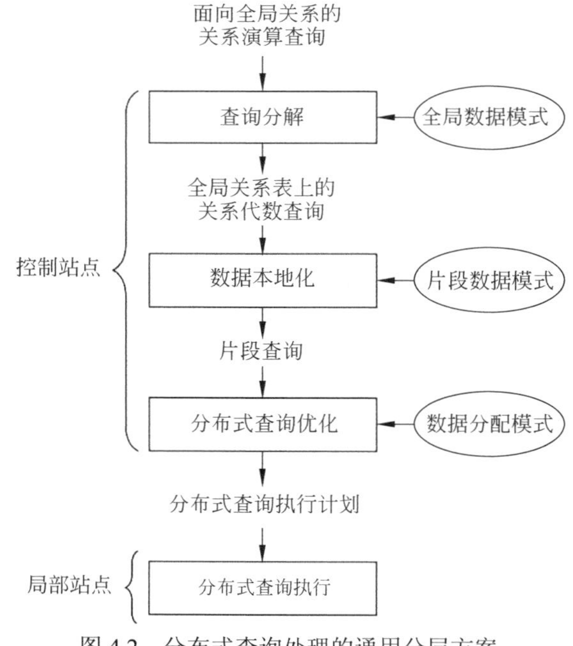

图 4.2 分布式查询处理的通用分层方案

分布查询执行计划（分布式 QEP），包含查询分解（query decomposition）、数据本地化（data localization）和全局查询优化（global query optimization）三个任务。查询分解和数据本地化需要解决查询重写问题。前三个层次由一个中央控制站点执行，并使用存储在全局目录中的数据模式信息。第四个层次负责分布式查询执行（distributed query execution），并最终返回查询结果，这项工作由局部站点和控制站点共同完成。本章将对这四个层次进行介绍。

4.1.3.1　查询分解

查询处理的第一层负责把关系演算查询分解为全局关系表上的关系代数查询，完成这一转换所需的信息可以在描述全局关系表的全局概念模式中找到。由于本层不需要数据分布的信息——这类信息在下一层才需要使用——查询分解层使用的技术属于集中式 DBMS 的范畴，因此仅在本节简要介绍。

查询分解由四个连续的步骤组成。首先，将关系演算查询重写为一种规范（normalized）的形式，以供后续处理使用。此处的查询规范化过程通常涉及通过使用逻辑算子优先级来处理查询量词和查询合规性验证。

第二，对规范化的查询进行语义分析，以便尽早检测并拒绝不正确的查询。这里谈到的查询在语义上不正确，是指该查询的某些组成部分对于结果的生成没有任何贡献。针对关系演算的情况，我们无法决定某个一般性查询的语义正确性。然而，对于其中的一大类查询，即那些不含析取（disjunction）和否定（negation）的查询，语义正确性检测是有可能的。这里可以将查询表示成图，称为查询图（query graph）或连结图（connection graph）。我们用查询图来定义一类用途最广的查询，即包含选择、投影、连结算子。在这个查询图中，一个节点表示查询结果（关系表），其他节点表示参与查询的关系表。考虑两个节点间的一条边：如果其中一个节点不是查询结果，则该边表示连结算子；如果某个节点是查询结果，则该边表示投影算子。此外，一个不表示查询结果的节点可以被标记上选择或者自连结（一个关系和自身做连结）算子的谓词。上述查询图的一个重要的子图称为连结图（join graph），即仅仅考虑连结算子的子图。

第三，对通过语义验证的查询（仍然是关系演算的形式）进行简化。一种方法是消除冗余的谓词。注意：在系统自动完成查询转换的情况下，冗余查询的现象会十分普遍。第 3 章提到：此类查询转换用于执行分布式数据控制（视图、保护和语义完整性控制）。

第四，将关系演算查询重写为一个关系代数查询。4.1.1 节提到：同一个演算查询可以推导出多个等价的代数查询，而其中的某些会比另外一些“更好”。一个代数查询的质量可以使用其期望性能来衡量。得到“更好”代数查询的传统方法是：从一个初始的代数查询开始，对它不断进行转换以找到一个“好”的查询。其中，初始代数查询通过把演算查询中的谓词和目标语句转换成关系代数算子获得，然后通过转换规则对代数查询进行重构。衡量查询分解层产生的代数查询优劣的方法是看它能否避免查询的最坏执行情况。例如，即使存在着若干选择谓词，一个关系表也仅需访问一次。不过，这一层很难得到一个最优执行的查询，因为它没有使用数据分布和片段分配的信息。

4.1.3.2　数据本地化

查询处理第二层的输入是一个面向全局关系表的代数查询。该层的主要作用是使用片段模式中的数据分布信息来本地化查询的数据。第 2 章提到关系表被划分为互不相交的、称为片段的子集，每个子集被存放在不同的站点上。数据本地化层要判断哪些片段会被查询所使用，并将分布式查询转换为面向片段的查询。同时，由于数据分片是通过一组表示为关系算子的分片规则所定义，因此通过这些分片规则可以重构一个全局关系表，从而推导出一个由关系代数运算和片段构成的本地化程序。数据本地化包含两个步骤。首先，实现从查询到片段查询的映射，这一步通过把查询中的每个关系表替换为它的物化程序（materialization program）来完成。其次，实现片段查询的简化和重构，生成新的“好”的查询。简化和重构可以按照查询分解层所采用的规则进行。此外，与查询分解层一样，最后生成的片段查询一般都远非最优，因为数据本地化层不会利用有关片段的信息。

4.1.3.3 分布式查询优化

查询处理第三层的输入是面向片段的一个代数查询。查询优化的目标是为查询找到一个接近最优的执行策略，其中分布式查询的执行策略可以用关系代数算子和站点之间传输数据的通信元语（communication primitives）——包括 send/receive 算子——来表述。尽管之前的层次已经优化了查询，例如消除冗余表达式，但这类优化没有考虑片段特征，如片段分配和片段的基数，此外也没有考虑通信算子。通过在片段查询中重新排列算子顺序，可以得到许多等价的查询。

查询优化的目标是找到查询算子（包括通信算子）的一个“最佳”排序，从而最小化某个代价函数。代价函数一般定义为耗费了多少单位的时间，指的是磁盘空间、磁盘 I/O、缓冲区空间、CPU、通信等计算资源的使用。通常，代价函数会在 I/O、CPU 和通信代价之间进行加权求和。在算子的不同执行顺序间进行选择，需要预测它们的执行代价，其中在查询执行前预测执行代价（即静态优化）需要基于片段的统计信息，以及针对关系算子基数估计的有关公式。因此，优化决策取决于片段的分配以及有关片段的可用统计信息，这些信息都记录在片段分配模式中。

查询优化的一个重要任务是优化连结顺序（join ordering），因为查询中更优的连结顺序可能带来几个数量级上的性能改进。查询处理层的输出是一个针对片段的、带有通信算子、优化了的代数查询，它通常被表示成分布式查询执行计划（distributed QEP），存储后用于未来的执行。

4.1.3.4 分布式查询执行

查询处理的最后一层由查询所需片段涉及的所有站点共同完成。每个子查询都会在一个站点上执行，称为局部查询（local query）；局部查询需要基于站点上的局部模式进行优化与执行，可以为关系算子选择更好的执行算法。局部优化使用的都是集中式系统中的算法。

数据库系统中关系算子的经典实现方式基于迭代器模型（iterator model），该模型在算子树层面提供流水线并行能力。具体来讲，这是一个简单的拉取模型（pull model）：从根算子节点（输出结果）到叶节点（访问基本关系表）执行算子。因此，算子的中间结果不需要物化，因为元组按需生成并被后续算子使用。不过，该模型需要算子支持管道模式，即实现一个 open-next-close 接口。具体来讲，每个算子都必须实现为一个具有以下三个函数的迭代器：

（1）Open()：初始化算子的内部状态，例如分配一个哈希表；

（2）Next()：产生并返回下一个结果元组或者返回空值；

（3）Close()：在处理完所有元组之后，清理所有分配的资源。

为此，迭代器需要提供一个 while 循环的迭代组件，包括初始化、更新、循环终止条件和最终清理四个部分。这样，执行一个 QEP 就可通过以下过程完成。首先，在算子树的根算子上调用 Open()函数来初始化执行，并使用算子本身将 Open()的调用转发到整个查询计划中。其次，根算子根据需要通过算子树转发 Next()调用，迭代地生成下一条结果记录。当最后一个 Open()调用向根算子返回“end”时，终止查询执行。

为了说明使用如何 open-next-close 接口实现关系算子，这里考虑一个嵌套循环连结算子，用于在属性 A 上执行$R \bowtie S$的。此时的 Open()和 Next()函数如下：

```
Function Open()
   R.Open();
   S.Open();
   r := R.Next();
Function Next()
   while (r ≠null) do
      (while (s:=S.Next()) ≠null) do
         if r.A=s.A then return (r,s);
         S.close();
         S.open();
         r:=R.next();)
   return null;
```

算子的实现并非总是可以使用流水线模式。有些算子的实现会出现阻塞（blocking），即需要在内存或磁盘中准备好算子的所有输入数据，才能产生输出，例如排序算子和哈希连结算子。如果数据已经排好序，则可以通过流水线的方式实现归并连结、分组和去重算子。

4.2　数据本地化

数据本地化把面向全局关系表的代数查询翻译成面向物理片段的代数查询，这一过程需要使用存储在片段模式中的信息。数据本地化的一个简单方法就是把查询中的每个全局关系替换为它的本地化程序，该方法将算子树的叶子节点变成一棵子树的替换算子，而这棵子树所对应的正是叶子节点的本地化程序。一般来说，这种方法效率低下，因为还存在对查询进行必要重构和简化的空间。本节将提出面向不同数据分片方法的归约技术（reduction techniques），这些技术用于生成更为简单和优化的查询。这里要使用之前探讨的转换规则和启发式规则，如“将单目算子在树上进行下推”。

4.2.1　主水平划分的归约

水平划分基于选择谓词来对一个关系表中的数据进行分布，下面的例子将在以后的讨论中使用。

【例 4.3】 关系表 EMP(ENO,ENAME,TITLE)可以按照下面的定义划分为三个片段：

$$EMP_1=\sigma_{ENO\leq"E3"}(EMP)$$

$$EMP_2=\sigma_{"E3"<ENO\leq"E6"}(EMP)$$

$$EMP_3=\sigma_{ENO>"E6"}(EMP)$$

针对水平划分的片段的本地化程序是对这些片段求并集，在我们的例子中是

$$EMP = EMP_1 \cup EMP_2 \cup EMP_3$$

因此，任何关于 EMP 查询的物化形式可以用$EMP_1 \cup EMP_2 \cup EMP_3$替换EMP得到。

针对水平划分关系表的查询归约需要决定在子树替换的算子之后，哪些子树会产生空的关系表，然后将这些子树去除。可以利用水平划分来简化选择和连结算子。

4.2.1.1　选择的归约

如果对水平片段进行的限定条件与它们在分片规则中的限定条件存在矛盾，那么选择算子就会产生空的关系表。具体来说，给定一个水平分片为$R_1, R_2, \dots, R_w$的关系表R，此处$R_j = \sigma_{p_j}(R)$，这一规则可以形式化地表示成：

规则 1：如果$\forall x \in R$满足$\neg(p_i(x) \wedge p_j(x))$，则$\sigma_{p_i}(R_j)=\varnothing$。

其中，p_i和p_j是选择谓词，x表示元组，$p(x)$表示谓词p对于x成立。

例如，选择谓词ENO = "E1"与例 4.3 的片段EMP_2和EMP_3的谓词相矛盾，即没有任何一个来自EMP_3或EMP_3的元组满足这一谓词。如果谓词采用非常通用的形式定义，则确定互相矛盾的谓词需要采用定理证明技术。不过，DBMS 通常仅支持用于（由数据库管理员定义的）定义分片规则的简单谓词，以此简化谓词的比较。

【例 4.4】 以下面的查询为例说明针对水平划分的归约过程：

```
SELECT *
FROM EMP
WHERE ENO = "E5"
```

使用前面所说的简单方法将EMP根据EMP_1、EMP_2和EMP_3进行本地化将产生图 4.3(a)中的查询。将选择与并集算子进行交换之后，很容易看出选择谓词与EMP_1和EMP_3相矛盾，从而产生空的关系表。由此，归约查询仅包含如图 4.3(b)中所示的EMP_2。

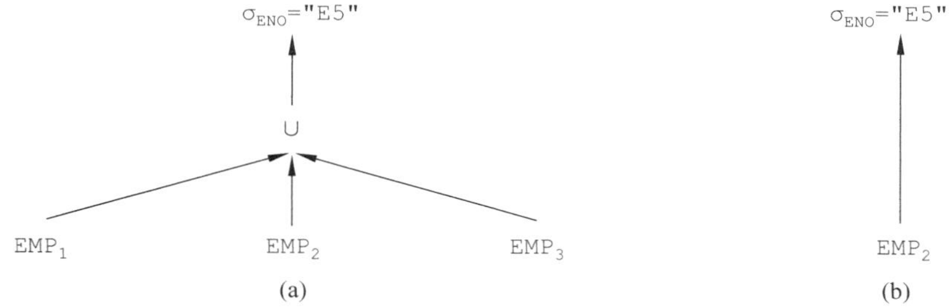

图 4.3　面向（带有选择的）水平划分的归约示例：(a) 片段查询；(b) 归约查询

4.2.2　连结的归约

可以对两个水平分片关系表上的连结算子进行简化，当这两个关系表的分片属性恰好是连结属性时。简化的过程包括连结对于并集的分配，以及去除无用的连结。这里连结对于并集的分配具体表示为：

$$(R_1 \cup R_2) \bowtie S = (R_1 \bowtie S) \cup (R_2 \bowtie S)$$

其中R_i是关系表 R 的片段，S 是另一关系表。

通过上述变换，并集算子可以沿着算子树上移，从而得到所有可能的片段连结结果。当连结片段的限定条件与查询相矛盾时，就会产生空的结果。假定片段R_i和R_j分别根据同一个属性上的不同谓词p_i和p_j定义，则可以得到以下简化规则。

规则 2：如果$\forall y \in R_j$满足$\neg(p_i(x) \wedge p_j(y))$，则$R_i \bowtie R_j = \varnothing$。

因此，要使用规则 2 发现无用连结并把它们去除，只需查看片段的谓词即可。应用该规则允许将两个关系的连结实现为片段上的并行部分连结。然而，归约查询并不总是比片段查询更好（即更简单）。当归约查询包含大量的部分查询时，片段查询反而会更好。这种情况出现在分片谓词几乎不存在相互矛盾的情况下。最坏情况发生在一个关系表的每一个片段都必须和另一个关系的每个片段进行连结——这相当于在两个片段集合上做笛卡儿积，其中每个集合对应一个关系表。当部分连结的个数比较少时，归约查询的效果更好。例如，如果两个关系表都使用同样的谓词进行分片，则部分连结的数量等于每个关系表中片段的数量。归约查询的优点之一是部分连结可以并行完成，从而缩短响应时间。

【例 4.5】　假设关系表EMP被划分成上面所提到的EMP_1、EMP_2和EMP_3三个片段，关系ASG的分片方案如下：

$$ASG_1 = \sigma_{ENO \le "E3"}(ASG)$$
$$ASG_2 = \sigma_{ENO > "E3"}(ASG)$$

EMP_1和ASG_1由同一个谓词所定义，而且定义ASG_2的谓词是定义EMP_2和EMP_3谓词的并集。现在来考虑下面的连结查询：

```
SELECT *
FROM EMP NATURAL JOIN ASG
```

图 4.4(a)给出了等价的片段查询。通过将连结对于并集进行分配以及使用规则 2 对查询进行归约，归约查询包含三个可以并行处理的部分连结（如图 4.4(b)所示）。

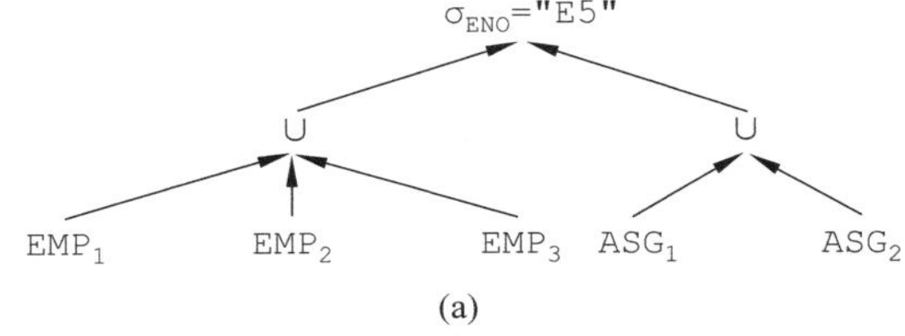

(a)

图 4.4　面向（带有选择的）水平分片的归约示例：(a) 片段查询；(b) 归约查询

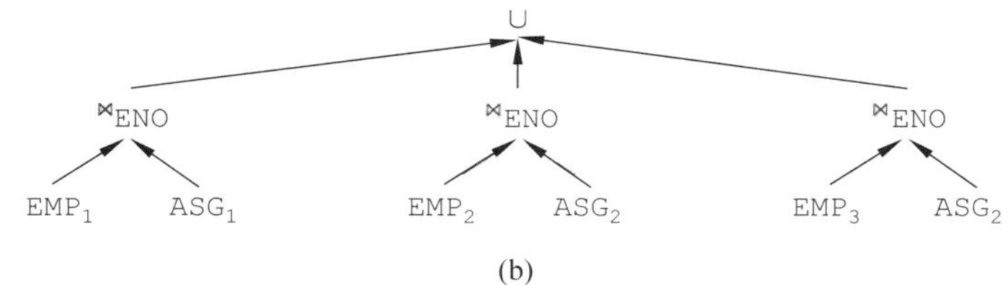

(b)

图 4.4 面向（带有选择的）水平分片的归约示例：(a) 片段查询；(b) 归约查询

4.2.3 垂直分片的归约

垂直分片的作用是基于投影属性对关系表的数据进行分布。由于垂直分片的重构算子是连结算子，所以垂直分片关系表的物化程序（materialization program）由共同属性上片段的连结所组成。下面使用一个例子介绍垂直分片。

【例 4.6】 关系表EMP可以被划分成两个垂直片段，其中码属性 ENO 在片段中是重复的：

$$\mathrm{EMP_1} = \prod\nolimits_{\mathrm{ENO,ENAME}}(\mathrm{EMP})$$

$$\mathrm{EMP_2} = \prod\nolimits_{\mathrm{ENO,TITLE}}(\mathrm{EMP})$$

物化程序为：

$$\mathrm{EMP} = \mathrm{EMP_1} \bowtie_{\mathrm{ENO}} \mathrm{EMP_2}$$

与水平分片类似，针对垂直分片的查询也可以通过检查无用中间关系表以及去除产生这些中间关系表的子树来进行归约。具体来说，针对一个片段上的投影算子，如果该片段和投影属性没有共同的属性（关系表的码除外），则会产生无用的关系表，尽管这个关系表不是空的。给定一个定义在属性$\mathrm{A} = \{\mathrm{A_1}, \ldots, \mathrm{A}_n\}$上的关系表 R，对它进行的垂直分片$\mathrm{R}_i = \prod_{\mathrm{A'}}(\mathrm{R})$，归约规则可以形式化描述如下：

规则 3： 如果投影属性集合 D 不在 A′之内，则$\prod_{\mathrm{D,K}}(\mathrm{R}_i)$是无用的。

【例 4.7】 通过下面的查询介绍如何应用规则 3：

```
SELECT ENAME
FROM  EMP
```

图 4.5(a)中给出了与上述查询等价的片段查询，该查询定义在片段 $\mathrm{EMP_1}$ 和 $\mathrm{EMP_2}$ 上，由例 4.4 获得。通过将投影和连结算子进行交换，即针对 ENO 和 ENAME 进行投影，可知针对 $\mathrm{EMP_2}$ 的投影是无用的，因为 ENAME 不在 $\mathrm{EMP_2}$ 之内。因此，正如图 4.5(b)所示，这里只需对 $\mathrm{EMP_1}$ 进行投影。

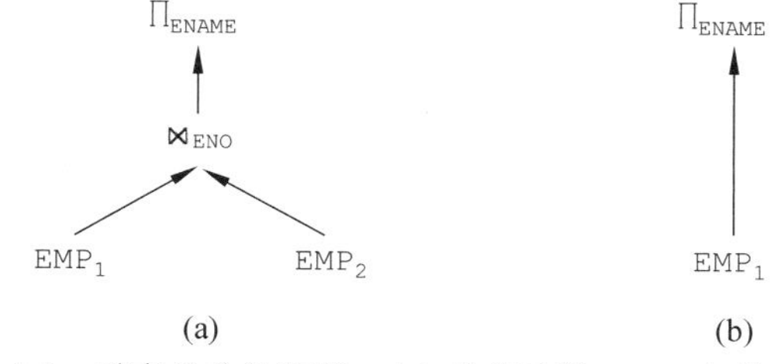

(a) (b)

图 4.5 垂直分片的归约：(a) 片段查询；(b) 归约查询

4.2.4　诱导分片的归约

之前的章节提到，连结是最重要的算子，因为它的使用频率和计算代价都很高。当被连结的两个关系表的分片是基于连结属性的时候，可以通过使用主水平分片对连结算子进行优化。在这种情况下，两个关系的连结可以实现为一组并行的部分连结的并集。然而，这种方法不适用于其中一个关系表的分片是基于其他属性的情况。诱导水平分片则是另一种为了对两个关系表进行分布而采用的分片方法，从而改进了选择和连结算子的联合处理。通常，如果关系表 R 是基于关系 S 而进行诱导水平分片，则 R 和 S 中具有相同连结属性值的片段会位于同一个站点上。此外，S 能够根据选择谓词进行分片。

因为 R 的元组是按照 S 的元组放置的，诱导水平分片只适用于具有$S \rightarrow R$形式的一对多（one-to-many）的（层次）关系，即 S 中的一个元组可以和 R 中的多个元组匹配，而 R 中的一个元组却只能和 S 中的一个元组匹配。请注意：诱导水平分片也可以用于多对多（many-to-many）的情况，前提是 S 的元组（与 R 的多个元组匹配）是被复制的。简单起见，我们假设同时也建议：只将诱导分片用于一对多层次关系的情况。

【例 4.8】 假设 EMP 和 ASG 存在一对多关系，关系表 ASG(ENO,PNO,RESP,DUR)可以根据下列的规则进行间接分片：

$$ASG_1 = ASG \ltimes_{ENO} EMP_1$$

$$ASG_2 = ASG \ltimes_{ENO} EMP_2$$

根据第 2 章提到过的EMP_1和EMP_2的分片方案：

$$EMP_1 = \sigma_{TITLE="Programmer"}(EMP)$$

$$EMP_2 = \sigma_{TITLE \neq "Programmer"}(EMP)$$

水平分片关系表的物化程序是针对片段求并集，因此在本例中我们有：

$$ASG = ASG_1 \cup ASG_2$$

针对诱导分片的查询也可以进行归约算子。由于归约分片对于连结查询的优化非常有用，因此可以把连结算子在并集算子上进行分配（在物化程序中使用），然后再应用前面介绍的规则 2 进行归约。因为分片规则指出了哪些是匹配的元组，所以如果分片的谓词相互冲突，那么将产生空的关系表。例如，由于ASG_1和EMP_2的谓词相互冲突，我们可以得到：

$$ASG_1 \bowtie ASG_2 = \varnothing$$

和有关连结的归约算子不同，这里归约查询总是优于片段查询，因为归约后的部分连结的数量通常等于 R 中片段的数量。

【例 4.9】 本例通过下面的 SQL 查询介绍如何处理诱导分片的归约。该查询返回 EMP 和 ASG 中所有满足具有相同 ENO 并且 TITLE 是“Mech.Eng.”元组的所有属性：

```
SELECT*
FROM EMP NATURAL JOIN ASG
WHERE TITLE = "Mech. Eng."
```

图 4.6(a)给出了之前定义的片段 EMP_1、EMP_2、ASG_1 和 ASG_1 上的片段查询。通过把

选择算子下推到 EMP_1 和 EMP_2 上，查询被归约成如图 4.6(b)所示——由于选择算子的谓词与 EMP_1 的谓词矛盾，所以去掉了 EMP_1。为了发现互相冲突的连结谓词，我们把连结算子在并集算子上进行分配，由此产生了图 4.6(c)中的算子树。其中左子树连结两个片段 ASG_1 和 EMP_2；但是，ASG_1 的谓词是 TITLE="Programmer"，而 EMP_2 的谓词是 TITLE≠"Programmer"，因此限定条件出现冲突。于是，我们去掉产生空关系表的左子树，得到如图 4.6(d)所示的归约查询。由上述归约过程生成的查询变得更简单了，这说明了数据分片在提升分布式查询执行的性能方面的价值。

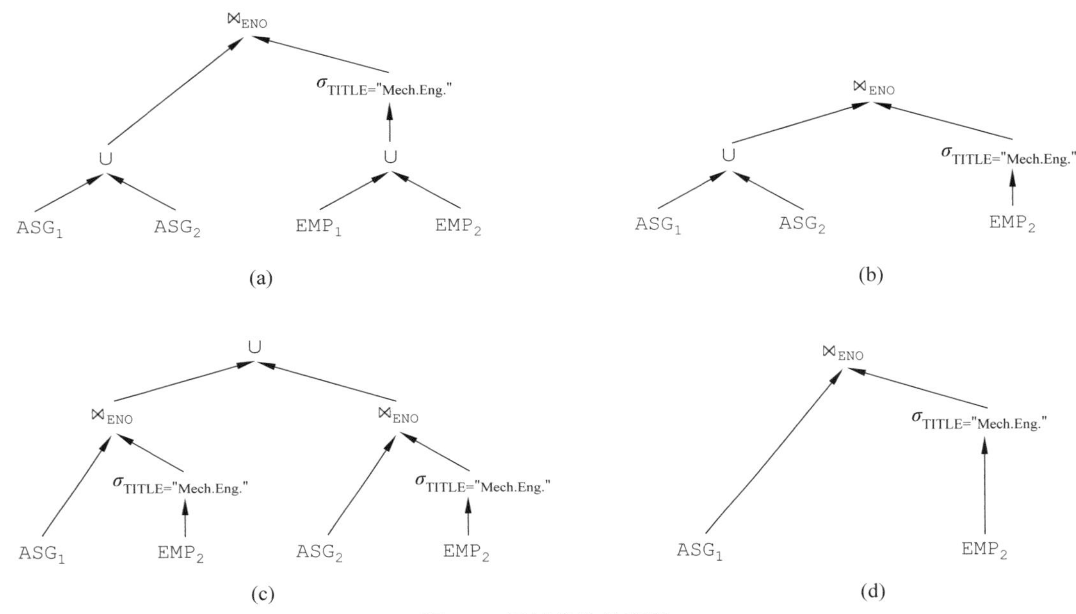

图 4.6　间接分片的归约

(a) 片段查询；(b) 选择算子下推后的查询；(c) 求并算子上推后的查询；(d) 左子树剪枝后的归约查询

4.2.5　混合分片的归约

混合分片是前面讨论的分片技术的组合，其目标是高效地支持涉及投影、选择、连结的查询。请注意，一个算子或算子组合的优化总是以牺牲其他算子为代价来完成的。例如，基于选择—投影的混合分片在处理包含选择或仅包含投影查询时的效率要低于水平分片（或垂直分片）。混合分片的物化程序需要用到分片关系表的并集和连结算子。

【例 4.10】 下面是一个针对 EMP 混合分片的例子：

$$EMP_1=\sigma_{ENO\le"E4"}(\prod_{ENO,ENAME}(EMP))$$

$$EMP_2=\sigma_{ENO>"E4"}(\prod_{ENO,ENAME}(EMP))$$

$$EMP_3=\prod_{ENO,TITLE}(EMP)$$

它的物化程序是：

$$EMP=(EMP_1\cup EMP_2)\bowtie_{ENO}EMP_3$$

混合分片上的查询归约可以通过综合应用前面的主水平划分、垂直划分、诱导划分规则来完成，这些规则可以总结如下：

（1）去除由水平片段上互为矛盾的选择所产生的空关系表。

（2）去除由垂直分片上的投影所产生的无用关系表。

（3）将连结针对并集算子进行分配，发现并去除无用的连结。

【例 4.11】 本例介绍如何应用规则（1）和（2）对上面给出的EMP的水平-垂直片段 EMP_1、EMP_2 和 EMP_3 进行归约：

```
SELECT ENAME
FROM EMP
WHERE ENO="E5"
```

图 4.7(a)给出的片段查询可以归约如下：首先下推选择算子，去除 EMP_1 片段；接着下推投影算子，去除片段 EMP_3。最后得到的归约查询如图 4.7(b)所示。

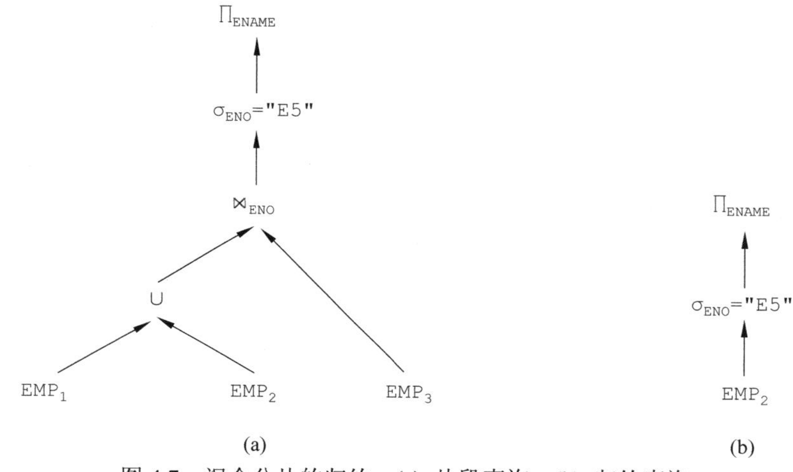

图 4.7　混合分片的归约：(a) 片段查询；(b) 归约查询

4.3　分布式查询的连结排序

连结排序是集中式查询优化的一个重要任务，而这一问题在分布式环境下更为重要，因为片段之间的连结可能会增加通信时间。因此，分布式查询优化程序考虑的搜索空间会主要集中在连结树上，详见下一节。目前存在两种对分布式查询中的连结算子进行排序的方法：其一是直接优化连结的顺序，其二是通过一组半连结算子来替换连结算子，从而最大限度地减少通信代价。

4.3.1　连结树

QEP 通常被形式化为一棵算子树，以此定义算子的执行顺序。算子树会包含一些附加信息，例如算子的最优实现算法。因此，对于一个给定的查询，搜索空间定义为可以使用转换规则生成的等价的算子树构成的集合。为了描述查询优化程序的特点，本节将注意力集中在连结树（join tree）上，这是一类特殊的算子树，仅包含连结或笛卡儿积算子。仅关注连结树是因为连结顺序对关系查询性能影响至关重要。

【例 4.12】 考虑以下查询：

```
SELECT ENAME, RESP
FROM EMP NATURAL JOIN ASG NATURAL JOIN PROJ
```

图 4.8 给出了上述查询的三棵等价的连结树，它们是通过双目算子的结合律得到的。通过估计每个算子的代价，可以计算出这些连结树的总代价。其中，包含笛卡儿积的连结树图 4.8(c)应该要比其他连结树具有更高的代价。

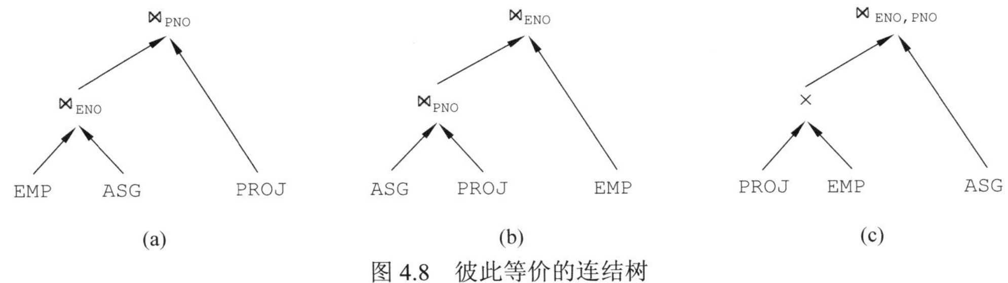

图 4.8　彼此等价的连结树

对于一个复杂查询(包含很多关系表和很多算子)，等价的算子树的数量可能会非常多。例如，对于N个关系，基于交换律和结合律可以生成$O(N!)$个等价的连结树。探索如此大的搜索空间会使优化时间过长，有时甚至要远高于查询实际执行的时间。因此，查询优化程序通常会限制其考虑的搜索空间。一种限制方式是使用启发式规则，最常见的是在访问基本关系表时同时完成选择和投影算子。另一种常见的启发式方法是避免查询不必要的笛卡儿积。例如，在图 4.8(c) 中，优化程序不会把它当作搜索空间的一部分。

还有一种限制的方式是限制连结树的形状，通常包括两种：线性树与稠密树（如图 4.9 所示）。在线性树（linear trie）中，每个算子节点至少有一个子节点是基本关系表。在左线性树（left linear trie）中，每个连结节点的右子树始终一个叶节点，即对应某个基本关系表。稠密树（bushy trie）则更为通用，其算子节点可以不会将基本关系表作为子节点，即算子的两个输入都是中间关系表。如果只考虑线性树，搜索空间的规模会减少到$O(2^N)$。然而，在分布式环境中，稠密树的并行性会更好。例如，如图 4.9 所示，在如图 4.9(b) 所示的

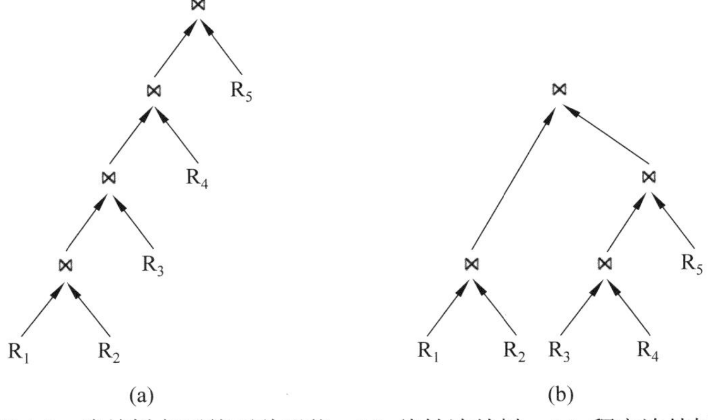

图 4.9　连结树主要的两种形状：(a) 线性连结树；(b) 稠密连结树

连结树中，$R_1 \bowtie R_2$和$R_3 \bowtie R_4$可以并行完成。

4.3.2　连结排序

一些算法直接优化连结排序而不考虑半连结。本节主要侧重介绍连结排序面临的挑战，同时解释为何要使用下一节所提出的用半连结来优化连结查询。

为了聚焦核心问题，本节先做出一些假设。由于查询已经本地化并表达在片段上，所以不需要区分相同关系表的片段和不同关系表的片段。为了简化符号，我们使用关系表（relation）来特指存储在某一特定站点的片段。此外，为了聚焦讨论连结排序，本节忽略局部处理时间，认为归约（选择和投影）在连结之前或连结期间在局部执行（这里请注意，首先执行选择并不一定效率就高）。因此，我们仅仅考虑那些操作关系表存储在不同站点的连结查询。我们还假设关系表的传输是一次性完成的，而不是按元组的方式。最后，我们忽略在结果站点生成数据所需的时间。

我们首先聚焦单个连结算子，讨论操作关系表传输这一较为简单的问题。具体而言，考虑一个查询$R \bowtie S$，这里的 R 和 S 是存储在不同站点的关系表。传输关系表的一个简单方法是把较小的关系表传输到较大关系表所在的站点，这会产生两种可能性，如图 4.10 所示。为了在这两种可能性中进行选择，需要估计 R 和 S 的大小（用函数size()表示）。接下来考虑两个以上关系表的连结算子。和单个连结算子一样，连结排序算法的目标还是传输较小的关系表。这里的难点在于连结算子可能会增加或减少中间关系表的大小。因此，估计连结结果的大小就成了必须解决但又十分困难的问题。对此，一种解决方案是估计所有可能策略的通信代价并从中选出最优策略。不过，如前所述，随着关系表数目的增加，可能的策略的数量会急剧增加，这会使优化的代价增高，尽管在查询经常执行的情况下，代价可以得到分摊。

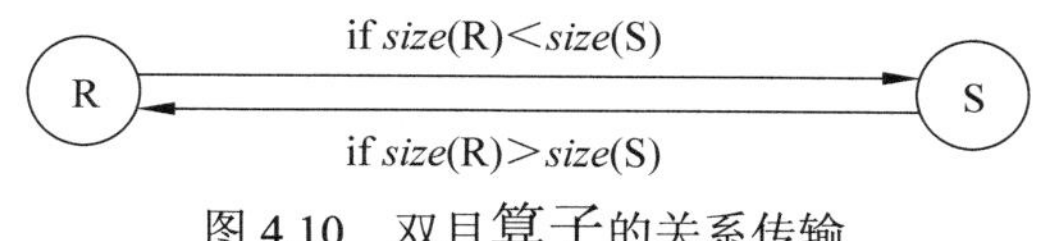

图 4.10　双目算子的关系传输

【**例 4.13**】 请看下面的关系代数查询：

$$PROJ \bowtie_{PNO} ASG \bowtie_{ENO} EMP$$

图 4.11 给出了该查询的连结图。请注意，这里对三个关系的位置做出了某些假设。这一查询至少可以有五种不同的执行方法。下面详细描述这些方法，其中“R→站点 *j*” 代表 “将关系表 R 传输到站点 *j*”。

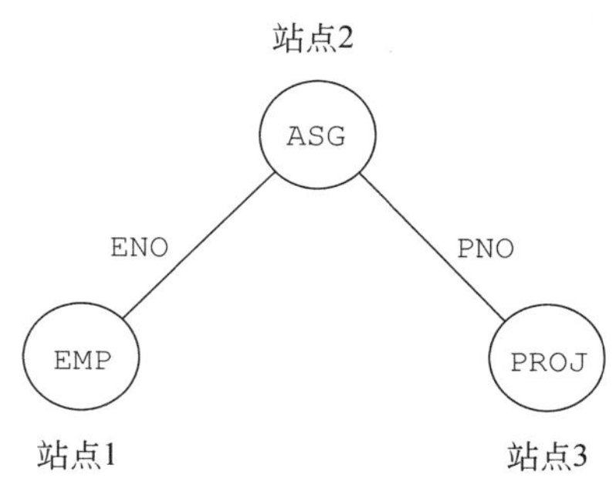

图 4.11　分布式查询的连结图

（1）EMP →站点 2；
站点 2 计算 $EMP' = EMP \bowtie ASG$；
EMP′→站点 3；
站点 3 计算 $EMP' \bowtie PROJ$。

（2）ASG →站点 1；
站点 1 计算 $EMP' = EMP \bowtie ASG$；

EMP′ →站点 3；

站点 3 计算 EMP′⋈ PROJ。

（3）ASG →站点 3；

站点 3 计算 ASG′= ASG ⋈ PROJ；

ASG′ →站点 1；

站点 1 计算 ASG′⋈ EMP。

（4）PROJ →站点 2；

站点 2 计算 PROJ′= PROJ ⋈ ASG；

PROJ′→站点 1；

站点 1 计算 PROJ′⋈ EMP。

（5）EMP →站点 2；

PROJ →站点 2；

站点 2 计算EMP ⋈ PROJ ⋈ ASG。

为了从上述方法中进行选择，必须已知或预测$size$(EMP)、$size$(ASG)、$size$(PROJ)、$size$(EMP ⋈ ASG)和$size$(ASG ⋈ PROJ)。此外，如果考虑的是响应时间，则必须考虑数据传输可以在这 5 种方法里并行完成这一因素。与枚举所有可能方案不同，另一种方法是使用启发式规则。比如，假设连结结果的基数是参加连结的关系表基数的乘积。在这种情况下，关系表按照它们的基数由小到大排序，执行顺序则根据连结图以及这一排序决定。例如，(EMP,ASG,PROJ)的排序可以使用策略 1，而(PROJ,ASG,EMP)的排序可以使用策略 4。

4.3.3 基于半连结的算法

半连结算子的一个重要特性是能够减少操作关系表的大小。当查询处理程序把通信考虑为主要代价时，半连结对于改进分布式连结算子的处理十分有用，因为它能减少站点间交换的数据量。不过，使用半连结同时可能会增加消息数量和本地处理时间。早期的分布式 DBMS，例如 SDD-1 是为低速宽带网设计的，因此大量地使用了半连结。尽管如此，半连结在快速网络的环境下仍然是有帮助的，只要它能大幅度地缩小参与连结的关系表大小。因此，一些查询处理算法旨在选择连结和半连结算子的最优组合。

本节将讨论如何使用半连结算子来减少连结查询的总时间，同时采用和 4.3.2 节相同的假设。上一节描述的方法的主要不足是需要在站点间传输全部的关系表，而半连结的作用就像选择一样，可以减小关系表的大小。

考虑两个关系表 R 和 S 分别存储在站点 1 和站点 2 上，它们在属性 A 上进行连结操作。可以使用下列规则将一个或两个操作关系替换为与另一个关系的半连结操作：

$$
\begin{aligned}
R \bowtie_A S &\Leftrightarrow (R \ltimes_A S) \bowtie_A S \\
&\Leftrightarrow R \bowtie_A (S \ltimes_A R) \\
&\Leftrightarrow (R \ltimes_A S) \bowtie_A (S \ltimes_A R)
\end{aligned}
$$

对上面的三种半连结策略选择一种需要估计它们的代价。

如果产生半连结并将其结果发送到其他站点的总代价小于发送整个关系表和执行实际连结加起来的代价，则使用半连结是有益的。为了说明半连结的潜在优势，这里比较一下

$R \bowtie_A S$和$(R \bowtie_A S) \bowtie_A S$这两种方法的代价，其中假设size(R) < size(S)。

使用 4.3.2 节的符号表示半连结的操作过程如下：

1. $\prod_A(S)$ →站点 1；
2. 站点 1 计算 $R' = R \bowtie_A S$；
3. R′ →站点 2；
4. 站点 2 计算 $R' \bowtie_A S$。

为简单起见，通信时间的计算假设$T_{TR} * size(R)$要大得多，从而可以忽略常数项T_{MSG}，这样就只需比较两种不同方法所传输的数据量。基于连结方法的代价是把关系表R传输到站点 2，而基于半连结方法的代价是上述过程中的步骤 1 和步骤 3 的代价总和。因此，半连结方法更好，如果下面的条件成立：

$$size(\prod_A(S)) + size(R \bowtie_A S) < size(R)$$

比较起来，如果 R 只有少数的元组参与连结，则半连结方法更好；而如果几乎所有 R 的元组都参与了连结，则连结方法更好，因为半连结方法需要在连结属性上额外传输的投影结果。投影这一步的代价可以通过对投影结果进行位数组（bit array）编码而最大限度地减少，从而降低连结属性值传输的代价。请注意，无论是直接连结方法还是半连结方法，都不是从系统上讲的最优选择；它们应被视为是互补的。

更为一般地讲，半连结可用于减少多个连结查询中的操作关系表的大小。然而，查询优化在这些情况下会变得更加复杂。让我们再次考虑图 4.11 所给出的关系表 EMP、ASG、PROJ 上的连结图。我们可以将之前使用的半连结方法应用于每个连结算子。这样，计算 $EMP \bowtie ASG \bowtie PROJ$的一个可能的过程是 $EMP' \bowtie ASG' \bowtie PROJ$，其中 $EMP' = EMP \ltimes ASG$ 以及 $ASG' = ASG \ltimes PROJ$。

我们可以通过多次应用半连结来进一步减少操作关系表的大小。例如，上述过程中的 EMP′可以用下面的 EMP″来替代：

$$EMP'' = EMP \ltimes (ASG \ltimes PROJ)$$

这是因为如果$size(ASG \ltimes PROJ) \leqslant size(ASG)$，则有 $size(EMP'') \leqslant size(EMP')$。因此，EMP可以通过半连结的序列$EMP \ltimes (ASG \ltimes PROJ)$得到归约，我们将这一半连结序列称为EMP的半连结程序（semijoin program）。以此类推，我们可以为查询中的任何一个关系表找到它的半连结程序。例如，PROJ可以通过半连结程序$PROJ \ltimes (ASG \ltimes EMP)$得到归约。不过，并非查询中设计的所有关系表都需要归约；特别是，我们可以忽略那些与最终的连结无关的关系表。

对于一个给定的关系表，可能存在多个可能的半连结程序，其数量和关系表的数目成指数关系。这里面会有一个最优的半连结程序，称为完全归约程序（full reducer），它对于每个关系表 R 的归约幅度会比其他任何的半连结程序都要大——我们希望能够找到完全归约程序。一个最简单的方法是首先评估所有可能的半连结程序的归约幅度并选择幅度最大的一个，但这种枚举的方法存在以下两个问题：

（1）有一类查询，称为有回路查询（cyclic query），由于其连结图中包含回路，我们无法找到这类查询的完全归约程序。

（2）对于其他查询，称为树状查询（tree query），存在完全归约程序。但是候选的半连结程序的数量和关系表数量成指数关系，这使得这种枚举方法成为 NP 难问题。

下面我们来讨论如何解决上述问题。

【例 4.14】 考虑以下工程数据库中的关系表：关系表 EMP 重命名为 ET，并加入了 CITY 属性，关系表 PROJ 重新命名为 PT，关系表 ASG 重命名为 AT。其中，AT 中的 CITY 属性对应 ENO 标识的雇员所在的城市。

```
ET(ENO,ENAME,TITLE,CITY)
AT(ENO,PNO,RESP,DUR)
PT(PNO,PNAME,BUDGET,CITY)
```

以下 SQL 查询要检索居住在其项目所在城市的所有员工的姓名以及项目名称。

```
SELECT ENAME,PNAME
FROM ET NATURAL JOIN AT NATURAL JOIN PT
     NATURAL JOIN ET
```

正如图 4.12(a)所示，这一查询是带回路的。

例 4.12 中的查询不存在完全归约程序。不过，找到归约该查询的半连结程序实际上是有可能的，但是引入的算子数量需要乘以每个关系的元组数量，使得该方法效率低下。一种解决方案就是把有回路的查询转换成树：先去掉图中的一条边，再在其他的边上加入恰当的谓词以使得被删除的谓词通过传递性得以保留。例如，在图 4.12(b)中我们可以去掉边(ET,PT)，同时加入谓词ET.CITY=AT.CITY和AT.CITY=PT.CITY以保证通过传递性可以蕴含ET.CITY=PT.CITY。由此得到的无回路查询等价于原来的带回路查询。

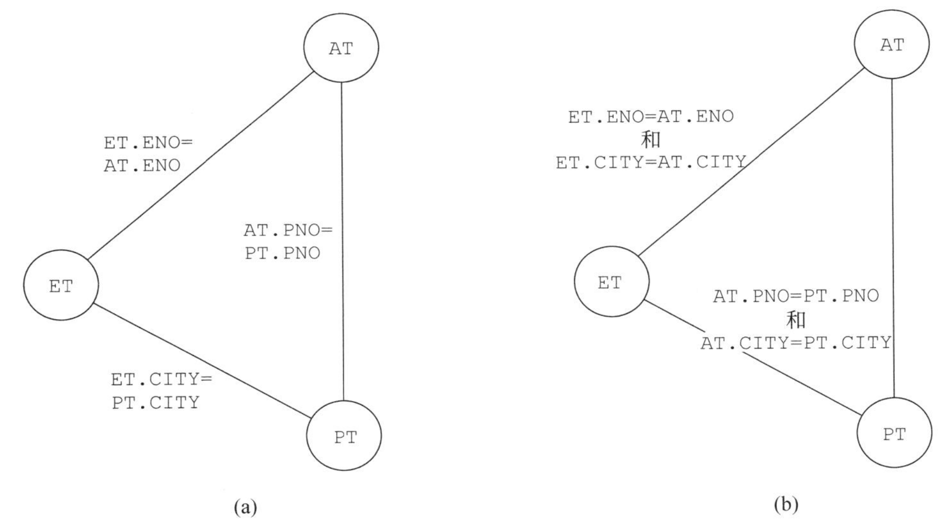

图 4.12 带回路查询的变换：(a) 带回路的查询；(b) 等价的无回路查询

尽管存在对于树状查询的完全归约程序，但要计算出完全归约程序是一个 NP 难问题。不过，存在一类重要的查询，称为链式查询（chained queries），其存在多项式算法。链式查询具有这样的连结图，其中关系表可以排序，每个关系表按照顺序与下一个关系表进行连结，并且查询结果位于链的末尾。例如，图 4.11 的查询就是一个链式查询。由于难以实现具有完全归约程序的算法，因此大多数系统只使用单个的半连结来归约关系表大小。

4.3.4　连结与半连结的对比

与连结算子相比，半连结算子引入了更多的算子，但会减少操作关系表的大小。图 4.13 展示了等价的连结和半连结之间的差别，该查询的连结图已在图 4.11 中给出。具体来说，连结算子 EMP⋈ASG 的实现方式是先把关系表 ASG 传送到关系表EMP所在的站点，然后在该站点完成局部连结算子。与此相对应，使用半连结方法可以避免关系表 ASG 的整体传输。取而代之的是：先从关系EMP所在的站点向 ASG 所在的站点传输EMP的连结属性的值列表，然后把关系表 ASG 中匹配的元组传输到EMP的站点以完成连结算子。如果半连结具有良好的选择性（selectivity），那么半连结方法可以显著节省通信时间。半连结方法还可以利用连结属性上的索引来减少局部处理时间。对此，我们可以再次考虑连结算子 EMP⋈ASG，假设在 ASG 上有一个选择算子，以及在 ASG 的连结属性上创建有索引。在不考虑半连结时，我们会先针对 ASG 进行选择，然后将结果关系表发送EMP的站点以完成连结。由此可见，此过程无法使用 ASG 连结属性上的索引，因为连结是在EMP所在的站点执行的。而在使用半连结方法时，选择算子和半连结算子ASG ⋉ EMP都会在ASG的站点上进行，因此可以使用索引来高效执行。

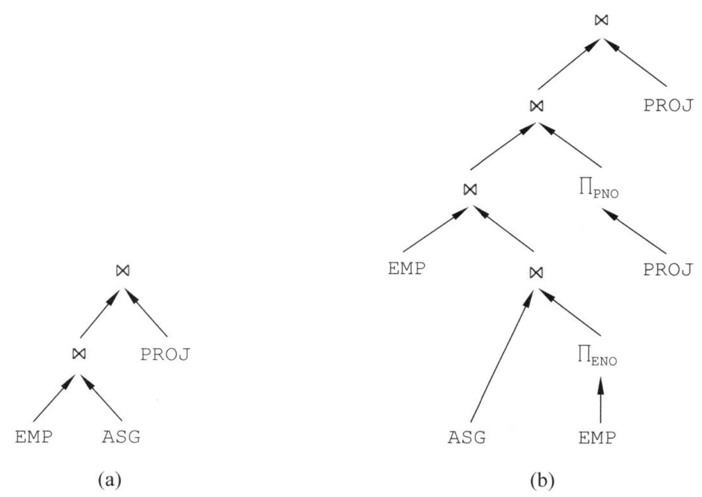

图 4.13　连结和半连结方法的对比：(a) 连结方法；(b) 半连结方法

半连结在快速网络的环境下依然是有帮助的，前提是半连结具有良好的选择性并且采用位数组（bit array）编码。位数组$BA[1:n]$可用于对一个关系表中连结属性的取值进行编码，从而更好地支持半连结。为了说明这一点，这里考虑半连结R ⋉ S。给定某个哈希函数h，如果在关系表 S 中存在一个连接属性值$\mathrm{A} = val$满足$h(val) = i$，则将$BA[i]$置为 1；否则，$BA[i]$置为 0。这样一来，位数组要远小于连结属性的值列表。因此，将位数组而不是属性值列表传输到关系表 R 所在的站点可以节省通信时间。具体来说，半连结可以按如下方式完成：对于关系 R 的每个元组，如果其连结属性值为val且满足$BA[h(val)] = 1$，则可以判定该元组属于半连结结果。

4.4 分布式代价模型

查询优化程序的代价模型包括预测算子代价的函数、统计数据和基础数据，以及估计中间结果大小的公式。代价根据执行时间来衡量的，所以代价函数表示查询的执行时间。

4.4.1 代价函数

分布式执行策略的代价可以用总时间（total time）或相应时间（response time）来表示。总时间是所有时间（即代价）因素的总和，而响应时间则是从查询开始到查询完成所经过的时间。一个用于计算总时间的通用公式如下：

$$Total_{\mathrm{time}} = T_{\mathrm{CPU}} * \#insts + T_{\mathrm{I/O}} * \#I/Os + T_{\mathrm{MSG}} * \#msgs + T_{\mathrm{TR}} * \#bytes$$

公式的前两部分计算局部处理时间，T_{CPU}是一条 CPU 指令的时间，$T_{\mathrm{I/O}}$是一次磁盘 I/O 的时间。公式的后两部分表示通信时间，T_{MSG}是一条消息从发出到接收完成所需的时间，T_{TR}是单位数据从一个站点传输到另一个站点所需的时间。这里的数据单位以字节为单位，而$\#bytes$是所有消息的总字节数；也可以使用其他单位（例如数据包的数量）。一般情况下会假设T_{TR}是一个常量，但对于广域网可能并非如此，因为广域网的某些站点可能比其他站点距离更远。然而，这一假设大大地简化了查询优化。因此，将$\#bytes$的数据从一个站点传输到另一个站点的通信时间可以假设为一个$\#bytes$的线性函数：

$$CT(\#bytes) = T_{\mathrm{MSG}} + T_{\mathrm{TR}} * \#bytes$$

代价通常用时间单位来表示，而时间单位又可以转换为其他单位（例如美元）。

代价系数的相对值刻画了分布式数据库环境，网络的拓扑结构极大地影响了各部分之间的比例。在像互联网这样的广域网环境下，通信时间是主导因素。然而，在局域网中，各部分之间则较为平衡。因此，大部分为广域网而设计的早期分布式 DBMS 都忽略局部处理代价，而专注于最小化通信代价。另一方面，为局域网设计的分布式 DBMS 则考虑了代价的所有部分。此外，最新的快速网络，无论是广域网还是局域网，已经改变了以上的比例，在所有因素都相同的情况下更偏向于通信的代价。然而，在诸如互联网这样的广域网条件下，通信仍然是占主导地位的时间因素，因为数据检索（或传送）需要经过更长的距离。

如果查询优化程序的目标函数是响应时间，还必须考虑并行的局部处理和并行通信的因素。一个通用的响应时间公式是：

$$\begin{aligned} Response_{\mathrm{time}} = {} & T_{\mathrm{CPU}} \times seq_{\#insts} + T_{\mathrm{I/O}} \times \frac{seq_{\#I}}{Os} \\ & + T_{\mathrm{MSG}} \times seq_{\#\mathrm{msgs}} + T_{\mathrm{TR}} \times seq\_\#bytes \end{aligned}$$

公式中$seq_\#x$表示为了串行地完成查询所需的最大数量的x，这里x可以是指令（insts），I/O、消息（msgs）或传输的字节（bytes），这里忽略任何并行处理和通信因素。

【例 4.15】 本例用图 4.14 说明总时间和响应时间的差别：在站点 3 发出查询，而数据来自站点 1 和站点 2。简单起见，本例仅考虑通信代价。

假设T_{MSG}和T_{TR}以时间为单位来表示。把x单位的数据从站点 1 传输到站点 3，以及把y单

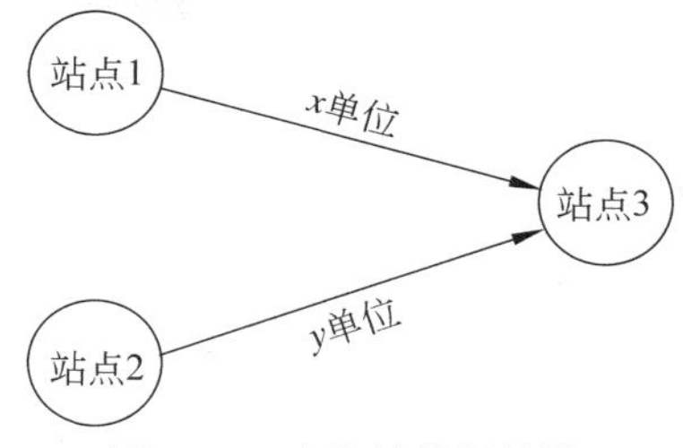

图 4.14　查询的数据传输

位的数据从站点 2 传输到站点 3 的总时间是：

$$Total_{\text{time}} = 2T_{\text{MSG}} + T_{\text{TR}} \times (x + y)$$

另一方面，由于传输可以并行完成，查询的响应时间是：

$$Response\_time = \max\{T_{\text{MSG}} + T_{\text{TR}} \times x, T_{\text{MSG}} + T_{\text{TR}} \times y\}$$

最小化响应时间是通过增加并行执行的程度来实现的。然而，这并不意味着总时间也会被最小化。相反，由于会引入更多的局部并行处理和传输，总时间可能会增加。最小化总时间意味着资源利用率的提高，从而增加了系统的吞吐量。在实际使用中，我们往往需要在总时间和相应时间之间进行权衡。4.5 节提出了一些算法，可以同时优化总时间和响应时间，通过加权的方式来控制它们的重要程度。

4.4.2　数据库统计数据

执行过程中产生的中间关系表的大小是影响执行策略性能的主要因素。当后续算子位于不同站点时，中间关系表需要在网络上进行传输。因此，为了最小化数据传输的规模，如何估计关系代数算子的中间结果的大小就成了核心问题。估计要基于基础关系表的统计数据，以及预测关系代数算子基数的相关公式。统计数据的准确性和维护它们的代价之间存在一个权衡取舍的关系——统计数据越精确，维护代价越高。对于一个分片为$\{R_1,R_2,\ldots,R_r\}$的关系表 R，其统计数据通常包括：

（1）对于关系表 R 的每个属性 A，属性长度（字节数）用$length(\text{A})$表示；属性值域的基数用$card(dom[\text{A}])$表示，指代$dom[\text{A}]$中不同取值的数量；如果值域定义在一组可排序的值（如整数或实数）上，最小值和最大值分别用 min(A)和 max(A)表示。

（2）对每个片段R_i的每个属性 A，它的不同值的数量表示为$card(\prod_{\text{A}}(\text{R}_i))$，这是一种采用片段$\text{R}_i$上属性 A 的投影表示。

（3）每个关系片段R_i中元组的数量表示为$card(\text{R}_i)$。

此外，每个属性 A 有一个直方图，包含一组桶，每个桶对应属性值的一个范围。直方图用这一组桶来近似属性值的频率分布。

这些统计数据对于预测中间关系表的大小非常有用。第 2 章曾对中间关系表 R 的大小做过如下定义：

$$size(\text{R}) = card(\text{R}) \times length(\text{R})$$

这里的$length(\text{R})$是 R 中的一个元组的长度（字节数），$card(\text{R})$是 R 的元组个数。

$card(\text{R})$的估计需要利用公式完成。通常会对数据库做出两个假设以简化问题：其一是关系表中属性取值的分布是均匀的；其二是所有属性都是相互独立的，即一个属性的值不会影响其他任何属性的值。尽管这两个假设在实践中常常是不成立的，但它们使问题变得易于处理。基于这两个假设，可以使用简单的公式来对基本关系代数算子的结果进行基数估计，这里需要用到算子的选择率。算子的选择率因子可以定义为算子输入关系表的元组最终出现在算子结果中的比例，用$SF(op)$表示，其中op表示算子。选择率是一个介于 0 到 1 之间的实数，其中选择率较低（如 0.001）表示较好（或高）的选择性，而选择率较高（如 0.5）表示较差（或低）的选择性。

下面具体介绍选择和连结这两类主要的算子。选择算子的技术可以计算为：

$$card(\sigma_F(\mathrm{R})) = SF(\sigma_F(\mathrm{R})) * card(\mathrm{R})$$

其中$SF(\sigma_F(\mathrm{R}))$针对不同基本谓词的计算公式如下：

$$SF\left(\sigma_{\mathrm{A}=value}(\mathrm{R})\right) = \frac{1}{card(\Pi_{\mathrm{A}}(\mathrm{R}))}$$

$$SF\left(\sigma_{\mathrm{A}>value}(\mathrm{R})\right) = \frac{\max(\mathrm{A}) - value}{\max(\mathrm{A}) - \min(\mathrm{A})}$$

$$SF\left(\sigma_{\mathrm{A}<value}(\mathrm{R})\right) = \frac{value - \min(\mathrm{A})}{\max(\mathrm{A}) - \min(\mathrm{A})}$$

连结算子的基数估计如下：

$$card(\mathrm{R} \bowtie \mathrm{S}) = SF(\mathrm{R} \bowtie_{\mathrm{A}} \mathrm{S}) * card(\mathrm{R}) * card(\mathrm{S})$$

如果没有额外信息，没有通用的方法来估计$SF(\mathrm{R} \bowtie_{\mathrm{A}} \mathrm{S})$。因此，一个简单的近似估计方法是使用一个常数，如 0.01，它反映了已知的连结选择率。这种估计放在下面这类经常发生的情况下，可以得到准确的估计结果，即关系表与关系表 S 在属性 A 上做等值连接，其中 A 是 R 的键以及 S 的外键，此时连结的选择率因子可以近似为：

$$SF(\mathrm{R} \bowtie_{\mathrm{A}} \mathrm{S}) = \frac{1}{card(\mathrm{R})}$$

这是因为 S 中的每个元组最多只匹配到 R 中的一个元组。

4.5 分布式查询优化

本节将利用三个基本的查询优化算法来阐明前面介绍的技术是如何工作的。首先介绍动态和静态的方法，然后再介绍一种混合的方法。

4.5.1 动态方法

我们通过分布式 INGRES 算法来阐明动态方法。该算法的目标函数是最小化通信时间和响应时间的组合。然而，这两个目标可能是相互冲突的。例如，增加通信时间（采用并行的手段）可能会显著地减少响应时间。因此，函数可以给其中的某一个更大的权重。请注意，这里探讨的查询优化算法忽略了把数据传输到结果站点的时间。算法还利用了数据划分，但是为了简单起见，这里仅考虑水平划分。

由于既要考虑一般网络又要考虑广播网络，所以优化程序必须考虑网络的拓扑。在广播网的情况下，同样的数据单元可以在一次传输中把数据从一个站点发送到所有其他的站点，该算法明确地利用了这一能力。例如，先利用广播来复制片段，然后最大程度地进行并行处理。

该算法的输入包括用元组关系演算表达的查询（采用合取范式）和模式信息（网络类型以及每个片段所在的站点和大小）。算法由主站点（master site），即发起查询的站点来启动。算法的名称为 Dynamic-QOA，算法 4.1 给出了它的描述。

算法 4.1　Dynamic-QOA

```
Input: MRQ: multirelation query
Output: result of the last multirelation query
begin
    for each detachable ORQ_i in MRQ do          {ORQ is monorelation query}
        run(ORQ_i)                                                    (1)
    end for
    {MRQ replaced by n irreducible queries}
    MRQ'_list ← REDUCE(MRQ)                                           (2)
    while n ≠ 0 do      {n is the number of irreducible queries}      (3)
        {choose next irreducible query involving the smallest fragments}
        MRQ' ← SELECT_QUERY(MRQ'_list)                                (3.1)
        {determine fragments to transfer and processing site for MRQ'}
        Fragment-site-list ← SELECT_STRATEGY(MRQ')                    (3.2)
        {move the selected fragments to the selected sites}
        for each pair(F, S) in Fragment-site-list do
            move fragment F to site S                                 (3.3)
        end for                                                       (3.4)
        execute MRQ'
        n ← n − 1
    end while
    {output is the result of the last MRQ'}
end
```

首先在本地处理所有可以分离的单关系查询，例如选择和投影（步骤（1））。然后，在原查询上使用归约算法（步骤（2）），其中归约是一种通过采用分离方法把所有的不可规约子查询和单关系子查询相隔离的技术。单关系子查询会被忽略，因为它们已在步骤 1 处理了。因此，REDUCE 过程生成了一个不可归约的子查询的序列$q_1 \to q_2 \to \cdots \to q_n$，这一序列的两个连续的子查询之间最多只有一个公共关系。

基于在步骤（2）中隔离出来的不可归约查询列表和每个片段的大小，步骤 3.1 挑选出至少含有两个变量的下一个子查询MRQ'，随后的步骤（3.2）、步骤（3.3）以及步骤（3.4）中的操作都应用到这一子查询。其中的步骤（3.2）要选择处理查询MRQ'的最佳策略，此策略由以(F, S)为成员的一个列表描述，这里的F是要传输的片段，S是要将F送达并在其上完成处理的站点。步骤（3.3）将所有的片段传输到它们的处理站点。最后，步骤（3.4）执行查询MRQ'。如果还有需要处理的子查询，算法返回到步骤 3 并执行下一个迭代。否则，算法结束。

步骤（3.1）和步骤（3.2）会进行优化。该算法生成了具有多个组件及其依赖顺序的子查询（类似于关系代数的树状结构）。当执行到步骤（3.1）时，对于下一个子查询的选择，一个最简单的办法就是选择没有前驱操作并且涉及较小片段的子查询，这样能够尽量减小中间结果的大小。例如，如果查询q含有子查询q_1、q_2和q_3，它们的依赖顺序为$q_1 \rightarrow q_3$，$q_2 \rightarrow q_3$而且q_1要访问的片段小于q_1所要访问的片段，算法则会选择q_1。考虑到网络因素，这一选择也可能受到含有相关片段的站点的数量的影响。

所选择的子查询必须立即执行。由于一个子查询所涉及的关系可能存储在不同的站点甚至是分片的，子查询有可能会进一步分解。

【例 4.16】 考虑查询“找到在 CAD/CAM 项目工作的员工的姓名”，该查询可以表示为工程数据库上的 SQL 查询q_1：

```
q1: SELECT EMP.ENAME
    FROM EMP NATURALJOIN ASG NATURALJOIN PROJ
    WHERE PNAME = "CAD/CAM"
```

假设 EMP、ASG 和 PROJ 的查询中关系的存储分布如下，注意其中的 EMP 是分片的：

站点 1	站点 2
EMP_1	EMP_2
ASG	PROJ

对于这一查询存在几种可能的策略，这包括：

（1）把EMP_1和 ASG 移至站点 2，然后执行查询(EMP ⋈ ASG ⋈ PROJ)。

（2）把(EMP_1 ⋈ ASG)和 ASG 移至站点 2，然后执行(EMP ⋈ ASG) ⋈ PROJ，及其他各种可能的策略。

在上述可能的策略间进行选择需要估计中间结果大小。例如，如果$size(\text{EMP}_1 \bowtie \text{ASG}) > size(\text{EMP}_1)$，策略（1）就要好于策略（2）。所以我们必须顾及连结所产生的结果的大小。

在步骤（3.2）中，下一个优化的问题就是选择哪些片段进行移动以及在哪些站点上完成查询的处理。对一个n-关系的子查询而言，来自$n-1$个关系表的片段，记为R_p，必须移动到剩余关系片段的站点上，然后在其之上进行复制。另外，剩余的关系片段可能被进一步相等地划分为k个片段以便增加并行度。这一方法称为划分与复制（fragment-and-replicate），它执行的是片段而并非元组的替换。对于那个剩下关系的选择以及k个处理站点的选择，它取决于目标函数以及网络的拓扑。前面提到在广播网上的复制代价比在点到点的网络上的复制代价要低廉。此外，处理站点数量的选择必须考虑响应时间和总时间之间的权衡。数量较多的站点减少了响应时间（通过并行处理），但是却增加了总时间，特别是增加了通信的代价。

最小化通信时间或处理时间的公式使用片段的站点、片段的大小、网络的类型作为输入，它们能够最小化这两者的代价，但是其中之一要具有较高的优先级。为了说明这些公式，我们给出了最小化通信时间的规则，最小化响应时间的规则更为复杂。我们假设查询所涉及的n个关系为$\text{R}_1, \text{R}_2, \dots, \text{R}_n$，其中$\text{R}_i^j$表示片段$\text{R}_i$存储在站点$j$。网络中有$m$个站点。最后，$CT_k(\#bytes)$表示将$\#bytes$的数据传输到$k$个站点的通信时间，其中 $1 \leqslant k \leqslant m$。不同的网络类型下最小化通信时间的规则是不同的，我们首先考虑广播网络的情景，这时

$$CT_k(\#bytes) = CT_1(\#bytes)$$

它的规则是：

if $max_{j=1,m}(\sum_{i=1}^{n} size(\mathrm{R}_i^j)) > max_{j=1,n}(size(\mathrm{R}_i))$

then

处理站点就是存储数据最多的站点j

else

R_p则是最大的那个关系表，并且R_p的站点是处理站点

这个规则的解释如下:如果谓词的不等式条件成立，则有一个站点存储的数据量超过了最大关系表的大小。因此，这个站点应该成为处理站点。如果谓词的不等式条件不成立，则一个关系表的大小超过了在站点上的最大的有用数据量。因此，这个关系表应该成为R_p，存有R_p的片段的站点则成为处理站点。

现在来讨论点对点网络的情景。这时我们有

$$CT_k(\#bytes) = k * CT_1(\#bytes)$$

可以最小化通信时间的R_p的选择显然就是那个最大的关系表。假定所有的站点按照对查询有用的数据量从大到小排列，即

$$\sum_{i=1}^{n} size(\mathrm{R}_i^j) > \sum_{i=1}^{n} size(\mathrm{R}_i^{j+1})$$

对于k的选择，即执行处理的站点的数量，由下面的规则给出：

if $\sum_{i \neq p}(size(\mathrm{R}_i) - size(\mathrm{R}_i^1)) > size(\mathrm{R}_p^1)$

then

$k = 1$

else

k是使得$\sum_{i \neq p}(size(\mathrm{R}_i) - size(\mathrm{R}_i^1)) > size(\mathrm{R}_i^j)) \leqslant size(\mathrm{R}_p^j)$成立的最大的$j$

这一规则把一个站点选为处理站点，仅当它所接收的数据量小于它必须向外发送的额外数据量（如果它不是处理站点的话）。显然，规则的“$k = 1$”部分假定站点 1 存储了R_p。

【例 4.17】 让我们来考虑查询PROJ ⋈ ASG，其中我们在 PROJ 和 ASG 进行了分片。假定片段的分配和大小如下（以 KB 为单位）：

	站点 1	站点 2	站点 3	站点 4
PROJ	1000	1000	1000	1000
ASG			2000	

对于点对点的网络来说，最好的策略是把每个PROJ_i传送到站点 3，这需要 3000KB 的数据传输。而如果把 ASG 传送到站点 1、2 和 4，则需要 6000KB。但是对于广播网络，最优的策略是把 ASG（通过一次传输）传送到站点 1、2 和 4，此时的数据传输量是 2000KB。后一策略更快并且最小化了响应时间，因为它可以并行地完成连结。

这种动态查询优化算法的特点是它仅仅搜索有限的解空间，其中每一步都做出优化决策，而不考虑该决策对于全局优化结果的影响。但是，这种算法可以纠正被证明是错误的局部决策。

4.5.2 静态方法

我们用 R*算法来阐述静态方法，它已成为许多分布式查询优化程序的基础。这一算法执行穷尽搜索以便找到代价最低的策略。尽管预测和枚举这些策略会花费较高的代价，但是这些代价会因为查询的频繁执行而分摊。查询的编译是一个分布式的任务，它由启动查询的主站点（master site）来协调。主站点的优化程序在所有站点之间做出决策，例如选择执行站点、片段的选择和数据传输方法等。下属站点（apprentice site），即那些含有查询所涉及的关系的其他站点，做出剩余的局部决策（例如在站点上的连结顺序）并生成查询的本地访问计划。优化程序的目标函数是通用的总时间函数，包括本地处理和通信的代价。

算法 4.2 Static*-QOA

```
Input: QT: query trie
Output: strat: minimum cost strategy
begin
    for each relation R_i ∈ QT do
        for each access path AP_ij to R_i do
            compute cost(AP_ij)
        end for
        best_AP_i ← AP_ij with minimum cost
    end for
    for each order (R_i1, R_i2, ..., R_in) with i = 1, ..., n! do
        build strategy (...((best AP_i1 ⋈ R_i2)⋈ R_i3)⋈...⋈ R_in)
        compute the cost of strategy
    end for
    strat ← strategy with minimum cost
    for each site k storing a relation involved in QT do
        LS_k ←local strategy (strategy, k)
        send (LS_k, site k)            {each local strategy is optimized at site k}
    end for
end
```

静态的优化算法可以总结如下：算法的输入是一个用关系代数树（查询树）表示的片段上的查询、关系在站点上的分配情况以及它们的统计数据。静态的优化算法由算法 4.2 的过程 StaticQOA 描述。

优化程序必须选择连结顺序、连结算法（嵌套循环或合并连结）以及每个片段的访问路径（例如聚簇索引、顺序扫描等）。这些决策依赖于统计数据、用于估计中间结果大小的公式以及访问路径的信息。此外，优化程序必须选择连结结果的站点以及站点间的数据传输方法。为了连结两个关系表，有三个候选的站点：第一个关系表的站点，第二个关系表的站点，或者是第三站点（例如第三个需要被连结的关系的站点）。有两种站点间的数据传输的方法：

（1）完全传输（ship-whole），即整个关系表传输到连结的站点并在连结之前存储在临时关系表里。如果连结的算法是归并连结，则不必存储，这时连结站点可以采用流水线的方式对到达的元组进行处理。

（2）按需索取（fetch-as-needed），它对外关系表顺序扫描，并把每个元组的连结值传输到内关系表所在的站点上，由该站点选择和连结值匹配的内关系元组，然后把所选择的元组发送到外关系表的站点。这一方法也称为绑定连结（bindjoin），相当于内关系表与每一个外关系元组进行半连结。

这两种方法之间有一个明显的折中。与按需索取相比，完全传输产生更多的数据传输但是较少的消息传递。直观地讲，完全传输更适合较小的关系表。相反，如果关系表较大，并且连结具有较好的选择性（仅有少量的匹配元组），则应该只选取相关的元组。优化程序不会考虑连结方法和传输方法之间的所有可能的组合，因为其中的某些组合不值得考虑。例如对于嵌套循环的连结而言，对外关系的按需索取就毫无意义。这是因为无论如何它都要处理所有外关系表的元组，所以应当传输整个外关系表。

定外关系表 R 与内关系表 S 在属性 A 上的连结共有四种方法。下面我们介绍每种方法的细节，并给出它们简化的代价公式。公式里的LT表示本地的处理时间（I/O+CPU 的时间），CT表示通信的时间。为了简单，我们忽略了产生结果的代价。为了方便起见，我们用 s 表示在关系表 S 中能够和 R 的一个元组相匹配的平均元组数量：

$$s=\frac{card(\mathrm{S}\ltimes_{\mathrm{A}}\mathrm{R})}{card(\mathrm{R})}$$

方法 1：把整个外关系表传输到内关系表所在的站点。在这种情况下，当外关系表的元组到达时就可以和 S 进行连结。这一方法的代价公式是：

$$\begin{aligned}Total\_time = {} & LT(\text{从 R 中检索}card(\mathrm{R})\text{个元组})\\ & +CT(size(\mathrm{R}))\\ & +LT(\text{从 S 中检索}s\text{个元组})\times card(\mathrm{R})\end{aligned}$$

方法 2：把整个内关系表传输到外关系表所在的站点。在这种情况下，当内关系表的元组到达时不能进行连结算子，它们需要存储在一个临时关系 T 内。这一方法的代价公式是：

$$\begin{aligned}Total\_time = {} & LT(\text{从 S 中检索}card(\mathrm{S})\text{个元组})\\ & +CT(size(\mathrm{S}))\\ & +LT(\text{将}card(\mathrm{S})\text{个元组存储到 T})\\ & +LT(\text{从 R 中检索}card(\mathrm{R})\text{个元组})\\ & +LT(\text{从 T 中检索}s\text{个元组})\times card(\mathrm{R})\end{aligned}$$

方法 3：对于外关系表的每个元组，按需索取内关系表的元组。在这种情况下，对于 R 的每个元组，它的连结属性值（A）被传输到 S 的站点。然后，S 中和该值匹配的 s 个元组会被访问并传输到 R 的站点，当这些元组到达时就可以进行连结算子。这一方法的代价公式是：

$$\begin{aligned}Total\_time = {} & LT(\text{从 R 中检索}card(\mathrm{R})\text{个元组})\\ & +CT(length(\mathrm{A}))\times card(\mathrm{R})\\ & +LT(\text{从 S 中检索}s\text{个元组})\times card(\mathrm{R})\\ & +CT(s\times length(\mathrm{S}))\times card(\mathrm{R})\end{aligned}$$

方法 4：把两个关系都传输到第三个站点，在那里完成连结。在这种情况下，该方法首先把内关系表传输到第三个站点并把它存储在该站点的临时关系 T 内。然后外关系表也传输到第三个站点并且在它的元组到达时和 T 进行连结。这一方法的代价公式是：

$$\begin{aligned} Total\_time = & LT(\text{从 S 中检索}card(\text{S})\text{个元组}) \\ & +CT(size(\text{S})) \\ & +LT(\text{将}card(\text{S})\text{个元组存储到 T}) \\ & +LT(\text{从 R 中检索}card(\text{R})\text{个元组}) \\ & +CT(size(\text{R})) \\ & +LT(\text{从 T 中检索}s\text{个元组}) \times card(\text{R}) \end{aligned}$$

【例 4.18】 让我们来看一下这样一个查询，它的外关系表是 PROJ，内关系表是 ASG，连结属性是 PNO。假设 PROJ 和 ASG 存储在两个不同的站点上，而且关系 ASG 的属性 PNO 上建有索引。这一查询可能的执行方法有：

（1）将 PROJ 的全部传输到 ASG 的站点。

（2）将 ASG 的全部传输到 PROJ 的站点。

（3）对每个 PROJ 的元组按需索取 ASG 的元组。

（4）将 ASG 和 PROJ 都传输到第三个站点。

优化算法预测每一方法所需的总时间，并从中选出一个时间最少的。由于在连结 PROJ ⋈ ASG之后没有任何其他算子，方法（4）的代价显然是最高的，这是因为它必须要传输两个关系表。如果$size$(PROJ)比$size$(ASG)要大出许多，则方法（2）的通信时间最小。并且，和方法（1）和方法（3）相比，如果方法（2）的本地处理时间不是太长，则方法（2）有可能是最好的选择。注意，方法（1）和方法（3）的本地处理时间可能比方法 2 短得多，因为它们使用了连结属性的索引。

如果方法（2）不是最好，则需要在方法（1）和（3）之间进行选择。这两种方法的本地处理时间是一样的，如果PROJ更大并且只有少量的ASG元组匹配，则方法（3）的通信时间最少，有可能是最优的选择。否则，即PROJ很小或者ASG的许多元组都匹配，方法（1）应当是最优选择。

从概念上讲，这一算法可以被看成是对所有备选方案的穷举搜索，这些备选方案由关系的连结顺序、连结方法（包括连结算法的选择）、结果站点、内关系表的访问路径以及站点间传输模式所定义。该算法具有和关系表数量相关的组合复杂度。实际上，通过动态规划和启发式规则，该算法可以减少对所有备选方案的选择。当采用动态规划时，我们可以动态地构造由不同备选方案所组成的树，并对效率较低的选择进行剪枝。

对于该算法在高速网络（和局域网类似）和中等速度的广域网的性能评价验证了本地处理代价的重要程度，即使对广域网的环境也是如此。研究表明，尤其是对分布式连结来说，关系的全部传输要优于按需索取的方法。

4.5.3 混合方法

静态和动态的查询优化方法互有优劣。动态的查询优化是边执行边优化的，因此可以在运行时做出准确的优化选择。不过，由于每次执行查询时都会重复查询优化步骤，因此这种方法最适合特定的查询。与此相对，静态的查询优化是在编译时即可完成的，因此可将优化成本分摊到多个查询的执行中。此时代价模型的准确性对预测候选 QEP 的代价至关重要。静态的方法最适合那些嵌入在存储过程中的查询，且已被所有商业 DBMS 所采用。

然而，即使是使用了复杂的代价模型，也会有一个重要的问题，它会导致在编译时代价难以准确估计，并且难以在 QEP 中进行比较。问题在于在很多嵌入的查询中，参数值实际绑定的值是直到运行时才能确定的。例如，给定一个选择谓词WHERE R.A = $a，其中$a是参数值，为了估计该选择算子的基数，优化程序必须假设 A 的取值在 R 上呈均匀分布，而且不能使用直方图。由于参数 a 是在运行时绑定的，因此在运行之前无法准确地估计$\sigma_{\mathrm{A=\$a}}(\mathrm{R})$的选择率，可能会产生较大估计误差，从而导致优化程序选择次优的 QEP。除了这一因素之外，站点可能在运行时变得不可用或过载。此外，关系表（或关系表片段）有可能在多个站点进行复制，因此，站点和副本选择应该在运行时完成，以提高系统的可用性和负载平衡。

基于上述原因，人们提出了混合的查询优化方法，目标是在利用静态查询优化的同时，避免由估计不准确而带来的问题。该方法基本上是采用静态的策略，但会在运行时做出进一步的优化决策。一个通用的策略是生成动态 QEP，其中包括使用“计划选择”算子（choose-plan）在运行时精心选择的优化决策。其中，“计划选择”算子会关联 QEP 的两个或多个等效子查询计划，这些子计划在编译时选择算子无法进行比较，这是因为缺少重要的运行时信息（如参数绑定）来做代价估计。然而，在执行阶段，“计划选择”算子则可以根据实际产生的代价来比较这些子计划并选择出最优的子计划。“计划选择”算子可以插入到 QEP 中的任何位置，而且这种方法十分通用，可以同时支持站点和副本的选择优化。然而，该方法的缺点在于：“计划选择”算子所关联的子计划构成的搜索空间会变得越来越大，从而显著增加静态计划的数量，以及导致更长的启动时间。因此人们为分布式系统提出了几种混合式的查询优化技术，这些技术在本质上都依赖于下面的两步方法：

（1）在编译阶段生成静态计划，给出算子的顺序和存取方法而不考虑关系表的存储位置。

（2）在运行阶段生成执行计划，完成站点以及数据副本的选择并且将算子分配到站点上。

【例 4.19】 请看下面的关系代数查询：

$$\sigma(\mathrm{R}_1) \bowtie \mathrm{R}_2 \bowtie \mathrm{R}_3$$

图 4.15 给出了这一查询的两个步骤。静态计划给出的是由集中式查询优化程序产生的关系算子的顺序。运行时计划通过副本和站点选择以及站点间的通信对静态计划扩展。例如，第一个选择在站点S_1上分配R_1的副本R_{11}，并将它的结果传输到站点S_3来与R_{23}进行连结，以此类推。

第（1）步可由一个集中式查询优化程序完成，它还可以包括一个“计划选择”算子，这样可以利用运行时的一些绑定做出准确的代价估算。第（2）步可以在执行“计划选择”算子以外，再完成拷贝和站点的选择，也可以优化系统的负载平衡。下面重点介绍第（2）步。

我们考虑一个分布式数据库系统，它的站点集合为$S = \{S_1, \dots, S_n\}$。查询Q表示为一个子查询的有序序列$Q = \{q_1, \dots, q_m\}$，每个子查询q_i是访问单个基础关系表并且与其相邻子查询通信的最大处理单元。例如，图 4.15 含有 3 个子查询，一个用于R_1，一个用于R_2，还有

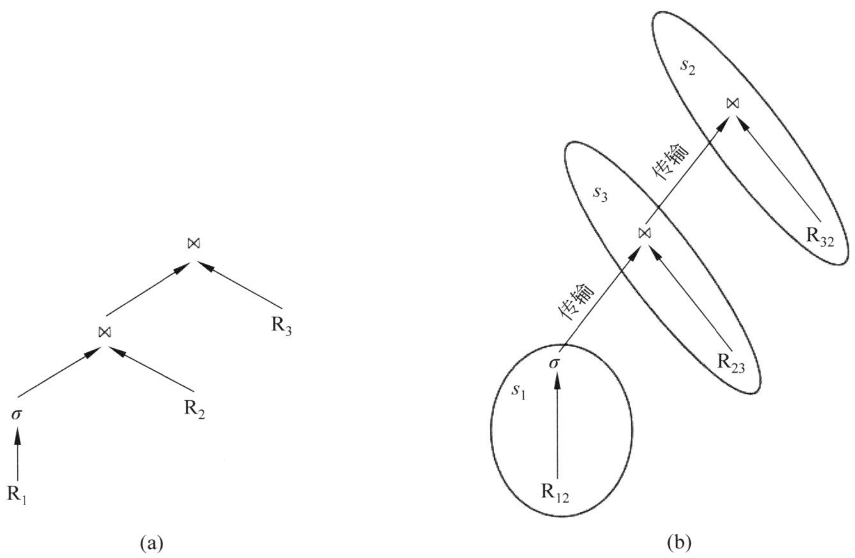

图 4.15 两步计划：(a) 静态计划；(b) 运行时计划

一个用于R_3。每个站点S_i的负载用$load(S_i)$表示，它反映了当前所提交的查询数量。这一负载可以使用不同方法加以表示，例如站点上的 I/O 绑定和 CPU 绑定查询的数量，等等。系统的平均负载定义是：

$$Avg\_load(S) = \frac{\sum_{i=1}^{n} load(S_i)}{n}$$

对于给定的站点子查询分配，系统的平衡可以使用以下不平衡因子（unbalanced factor）作为站点负载的方差来衡量：

$$UF(S) = \frac{1}{n}\sum_{i=1}^{n}(load(S_i) - Avg\_load(S))^2$$

当系统变得均衡时，这个不平衡因子趋向于 0。例如，当$load(S_1) = load(S_2) = 0$时，$S_1$、$S_2$的不平衡因子是 100；而对于$load(S_1)$和$load(S_1)$，则为 0。

两步优化的第（2）步所要解决的问题可以形式化地定义成下面的子查询优化问题。已知：

（1）一个站点集合$S = \{S_1, \ldots, S_n\}$和每个站点的负载。

（2）查询$Q = \{q_1, \ldots, q_m\}$。

（3）对于Q的每个子查询q_i，存在一个可行的站点分配的集合$S_q = \{S_1, \ldots, S_k\}$，其中的每个站点存储包含$q_i$的关系的一个副本。

求解在Q上的对S的一个最佳分配，使得：

（1）$UF(S)$最小。

（2）通信的总代价最小。

有一个算法可以在合理的时间内找到接近最优的解，如算法 4.3 所描述。该算法用于线性连结树，并使用了一些启发式规则。第一个启发式规则（步骤（1））是从分配具有最小分配灵活性的子查询开始，即，使用较小的可行分配站点集。因此，具有较少的候选站点的子查询更早地得到了分配。另一个启发式规则（步骤（2））是要考虑具有最小的负载和最大效益的站点。一个站点的效益可以定义为分配到该站点的子查询的数量，并衡量由该分配所节约的通信代价。最后，算法的步骤（3）要对那些具有可行分配集合的所选站点，但又不平衡的子查询的负载信息进行重新计算。

算法 4.3　SQAllocation

```
Input: Q: q_1, ..., q_m
    Feasible allocation sets: F_{q_1}, ..., F_{q_m}
    Loads: load(F_1), ..., load(F_m)
Output: an allocation of Q to S
begin
    for each q in Q do
        compute(load(F_q))
    end for
    while Q not empty do
        {select subquery a for allocation}
        a ← q ∈ Q with least allocation flexibility                      (1)
        {select best site b for a}
        b ← f ∈ F_a with least load and best benefit                      (2)
        Q ← Q − a
        {recompute loads of remaining feasible allocation sets if necessary}   (3)
        for each q ∈ Q where b ∈ F_q do
            compute(load(F_q))
        end for
    end while
end
```

【例 4.20】　下面是一个用关系代数表达的查询Q：

$$\sigma(R_1) \bowtie R_2 \bowtie R_3 \bowtie R_4$$

图 4.16 给出了 4 个关系表的副本在 4 个站点上的放置以及站点负载。我们假定Q被分解为$Q=\{q_1,q_2,q_3,q_4\}$，其中q_1和R_1相关联，q_2和R_2相关，并且R_2与q_1的结果进行连结。q_3和R_3相关，且R_3与q_2的结果进行连结。q_4和R_4相关，且R_4与q_3的结果进行连结。SQAllocation 算法执行四次迭代。第一次迭代选择了灵活度最小的q_4，将它分配到S_1，并把S_1的负载更新为 2。在第二次迭代中，下一个可选择的子查询可以是q_2或q_3，因为它们具有同样的分配灵活度。让我们选择q_2并把它分配到S_2（也可以把它分配到具有相同负载的S_4），这使得S_2的负载增加到 3。第三次迭代选择的子查询是q_3，它被分配到S_1。注意S_1和S_3具有相同的负载，但由于分配了q_4使得收益为 1（分配到S_3的收益为 0）。S_1的负载增加到 3。最后，在

站点	负载	R_1	R_2	R_3	R_4
S_1	1	R_{11}		R_{31}	R_{41}
S_2	2		R_{22}		
S_3	2	R_{13}		R_{33}	
S_4	2	R_{14}	R_{24}		

图 4.16　数据放置和负载的例子

第四次迭代中，q_1被分配到具有最小负载的S_3或S_4。如果第二次迭代把q_2分配到S_4而不是S_2，那么第四次迭代将会把q_1分配到S_4，因为这会获取 1 的收益，这将产生具有更小通信代价的更优的执行计划。这清楚地说明了两步优化可能会错过最优的计划。

该算法具有较为合理的复杂度。它依次考虑了每个子查询，考虑了每个潜在的站点，从中选择一个站点进行分配，并对剩余的子查询排序。它的复杂度可以表示为$O(max(m \times n, m^2 \times \log_2 m))$。

最后，该算法还含有一个精炼阶段，以进一步优化连结的处理并决定是否使用半连结。尽管它在给定的静态计划下最大限度地减少了通信，但两步查询优化有可能产生通信代价高于最优计划的运行时执行计划。这是因为它的第一步忽略了数据的位置以及它们对通信代价产生的影响。例如，在图 4.15 中所示的运行时间计划，假定有关R_3的第三个子查询被分配到了站点S_1（而不是S_2）。在这种情况下，这个计划会首先在站点S_1上完成R_1的选择结果与R_3的连结（或笛卡儿积），这将会最小化通信时间从而变得更优。解决这一问题的一个办法就是在初始阶段通过算子树（operator tree）的变换对计划进行重新组织。

4.6 自适应查询处理

到目前为止，我们的基本假设是分布式查询处理器充分知晓查询运行时的条件，并以此产生高效的 QEP；同时，运行时条件在查询执行期间是保持稳定的。这个假设对于运行在受控环境中并且数据库关系表较少的查询来说是十分合理的。然而，它不适用于具有大量关系表以及运行时条件不可预测的动态环境。

【例 4.21】 考虑图 4.17 中的 QEP，以及站点S_1、S_2、S_3和S_4上的关系表 EMP、ASG、PROJ 和 PAY。图中的叉表示，由于某种原因（如故障），站点S_2（存储 ASG 的站点）在执行开始时不可用。为了简单起见，我们假设查询的执行采用迭代器执行模型，即元组首先从最左边的关系流出。

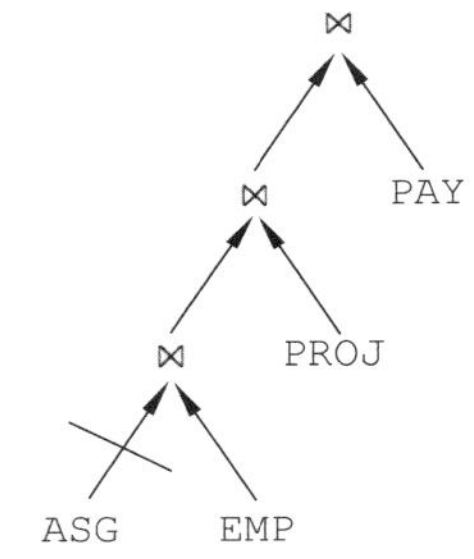

图 4.17 带有阻塞关系的查询执行计划

由于S_2是不可用的，整个查询计划被阻塞，直到 ASG 的元组产生为止。然而，通过对查询计划做一些重组，其他的一些算子可以在等待S_2结果的时候进行，例如 EMP 和 PAY 这两个关系的连结算子。

上面这个简单的例子说明：典型的静态计划无法应对此类不可预测的数据源不可用的情况。更复杂的情况可能还包括连续查询、代价较大的谓词和数据倾斜等等。为了应对这些问题，主要的解决方法是要在查询处理的过程中引入自适应的特征，即自适应查询处理（adaptive query processing）。自适应查询处理是一种动态查询处理，它在执行环境和查询优化器之间构建一种反馈循环，从而对运行时条件的不可预见的变化做出反应。如果查询处理系统从执行环境接收信息，以迭代方式利用该信息确定它的行为，则该查询处理系统可以被定义为自适应的。

本节首先提供自适应查询处理过程的一般性介绍，进而提出了一种名为 eddy 的方法，它为自适应查询处理提供了一个强大的框架。

4.6.1　自适应查询处理的流程

自适应查询处理在传统查询处理过程中添加了三个新的功能：监控、评估和反应，这些功能在逻辑上分别由查询处理器的传感器、评估组件和反应组件实现。监控功能会测量特定时间窗口内的一些环境参数，并将它们报告给评估组件。后者分析报告的环境参数，并决定执行自适应反应计划（Adaptive reaction plan）的阈值。最后，自适应反应计划会被传递到反应组件，从而作用于查询执行过程。

通常，自适应过程会指定每个组件的执行频率，以此来平衡反应度（反应度越高则反应越迫切）与自适应所引发的开销。自适应过程的通用表示形式为函数$f_{adapt}(E,T) \rightarrow Ad$，其中$E$是一组待监控的环境参数，$T$是一组阈值，而$Ad$是一组自适应反应（可以为空）。$E$、$T$和$Ad$这些自适应过程的基本要素显然是可以根据应用场景的变化而变化的。在三者之中，最重要的要素是监控参数和自适应反应，下面给出详细介绍。

4.6.1.1　监控参数

监控查询运行时参数由放置传感器和定义观察窗口组成，其中传感器需要放置在 QEP 的关键位置，而观察窗口决定传感器收集信息的时间范围。此外，还需要指定将传感器收集到的信息传递给评估组件的通信机制。待监控的参数可以包括：

- 内存大小。监控可用内存的大小，可以支持一些针对诸如内存不足或内存增加的反应算子。
- 数据到达率。监视数据到达率的变化可以使查询处理器在等待正在阻塞的数据源时做些有用的工作。
- 实际统计数据。分布式环境中的数据库统计数据即便有也往往是不精确的。因此，监控关系表和中间结果的实际统计数据能够支持系统对 QEP 做出重要调整。此外，我们通常假设数据中谓词的选择率在不同属性上是相互独立的。掌握了实际统计数据，可以帮助我们抛弃这些假设，转而计算真实的选择率。
- 算子执行代价。监控算子执行的实际代价，如生产率（production rate），有助于更好地对算子进行调度。此外，针对算子之前的队列进行监控，可以避免队列过载。
- 网络吞吐量。监控网络吞吐量有助于定义获取数据的块(block)的大小以检索数据。例如，针对吞吐量较低的网络，系统可以采取反应措施，采用较大的块以减少网络对性能的影响。

4.6.1.2　自适应反应

自适应反应根据评估组件做出的决策，对查询执行计划进行修改。重要的自适应反应包括如下。

- 改变查询计划（change schedule）：修改 QEP 中算子的执行顺序。例如，查询加扰（query scrambling）通过更改查询执行计划，避免在查询执行过程中出现个别数据源的阻塞。Eddy 采用了更为细粒度的反应策略，它可以在元组级别决定算子的执行顺序。
- 算子替换（operator replacement）：将一个物理算子替换为它等价的算子。例如，系统可以根据可用内存的大小，来决定使用嵌套循环连结算子还是哈希连结算子。通过算子替换改变查询执行计划的另一种方式是引入新的算子来连结之前自适应反应产生的中间结果。例如，查询加扰（query scrambling）可以引入新的算子来评估更改计划反应结果之间的连结效果。

- 数据重分片（data refragmentation）：针对关系表做动态数据分片。针对关系表做静态分片很容易在站点之间产生负载不平衡。例如，因为用户的位置存在时差，根据地理区域对数据做分片会在一天之中呈现出不同的访问率。
- 重新制定计划（plan reformulation）：重新计算一个新的 QEP 来替换原本低效的 QEP。优化器基于动态收集的实际统计数据和状态信息，生成新的查询执行计划。

4.6.2 eddy 方法

eddy 是一种针对分布式关系实现自适应查询处理的通用框架。简单起见，这里仅考虑选择-投影-连结（select-project-join，SPJ）查询，其中选择算子可能包含计算代价高的谓词。给定一个 SPJ 查询，生成 QEP 的第一步基于该查询的连结图G生成一个算子树。接下来，需要选择连结算法和关系访问的方法，这些选择需要重点考虑自适应这一特点。具体来说，这里的 QEP 可被表示为$Q=\langle D,P,C\rangle$，其中D表示一组数据库中的关系，P表示一组查询谓词及其关联的算法，C表示一组限制算子执行顺序的约束。注意：生成自G且满足C中约束的算子树可能会有多个，它们来自不同的谓词顺序。在查询编译阶段，寻找最优 QEP 的意义并不大，因为算子顺序可以在元组的粒度上进行动态调整（称为元组路由，tuple routing）。因此，QEP 编译过程可以通过在关系集合D和谓词集合P之间添加一个n元的 eddy 算子完成。

【例 4.22】 考虑一个涉及三个关系的查询$Q=(\sigma_p(\mathrm{R})\bowtie \mathrm{S}\bowtie \mathrm{T})$，其中的连结为等值连结。假设关系 T 唯一的访问方式是通过连结属性T.A上的索引（即查询中的第二个连结仅能通过T.A上的索引连结完成），此外，还假设σ_p是一个计算代价高的谓词（例如，该谓词首先T.B的取值上运行某个程序，进而针对结果进行筛选）。在上述假设的情况下，QEP 可以被表示为$D=\{\mathrm{R,S,T}\}$，$P=\{\sigma_p(\mathrm{R}),\mathrm{R}\bowtie\mathrm{S},\mathrm{S}\bowtie\mathrm{T}\}$，$C=\{\mathrm{S}\prec\mathrm{T}\}$，其中$\prec$通过T.A上的索引强制关系表 S 中的元组搜索关系 T 中的元组。

图 4.18 显示了 eddy 方法如何将查询Q编译为一个 QEP，其中椭圆表示物理算子（包括 eddy 算子和实现谓词$p\in P$的算法）。按照惯例，图中的底部表示输入关系表。由于关系表 T 不支持扫描访问，因此图中不单独显示关系 T，而是将它封装在连结$\mathrm{S}\bowtie\mathrm{T}$中。图中的箭头表示数据流，满足生产者-消费者关系。最后，从 eddy 算子离开的箭头表示输出元组的产生。

eddy 提供了一种细粒度的自适应性，基于特定的调度策略，动态地决定如何在谓词之间调度元组。在查询执行阶段，元组首先从输入关系表中被检索出来，并被暂存在一个 eddy 算子管理的输入缓冲区内。一旦某个关系表在当前是不可用的，eddy 只需要简单地从另一个关系中检索元组，并将之暂存于自身的缓冲区内。

为了支持对当前可用关系的灵活选择，需要放松在 QEP 中算子固定顺序的限制。eddy 方法并不采用固定的 QEP，而是支持每个元组根据查询计划中的约束或自己的谓词评估历史来自主地选择路径。

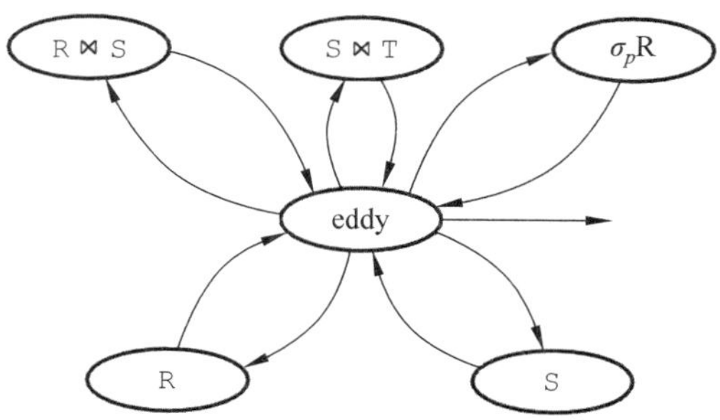

图 4.18　带有 eddy 的查询执行计划示例

基于元组的路由策略会产生新的 QEP 拓扑结构，eddy 算子及其管理的谓词会形成一种环形数据流：元组首先离开 eddy 算子，被送给谓词进行处理；进而，处理后的元组返回到 eddy 算子。任何一个元组离开这个环形工作流的条件是要么不符合某个谓词，要么 eddy 算子认为它已经通过了与之相连的所有谓词。由于在 QEP 中算子不存在固定顺序，因此每个元组都需要注册它相关的谓词。例如，在图 4.18 中，关系 S 中的元组就只需要关系两个连结谓词，而不需要考虑σ_p(R)谓词。

4.7　本 章 小 结

本章详细介绍了分布式 DBMS 的查询处理。我们首先定义了什么是分布式查询处理的问题，其中最主要的假设是考虑输入查询是用关系代数表达的，这也是大多数主流的分布式 DBMS 所采用的查询形式。分布式查询处理问题的复杂度与查询语言的表达能力和抽象能力成正比。

在分布式环境下，查询处理问题非常难以理解，因为它会牵扯到很多不同的因素。然而，这个问题能够被分解为多个较为容易的子问题。因此，本章提出了一种描述分布式查询处理的通用分层方案，包括四个彼此独立的部分：查询分解、数据本地化、分布式优化和分布式执行。这四层功能通过添加有关处理环境的更多细节来依次地细化查询。

然后，本章介绍了数据本地化，重点讲解了归约和化简技术在四种数据分片类型上的应用，即水平分片、垂直分片、诱导分片和混合分片。经过数据本地化层产生的查询能够避免一些低效的执行方案，但后续的分层通常会执行更为重要的查询优化，因为它们会考虑有关查询处理环境的更为详细的信息。

接下来，本章主要讨论了优化问题，主要关注分布式查询的连结排序问题（包括考虑了基于半连结的策略）和分布式代价模型问题。

具体而言，本章讲解了连结和半连结技术如何在三种基本的分布式查询优化算法中使用的，即动态优化、静态优化和混合优化。静态和动态分布式优化方法的优缺点与它们被应用在集中式系统中的情形类似。混合优化方法最适合当今的动态环境，原因在于它会将一些重要的决策延后执行，例如副本选择与查询启动阶段的子查询站点分配。因此，混合优化方法可以提升系统的可用性和负载均衡。本章讲解混合方法时，介绍了它的两阶段查询优化方案：首先生成一个静态查询计划，这步与集中式系统类似，目的是指定算子的顺序；然后，随着查询启动，生成一个执行计划，进行站点和副本选择，并完成算子到站点的分配。

最后，本章探讨了自适应查询处理，以处理本地 DBMS 的动态行为。自适应查询处理通过动态方法解决了这个问题：查询优化程序在运行时与执行环境进行通信，以便对运行时条件的不可预见的变化作出反应。

4.8 本章参考文献说明

从关系模型的角度探讨查询处理和查询优化的综述性文章有不少，如【Graefe 1993】提供了详细的文献调研。

迭代器执行模型是很多查询处理器实现的基础，它是由【Graefe 1994】在研究 Volcano 可扩展查询处理系统时提出的。基于代价查询优化的开创性论文【Selinger 等 1979】首次提出使用数据库统计的代价模型（参见 4.4.2 节）和使用动态规划搜索策略（参见 4.1.1 节）的代价模型。随机策略，如迭代改进【Swami 1989】和模拟退火【Ioannidis and Wong 1987】被提出以实现优化时间和执行时间之间的良好平衡。

【Kossmann 2000】对分布式查询处理进行了最为完整的文献调研，涵盖了分布式 DBMS 和多数据库系统。这篇论文介绍了集中式和分布式系统中查询处理的传统阶段，并探讨了分布式查询处理的各种技术。分布式代价模型也在一些论文中进行了讨论，如【Lohman 等 1987】和【Khoshafian and Valduriez 1987】。

【Ceri and Pelagatti 1983】详细介绍了数据本地化，并将之应用于水平划分的关系上（称为多关系）。【Ceri 等 1986】使用了水平和垂直分片的形式化表示来描述数据片段之间的分布式连结关系。

半连接理论及其对分布式查询处理的价值已在【Bernstein and Chiu 1981】、【Chiu and Ho 1980】和【Kambayashi 等 1982】等文章中被探讨。【Bernstein 等 1981】提出了基于半连接的分布式查询优化方法，并将之应用于 SDD-1 系统【Wong 1977】。【Chiu and Ho 1980】和【Kambayashi 等 1982】研究了完全归约半连结，并证明找到完全归约是一个 NP 难问题。然而，对于链式查询，这一问题存在一个多项式算法的解【Chiu and Ho 1980】、【Ullman 1982】。使用位数组可以最小化半连接的成本【Valduriez 1982】。其他一些查询处理算法也提出选择连结和半连结的最优组合【Özsoyoglu and Zhou 1987】、【Wah and Lien 1985】。

分布式查询优化的动态方法最初是由【Epstein 等 1978】为分布式 INGRES 而提出，算法利用了网络拓扑（通用或广播网络），并且使用归约算法【Wong and Youssefi 1976】将所有不可归约的子查询与单关系子查询进行分离。

分布式查询优化的静态方法首先是为 R*而提出的【Selinger and Adiba 1980】。该论文是发现本地处理对于分布式查询性能重要性的最早的论文之一。由【Lohman 等 1986a】和【Lohman and Mackert 1986b】给出的实验验证了这一发现的重要性。R* 的按需检索（fetch-as-needed）方法由【Haas 等 1997a】所提出。

针对查询优化的一个通用的混合方法是使用计划选择算子（choose-plan operators）

【Cole and Graefe 1994】。基于两阶段查询优化的混合方法也已为分布式系统而提出【Carey and Lu 1986】、【Du 等 1995】、【Evrendilek 等 1997】。4.5.3 节的内容是基于【Carey and Lu 1986】关于两阶段查询优化的开创性论文。【Du 等 1995】提出了有效的算子将线性连接树（由第（1）步产生）转换为更易并行的浓密树。【Evrendilek 等 1997】针对第（2）步，提出了一种最大化站点间连结算子并行性的方法。

自适应查询处理的相关研究在【Hellerstein 等 2000】和【Gounaris 等 2002】有所调研。有关 eddy 方法的开创性论文是【Avnur and Hellerstein 2000】，本章 4.6 节有关自适应查询处理的内容也来自这篇论文。其他的一些自适应查询处理技术还包括查询加扰（Query Scrambling）【Amsaleg 等 1996】、【Urhan 等 1998】、波纹连结（ripple joins）【Haas and Hellerstein 1999b】、自适应划分【Shah 等 2003】和 cherry picking 方法【Porto 等 2003】。在 eddy 基础上的一些扩展方法包括状态模块（state modules）【Raman 等 2003】和分布式 eddy 方法【Tian and DeWitt 2003】。

4.9 本 章 习 题

习题 4.1　假设样本数据库的关系表 PROJ 被水平分片为：

$$PROJ_1 = \sigma_{PNO \le "P2"}(PROJ)$$
$$PROJ_2 = \sigma_{PNO > "P2"}(PROJ)$$

请将下面的查询转换成针对片段查询的归约形式：

```
SELECT  ENO, PNAME
FROM    PROJ NATURAL JOIN ASG
WHERE   PNO="P4"
```

习题 4.2（*）　假设关系 PROJ 的水平分片和习题 4.1 相同，同时关系 ASG 的水平分片为：

$$ASG_1 = \sigma_{PNO \le "P2"}(ASG)$$
$$ASG_2 = \sigma_{"P2" < PNO \le "P3"}(ASG)$$
$$ASG_3 = \sigma_{PNO > "P3"}(ASG)$$

请将下面的查询翻译成针对片段的归约查询，并且决定它是否优于本地化查询。

```
SELECT  RESP, BUDGET
FROM    ASG NATURAL JOIN PROJ
WHERE   PNAME = "CAD/CAM"
```

习题 4.3（*）　假设关系PROJ的水平分片和习题 4.1 相同，同时关系 ASG 的诱导分片为：

$$ASG_1 = ASG \ltimes_{PNO} PROJ_1$$
$$ASG_2 = ASG \ltimes_{PNO} PROJ_2$$

关系 EMP 的垂直分片为：

$$EMP_1 = \Pi_{ENO,ENAME}(EMP)$$
$$EMP_2 = \Pi_{ENO,TITLE}(EMP)$$

请将下面的查询翻译成针对片段的规约查询：

```
SELECT   ENAME
FROM     EMP NATURAL JOIN ASG NATURAL JOIN PROJ
WHERE    PNAME = "Instrumentation"
```

习题 4.4 考虑图 4.11 的连结图及以下信息：

$size(\text{EMP}) = 100, size(\text{ASG}) = 200, size(\text{PROJ}) = 300, size(\text{EMP} \bowtie \text{ASG}) = 300$ 以及$size(\text{ASG} \bowtie \text{PROJ}) = 200$，给出一个最优的连结程序，其目标函数是优化总的传输时间。

习题 4.5 考虑图 4.11 的连结图及习题 4. 4 同样的假设，给出一个最优的连结程序，其目标函数是优化响应时间（仅仅考虑通信时间）。

习题 4. 6 考虑图 4.11 的连结图，给出一个程序（可能不是最优的），要求它完全通过半连结来减小每个关系表。

习题 4.7 考虑图 4.11 的连结图以及图 4.19 给出的分片，假设 $size(\text{EMP}\bowtie\text{ASG})=2000$，$size(\text{ASG}\bowtie\text{PROJ})=1000$。把 4.5.1 节的分布式查询优化算法应用到通用网络和广播网络这两种情况，使得通信的时间最小化。

关系表	站点 1	站点 2	站点 3
REP	1000	1000	1000
AS		2000	
PROJ	1000		

图 4.19 关系的分片

习题 4.8（**） 考虑以下针对样例数据库的查询：

```
SELECT ENAME, SAL
FROM PAY NATURAL JOIN EMP NATURAL JOIN ASG
        NATURAL JOIN PROJ
WHERE (BUDGET>200000 OR DUR>24)
AND (DUR>24 OR PNAME = "CAD/CAM")
```

假定关系 EMP、ASG、PROJ、PAY 按照图 4.20 中表格进行存储在站点 1、2 和 3 上；假定任何两个站点间的传输速度都是相等的，并且数据的传输要比在任何站点执行的处理慢 100 倍，且对于任何两个站点 R 和 S 而言 $size(\text{R}\bowtie\text{S})=max(size(\text{R}),size(\text{S}))$，设查询的析取选择的选择率为 0.5。完成一个分布式程序计算该查询的结果并且使得总时间最短。

关系表	站点 1	站点 2	站点 3
REP	2000		
AS		3000	
PROJ			1000
PAY			500

图 4.20 分片的统计信息

习题 4.9（**） 4.5.3 节描述了用于线性连结树的算法 4.3。将这一算法扩展使得它支持稠密连结树，使用图 4.16 的数据放置和站点负载的信息，将你的算法用于图 4.9 的稠密连结树查询。

习题 4.10（**）　考虑以下三个关系 R(A,B)、S(B,D)和 T(D,E)，以及一个查询 $Q(\sigma_p^1(\mathrm{R}) \bowtie_1 \mathrm{S} \bowtie_2 \mathrm{T})$，其中$\bowtie_1$和$\bowtie_2$表示自然连接。假设 S 在属性 B 上有一个索引，T 在属性 D 上有一个索引。此外，σ_p^1 是一个计算代价高的谓词（即先对 R.A 值运行某个程序，进而在运行结果上进行筛选的谓词）。使用 eddy 方法进行自适应查询处理，并回答以下问题：

（a）请提出针对查询Q的约束集合C，以产生一个基于 eddy 的 QEP。

（b）请给出查询Q的连结图G。

（c）请使用上述C和G，提出一个基于 eddy 的 QEP。

（d）请提出一个使用状态模块（state module）的 QEP，并讨论在此 QEP 中使用状态模块的优势。

习题 4.11（**）　请设计一个将元组存储于 eddy 缓冲池中的数据结构，要求该数据结构能够根据用户指定的要求快速地选择下一个需要处理的元组，例如，更早地产生第一个结果。

第 5 章　分布式事务处理

事务（transaction）是数据库系统中保证一致性与可靠计算的基本单元。因此，一旦确定了查询的执行策略，查询就会作为事务执行，并转换为数据库的原子操作。事务确保在对同一数据项进行并发访问（其中至少有一个更新操作）以及发生故障时，数据库可以保持一致性（consistency）和持久性（durability）。

一致（consistent）与可靠（reliable）这两个概念需要更准确地定义。这里首先区分数据库一致性（database consistency）与事务一致性（transaction consistency）这两个概念。

我们说一个数据库处于一致状态，如果该数据库服从在其上定义的所有一致性（完整性）约束，详见第 3 章。修改、插入、删除（这三者统称为更新）都会造成状态的改变。当然，我们要确保数据库不会进入不一致的状态。请注意，在事务执行期间，数据库可能（事实上经常如此）暂时变得不一致，但重点在于当事务执行完毕之后数据库应该是一致的，如图 5.1 所示。

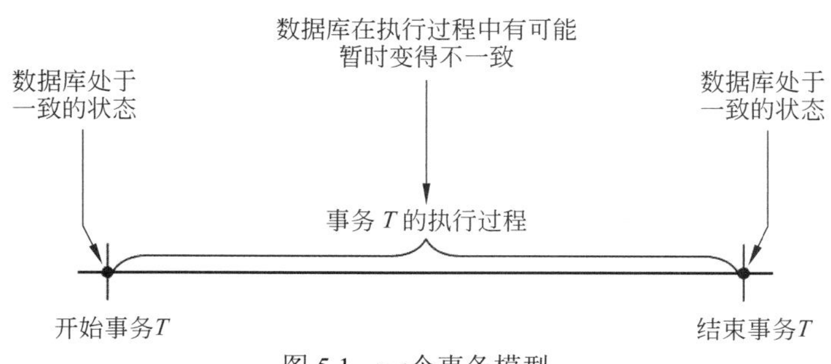

图 5.1　一个事务模型

另一方面，事务一致性指的是并发事务涉及的操作。我们希望数据库能在即使有多个用户同时访问（读或写）的时候保持一致状态。

可靠性是指系统对各种故障的适应（resiliency）能力及其从这些故障中恢复（recover）的能力。一个具有适应能力的系统可以容忍系统故障——即使发生故障，也能继续提供服务。一个具有恢复能力的 DBMS 能够在发生各种类型的故障后恢复到一致状态，即回退到先前的一致状态或前进到新的一致状态。

事务管理的任务是保证数据库始终处于一致状态，即使是在并发访问和故障发生时。并发事务管理是集中式 DBMS 的经典问题，在许多教科书中都有讲解。本章主要探讨分布式 DBMS 环境下的并发事务管理，重点介绍分布式并发控制以及分布式可靠性和故障恢复问题。5.1 节提供一个简单的复习，希望读者熟悉本科数据库课程与教科书中常见的基本事务管理概念和技术，附录 C（在线英文版）将更详细地探讨事务处理的概念。数据复制（data replication）不在本章的考虑范围，这一问题将会留到下一章。DBMS 通常分为在线事务处理（OLTP）或在线分析处理（OLAP）。在线事务处理应用程序，例如机票预订或银行系统，是面向高吞吐事务场景的，因此需要重点解决数据控制与可用性、多用户高吞吐量，以及可预测的快速响应时间等问题。相比之下，在线分析处理应用程序，例如趋势分析或预测，主要分析来自多个业务数据库的历史汇总数据，需要针对规模较大的关系表处理复杂的查询。大多数 OLAP 应用程序不需要基于最新数据，因此不需要直接访问最新的业务数据。本章主要关注 OLTP 系统，OLAP 系统会在第 7 章进行介绍。

本章的组织如下。5.1 节简要介绍本章中使用的基本概念，并重新审视第 1 章中定义的架构模型，侧重探讨如何为支持事务管理而做修改。5.2 节深入探讨基于可串行化理论（serializability）的分布式并发控制技术。5.3 节介绍基于快照隔离（snapshot isolation）的并发控制技术。5.4 节讨论分布式可靠性技术，包括分布式提交、终结和恢复协议。

5.1　背景与概念定义

本节旨在简要介绍本章所使用的概念和术语。如前所述，本节不会对这些基本概念做深入讲解——这些可以在附录 C（在线英文版）中找到——而是介绍对理解本章其余部分有帮助的基本概念。此外，本节还将讨论如何修改系统架构以适应事务。

如前所述，事务是保证一致且可靠计算的基本单元。每个事务都以 Begin_transaction 命令开始，包含一系列的 Read（读）和 Write（写）操作，并以 Commit（提交）或 Abort（取消）结束。提交操作，一旦被处理就会确保事务对数据库所做的更新是永久的；而取消操作则会撤销事务中的所有操作，因此就数据库而言，就好像该事务从未执行过一样。事务会读取或者写入某些数据，这些数据构成了事务最基本的特性。事务读取的数据项集合构成了它的读集（read set，RS）；事务写入的数据项构成了它的写集（write set，WS）。一个事务的读集和写集的并集构成了它的基集，即$BS = RS \cup WS$。

典型的 DBMS 事务服务提供被称为 ACID 的特性：

（1）原子性（Atomicity）保证事务的执行是原子的，即事务的所有操作要么全被执行，要么就一个都不执行。

（2）一致性（Consistency）是指事务可以正确执行，也就是说，事务的代码能够正确地将数据库从一个一致状态变换到另一个一致状态。

（3）隔离性（Isolation）是指并发的事务之间彼此不可见，直到它们提交为止。隔离性是保证并发事务满足正确性的前提，即多个事务的并发执行不会破坏数据库的一致性。

（4）持久性（Durability）指的是，如果一个事务已经提交，那么它产生的结果就是永久的，并且不受系统故障的影响。

5.2 节介绍的并发控制算法是为了保证隔离性的，即并发的事务会看到一个一致的数据库状态，而且在事务提交后，数据库的状态依旧是一致的。5.4 节介绍的可靠性技术是为了保证原子性和持久性的。一致性（即保证某个事务不会造成数据库出错）通常是由第 3 章介绍的完整性约束保证的。

并发控制算法实现了“正确并发执行”这一概念。最常见的正确性定义是可串行化，它要求由一些事务并发执行生成的历史等价于某个串行（serial）的历史（即这些事务一个接一个地顺序执行）。鉴于事务将一个一致的数据库状态映射到另一个一致的数据库状态，根据定义，任何串行顺序都是正确的。因此，如果并发执行历史等价于任何一个串行顺序，它也一定是正确的。5.3 节引入了一个更宽松的正确性概念，称为快照隔离（snapshot isolation, SI）。基本上，并发控制算法关注的是如何在并发事务之间有效保证不同的隔离级别。

当事务提交时，其操作需要永久化。这就要求系统管理事务日志，以记录事务的每个操作。提交协议（commit protocols）确保数据库更新和日志保存到持久化存储中，以保证永久保留。另一方面，取消协议（abort protocols）使用日志从数据库中清除已取消事务的所有操作。日志还可以用于系统出现故障时，用来将数据库带回到一致的状态。

在仅包含只读查询的 DBMS 负载基础上引入事务之后，我们需要再对第 1 章中介绍的架构模型做进一步讨论——需要扩展分布式执行监控程序的角色。

分布式执行监控程序包含两个模块：事务管理程序（transaction manager, TM）和调度程序（scheduler, SC）。事务管理程序负责代表应用程序协调数据库中各个操作的执行，而调度程序负责执行特定的并发控制算法，以同步各个操作对数据库的访问。

分布式事务管理中涉及的第三个模块是局部恢复管理程序（local recovery manager, LRM），其功能是在每一个数据库站点中，实现将局部数据库从故障状态恢复到一致状态。

每一个事务都会发起于某一个站点，我们称其为发起站点。发起站点的 TM 负责协调事务中所有数据库操作的执行，因此称发起站点的 TM 为协调者或协调 TM。

事务管理程序为应用程序提供接口，包括之前提到的一系列事务命令 Begin_transaction（事务开始）、Read（读）、Write（写）、Commit（提交）和 Abort（取消）。接下来我们在抽象层次上介绍这些命令在无复制的（non-replicated）分布式 DBMS 中的处理流程。简单起见，本节主要关注 TM 的接口，更多的细节会在后续章节给出介绍。

（1）Begin_transaction（事务开始）：这是给协调 TM 一个信号，表示一个新事务的开始。协调 TM 会在内存日志（称为易失日志，volatile log）中做一些记录，包括事务名称、发起这个事务的应用程序，等等。

（2）Read（读）：如果即将读取的数据项在局部存储，则读取其值并将其返回给事务。否则，协调 TM 定位到这个数据项，并通过恰当的并发控制方法请求存储它的站点返回其值。同时，存储数据项的站点会在易失日志中添加一条日志记录。

（3）Write（写）：如果即将写入的数据项在局部存储，则 TM 在数据处理程序的协助下更新其值。否则，TM 首先定位到这个数据项，进而通过恰当的并发控制方法请求存储它的站点并执行更新。与读的情况类似，存储该数据项的站点会在易失日志中插入一条相应的日志记录。

（4）Commit（提交）：给定一个事务，TM 会协调各个相关站点对数据项执行永久更新。同时，执行写在先日志（write-ahead logging，WAL）协议，将易失日志中的记录迁移到磁盘中的日志（也称稳定日志，stable log）。

（5）Abort（取消）：TM 确保事务的影响不会反映在任何在本事务中产生数据更新的站点上。此时，日志需要执行反做（Undo，也称回滚 Rollback）协议。

为了支持这些服务，事务管理程序（TM）需要与位于同一站点或不同站点的调度程序（SC）和数据处理程序（data processor）进行通信，如图 5.2 所示。

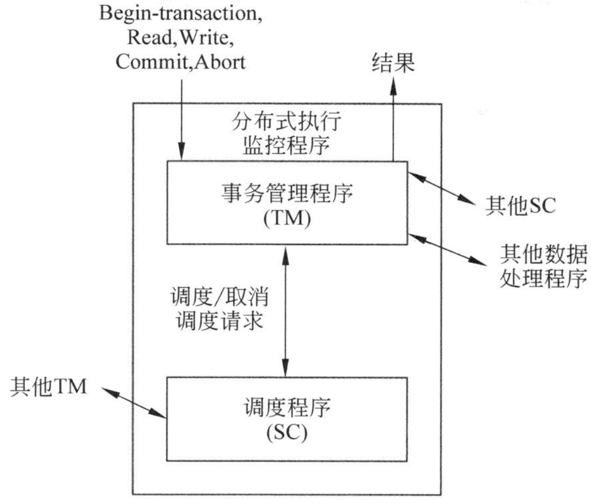

图 5.2　分布式执行监控模型的细节

正如第 1 章指出的，我们介绍的架构模型只是一种用于教学目的的抽象模型。它可以让我们把事务管理中的问题一个个提取出来做单独的讨论。5.2 节将会探讨调度算法，重点关注 TM 与 SC 之间的接口，以及 SC 与数据处理程序之间的接口。5.4 介绍提交和取消两种操作在分布式环境下的执行策略，以及需要为恢复管理程序实现的故障恢复算法。第 6 章将讨论扩展到复制数据库的情况。需要指出的是，这里介绍的计算模型并不是唯一的。人们也提出了其他模型，例如为每个事务使用一个私有工作空间等。

5.2　分布式并发控制

之前提到，并发控制算法可以确保达到特定的隔离级别。本章主要关注并发事务之间的可串行性。集中式数据库的可串行化理论可以直接扩展到分布式数据库的场景。每个站点的事务执行历史被称为局部历史（local history）。如果数据库没有复制，并且每个局部历史都是可串行化的，那么它们的并集，称为全局历史（global history），也是可串行化的。

【例 5.1】 这里举一个非常简单的例子来说明这一点。考虑两个银行账户：x（存储在站点 1）和y（存储在站点 2）。考虑T_1和T_2两个事务：其中T_1将 100 美元从x转到y，而T_2简单地读取x和y的账户余额。

T_1: Read(x)	T_2: Read(x)
$x \leftarrow x - 100$	Read(y)
Write(x)	Commit
Read(y)	
$y \leftarrow y + 100$	
Write(y)	
Commit	

显然，这两个事务都需要在两个站点上执行。考虑以下的两个历史，它们是由两个站

点局部生成的，其中H_i表示第i个站点上的历史，R_j和W_j分别是事务T_j中的 Read 和 Write 操作：

$$H_1 = \{R_1(x), W_1(x), R_2(x)\}$$
$$H_2 = \{R_1(y), W_1(y), R_2(y)\}$$

这两个历史都是可串行化（serializable）的，事实上这它们都是串行（serial）的。因此，它们都是一个正确的执行序列。此外，由于它们的串行顺序都相同的，即$T_1 \rightarrow T_2$。因此，全局历史也是可串行化的，其串行化的顺序也是$T_1 \rightarrow T_2$。

但是，如果两个站点生成的历史如下所示，就会出现问题：

$$H_1' = \{R_1(x), W_1(x), R_2(x)\}$$
$$H_2' = \{R_2(y), R_1(y), W_1(y)\}$$

虽然这两个局部历史都是可串行化的，但是它们的串行顺序不同：H_1'将T_1串行化到T_2之前（$T_1 \rightarrow T_2$），而H_2'将T_2串行化到T_1之前（$T_2 \rightarrow T_1$）。因此，全局历史不满足可串行性。

并发控制协议负责确保事务的隔离性，其目标是保证特定的隔离级别，例如可串行化（serializability）、快照隔离（snapshot isolation）或读已提交（read committed）。并发控制考虑不同的方面或维度。第一个方面显然是考虑算法所针对的隔离级别。第二个方面是考虑协议的目标是防止隔离性被破坏（悲观协议），还是允许隔离性被破坏进而中止冲突事务以保持隔离级别（乐观协议）。

第三个方面是考虑事务如何串行化。这些事务可以根据冲突访问的顺序或预定义的顺序（称为时间戳顺序）进行串行化。前者对应于基于加锁的算法，其中事务根据它们尝试获取冲突锁的顺序进行串行化；而后者对应于根据时间戳对事务进行排序的算法，其中时间戳可以在事务开始时分配（开始时间戳）——对应悲观协议，或者在提交事务之前进行分配（提交时间戳）——对应乐观协议。需要考虑的第四个方面是如何维护更新。一种方法是保留数据的单一版本（这在悲观算法中是可能的）。另一种方法是保留数据的多个版本，该方法应用于乐观算法，但一些悲观算法也使用这种方法来进行故障恢复（基本上保留两个版本，即最新提交的版本和当前未提交的版本）。下一章将讨论考虑复制（replication）的情况。

上述四个方面可以进行不同的组合，其中大多数组合都得到了研究。本节将重点介绍悲观算法、基于加锁的算法（5.2.1 节）、时间戳排序算法（5.2.2 节）和乐观算法（5.2.4 节）的开创性研究工作。理解了这些开创性方法，对学习更复杂的算法大有裨益。

5.2.1 基于加锁的并发控制算法

基于加锁的并发控制算法防止隔离性被破坏的方法是：为每个锁单元（lock unit）维护一个“锁”（lock），并要求每个操作在访问数据项之前先获得数据项上的锁，无论是在读（共享）模式还是在写（排它）模式。操作的访问请求是根据锁模式的兼容性决定的：读锁与另一个读锁兼容，写锁和读锁或写锁都不兼容。系统使用两阶段锁（two-phase locking，2PL）算法管理锁。基于分布式加锁的并发控制算法的一个基础性问题是决定在何处以及如何维护锁，这也通常被称为锁表（lock table）。后续章节将探讨针对这一问题的不同算法。

5.2.1.1　集中式 2PL

2PL 算法可以很容易地扩展到分布式 DBMS 环境，一种方法是将锁管理委派给单个站点负责。这意味着：在所有的站点中，只有一个站点拥有锁管理程序，其余站点的事务管理程序与之通信以获取锁。这种方法被称为主站点 2PL 算法（primary site 2PL algorithm）。

根据集中式 2PL（C2PL）算法，在执行一个事务的时候，站点之间的通信如图 5.3 所示。这一通信是在协调 TM、中心站点的锁管理程序和其他参与站点的数据处理程序（DP）之间进行的。这里的参与站点是指那些存储所需数据项并执行数据库操作的站点。

算法 5.1 给出了集中式 2PL 事务管理算法（C2PL-TM）的概览，算法 5.2 给出了集中式两阶段锁管理算法（C2PL-LM）。算法 5.3 给出了一个高度简化的数据处理程序（DP）算法，在 5.3 节讨论可靠性问题的时候，这一算法还会发生比较大的变化。

这些算法使用五元组表示执行的操作：Op : $\langle Type = \{BT, R, W,\ A,\ C\}, arg$: 数据项, val: 值, tid: 事务标识符, res: 结果$\rangle$，其中每项的含义如下：

（1）对于操作o: Op，$o.Type \in \{BT, R, W, A, C\}$表示其类型，其中$BT$ = Begin_transaction、R = Read、W = Write、A = Abort、C = Commit；

（2）arg表示操作访问的数据项——只针对读和写操作，对于其他操作，该字段置空；

（3）val表示读和写操作从数据项arg已读取或要写入的值。与之前类似，对于其他操作，该字段置空；

（4）tid表示操作所属的事务，严格说来是事务的标识；

（5）res指定完成数据处理程序所请求的操作的代码，它对可靠性算法是十分重要的。

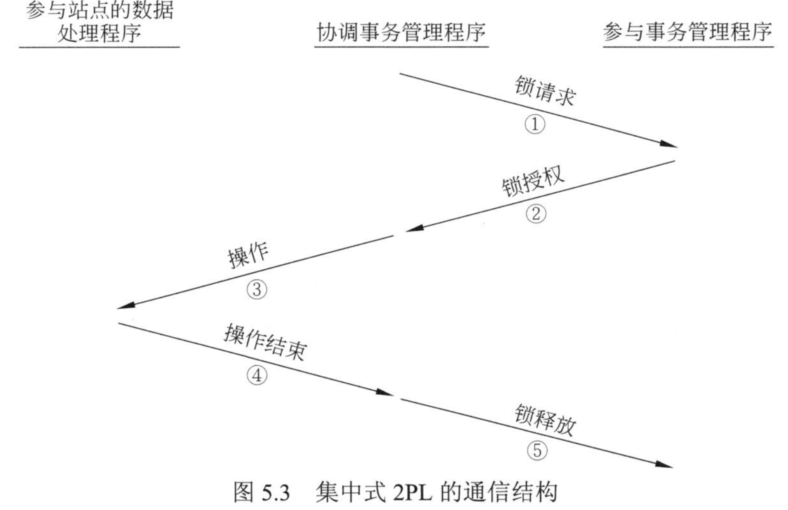

图 5.3　集中式 2PL 的通信结构

算法 5.1　集中式 2PL 事务管理程序（C2PL-TM）

```
Input: msg: a message
begin
    repeat
        wait for a msg
        switch msg do
            case transaction operation do
```

```
                let op be the operation
                if op.Type = BT then DP(op)        {call DP with operation}
                else C2PL-LM(op)                   {call LM with operation}
            end case
            case Lock Manager response do          {lock request granted or locks released}
                if lock request granted then
                    find site that stores the requested data item (say H_i)
                    DP_si(op)                      {call DP at site S_i with operation}
                else                               {must be lock release message}
                    inform user about the termination of transaction
              end if
          end case
          case Data Processer response do          {operation completed message}
                switch transaction operationdo
                    let op be the operation
                    case R do
                        returnop.val (data item value) to the application
                    end case
                    case W do
                         inform application of completion of the write
                    end case
                    case C do
                        if commit msg has been received from all participants then
                            inform application of successful completion of transaction
                            C2PL-LM(op)            {need to release locks}
                        else
                            record the arrival of the commit message
                        end if
                    end case
                    case A do
                        inform application of completion of the abort
                        C2PL-LM(op)                {need to release locks}
                    end case
                end switch
            end case
        end switch
    until forever
end
```

算法 5.2　集中式 2PL 锁管理程序（C2PL-LM）

```
Input: op:Op
begin
    switch op.Type do
        case R or W do                             {lock request; see if it can be granted}
            find the lock unit lu such that op.arg ⊆ lu
            if lu is unlocked or lock mode of lu is compatible with op.Type then
                set lock on lu in appropriate mode on behalf of transaction op.tid
```

```
                send "Lock granted" to coordinating TM of transaction
            else
                put op on a queue for lu
            end if
        end case
        case C or A do                                  { locks need to be released}
            foreach lock unit lu held by transaction do
                release lock on lu held by transaction
                if there are operations waiting in queue for lu then
                    find the first operation O on queue
                    set a lock on lu on behalf of O
                    send "Lock granted" to coordinating TM of transaction O.tid
                end if
            end foreach
            send "Locks released" to coordinating TM of transaction
        end case
    end switch
end
```

我们将事务管理程序（C2PL-TM）算法实现为一个永远运行的进程，负责等待来自应用程序（带有事务操作）、锁管理程序或数据处理程序的消息。同时，我们将锁管理程序（C2PL-LM）和数据处理程序（DP）算法实现为按需调用的过程。由于这里仅对这些算法做概览性的描述，因此上述区别不会造成什么影响。不过，具体的实现方式可能会大不相同。

C2PL 算法的一个公认缺陷是：中心站点会很快成为整个系统的瓶颈。此外，中心站点的故障或无法访问会造成严重的系统故障，从而让系统变得不可靠。

算法 5.3　数据处理程序（DP）

```
Input: op:Op
begin
    switch op.Type do                       {check the type of operation}
        case BT do                          {details to be discussed in Sect. 5.4}
            do some bookkeeping
        end case
        case R do
            op.res ← READ(op.arg)           {database READ operation}
            op.res ←"Read done"
        end case
        case W do                           {database WRITE of val into data item arg }
            WRITE(op.arg, op.val)
            op.res ←"Wirte done"
        end case
        case C do
            COMMIT;                         {execute COMMIT }
            op.res ←"Commit done"
        end case
```

```
        case A do
            ABORT;                          {execute ABORT}
            op.res ←"Abort done"
        end case
    end switch
end
```

5.2.1.2 分布式 2PL

分布式 2PL（D2PL）要求每个站点都有锁管理程序。依据分布式 2PL 协议，事务在执行时各协同站点之间的通信如图 5.4 所示。

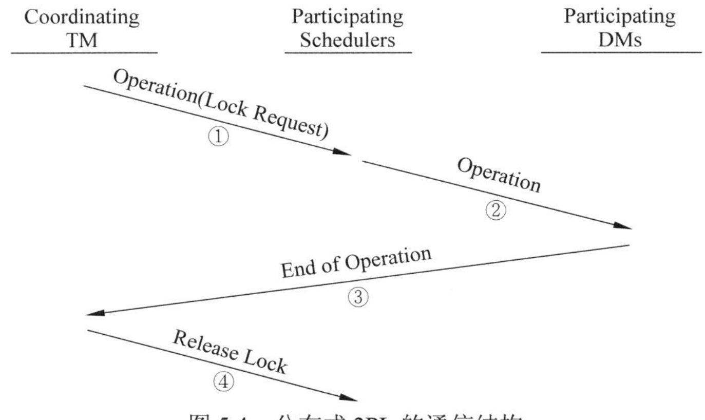

图 5.4 分布式 2PL 的通信结构

分布式 2PL 事务管理算法与 C2PL-TM 类似，但是有两点改动：第一，之前只需要发送给中心站点的锁管理程序的消息，现在需要发送给所有参与站点的锁管理程序；第二，数据操作不再由协调事务管理程序传递给数据处理程序，而是由参与站点的锁管理程序进行传递。这意味着协调事务管理程序不再需要等待“锁请求已批准”消息。另外，关于图 5.4 还有一点需要说明：所有的数据处理程序都需要向协调事务管理程序发出“操作结束”消息。另一种方法是让每一个 DP 只向其锁管理程序发送消息，然后锁管理程序负责释放锁资源并通知协调 TM。这里仅介绍第一种方法，因为它使用了一种与之前的严格 2PL 锁管理程序相同的锁管理算法，因此会使针对提交协议的讨论更简单（参见 5.4 节）。由于上述相似性，这里不再具体给出分布式事务管理和锁管理算法。分布式 2PL 算法已在 R*和 NonStop SQL 数据库中得到使用。

5.2.1.3 分布式死锁管理

基于加锁的并发控制算法可能会导致死锁；在分布式 DBMS 的情况下，由于在不同站点执行的事务存在相互等待的可能性，因此可能会产生分布式（或是全局）的死锁。死锁的检测与解决是分布式环境中管理死锁最常见的方法。等待图（wait-for graph，WFG）可用于检测死锁。WFG 是一个有向图：节点表示活跃的事务，从 T_i 指向 T_j 的边表示 T_i 正在等待 T_j 释放某个数据项上的锁。分布式环境下的 WFG 的形式会更复杂，因为事务是分布式执行的。因此，在分布式系统中，仅在每个站点上维护一个局部等待图（local wait-for graph，LWFG）是不够的，还需要将所有的局部等待图合并，形成一个全局等待图（global wait-for graph, GWFG），并检查图中是否存在环路。

【例 5.2】考虑 4 个事务 T_1、T_2、T_3、T_4，它们之间的等待关系表示为：$T_1 \rightarrow T_2 \rightarrow T_3 \rightarrow T_4 \rightarrow T_1$。如果 T_1 和 T_2 在站点 1 上运行，T_3 和 T_4 在站点 2 上运行，则这两个站点的 LWFG 如图 5.5(a) 所示。请注意，由于死锁是全局的，仅检查两个 LWFG 是不可能检测到死锁的。但如果我们检查 GWFG（站点之间的等待关系用虚线表示），则可以很容易地检测到死锁，如图 5.5(b) 所示。

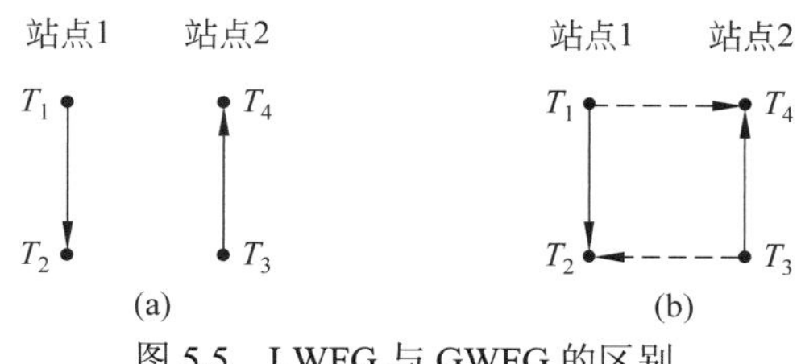

图 5.5 LWFG 与 GWFG 的区别

各种算法在管理 GWFG 的方式上有所不同。目前三种检测分布式死锁的基础算法是集中式、分布式以及层次式死锁检测。下面介绍这三种算法。

1. 集中式死锁检测

在集中式死锁检测方法中，某个站点被选择为整个系统的死锁检测程序。每个锁管理程序定期将其 LWFG 传送给死锁检测程序，然后由后者形成 GWFG 并检查是否存在环路。实际上，锁管理程序只需将其图中变化的部分（即新建或删除的边）发送给死锁检测程序。发送的时间间隔是由系统设计决定的：间隔越小，未被检测到的死锁就会变少，延迟也就越小，但死锁检测和通讯的开销也会越高。

集中式死锁检测很简单，如果并发控制算法是集中式 2PL，这将是一个非常自然的选择。不过，这类方法容易出现故障以及存在较高通信开销。

2. 层次式死锁检测

集中式死锁检测的一个改进是建立死锁检测程序的层次结构，如图 5.6 所示。具体来说，每个站点使用 LWFG 检测局部死锁，进而将其 LWFG 传递给上级死锁检测程序。于是，涉及两个或多个站点的分布式死锁就可以由这些站点的直接上级死锁检测程序检测到。例如，站点 1 的死锁将由站点 1 上的局部死锁检测程序（记为 DD_{21}，第一个数字 2 代表第 2 层，第二个数字 1 代表站点 1）检测出来。如果死锁涉及站点 1 和 2，则会由 DD_{11} 负责检测。如果死锁涉及站点 1 和 4，则会由 DD_{0x} 来检测，其中 x 的值可以是 1、2、3 或 4。

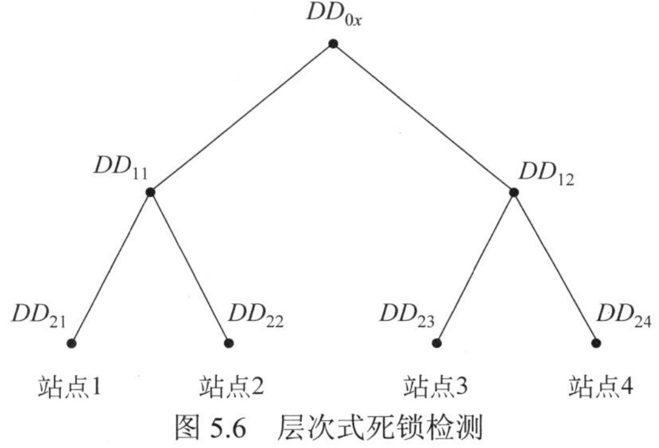

图 5.6 层次式死锁检测

层次式死锁检测方法减少了对中心站点的依赖，从而降低了通信代价。不过，它的实现显然要更加复杂，而且也要对锁管理程序和事务管理程序做重大修改。

3. 分布式死锁检测

分布式死锁检测算法将检测死锁的责任交给各个站点。因此，就像在层次式死锁检测中一样，每个站点都有一个局部死锁检测器，它们会互相传递各自的 LWFG（实际上只会传输引发死锁的环路）。在众多的分布式死锁检测算法中，在 System R*中实现的算法更为知名也被更多人引用。下面简要介绍一下这个方法。

每个站点的 LWFG 按照如下方式建立并修改：

（1）每个站点都从其他站点接收到可能会造成死锁的环路，并将这些边添加到 LWFG 中。

（2）LWFG 中表示局部事务正在等待其他站点事务的边，与 LWFG 中表示远程事务正在等待局部事务的边，应该合并到一起。

【例 5.3】 考虑图 5.5 所示的例子，两个站点的修改后的 LWFG 如图 5.7 所示。

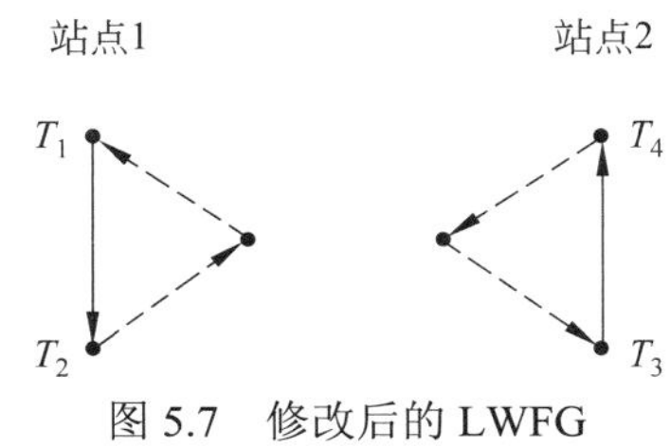

图 5.7　修改后的 LWFG

局部死锁检测程序会检测两点：第一，如果存在不包含外部边的环路，则存在可以在本地处理的局部死锁；第二，如果存在包含外部边的环路，则存在潜在的分布式死锁，并且需要将环路信息传递给其他死锁检测程序。在例 5.3 所示的情况下，两个站点都可以检测出这种分布式死锁。

接下来的问题是，死锁检测程序应该向谁来传输这一信息。显然，它可以将信息传输系统中所有的死锁检测程序——在没有更多信息的情况下，这是唯一的选择，但它会产生高开销。但是，如果知道事务在死锁环路中的前后位置，死锁环路的信息就可以沿着环路中的站点向前或向后传输。接收到信息的站点会按照之前讲解的方法修改其 LWFG，并检测死锁。显然，在死锁环路中沿着向前和向后两个方向传输死锁环路信息是没有必要的。在例 5.3 这样的情况下，站点 1 会从前后两个方向将环路信息传输给站点 2。

分布式死锁检测算法需要对每个站点的锁管理程序进行统一修改——这种统一性会使锁管理程序更易于实现。不过，存在过度消息传输的可能性。例如，这种现象会出现在例 5.3 所示的情况下：站点 1 将潜在的死锁信息发送到站点 2，站点 2 也将其信息发送到站点 1，这样，两个站点的死锁检测程序都会检测出死锁。这除了会造成不必要的信息传输外，还会造成一个问题，即每个站点有可能会选择取消不同的事务。为了解决这一问题，Obermack 算法使用事务时间戳（一个单调递增的计数器，详见下节），并考虑如下的规则。记某个站点的 LWFG 中有可能引起分布式死锁的路径为 $T_i \rightarrow \cdots \rightarrow T_j$。局部死锁检测程序仅当 T_i 的时间戳小于的 T_j 时间戳时，才会将环路信息发送出去。这种方式会将平均的消息传输数量减少一半。例如，在例 5.3 中，站点 1 具有路径 $T_1 \rightarrow T_2 \rightarrow T_3$，而站点 2 具有路径 $T_3 \rightarrow T_4 \rightarrow T_1$。

因此，如果事务的下标表示其时间戳，那么只有站点 1 会向站点 2 发送消息。

5.2.2 基于时间戳的并发控制算法

基于时间戳的并发控制算法会提前选择一个串行化顺序，再依据这个顺序来执行事务。为了建立这样的排序，事务管理程序会在每一个事务 T_i 初始化时为其分配一个唯一的时间戳（timestamp），记为 $ts(T_i)$。

为分布式 DBMS 分配时间戳值得特别关注：因为时间戳分配在多个站点上，因此如何保证时间戳的唯一性和单调性并不容易。一种方法是使用全局（即整个系统层面）的单调递增的计数器。不过，在分布式系统中维护全局的计数器十分困难。因此，一个更合适的方法是让每一个站点依据自身的局部计数器自主地分配时间戳。为了保持唯一性，每一个站点都将自己的标识附加到计数器值的后面，因此时间戳是形式为〈局部计数器值，站点标识〉的二元组。请注意，站点标识附加在较为次要的位置，因此仅当两个事务被分配了相同的局部计数器值时，才会考虑站点标识。如果每个站点的系统都可以访问各自的系统时钟，那么最好使用系统时钟的值来代替计数器的值。

从架构的角度来讲（如图 5.2），事务管理程序负责为每一个新的事务分配时间戳，并将这个时间戳附加到该事务的每个数据库操作上，然后将其传递给调度程序。然后，调度程序负责是记录读和写的时间戳，以及执行可串行化检查。

5.2.2.1 基本 TO 算法

在基本 TO 算法中，协调 TM 为每个事务 T_i 分配时间戳 $ts(T_i)$，为每个数据项确定存储站点，并将相关数据库操作发送到这些站点上。基本 TO 算法是下面的 TO 规则的直接实现。

TO 规则：给定来自事务 T_i 和 T_k 中的两个相互冲突的操作 O_{ij} 和 O_{kl}，当且仅当 $ts(T_i)<ts(T_k)$时，O_{ij} 在 O_{kl} 之前执行。在这种情况下，T_i 被称为较旧的（older）事务，而 T_k 被称为较新的（younger）事务。

使用 TO 规则的调度程序会将每一个操作与已经调度过的冲突的操作进行比较。如果新的操作属于一个较新的事务，则接受该操作；否则就拒绝它，然后将相应的事务赋予新的时间戳并重新启动。

为了便于检查 TO 规则，每个数据项 x 都被赋予了两个时间戳：读时间戳（read timestamp），记为 $rts(x)$，表示读取 x 的所有事务的时间戳的最大值；写时间戳（write timestamp），记为 $wts(x)$，表示写入（更新）x 的所有事务的时间戳的最大值。这样，当一个操作需要访问某个数据项的时候，调度程序就可以根据读时间戳和写时间戳来判断是否有时间戳更大的事务已经访问了该数据项。

算法 5.4 描述了基本 TO 事务管理算法（BTO-TM）。在这个算法中，每个站点上的历史都简单地执行 TO 规则。算法 5.5 给出了调度程序的算法。在这个算法中，数据库管理程序与算法 5.3 中所描述的相同。这些算法均使用了与集中式 2PL 算法相同的假设条件和数据结构。

算法 5.4 基本 TO 事务管理算法（BTO-TM）

```
Input: msg: a message
begin
    repeat
        wait for a msg
        switch msg type do
            case transaction operation do              {operation from application program }
                let op be the operation
                switch op.Type do
                    case BT do
                        S ←∅;                          {S: set of sites where transaction executes }
                        assign a timestamp to transaction—call it ts(T)
                        DP(op)                         {call DP with operation}
                    end case
                    case R, W do
                        find site that stores the requested data item (say S_i)
                        BTO-SC_{S_i}(op, ts(T));       {send op and ts to SC at S_i}
                        S ← S ∪ S_i                    {build list of sites where transaction runs}
                    end case
                    case A, C do                       {send op to DPs that execute transaction }
                        DP_S(op)
                    end case
                end switch
            end case
            case SC response do                        {operation must have been rejected by a SC}
                op.Type ← A;                           {prepare an abort message}
                BTO-SC_S(op, −);                       {ask other participating SCs}
                restart transaction with a new timestamp
            end case
            case DP response do                        {operation completed message}
                switch transaction operation type do
                    let op be the operation
                    case R do returnop.val to the application
                    case W do inform application of completion of the write
                    case C do
                        if commit msg has been received from all participants then
                            inform application of successful completion of transaction
                        else                           {wait until commit messages come from all}
                            record the arrival of the commit message
                        end if
                    end case
                    case A do
                        inform application of completion of the abort
                        BTO-SC(op)                     {need to reset read and write ts}
                    end case
                end switch
```

```
            end case
        end switch
    until forever
end
```

当一个操作被调度程序拒绝时，相应的事务会就事务管理程序重启并被分配一个新的时间戳。这保证了事务可以有重试的机会。由于事务在拥有对数据项的访问权时不会等待，因此基本 TO 算法不会造成死锁。然而，无死锁的代价是可能多次重启事务。下一节将会讨论一个基本 TO 算法的改进算法，该算法可以减少重启次数。

另一个需要考虑的细节与调度程序和数据处理程序之间的通信有关。当一个已接受的操作被传递给数据处理程序的时候，调度程序需要避免向数据处理程序发送另一个冲突但可接受的操作，直到第一个被处理和确认。这样做的目的是确保数据处理程序按照调度程序传递操作的顺序来执行这些操作。否则，被访问数据项的读和写时间戳将会不准确。

【例 5.4】 假设 TO 调度程序先后接收到了 $W_i(x)$和 $W_j(x)$，它们的时间戳满足 $ts(T_i)<ts(T_j)$。调度程序会接受这两个操作，并将它们传递给数据处理程序。这两个操作的结果是 $wts(x) = ts(T_j)$，并且可以预期 $W_j(x)$的结果会体现在数据库中。但是，如果数据处理程序不按照时间戳顺序执行这两个操作，数据库就会产生错误的结果。

调度程序可以通过为每个数据项维护一个队列来实现这种排序。如果数据处理程序尚未对作用于同一个数据项的前一个操作发出确认，当前的操作就需要推迟，这可以通过这个队列来实现。这个细节没有在算法 5.5 中给出。

算法 5.5　基本 TO 调度程序算法（BTO-SC）

```
Input: op:Op; ts(T):Timestamp
begin
    retrieve rts(op.arg) and wts(arg)
    save rts(op.arg) and wts(arg) ;        {might be needed if aborted }
    switch op.arg do
        case R do
            if ts(T) > wts(op.arg) then
                DP(op);                     {operation can be executed; send it to DP}
                rts(op.arg) ← ts(T)
            else
                send "Reject transaction" message to coordinating TM
            end if
        end case
        case W do                           {database WRITE of val into data item arg}
            if ts(T) > rts(op.arg) and ts(T) > wts(op.arg) then
                DP(op);                     {operation can be executed; send it to DP}
                rts(op.arg) ← ts(T)
                wts(op.arg) ← ts(T)
            else
                send "Reject transaction" message to coordinating TM
            end if
        end case
```

```
        case A do
            forall op.arg  that has been accessed by transaction do
                reset rts(op.arg) and wts(op.arg) to their initial values
            end forall
        end case
    end switch
end
```

上述这种复杂过程不会出现在基于 2PL 的算法中，因为锁管理程序仅在操作执行后才会将锁解除，从而有效地保证操作的顺序。从某种意义上来讲，TO 调度程序使用的队列起到的就是锁的作用，但这并不意味着 TO 调度程序和 2PL 调度程序生成的历史总是等价的——有些可以由 TO 调度程序生成的历史可能不符合 2PL 历史的要求。

请记住，在严格 2PL 算法的情况下，锁的释放会被推迟到事务的提交或取消之后。我们可以按照类似的方式来设计严格 TO 算法。例如，如果$W_i(x)$已被接受并被传递给了数据处理程序，那么调度程序会推迟所有$R_j(x)$和$W_j(x)$操作（针对所有的T_j），直到T_i终结（提交或取消）。

5.2.2.2 保守 TO 算法

上一节已经指出，基本 TO 算法不会导致操作等待，而是重启它们。我们还指出，尽管这种做法胜在避免死锁，但它也有一个劣势，即多次重启会对性能造成不利影响。对此，保守 TO 算法试图通过减少事务重启的次数来降低系统开销。

本节首先介绍一种用于降低重启概率的常用方法。请记住，如果较新的事务已被调度或已执行，那么与之冲突的事务会被 TO 调度程序重启。例如，如果一个站点相对于其他站点的活跃度较低并且相隔很长时间才产生事务，则这种情况就会频繁出现。在这种情况下，该站点的时间戳计数器会比其他站点的要小得多。因此，如果这个站点的事务管理程序收到了一个事务，那么它发送给其他站点的历史的操作就几乎全都会被拒绝，从而导致该事务的重启。更严重的是，该事务会不断重启，直到该站点的时间戳计数器值达到与其他站点的计数器相同的水平。

上述场景表明，保持计数器在站点间的同步是非常有必要的。然而，完全同步不仅代价高昂——因为每次计数器更改都需要进行消息传输——而且也没有必要。相反，每个事务管理程序可以将其远程操作发送给其他站点的事务管理程序。然后，接收事务管理程序可以将其计数器值与传入操作的计数器值进行比较。如果事务管理程序的计数器值小于传入的计数器，那么它就将自己的计数器调整为比传入的计数器多 1。这样可以确保系统中的任何计数器的值都不会明显落后。当然，如果使用的是系统时钟而不是计数器，那么只要时钟与网络时间协议（Network Time Protocol，NTP），就可以自动实现这种近似同步。

保守 TO 算法执行操作的方式与基本 TO 算法是不同的。基本 TO 算法会尝试在操作被接受后立即执行，因此这种方式属于“激进式的（aggressive）”或“渐进式的（progressive）”。与此相对的是，保守 TO 算法会延迟每个操作，直到可以确保没有时间戳更小的操作会到达该调度程序。如果可以保证这个条件，那么调度程序就不会拒绝任何一个操作。不过这种延迟的方式有可能会引入死锁。

保守 TO 中使用的基本技术基于以下思想：将每个事务的操作先进行缓冲，直到所有操作都得到排序。这样，操作就不会被拒绝，它们可以按照排好的序做执行。这里讲解保守 TO 算法的一种实现方法。

假设每个调度程序为系统中的每个事务管理程序维护了一个队列。站点s上的调度程序将从站点t的事务管理程序收到的所有操作存放在队列Q_s^t中。站点s的调度程序为每个站点t建立一个队列。当从某个事务管理程序接收到一个操作时，该调度程序将该操作以时间戳递增的顺序放在相应的队列中。接下来，每个站点中的历史以时间戳递增顺序来执行这些队列中的操作。

这种处理方法会减少重启次数，但不能保证完全避免重启。可以考虑这样一种情况：站点 s 中的针对站点 t 的队列Q_s^t为空。在这种情况下，站点 s 的调度程序会选择时间戳最小的操作，比如$R(x)$，并将它传送给数据处理程序。然而，在这之前，站点 t 可能已向 s 传递了一个带有较小时间戳的操作，比如$W(x)$，不过该操作仍在网络传输中。后面当$W(x)$到达站点 s 时，它将被拒绝，因为违反了 TO 规则：它想要访问一个正被另一个时间戳更大的操作访问的数据项，而且$W(x)$和$R(x)$这两个操作为非相容模式。

我们也可以设计一个极端保守的 TO 算法，即我们规定：仅在队列里至少有 1 个操作时，调度程序才可以选择操作发送给数据处理程序。这样做可以保证调度程序在今后接收到的每一个操作的时间戳都能大于或等于当前队列中的操作的时间戳。当然，如果事务管理程序没有要处理的事务，则需要定期向系统中的其他调度程序发送伪信息（dummy message），以便通知它们后续发送的操作都会具有比伪信息更大的时间戳。

细心的读者会意识到：这种极端保守的 TO 调度程序实际上是在每个站点串行地执行事务——这一限制过于严格了。一种克服这种严格限制的方法是将事务按照它们的读集和写集来分成不同的类别（class）。这样，通过比较事务的读集和写集，我们可以确定某个事务所属的类别。具体来说，可以对保守 TO 算法做如下修改：不需要在每个站点为每个事务管理程序都维护一个队列，而是仅需对每个事务类别来维护一个队列即可。或者，我们也可以标记出每个队列所属的类别。无论是哪种方式，向数据处理程序发送操作的条件都会改变：不再需要等到每个队列中都至少有 1 个操作，只需保证每个事务类别对应的队列中有 1 个操作即可。类似这种方法，以及其他一些较弱的条件，都可以减少等待时间，并且都能够满足调度要求。基于上述思想的一种方法已被应用于 SDD-1 原型系统中。

5.2.3　多版本并发控制算法

之前讨论的方法从根本上讲解决的是“就地更新”（in-place update）问题，即当一个数据项的值被更新时，它在数据库中的旧值会被新值替换。另外一个思路是在数据项更新的时候维护值的多个版本，这类算法被称为多版本并发控制（Multiversion Concurrency Control, MVCC）算法，每个事务根据其隔离级别（isolation level）“看到”数据项的某个值。多版本 TO（Multiversion TO）是另一种试图降低事务重启开销的方法，具体的方法是维护数据项的多个版本，并在适当版本的数据项上对操作进行调度。数据库中维护多版本还允许时间旅行查询（Time Travel Query），即可以追踪数据项值随时间的变化。MVCC 存在的一个问题是随着数据项更新而带来的版本数量的激增。因此，为了节省空间，可以不时清理数据库中的一些版本——当分布式 DBMS 确定它将不再接收需要访问某些版本的事务时，这部分数据版本就可以被清理掉了。

尽管其最初想法可以追溯到 1978 年，MVCC 在近些年愈发流行，已在 IBM DB2、Oracle、SQL Server、SAP HANA、BerkeleyDB、PostgreSQL 等许多 DBMS 以及 Spanner 等系统中实现。这些系统可以保证 5.3 节将会介绍的快照隔离（snapshot isolation）级别。

MVCC 技术通常使用时间戳来维护事务的隔离性，尽管也有一些方法在基于加锁的并发控制层之上构建多版本。本节将主要关注基于时间戳且保证可串行化的实现方法。在这种方法中，创建的数据项的每个版本都标有创建它的事务的时间戳，其基本思想在于每个读取操作都能访问到一个适合其时间戳的数据项版本，从而减少事务的中止和重启。这确保了每个事务运行的状态与该事务按照时间戳顺序串行运行时看到的状态是相同的。

版本的存在对于用户来说是透明的，即用户只会针对数据项，而不会针对其任何特定版本发出事务请求。事务管理程序为每个事务分配一个时间戳，该时间戳也被当作是追踪每一个版本的时间戳。所有操作都会由历史按如下方式处理，以保证产生可串行化的历史：

（1）$R_i(x)$会被转化为针对x的某一版本的读取操作。具体的方法是：首先找到x的某个版本（如x_v），要求是其时间戳$ts(x_v)$小于$ts(T_i)$的最大时间戳。然后，$R_i(x_v)$就会被发送到数据处理程序以读取x_v。这种情况如图 5.8(a)所示，它表明R_i可以读到的版本x_v是如果它以时间戳顺序到达会读到的那个版本。

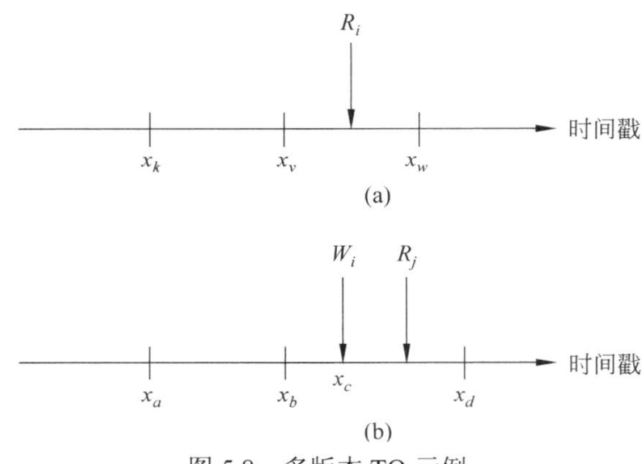

图 5.8　多版本 TO 示例

（2）$W_i(x)$会被转化成一个满足$ts(x_w) = ts(T_i)$的$W_i(x_w)$。同时，$W_i(x)$会被发送给数据处理程序的充分必要条件是没有其他时间戳大于$ts(T_i)$的事务已经读取了x的某个满足$ts(x_r) > ts(x_w)$的版本x_r。换句话说，如果调度程序已经处理了一个$R_j(x_r)$，使得

$$ts(T_i) < ts(x_r) < ts(T_j)$$

那么$W_i(x)$就会被拒绝。这种情况如图 5.8(b)所示，这表明如果W_i被接受，事务管理程序将创建一个R_j应该读取的版本x_c，但由于执行R_j时该版本并不存在，所以它没有被读取。相反，R_j会读到版本x_b，这就会一个产生错误的历史。

5.2.4 乐观并发控制算法

乐观并发控制算法假设事务冲突和数据争用不会太频繁，因此允许事务在没有同步的情况下执行，最后再验证它们的正确性。在最初被提出的时候，乐观并发控制算法可以基

于加锁也可以基于时间戳。本节将描述了一种基于时间戳的分布式乐观算法。

每个事务遵循五个阶段：读取（R）、执行（E）、写入（W）、验证（V）和提交（C）。当然，如果事务未通过验证，则提交将被取消（Abort）。该算法在验证阶段开始时为事务分配时间戳，而不是像（悲观的）TO 算法那样在事务开始时分配。此外，不会给数据项分配时间戳，即不再有读和写时间戳，仅在验证阶段为事务分配时间戳。

每个事务T_i都会被查询发起站点的事务管理程序细分为多个子事务，每个子事务都可以在多个站点执行。我们将 T_i 在站点 s 上执行的子事务记为 T_i^s。在验证阶段开始的时候，会为事务分配时间戳，这也是其子事务的时间戳。T_i^s 的局部验证应遵循下面几个彼此互斥的规则：

规则 1：在每个站点 s 上，如果满足$ts(T_k^s) < ts(T_i^s)$的所有事务 T_k^s 都在事务 T_i^s 的读取阶段之前完成了各自的写入阶段，如图 5.9(a)所示，则验证通过，因为事务的执行符合串行顺序。

规则 2：在每个站点 s 上，如果存在任何事务 T_k^s 使得 $ts(T_k^s) < ts(T_i^s)$，并且 T_k^s 在 T_i^s 的读取阶段完成了其写入阶段，如图 5.9(b)所示。那么如果$WS(T_k^s) \cap RS(T_i^s) = \varnothing$，则验证通过。

规则 3：在每个站点 s 上，如果存在任何事务 T_k^s 使得 $ts(T_k^s) < ts(T_i^s)$，并且 T_k^s 在 T_i^s 完成读取阶段之前完成了 q 其读取阶段，如图 5.9(c)所示。那么如果$WS(T_k^s) \cap RS(T_i^s) = \varnothing$且$WS(T_k^s) \cap WS(T_i^s) = \varnothing$，则验证通过。

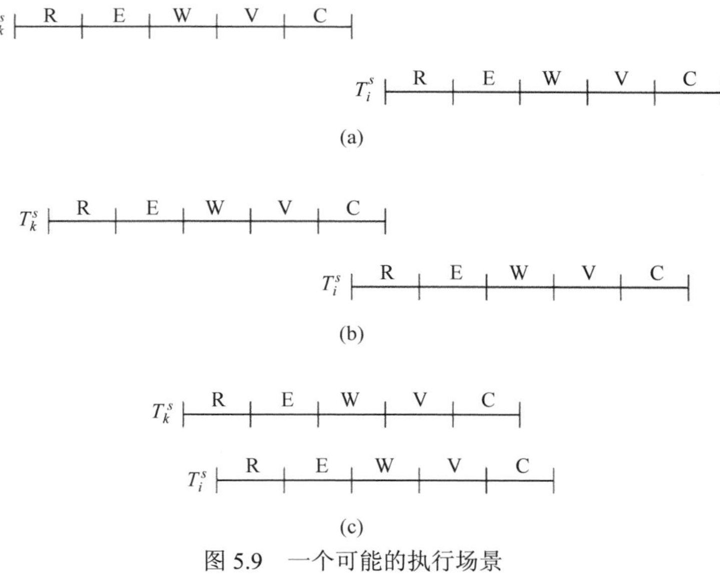

图 5.9　一个可能的执行场景

规则 1 是显而易见的：它表明事务实际上是按照它们的时间戳顺序串行执行的。规则 2 确保 T_k^s 更新的任何数据项都不会被 T_i^s 读取，并且 T_k^s 要在 T_i^s 启动写入阶段之前将更新写入数据库中。规则 3 与规则 2 类似，但它不要求 T_k^s 在 T_i^s 开始写入之前完成写入，只是要求 T_k^s 的更新不影响 T_i^s 的读取或写入阶段。

一旦事务完成了局部验证以确保局部数据库的一致性，就需要开始进行全局验证以确保整个数据库满足相互一致性要求。这是通过每个参与站点都保证上述规则来完成的。

乐观并发控制算法的一个优点是可以允许更高级别的并发性。已经表明，当事务冲突非常罕见时，乐观算法会比基于加锁的算法更高效。乐观算法的一个难题是维护验证所需的信息。为了验证子事务 T_i^s，算法需要维护 T_i^s 到达站点 s 时其他已终结事务的读集和写集。

乐观算法的另一个问题是可能出现饥饿（Starvation）现象：如果一个长事务的验证失败，那么它在接下来的验证阶段很可能接连失败。为了解决这一问题，可以设定当失败次数大于一个阈值时，就禁止该事务访问数据库。但这会将并发级别降至只能同时处理单一事务。因此，一组事务在什么情况下会导致不可忍受的重启问题，是一个仍有待研究的问题。

5.3 基于快照隔离的分布式并发控制算法

到目前为止，我们介绍的算法都是为了保证可串行性。尽管可串行性是针对并发事务执行研究和讨论最多的正确性准则，但就某些应用场景而言，它可能被认为过于严格，因为它不允许一些或许可以接受的历史。特别是，可串行化会造成某种瓶颈，影响分布式数据库的可扩展性。主要原因是可串行性会在大量读查询与更新冲突的时候非常严格地限制事务的并发性。这促使人们研发了快照隔离（Snapshot Isolation，SI）。SI 已广泛应用于商业系统，许多现代系统，如 Google Spanner 和 LeanXcale，都基于 SI 已成功地提高了系统的可扩展性，相关方法将在 5.5 节中讨论。快照隔离提供的隔离级别是可重复读，但不保证可串行化。每个事务在启动时会“看到”一个数据库的一致快照，其读写操作都会在这个快照上执行。因此，该事务的写操作对其他事务不可见；而且一旦开始执行，它也看不到其他事务的写操作。

快照隔离是一种多版本并发控制方法，允许事务读取适当的快照（即版本）。基于 SI 的并发控制算法的一个重要优点是只读事务可以在没有明显同步开销的情况下得以处理。对于更新事务，并发控制算法（在集中式系统中）可以描述如下：

S1：事务 T_i 在开始时会获得一个**开始时间戳** $ts_b(T_i)$。

S2：事务 T_i 在准备提交时会获得一个**提交时间戳** $ts_c(T_i)$，该时间戳满足大于任何现有的时间戳ts_b或ts_c。

S3：如果没有其他事务 T_j 使得 $ts_c(T_j)\in[ts_b(T_i),ts_c(T_i)]$，即自 T_i 开始以来没有其他事务提交，则 T_i 可以提交；否则 T_i 将被取消。这被称为“首次提交获胜”（first committer wins）规则，该规则可以防止更新的丢失。

S4：当 T_i 提交时，它的更改会对所有满足 $ts_b(T_k)>ts_c(T_i)$的事务 T_k 有效。

如果采用 SI 作为分布式并发控制的正确性准则，需要解决的一个问题是如何计算事务T_i应该运行在哪个一致快照（即版本）上。对此，如果预先知道事务的读集和写集，则可以通过收集参与站点信息来集中地计算快照，即在协调 TM 处。由于这当然是不现实的，我们需要一个类似于之前讨论的全局可串行化那样的全局 SI 保证，即

（1）每个局部历史都满足 SI；

（2）全局历史也满足 SI，即事务在所有站点上提交的顺序是相同的。

下面指出保证全局 SI 需要满足的条件。首先从定义两个事务的依赖关系开始，这对于我们的讨论很重要，因为事务T_i读取的快照应该只包含它所依赖的事务的更新。具体来说，站点s上的事务T_i（记为T_i^s）依赖另一个事务T_j^s，记为$dependent(T_i^s,T_j^s)$，当且仅当$(RS(T_i^s)\cap WS(T_j^s)\neq\varnothing)\vee(WS(T_i^s)\cap RS(T_j^s)\neq\varnothing)\vee(WS(T_i^s)\cap WS(T_j^s)\neq\varnothing)$。如果有任意参与站点满足这种依赖关系，则$dependent(T_i,T_j)$成立。

下面更为准确地指出满足全局 SI 的条件。以下条件适用于成对事务，但通过传递性也可适用于一组事务。为了让事务T_i看到全局一致的快照，每对事务必须满足以下条件：

C1：如果$dependent(T_i,T_j)\wedge ts_b(T_i^s)<ts_c(T_j^s)$成立，则在任意$T_i$和$T_j$一起执行的站点$t$，$ts_b(T_i^t)<ts_c(T_j^t)$成立。

C2：如果$dependent(T_i,T_j)\wedge ts_c(T_i^s)<ts_b(T_j^s)$成立，则在任意$T_i$和$T_j$一起执行的站点$t$，$ts_c(T_i^t)<ts_b(T_j^t)$成立。

C3：如果$ts_c(T_i^s)<ts_c(T_j^s)$成立，则在任意T_i和T_j一起执行的站点t，$ts_c(T_i^t)<ts_b(T_j^t)$成立。

前两个条件确保$dependent(T_i,T_j)$在所有站点都是成立的，即T_i始终能正确地看到这种跨站点的关系。第三个条件确保事务之间的提交顺序在所有参与站点都是相同的，并防止两个快照包含彼此不兼容的部分提交。

在讨论分布式 SI 并发控制算法之前，我们先明确一下各个站点s维护的信息：

（1）对于任意活跃事务T_i，站点s上所有活跃且已提交的事务可以分为两组：与T_i并发的事务，即满足$ts_b(T_i^s)<ts_c(T_j^s)$的任何事务T_j；串行的事务，即满足$ts_c(T_j^s)<ts_b(T_i^s)$的任何事务T_j。请注意，串行关系与依赖关系是不同的。局部历史可以指定站点s的局部历史中的事务排序，但不会给出任何依赖关系。

（2）一个单调递增的事件时钟。

基本分布式 SI 算法实现了前面的集中式算法的步骤 S3（尽管存在不同的实现方法），即可以验证事务T_i是否可以提交或需要取消。算法的流程如下。

D1：T_i的协调 TM 要求每个参与站点s发送其与T_i并发的事务集合，同时告知自己的事件时钟。

D2：每个站点 s 回应协调 TM，返回与 T_i 并发的局部事务集合。

D3：协调 TM 将所有返回的局部并发事务合并为 T_i 的全局并发事务集合。

D4：协调 TM 将这个并发事务的全局列表发送给所有参与站点。

D5：每个站点 s 检查条件 C1 和 C2 是否成立。具体的方法是：检查全局并发事务列表中是否存在事务 T_j 满足 T_j 出现在局部历史的串行列表（即在站点 s 的局部历史中，T_j 在 T_i 之前执行）并且 T_i 依赖于事务 T_j（即$dependent(T_i^s,T_j^s)$成立）。如果这种情况成立，就应该取消 T_i，因为 T_i 在站点 s 上将看不到一致快照；否则 T_i 在站点 s 得到验证。

D6：每个站点 s 向协调 TM 发送验证通过或失败的消息。如果发送的是验证通过消息，则站点 s 将其事件时钟更新为它自己的事件时钟与它收到的协调 TM 的事件时钟中的最大值，并将新的时钟取值添加到响应消息中。

D7：如果协调 TM 收到的是一条验证失败的消息，则事务 T_i 会被取消，因为至少有一个站点没有看到一致快照。否则，协调 TM 就全局通过对 T_i 的验证，并允许 T_i 提交更新，同时协调 TM 会将自己的事件时钟更新为自身的时钟和从参与站点接收到的事件时钟中的最大值。

D8：协调 TM 通知所有参与站点：T_i已经验证通过并可以提交。协调 TM 还会告知它的新事件时钟，即$ts_c(T_i)$。

D9：收到上述消息后，每个参与者站点s都会将T_i的更新持久化，并且，类似之前讲的那样更新自身的事件时钟。

在该算法中，条件 C1 和 C2 的验证是在步骤 D5 完成的；其他步骤的作用是收集必要的信息和协调验证过程。站点之间的事件时钟同步是为了满足条件 C3——保证存在依赖关系的事务的提交顺序在站点之间是一致的，从而确保全局快照的一致性。

上述算法仅是在分布式 DBMS 中实现 SI 的一种实现方法。该算法可以保证全局 SI，但需要预先计算全局快照，因此给提升可扩展性带来了瓶颈。例如，在步骤 D2 中发送所有并发事务显然无法扩展，因为执行大规模并发事务的系统必须在每次检查时发送这些事务，这将严重限制可扩展性。此外，算法要求所有事务都遵循相同的验证流程。对此，可以设计这样的优化方法：分离出仅访问一个站点数据的单站点事务，这样就不再需要从跨站点执行的全局事务生成全局快照。实现这种优化方法的一种途径是增量地构建事务T_i在跨不同站点访问数据时读取的快照。

5.4 分布式 DBMS 的可靠性

在集中式 DBMS 中，可能会发生三类故障：事务故障（如事务取消）、站点故障（导致内存数据丢失，但不会丢失持久化存储器中的数据）和介质故障（持久化存储器中的部分或全部数据丢失）。在分布式环境中，系统需要考虑第四类故障：通信故障。通信故障有多种类型，最常见的是消息错误、消息顺序错误、消息丢失（或无法送达）以及通信线路故障。前两种错误是计算机网络的责任——本书不做深入探讨——我们希望底层的计算机网络能够确保正确并按顺序地将消息从出发站点传输到目的站点。也就是说，认为每条通信链路都是可靠的 FIFO 通道。

产生丢失或未分发的消息的原因一般是通信线路故障或（目的）站点故障。如果通信线路发生故障，除了在传输过程中丢失消息外，它还可能将网络分为两个或多个不相交的组，这称为网络划分（network partitioning）。如果网络已被划分，那么尽管在每个分区内的站点可以正常运行，但那些访问存储在多个分区中数据的事务时就会出现问题。在分布式系统中，通常不太可能区分目的站点故障和通信线路故障，因为这两种情况都会导致出发站点发送了消息，但在预期时间内得不到回应——这称为超时（timeout）。此时，我们就需要使用可靠性算法进行处理。

通信故障是分布式系统中的一个特有故障。在集中式系统中，系统状态可以被描述为“全有或全无”（all-or-nothing），即系统要么正常运行，要么就不运行。因此，如果故障出现，则整个系统就不能正常运行。然而，这在分布式环境下显然是不成立的。正如我们之前多次指出过的那样，这正是分布式系统可能的优势，却也给事务管理算法的设计带来了困难，因为如果信息未送达，则很难知道究竟是接收站点还是网络出现了故障。

如果消息无法传递，本章假设网络不会做任何补救：网络不会在服务重新建立之后将消息进行缓存，也不会通知发送方进程消息无法传递。简而言之，消息会被简单地丢弃掉。我们做出这种假设是想尽可能地减少对网络的依赖，而将处理这种故障的责任交给分布式 DBMS。因此，分布式 DBMS 负责检测消息是否无法传递，检测机制通常取决于实现分布式 DBMS 的通信系统，本节不做更深入地探讨。就像之前提到的，我们假设消息的发送者会设置一个计时器，并采用超时机制来决定消息是否真的没有成功传递。

分布式可靠性协议旨在维护在多个数据库上执行的分布式事务的原子性和持久性。相关协议解决了 Begin_transaction、Read、Write、Abort、Commit 和 Recover 命令的分布式执行，其中分布式的 Begin_transaction、Read 和 Write 命令由局部恢复管理程序（Local Recovery Managers，LRM）负责，这与在集中式 DBMS 的情况并无二致。在分布式 DBMS 中需要特别注意的是 Commit、Abort 和 Read 命令，根本的困难在于如何确保参与事务执行的所有站点就事务的终结达成相同的决定，即取消或提交。

如果考虑本书采用的架构模型，那么实现分布式可靠性协议就产生许多有趣且困难的问题。在介绍了分布式协议之后，5.4.6 节将讨论这些问题。我们暂时采用一个通用的抽象：假设在事务发起的站点上有一个协调进程，在事务执行的每个站点上都有参与进程。这样，分布式可靠性协议就可以在协调者和参与者之间实现。

分布式数据库系统的可靠性技术包括提交（commit）协议、终结（termination）协议与恢复（recovery）协议。提交协议和恢复协议分别指定如何执行 Commit 和 Recover 命令，而终结协议指定运行站点如何在检测到某个站点出现故障后，终结当前事务。终结和恢复协议是故障恢复问题的两个对立面：给定一个站点故障，终结协议负责解决运行站点应该如何处理故障，而恢复协议负责解决故障站点的进程（协调者或参与者）应该如何在事务重启后恢复数据库的状态。在网络存在划分的情况下，终结协议需要采取必要措施来终结在不同分区执行的活跃事务，而恢复协议则解决如何在重新连结网络分区后重建全局数据库的一致性。

提交协议的首要需求是维护分布式事务的原子性。这意味着，即使分布式事务的执行涉及多个站点，其中一些站点可能在执行中发生故障，事务对分布式数据库的影响也应该是全有或全无（all-or-nothing）的，这称为原子提交（atomic commitment）。同时，我们希望终结协议是非阻塞（non-blocking）的：非阻塞终结协议允许运行站点终结事务，而不用等待故障站点的恢复，这将显著提高事务的响应时间性能。我们还希望分布式恢复协议是独立（independent）的：独立的恢复协议可以对发生事务故障的站点进行恢复，而不用考虑其他站点，因此可以降低恢复过程中的通信开销。注意，独立的恢复协议的存在意味着非阻塞终结协议的存在，但反之则不成立。

5.4.1　两阶段提交协议

两阶段提交（two-phase commit，2PC）是一个非常简单而优雅的协议，可以保证分布式事务的原子性提交。它让所有相关的站点在事务的效果变为永久之前接受提交操作，从而实现了将局部原子提交操作扩展到分布式事务。在这种情况下，站点之间的同步是必要的，原因如下：首先，根据不同的并发控制算法，某些调度程序会在事务提交的时候并未准备好将该事务终止。例如，如果一个事务读取了一个数据项的值，而该值已经被另一个未提交的事务更新过，那么调度程序就不会提交这个事务。当然，严格的并发控制算法会避免级联式取消，并且如果有其他未终结的事务更新了某个数据项的值，那么就不允许当前事务读取这个数据项。这个通常称为可恢复性条件（recoverability condition）。

参与者不同意提交的另一个原因是源于死锁——在死锁发生时，参与者应该取消该事务。注意在这种情况下，应该允许参与者在未得到许可的情况下取消该事务。这种能力是非常重要的，被称为单方面取消（unilateral abort）。单方面取消的另一个原因是下面会探讨的超时。

这里简述不考虑故障情况下的 2PC 协议，通过 2PC 协议的状态转换图（图 5.10）可以更好地进行探讨。在图 5.10 中，圆圈表示状态，边表示状态转换，同心圆表示终结状态。边上标签的含义如下：边上方的标签表示状态转换的原因，即接收到的消息；边下方的标签表示状态转换之后发送的消息。

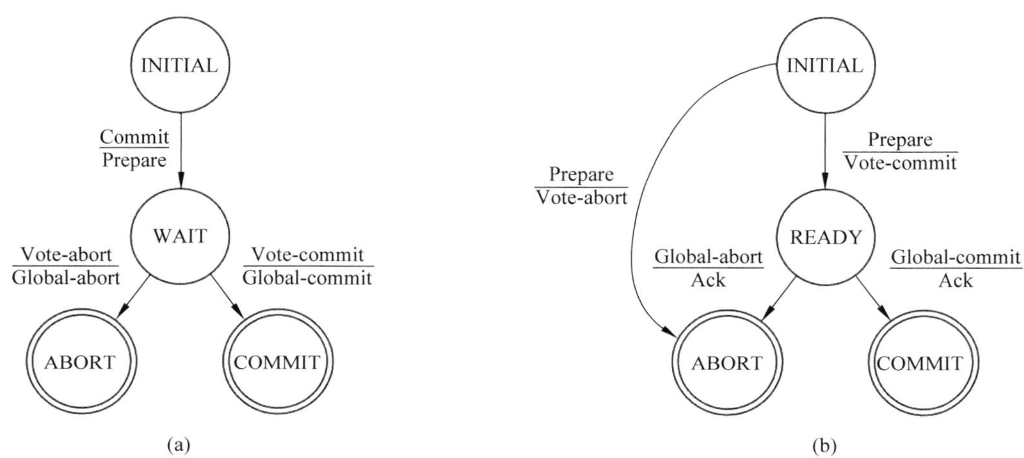

图 5.10　2PC 协议中的状态转换：(a) 协调者状态；(b) 参与者状态

（1）提交开始时，协调者会将一个 begin_commit 记录写到日志中，然后向所有参与站点发送一个“prepare”消息并进入到 WAIT（等待）状态。

（2）参与者收到“prepare”消息后，它会检查是否可以提交事务。如果可以，它就会将一个 ready 记录写到日志中，然向协调者发送一个“vote-commit”消息并进入 READY（就绪）状态；否则，它会将一个 abort 记录写到日志中，然后向协调者发送一个“vote-abort”消息。

（3）如果上述参与者的决策是取消事务，那么它可以不用再管这个事务，因为取消决策是具有否决权的（即单方面取消）。

（4）协调者收到了所有参与者的回复后，就要决定应该提交还是取消事务。如果有任何一个参与者投了否决票，协调者就需要执行全局取消——将一个 abort 记录写到日志中，然后向所有参与者发送“global-abort”消息并进入 ABORT（取消）状态；如果所有参与者都发送了提交消息，协调者就将一个 commit 记录写到日志中，然后向所有参与者发送“global-commit”消息并进入 COMMIT 状态。

（5）参与者的提交或取消决策完全取决于协调者的指示，并要向协调者发送确认消息。在收到确认消息之后，协调者终结这个事务，并将一个 end_of_transaction 记录写到日志中。

请注意这里协调者针对一个事务达成全局终结（global termination）的方法，它需要遵循两个规则，统称为全局提交规则（global commit rule）：

（1）如果任何一个参与者对事务投了“取消”票，那么协调者就需要给出全局取消决策。

（2）如果所有参与者都对事务投了“提交”票，那么协调者就需要给出全局提交决策。

在 2PC 协议中，如果不考虑故障，协调者和参与者之间的操作如图 5.11 所示。这里圆圈代表状态，虚线代表协调者和参与者之间的消息，虚线上的文字标识消息的内容。

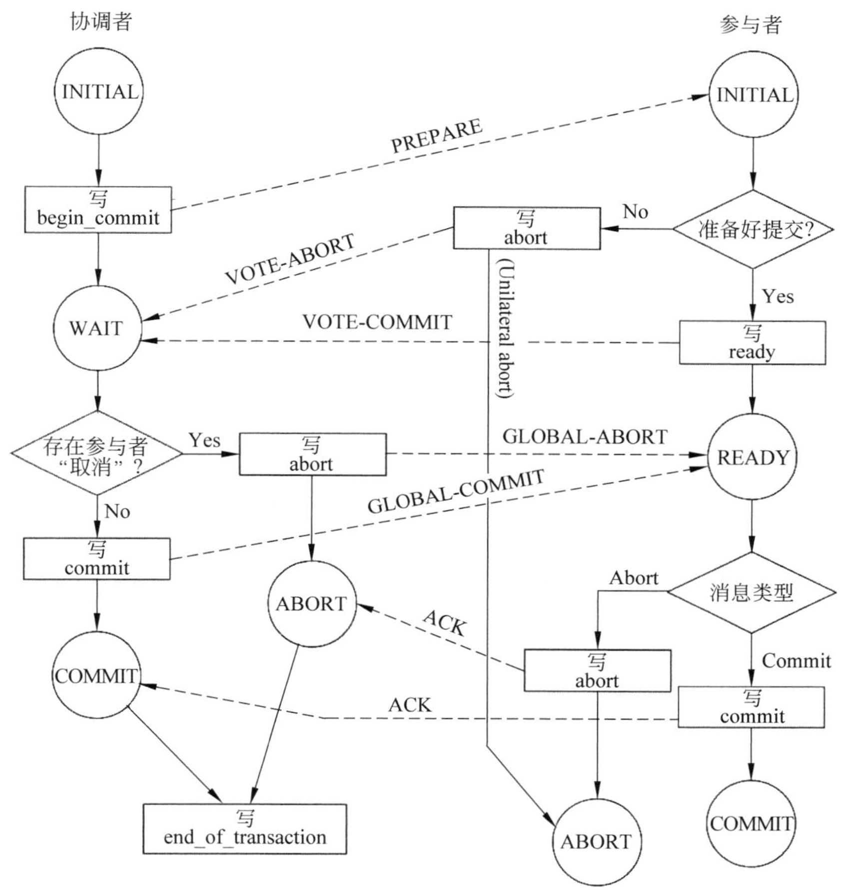

图 5.11　2PC 协议中的操作

关于 2PC，从图 5.11 中还有可以看出一些比较重要的点。首先，2PC 允许参与者在给出赞成的投票之前可以单方面取消一个事务。第二，当一个参与者投票提交或取消一个事务之后，它不能改变它的投票。第三，当一个参与者处于 READY 状态时，依赖于协调者发来的消息的性质，它可以转移到取消事务，或者转移到提交事务。第四，全局终结决策是由协调者依据全局提交规则来做出的。最后，协调者和参与者的进程都会进入某些状态，在这些状态下他们要等待进一步的消息。为了让他们能够从这些状态下走出来并且将事务终结，我们需要使用计时器。每个进程都会在进入某个状态时设置计时器。如果没有在计时器超时之前收到任何期望中的消息，那么就执行超时协议（timeout protocol），我们会在之后讨论超时协议。

我们可以采用不同的方法实现 2PC 协议。图 5.11 中所示的称为集中式 2PC（centralized 2PC），这是由于协议中的通信只是存在于协调者和参与者之间，而不是参与者和参与者之间。本章后续的讨论都将基于这种通信结构，我们将这种通信结构更为清晰地展示在图 5.12 中。

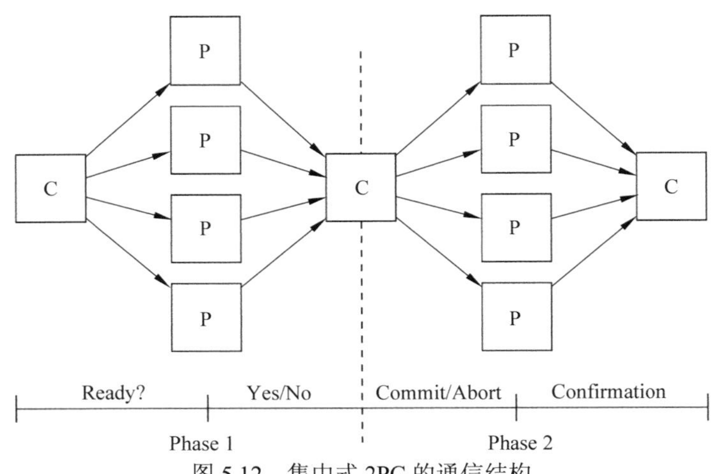

图 5.12　集中式 2PC 的通信结构

另一种实现 2PC 的方法称为线性 2PC（linear 2PC），也被称为嵌套式 2PC（nested 2PC）。这种方法允许参与者互相进行通信。为了通信的目的，系统中的站点之间存在通信顺序。我们假设这些参与者站点执行事务的顺序是 1，…，N，其中第一个是协调者站点，2PC 的第一阶段会按照从 1 到 N 的顺序进行前向通信，第二阶段会按照从 N 到 1 的顺序进行后向通信。这样，2PC 就是按照如下方式进行的。

首先，协调者向 2 号参与者发送“prepare”消息。如果 2 号参与者并没有准备好提交事务，它就向 3 号参与者发送“vote-abort”消息（V-A），然后取消（即 2 号参与者单方面取消）。另一方面，如果 2 号参与者同意提交事务，那么它就向 3 号参与者发送“vote-commit”消息（V-C），然后进入 READY 状态。这一过程一直会持续，直到“vote-commit”消息到达第N号参与者，第一阶段结束。如果N同意提交，那么它就会向第$N-1$号参与者发送“global-commit”消息（G-C），否则就发送“global-abort”消息（G-A）。其他的参与者也都会在进入相应的状态（COMMIT 或 ABORT）后将消息回传给协调者。

线性 2PC 协议的通信结构如图 5.13 所示。这种通讯结构会传递较少的消息，但是不能

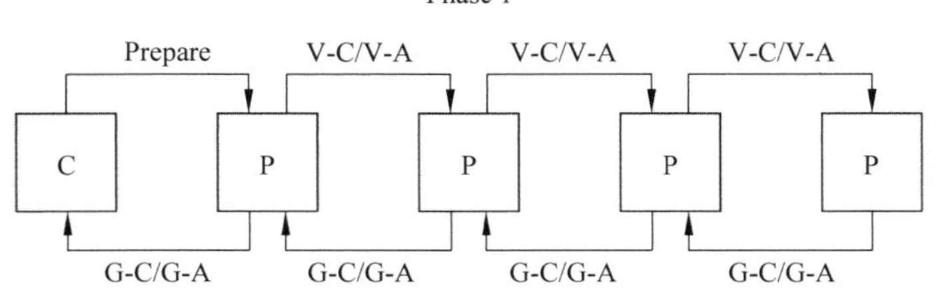

图 5.13　线性 2PC 的通信结构
V-C、V-A、G-C 和 G-A 分别代表 vote-commit、vote-abort、global-commit 和 global-abort

支持并行，因此具有比较低的响应时间性能。

另一种比较流行的 2PC 的通信结构会在第一个阶段让所有的参与者都互相通信，这样它们都可以独立地做出各自的终结决策——这种方式称为分布式 2PC（distributed 2PC）。分布式 2PC 可以省略掉传统 2PC 的第二个阶段，因为各个参与者都可以自己做出决策。分布式 2PC 的运行过程如下。首先，协调者会向所有的参与者发送“prepare”消息。然后，每个参与者都会将自己的决策结果（即“vote-commit”或“vote-abort”消息）发送给其余的参与者（包括协调者）。再然后，每个参与者就会等待从其他参与者发回来的消息，并通过这些消息依据全局提交规则来做出最终的终结决策。显然，2PC 的第二个阶段（即由某个参与者向其余参与者发送全局取消或全局提交消息）在这里是没有必要的，因为每个参与者都会在第一阶段结束的时候做出自己的决策。分布式 2PC 的通信结构如图 5.14 所示。

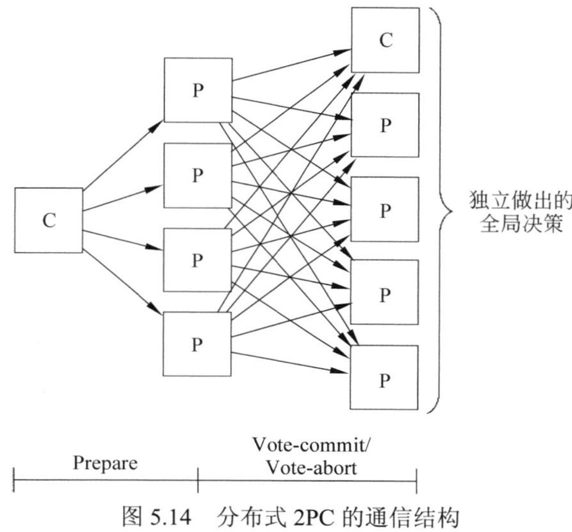

图 5.14　分布式 2PC 的通信结构

不管是在线性还是在分布式 2PC 实现方法中，每个参与者都需要知道下一个参与者的标识（线性 2PC 的情况）或者是所有的参与者的标识（分布式 2PC 的情况）。这个问题可以通过在协调者发送的“prepare”消息时附加一个参与者列表的方式来解决。注意：集中式 2PC 不需要考虑这个问题，因为协调者清楚地知道参与者都有谁。

协调者的 2PC 集中式执行算法见算法 5.6，参与者的算法见算法 5.7。

算法 5.6　2PC 协调者（2PC-C）

```
begin
    repeat
        wait for an event
        switch event do
            case Msg Arrival do
                Let the arrived message be msg
                switch msg  do
                    case Commit do                {commit command from scheduler}
                        write begin_commit record in the log
                        send "Prepared" message to all the involved participants
```

```
                    set timer
                end case
                case Vote-abort do          {one participant has voted to abort; unilateral abort}
                    write abort record in the log
                    send "Global-abort" message to the other involved participants
                    set timer
                end case
                case Vote-commit do
                    update the list of participants who have answered
                    if all the participants have answered then {all must have voted to commit}
                        write commit record in the log
                        send "Global-commit" to all the involved participants
                        set timer
                    end if
                end case
                case Ack do
                    update the list of participants who have acknowledged
                    if all the participants have acknowledged then
                        write end_of_transaction record in the log
                    else
                        send global decision to the unanswering participants
                    end if
                end case
            end switch
        end case
        case Timeout do
            execute the termination protocol
        end case
    end switch
  until forever
end
```

算法 5.7 2PC 参与者（2PC-P）

```
begin
  repeat
    wait for an event
    switch ev do
        case Msg Arrival do
            Let the arrived message be msg
            switch  msg do
                case Prepare do             {Prepare command from the coordinator}
                    if ready to commit then
                        write ready record in the log
                        send "Vote-commit" message to the coordinator
                        set timer
                    end if
                    else                    {unilateral abort}
```

```
                write abort record in the log
                send "Vote-abort" message to the coordinator
                abort the transaction
            end if
        end case
        case Clobal-abort do
            write abort record in the log
            abort the transaction
        end case
        case Clobal-commit do
            write commit record in the log
            commit the transaction
        end case
      end switch
    end case
    case Timeout do
      execute the termination protocol
    end case
  end switch
 until forever
end
```

5.4.2 两阶段提交协议的变型版本

为了提升性能，人们提出了两个 2PC 的变型版本，其基本想法是降低协调者和参与者之间的消息数量和写日志的次数。这两个协议被称为假定取消（presumed abort）和假定提交（presumed commit）。假定取消的优化对象是那些只读事务，以及有部分进程不会做任何更新的更新事务（称为部分只读事务）。假定提交的优化对象是一般的更新事务。下面我们简略介绍这两种变型版本。

5.4.2.1 假定取消 2PC 协议

在假定取消 2PC 协议中，如果一个已经处于 READY 状态的参与者，在任何时候向协调者询问事务的结果，却没有关于该事务的信息，那么该询问的回复一律是将事务取消。这一协议有效的原因在于：在提交的情况下，协调者会得到所有的参与者的确认应答，这就保证了这些参与者在今后不会再对该事务发出询问的请求。

当使用这一技术时，我们可以看到，协调者在做出取消事务的决定后就可以立刻丢弃掉该事务。它可以向日志中写入一个 abort 记录，然后并不再等待其他的参与者对这个 abort 命令进行确认。协调者也无须在写入 abort 记录之后再写入一个 end_of_transaction 记录。

请注意，向日志中写入 abort 记录并不是强制性的，因为如果一个站点在收到最终决策之前发生了故障并开始恢复的情况下，恢复例程会检查日志来确定事务的最终结果。由于 abort 没有强制性地写入日志，恢复例程有可能会找不到关于这个事务的任何信息。在这种情况下，它会向协调者询问这一信息并被告知取消该事务。出于同样的原因，参与者向日志中写入 abort 记录也并不是强制性的。

在事务取消的情况下，由于假定取消 2PC 会减少协调者和参与者之间的消息传递，这将使该协议具有更高的效率。

5.4.2.2 假定提交 2PC 协议

假定提交 2PC 基于这样一个前提：如果不存在关于某个事务的信息，那么就认定该事务已经提交了。假定提交 2PC 不是假定取消 2PC 的对偶协议，因为一个严格的对偶协议会要求协调者在做出提交决策之后立刻丢弃事务的信息，同时并不强制要求向日志中写入 commit 记录（以及参与者的 ready 记录），并且不需要对提交命令进行确认。不过，考虑如下情况：协调者发出“prepare”消息后开始收集信息，但它在收集到所有信息并作出决策之前却发生了故障。此时，参与者需要等待各自的计时器超时，并将该事务交给各自的恢复例程，而恢复例程由于不掌握事务的信息会提交这个事务。然而，协调者在恢复之后会取消这个事务——这就造成了不一致。

假定提交 2PC 协议（presumed commit 2PC）通过以下方法解决这一问题。在协调者发出“prepare”消息之前，协调者会强制地向日志中写入一个 collecting 记录，其中包含了执行事务的所有参与者的名字。随后，参与者进入 COLLECTING 状态，然后发出“prepare”消息并转入 WAIT 状态。参与者在收到“prepare”消息后会自行决定应该如何处理这个事务，然后将 abort 记录或 ready 记录写入日志，并相应地发出“vote-abort”或“vote-commit”消息。当协调者从所有的参与者处接收到决策消息之后，它会决定是应该取消还是应该提交这个事务。如果决定取消，就写入一个 abort 记录，并发出“global-abort”消息；如果决定提交，就写入一个 commit 记录，并发出“global-commit”消息，并且丢弃这个事务的信息。当参与者接收到“global-commit”消息时，它们会写入一个 commit 记录，并更新各自的数据库。如果参与者接收到“global-abort”消息，它们会写入一个 abort 记录并返回确认消息，而协调者在收到取消确认后，写入一个 end_of_transaction 记录并丢弃这个事务的信息。

5.4.3 处理站点故障

本节主要探讨网络中的站点故障，我们的目标是介绍支持非阻塞终结（nonblocking termination）和独立恢复（independent recovery）的协议。尽管之前提到过满足独立恢复的协议也满足非阻塞恢复，我们还是将这两个协议分开讨论。此外，在本节的讨论中，我们只考虑标准 2PC 协议，而不是它的两种变本。

我们首先需要设定，在出现站点故障的情况下，存在非阻塞终结以及独立恢复协议的边界条件。可以证明，当只有一个站点发生故障时，这两种协议是存在的。但是，如果多个站点同时发生了故障，我们就得不到预期的结果了。有研究表明，当多个站点发生故障时，我们是无法设计出非阻塞终结（以及独立恢复）协议的。因此，本节首先为 2PC 算法建立终结和恢复协议，并且说明 2PC 本身就会阻塞的。然后，我们讲解如何在单站点故障的情况下，设计非阻塞的原子提交协议。

5.4.3.1 2PC 的终结和恢复协议

1. 终结协议

终结协议负责处理协调者和参与者进程的计时器超时事件。当目的站点不能在预计时间内从出发站点处获得期望得到的消息时，就会产生一个超时事件。在本节中，我们考虑由出发站点发生故障时而引起的超时事件。

超时事件的处理与发生故障的时机与故障类型都有关系，因此我们需要考虑 2PC 执行过程的各个阶段发生故障时的情况。下面，我们基于 2PC 协议的状态转移图（图 5.10）进行讨论。

2. 协调者超时

协调者超时可能发生在三个状态中：WAIT、COMMIT 和 ABORT。后两个超时事件的处理方法是相同的，因此我们只需考虑以下两种情况：

（1）在 WAIT 状态下的超时。在 WAIT 状态下，协调者等待每个参与者的局部决策。由于全局提交规则并未被满足，协调者是不能单方面进行提交的。不过，协调者可以单方面决定全局取消，这种情况下它会向日志中写入 abort 记录，并向所有参与者发送“global-abort”消息。

（2）在 COMMIT 和 ABORT 状态下的超时。在这种情况下，协调者是不能确定每个参与者的局部恢复管理程序是否已经完成了提交或者取消操作。因此，协调者会向没有返回确认信息的参与者不停地发送“global-commit”或“global-abort”命令，然后等待它们的回复。

3. 参与者超时

参与者超时[①]可能发生在两个状态中：INITIAL 和 READY。我们分别考虑这两种情况：

（1）在 INITIAL 状态下的超时。在这种情况下，必然是协调者在 INITIAL 状态下发生了故障，而参与者会一直等待“prepare”消息。在发生超时事件后，参与者可以单方面取消事务。如果在取消之后参与者才收到“prepare”消息，那么就采用以下两种做法中的一种：要么参与者检查它的日志，寻找 abort 记录，然后回复一个“vote-abort”消息，要么就简单地忽略这个“prepare”消息。在后一种情况下，协调者会在 WAIT 状态下发生超时，相应的处理办法在上面已经讨论过了。

（2）在 READY 状态下的超时。在这种情况下，参与者已经发起了提交的投票，但是并没有得到协调者的全局决策，因此它不能单方面做出决策。由于提交投票的消息已经发出，参与者不能更改它的投票并单方面取消事务。另一方面，参与者也不能单方面提交事务，这是由于有可能会有其他参与者投票取消了该事务。在这种情况下，参与者就会被一直阻塞住，直到它可以从其他地方（协调者或其他参与者）得到最终的决策为止。

在集中式的通信结构下，参与者不能互相通信。此时，如果某个参与者试图终结一个事务，它就必须询问协调者并等待最终的决策。如果协调者出了故障，那么参与者就要一直被阻塞——这是我们不希望看到的。

如果参与者可以互相通信，那么我们就可以设计出一个更加分布式的终结协议。发生了超时的参与者可以简单地向其他参与者发出询问，以便做出决策。假设参与者 P_i 发生了超时，其他的每个参与者（P_j）会依据不同的情况进行响应：

---

① 在一些关于 2PC 协议的讨论中，人们会假设参与者不使用计时器，因而不会有超时的情况发生。不过，让参与者使用超时协议不仅会解决一些棘手的问题，而且还可以提高提交过程的速度。因此，我们考虑这种更一般的情况。

（1）P_j 处于 INITIAL 状态。这意味着 P_j 没有发出投票，甚至没有收到“prepare”消息。它可以单方面取消事务，并且向 P_i 回复一个“vote-abort”消息。

（2）P_j 处于 READY 状态。在这种情况下 P_j 已经发出了提交投票，但是并没有收到全局决策。因此，它并不能帮助 P_i 做出终结决策。

（3）P_j 处于 ABORT 或 COMMIT 状态。在这种情况下，P_j 要么已经单方面取消了事务，要么收到了从协调者发来的全局终结消息。因此 P_j 可以向 P_i 发送“vote-commit”或“vote-abort”消息。

下面，考虑发生超时的参与者（P_i）应该怎样对上述响应进行处理：

（1）P_i 从所有 P_j 处都收到了“vote-abort”消息。这表明其他参与者都没有投票，但它们都已经决定单方面取消事务。这种情况下，P_i 可以取消事务。

（2）P_i 从某些 P_j 处收到了“vote-abort”消息，但是其他参与者都处于 READY 状态。在这种情况下，P_i 依然可以取消事务，这是因为，根据全局提交规则，这种情况下事务不能提交，并且应该最终被取消。

（3）P_i 发现所有的 P_j 都处于 READY 状态。在这种情况下，没有任何一个参与者有足够的信息决定如何终结事务。

（4）P_i 从所有 P_j 处都收到了“global-abort”或“global-commit”的消息。在这种情况下，所有其他参与者都收到了来自协调者的决策信息。因此，P_i 可以根据具体的信息来对事务进行终结处理。注意，不可能出现有些 P_j 发回了“global-abort”而有些 P_j 发回“global-commit”的情况——这不符合 2PC 协议。

（5）P_i 从某些 P_j 处收到了“global-abort”或“global-commit”消息，而另一些 P_j 处于 READY 状态。这表明有些参与者收到了协调者的决策，而有些还未收到。这一情况的处理办法与（4）相同。

上述 5 条可以覆盖终结协议应该处理的所有情况。我们无须考虑诸如某个参与者发出了“vote-abort”消息而另一个参与者却发出了“global-commit”的情况，因为这在 2PC 中是不会出现的。在 2PC 协议的执行过程中，对于每一个进程（协调者或参与者），它与其他进程不同的状态转移的数量不会多于一个。例如，如果一个参与者处于 INITIAL 状态，其他所有参与者只会处于 INITIAL 或 READY 状态，而协调者只会处于 INITIAL 或 WAIT 状态。因此，在 2PC 协议中，所有进程都是“单状态转移中同步”（synchronous within one state transition）的。

注意在情况（3）时，参与者进程由于不能终结事务而一直被阻塞。在某些情况下，这一问题是可以解决的。如果在终结的时候所有的参与者都发现协调者出故障了，那么它们就可以选举出一个新的协调者，从而重启整个提交过程。选举新协调者的方式有很多，我们既可以定义一个所有站点之间的完全顺序，并按照这个顺序进行选择；也可以在所有参与者之间发起一个选举例程。但是如果参与者和协调者都发生了故障，这个方法就会失效。在这种情况下，虽然发生故障的站点有可能已经得到了协调者发送过来的决策信息，并且已经按照这个信息对事务进行了终结，但是其他参与者是不知道这个决策信息的。因此，如果参与者们选举出了一个新的协调者，那么新的协调者做出的决策就有可能和故障站点得到的决策是不同的。显然，为 2PC 设计一个非阻塞的终结协议是不可能的。因此，2PC 协议是一个有阻塞的协议。具体来说，2PC 协议阻塞的原因是：如图 5.10 所示，存在一个状态与 COMMIT 和 ABORT 状态都相邻，当协调者失败时，参与者会一直处于 READY 状态。因此，在协调者恢复之前，无法确定协调者是进入了 ABORT 状态还是 COMMIT 状态。我们后面会讲解的 3PC（三阶段提交）协议可以解决阻塞情况，方法是在 WAIT 和 COMMIT 状态之间添加一个新状态 PRECOMMIT，从而防止了协调者故障出现时的阻塞情况。

由于我们在设计 2PC 算法（算法 5.6 和算法 5.7）时假设采用集中式通信结构，我们会在设计终结协议时也采用这种结构。在讨论超时的那个章节中应该给出的协调者和参与者的具体算法分别参考算法 5.8 和算法 5.9。

算法 5.8　2PC 协调者终结算法

```
begin
    if in WAIT state then                    {coordinator is in ABORT state}
        write abort record in the log
        send "Global-abort" message to all the participants
    else                                     {coordinator is in COMMIT state}
        check for the last log record
        if last log record = abort  then
            send "Global-abort" to all participants that have not responded
        else
            send "Global-commit" to all the participants that have not responded
        end if
    end if
    set timer
end
```

算法 5.9：PC 参与者终结算法

```
begin
    if in INITIAL state then
        write abort record in the log
    else
        send "Vote-commit" message to the coordinator
        reset timer
    end if
end
```

4. 恢复协议

在之前的章节中，我们从操作站点讨论了 2PC 协议是如何处理站点的故障的。在本节中，我们从一个相反的角度，探讨那些在其他站点发生故障并重启之后，协调者和参与者可以用来恢复的协议。我们希望这些协议是独立的。不过一般来说，我们不可能设计一个既能保证独立恢复又能保持分布式事务原子性的协议，考虑到 2PC 的终结协议本质上是阻塞的，这一结论并不奇怪。

在接下来的讨论中，我们再次使用图 5.10 中的状态转移图进行说明，同时做出下面的两个假设：第一，假设在日志中写入一个记录和发送一条消息的组合操作是具有原子性的；第二，状态转移应发生在发送回复消息之后。例如，如果协调者处于 WAIT 状态，那么就意味着它已经将 begin_commit 记录写到了日志中，并且成功发送了“prepare”命令。但这并不意味着“prepare”命令已经传输成功，也就是说，由于通信故障，“prepare”消息有可能从未被参与者收到——我们后面会单独讨论这个问题。第一条关于原子性的假设显然是不现实的，但是它能够简化我们对于基本故障情况的探讨。在本章的最后，我们放松这条假设，介绍如何通过组合一些基本故障来解决其他情况。

5. 协调者站点故障

协调者站点发生故障时，可能出现如下情况。

（1）协调者在 INITIAL 状态下发生了故障。这一情况应该在协调者初始化提交例程之前，因此在恢复时应启动提交进程。

（2）协调者在 WAIT 状态下发生了故障。在这种情况下，协调者已经发出了“prepare”指令。因此，在恢复的时候，协调者会通过重新发送“prepare”消息，从头开始来重启事务提交进程。

（3）协调者在 COMMIT 或 ABORT 状态下发生了故障。这种情况下，协调者已经向参与者们发出了最终的决策，并且已经终结了这个事务。因此，在恢复时，如果协调者已经收到了所有参与者发回来的确认消息，那么就不用做任何事情；否则，就需要执行终结协议。

6. 参与者站点故障

参与者站点发生故障时，会出现如下三种情况。

（1）参与者在 INITIAL 状态下发生了故障。在恢复时，参与者应单方面取消这个事务。这样做的原因在于，对于这个事务来说，此时的协调者应该处于 INITIAL 或 WAIT 状态。如果处于 INITIAL 状态，那么它就发送“prepare”消息，然后转换到 WAIT 状态。由于参与者站点发生了故障，协调者会由于收不到参与者的决策信息而超时。我们已经在之前讨论过了协调者应如何在 WAIT 状态下处理超时（即全局取消这个事务）。

（2）参与者在 READY 状态下发生了故障。在这个情况下，协调者会在参与者发生故障之前接收到后者发来的肯定的决策消息。在恢复的时候，故障站点上的参与者可以将这个看作是处理 READY 状态下的超时问题，并将这个问题转由终结协议来处理。

（3）参与者在 ABORT 或 COMMIT 状态下发生了故障。这两个状态代表事务已经终结，因此参与者在恢复时无须做任何特别的事情。

7. 其他情况

我们现在考虑将日志写入和消息发送的原子性限制进行放松，即假设协调者或参与者在写入日志项之后、发送消息之前可能会发生故障。我们可以参考图 5.11 以便更好地理解下面的谈论：

（1）协调者在写入 begin_commit 记录之后、发送“prepare”消息之前发生了故障。在恢复的时候，协调者可以用在 WAIT 状态下处理故障的方法（上述协调者故障中的第 2 种情况）来处理这一情况，并发送“prepare”命令。

（2）某个参与者在写入 ready 记录之后、发送“vote-commit”消息之前发生了故障。参与者可以按照之前探讨的参与者故障中的第 2 种情况来处理。

（3）某个参与者在写入 abort 记录之后、发送“vote-abort”消息之前发生了故障。这是唯一的一个之前没有讨论的情况。在这种情况下，参与者在恢复的时候并无须做任何特别的事情，协调者会在 WAIT 状态下超时。协调者针对这一状态的终结协议会全局取消这个事务。

（4）协调者在向日志中写入它的最终决策（abort 或 commit）时、并且在发送“global-abort”或“global-commit”之前发生了故障。在这种情况下，协调者可以按照上述协调者故障中的第 3 种情况来处理，参与者按照在 READY 状态下处理超时的情况来处理。

（5）某个参与者在写入 abort 或 commit 记录之后、在发送确认信息之前发生了故障。参与者可以按照它的故障中的第(3)种情况来处理，协调者可以按照在 COMMIT 或 ABORT 状态下处理超时的情况来处理。

5.4.3.2　三阶段提交协议

之前提到，阻塞提交协议是不可取的。因此，如果故障仅限于站点故障，人们设计了非阻塞协议——三阶段提交协议（3PC）。不过，当网络出现故障时，事情会变复杂。

从算法的角度来看，3PC 很有意思，但它在延迟方面会产生很高的通信开销，因为它涉及三轮需要强制写入稳定日志（stable log）的消息。因此，3PC 并没有在实际系统中被采用——甚至连 2PC 也受到了批评，因为 2PC 的两个有顺序的阶段与相应的日志写入带来了较高的延迟。因此，本节仅对 3PC 算法做出概要性地介绍，而不深入讲解算法细节。

我们首先考虑设计一个非阻塞的原子提交协议的充分性和必要性。一个满足“单状态转移中同步”（synchronous within one state transition）的提交协议是非阻塞的，当且仅当它的状态转移图满足如下两个条件：

（1）没有任何一个状态是既和 COMMIT 状态邻接，又和 ABORT 状态相邻的。

（2）不存在与 COMMIT 状态邻接的非可提交状态。

这里，邻接（adjacent）表示可以通过一次状态转移从某个状态变化到另一个状态。

考虑 2PC 协议中的 COMMIT 状态（见图 5.10）。如果任何一个进程已经处于这个状态，那么我们可以知道，所有的站点都已经投票提交了这个事务。这一状态称为可提交（committable）的状态。2PC 中还有一些不可提交（non-committable）的状态。我们感兴趣的是 READY 状态。这个状态是不可提交的，因为存在一个进程处在这个状态并不意味着所有进程都已经投票提交事务。

显然，协调者的 WAIT 状态和参与者的 READY 状态破坏了上述非阻塞条件。因此，我们需要对 2PC 协议进行一个修改，使得它满足非阻塞条件，进而成为一个非阻塞协议。

我们可以在 WAIT（READY）状态和 COMMIT 状态之间再加入一个新的状态，用来表示进程已经准备好提交（假设这是它的最终决策）但还未提交的过渡状态。在这个协议下，协调者和参与者的状态转移图如图 5.15 所示。由于从 INITIAL 状态到 COMMIT 状态有三次状态转移，因此这种协议被称为三阶段提交（three-phase commit protocol，3PC）。协调者和一个参与者之间的执行该协议的过程如图 5.16 所示。注意：除了加入了一个新状态 PRECOMMIT（预提交）之外，图 5.16 和图 5.11 是完全相同的。我们还可以观察到，3PC 也是一个“单状态转移中同步”（synchronous within one state transition）协议。因此，前面针对非阻塞的 2PC 协议给出的条件同样也适用于 3PC。

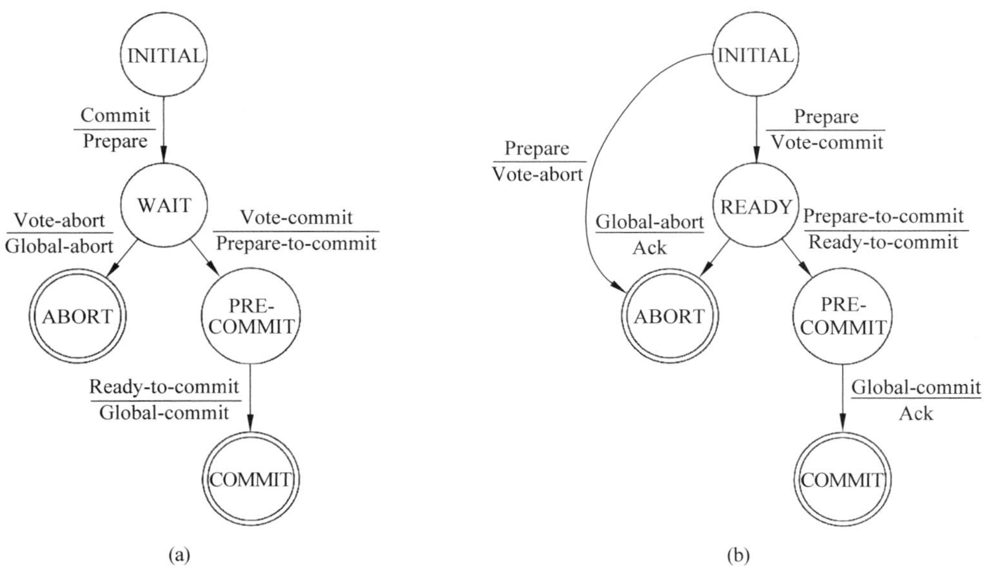

图 5.15 三阶段提交（3PC）协议中的状态转移：(a) 协调者状态；(b) 参与者状态

5.4.4 网络划分

在本节中，我们主要探讨如何通过之前讲解过的原子提交协议来处理网络划分的情况。网络划分是由通信线路故障造成的，它可能会导致不同程度的消息丢失，这具体取决于通信子网的实现方式。网络划分可以分为两类：简单划分（simple partitioning）和多划分。如果网络被简单地分成了两个部分，则该划分是简单划分，否则就属于多划分（multiple partitioning）。

网络划分的终结协议负责处理运行在每个网络划分上的事务的终结问题。假设我们可以设计一个非阻塞的终结协议，那么对于每个事务，在各个分片上的站点都会最终做出与其他分片上的站点一致的终结决策。这就意味着，无论如何划分，每个分片都可以继续执行事务。

然而，我们通常不可能在存在网络分区的情况下找到非阻塞终止协议。之前提到，我们对于通信子网可靠性的期望是非常低的，如果一个消息没有送达，我们就简单地认为它丢失了。在这种情况下，我们可以证明，如果存在网络划分，那么就不存在非阻塞的原子提交协议。这是一个相当负面的结论，因为这同时也意味着：如果存在网络划分，那么我们就不能在任何分片上继续进行正常的操作，即分布式数据库系统的可用性降低了。不过相对好些的消息是：对于简单划分来说，设计一个非阻塞的原子提交协议是有可能的。然而，如果考虑多划分的情况，我们同样无法设计出一个非阻塞的原子提交协议。

本节的余下部分中，我们讨论一些在非复制数据库中解决网络划分问题的协议。在复制数据库的情况下问题会很不一样，我们会在下一章讨论。

当非复制数据库存在网络划分时，主要需要解决如何处理划分时活跃事务的终结问题。任何一个新事务，如果要访问存储在其他分片上的数据项，都需要等待，直到网络得以修复。对于同一分片的数据项的并发访问可以由并发控制算法来处理。因此最重要的问题就

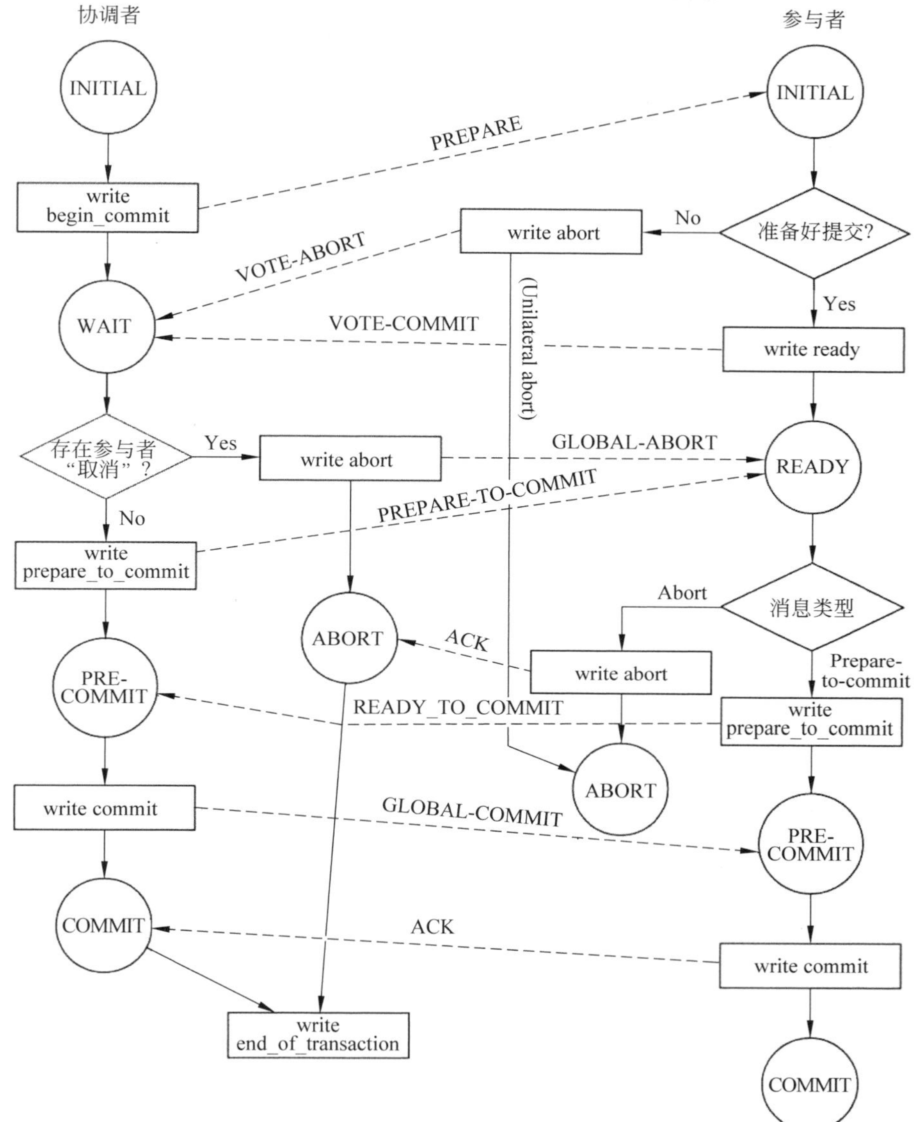

图 5.16　三阶段提交（3PC）协议的操作

是要保证事务可以正常终结。这也就是说，网络划分问题需要由提交协议（具体说来是由终结和恢复协议）来负责处理。

由于不存在一个非阻塞的协议可以保证分布式事务的原子提交，我们需要考虑一个关键的设计方案：要么允许所有的分片继续正常的操作并接受数据库的一致性可能被破坏这一事实，要么允许一个分片上的正常操作而阻塞其他分片来保证数据库的一致性。我们将这两种策略分别称为乐观策略（optimistic）和悲观策略（pessimistic）。悲观策略则强调数据库的一致性，因此在不能保证数据库的一致性的时候不允许事务在相应的分片上继续执行；而乐观策略则强调数据库的可用性，即使这样做可能会造成不一致。

设计决策的第二个维度是与正确性准则有关的。如果使用可串行化作为基本的正确性准则，那么相应的方法就被称为是“语法”（syntactic）方法，因为可串行化理论仅使用语法信息。不过，如果我们使用更加抽象化、与事务的语义相关的正确性指标，那么相应的方法就被称为是“语义”（semantic）方法。

为了与本书使用的正确性准则（可串行化）相一致，我们只考虑语法方法。接下来的两个小节介绍了多种非复制数据库的语法策略。

在处理非重复数据库的网络划分时，所有已知的终结协议都是悲观的。由于悲观方法强调了数据库的一致性，我们需要做的就是确定哪一个分片上的操作可以正常执行。为了解决这个问题，我们考虑下面两个方法。

5.4.4.1 集中式协议

集中式提交协议是以 5.2 节介绍的集中式并发控制算法为基础的。在这种情况下，允许包含中心站点的分片保持运行是合理的，因为中心站点管理着锁的列表。

主站点技术是一种集中式处理的方法，它与每个数据项有关。在这种情况下，不同的查询会对应着多个运行着的分片。对每个给定的查询来说，只有包含该事务的写集（write set）中数据项的主站点的分片才能执行该事务。

上述两种都是简单而有效的方法，但是它们都与具体的并发控制机制有关。不仅如此，它们还都期望每个站点都能够区分出站点故障和网络划分的情况，这种要求是必要的，因为提交协议会根据不同的故障类型做出不同的反应。不过，一般来说这是不可能的。

5.4.4.2 基于投票的协议

投票方法也可以用于管理并发数据访问，人们已经提出了一种直接的多数投票方法，用于处理全复制数据库（fully replicated database）中的并发控制问题，其基本想法是：如果大多数站点都投票执行一个事务，那么这个事务就会被执行。

多数投票的想法可以被一般化为一种基于限额（quorum）的投票方法。基于限额的投票方法可以用作副本控制方法（将在下一章中介绍），也可以用作网络划分时保证事务原子性的提交方法。在非复制数据库的情况下，这个方法需要与提交协议的投票原则相结合。我们按照这个思路来进行介绍。

系统中的每个站点都被赋予了一张选票V_i。我们假设系统中的全部票数为V，取消和提交的限额分别是V_a和V_c。在实现提交协议时必须符合如下规则：

（1）$V_a + V_c > V$，其中 $0 \leqslant V_a, V_c \leqslant V$。

（2）在事务提交之前，必须获得提交限额V_c。

（3）在事务取消之前，必须获得取消限额V_a。

上面的第一条规则保证了事务不会同时取消和提交，后面的两个规则表示事务在用某个方式终结之前，必须要先得到的投票。本章的习题会探讨如何在提交协议中融入基于限额的方法。

5.4.5 Paxos 共识协议

到目前为止，我们已经研究了 2PC 协议，2PC 的目标是确保事务管理程序就分布式事务的解决达成一致。我们发现 2PC 协议在协调者和一个其他参与者出现故障时会出现阻塞的不良特性。3PC 协议可以用来解决阻塞问题，但该协议不仅代价过高，而且无法解决网络划分的情况。为了解决网络划分，我们之前探讨的方法是：首先使用投票来确定“大多数”事务管理程序所在的分片，进而终止该分片中的事务。不过很遗憾的是，上述这些方法对于我们要解决的基本问题，即寻找容错机制以保证事务管理程序就某一事务的命运达成一致（共识）来说，似乎是一些零碎的解决方案。事实证明，在站点之间达成共识是分布式计算中的一个具有一般性的问题，称为分布式共识问题——人们已经提出了许多算法来解决这个问题。本节将讨论 Paxos 系列的算法，并在后面的参考文献说明中给出其他的一些算法。

本节首先在算法最初定义的一般情况下介绍 Paxos，然后探讨如何将 Paxos 应用于事务的提交协议中。在一般情况下，Paxos 算法能够在不同站点之间就某一变量（或决策）的值（value）达成共识。算法最重要的思想是：如果大多数站点同意某个值，则共识即可达成，而无须所有站点都同意。这样，即便是一定数量的站点出现故障，但只要多数站点正常，共识就可以达成。Paxos 算法设计了三种角色：提议者（proposer）负责为针对变量取值提出议案；批准者（acceptor）负责决定是否接受他收到的有关变量值的议案；学习者（learner）负责发现某个达成共识的值，它可以通过询问某个学习者来获得这值（或是通过某个批准者将取值推给该学习者）。请注意，这三种角色可以同处于一个站点中，但每个站点只能有某种角色的一个实例。由于学习者不是太重要，后面的讲解中不对其详细说明。

如果只有一个提议者，Paxos 协议很简单，其操作过程类似于 2PC 协议：在第一轮中，提议者提出变量值的提案，然后批准者发送他们的响应（接受或不接受）。如果提议者从大多数批准者那里获得了接受的响应结果，那么它就会将该提案确定为变量值，并通知批准者将其记录为最终的结果。学习者可以在任何时候询问批准者变量值是什么，从而学习最新的值。

当然，现实并非如此简单，Paxos 协议必须能够处理以下复杂情况：

（1）根据定义，这是一种分布式共识协议，因此多个提议者可以为同一个变量的值提出不同的提案，而批准者需要在多个提案中选择一个。

（2）给定多个提案，可能会出现投票在不同提案上出现分裂的情形，导致没有一个提案获得多数投票。

（3）可能会出现一些批准者在接受一个值后出现故障。此时，如果同样接受了该值的其他批准者不构成多数，则会出现问题。

为了解决第一个问题，Paxos 引入了选票号码（ballot number），这样批准者就可以对不同的提案加以区分，我们后面会详细讨论。第二个问题可以通过运行多轮共识来解决——如果没有提案获得多数，则运行新的一轮，以此不断重复，直到某个值获得多数接受。在某些情况下，这样做会导致多轮迭代，因此降低性能。对此，Paxos 通过一个指定的领导者（leader）来处理：每个提议者都向领导者发送其变量值的提案，领导者为变量选择一个值，并寻求获得多数接受。不过，引入了领导者会降低共识协议的分布式特性。在协议执行的不同轮次中，领导者可以是不同的。第三个问题则更严重。一个简单的方法是类比第二个问题的解决，开始新的一轮共识过程。然而，这个问题的复杂之处在于：一些学习者可能在上一轮中已经从批准者那里学到了它们接受的值，如果在新一轮中选择了不同的值，就会导致不一致出现。针对这一问题，Paxos 再次使用了选票号码加以解决。

下面我们讲解“基本 Paxos”（basic Paxos）的执行步骤，侧重确定单个变量的值（因此下面省略了变量名）。基本 Paxos 还简化了选票号码的设计：选票号码只需对每个提议者来说是唯一且单调的，而无须全局唯一。原因在于：共识达成的条件是多数批准者接受某个变量值的提案，算法不用管这一提案具体是谁提出的。下面给出不考虑故障条件下的基本 Paxos 算法：

S1：一个发起共识的提议者向所有批准者发送一条“prepare”消息，其中包含该提议者的选票编号，记为 [prepare(*bal*)]。

S2：每个接收到 prepare 消息的批准者执行以下操作：

如果该批准者之前没有收到过任何提案，则向日志记录 prepare(*bal*)并响应确认消息 ack(*bal*)；

如果 *bal* 大于该批准者之前从任何提议者那里收到的任何选票号码，则向日志记录 prepare(*bal*)，并用它之前收到的最大提案号的选票号码（记为 *bal′*）和相应的值（记为 *val′*）进行响应确认消息，记为 ack(*bal*, *bal′*, *val′*)；

否则该批准者会忽略准备消息。

S3：当提议者收到来自批准者的确认（ack）消息时，它会记录该消息。

S4：当提议者收到多数批准者的确认（即可以达成共识的人数）时，它会向批准者发送一个 accept(*nbal*, *val*) 消息，其中 *nbal* 是要接受的选票号码，而 *val* 是要接受的值。下面给出 *nbal* 和 *val* 是如何确定的：

如果它收到的所有确认消息都表明之前没有批准者接受过变量值的提案，则将提案val设置为提议者首先想要提议的值，并且设置 *nbal*←*bal*；

否则将 *val* 设置为返回确认消息中 *bal′*最大的 *val′*，并且设置 *nbal*←*bal*（这样每个人都收敛到具有最大选票号码的值上）。

提议者现在将 accept(*bal*, *val*)发送给所有批准者（其中val是提案值）。

S5：每个接受者在收到 accept(*nbal*, *val*)消息后执行以下操作：

如果 *nbal* = ack.*bal*（即收到的选票号码是它之前接受的号码），则记录 accepted(*nbal*, *val*)；

否则，忽略该消息。

关于上述基本 Paxos 协议的几点说明：第一，在步骤 S2 中，如果某个批准者之前接收过的 prepare 消息比它当前接收的 prepare 消息的选票号码大，那么它可以忽略当前 prepare 消息。尽管协议在这种情况下可以正常工作，但提议者稍后可能会继续与该批准者通信（例如，在步骤 S5 中）。为了避免这种现象发生，该批准者可以响应一条否定确认，这样提议者后续不用再考虑这个批准者了。第二，批准者对一条 prepare 消息进行了确认，相当于它也承认相应的提议者是本轮的 Paxos 领导者。因此，从某种意义上说，领导者推选是作为协议的一部分完成的。然而，为了处理前面提到的第二个问题，可以先指定一个领导者，再启动轮次。如果这样实现，领导者可以从多个提案中选择一个进行推进。最后，如果大多数参与者（站点）可用，则协议可以正常执行，因此对于具有N个站点的系统，它可以容忍$\frac{N}{2}-1$个站点同时出现故障。

让我们简要分析一下 Paxos 是如何处理故障的。最简单的情况是一些批准者出现故障，但不影响能够达成共识的数量——此时协议照常进行。如果足够多的批准者出现故障，无法达到可以形成共识的数量，可以在协议中通过运行新的投票（或多次投票）自然地处理。比较难办的是提议者（也是领导者）出现故障。在这种情况下，Paxos 通过某种机制选出新的领导者（文献中有许多针对这一问题的方法），然后新的领导者使用新的选票号码启动新的一轮。

Paxos 具有 2PC 和 3PC 的多轮决策特性，也采用了基于限额算法的多数投票机制——Paxos 将这些策略加以泛化，形成了一个完整连贯的协议，解决了一组分布式进程的共识达成问题。有人指出，2PC 和 3PC（以及其他提交协议）是 Paxos 的特殊情况。这里我们介绍一种使用 Paxos 运行 2PC 以实现非阻塞 2PC 协议的方法（称为 Paxos 2PC）。

在 Paxos 2PC 中，事务管理程序充当了领导者的角色（注意：我们之前称为协调者的东西在这里被称为领导者）。该协议的一个主要特点是：领导者使用 Paxos 协议达成共识并将其决定记录在复制日志中。这一特性很重要，原因在于：第一，协议不需要让所有参与者都活跃并参与决策——多数参与者可以参与决策，但其他参与者可以在恢复时再收敛到已经确定的值。第二，领导者（协调者）故障不再阻塞——如果领导者失败，可以选出新的领导者，并且事务决策状态可以在其他站点的复制日志中获得。

5.4.6　体系架构方面的考虑

在前面的章节中，我们已经在抽象层次上讨论过了原子提交协议。现在，我们来看一下如何在我们的体系架构模型上实现这些协议。这些讨论包含了对并发控制算法和可靠性协议之间的接口的定义。在这种情况下，本节讨论 Commit、Abort 和 Recover 命令的执行。

然而，精确地定义这几个命令的执行是非常困难的，原因有二。第一，如果要正确地实现这些命令，我们需要一个比之前介绍过的体系架构模型更为细致的模型；第二，总体实现方式在很大程度上取决于局部恢复管理程序所使用的具体恢复例程。例如，LRM 的 2PC 协议针对 no-fix/no-flush 的恢复方案与针对 fix/flush 的恢复方案非常不同——类似的例子还有很多。因此，我们将体系架构讨论局限在三个方面：其一，基于“事务管理程序-调度程序-本地恢复管理程序”架构框架的面向提交和副本控制协议的协调者和参与者的实现方法；其二，协调者对数据库日志的访问方法；其三，局部恢复管理程序（local recovery manager，LRM）所需的修改。

在我们的体系架构模型中，一种实现提交协议的方法是：在每个站点的事务管理程序中既执行协调者算法又执行参与者算法，从而带来执行分布式提交操作的某种统一性。不过，这样做会引入参与者的事务管理程序和调度程序之间不必要的通信开销，因为调度程序需要对事务的提交或取消做出决定。鉴于此，更好的实现方法是将协调者实现为事务管理程序的一部分，而将参与者实现为调度程序的一部分。如果调度程序实现了严格并发控制算法（即不允许事务的级联取消），那么它在收到“prepare”消息后即可自动地提交事务。对于这一结论的证明留作习题。不过，即使是这种在数据处理程序之外实现的协调者和参与者算法也依然会出问题。第一个问题是关于数据库日志管理的。之前提过，数据库日志由 LRM 和缓冲区管理程序共同维护，而这里介绍的提交协议也需要事务管理程序和调度程序访问日志。一个可能的解决办法是维护一个提交日志，称为分布式事务日志（distributed transaction log），提供给事务管理程序访问，并和由 LRM 和缓冲区管理程序维护的数据库日志相分开。另一个方法是向数据库日志中写入提交协议的记录，这样做的优势在于：首先只需维护一个日志，因此简化向稳定存储中写入记录的算法。更重要的是，分布式数据库从故障中恢复的过程需要局部恢复管理程序和调度程序（即参与者）的协作。一个单一的数据库日志可以作为一个集中的恢复信息库，同时为局部恢复管理程序和调度程序服务。

在事务管理程序中实现协调者、在调度程序中实现参与者的第二个问题是：这种实现方式必须与并发控制协议相结合。具体来说，这种实现是基于由调度程序来决定是否一个事务可以提交的。对于每个站点都配备了调度程序的分布式并发控制算法来说，这样做没有问题。然而，针对集中式协议（例如集中式 2PL），系统中只有一个调度程序。此时，参与者就应该作为数据处理程序的一部分（更严格地说来，是局部恢复管理程序 LRM 的一部分），并需要修改 LRM 实现算法和 2PC 协议的执行方式。我们将更多的细节留作习题。

如果要将提交协议的记录存储在由 LRM 和缓冲区管理程序（buffer manager）维护的数据库记录中，我们需要对 LRM 算法做一些修改——这是我们需要解决的第三个体系架构方面的问题。具体如何修改取决于 LRM 采用了哪种类型的算法。一般来说，LRM 算法需要修改为可以单独处理“prepare”与“global-commit”（或“global-abort”）命令。进一步来讲，在恢复的时候，我们应该修改 LRM 来读取数据库日志并将每一个状态转移通知调度程序，从而保证之前讨论过的恢复例程使用。接下来我们仔细看一下这一实现方式的细节。

首先，LRM 要确定发生故障的站点包含的是协调者还是参与者，这一信息可以在数据库日志中和 begin_transaction 记录一起存储。接下来，LRM 查找在提交协议执行时的最后一条日志记录。如果它找不到 begin_commit 记录（针对协调者站点）或 abort/commit 记录（针对参与者站点），那么就说明事务并没有开始提交。在这种情况下，LRM 就应该进行恢复例程。不过，如果提交过程已经开始，那么恢复的事情就要交给协调者去做，这时 LRM 将最后一条日志记录发送给调度程序。

5.5 扩展事务管理的现代方法

之前介绍的所有算法都会在事务处理的不同阶段引入性能瓶颈。特别是那些实现了可串行化的算法会严重地限制潜在的并发性，因为大型查询（large queries，即读取大量数据项的查询）和更新事务之间存在冲突。例如，某个分析查询在使用不基于主键的谓词进行全表扫描时，会出现该查询与表上的任何更新操作发生冲突的情况。对此，所有的算法都需要一个集中的处理步骤，从而按照顺序的方式一一提交事务。

这显然就会造成瓶颈，因为系统无法以快过单个节点的速度处理事务。基于加锁的算法需要进行死锁管理，许多算法还需要做死锁检测——正如我们之前讨论过的，这在分布式环境下并非易事。上一节介绍的快照隔离算法使用集中认证的方式，这同样会引入瓶颈。

扩展事务执行，从而在分布式或并行系统中实现高事务吞吐——这一直是人们长期以来感兴趣的话题。近年来，涌现出了一些解决方案，本节讨论两种方法：Google Spanner 和 LeanXcale。这两种方法都以可扩展和可组合的方式实现每一个 ACID 的特性。这两种方法都提出了一种新技术来对事务做串行化，从而支持很高的吞吐（每秒数百万甚至十亿次事务）。这两种方法都提出了一种机制为事务提交加上时间戳，并使用这个提交时间戳来串行化事务。Spanner 使用真实时间作为事务的时间戳，而 LeanXcale 使用逻辑时间。真实时间的优点是不需要任何通信，但需要高精度和高度可靠的授时基础设施，其主要想法是用真实时间作为时间戳，等待一段时间保证时间戳精度，从而使结果对事务可见。

LeanXcale 则采用另一种方法：按照逻辑时间对事务分配时间戳，并且随着串行化顺序中的间隙由新提交的事务填充，已提交的事务依次变为可见。逻辑时间避免了对授时基础设施的依赖。

5.5.1　Spanner 系统

Spanner 使用传统的加锁和两阶段提交（2PC）方法，提供了可串行化（serializability）的隔离级别。Spanner 还实现了多版本控制，用来解决因加锁而出现的大型查询（即之前提过的读取大量数据项的查询）和更新事务之间的高竞争问题。为了避免集中认证产生的瓶颈问题，Spanner 会在事务提交时为更新数据项分配时间戳（使用真实时间）。为此，Spanner 实现了一个名为 TrueTime 的内部服务，该服务提供当前时间以及当前时间的精度。为了使 TrueTime 服务可靠而精确，Spanner 同时使用了原子钟和 GPS，因为它们具有不同的故障模式且可以相互补偿。例如，原子钟可能会存在连续漂移，而 GPS 在某些气象条件下（如天线损坏时等）会丧失精度。通过 TrueTime 获得的当前时间将被用于标记提交事务的时间戳。TrueTime 会返回的时间精度，它的作用是在时间戳分配阶段进行故障补偿：在获取本地时间之后，针对不精确的时间戳可以等待一段时间——通常是 10 毫秒左右。针对死锁处理，Spanner 采用“wound-and-wait”方法（参见附录 C（在线英文版））来避免死锁，因此也就消除因死锁检测而带来的瓶颈问题。

Spanner 利用 Google Bigtable（一种键值数据存储，参见第 11 章）来实现存储管理的可扩展性。

多版本的实现方式如下：数据项的私有版本保存在每个站点，直到提交。提交后，启动 2PC 协议，在此期间缓冲的写入被传播到每个参与者。每个参与者对更新的数据项加锁。获取所有锁后，系统分配一个大于任何之前分配的时间戳，作为提交时间戳。同时，协调器获取写锁。在获取所有写锁并从所有参与者接收到“prepared”消息后，协调器选择一个时间戳，该时间戳满足：①大于当前时间加上一个不精确度，并且②大于本地分配的任何其他时间戳。协调器等待这一分配的时间戳通过（之前提到过出现不精确的真实时间就需要等待），然后将提交的决定返回给客户端。

使用多版本控制，Spanner 还实现了在当前时间读取快照的只读事务。

5.5.2　LeanXcale 系统

LeanXcale 使用了完全不同的方法实现可扩展的事务管理。首先，LeanXcale 使用逻辑时间（logical time）来标记事务的时间戳和设置提交数据的可见性。其次，它提供快照隔离（snapshot isolation）。第三，LeanXcale 中所有设计密集资源使用的功能，如并发控制、写日志、存储和查询处理，都是完全分布式及并行的，不需要任何的协调。

为了支持逻辑时间，LeanXcale 采用了两个服务：提交定序器（commit sequencer）和快照服务器（snapshot server）。前者负责分发提交时间戳，后者负责推进对事务可见的快照，从而调节提交数据的可见性。

LeanXcale 提供快照隔离，因此只需要检测写-写冲突。它实现了一个（可能是分布式的）冲突管理程序（Conflict Manager），其中每个冲突管理程序负责检查数据项的某一子集可能出现的冲突情况。基本的工作原理如下：一个冲突管理程序从 LTM 处获取请求，检查即将要更新的数据项是否与任何并发更新操作存在冲突。如果存在冲突，LTM 就会取消事务，否则 LTM 将能够在不考虑取消事务的情况下继续运行。

LeanXcale 的存储功能由关系键值数据存储系统 KiVi 提供：数据表被水平划分为称为区域（region）的数据单元，其中每个区域都存储在一个 KiVi 服务器上。

当一个 LTM 启动某一事务的提交时，它也负责管理整个提交过程。首先，LTM 从局部范围内获取一个提交时间戳，并使用它为随后记录的事务的写集添加时间戳，进而记录日志。为了提升日志记录的可扩展性，可以使用多个日志程序（logger），其中每个日志程序服务于 LTM 的一个子集。日志程序会在写集持久化后回复 LTM。LeanXcale 在存储层实现多版本控制。与 Spanner 一样，每个站点都存有私有副本。当写集持久化后，更新会传播到相应的 KiVi 服务器，并标记上提交的时间戳。当所有更新都传播完成后，该事务会在开始时间戳正确的情况下（即大于等于提交时间戳）变得可读。然而，此时该事务仍然是不可见的。接下来，LTM 会通知快照服务器该事务是持久且可读的。快照服务器跟踪当前快照，即新事务将使用的开始时间戳。同时，快照服务器还会跟踪持久、可读且提交时间戳高于当前快照的事务。只要当前快照与某一时间戳之间没有间隙，快照服务器就会将快照推进到这一时间戳。至此，提交时间戳低于当前快照的提交数据变得对新事务可见，因为它们将在当前快照处获得开始时间戳。下面通过一个例子来讲解上述工作原理。

【例 5.5】 考虑 5 个并行提交的事务，提交时间戳从 11 到 15，并且假设快照服务器上的当前快照为 10。LTM 向快照服务器报告事务持久且可读的顺序是 11、15、14、12 和 13。当快照服务器收到提交时间戳为 11 的事务通知时，由于没有间隙，它会将快照从 10 推进到 11。然而，对于提交时间戳为 15 的事务，快照服务器无法推进快照——要不然新事务就可能会观察到一个不一致的状态，该状态会错过来自提交时间戳为 12 到 14 的事务的更新。此时，时间戳为 14 的事务就会报告其更新是持久且可读的。同样地，快照无法进行。但现在提交的时间戳为 13 的事务变为持久且可读的，现在快照推进到 15，因为串行化顺序中没有间隙。

请注意：尽管到目前为止该算法提供了快照隔离，但它不提供会话一致性。会话一致性是指同一会话中的事务能够读取之前提交的事务的写入记录。为了提供会话一致性，需要添加一种新的机制。基本上，当一个会话提交一个进行更新的事务时，它会等到快照进度超过更新事务的提交时间戳时才能启动，而且它会从某个特定的快照开始启动，该快照要保证该会话能够观察到自己的写入记录。

5.6 本章小结

本章探讨了分布式事务处理相关的问题。事务是一个原子的执行单位，它将一个一致的数据库转换为另一个一致的数据库。事务的 ACID 属性给出了事务管理的要求。一致性需要定义完整性约束（第 3 章有所探讨），以及设计并发控制算法。并发控制还需要处理隔离问题。分布式 DBMS 的分布式并发控制机制保证了分布式数据库的一致性，因此是分布式 DBMS 的基本组件之一。本章介绍了三类分布式并发控制算法：基于加锁、基于时间戳排序和乐观的并发控制算法。我们注意到基于加锁的算法可能导致分布式（或全局）死锁，并引入了检测和解决死锁的方法。

为了满足事务的持久性（durability）和原子性（atomicity），需要讨论分布式 DBMS 的可靠性。具体来说，持久性是由各种提交协议及提交管理方法支撑的，而原子性需要开发有效的恢复协议。本章介绍了 2PC 和 3PC，这两种提交协议即便是在发生故障的情况下也能保证分布式事务的原子性和持久性。其中，3PC 可以设计为非阻塞的，即每个站点正常进行操作，无须等待故障站点的恢复。分布式提交协议将开销添加到并发控制算法中，它的性能是一个有趣的问题。

在分布式和并行 DBMS 中实现非常高的事务吞吐是一个长期以来备受关注的话题，近年来取得了一些积极的进展。本章分别探讨了来自 Spanner 和 LeanXcale 系统中的方法。

本章中省略了以下问题的探讨：

（1）高级事务模型。本章使用的事务模型通常被称为平面事务，包含一个开始点（Begin_transaction）和一个终止点（End_transaction）。数据库中的大部分事务管理工作都集中在平面事务上。但是，还有更高级的事务模型，如嵌套事务模型。在该模型中，一个事务包含一些具有自身开始和终止点的其他事务，这些嵌在另一个事务中的事务通常称为子事务（subtransaction）。嵌套事务的结构是一棵树，其中最外层事务是根，子事务表示为非根节点。不同类别的嵌套事务有着不同的终止特性。一类称为封闭嵌套事务，通过根以自下而上的方式提交。因此，嵌套子事务在其父事务之后开始并在其完成之前完成，并且子事务的提交取决于父事务的提交。这些事务的语义在最顶层强制执行原子性。另一种方法是开放嵌套，它放宽了封闭嵌套事务的顶级原子性限制。因此，开放的嵌套事务允许在事务之外观察其部分结果。一个开放嵌套事务的例子是 Sagas-and-split 事务。

更高级的事务是工作流（workflow）。不过，“工作流”这一术语并没有明确且达成共识的定义。工作流可以被定义为一组具有偏序关系的任务，这些任务共同执行了一些复杂的过程。

尽管这些高级事务模型的管理也很重要，但这超出了我们的范围，因此本章并没有考虑它们。

（2）关于事务的假设。本章没有区分只读事务与更新事务。我们可以专门设计能够显著提高只读事务性能的方法，或者是考虑只读事务比更新事务多很多的情况——这些问题超出了本书的范围。

我们同样没有区分读锁和写锁。实际上，我们可以进一步区分这两类锁，并设计允许

“锁转换”的并发控制算法：事务可以在特定模式下获得锁，然后在改变其需求时修改它们的锁模式。通常，转换是从读锁到写锁的。

（3）事务执行模型。本章介绍的算法针对计算模型都有一个假设：发起某一事务站点上的事务管理程序负责协调该事务的每个数据库操作的执行——这被称为集中式执行（centralized execution）。除此之外，我们还可以考虑分布式执行（distributed execution）模型，其中事务被分解为一组子事务，每个子事务都被分配到事务管理程序协调其执行的某个站点。从直观上讲，分布式执行更有优势，因为它可以允许跨分布式数据库的多个站点进行负载平衡。然而，一些性能评测表明，分布式执行仅在轻负载的情况下表现更优。

（4）错误类型。本章仅考虑了可以归因于错误的故障。换言之，我们假设系统（硬件和软件）已尽一切努力设计和实现，但由于组件、设计或操作环境中的各种故障，系统无法正常运行。这类故障称为遗漏故障（failures of omission）。还有另一类故障，称为执行故障（failures of commission），即系统由于设计或者实现原因，无法正常工作的故障。这两类故障的区别在于，在 2PC 协议的执行中，例如，如果参与者收到来自协调者的消息，它会认为该消息是正确的，即协调器是正确运行的，并且正在向参与者发送正确的消息以正常处理。参与者唯一需要担心的故障是协调者出现故障或是消息出现丢失——这些都是遗漏（omission）而带来的故障。与此不同的是，如果参与者收到的消息是不可信的，那么参与者还必须解决执行故障。例如，某个参与站点可能会伪装成协调者并可能发送恶意消息——本章没有讨论应对这些类型的故障所必需的可靠性措施。解决执行故障的技术通常称为拜占庭协议。

除了上述问题之外，最近还有大量关于各种环境（如多核、主存系统）中事务管理的工作。本章不讨论这些内容，而将重点放在基础知识上，但会在参考文献说明中给出探讨。

5.7 本章参考文献说明

自从 DBMS 成为一个重要的研究领域以来，事务管理一直是研究的重点。关于事务管理有两本优秀的书籍：【Gray and Reuter 1993】和【Weikum and Vossen 2001】。关注事务管理的经典著作是【Hadzilacos 1988】和【Bernstein 等 1987】。此外还有【Bernstein and Newcomer 1997】对于事务处理原则的深入探讨，该文献还介绍事务处理和事务监视器的视角，比本书提供的以数据库为中心的视角更为通用。一项非常重要的工作是 Gray 1979】对数据库操作系统的一组笔记，这组笔记提供了有关事务管理等方面的宝贵内容。

分布式并发控制在【Bernstein and Goodman 1981】中有详细的介绍——该文献现在已经绝版，但可以在线访问。本章中的很多问题在【Cellary 等 1988】、【Bernstein 等 1987】、【Papadimitriou 1986】和【Gray and Reuter 1993】中都有详细讨论。

下面介绍本章所介绍的一些基础技术的参考文献。集中式 2PL 最早由【Alsberg and Day 1976】提出，分层死锁检测由【Menasce and Muntz 1979】提出，而分布式死锁检测由【Obermack 1982】提出。本章对于保守 TO 算法的内容来自【Herman and Verjus 1979】。最初的多版本 TO 算法由【Reed 1978】提出，并由【Bernstein and Goodman 1983】进一步完成了形式化。【Lomet 等 2012】研究了如何在实现 2PL 的并发层之上实现多版本控制；

【Faleiro and Abadi 2015】研究了如何在实现 TO 的并发层之上也做了同样的事情。还有一些方法将版本控制实现为任何并发控制技术之上的通用框架【Agrawal and Sengupta 1993】。【Bernstein 等 1987】研究了如何实现基于加锁的乐观并发控制算法，而【Thomas 1979】和【Kung and Robinson 1981】研究了基于时间戳的乐观并发控制方法。本章 5.2.4 节的内容出自【Ceri and Owicki 1982】。最初的快照隔离提议是在【Berenson 等 1995】中提出的。本章对快照隔离算法的介绍来自【Chairunnanda 等 2014】。【Binnig 等 2014】研究了我们在 5.2.4 节最后探讨的优化方法。【Mohan and Lindsay 1983】和【Mohan 等 1986】提出了假定取消协议和假定提交协议。站点故障及恢复在【Skeen and Stonebraker 1983】和【Skeen 1981】中有所探讨，后者还提出了 3PC 算法并对算法进行了分析。本章讨论的协调者选择协议出自【Hammer and Shipman 1980】和【Garcia-Molina 1982】。【Davidson 等 1985】对网络划分下的一致性问题做了早期的调研工作。【Thomas 1979】提出了最初的多数投票方法；本章介绍了该方法在不考虑数据复制情况下的版本，这部分内容来自【Skeen 1982a】。5.4.6 节中有关分布式事务日志的想法出自【Bernstein 等 1987】和【Lampson and Sturgis 1976】

本章有关 System R*的事务管理内容来自【Mohan 等 1986】；NonStop SQL（【Tandem 1987，1988】、【Borr 1988】）中提出的。【Bernstein 等 1980b】详细讨论了 SDD-1。在 5.5 节中介绍的 Spanner 和 LeanXcale 系统分别在【Corbett 等 2013】和【Jimenez-Peris andPatiño Martinez 2011】做出了详细介绍。

【Elmagarmid 1992】讨论了高级事务模型并给出了各种示例。嵌套事务模型在【Lynch 等 1993】中给出了介绍。封闭嵌套事务是由【Moss 1985】提出的；开放嵌套事务模型 sagas 是由【Garcia-Molina and Salem 1987】和【Garcia-Molina 等 1990】提出的，split 事务模型由【Pu 1988】提出。嵌套事务模型及该模型特定的并发控制算法一直是一个研究问题，具体结果详见【Moss 1985】、【Lynch 1983b】、【Lynch and Merritt 1986】、【Fekete 等 1987a,b】、【Goldman 1987】、【Beeri 等 1989】、【Fekete 等 1989】和【Lynch 等 1993】。【Georgakopoulos 等 1995】对工作流系统进行了很好的介绍，相关主题也在【Dogac 等 1998】和【van Hee 2002】中有所涉及。

【Lynch 1983a, Garcia-Molina 1983】和【Farrag and Özsu 1989】介绍了使用语义知识进行事务管理的工作。【Garcia-Molina and Wiederhold 1982】讨论了只读事务的处理。事务组【Skarra 等 1986】、【Skarra 1989】还利用了一种称为语义模式（semantic patterns）的正确性标准，它比可串行化更为宽松。此外，ARIES 系统的相关工作【Haderle 等 1992】也属于这类算法。特别是，【Rothermel and Mohan 1989】在嵌套事务的场景下探讨了 ARIES。Epsilon 可串行化（Epsilon serializability）【Ramamritham and Pu 1995】、【Wu 等 1997】和 NT/PV 模型【Kshemkalyani and Singhal 1994】是其他的“宽松”的正确性标准。【Halici and Dogac 1989】讨论了一种基于使用串行号（serialization numbers）对事务进行排序的算法。

【Kumar 1996】和【Thomasian 1996】这两本书研究了并发控制机制的性能，并重点探讨了集中式系统。【Kumar 1996】的重点是研究集中式 DBMS 的性能；分布式并发控制方法的性能在【Thomasian 1996】和【Cellary 等 1988】中有所探讨。【Isloor and Marsland 1980】是一篇对死锁管理的早期但全面的研究。大多数关于分布式死锁管理的工作都是关于死锁检测和死锁消解的（例如参见【Obermack 1982】、【Elmagarmid 等 1988】），相关算法的调研论文包括【Elmagarmid 1986】、【Knapp 1987】和【Singhal 1989】。

近年来，快照隔离（snapshot isolation，SI）受到了极大的关注。尽管 Oracle 在其早期版本中就实现了快照隔离，但这一概念是在【Berenson 等 1995】得到形式化定义的。本章没有对下述研究工作进行介绍，即如果将 SI 作为正确性标准，应该如何获得一个可串行化的执行过程。相关的研究工作修改了并发控制算法，首先检测那些由 SI 引起的导致数据不一致的异常，进而避免这些异常的发生【Cahill 等 2009】、【Alomari 等 2009】、【Revilak 等 2011】、【Alomari 等 2008】，相关技术已经开始整合到系统中，如 PostgreSQL（【Ports and Grittner 2012】）。第一个 SI 并发控制算法是由【Schenkel 等 2000】提出的，其重点是使用 SI 对数据集成系统进行并发控制。本章中的相关讨论基于 ConfluxDB 系统（【Chairunnanda 等 2014】），该方向上的其他工作还包括【Binnig 等 2014】，该工作提出了更为精细的技术。

【Kohler 1981】对分布式数据库系统中的可靠性问题进行了一般性讨论。【Hadzilacos 1988】形式化地定义了可靠性的概念。System R* 的可靠性技术详见【Traiger 等 1982】，SDD-1 系统的可靠性技术详见【Hammer and Shipman 1980】。

有关本地恢复管理器的功能详见【Verhofstadt 1978】、【Härder and Reuter 1983】；System R 中本地恢复功能的实现方法详见【Gray 等 1981】。

两阶段提交协议最早由【Gray 1979】提出，【Mohan and Lindsay 1983】对其进行了修改。三阶段提交的定义出自【Skeen 1981】、【Skeen 1982b】。关于存在非阻塞终止协议的形式化证明来自【Skeen and Stonebraker 1983】。

Paxos 协议最初是由【Lamport 1998】提出的，由于这篇论文较为难懂，出现了一些论文对协议进一步进行描述。【Lamport 2001】给出了一个过于简化的描述，而【Van Renesse and Altinbuken 2015】提供了一个难度较为适中的版本，这是一篇值得研究的好论文。本章简单介绍的 Paxos 2PC 协议是由【Gray and Lamport 2006】提出的。至于如何基于 Paxos 设计系统的探讨，我们推荐【Chandra 等 2007】、【Kirsch and Amir 2008】这两篇文章。Paxos 有许多不同的版本，这里不一一列举，这导致 Paxos 被称为“协议族”（family of protocols），这里不提供对协议的每一个版本的引用。我们还注意到，Paxos 并不是唯一的共识算法；人们已经提出了许多替代方案，特别是随着区块链的流行（参见我们在第 9 章中对区块链的探讨），替代方案层出不穷，这里就不一一引用了。Raft 算法的提出是为了解决复杂性和理解 Paxos 的困难性的，算法最初由【Ongaro and Ousterhout 2014】提出，【Silberschatz 等 2019】的第 23 章对算法有非常好的介绍。

如前所述，本章不讨论拜占庭式故障——Paxos 协议也没有解决这些故障。有关如何处理这类故障，【Castro and Liskov 1999】给出了一个很好的方法。

下面简要给出一些最近的相关工作。【Tu 等 2013】探讨了如何在单个多核机器上扩展事务处理。【Kemper and Neumann 2011】结合 HyPer 内存数据库系统的场景，探讨了 OLAP/OLTP 混合负载下的事务管理问题。类似地，【Larson 等 2011】结合在 Hekaton 系统探讨了相同的问题。我们在第 2 章中介绍的 E-store 系统作为自适应数据划分的一部分，解决了划分的分布式 DBMS 中的事务管理问题。之前提到，E-store 使用了 Squall 方法（【Elmore 等 2015】），在决定数据移动时引入了事务的概念。【Thomson and Abadi 2010】提出了 Calvin，将死锁避免技术与并发控制算法相结合，其生成的历史（histories）可以保证等价于一个复制的分布式 DBMS 中的预设串行顺序。

5.8　本 章 习 题

习题 5.1　下列哪些历史是冲突等价的？

$$H_1 = \{W_2(x), W_1(x), R_3(x), R_1(x), W_2(y), R_3(y), R_3(z), R_2(x)\}$$
$$H_2 = \{R_3(z), R_3(y), W_2(y), R_2(z), W_1(x), R_3(x), W_2(x), R_1(x)\}$$
$$H_3 = \{R_3(z), W_2(x), W_2(y), R_1(x), R_3(x), R_2(z), R_3(y), W_1(x)\}$$
$$H_4 = \{R_2(z), W_2(x), W_2(y), W_1(x), R_1(x), R_3(x), R_3(z), R_3(y)\}$$

习题 5.2　上述 H_1–H_4 的历史记录中，哪些是可以序列化的（serializable）？

习题 5.3　请给出两个完整事务的历史记录，它们是严格 2PL 调度程序不允许的，但是可以被基本 2PL 调度程序接受的。

习题 5.4（*）　如果每当事务 T_i 从历史记录 H 中的事务 T_j 中进行读取（数据项 x）并且 C_i 都在 H 中，而且 $C_j \prec_S C_i$。这时我们定义历史记录 H 是可恢复的（recoverable）。T_i 从 H 中的 T_j “读取 x” 满足：

1. $W_j(x) \prec_H R_i(x)$并且
2. $A_j\ not \prec_H R_i(x)$并且
3. 如果存在一些$W_k(x)$使得$W_j(x) \prec_H W_k(x) \prec_H R_i(x)$，则$A_k \prec_H R_i(x)$

请问以下哪些历史是可恢复的？

$$H_1 = \{W_2(x), W_1(x), R_3(x), R_1(x), C_1, W_2(y), R_3(y), R_3(z), C_3, R_2(x), C_2\}$$
$$H_2 = \{R_3(z), R_3(y), W_2(y), R_2(z), W_1(x), R_3(x), W_2(x), R_1(x), C_1, C_2, C_3\}$$
$$H_3 = \{R_3(z), W_2(x), W_2(y), R_1(x), R_3(x), R_2(z), R_3(y), C_3, W_1(x), C_2, C_1\}$$
$$H_4 = \{R_2(z), W_2(x), W_2(y), C_2, W_1(x), R_1(x), A_1, R_3(x), R_3(z), R_3(y), C_3\}$$

习题 5.5（*）　请给出分布式两阶段锁方法的事务管理器和锁管理器的算法。

习题 5.6（**）　请修改集中式 2PL 算法来解决幻读问题。当在事务中执行两次读取，并且第二次读取返回的结果包含第一次读取结果中不存在的元组时，就会发生幻读。比如说，考虑以下基于本章前面讨论的航空公司预订的数据库示例：事务 T_1 在执行期间搜索 FC 表，来查找已经订购特价餐的客户的姓名。它为满足搜索条件的客户提供一组 CNAME。当 T_1 正在执行时，事务 T_2 将新的元组与特殊餐饮要求一起插入到 FC 中并提交。如果 T_1 在之后的执行中重新发出相同的搜索查询，它将取回一组新的 CNAME，不同于它检索到的原始集合。因此，“幻读”元组就出现在数据库中。

习题 5.7　基于时间戳排序的并发控制算法依赖于每个站点的准确时钟，或所有站点都可以访问的全局时钟（时钟可以是计数器）。假设每个站点都有自己的时钟，每 0.1 秒“滴答”一次。如果所有本地时钟每 24 小时重新同步一次，为了确保基于时间戳的机制能够成功同步事务，每个本地站点允许的每 24 小时最大漂移秒数是多少？

习题 5.8（**）　请将本章中描述的分布式死锁策略添加到习题 5.5 设计的分布式 2PL 算法中。

习题 5.9　对于使用并发控制的乐观时间戳排序的事务管理器，请解释事务管理器存储要求和事务大小（每个事务的操作数）之间的关系。

习题 5.10（*）　给出本章描述的分布式乐观并发控制器的调度程序和事务管理器算法。

习题 5.11　本章 5.6 讨论的计算模型是集中式的。如果要使用分布式执行模型，分布式 2PL 事务管理器和锁管理器算法将如何改变？

习题 5.12　可串行化是一个非常严格的正确性标准。你能举出正确的分布式但不可序列化的历史（这些历史的正确分布式是保持本地数据库的一致性以及它们的相互一致性）的例子吗？

习题 5.13（*）　请使用分布式通信拓扑来讨论 2PC 的站点故障终止协议。

习题 5.14（*）　请使用线性通信拓扑来设计一个 3PC 协议。

习题 5.15（*）　在我们介绍的集中式 3PC 终止协议中，第一步涉及将协调者的状态发送给所有参与者，然后参与者根据协调者的状态移动到新的状态。我们可以设计一种终止协议，使得协调者不向参与者发送自己的状态信息，而是要求参与者将其状态信息发送给协调者。请修改终止协议以这种方式运行。

习题 5.16（*）　在 5.4.6 节中我们说，实现严格并发控制算法的调度程序在收到协调者的“prepare”消息的时候，是始终准备好提交事务的。请证明这个说法。

习题 5.17（**）　我们假设协调者是作为事务管理器的一部分，参与者是作为调度程序的一部分，请给出事务管理器、调度程序和本地恢复管理器算法，使得非复制的分布式 DBMS 满足下列条件：

（a）调度程序实现分布式（严格）两阶段锁定并发控制算法。

（b）当调度程序调用时，提交协议日志记录由 LRM 写入中央数据库日志。

（c）LRM 可以以任何我们讨论过的协议实现（例如，fix/no-flush 或者其他的方式）。然而，它需要修改为能够支持我们在 5.4.6 节中讨论的分布式恢复过程。

习题 5.18（*）　请写出 no-fix/no-flush 本地恢复管理器的详细算法。

习题 5.19（**）　我们假设：

（a）调度程序实现集中的两阶段锁定并发控制，

（b）LRM 执行 no-fix/no-flush 协议。

请给出事务管理器、调度程序和本地恢复管理器的详细算法。

第6章　数据复制

正如前面章节介绍过的，分布式数据库一般都是复制的，复制的原因有很多：

（1）系统的可用性（system availability）。第 1 章介绍过，分布式 DBMS 可以通过数据复制来避免单点故障，从而实现数据的多点访问，因此，当部分站点发生故障时，它依然从其他站点上访问到数据。

（2）性能（performance）。正如我们在之前看到的，通信开销是影响响应时间的主要因素。数据复制能够将数据定位到更靠近其访问点的位置，从而将大部分访问本地化，从而有助于缩短响应时间。

（3）可扩展性（scalability）。随着系统在地理上和站点数量方面的增长（因此带来访问请求数量的增长），数据复制可以让系统适应这种增长，以达到合理的响应时间。

（4）应用需求（application requirements）。最后，数据复制可能是由应用程序决定的，这些应用程序可能希望维护多个数据副本作为其操作规范的一部分。

数据复制尽管有明显的好处，但它给不同副本之间的同步带来了相当大的挑战。关于这些，我们将在之后讨论，这里首先考虑复制数据库上的执行模型。考虑每个被复制的数据项 x 都有一系列的拷贝 $x_1, x_2, \ldots, x_n$，这里称 x 为逻辑数据项（logical data item），它的拷贝，或称副本（replica）[①]，为物理数据项（physical data item）。如果数据复制对上层是透明性的，则用户事务只会对逻辑数据项 x 做读写的操作，而副本控制协议（replica control protocol）会负责将读写操作映射到物理数据项 $x_1, x_2, \ldots, x_n$ 上，此时系统会表现为每个数据项只有一份拷贝——这被称为单系统形象（single system image）或单拷贝等价（one-copy equivalence）。事务管理程序的 Read 和 Write 接口的具体实现会根据不同的复制协议而有所不同，这会在之后的章节进行讨论。

有许多决策和因素会影响复制协议的设计。有些已经在之前的章节中讨论过了，我们再在这里补充如下一些。

- **数据库设计**。正如在第 2 章中讨论过的，分布式数据库可以是完全或部分复制的。在部分复制的数据库中，每个逻辑数据项的物理数据项数量可能不尽相同，甚至有的数据项可能并未被复制。在这种情况下，那些只访问未被复制数据项的事务被称为局部事务（local transaction），这是由于它们可以在一个站点上局部执行（我们不在这里讨论这类事务的具体执行过程）。那些需要访问复制数据项的事务则需要在多个站点上执行，我们称它们为全局事务（global transaction）。
- **数据库的一致性**。当全局事务在不同站点更新数据项的拷贝时，这些拷贝的值在给定时间点可能不同。如果每个数据项的所有副本的值都是相同的，我们就称复制数据库处于相互一致（mutually consistent）状态。不同的相互一致性标准的区别在于

① 在本章中，下列术语的含义是相同的：副本（replica）、拷贝（copy）和物理数据项（physical data item）。

副本之间进行同步的紧密程度。有些条件要求更新事务在提交的时候保持相互一致性，通常被称为强一致性（strong consistency）条件。有些条件则比较宽松，被称为弱一致性（weak consistency）条件。

- **执行更新的位置**。复制协议的一个基本设计决策是首次执行数据库更新的位置。相关的技术分为两类：集中式（centralized），即在主站点（master）上进行首次更新；分布式（distributed），即可以在任何站点上进行更新。集中式技术可以进一步分为两类：单主站点（single master），即系统中只有一个主站点；主拷贝（primary copy），即每个数据项的主站点不相同[①]。
- **更新的传播**。当副本（无论是否在主站点上）发生更新时，我们要做的下一个决策就是如何将更新传播给其他副本。积极方法会在全局事务发起写操作时就完成全部的更新操作。因此，当事务提交时，其更新会在提交前传播到其他拷贝上。另一方面，懒惰方法会在事务提交之后的某个时刻再将更新传播出去。根据何时将每个写入推送到其他副本，可以将积极方法进一步做出分类：一些方法会将每一个写操作单独推送，而另一些会在提交时进行批量（batch）传播。
- **复制的透明度**。某些复制协议要求每个用户应用程序都知道要提交事务操作的主站点，这些协议仅向用户应用程序提供有限的复制透明特性（limited replication transparency）。而还有一些协议会通过在每个站点中引入事务管理程序（TM）提供完全的复制透明特性（full replication transparency）。在这种情况下，用户应用程序会将事务提交给它们的局部 TM，而不是主站点。

本章的 6.1 节讨论复制数据库的一致性问题，6.2 节中分析集中式更新、分布式更新以及更新传播的方法，6.3 节中给出具体的协议。6.4 节讨论用于减少复制协议通信开销的分组通信（group communication）方法。这些章节假设不会发生故障，因而将重点放在复制协议本身。6.5 节中将介绍可能存在的故障并探究如何改进协议以便能处理故障。

6.1 复制数据库的一致性

关于复制数据库的一致性，需要考虑两个问题。第一是相互一致性，即之前所介绍，它处理物理数据项的值和逻辑数据项的值的收敛问题。第二是如第 5 章所介绍的事务一致性。可串行性，作为事务一致性的标准，在复制数据库的情况下需要重新制定。此外，相互一致性和事务一致性之间也是有联系的。本节将首先讨论相互一致性的方法，然后集中讨论如何重新定义事务一致性，以及事务一致性和相互一致性的关系。

6.1.1 相互一致性

如前所述，复制数据库的相互一致性条件可以是强的也可以是弱的。根据不同的应用

---

① 在文献中，集中式技术被称为单主站点（single master），而分布式技术被称为多主站点（multimaster）或任意地点更新（update anywhere）。然而，这些术语，尤其是“单主站点”可能会令人困惑，因为它们通常指代用于实现集中式协议的替代体系结构（详见 6.2.3 节）。因此，本章使用描述性更强的术语“集中式”和“分布式”。

程序中对一致性的需求，我们可以提供合适的一致性条件。

强一致性条件要求数据项的所有拷贝在更新事务执行结束时具有相同的值。这可以由不同的方法来实现，但一般的做法是在更新事务提交时使用两阶段提交（2PC）。

弱一致性条件不要求数据项副本的值在更新事务终止时相同。这个条件只规定：如果更新操作已经结束了一段时间，那么副本的值会最终（eventually）变为相同。这通常被称为最终一致性（eventual consistency），指的是副本的值会随时间变化，但最终会收敛。形式化地给出这个概念的准确定义十分困难。Saito 和 Shapiro 给出的下列定义是我们能找到的最精确的：

假设所有副本都从相同的初始状态开始，一个复制的[数据项]在满足以下条件时，我们称它是最终一致（eventually consistent）的。

- 在任何一个时刻，对于每个副本，都有一个历史前缀[history]，它等同于每个其他副本的[history]的前缀。我们称其为副本的已提交前缀（committed prefix）。
- 每个副本的已提交前缀随时间单调增长。
- 已提交前缀中的每个非取消操作都满足其先决条件。
- 对于每个已提交操作α，操作α本身或是它的[its abort]操作，都会最终被包含在已提交前缀中。

需要指出的是，这种对于最终一致性的定义是非常严格的——特别是历史前缀在任何给定时刻都相同并且已提交前缀单调增长的要求。很多声称提供最终一致性的系统都不符合这些要求。

Epsilon 可串行化（epsilon serializability，ESR）允许查询在更新副本时看到不一致的数据，但要求一旦更新传播到所有拷贝，副本应收敛到单拷贝可串行状态。它将读取数据的错误限制在一个 epsilon(ϵ)值之内，该值根据查询“未命中”的更新（写）操作的数量来定义。给定一个只读事务（查询）T_Q，令T_U表示与T_Q同时执行的所有更新事务的集合。如果$RS(T_Q) \cap WS(T_U) \neq \emptyset$，即$T_Q$正在读取某些数据项的副本，而$T_U$中的事务正在更新这些数据项的（可能是不同的）副本，那么这时就会出现一个读写冲突，从而导致T_Q读取不一致的数据。可以看出，这种不一致性是被T_U做出的修改操作所限制的。显然，ESR 并没有牺牲数据库的一致性，只是允许只读事务（查询）读取不一致的数据。出于这个原因，我们说 ESR 不会削弱数据库的一致性，而是对它进行了“延展”。

人们也提出了其他的更为宽松的一致性条件。甚至有人建议应该允许用户指定适合特定应用程序的新鲜度约束（freshness constraints），并且复制协议应该强制执行这些约束。可以指定的新鲜度约束类型如下：

- **时间约束**。用户可能会接受物理副本值在特定时间间隔内存在差异：x_i表示 t 时刻的更新值，x_j表示 $t-\Delta$ 时刻的值，这样的情况可能是可以接受的。
- **值约束**。用户可能会接受物理数据项互相之间的差异在一定范围之内。如果这些值之间的差异不超过一定范围（或百分比），用户可能会认为数据库是相互一致的。
- **多个数据项的漂移约束**。对于那些读取多个数据项的事务来说，如果两个数据项更新时间戳之间的时间漂移小于某个阈值（即，它们在该阈值内被更新）；或者在聚集计算的情况下，如果数据项上的聚集结果仍然处于最近一次计算结果的一定范围内（即，即使某个单独的物理拷贝的值差异比较大，但只要聚集函数的值依然处于一定范围之内，这可能也是可以接受的)。

在分析允许差异的复制协议时，一个重要的指标是新鲜度（degree of freshness)。给定一个副本 x_i，它在 t 时刻的新鲜度定义为在 t 时刻已经作用于 x_i 的更新操作的数量占所有更新操作的数量的比例。

6.1.2　相互一致性与事务一致性

这里定义的相互一致性和第 5 章中探讨的事务一致性既相关又不同。相互一致性是指副本会收敛到相同的值，而事务一致性则要求全局执行历史是可串行化的。一个复制的 DBMS 可以确保数据项在事务提交时的相互一致性，而事务的执行历史可能不是全局可串行化的。下面是一个例子。

【例 6.1】 考虑三个站点(A,B,C)和三个数据项(x, y, z)的分布如下：站点 A 存储 x，站点 B 存储 x 和 y，站点 C 存储 x、y 和 z。我们把站点名称作为角标，用来标识相应的数据项的副本。

下面考虑如下三个事务：

T_1 : $x \leftarrow 20$	T_2 : Read(x)	T_3 : Read(x)
Write(x)	$y \leftarrow x + y$	Read(y)
Commit	Write(y)	$z \leftarrow (x * y)/100$
	Commit	Write(z)
		Commit

请注意：T_1 的 Write 操作必须在所有的三个站点上执行（因为 x 在三个站点上都有复制)，T_2 的 Write 操作必须在 B 和 C 上执行，而 T_3 的 Write 操作则只需在 C 上执行。我们假设使用如下事务执行模型：事务可以读取局部副本，但是必须更新所有的副本。

假设各个站点生成了如下三个局部历史：

$H_A=\{W_1(x_A), C_1\}$

$H_B=\{W_1(x_B), C_1, R_2(x_B), W_2(y_B), C_2\}$

$H_C=\{W_2(y_C), C_2, R_3(x_C), R_3(y_C), W_3(z_C), C_3, W_1(x_C), C_1\}$

H_B的串行化顺序是 $T_1 \rightarrow T_2$，H_C的串行化顺序是 $T_2 \rightarrow T_3 \rightarrow T_1$。因此，全局历史并不能串行化，但数据库依然是相互一致的。例如，假设最初$x_A=x_B=x_C=10$，$y_B=y_C=15$，并且$z_C=7$，经过上述历史之后，最终的值变成了$x_A=x_B=x_C=20$，$y_B=y_C=35$，并且$z_C=3.5$。可以看到，所有的物理拷贝（副本）都最终收敛到了同一个值。

当然，也有可能是数据库相互不一致，并且执行历史也是不能全局可串行化的，比如下面这个例子。

【例 6.2】 考虑两个站点 A 和 B，以及一个数据项 x。x 在两个站点上都有副本，记为 x_A 和 x_B。考虑下面两个事务：

T_1 : Read(x)	T_2 : Read(x)
$x \leftarrow x+5$	$x \leftarrow x * 10$
Write(x)	Write(x)
Commit	Commit

假设两个站点产生了如下两个局部历史（依然使用上例中的事务执行模型）：

$H_A=\{R_1(x_A), W_1(x_A), C_1, R_2(x_A), W_2(x_A), C_2\}$

$H_B=\{R_2(x_B), W_2(x_B), C_2, R_1(x_B), W_1(x_B), C_1\}$

这两个历史虽然都是串行的，但它们对 T_1 和 T_2 进行串行化顺序是相反的，因此全局历史是不可串行化的。此外，相互一致性同样不能满足。假设在事务执行之前x的值为 1。在上述历史执行完后，x 的值在站点 A 上变为 60，而在站点 B 上变为 15。因此，在本例中，全局历史是不可串行化的，并且数据库也是相互不一致的。

鉴于上述观察，第 5 章介绍的事务一致性条件需要在复制数据库的情况进行扩展以定义单拷贝可串行化（one-copy serializability）。单拷贝可串行化（1SR）指的是，如果事务对一个数据项集合做出了统一的操作，那么它对数据项副本所产生的效果应该是一样的。换句话说，事务的历史应该同非复制的数据项的串行化执行历史是等价的。

第 5 章介绍的快照隔离也已扩展到复制数据库上，并用作复制数据库上的事务一致性条件。同样，对应“写提交”隔离级别，也定义了一个较弱的可串行化形式，称为放松并发可串行化（relaxed concurrency (RC-)serializability）。

6.2　更新管理策略

如前所述，复制协议可以根据更新传播到副本的时机（积极和懒惰的）和允许更新发生的位置（集中式和分布式）进行分类。这两个设计决策通常称为更新管理（update management）策略。本节集中讨论更新管理策略，下一节将给出具体的协议。

6.2.1　积极更新传播

积极更新传播方法会将更新传播给更新事务相关的所有拷贝。因此，当更新事务提交之后，所有拷贝都具有相同的值。通常，积极更新策略会在提交时使用 2PC 协议，但是，正如我们稍后将看到的，使用其他方法也可达到相同效果。此外，积极更新策略可以使用同步（synchronous）传播，即在同一时刻（当写操作发起时）将更新作用于每个副本；或者使用延迟（deferred）传播，即将更新在发起时仅应用于一个副本，并在事务结束时批量地完成其他副本的更新。延迟更新可以通过在 2PC 的执行开始时将更新包含在“Prepare-to-Commit”消息中来实现。

积极策略满足强相互一致性条件。由于所有副本在更新事务结束时相互一致，因此后续可以从任何一个拷贝读取（即可以将$R(x)$映射为任意一个的$R(x_i)$）。然而，必须将$W(x)$应用于所有副本（即$W(x_i), \forall x_i$）。因此，遵循积极更新传播策略的协议称为“读一/写全”（Read-one/Write-all，ROWA）协议。

积极更新传播策略的优势有三点。第一，通过使用 1SR 确保了相互一致性，因此保证了事务一致性。第二，事务可以读取数据项的局部拷贝（如果局部拷贝可用）并可以保证读到的是最新值，因此无须进行远程读取；第三，对于副本的更改是原子完成的，因此故障恢复可以采用上一章介绍的方法。

积极更新传播的主要缺点是事务必须在终止之前更新所有拷贝，这会造成两个后果。首先，更新事务的响应时间性能受到影响，因为它通常必须参与 2PC 的执行，而且更新速度会受到系统中最慢机器的限制。其次，如果其中一个拷贝不可用，则事务无法终止，因为所有拷贝都需要更新。正如第 5 章所讨论，如果可以区分站点故障和网络故障，那么只要仅有一个副本不可用就可以终止事务（多个站点不可用的话会导致 2PC 阻塞）；然而，这两类故障通常是无法区分的。

6.2.2 懒惰更新传播

在懒惰更新传播策略中，并不是所有的副本更新都会在更新事务执行阶段完成。换句话说，事务不会等到更新应用于所有副本后才提交——它会在一个副本更新后立即提交。其他副本的更新是异步（asynchronously）传播的，即在更新事务提交后的某个时刻将刷新事务（refresh transaction）发送到副本站点。刷新事务会携带相应更新事务的更新序列。

懒惰更新传播用于那些可能不需要强相互一致性且限制过多的应用场景。这些应用场景可以容忍副本之间存在一定的不一致，以换取更好的性能。此类应用场景的示例包括域名服务（Domain Name Service，DNS）、地理分布广泛的站点上的数据库、移动数据库以及个人数字助理数据库。在这些情况下，通常只会使用弱一致性。

懒惰更新传播技术的主要优势在于较短的更新事务响应时间，这是因为更新事务可以在一个拷贝更新后立即提交。然而，缺点是副本之间的不一致——有些副本可能已经过时，因此局部读取可能会读到过时的数据，不能保证返回最新的值。此外，在稍后会介绍的某些场景下，事务有可能看不到自己的写入操作，即更新事务 T_i 的$R_i(x)$可能看不到先前执行的$W_i(x)$的结果——这被称为事务反转（transaction inversion）。强单拷贝可序列化（强 1SR）和强快照隔离（强 SI）会分别在 1SR 和 SI 隔离级别上防止所有的事务反转，但其开销较大。如果对 1SR 和全局 SI 做出较弱的保证，虽然开销会相对小一些，但并不能防止事务反转。在会话层保证 1SR 和 SI 可以克服这个缺点，但这一方法是只局限在单个客户会话中，不能在跨会话的事务中防止事务反转。这种在会话层保证 1SR 和 SI 的开销也是比较小的，同时保留了在强 1SR 和强 SI 中的很多有用特性。

6.2.3 集中式技术

集中式更新传播技术要求更新首先应用于主拷贝，然后再传播到其他拷贝（称为从属拷贝，即 slaves）。存放主拷贝的站点称为主站点（master site），存放从属拷贝的站点称为从属站点（slave site）。

在某些技术中，所有的复制数据只有一个主站点——称为单主站点（single master）集中式技术。在另外的一些协议中，每个数据项的主拷贝可能不同（即对于数据项x，其主拷贝可能是存放于站点S_i的x_i；而对于数据项y，其主拷贝可能是存放于站点S_j的y_j）——这些协议称为主拷贝（primary copy）集中式技术。

集中式技术的优点有两个。第一，数据更新过程比较简单，因为更新只发生在主站点，无须考虑多个副本站点之间的同步。第二，可以保证至少有一个站点（即存放主拷贝的站点）具有数据项的最新值。这些协议通常适用于数据仓库（data warehouse）和其他数据处理集中于一个或几个主站点的应用场景。

与任何集中式算法一样，集中式技术的主要缺点是，如果有一个中心站点存放所有主拷贝，则该站点可能会超负荷运转并成为瓶颈。类似主拷贝技术那样，对每个数据项的主拷贝进行分布式管理可以减少上述负荷，但会引发一致性问题，特别是使用懒惰复制技术维护全局可串行化的时候。这是因为刷新事务必须在所有副本上以相同的串行化顺序执行。我们将在相关章节进一步探讨这个问题。

6.2.4　分布式技术

分布式技术在更新事务发起站点的局部拷贝上应用更新，然后再将更新传播到其他副本的站点。之所以被称为分布式技术，是因为不同的事务可以更新位于不同站点上的同一数据项的不同拷贝。分布式技术适用于具有分布式决策/操作中心的协作应用场景。分布式技术可以更平均地分配负载，如果与懒惰传播方法相结合，则可以提供最高的系统可用性。

此类系统出现的一个严重问题是数据项的不同副本可能会在不同的站点（主站点）同时更新。如果分布式技术与积极传播方法一起使用，那么分布式并发控制方法可以解决这种并发更新的问题。然而，如果与懒惰传播方法一起使用，则事务可能在不同站点以不同顺序执行，从而导致非 1SR 的全局历史。此外，不同副本将会不同步。为了处理这个问题，我们会使用一种调和（reconciliation）的方法，涉及事务的反做与重做，使得事务执行在每个站点上都是相同的。这不是一个简单的问题，因为调和的策略通常取决于应用场景。

6.3　复 制 协 议

上一节讨论了对更新管理技术进行分类的两个维度。这两个维度是正交的，因此带来四种可能的组合：积极集中式、积极分布式、懒惰集中式和懒惰分布式。本节将分别讨论这四种技术。简单起见，本节假设数据库是完全复制的，这意味着所有更新事务都是全局的。此外，还假设每个站点都实现了基于 2PL 的并发控制技术。

6.3.1　积极集中式协议

在积极集中式副本控制中，主站点控制对数据项的操作。积极集中式协议与强一致性技术相结合，因此对一个逻辑数据项的更新会应用到所有副本上去，并且用 2PC 协议来实现提交（我们稍后会讨论，也可以使用非 2PC 协议）。因此，一旦更新事务完成，所有副本的更新数据项都具有相同的值（即相互一致），并且生成的全局历史满足 1SR。

之前讨论的两个设计参数决定了积极集中式协议的具体实现方式：更新进行的位置和复制的透明度。第一个参数在 6.2.3 节中讨论过，指的是所有数据项是否有一个主站点（单主站点技术），或者每个数据项（更有可能是数据项组）有不同的主站点（主拷贝技术）。第二个参数指的是每个应用场景是否知道主拷贝的位置（有限复制透明）或者它是否可以依赖其局部 TM 来确定主拷贝的位置（完全复制透明）。

6.3.1.1 有限复制透明的单主站点技术

最简单的情况是为整个数据库（即所有数据项）设置一个单一的主站点，其具备有限复制透明，以便用户应用程序知道主站点。在这种情况下，全局更新事务，即那些至少包含一个$W(x)$操作的事务，其中x是一个被复制的数据项，被直接提交到主站点——更具体地说，提交到主站点的事务管理程序（TM）。在主站点中，每个$R(x)$操作都应用在主拷贝上（即$R(x)$转换为$R(x_{\mathrm{M}})$，M 表示主拷贝），并执行如下：在x_{M}上获得读锁，执行读取，并将结果返回给用户。类似地，每个$W(x)$操作通过首先获得写锁然后执行写操作来完成主拷贝的更新（即执行$W(x_{\mathrm{M}})$）。然后，主 TM 以同步或延迟的方式将 Write 操作转发到从属站点（图 6.1）。在上面这两种情况中，重要的是传播更新，以便冲突的更新在从属站点上以与主站点上执行顺序相同的顺序执行。这可以通过时间戳或一些其他排序方案来实现。

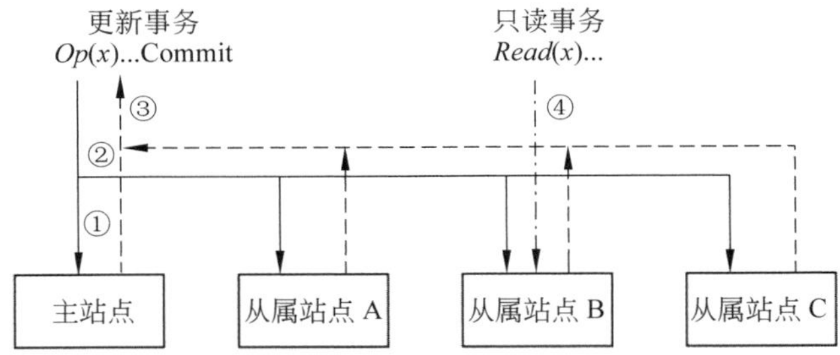

图 6.1 积极单主站点复制协议的操作过程：
①一个 Write 操作应用于主拷贝；②Write 操作传播到其他副本；
③更新在提交时变为永久性的；④只读事务的 Read 操作应用于任意从属拷贝

用户应用程序可以向任何从属站点提交只读事务（即所有操作都是 Read）。在从属站点上执行只读事务可以遵循集中式并发控制算法的过程，例如 C2PL（算法 5.1~算法 5.3），其中集中式锁管理程序在主站点运行。C2PL 的实现需要对非主站点的 TM 进行最小修改，主要是为了处理上面说的 Write 操作及其影响（例如，在 Commit 命令的处理中）。因此，当从属站点接收到一个 Read 操作(来自只读事务)时，它会将其转发给主站点以获得读锁。然后，Read 操作可以在主站点上执行并将结果返回给应用程序；或者主站点可以简单地向事务发起站点发送一个“lock granted”（锁允许）消息，然后事务发起站点可以在局部拷贝上执行 Read 操作。

通过在局部拷贝上执行 Read 操作而不从主站点上申请读锁，可以减轻主站点的负荷。无论使用同步传播还是延迟传播，局部并发控制程序都可以保证局部读写冲突被正确串行化。此外，由于 Write 操作只能作为更新传播的一部分来自主站点，因此，当传播事务按照主站点规定的顺序在每个从属站点上执行时，局部的“写-写”冲突并不会发生。然而，Read 操作可以在更新之时或之后读取从属站点的数据项值。因此，位于某个从属站点上的一个事务的 Read 操作读到的是更新之前的一个副本的值，而另一个事务的 Read 操作读到的是位于另一个从属站点上的更新之后的副本的值——从保证全局 1SR 历史的角度来看，这其实是无关紧要的。下面的例子说明了这一点。

【例 6.3】 假设数据项x的主站点是 A，从属站点是 B 和 C。考虑下面的三个事务：

T_1 : Write(x)	T_2 : Read(x)	T_3 : Read(x)
Commit	Commit	Commit

假设T_2发送到从属站点 B，T_3发送到从属站点 C，同时假设T_2在更新事务T_1到达 B 之前从B上读取了x（即 $R_2(x_B)$），而T_3在更新事务T_1到达C之后才从C读取了x（即 $R_3(x_C)$），那么，两个从属站点上生成的历史如下：

$H_B=\{R_2(x),C_2,W_1(x),C_1\}$

$H_C=\{W_1(x),C_1,R_3(x),C_3\}$

站点 B 上的串行化顺序是$T_2 \rightarrow T_1$，而站点 C 上的串行化顺序是$T_1 \rightarrow T_3$。因此，全局串行化顺序是$T_2 \rightarrow T_1 \rightarrow T_3$，对于本例中的两个局部顺序来说，这个历史是没有问题的，因此满足 1SR。

因此，如果遵循这种方法，读事务可能会读取主站点上并发更新的数据，但全局历史仍将是 1SR 的。

在这个协议中，对于只读事务来说，当一个从属站点 S_i 收到$R(x)$时，它会申请一个局部读锁，然后读取局部拷贝（即$R(x_i)$）并将结果返回给用户应用程序。对于更新事务来说，当从属站点收到$W(x)$时，如果该操作是来自主站点的，则会对局部拷贝执行写操作（即$W_i(x_i)$）；如果$W(x)$来自用户应用程序，则必须拒绝这个操作，因为这显然是一个错误，因为更新事务必须提交到主站点。

单主站点积极集中式协议的不同方案是很容易实现的。要解决的一个重要问题将事务区分为“更新”还是“只读”——可以通过在 Begin_Transaction 命令中显式声明来做到这一点。

6.3.1.2　完全复制透明的单主站点技术

单主站点积极集中式协议要求每个用户应用程序都知道主站点，并且给主站点非常大的负载，包括必须处理更新事务中的（至少是）Read 操作，在 2PC 执行过程中充当更新事务的协调者。这些问题在某种程度上可以通过在更新事务执行中涉及的应用程序运行站点的 TM 来解决。这样，更新事务就不用提交给主站点，而是提交给应用程序运行站点的 TM，因为更新事务不需要知道主站点。该 TM 可以充当更新事务和只读事务的协调 TM。应用程序可以简单地将它们的事务提交到它们的局部 TM，从而实现完全透明。

实现这种完全透明有多种方法。协调 TM 可以仅作为一个“路由器”，将每个操作直接转发到主站点。然后，正如之前描述的那样，主站点会在本地执行这个操作并将结果返回给应用程序。尽管这方法可以提供完全透明并具有易于实现的优点，但它并未解决主站点负荷过高的问题。另一种可能的方法如下所述：

（1）协调 TM 将收到的每个操作发送到中心（主）站点。这不需要修改 C2PL-TM 算法（算法 5.1）。

（2）如果操作是 $R(x)$，则集中式锁管理程序（算法 5.2 中的 C2PL-LM）可以代表该事务在其 x 的拷贝（称为x_M）上设置读锁，并通知协调 TM 已授读锁。协调 TM 然后可以将 $R(x)$转发给任何存放 x 副本的从属站点（即将 $R(x)$转换为$R(x_i)$）。最后，可以由相应从属站点上的数据处理程序（DP）来执行读取操作。

（3）如果操作是$W(x)$，则集中式锁管理程序（主站点）会进行如下操作：

（a）首先在它的拷贝x_M上设置一个写锁。

（b）然后调用局部 DP 在自己的拷贝上执行$W(x_M)$操作。

（c）最后通知协调 TM 已经授予写锁。

在这种情况下，协调 TM 会将 $W(x)$发送到保存 x 的副本的所有从属站点；然后，每个从属站点的 DP 会其在局部拷贝上执行相应的 Write 操作。

这里最主要的区别在于主站点既不处理 Read 操作也并不在更新负责协调跨副本的更新。这些都交给用户应用程序所在站点的 TM 去处理。

很明显，这个算法可以保证历史是 1SR 的，因为串行化顺序是在单个主站点确定的（类似于集中式并发控制算法）。而且也很显然，该算法遵循 ROWA 协议，正如之前讨论的那样——因为在更新事务完成时可以保证所有拷贝都是最新的，因此 Read 操作可以作用于在任何一个拷贝上。

为了演示积极算法如何结合副本控制与并发控制，我们介绍协调 TM 的事务管理算法（算法 6.1）和主站点的锁管理算法（算法 6.2）。注意：这里展示的只是针对集中式 2PL（第 5 章中的算法 5.1 和算法 5.2）算法的修改版本。

请注意，在上面的算法中，LM 只是发送回一个“lock granted”消息，而不发送更新操作的结果。因此，当协调 TM 将更新操作转发给从属站点时，从属站点需要自己执行更新操作——这有时被称为操作转移（operation transfer）。另一种做法是将更新结果包含在“lock granted”消息中，然后将该消息转发给从属站点。接收的从属站点只需要应用这个结果并更新其日志，这被称为状态转移（state transfer）。如果操作只是 $W(x)$的形式，上面这两种方法看上去差不多。然而，我们回想一下，这个 Write 操作仅是一种抽象形式；每个更新操作都可能需要执行一个 SQL 表达式，在这种情况下，区别上述两种方法就非常重要了。

协议的上述实现能够减轻主站点的一部分负荷，并缓解了用户应用程序了解主站点的必要性。然而，协议的具体实现要比第一种方式更复杂。具体来说，事务发起站点的 TM 必须充当 2PC 中的协调者，而主站点成为 2PC 中的参与者。这需要在修改这些站点的算法时多加注意。

算法 6.1：协调 TM 的事务管理算法

```
begin
    ⋮
    if lock request granted then
        if op.Type = W then
            S ←set of all sites that are slaves for the data item
        else
            S ←any one site which has a copy of data item
        end if
        DP_S(op)                    {send operation to all sites in set S}
    else
        inform user about the termination of transaction
    end if
    ⋮
end
```

算法 6.2：主站点的锁管理算法

```
begin
  ⋮
  switch op.Type do
     case R or W do                    {lock request; see if it can be granted}
        find the lock unit lu such that op.arg ⊆ lu ;
        if lu is unlocked or lock mode of lu is compatible with op.Type then
           set lock on lu in appropriate mode on behalf of transaction op.tid ;
           if op.Type = W then
              DP_M(op)               {call local DP (M for "master") with operation}
           send "Lock granted" to coordinating TM of transaction
        else
           put op on a queue for lu
        end if
     end case
     ⋮
  end switch
end
```

6.3.1.3　完全复制透明的主复制技术

现在让我们放松所有数据项都有一个相同的主站点的限制——每个数据项可以有不同的主站点。在这种情况下，对于每个复制的数据项来说，其中一个副本被指定为主拷贝（primary copy）。在这样的规定下，没有单一的主站点来确定全局串行化的顺序，因此需要更加小心。在完全复制数据库的情况下，数据项的任何副本都可以作为其主拷贝。然而，对于部分复制的数据库，有限复制透明仅在更新事务访问主站点相同的数据项时才有意义；否则，应用程序无法将更新事务转发给同一个主站点，它必须一个操作一个操作地去转发，而且，它不清楚哪个主拷贝的主站点应该作为 2PC 的协调者。因此，只有提供完全复制透明才是有意义的：应用程序站点的 TM 充当协调 TM，将每个操作转发给该操作作用的数据项的主站点。图 6.2 展示了我们按照上面所说的放松限制之后的操作序列。站点 A 是数据项x的主站点，站点 B 和 C 保存着x的副本（即它们是从属站点）；类似地，数据项y的主站点是 C，从属站点是 B 和 D。

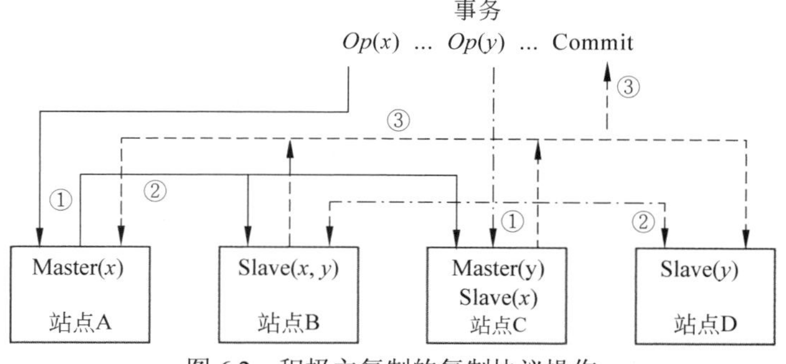

图 6.2　积极主复制的复制协议操作

①每个数据项的操作（Read 或 Write）被路由到该数据项的主站点，并且 Write 会首先作用于主拷贝；②然后，Write 会传播到其他副本上；③更新在提交时成为永久性的。

回想一下，上述方法依然会将更新应用于事务边界内的所有副本上，因此需要与并发控制技术相结合。一个非常早期的方法为分布式 INGRES 的原型系统提出的主拷贝两阶段锁（primary copy two-phase locking，PC2PL）算法。PC2PL 是上面讨论的单主站点协议的直接扩展，试图解决后者的潜在性能问题。基本上，PC2PL 会在多个站点实现锁管理程序，并每个锁管理程序负责管理一组主站点的锁单元。事务管理程序之后会将加锁和解锁请求发送给负责具体锁单元的锁管理程序。因此，该算法会将每个数据项的某个拷贝视为其主拷贝。

作为一种组合的副本控制/并发控制技术，主拷贝方法要求每个站点都有一个更复杂的目录，但是它可以通过减少主站点的负载而又不引起事务管理程序与锁管理程序之间的通信开销来提高之前讨论的方法的性能。

6.3.2 积极分布式协议

在积极分布式副本控制中，更新可以在任何地方被发起，并且它们会首先作用到局部副本上，然后再传播给其他副本。如果更新发起于一个站点，而数据项的副本并不存在在这个站点上，那么这个更新操作就会转发到有副本的站点上去。所有的这些都是针对更新事务来说的。当事务提交的时候，用户会得相应的提示，表明更新效果已经变为永久的了。图 6.3 展示了某一个逻辑数据项x的操作序列，该数据项在 A、B、C、D 这四个站点上均有副本，并且两个事务分别更新两个不同的副本（位于 A 和 D）。

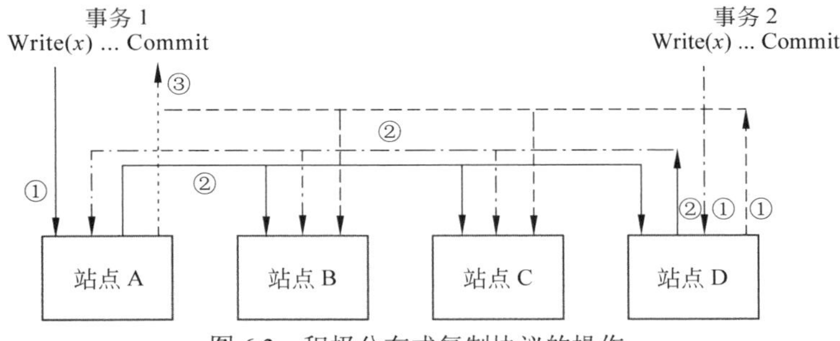

图 6.3 积极分布式复制协议的操作：

①两个 Write 操作作用于同一个数据项的两个局部副本上；②Write 操作独立传播到其他副本上去；③在提交的时候更新效果变为永久的（只显示了事务 1）

很显然，一个重要的问题是，当并发冲突的两个 Write 操作正在不同的站点上同时执行（当然，每个站点上的局部执行是需要串行化的），我们需要保证它们的执行顺序是相同的。这可以通过每个站点上的并发控制程序来实现。因此，读操作可以应用在任意一个复制上，而写操作必须通过并发控制协议，在事务的界限内（比如 ROWA）作用在所有的复制上。

6.3.3 懒惰集中式协议

与积极集中式复制算法类似，懒惰集中式复制算法中更新操作首先会作用在主副本上，然后再传播到其他从属站点上。两种算法的最主要的不同，是懒惰集中式算法的更新传播不会在更新事务的执行期间进行，而是在事务提交之后由单独的刷新事务来进行。这样，如果一个从属站点在 x 的局部复制上执行了 $R(x)$，它有可能会读到过期的数据，这是因为 x 有可能已经被主站点更新了，而更新还未传播到这个从属站点上来。

6.3.3.1　有限透明的单主站点技术

在单主站点的情况下，更新事务会直接提交到并且执行在主站点上（正如积极单主站点技术那样）；一旦更新事务提交，刷新事务就会发送给从属站点。具体的执行步骤如下：（1）更新事务首先作用于主副本，（2）这个事务在主站点上提交，（3）刷新事务被发送给从属站点（见图 6.4）。

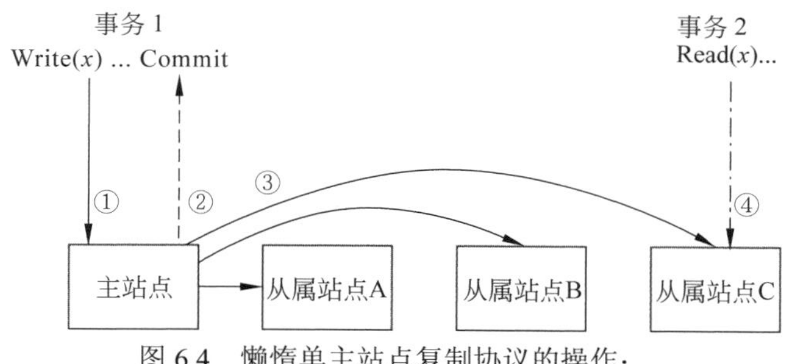

图 6.4　懒惰单主站点复制协议的操作：
①更新被应用于局部副本；②事务提交到主站点，更新效果变为永久的；
③更新通过刷新事务传播给其他副本；④事务 2 读到局部复制

当从属站点接收到 $R(x)$的时候，它会读取局部复制，并且将结果返回给用户。注意，正如之前指出过的，如果主站点已经被更新，但是从属站点并未通过刷新事务接收到这个更新，那么从属站点自己的复制有可能并不是最新的。从属站点接收到的 $W(x)$均会被拒绝（相关的事务会被取消），这是因为这一操作必须直接提交给主站点。当从属站点从主站点处接收到一个刷新事务的时候，它会将更新作用于自己的局部复制。当它接收到 Commit 或 Abort 命令的时候（Abort 只会发生在局部提交的只读事务中），它会局部地执行相应的操作。

有限透明的主复制技术也是类似的，因此我们就不再讨论它的细节了。$W(x)$会提交给 x 的主复制所在的具体站点，而不是单一一个主站点，接下来的步骤就和之前的相同。

如何保证刷新事务可以按照相同的顺序作用在所有的从属站点上呢？在这种架构下，由于所有的数据项都只有唯一一个主复制，这种顺序可以通过简单地使用时间戳来保证。主站点会在每个刷新事务上按照实际更新事务的提交顺序来打上时间戳，然后从属站点会根据时间戳的顺序来执行刷新事务。

在有限透明主复制的情况下，我们可以按照类似的方法来做。在这种情况下，一个从属站点会保存多个数据项的复制，因此一个从属站点有可能会从多个主站点处得到刷新事务。这些刷新事务必须在所有从属站点上按照同样的顺序来执行，才能保证数据库状态的最终一致性。为了达到这个目的，我们提供了下面一些方法。

一种方法是使用时间戳。从不同的主站点发出的刷新事务具有不同的时间戳（将站点标识符附加到每个站点的单调计数器上），然后每个站点接收到的刷新事务就可以按照时间戳的顺序来执行。然而，这就很难处理乱序到来的刷新事务，在第 5 章讨论的传统的基于时间戳的技术中，这些乱序的事务应该被取消。不过，在懒惰复制技术中取消是不现实的，因为事务已经在主站点上提交了，唯一的做法是运行一个补偿事务，即通过回滚掉这个事务产生的效果来取消事务，或者执行一个我们之后会讨论到的更新调整例程。这一问题可以通过对结果历史更认真的研究来解决，一种方法是使用一个串行化图的方法，建立一个复制图（replication graph），其节点代表事务（T）和站点（S），边$< T_i, S_j >$存在于图中当且仅当 T_i 会在存储于 S_j 的物理复制上执行一个 Write 操作。当一个操作（opk）被提交时，相应的节点（T_k）和边就会插入复制图中，此时需要检查环，如果没有环，则操作可以继续执行。如果检测到一个环，并且这个环包含一个在主站点中已经提交的事务，但是该事务的刷新事务并没有提交到所有的从属站点上去，那么当前事务（T_k）就必须取消（之后再重启），因为它的执行会导致历史成为非 1SR 的。否则，T_k就要等待，直到环中其他的事务执行结束，即它们都在主站点被提交，并且刷新事务也都在从属站点上提交。如果一个事务由这种方式执行完成，那么相应的节点以及所有涉及的边都要从复制图中删掉。可以证明这种协议是能够产生 1SR 的历史的。一个重要的问题是复制图的维护。如果它维护在一个单独的站点上，那么这就变成了集中式的算法。我们将复制图的分布式建立和维护留作习题。

另一个方法要依赖由通信架构提供的分组通信机制（如果可以的话）。我们将在 6.4 节中讨论它。

从 6.3.1 节中我们知道，在部分复制数据库中，如果更新事务只访问属于同一个主站点的数据项，那么有限复制透明的积极主复制技术就是有意义的，因为更新事务完全运行在一个主站点上。有限复制透明的懒惰主复制技术也有相同的问题。在这两种情况下，我们要解决的问题都是如何设计分布式数据库系统，使得有意义的事务都可以被执行。这个问题已经在懒惰协议的场景下被研究过了，并且人们提出了一个主站点选择的算法：给定一组事务、一组站点以及一组数据项，找到给这些数据项分配主站点的方案，使得针对这一组事务的执行可以生成 1SR 的全局历史。

6.3.3.2 完全复制透明的单主站点或主复制技术

我们现在讨论一个替换方案，它允许（读和更新）事务从任何一个站点提交，并将它们的操作转发给单主站点或者是合适的主复制站点，可以为用户应用程序提供完全透明，在这一小节中我们讨论这种方法。实现这种方法需要一些技巧，并且涉及两个问题：首先，除非十分小心，否则 1SR 全局历史可能无法保证；第二，事务有可能看不到自己的更新。下面的两个例子展示了这两个问题。

【例 6.4】 考虑单主站点的情况。假设有两个站点 M 和 B，其中 M 保存着 x 和 y 的主复制，B 保存着它们的从属复制。下面考虑两个事务：T_1 在 B 上提交，T_2 在 M 上提交：

T_1: Read(x)　　　　T_2: Write(x)
　　Write(y)　　　　　Write(y)
　　Commit　　　　　　Commit

在完全透明的要求下，存在一个这样的执行方式：T_2 应该在 M 上执行，这是由于 M 保存着 x 和 y 的主复制。在 T_2 提交之后的某个时刻，它的 Write 操作的刷新事务会发送给站点 B，以便更新从属复制。另一方面，T_1 应该从站点 B 读取 x 的局部复制 B[$R_1(x_B)$]，但

它的 $T_1(x)$操作应该转发给x的位于 M 上的主复制。在 $W_1(x)$在主站点上执行完并提交之后的某个时刻，一个刷新事务会发送给站点 B 来更新其从属复制。下面是一个可行的执行步骤（见图 6.5）：

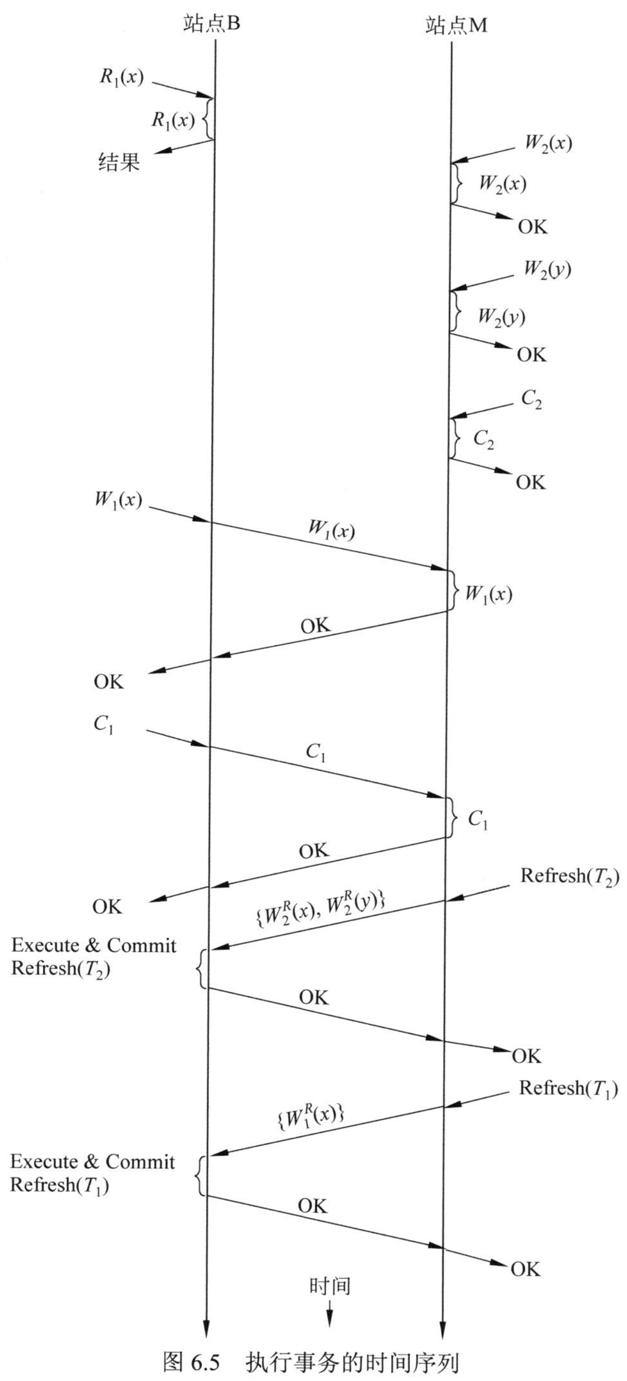

图 6.5　执行事务的时间序列

（1）$R_1(x)$被提交给 B，执行$[R_1(x_B)]$；

（2）$W_2(x)$被提交给 M，然后在上面执行[$W_2(x_M)$]；

（3）$W_2(y)$被提交给 M，然后在上面执行[$W_2(y_B)$]；

（4）T_2 向 M 发送 Commit 指令，并在上面提交；

（5）$W_1(x)$被提交给 B，由于x的主站点是 M，所以这个写操作会转发给 M；

（6）$W_1(x)$在 M 上执行，执行之后的确认信息会返回给 B；

（7）T_1 向 B 发送 Commit 指令，然后这个指令会转发给站点 M；随后这条指令会在 M 上执行，然后 B 会收到提交成功的消息；

（8）站点 M 现在会向 B 发送 T_2 的刷新事务，然后在上面执行和提交；

（9）最后，站点 M 向 B 发送 T_1 的刷新事务（T_1 的 Write 操作都在主站点上执行），然后在 B 上执行并提交。

经过了上述步骤，算法就会在两个站点上生成下面这两个历史。在这里标 r 表示相应的操作是刷新事务的一部分：

$H_B=\{W_2(x_M), W_2(y_M), C_2, W_1(y_M), C_1\}$

$H_B=\{R_1(x_B), C_1, W_2^r(x_B), W_2^r(y_B), C_2^r, W_1^r(x_B), C_1^r\}$

最终，对于逻辑数据项 x 和 y 的全局历史是非 1SR 的。

【例 6.5】 继续考虑单主站点的情况。假设 M 保存着 x 的主复制，D 保存着它的副本。考虑下面的这个简单的事务：

T_3: Write(x)
　　Read(x)
　　Commit

与例 6.4 中的执行模型相同，这个事务的执行顺序如下：

（1）$W_3(x)$被提交给 D，然后转发给 M [$W_3(x_M)$]去执行；

（2）这个 Write 操作在 M 上执行，然后将确认信息发送回 D；

（3）$R_3(x)$被提交给 D，然后在上面执行[$R_3(x_D)$]；

（4）T_3在 D 提交 Commit 指令，被转发给 M 并在上面执行，M 将确认信息发回 D；在 D 上事务也进行了提交；

（5）站点 M 向 D 发送$W_3(x)$的刷新事务；

（6）站点 D 执行刷新事务并提交。

注意，由于刷新事务会在T_3提交之后发送给 D，当它在第 3 步中从 D 读取x值的时候，它会读取到旧值，并且不会看到它自己的 Write 操作的值，而是继续进行 Read 操作。

由于这些问题，在懒惰复制算法中并没有很多方法可以支持完全透明。值得一提的是，有一种算法是一个例外，它考虑了单主站点的情况，并且提供了一个提交时由主站点进行合法性测试的方法，类似于乐观并发控制。这一工作的基本原理如下。考虑一个写入数据项x的事务T。在提交时刻，主站点会为它生成一个时间戳，并将主复制（x_M）的时间戳设置为最后一个修改过它的事务的时间戳（$last\_modified(x_M)$）。这个时间戳也被附加到刷新事务的后面。当从属站点接收到刷新事务的时候，它们将副本的值统一设置为这个值，即$last_modified(x_i) \leftarrow last_modified(x_M)$。$T$ 在主站点上的时间戳生成应遵循如下规则：

T 的时间戳应该大于所有已经有的时间戳，并且小于它所访问的数据项的 $last_modified$时间戳。如果这个时间戳不能被生成，那么就取消事务 T。正如之前讨论的，原始的方法可以处理非常广泛的更新限制条件，也就是说，该规则的原始定义是非常一般化的，不过在这里，由于我们的讨论基本都是针对 1SR 的行为，这种更加严格的规则也是合适的。

这个测试可以确保读操作会读到正确的值。例如，在例 6.4 中，主站点 M 在 T_1 提交的时候不会被赋予正确的时间戳，这是由于$last_modified(x_M)$反映了 T_2 所执行过的更新。因此 T_1 会被取消。

虽然这个算法可以处理我们上面说过的第一个问题，它并不能自动处理事务不能够看到它自己的写操作的结果的问题，我们之前称之为事务倒转。为了解决这个问题，人们建议维护一个所有更新操作的列表，并且每当 Read 执行的时候就查询该列表。不过，由于只有主站点知道更新，这个列表必须由主站点来维护，并且所有的 Read 和 Write 操作都必须在主站点上执行。

6.3.4　懒惰分布式协议

由于更新可以发生在任何一个副本上，并且会延迟传播给其他副本，懒惰分布式协议是所有协议中最复杂的（见图 6.6）。

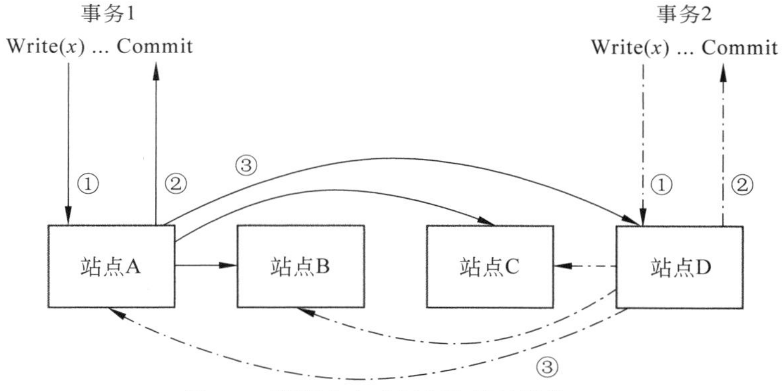

图 6.6　懒惰分布式复制协议的操作：

①两个更新作用在两个局部副本上；②事务提交使得更新的效果变为永久的；③更新独立地传播给其他副本

在事务提交的站点上的操作是比较直接的：每个 Read 和 Write 操作都作用于局部复制，并且事务也进行局部提交。在事务提交之后，更新会由刷新事务来传播给其他站点。

这里的复杂性在于如何在其他站点上处理这些更新。当刷新事务到达某个站点时，它们需要进行局部调度，这个工作由局部并发控制机制来完成。使用之前介绍的技术，我们可以得到这些刷新事务的串行化顺序。不过，多个事务可能会更新同一数据项的不同复制，并且这些更新有可能是互相冲突的。这些修改需要重新调和使其变为一致的，但这会让刷新事务的排序更为困难。根据调整的结果，我们确定刷新事务的顺序，然后将更新作用到每个站点上去。

在这里，最关键的问题就是这个调整的工作。我们可以设计一种通用的、基于启发式的调整算法。例如更新可以按照时间戳的顺序来进行，即有着更晚的时间戳的事务会胜出，或者我们可以优先选择源自某些站点的更新，即这些站点具有重要性。不过，这些都是特定的一些方法，调整过程会依赖于应用程序的具体语义，不仅如此，无论我们使用哪种调和技术，某些更新都会丢失。注意，基于时间戳的排序技术只能在时间戳是基于已同步的本地时钟的前提下才能有效。我们也在之前讨论过，这个要求在大规模的分布式系统中是很难达到的。简单的时间戳方法，例如将站点号和本地时钟串在一起作为时间戳，会引入系统对事务的倾向性，而这种倾向性并不在应用程序的逻辑之内。时间戳方法在并发控制算法中可以很好地工作，而在这里却不能，其原因在于：在并发控制方法中，我们只需要给出某种顺序就行了，而在这里我们需要给出一个与应用语义一致的特定的顺序。

6.4 分组通信

如前所述：复制协议的开销，尤其是消息开销，可能会非常高。复制算法的简单代价模型如下：给定 n 个副本、每个事务包含 m 个更新操作，每个事务发出$n \times m$条消息（如果可以使用组播协议，m 条消息就足够了）。如果系统希望保持每秒钟 k 个事务的吞吐量，那么每秒钟处理消息的个数为$k \times n \times m$（在组播的情况下是$k \times m$）。此外，我们也可以考虑更为复杂的代价函数，比如通过每个操作的执行时间（有可能基于系统负载）得到时间代价函数。前面讨论的很多复制协议（尤其是分布式的）都会有消息开销过高这一问题。

实现复制协议的核心问题是如何减少消息开销。现有的策略使用分组通信协议结合非传统技术来处理局部事务。这些策略带来了两点变化：首先，在提交阶段不使用 2PC，而是依靠底层分组通信协议来保证一致。其次，使用延迟的更新传播，而不使用同步。

我们首先介绍分布通信的基本想法。分组通信系统可以使节点将消息组播到某个分组的所有节点上，并保证传送成功，即最终将消息传送到所有节点上。此外，系统提供带有不同传送次序的组播原语。最重要的次序是全序。在全序组播中，由不同节点发出的消息以相同的全序传送到所有节点上。理解全序的概念对理解后面的讨论内容十分关键。

接下来我们通过下面的两种协议来介绍如何使用分组通信协议：一种是变化的积极分布式协议，另一个是懒惰集中式协议。

基于分组通信的积极分布式协议使用了局部处理策略，写操作（Write）在提交事务的局部影子复制中进行，并采用全序分组协议将事务的写操作组播到其他副本站点上。全序通信可以保证所有站点都按照相同的次序接收到写操作，从而保证了每个站点都有相同的串行化次序。在后面的讨论中，我们假设数据库完全复制，而且每个站点都实现了 2PL 并发控制算法。

协议按照以下四个步骤处理事务T_i（忽略局部并发控制操作）。

Ⅰ. 局部处理阶段：在事务提交的站点（该事务的主站点）执行$R_i(x)$操作。同时在该主站点的影子复制中执行$W_i(x)$操作（参见上一章中有关影子分页的讨论）。

Ⅱ. 通信阶段：如果T_i仅包含读操作（Read），它可以在主站点提交。如果它包含写操作（即 T_i 为更新事务），则 T_i 主站点（T_i 提交站点）的TM需要将写操作集成到一个写消息（write message）WM_i中，并使用全序分布协议将消息组播到所有（包括自身）的副本站点，在这里，需要传送的内容是更新的数据项，即状态迁移。

Ⅲ. 加锁阶段：当消息WM_i传送到站点S_j上时，它在一个原子步骤中请求WM_i中的所有锁。实现方法为，存储的锁表中获取一个闩锁，直至所有锁都被授予，或者是请求进入队列进行排队，这里闩锁是一种更为轻量的锁。执行下述操作：

（1）对于WM_i中的每个$W_i(x_j)$，x_j表示 x 在站点S_j上的拷贝，执行操作：

（a）如果没有其他的事务锁住了x_j，则授予x_j上的写锁。

（b）否则，执行下面的冲突检测：

- 如果有局部事务T_k在局部读或通信阶段锁住了x_j，则将T_k取消。如果T_k是在通信阶段，则将最终决策消息 Abort 组播到所有站点上。此阶段需要检测“读/写”冲突，并将读事务取消。注意：局部写操作仅在影子拷贝中执行，只有局部读操作在局部执行阶段获取锁，因此此阶段无须检测“写/写”冲突。
- 否则，$W_i(x_j)$的锁请求放置到x_j的队列中。

（2）如果T_i是局部事务（消息也有可能传送到T_i创建的站点，此时$i = j$），主站点可以提交事务，并组播提交（Commit）消息。注意：提交消息发送的时间是在请求锁时，而不是在写操作之后。由此可以看出，这不属于 2PC 执行。

Ⅳ. 写阶段：站点在能够获得写锁的情况下完成相应的更新操作（对于主站点来说，这意味着影子拷贝将变成有效版本）。T_i提交的站点可以提交和释放所有的锁，而其他站点需要等待决策消息，并依据该消息相应地进行终止。

值得注意的是：在协议中，最重要的事情是在并发事务的加锁阶段保证每个站点上的执行次序相同——这由全序组播实现。此外，决策消息并无次序要求（步骤III.2），可以按照任意的次序传送，甚至可以在相应的 *WM* 传送之前进行传送。如果是这种情况，在 *WM* 之前接收到决策消息的站点只需对决策进行简单注册，但不采用实际的行动。当 *WM* 消息到达时，站点可以执行加锁和写阶段，并根据之前传送的决策消息来终止事务。

与 6.3.2 节介绍的简单方法相比，上述协议在性能上有显著的提升。针对一个事务，主站点发送两个消息：一个是在发送 *WM* 时，另一个是在通信决策时。因此，如果希望系统的吞吐为每秒钟 k 个事务，需要消息的总数为 $2k$，而不是简单协议时的$k \times m$（假设两种方法都采用组播协议）。此外，由于写操作副本站点的同步仅在结束时执行一次，而不是在事务执行的过程中持续执行，因此采用推迟积极传播的方法也会提高系统的性能。

使用分组通信的第二个例子是懒惰集中式算法。回顾一下，在这种情况下，一个重要的问题是确保刷新事务在所有从属拷贝中以相同的方式排序，以便数据库状态收敛。

采用全序组播可以使不同主站点发送的刷新事务在所有从属拷贝中以相同顺序传送。然而，全序组播会带来很高的消息开销，从而限制了方法的可扩展性。我们可以放松通信系统的次序要求，使复制协议负责刷新事务的执行次序。我们将使用一种协议来说明该方法，该协议假设 FIFO 次序的组播通信具有有限的通讯延迟加（称为Max），并假设时钟属于松散同步，因此它们仅在超过ϵ时失去同步。进一步假设每个站点都有一套事务管理程序，每个从属拷贝中复制协议的结果是维护一个“运行队列”，其中包含一组有序的刷新事务，这是局部执行事务管理程序的输入。因此，该协议保证了每个刷新事务运行的从属站点保存相同次序的运行队列。

在每个从属站点上维护一个主站点的“待办队列”（即如果从属站点有x和y的副本，其对应的主站点分别是S_1和S_2，则维护两个待办队列q_1和q_2，分别对应S_1和S_2）。当刷新事务RT_i^k在主站点$Site_k$创建时，为它分配一个时间戳$ts(RT_i)$，用来反映更新事务T_i提交的实际时间。在RT_i到达某个从属站点时，将它放到队列q_k中。在每次消息到来时，扫描所有待办队列的队头元素，并选择时间戳最小的元组作为新的$RT(new_RT)$去处理。如果new_RT从上个周期以来发生了改变（即新到达的RT的时间戳小于上一周期中选择的时间戳），则具有较低时间戳的那个元组成为new_RT，并考虑对它进行调度。

当选择某个更新事务为new_RT时，算法并不马上将它放到事务管理器的运行队列中，刷新事务的调度需要考虑局部时钟的最大延迟以及可能的偏移。实现的手段是保证任何一个可能会被延迟的刷新事务都有一次达到从属站点的机会。RT_i放入某一从属站点"运行队列"的时间称为传送时间$delivery_time = ts(new_RT) + Max + \epsilon$。由于通信系统保证消息传递的最大值为$Max$的上界，并且局部时钟的最大偏移$\epsilon$，因此刷新事务在到达所有预期的从书站点之前不能延迟超过传送时间。这样，当满足以下条件时，协议保证刷新事务被安排在从站执行：（1）所有更新事务的写操作都在主站点执行；（2）根据刷新事务时间戳决定次序（反映了更新操作的提交次序）；（3）实际的最早时间等价于传送时间。这些性质保证了从属站点辅助副本上的更新服从相同的时间次序。这一顺序也是主复制更新的次序，并可以保证在所有从属站点上都是相同的。这些结论需要假设底层通信设施可以保证Max和ϵ。前面介绍的是懒惰算法的一个例子，它可以保证 1SR 的全局历史，但相互一致性很弱，使副本值的偏离程度小于一个预定的时间段。

6.5 复制与故障

到目前为止，我们关注的复制协议都是不考虑故障的。如果系统存在故障，相互一致性会发生什么变化呢？在积极复制方法和懒惰复制方法中，处理的方式会有所不同。

6.5.1 故障和懒惰复制

首先考虑懒惰复制技术是如何处理故障的。由于协议允许主复制和副本之间存在不同，这种情况相对简单。因此，当通信故障导致某个或某些站点不可达时（后者由于网络划分），可用站点可以继续进行处理。即便是在网络划分的情况下，也可以允许操作在多个分区中独立地进行处理，再使用 6.3.4 节提到的冲突解决技术进行修复，从而使数据库状态达到一致。在合并前，多个分区中的数据库有着不同的状态；在合并阶段，不同的状态会调整为同一状态。

6.5.2 故障和积极复制

接下来考虑积极复制这种更为复杂的情况。前面提到，所有的积极复制技术都实现了某种 ROWA 协议，确保当更新事务提交时，所有的副本都有相同的取值。ROWA 协议十分有效和精巧。不过，正如我们在提交协议中讨论的，ROWA 协议有一个显著的缺点：即使有一个副本不可用，也不能终止更新事务。因此，ROWA 不能满足复制的基本目标之一，即不能提供更高的可用性。

ROWA 的一种替代方案试图处理这一低可用性的问题，该方案称为"读一/写全"可用协议（Read-One/Write-All Available，ROWA-A）。该协议的基本想法是写命令在所有可用的复制上执行，然后事务终止，而不可用的复制会在变为可用时“追上”。

该协议有很多不同的版本，这里讨论其中的两个。第一个是可用复制协议（available copies protocol）。用于更新事务 T_i 的协调者（即事务执行的主站点）向所有的 x 副本所在的从属站点发送$W_i(x)$，并等待执行（或拒绝）的确认消息。如果在等到所有站点的确认消息前超时了，协议将那些没有回复的站点视为不可用，同时在可用的站点上继续执行更新操作。当不可用的从属数据库恢复后，它们需要将数据库的状态更新至最新。不过，需要注意的是：如果这些站点是在 T_i 开始之前不可用的，它们可能不知道 T_i 的存在，以及不知道 T_i 对于 x 进行了更新。

我们需要处理两种并发问题。第一个问题是：协调者认为不可用的站点实际上已启动并正在运行，而且可能已经对x进行了更新，只不过它们没有在超时之前将确认消息返回给协调者。第二，一些站点可能在 T_i 开始的时候不可用，之后即恢复并已经开始处理事务。因此，协调者需要在提交 T_i 之前执行验证过程：

（1）协调者检测所有认为是不可用的站点是否还是不可用：给这些站点发送查询消息。有效的站点会进行回复。如果协调者从某一站点上得到了回复，它将取消 T_i，因为它不知道这个以前不可用站点的状态：它可能一直是可用的，也执行了原来的$W_i(x)$，但确认消息被推迟了（此时所有的事情都没有出现问题）；或者在T_i开始时，站点是不可用的，但随后变为可用，而且有可能执行了另一个事务T_j的$W_j(x)$。在后一种的情况下，继续执行 T_i 会导致执行计划不可串行化。

（2）如果T的协调者没有从任何它认为不可用的站点获得响应，它则需要检测以确保执行$W_i(x)$时可用的站点是依然可用的。如果是可用的，T可以继续提交。这一步骤可以很自然地集成到提交协议中。

ROWA-A 的第二种方法是分布式 ROWA-A 协议。此时，每个站点 S 上维护一个它认为可用的站点集合V_S，即针对 S 的系统设置视图。特别地，当提交事务 T_i 时，其协调者的视图反映了它认为可用的站点（简单标记为$V_C(T_i)$）。$R_i(x)$可以在$V_C(T_i)$中的任何一个副本上执行，$W_i(x)$可在$V_C(T_i)$的所有副本上执行。协调者在T_i结束时检查它的视图，如果 T_i 开始后视图改变了，则取消 T_i。为了修改 V，需要在所有站点运行一种特殊的原子事务，避免产生并发视图。这个过程的实现方法是：在生成每个 V 时为其分配时间戳，并确保这个站点仅在版本号大于站点当前视图的版本号时才接受新视图。

相比于简单的 ROWA 协议，ROWA-A 系列协议对于故障（包括网络划分）的适应性更强。

另一类积极复制协议是基于投票的。在上一章讨论非复制数据库网络划分时已对投票的基本特点做了介绍。其核心想法在复制的情况下依然适用。从本质上讲，每一次读或写操作都需要获得足够票数才能够提交。协议可以是悲观或是乐观的，下面我们仅讨论悲观协议。如果在完成时无法确认提交决定，乐观版本则会补偿事务以恢复。这个版本适用于任何可接受补偿交易的情况（见第 5 章）。

最早的投票算法（称为 Thomas 算法）适用于完全复制的数据库，并为每个站点分配相同的票数。对于一项执行事务的操作，算法需要从大部分站点上收集态度为肯定的投票。这在 Gifford 算法中被重新验证，该算法也适用于部分复制的数据库，并为复制的数据项的每个副本分配投票。每个操作需要获取一个读限额（read quorum，V_r）或一个写限额（write quorum，V_w）来分别读或写数据项。如果某个数据项总共有V票，则限额需要满足以下规则：

（1）$V_r + V_w > V$。

（2）$V_w > V/2$。

回顾上一章的内容，第一条规则保证数据项不会被两个事务同时读写（为了避免“读/写”冲突）。第二条规则保证来自两个事务的两条写操作不能同时作用同一项数据项上（为了避免“写/写”冲突）。因此，这两条规则保证了可串行性和单复制等价性能得以维持。

在网络划分的情况下，基于限额的协议很有效，原因在于协议基本上根据事务获得的投票来决定哪些事务需要终止。上面给出的投票分配和阈值规则保证了在两个不同分区中初始化并访问相同数据的事务不能同时终止。

这种协议的缺点在于：即使在读取数据时，事务也需要获取限额。这明显降低了对数据库的读访问速度。下面我们介绍另一种基于限额的投票算法，它可以克服这一性能问题。

这个协议在底层通信层和故障的出现方面设置了一些假设。关于故障的假设是认为它们是“干净”的，包含两个方面的含义：

（1）改变网络拓扑结构的故障可以被所有站点即刻检测出来。

（2）每个站点都有网络的一个视图，包含所有它能够通信的站点。

如果通信网络可以保障上面的两个条件，副本控制协议就可用 ROWA-A 原则进行简单地实现。当副本控制协议试图读或写一个数据项时，它首先检测大多数站点是否与协议运行站点位于同一个分区。如果是，协议在该分区中实现 ROWA 规则，即读取该分区中数据项的任意一个复制或写入所有的复制。

注意读或写操作仅会在一个分区中执行。因此，这属于一种悲观协议，仅在某一分区中保证单复制串行性。当分区得到修复时，数据库通过传递更新结果到其他分区的方式进行恢复。

实现这个协议的一个基础问题是：有关故障的假设是否实际。遗憾的是，由于网络故障未必“干净”，这些假设不一定成立。从故障发生到故障被站点检测会存在时延。由于延迟的存在，可能会出现这样的结果：某个站点认为它位于某一分区中，但实际上后续的故障将它放置在另一个分区中。此外，延迟会因站点的不同而有所不同。因此，之前位于相同分区，现在位于不同分区的两个站点可能会在分区相同的假设下运行一段时间。违背这两条故障假设可能会给副本控制协议和单复制串行性维护带来显著的负面影响。

一种解决策略是在物理通信层之上构建另一个抽象的层次，将物理通信层“不干净”的故障特点隐藏起来，从而为副本控制协议提供一个包含“干净”故障特性的通信服务。这个新的抽象层提供了副本控制协议运行的虚拟分区。一个虚拟分区包含一组站点，它们在“谁在该分区中”这一问题上能够达成共识。站点在新通信层的控制下加入或离开虚拟分区，这保证了干净故障假设能够成立。

上述协议的优点在于其简洁性。协议不会为维护读访问限额引入任何开销。因此，读操作可以达到非划分网络中的处理速度。此外，协议足够通用，副本控制协议不必区分站点故障和网络划分。

对于实现复制数据库容错的不同方法，一个自然的问题是这些方法的优缺点是什么。

有一系列的研究在不同的假设下分析了这些技术。其中一项较为全面的研究认为 ROWA-A 的实现比限额技术有更好的可扩展性和可用性。

6.6　本 章 小 结

在这一章中，我们讨论了数据复制的不同方法，同时，介绍了适合不同环境的各种协议。我们所讨论的每一种协议都有各自的优点与缺点。积极集中式协议容易实现，它不需要站点之间的更新协调就可以保证单复制可串行化历史。但是，它们会给主站点带来很大的负担，有可能使主站点成为瓶颈。因此，它们在扩展时更加困难，尤其是在单主站点结构中：由于主站点的职责在一定程度上被分散，所以主复制有更好的可扩展性。因为对任何数据的访问必须等到所有正在更新的事务都提交后（使用昂贵的 2PC），所以这种协议会将会导致长响应时间（在四种可选方案中最长）。此外，本地复制很少使用，只执行读操作。因此，如果是更新密集型工作，积极集中式协议的性能可能不好。

积极分布式协议同样保证单复制串行性，并且在不同站点执行相同函数时，提供一种对称的解决方案。然而，如果没有支持高效多点广播的通信系统存在，这种协议会带来大量的消息，从而增加网络负载和很高的事务响应时间。这一点也限制了这种协议的扩展性。此外，由于更新操作在多站点并发执行，如果协议的实现十分简单，将会引起很多死锁。

因为事务在主站点执行和提交，并且不需要等到从属站点完成，懒惰集中式协议的响应时间很短。在执行更新事务时，这种协议同样不需要站点间的协调，因而减少了消息传播的数量。在另一方面，这种协议不保证复制相互一致（例如，所有的复制都是最新的），本地复制可能是过时的。这就使得在本地执行读操作时，不一定读到的是最新的复制。

最后，懒惰多主站点协议具有最短的响应时间和最强的可靠性。这是因为所有的事务都在本地执行，不需要分布式协调。只有当提交刷新事务后，其他的复制才会被更新。然而，这种协议也有缺陷：不同的复制可能被不同的事务更新，因此可能需要复杂的协调协议，或者丢失一部分更新。

分布式计算领域和数据库领域都在对复制问题做进一步研究。尽管在两个领域，问题的定义有一定的重合，它们还是有很大的不同。下面的两个不同可能是比较重要的。首先，“数据复制”更加侧重于“数据”，而在分布式计算中，“复制”与“计算”具有同等重要的地位。特别是，涉及断开连接操作的移动环境中的数据复制受到了大量的关注。其次，在数据复制时，数据库和事务的一致性是最重要的，而在分布式计算中，一致性并没有占据同样重要的地位，因而，它们定义了一些较弱的一致性标准。

并行数据库环境下的复制问题研究也在进行中，特别是并行数据库集群。我们将在第 8 章中单独地讨论这个问题。我们将在第 7 章讨论多数据库系统的复制问题。

6.7　本章参考文献说明

从分布式数据库研究的早期开始，复制与复制控制协议就已经成为一个重要的研究课题。【Helal 1997】对这项工作进行了很好的概述。【Davidson 1985】调研了针对网络分区的复制控制协议。

【Gray 1996】具有划时代的意义。它定义了一个适用于多种复制算法框架，讨论了积极复制方法是有问题的（因此开创了懒惰技术的先河）。我们这一章中的描述都是基于这个框架的。【Wiesmann 2000】提出了一个更详细的框架。

最终一致性的定义来自【Saito and Shapiro 2005】。epsilon 序列化来自【Pu and Leff 1991】。【Ramamritham and Pu 995】和【Wu 1997】也对其进行了讨论。最近，【Saito and Shapiro 2005】对最优复制技术（或“懒惰复制技术”）进行了综述。【Kemme 2010】讨论了整个主题。

懒惰技术领域已经成为一个包含若干研究成果的议题。【Pacitti 1998】、【Pacitti and Simon 2000】、【Rohm 2002a】、【Pape 2004】、【Akal 2005】、【Bernstein 2006】讨论了一些确保更好的较新方案。

【Lin 2005】将快照隔离扩展到复制数据库。【Plattner and Alonso 2004】、【Daudjee and Salem 2006】也讨论过该问题。RC 序列化作为另一种较弱的序列化形式被【Bernstein 2006】提出。【Daudjee and Salem 2004】讨论了强大的单复制序列化，【Daudjee and Salem 2006】讨论了强大的快照隔离性能——这些都为了防止事务反转。

一个积极主复制复制协议被分布 INGRES 实现了，【Stonebraker and Neuhold 1977】描述了相关细节。

在单主站点懒惰复制方法中，【Breitbart and Korth 1997】提出使用复制图来管理刷新事务的顺序，【Chundi 1996】通过为数据项目找到适当的主站点分配来处理延迟更新。

【Bernstein 2006】提出了一种全透明的懒惰复制算法。

【Chockler 2001】、【Stanoi 1998】、【Kemme and Alonso 2000a,b】、【Patiño-Martínez 2000】、【Jiménez-Peris 2002】讨论了群组通信的使用。我们在 6.4 节讨论的积极分布式协议来自【Kemme and Alonso 2000b】，而懒惰集中式协议来自【Pacitti 1999】。

在 6.5.2 节中讨论的复制协议来自【Bernstein and Goodman 1984】和【Bernstein 1987】。

目前，也有许多不同的基于限额的协议。【Triantafillou and Taylor 1995】、【Paris 1986】、【Tanenbaum and van Renesse 1988】讨论了其中的一部分。最初的投票算法被【Thomas 1979】提出，并且【Gifford 1979】最早讨论了利用基于限额的投票算法处理副本控制问题。我们在 6.5.2 节提出的克服 Gifford 算法性能问题的算法出自【El Abbadi 1985】。【Jiménez-Peris 2003】 给出了我们在本章节讨论的 ROWA-A 的优势的完整研究。除了我们在此描述的一些算法，【Davidson 1984】、【Eager and Sevcik 1983】、【Herlihy 1987】、【Minoura and Wiederhold 1982】、【Skeen and Wright 1984】、【Wright 1983】列出了其他一些著名的算法。由于这些算法的投票设置和读写限额都有固定的优先级，因而通常被称为静态的（static）。【Kumar and Segev 1993】给出了一个针对这样的协议的分析（很少有类似的分析）。【Jajodia and Mutchler 1987】、【Barbara 1986，1989】给出了一些动态复制协议的样例。这种协议可能会改变数据复制的方式。这类协议被称为自适应的（adaptive）。【Wolfson 1987】给出了一个样例。

【Sidell 1996】提出了一种基于经济学模型的复制算法。

6.8 本章习题

习题 6.1　对于我们讨论的 4 个复制协议（积极集中式、积极分布式、懒惰集中式、懒惰分布式），分别给出一个场景/应用，使得每一个方法都比其他方法更适用，并解释原因。

习题 6.2　某公司在不同地区拥有一些仓储商城存放并销售其产品。考虑如下数据库模式：

```
ITEM(ID,ItemName,Price,…)
STOCK(ID,Warehouse,Quantity,…)
CUSTOMER(ID,CustName,Address,CreditAmt,…)
CLIENT-ORDER(ID,Warehouse,Balance,…)
ORDER(ID,Warehouse,CustID,Date)
ORDER-LINE(ID,ItemID,Amount,…)
```

数据库中保存着产品的信息（ITEM保存着产品的基本信息，STOCK保存着每个产品在每个仓库的数量）。不仅如此，数据库还保存着客户/顾客的信息，比如客户的基本信息保存在CUSTOMER表中。客户的主要动作是订货、付款以及一般的信息咨询。有一些表是为了让客户注册订单的。每个订单都注册在ORDER和 ORDER-LINE 表中。在 ORDER 表中，每个订单都有一个 ID（即客户的标识）、订单提交的仓库以及订单日期等。对于某一个仓库，一个客户可能会有多个订单，而在一个订单中，又可以有多个产品。ORDER-LINE 为每个订单的每个产品都建立了一条记录。CLIENT-ORDER是一个统计表，列出了每个客户在每个仓库的总订单数。

（a）该公司有一个客户服务组，可以接收客户的订单和付款、查询本地客户的数据以便生成收据和提供支票等。不仅如此，这个组还会回答客户提出的任何问题。比如，预订产品会改变（更新或插入）CLIENT-ORDER、ORDER、ORDER-LINE 以及 STOCK 的内容。为了简便，我们假设该组的任何一个雇员都可以处理任何客户的请求。该组的预计工作量是 80%的查询任务和 20%的更新任务。由于这些工作都是基于数据库查询决定的，管理层决定使用一个 PC 集群和他们自己的数据库，并希望通过提高本地数据访问的速度来提高性能。在这种情况下，你如何将数据进行复制？你需要使用哪种副本控制协议来保证数据的一致性？

（b）公司管理层需要在每个财季重新制定产品的供应和销售策略。为了这个目的，它们必须不断的观察和分析不同产品在不同地点的销售情况，同时也要分析客户的行为。在这样的需求下，怎样来对数据进行复制？需要使用哪种副本控制协议来保证数据的一致性？

习题 6.3（*）　我们在 6.3.3 节中讨论过，在有限透明的单主站点协议中，为了保证刷新事务可以以相同的顺序作用在从属站点上，我们可以使用复制图的方法。设计一个方法来对复制图进行分布式管理。

习题 6.4　考虑数据项 x 和 y 在如下站点上的复制：

站点 1	站点 2	站点 3	站点 4
x	x		x
	y	y	y

（a）将投票分配给每个站点，并且给出写和读的限额。

（b）确定可能的网络划分的方式，并对每种方式确定 x 的更新事务可以终结的站点集合，以及终结的方式是怎样的。

（c）对 y 重复（b）中的操作。

第 7 章　数据库集成——多数据库系统

到目前为止，我们主要讨论的是自顶向下的分布式数据库设计。具体来讲：第 2 章侧重于数据库的划分和分配，而第 4 章则讨论如何在这样一个已被划分和分配的数据库上进行分布式查询处理。这些章节介绍的技术和方法适用于紧耦合的同构型分布式 DBMS。在本章中，我们重点关注以自底向上的分布式数据库设计——我们在第 1 章中将其称为多数据库系统。自底向上的分布式数据库设计的目标是将一组已有的数据库集成为一个数据库：给定一组独立的局部概念模式（LCS），自底向上的设计方法将这些局部数据库的模式集成到一个全局数据库，并生成一个全局数据模式（GCS），也称为中介模式（mediated schema）。针对多数据库系统的查询会更加复杂，因为应用程序和用户一方面可以通过全局数据模式进行查询；另一方面也可以通过局部概念模式进行查询，因为每个局部数据库可能有应用程序在其上运行。因此，需要针对这一新的情况对第 4 章介绍的查询处理技术进行调整，尽管其中的许多方法会继续沿用。

数据库集成，以及多数据库查询的相关问题，仅是更普遍的互操作性（interoperability）问题的一部分——除了数据库级别的互操作性之外，还包括非数据库数据源和应用级别的互操作性。我们将有关这个问题的讨论分为三个部分：本章重点关注数据库集成和查询处理问题；第 12 章讨论与 Web 数据集成和访问相关的问题；第 10 章讨论如何从任意数据源中集成数据这个更为普遍的问题，该问题也被称为数据湖（data lakes）。

本章由两个主要部分组成：7.1 节介绍数据库集成——自底向上的设计过程。7.2 节讨论查询数据库集成系统的方法。

7.1　数据库集成

数据库集成可以是物理层面的，也可以是逻辑层面的。前者将源数据库进行集成，并将集成后的数据库物化（materialized），这称为数据仓库（data warehouses）。集成过程使用抽取-转换-载入（extract-transform-load，ETL）工具，这类工具从源数据库中抽取数据，将抽取的数据匹配到 GCS 上，并进行数据载入（即物化）。这个过程如图 7.1 所示。在逻辑层面的集成中，全局概念（或中介）模式完全是虚拟的而不是物化的。

这两种集成方法是互补的，可以满足不同的需求。数据仓库方法支持决策支持类的应用程序，这类应用通常被称为联机分析处理（On-line Analytical Processing，OLAP）。回顾第 5 章，OLAP 应用程序通过对可能规模庞大的表进行复杂查询来分析来自许多运行数据库的历史汇总数据。因此，数据仓库会从大量运行数据库收集数据并将其物化。当运行数据库发生更新时，相应的更新也会传播到数据仓库——这称为物化视图维护（materialized view maintenance）。

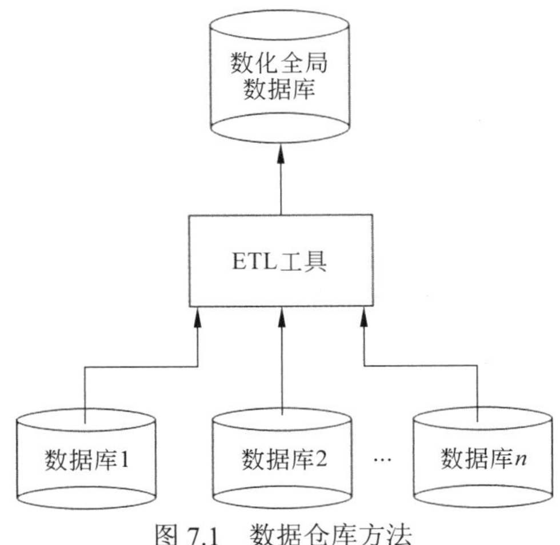

图 7.1 数据仓库方法

相比之下，在逻辑层面的数据集成中，集成只是虚拟的，不存在物化的全局数据库（见图 1.13）。数据存放在运行数据库中，GCS 仅提供虚拟的集成结果以支持面向多数据库系统的查询。在这类系统中，GCS 可以预先定义，再将局部数据库（即 LCSs）映射到 GCS；也可以通过集成局部数据库中 LCS 的部分内容来自底向上地定义 GCS。因此，GCS 可能无法捕获每个 LCS 中的所有信息。用户查询是基于 GCS 构造的，然后被分配和传送到局部运行数据库进行处理，就像在紧密集成的系统中所做的那样；但主要的区别在于局部系统的自治性或潜在的异构性会对查询处理有重要影响，相关内容会在 7.2 节进行讨论。尽管有很多工作研究了集成系统的事务管理，但考虑到底层 DBMS 的自治性，支持全局更新是相当困难的。因此，此类系统一般是只读的。

逻辑层面的数据集成以及由此产生的系统有很多名称。在文献中最常用的是数据集成（data integration）和信息集成（information integration），尽管这两个术语通常指的不仅仅是数据库集成，还包括多源数据的整合。由于本章主要关注自治和（可能）异构的数据库集成问题，因此我们主要使用数据库集成（database integration）或多数据库系统（multidatabase systems，MDBSs）这两个术语。

7.1.1 自底向上的设计方法

自底向上的设计方法将多个数据库中的数据（在物理层面或逻辑层面）集成为一个紧密结合的多数据库系统。如前所述，一些情况是首先定义全局（或中介）概念模式，而后将 LCS 映射到该全局模式上；而另外一些情况则将 GCS 定义为 LCS 的某些部分的集成。在后面的情况下，自底向上的方法需要解决两个问题，即 GCS 的生成和 LCS 到 GCS 的映射。

如果预先定义 GCS，则 GCS 和 LCS 之间的关系基本上有两种：局部作为视图（local-as-view，LAV）和全局作为视图（global-as-view，GAV）。在局部作为视图（LAV）系统中，存在 GCS 定义，并且每个 LCS 都被视为 GCS 上定义的一个视图。另一方面，在全局作为视图（GAV）系统中，GCS 被定义为多个 LCS 上的一组视图。这组视图指定了 GCS 中的元素是何时以及如何从 LCS 的元素中产生的。区分 LAV 和 GAV 的一种方法是考虑系统返回的结果。在 GAV 系统中，尽管局部 DBMS 中可能包含更为丰富的信息，查询结果被 GCS 的定义严格限制（见图 7.2(a)）。另一方面，在 LAV 系统中，尽管 GCS 的定义可能更为丰富，但查询结果被局部 DBMS 严格限制（见图 7.2(b)），因此可能会出现不完整的查询结果。为了将 LAV 和 GAV 进行结合，全局-局部作为视图（GLAV）被提出，它同时使用 LAV 和 GAV 来描述 GCS 和 LCS 之间的关系。

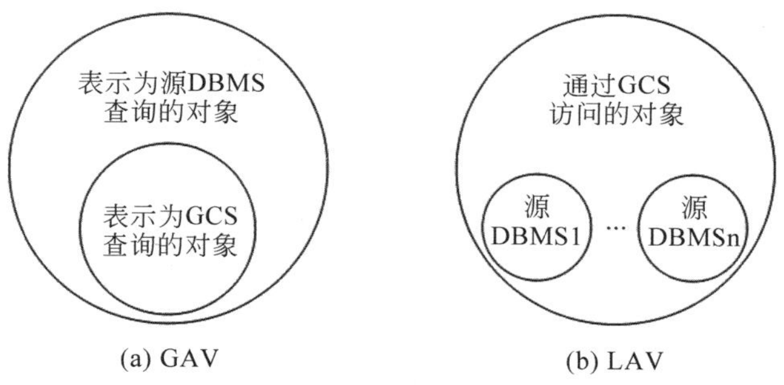

图 7.2　GAV 和 LAV 的映射关系（基于【Koch 2001】）

自底向上的设计包括两个一般的步骤（如图 7.3 所示）：模式翻译（schema translation，简称翻译）和模式生成（schema generation）。在第一个步骤中，组件数据库的模式被翻译成中间规范表示$(InS_1, InS_2, \ldots, InS_n)$——使用规范表示有助于减少翻译器的数量，从而促进模式翻译过程。规范表示模型的选择十分重要。原则上讲，规范表示模型应该具有足够的表达能力，可以整合所有待集成数据库中的概念。可以选用的模型包括：实体-关系模型、

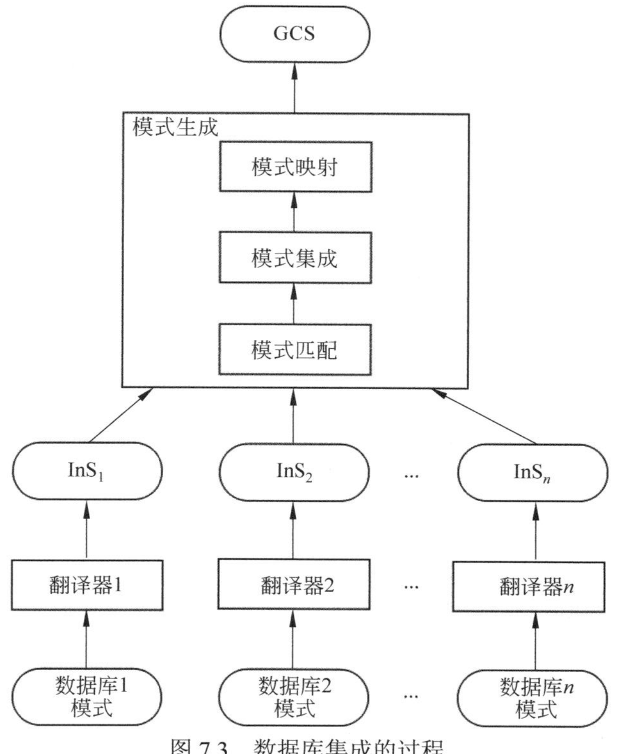

图 7.3　数据库集成的过程

面向对象模型、图模型（有时可简化为 trie 或 XML）。本章使用较为简洁的关系模型作为规范表示模型，尽管它在表示丰富的语义概念方面存在明显的缺陷。这个选择不会从根本上影响我们对数据集成主要问题的探讨。我们不会讨论将各种数据模型转换为关系模型的细节，因为很多数据库教科书都已经对此给出了详细介绍。

显然，只有当组件数据库异构并且使用不同模型定义局部数据模式的时候，翻译步骤才是必要的。系统联邦（System Federation）的一些研究首先根据数据模型的相似性将系统集成为不同的概念模式（例如，关系系统集成为一种概念模式，而对象数据库集成为另一种模式），进而将这些集成的模式在后期“合并”（例如 AURORA 项目）。在这种情况下，可以将翻译延后，从而为应用程序提供更高的灵活性，以适应应用程序需求的方式访问底层数据。

自底向上设计的第二步是利用中间模式生成 GCS。模式生成过程包含以下步骤：

（1）**模式匹配（Schema Matching）**：决定已翻译的 LCS 元素之间，或是预定义的 GCS 元素与每个 LCS 元素之间的语法和语义对应关系（见 7.1.2 节）。

（2）**模式集成（Schema Integration）**：将共同的模式元素集成到尚未定义的全局（中介）概念模式中（见 7.1.3 节）。

（3）**模式映射（Schema Mapping）**：确定如何将每个 LCS 的元素映射到 GCS 的其他元素（见 7.1.4 节）。

模式映射也可以细分为两个阶段：映射约束生成（mapping constraint generation）和转换生成（transformation generation）。在第一阶段，给定两个数据模式之间的对应关系，生成一个转换函数（如源模式上的查询或视图定义），以“填充”目标模式。在第二阶段，生成与该转换函数相对应的可执行代码，实际生成满足这些映射约束的目标数据库。在某些情况下，映射约束隐含于对应关系之中，此时第一阶段无须执行。

【例 7.1】 本节继续使用贯穿全书的工程数据库示例，讨论多数据库系统中的全局模式设计。作为一点扩充，我们引入了数据模型异构性以方便对数据库集成的两个阶段进行说明。

考虑两个机构，每个机构定义数据库的方式不同：一个机构使用第 2 章中的（关系）数据库模型，如图 7.4 所示。另一个机构也定义了类似的数据，但使用的是实体-关系（E-R）数据模型，如图 7.5 所示。

EMP(<u>ENO</u>, ENAME, TITLE)
PROJ(<u>PNO</u>, PNAME, BUDGET, LOC)
ASG(<u>ENO, PNO</u>, RESP, DUR)
PAY(<u>TITLE</u>, SAL)

图 7.4 工程数据的关系数据库表示

这里假设读者已对实体-关系模型有了一定的了解，因此我们不对模型本身进行过多解释，仅针对图 7.5 做几点说明。这个数据库与图 7.4 定义的工程关系数据库十分相似，但也有一个明显的区别：这个数据库还维护项目所服务的客户的数据。图 7.5 中的矩形框表示数据库中的实体；菱形表示相连实体之间的关系，其中关系类型在菱形内标注了出来。例如，CONTRACTED-BY 关系是 PROJECT 实体到 CLIENT 实体之间的多对一关系（例如，每个项目仅有一个客户，但一个客户可以拥有多个项目）。同样，WORKS-IN 关系表示相连实体之间的多对多关系。实体和关系的属性使用椭圆表示。

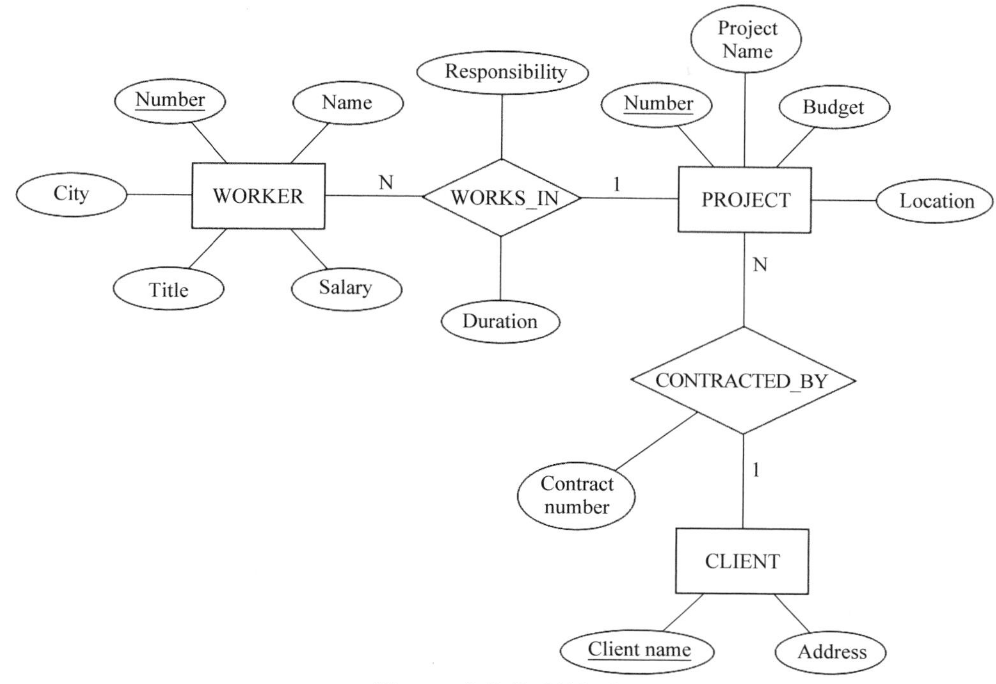

图 7.5 实体关系数据库

【例 7.2】 图 7.6 给出了 E-R 模型和关系数据模型之间的映射关系。注意，为了保证名称的唯一性，一些属性被重命名。

```
WORKER(WNUMBER, NAME, TITLE, SALARY,CITY)
PROJECT(PNUMBER, PNAME, BUDGET)
CLIENT(CNAME, ADDRESS)
WORKS_IN(WNUMBER, PNUMBER, RESPONSIBILITY, DURATION)
CONTRACTED_BY(PNUMBER, CNAME, CONTRACTNO)
```

图 7.6 E-R 模型和关系模型之间的映射关系

7.1.2 模式匹配

给定两个模式，模式匹配为一个模式中的每个概念确定在另一个模式中的哪个概念与之相匹配。如前所述，如果 GCS 已经定义，那么模式匹配通常需要将每个 LCS 与 GCS 进行匹配。如果没有定义 GCS，则要在两个 LCS 之间进行匹配。在此阶段产生的匹配关系随后会提供给模式映射使用，用于生成一组直接映射关系，从而将源数据模式映射到目标模式。

定义模式匹配可以使用一组规则：其中每个规则（由 r 表示）标识两个元素之间的对应关系（correspondence，由 c 表示）、指示对应关系何时成立的谓词（predicate，由 p 表示），以及对应关系中两个元素的相似性分值（similarityvalue，由 s 表示）。对应关系既可以简单地标识两个概念是相似的（表示为≈），也可以是一个函数，表明概念之间的计算方法（例如，如果一个项目中的预算以美元为单位，另一个项目使用欧元为单位，那么二者之间的对应关系就可以表示为一个函数，即一个值通过另一个值乘以汇率得到）。谓词表示对应关系成立的条件。例如，在上述预算的示例中，谓词 p 可以指定：仅当一个项目位于美国而另一个位于欧洲时，规则才成立。一条规则的相似性可以通过某种方式指定或计算出来，且为[0,1]的实数。根据上述定义，一组匹配可以定义如下：$M=\{r\}$，其中$r=\langle c,p,s\rangle$。

如前所述，对应关系既可以是自动发现的，也可以是预先指定的。将这一过程尽可能地自动化，存在许多复杂因素。最重要的是数据模式的异构性：现实世界中的同一现象可能会使用不同的数据模式进行表示，7.1.2.1 节将讨论这个非常重要的问题。除了模式异构性之外，使匹配过程复杂化的其他问题还包括如下。

- **模式和实例信息不完全**：匹配算法依赖于抽取自数据模式和数据实例之中的信息。在某些情况下，由于信息不足，可能会出现歧义。正如本节给出的例子所示，使用短名称或带有歧义的缩写来表示概念，会导致不正确的匹配。
- **数据模式文档难以获取**：在大多数情况下，数据模式缺乏良好的文档信息，也很难找到模式设计者来指导匹配过程。这些重要信息的缺乏都增加了匹配的难度。
- **匹配的主观性**：最后很重要的是认识到匹配的模式元素可能具有很强的主观性，不同的设计者可能对“正确”映射标准有不同的看法。这使得评估一个匹配算法的准确性变得十分困难。

尽管如此，已有一些针对匹配问题的算法被研发了出来，我们将在本节中进行讨论。有许多因素会影响一个匹配算法，比较重要的有以下几点。

- **基于模式的匹配与基于实例匹配**。到目前为止，本章主要关注的是模式集成（schema integration）；因此，我们的注意力自然是放在不同模式之间的概念匹配问题，相关的算法也大多侧重于考虑模式元素。然而，也有很多方法更关注数据实例，或是同时考虑模式信息和数据实例，其观点是引入数据实例可以在一定程度上缓解前面提到的语义难题。例如，如果属性名称有歧义，如“contact-info”，那么获取其数据可能有助于理解其含义；如果数据实例符合电话号码的格式，那么显然该属性是联系人的电话号码；如果是长字符串，则可能是联系人的姓名。此外，还有大量的属性，例如邮政编码、国家名称、电子邮件地址等，都可以通过其数据实例轻易地识别出。

  完全依靠模式信息的匹配方法可能更高效，因为不需要搜索数据实例来匹配属性。此外，在数据实例不多的情况下，通过实例进行学习并不可靠，因此只能依赖数据模式。不过，在某些情况下，例如在对等系统（见第 9 章）中，有可能不存在数据模式，此时基于实例的匹配方法可能是唯一有效的方法。
- **元素级匹配与结构级匹配**。一些匹配算法仅对单个模式元素进行操作，而另外一些算法则进一步考虑元素之间的结构关系。元素级方法考虑大多数模式语义可以通过元素的名称获取。然而，这可能无法找到跨越多个属性的复杂映射关系。结构级匹配算法则认为可匹配的模式在结构上通常比较相似。
- **匹配基数**。不同匹配算法在映射的基数方面表现出不同的能力。最简单的方法仅考虑一对一映射，即一个模式中的每个元素都与另一个模式中的一个元素完全匹配。大多数的匹配算法都采取这种方式，因为在这种情况下问题被大大简化了。当然，在很多情况下，一对一映射这个假设并不成立。例如，属性“总价（total price）”应该映射为另一个模式中“合计（subtotal）”与“税款（taxes）”这两个属性的总和——此类映射关系需要考虑一对多和多对多映射关系的更为复杂的匹配算法。

上述三个因素和其他一些标准可用于不同匹配方法的分类。根据这个分类体系（本章大体上参考这种分类体系，并做必要的微调），匹配方法首先被分为基于模式的匹配和基于实例的匹配（图 7.7）。基于模式的匹配进一步可以分为元素级和结构级的方法，而基于实例的方法则只需考虑元素级。在分类体系的最底层，不同的方法被分为基于语言的或是基于约束的匹配。这两种方法有着本质不同，7.1.2.2 节将讨论基于语言的匹配，7.1.2.3 节将讨论基于限制的匹配，7.1.2.4 节将讨论基于学习的匹配方法。我们将上述方法称为单一匹配（individual matcher）方法，并将它们的组合称为混合匹配（hybrid matchers）或复合匹配（composite matchers）方法（见 7.1.2.5 节）。

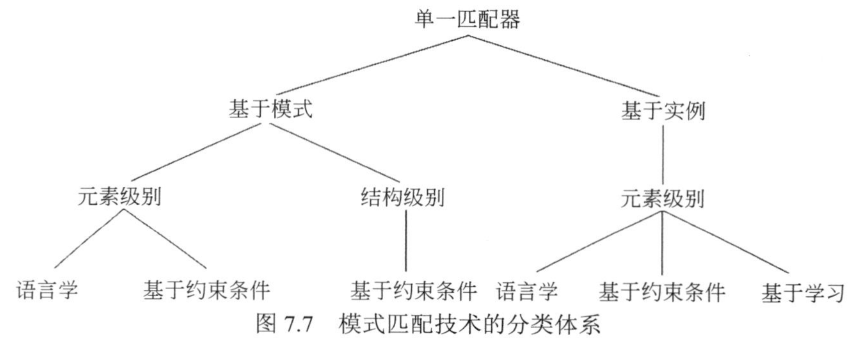

图 7.7　模式匹配技术的分类体系

7.1.2.1　模式异构性

模式匹配算法需要同时处理待匹配模式之间的结构异构性和语义异构性。在探讨不同的匹配算法之前，我们首先对这两类异构性进行介绍。

结构冲突存在于以下四种情况：类型冲突（type conflicts）、依赖冲突（dependency conflicts）、码冲突（key conflicts）和行为冲突（behavioral conflicts）。当同一对象在一个模式中由属性表示而在另一个模式中由实体（关系）表示时，就会发生类型冲突。当不同模式使用不同的关系模态（relationship mode，如一对一或是多对多）表示同一事物时，就会发生依赖冲突。当存在不同的可用候选码而不同的模式却选择了不同主码时，就会发生码冲突。行为冲突蕴含在建模的机制内。例如，从一个数据库中删除最后一项可能会引起相关实体的删除（例如，删除最后一个雇员会导致相关部门撤销）。

【例 7.3】 本章的示例会考虑两个结构冲突。第一个是存在于客户和项目之中的类型冲突。在图 7.5 的模式中，项目的客户被表示为一个实体；而在图 7.4 的模式中，客户表示成 PROJ 实体的一个属性。

第二个结构冲突是依赖冲突，涉及图 7.5 中 WORKS_IN 关系和图 7.4 中 ASG 关系表。前者是从 WORKER 到 PROJECT 的多对一关系，而后者是多对多关系。

模式之间的结构差异很重要，但如何去识别和解决这些差异尚未得到充分的研究。模式匹配必须考虑模式概念之间（可能不同）的语义，这引出了语义异构性（semantic heterogeneity）的概念。这个术语缺乏清晰的定义，它基本上表示不同数据库在数据的含义、解释和预期用途上的差异性。一些研究试图将语义异构性形式化，并建立与结构异构性的联系。本节并不使用形式化的方法进行研究，而是从直观的角度探讨一些语义异构性的问题。下面给出的是匹配算法需要解决的一些问题。

- **同义词、同形异义词、上位词**：同义词是指表示相同概念的不同的词语。例如在我们的数据库示例中，PROJ 关系表和 PROJECT 实体指的是同一个概念。与此相反，同形异义词是指同一个词在不同的语境下指代不同的意义。例如，BUDGET 在某个数据库中可能指代“总预算”，而在另一个数据库中可能指代“净预算（扣除一些间接费用）”——这给简单的比较带来了很大的麻烦。上位词指代更加泛化的概念。尽管本章的示例数据库没有直接的例子来说明这点，但我们可以想象某个数据库中的“汽车（vehicle）”是另一数据库中“小轿车”（car）的上位词；在其他情况下，小轿车也有可能是汽车的上位词。为了解决这些问题，可以引入领域本体（domain ontologies）的概念，定义特定领域的概念组织方式。
- **不同的本体**：即使应用了领域本体，也经常需要匹配来自不同领域的模式。在这种情况下，必须注意术语在不同本体中的含义，因为术语可能高度依赖其所在的领域。例如，属性“LOAD”可能在电力本体中表示电阻的度量，但在机械本体中表示重量的度量。
- **用词不准确**：模式可能包含带有歧义的名称。例如，示例数据库中的 LOCATION（来自 E-R）和 LOC（来自关系）可能指代详细地址或部分地址。类似地，属性“contact-info”既可能指代通信方式也可能指代其电话号码。这种用词不准确的情况非常普遍。

7.1.2.2 语言匹配方法

顾名思义，语言匹配方法使用元素名称和其他文本信息（如数据模式定义中的文本描述/注释）来执行元素之间的匹配。在很多情况下，语言匹配方法会借助于外部资源，如主题词汇表。

语言技术可以同时应用于基于模式的方法和基于实例的方法，可为它们分别度量模式元素之间或是数据实例元素之间的相似性。为了讨论方便，本节主要考虑基于模式的语言匹配方法，并简要提及基于实例的方法。因此，本节使用符号〈SC1.element-1≈SC2.element-2, p, s〉来表示模式SC1中的元素 element-1 在谓词 p 成立的条件下，可以对应到模式 SC2 中的元素 element-2，并用 s 表示相似度。匹配器使用这些规则和相似性来决定模式元素之间的相似性度。

基于模式的语言匹配器关注于模式元素的名称，并处理同义词，同形异义词和上位词等情况。在某些情况下，匹配器可以进一步利用模式定义中的注释信息（自然语言的说明文字）。在基于实例的方法中，语言匹配器专注于信息检索技术，如词频，关键词语等，并基于这些信息检索的度量方法来推断出相似性。

模式语言匹配器使用一组语言规则（也称为术语规则），这些规则既可以手工建立也可以从外部数据源（如主题词库 WordNet）中获取。在手工建立规则的情况下，设计者还需要指定谓词 p 和相似度 s。在自动发现规则的情况下，谓词和相似度既可以由专家指定，也可以通过稍后将会介绍的方法计算而得。

手工建立的语言规则可以处理诸如大小写、缩写和概念关系等问题。在一些系统中，设计者手工为每个模式单独建立规则（称为模式内规则 intraschema rules），进而使用匹配算法自动地发现模式间规则（interschema rules）。然而，在大多数情况下，规则库同时包含模式内规则与模式间规则。

【例 7.4】 可以很直观地定义例 7.2 所示关系数据库的规则，其中 RelDB 是原关系模式，ERDB 表示翻译好的 E-R 模式。

$$\langle \text{uppercase names} \approx \text{lower case names}, \text{true}, 1.0)\rangle$$
$$\langle \text{uppercase names} \approx \text{capitalized names}, \text{true}, 1.0)\rangle$$
$$\langle \text{capitalized names} \approx \text{lower case names}, \text{true}, 1.0)\rangle$$
$$\langle \text{RelDB.ASG} \approx \text{ERDB.WORKS\_IN}, \text{true}, 0.8\rangle$$

前三条是处理大小写的通用规则，第四条指定了 RelDB 中ASG元素和 ERDB 中WORKS_IN元素之间的相似性。由于这四条规则总是成立，因此有 $p = \text{true}$。

如前所述，计算元素名称相似性也有很多自动的方法。例如，COMA 利用下面的方法计算两个元素名称的相似性。

- 词缀（affixes），即两个元素名称字符串之间的公共前缀和后缀。
- n-gram，即长度为n的子串。两个元素名称共有的 n-gram 越多，它们的相似性就越高。
- 编辑距离（edit distance，也称 Lewenstein 距离），即将一个字符串转换成另一个字符串需要的最少操作数，其中操作包括添加、删除、修改字母。
- 语音相似性，即两个元素名称表音码（soundex code）之间的相似性。英文单词的表音码通过将单词哈希到一个字母和三个数字获得。哈希值近似地对应到单词如何发音。重要的是，我们要求发音相似的单词具有相近的表音码。

例 7.5 考虑对之前示例模式中的 RESP 和 RESPONSIBILITY 两个属性进行匹配。例 7.4 中定义的规则处理了大小写差异，因此本例只需匹配 RESP 和 RESPONSIBILITY 即可。让我们考察如何使用编辑距离和 n-gram 的方法计算两个字符串之间的相似性。

将 RESP 和 RESPONSIBILITY 中的一个字符串变成另一个字符串需要的编辑操作个数是 10（在 RESP 中添加 O、N、S、I、B、I、L、I、T、Y 这 10 个字母，或从 RESPONSIBILITY 中删掉这十个字母）。因此，字符串变化的比例是 10/14，进一步可以使用 $1-(10/14)=4/14=0.29$ 来度量他们的相似性。

下面计算 n-gram，首先需要确定 n 的取值。本例设定 n=3，即计算 3-gram。字符串“RESP”的 3-gram 包括“RES”和“ESP”。字符串“RESPONSIBILITY”有 12 个 3-gram，分别是“RES”“ESP”“SPO”“PON”“ONS”“NSI”“SIB”“IBI”“BIP”“ILI”“LIT”和“ITY”。由于匹配的 3-gram 有两个，因此相似性为 2/12=0.17。

本节中的例子都属于一对一匹配，即将模式中的一个元素唯一地匹配到其他模式中的一个元素。如前所述，可能会存在一对多的匹配（例如，一个数据库中门牌地址、城市、国家三个元素的取值可能来自于另一个数据库中的一个单一的地址元素），多对一匹配（总价属性可能通过合计与税款两个属性计算得到），或是多对多匹配（例如书名和评分信息可能通过两个表连结得到，其中一个表包含图书信息，另一个表包含读者评价和评分信息）。一般来说，元素级别匹配通常考虑一对一、一对多和多对一关系，而模式级别匹配在必要的模式信息齐全的情况下可能进一步考虑多对多关系。

7.1.2.3 基于限制的匹配方法

数据模式定义通常包含一些语义信息，用来限制数据库中的取值，一般包括数据类型信息、数据取值范围、码约束等。在基于实例的技术中，取值范围可以从实例数据的模式中抽取得到。这些信息都可以为匹配器所用。

这里考虑数据类型。数据类型包含了大量的语义信息，既可用于区分概念，也可用于进行匹配。比如，例 7.5 中 RESP 和 RESPONSIBILITY 的相似性很低。然而，如果它们具有相同的数据类型，则可以增加它们之间的相似性。类似地，比较数据类型可以区分字面上相似的元素。例如，图 7.4 中的 ENO 与图 7.5 中的两个 NUMBER 属性具有相同的编辑距离和 *n*-gram 相似性（如果仅考虑属性名称的话）。在这种情况下，数据类型可以起到辅助作用：如果 ENO 和 WORKER.NUMBER 都为整数类型，而 PROJECT.NUMBER 为字符串类型，那么显然 ENO 和 WORKER.NUMBER 的相似性就更高些。

在基于结构的方法中，可以利用两个模式中结构的相似性来确定模式中元素的相似性。两个模式元素在结构上越相似，它们表示同一概念的可能性也就越高。例如，如果两个元素在名称上差异很大，我们无法通过元素匹配确定它们的相似性，但它们具有相同的性质（例如相同的属性）和相同的数据类型，那这两个元素表示相同概念的可能性就会提高。

确定两个概念之间的相似性同时需要考虑这两个概念的“邻居”的相似性。邻居这一概念的定义通常需要将数据模式表示为图的形式，图中的节点表示概念（关系表、实体、属性），图中的有向边表示概念之间的相关性（例如，关系表节点和属性节点之间存在边，外键节点和它指向的主键节点之间存在边）。在这种情况下，一个概念的邻居可以定义为在模式图中该概念在一定路径长度之内可以到达的节点，从而将计算结构相似性的问题转化为计算邻居子图相似性的问题。许多这类算法中都以被检查的概念为根，并计算由两棵树的根顶点所表示的概念的相似性。基本思想是，如果子图（子树）越相似，则两个图中由“根”顶点表示的概念也越相似。子图的相似性通过一种自底向上的方法计算，从使用元素匹配（例如，同义词级别的名称相似性或数据类型兼容性）计算叶子节点的相似性开始。两棵子树的相似性是根据子树中节点的相似性递归计算的，进而将两个子图（子树）的相似性定义为两个子树之间叶子节点存在强连结的比例。这是基于这样的假设：（1）叶子节点带有更多的信息；（2）对于非叶子节点而言，即使它们的直接孩子节点不相似，如果叶子节点相似，也可以认为它们是相似的。这些都属于启发式规则，类似的启发式规则还可以定义很多。

在通过有向图的邻居节点计算节点相似性时，还有一种有趣的方法，称为相似性扩散（similarity flooding）。该方法从一个初始图开始，其中节点相似性已经通过元素匹配器确定；接下来，该方法通过迭代的方法将这些相似性进行传播，并通过相近节点来更新节点的相似性。因此，只要发现两个模式中的任何两个元素相似，它们相邻节点的相似性就会增加。当节点相似性稳定时，上述迭代过程即可停止。在每步迭代中，为了简化计算，可以选择一部分节点作为“可信”匹配用于后续迭代步骤。

上述两种方法都假设边的语义是不可知的。在某些图的定义中，边上可以附加额外的语义信息。例如，将关系表/实体到其属性之间的表示包含关系的边（containment edges）

与外键到主键之间表示参照关系的边（referential edges）区分开来。有一些系统（如 DIKE）考虑了边的语义。

7.1.2.4　基于学习的匹配方法

第三类模式匹配方法是采用机器学习技术，将匹配问题建模为一个分类问题，将来自不同数据模式中的概念根据其相似性被分到不同的类别中。其中，相似性是通过与这些模式对应的数据库的数据实例的特征来确定的。可以根据训练集中的数据实例学习如何将概念进行分类。

图 7.8 给出了基于学习方法的流程。首先准备训练集τ，包含数据库D_i到数据库D_j的数据实例对应关系的样例。数据集可以通过人工构造——人工识别出数据模式之间的对应，进而从数据实例中抽取样例。或者也可以通过指定将数据从一个数据库转换到另一个数据库的查询表达式来确定训练集。学习器（Learner）从训练集中获得有关数据库特征的概率信息。分类器（Classifier）利用这些信息分析另外一对数据库（D_k和D_l）中的数据实例，并对D_k和D_l中的元素进行分类预测。

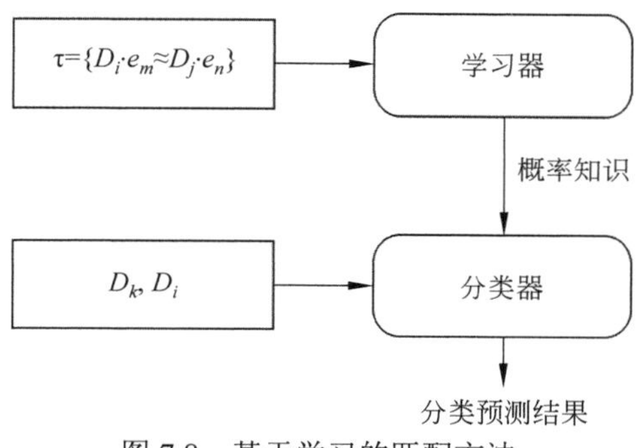

图 7.8　基于学习的匹配方法

上段描述的是一个通用的方法框架，可以适用于目前所有的基于学习的匹配方法。不同方法的区别在于所使用学习器的类型不同，以及调整学习器的行为以支持模式匹配的方法不同。一些方法使用的是神经网络（如 SEMINT），而另一些方法使用的是朴素贝叶斯学习器/分类器（如 Autoplex、LSD）和决策树。本节不讨论这些学习方法的细节。

7.1.2.5　组合匹配方法

到目前为止，本节所讨论的匹配方法各有优缺点，不同的方法适用于不同的情况。因此，我们可以组合多种匹配器，从而构建出一个更为“完整”的匹配方法。

匹配器的组合可以有两种方式：混合（hybrid）与复合（composite）。混合方法是在一个算法中结合多个匹配器。换言之，可以使用一个算法中的多个元素匹配器（如字符串匹配、数据类型匹配）和（或）结构匹配器来比较来自两个模式的元素，从而计算它们的整体相似性。细心的读者会注意到，在介绍侧重于结构匹配的基于约束的匹配算法时，我们采用的就是混合方法：开始时基于相似性判定，例如，使用元素匹配器比较叶子节点，然后利用相似性进行结构匹配。另一方面，复合算法采用不同的匹配器对两个模式（或两个实例）进行匹配，获得一组相似性分值，然后使用某种方法将这些分值聚合起来。具体来说，假设$s_i(C_j^k, C_l^m)$是使用匹配器i（$i = 1, \dots, q$）对来自模式 k 的概念C_j和来自模式 m 的概念C_l计算而得的相似性分值，则这两个概念之间的复合相似性可以表示为$s_i(C_j^k, C_l^m) = f(s_1, \dots, s_q)$，其中$f$是用于聚合相似性分值的一个函数。这个函数既可以是简单的计算，如求平均、求最大、求最小等，也可以是更复杂的排序聚合函数（详见 7.2 节）。复合方法由 LSD 和 iMAP 系统提出，分别用来处理一对一和多对多的匹配问题。

7.1.3 模式集成

一旦完成了模式匹配，我们就识别出了不同 LCS 之间的对应关系。下一步就是要构建 GCS，这被称为模式集成（schema integration）。如前所述，模式集成仅当尚未定义 GCS 且对 LCS 执行匹配时才是有必要的。反之，如果 GCS 已经定义好了，则只需确定 GCS 和每个 LCS 之间的对应关系即可，并不需要考虑模式集成。然而，如果 GCS 是基于模式匹配阶段识别的对应关系而将 LCS 进行集成的结果，那么作为集成的一部分，有必要识别出 GCS 和 LCS 之间的对应关系。在这个过程中，尽管有很多工具可以辅助集成，但人工参与显然是必不可少的。

【例 7.6】 针对之前讨论的两个 LCS 存在多个集成结果的情况，图 7.9 给出了一种模式集成可能给出的 GCS。我们将在后续章节使用这个例子。

根据在第一阶段处理局部模式策略的不同，集成方法可以分为二元和 *n* 元两种机制，如图 7.10 所示。二元集成方法同时处理两个数据模式，既可以采用逐步（阶梯式）的方式（图 7.11(a)所示），即先构建中间模式再与后续模式进行集成；也可以采用纯二元的方法（图 7.11(b)），模式两两集成为中间模式，进而再两两集成。

```
EMP(E#, ENAME, TITLE, CITY)
PAY(TITLE, SAL)
PR(P#, PNAME, BUDGET, LOC)
CL(CNAME, ADDR, CT#, P#)
WORKS(E#, P#, RESP, DUR)
```

图 7.9 集成的 GCS 的示例（其中 EMP 表示雇员表、PR 表示项目表、CL 表示客户表）

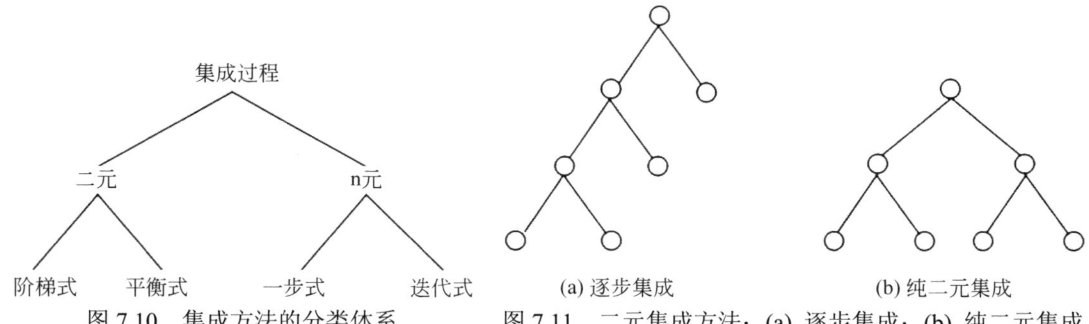

图 7.10 集成方法的分类体系

图 7.11 二元集成方法：(a) 逐步集成；(b) 纯二元集成

n 元集成机制在每次迭代集成两个以上的模式。一步集成（图 7.12(a)）一次性地集成所有的数据模式，在一次迭代后即产生全局概念模式。这种方法的优点是在集成阶段考虑了所有数据库的可用信息，既无须顾虑模式集成的次序，又可以在通盘考虑了所有的模式

之后再做决策，例如决定数据最佳的表现方式和最易理解的结构等。该方法的挑战在于较为复杂且难以自动化。

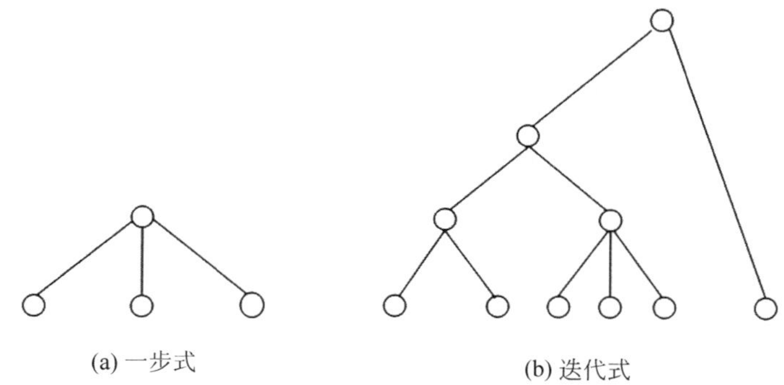

图 7.12　**n**元集成方法：(a) 一步集成；(b) 迭代式集成

迭代式 n 元集成方法（图 7.12(b)）提供了更大的灵活性（利用的信息更充分）和通用性（数据模式的个数可以根据集成器的配置变化）。二元方法是迭代式n元方法的一个特例。由于每次考虑的模式数量有限，迭代式方法降低了计算的复杂度，使集成更加自动化。此外，采用 n 元方法的集成能同时处理两个以上的模式。从实用性出发，大部分系统采用二元方法，但也有些研究者倾向于n元方法，因为可以获得完整的信息。

7.1.4　模式映射

一旦定义了 GCS（或中介模式）后，我们就必须确定如何将每个局部数据库（源）中的数据映射到 GCS（目标）上，同时保持语义一致性（由源和目标定义）。虽然已经确定了 LCS 和 GCS 之间的对应关系，模式匹配可能没有明确地说明如何从局部模式获得全局数据库——模式映射则主要研究这一点。

数据仓库系统使用模式映射显式地从源中抽取数据，并将数据翻译为数据仓库模式以便发布。数据集成系统中的查询处理器和封装器使用模式映射进行查询处理（见 7.2 节）。

本节主要研究模式映射的两个问题：映射创建（mapping creation）和映射维护（mapping maintenance）。映射创建是建立将数据从局部数据库映射到全局数据库的显式查询的过程。映射维护则负责检测和纠正由模式变化带来的映射不一致。具体来说，源数据模式可能在结构或是语义上发生变化，导致现有的映射无效。此时，映射维护负责检测无效的映射并（自动地）修改映射以保证与新模式的语义一致，以及与现有模式的语义等价。

7.1.4.1　映射创建

映射创建过程从一个源 LCS、一个目标 GCS 和一组模式匹配关系 M 开始，目标是生成一组查询，执行这些查询能够通过源数据库建立 GCS 数据实例。数据仓库系统使用这些查询建立数据仓库（全局数据库），而数据集成系统在查询处理中按照相反的方向使用这些查询，详见 7.2 节。

下面通过规范的关系数据模型对模式映射进行说明。我们考虑源 LCS 包含一组关系表 $Source = \{\mathrm{O}_1, \dots, \mathrm{O}_m\}$，而 GSC 包含一组全局（或目标）关系表$Target = \{\mathrm{T}_1, \dots, \mathrm{T}_m\}$，集

合M由一组模式匹配规则（参见 7.1.2 节中的定义）。给定上述输入，模式映射为每个T_k生成一个查询Q_k，使之满足：查询Q_k定义在关系表集合$Source$的子集（有可能是真子集）上，而且执行查询Q_k可以从源关系表中为T_k生成数据。

上述过程可以通过依次考虑每个T_k来迭代完成。算法首先将集合$M_k \subseteq M$（M_k是仅适用于T_k属性的规则集合）划分为若干子集$\{M_k^1, \ldots, M_k^s\}$，并保证每个M_k^j指定一种可以计算T_k的值的可能方式。此外，每个M_k^j都可以映射到一个查询q_k^j上，执行查询q_k^j即可生成T_k中的数据。对所有这些查询求并，即可得到我们需要求解的查询集合$Q_k(=\bigcup_j q_k^j)$。

该算法包含四个步骤，后面会进行讨论。它不考虑规则中的相似性取值，原因在于相似性已经在匹配过程的最后阶段使用过了，因此不必在映射阶段重复使用。此外，当集成达到这一阶段时，核心的问题已经变成如何将源关系表（LCS）数据映射到目标关系表（GCS）数据。因此，需要考虑的对应关系不再是对称的等价关系（≈），而映射关系（↦），即将（一个或多个）源关系表属性映射到目标关系表的属性，即$(O_i.attribute_k, O_j.attribute_l) \mapsto T_w.attribute_z$。

【例 7.7】 由于原来的示例数据库已经不能说明这里的复杂情况，本节使用一个新的示例数据库来说明模式映射算法。

源关系表（LCS）：

$$O_1(A_1,A_2)$$
$$O_2(B_1,B_2,B_3)$$
$$O_3(C_1,C_2,C_3)$$
$$O_4(D_1,D_2)$$

目标关系表（GCS）：

$$T(W_1, W_2, W_3, W_4)$$

本例子考虑 GCS 仅包含一个关系表，这足以说明算法的操作，因为该算法每次只处理一个目标关系表。

属性之间的主外键关系如下：

外键	依赖
A1	B1
A2	B1
C1	B1

假设已经为关系表 T 的属性发现了以下匹配关系（这些匹配关系构成了集合M_T）。在后续的例子中，我们将不关心谓词p具体是什么，因此不再给出p的具体形式。

$$r_1=\langle A_1 \mapsto W_1, p\rangle$$
$$r_2=\langle A_2 \mapsto W_2, p\rangle$$
$$r_3=\langle B_2 \mapsto W_4, p\rangle$$
$$r_4=\langle B_3 \mapsto W_3, p\rangle$$
$$r_5=\langle C_1 \mapsto W_1, p\rangle$$
$$r_6=\langle C_2 \mapsto W_2, p\rangle$$
$$r_7=\langle D_1 \mapsto W_4, p\rangle$$

算法的第一步是将M_k（对应T_k）划分为若干子集$\{M_k^1, \ldots, M_k^n\}$，对于T_k中任何一个属性，保证在每个子集M_k^j中都至多有一个与其相关的匹配。这些子集也被称为潜在候选集，其中有些子集包含T_k中的所有属性，称为是完备的；而有些子集可能是不完备的。考虑不完备子集的原因有两点：第一，目标关系表的一个或多个属性可能没有关联的匹配（即没有一个匹配集合是完备的）；第二，对于大型且复杂的数据库模式，需要迭代地构建映射，这样设计者就可以增量地指定映射关系。

【例 7.8】 M_T可以被划分为以下的 53 个子集（潜在候选集），其中前 8 个集合是完备的，而其余的不完备。为了表达清晰，完备的规则按照它映射到的目标属性进行排序，例如M_T^1中的第 3 条规则是r_4，因为该规则映射到属性W_3。

$M_T^1=\{r_1, r_2, r_4, r_3\}$　$M_T^2=\{r_1, r_2, r_4, r_7\}$

$M_T^3=\{r_1, r_6, r_4, r_3\}$　$M_T^4=\{r_1, r_6, r_4, r_7\}$

$M_T^5=\{r_5, r_2, r_4, r_3\}$　$M_T^6=\{r_5, r_2, r_4, r_7\}$

$M_T^7=\{r_5, r_6, r_4, r_3\}$　$M_T^8=\{r_5, r_6, r_4, r_7\}$

$M_T^9=\{r_1, r_2, r_3\}$　$M_T^{10}=\{r_1, r_2, r_4\}$

$M_T^{11}=\{r_1, r_3, r_4\}$　$M_T^{12}=\{r_2, r_3, r_4\}$

$M_T^{13}=\{r_1, r_3, r_6\}$　$M_T^{14}=\{r_3, r_4, r_6\}$

…　…

$M_T^{47}=\{r_1\}$　$M_T^{48}=\{r_2\}$

$M_T^{49}=\{r_3\}$　$M_T^{50}=\{r_4\}$

$M_T^{51}=\{r_5\}$　$M_T^{52}=\{r_6\}$

$M_T^{53}=\{r_7\}$

算法的第二步是分析每个潜在的候选集M_k^j能否生成“好”的查询。如果M_k^j中的所有匹配都是将单个源关系表中的值映射到T_k上的，那么就很容易生成与M_k^j相对应的查询。这里需要特别关注的是匹配与多个源关系表对应的情况。在这种情况下，算法需要检查这些关系表之间是否存在通过主外键(即是否在源关系表上存在连结路径)关系构成的参照关联。如果不存在，则可以不用继续考虑这个候选集。反之，一旦存在通过主外键关系构成的多条连结路径，算法就需要找到产生最多元组的路径（即外连结的结果大小和内连结的结果大小差异最小的路径）。如果存在多条产生最多元组的路径，就需要数据库设计者的介入来挑选其中的一条。Clio、OntoBuilder 等工具能够辅助这一挑选过程，支持设计者的查看和指定对应关系等功能。算法这一步的输出结果是一组候选集的集合$\overline{M_k} \subseteq M_k$。

【例 7.9】 在本例中，不存在一个M_k^j可以从一个单个源关系表映射得到 T 中的所有属性。在涉及多个源关系表的规则中，只有与O_1、O_2和O_3相关的规则可以映射到“好”的查询，因为它们之间存在主外键关系。与此相对，与O_4相关的规则（即包含规则r_7）不能映射到“好”的查询，因为不存在从O_4到其他关系表的连结路径（即，任何查询都会引入代价较高的叉积操作）。因此，这些规则都可以从潜在候选集中去除。如果只考虑完备的集合，M_k^2、M_k^4、M_k^6和M_k^8也可以去除。基于以上原因，候选集合$\overline{M_k}$最后仅包含 35 条规则（读者可以自行验证，以便更好地理解算法）。

算法的第三步是计算候选集$\overline{M_k}$的一个“覆盖”，覆盖$C_k \subseteq \overline{M_k}$是由一组候选集构成的集合，并满足$\overline{M_k}$中的每个匹配规则在$C_k$中至少出现一次。由于包含了所有的匹配规则，覆盖有足够的信息生成目标关系表T_k。如果存在多个覆盖（一个匹配规则可能属于多个覆盖），可以按照覆盖中候选集的个数从小到大进行排序。覆盖中候选集越少，下一步生成查询的个数也就越少，生成映射的效率也就越高。如果多个覆盖的排序是相同的，则可以进一步按照候选集中目标属性的个数从大到小进行排序。这样排序的合理性在于：具有更多属性的覆盖在结果中生成空值的数量更少。在此阶段，可能需要让设计人员参与从排好序的覆盖中进行选择。

【例 7.10】 由于已经去除了包含规则r_7的集合M_k^j，本例只需考虑定义$\overline{M_k}$中匹配的 6 条规则。可能的覆盖有很多，本例从包含M_k^1的覆盖入手来对算法进行说明。

$$C_{\mathrm{T}}^1=\{\underbrace{\{r_1,r_2,r_4,r_3\}}_{M_{\mathrm{T}}^1},\underbrace{\{r_1,r_6,r_4,r_3\}}_{M_{\mathrm{T}}^3},\underbrace{\{r_2\}}_{M_{\mathrm{T}}^{48}}\}$$

$$C_{\mathrm{T}}^2=\{\underbrace{\{r_1,r_2,r_4,r_3\}}_{M_{\mathrm{T}}^1},\underbrace{\{r_5,r_2,r_4,r_3\}}_{M_{\mathrm{T}}^5},\underbrace{\{r_6\}}_{M_{\mathrm{T}}^{50}}\}$$

$$C_{\mathrm{T}}^3=\{\underbrace{\{r_1,r_2,r_4,r_3\}}_{M_{\mathrm{T}}^1},\underbrace{\{r_5,r_6,r_4,r_3\}}_{M_{\mathrm{T}}^7}\}$$

$$C_{\mathrm{T}}^4=\{\underbrace{\{r_1,r_2,r_4,r_3\}}_{M_{\mathrm{T}}^1},\underbrace{\{r_5,r_6,r_4\}}_{M_{\mathrm{T}}^{12}}\}$$

$$C_{\mathrm{T}}^5=\{\underbrace{\{r_1,r_2,r_4,r_3\}}_{M_{\mathrm{T}}^1},\underbrace{\{r_5,r_6,r_3\}}_{M_{\mathrm{T}}^{19}}\}$$

$$C_{\mathrm{T}}^6=\{\underbrace{\{r_1,r_2,r_4,r_3\}}_{M_{\mathrm{T}}^1},\underbrace{\{r_5,r_6\}}_{M_{\mathrm{T}}^{32}}\}$$

可以观察到，上述覆盖包含了两个或三个候选集合。由于算法倾向于找到较少候选集的覆盖，下面只需要关注那些包含两个候选集合的覆盖。此外，这些覆盖中候选集对应目标属性的个数也不相同。由于该算法倾向于每个候选集合中包含最多目标属性的覆盖，因此本例中的C_{T}^3是最佳覆盖。

请注意，由于该算法采用了两种启发式方法，所以算法只需考虑包含M_{T}^1、M_{T}^3、M_{T}^5和M_{T}^7的覆盖。也可以找到类似的覆盖，包含M_{T}^3、M_{T}^5和M_{T}^7；本节把它留作习题。在后续的讨论中，我们假设设计者已经选择了C_{T}^3作为最佳覆盖。

算法的最后一步是为最佳覆盖中的每个候选集构建一个查询q_k^j。所有这些查询的并集（UNION ALL）会产生 GCS 中关系表T_k的最终映射关系。

构建查询q_k^j的方法如下：

- **SELECT** 子句包含M_k^j中每个规则r_k^i的所有对应关系c。
- **FROM** 子句包含与r_k^i相关的所有源关系表，以及算法第 2 步中确定的连结路径。
- **WHERE** 子句包含r_k^i中所有谓词 p 以及算法第 2 步中确定的所有连结谓词的合取结果。

如果r_k^i在c或p中包含聚合函数，则

- 对在 **SELECT** 子句中但没有出现在聚合函数中的属性（或属性的函数），使用 **GROUP BY**；
- 如果聚合是在对应关系c上，则将聚合函数添加在 **SELECT** 子句上；如果聚合位于谓词p上，则为该聚合函数建立 **HAVING** 子句。

【例 7.11】 由于例 7.10 已经将覆盖C_{T}^3确定为最终的映射关系，本例只需生成两个查询q_{T}^1和q_{T}^7，分别对应M_{T}^1和M_{T}^7。为了便于读者理解，这里重复列出规则：

$$r_1 = \langle \mathrm{A}_1 \mapsto \mathrm{W}_1, p \rangle$$
$$r_2 = \langle \mathrm{A}_2 \mapsto \mathrm{W}_2, p \rangle$$
$$r_3 = \langle \mathrm{B}_2 \mapsto \mathrm{W}_4, p \rangle$$
$$r_4 = \langle \mathrm{B}_3 \mapsto \mathrm{W}_3, p \rangle$$
$$r_5 = \langle \mathrm{C}_1 \mapsto \mathrm{W}_1, p \rangle$$
$$r_6 = \langle \mathrm{C}_2 \mapsto \mathrm{W}_2, p \rangle$$

生成的查询如下：

```
q_k^1 :  SELECT  A1, A2, B2, B3
         FROM    O1, O2
         WHERE   p1 AND O1.A2 = O2.B1

q_k^7 :  SELECT  B2, B3, C1, C2
         FROM    O2, O3
         WHERE   p3 AND p4 AND p5 AND p6
         AND     O3.c1 = O2.B1
```

最终，目标关系表 T 上的查询Q_k为q_k^1**UNION ALL**q_k^7。

算法依次处理每个目标关系表T_k，最终输出一组查询$Q = \{Q_k\}$；执行这些查询会为 GCS 中的关系表生成数据。因此，算法在关系表数据模式之间生成了一组 GAV 映射——回想一下，GAV 将 GCS 定义为 LCS 上的一个视图，这正是映射查询所做的。由于在生成查询时考虑了主外键关系，算法考虑了源模式的语义信息。然而，算法没有考虑目标模式的语义信息，因此不能保证执行映射查询生成的元组满足目标模式的语义。当 GCS 由 LCS 集成产生时，这并不造成什么问题；然而，如果 GCS 是独立于 LCS 定义的，这就可能会造成麻烦。

可以扩展算法来处理目标模式语义和源模式语义，这需要考虑模式间元组生成的依赖关系。换言之，有必要生成 GLAV 映射关系。根据定义，GLAV 映射不仅仅是对源关系表的查询，还体现了源（即 LCS）关系表查询和目标（即 GCS）关系表查询之间的关系。具体来讲，考虑一个模式匹配v，它定义了源 LCS 关系表 R 的属性 A 和目标 GCS 关系表 T 的属性 B 的对应关系，表示为$v = \langle \mathrm{R.A} \approx \mathrm{T.B}, p, s \rangle$。然后，源查询和目标查询分别给出获得R.A和T.B的方法，而 GLAV 映射给出的就是这两个查询之间的关系。

一种实现方法是以源模式、目标模式和M作为输入，目标是“发现”同时满足源模式和目标模式语义的一组映射。该算法比之前讨论的算法更有效，它能够处理在 XML、对象数据库和嵌套关系系统中普遍出现的嵌套结构。

语义翻译（semantic translation）是基于模式匹配发现所有映射关系的第一步，其目的是以一种与源模式和目标模式的语义一致的方式解释M中的模式匹配，如模式结构和参照完整性（外键）约束。语义翻译的输出结果是一组逻辑映射（logical mappings），每个映射都包含一个在源模式和目标模式上的设计决策（语义），并对应一个目标模式关系表。第二步是数据翻译（data translation），其目标是将每个逻辑映射实现为一条规则，并将规则转换为一条查询，该查询将在执行时创建目标元素的一个实例。

语义翻译将源模式$Source$、目标模式$Target$和M作为输入，并执行以下两个步骤：

（1）分别检查$Source$和$Target$中的模式内语义（intraschema semantics），并生成一组语义一致的逻辑关系表（logical relations）。

（2）基于上一步生成的逻辑关系表解释模式间对应关系M，并向Q中添加一组在语义上与$Target$一致的查询。

7.1.4.2 映射维护

在动态环境下，数据模式会随时间变化，因此模式映射可能会因模式结构或约束的变化而失效。因此，有必要对失效/不一致的模式映射进行检测，以使模式映射重新适应新的模式结构/约束。

一般来说，由于模式的复杂性和数据库应用程序中使用的模式映射数量在不断增加，自动检测无效/不一致的模式映射是很有必要的。另一个目标是根据模式的变化自动（或半自动）地调整映射。需要注意的是，模式映射的自动调整与自动模式匹配是不同的：前者是利用模式内语义已知的变化、现有映射中的语义和检测到的语义由于模式变化而引起的不一致来解决语义对应关系；而后者更像是从零开始生成模式映射关系，并不具备考虑上述背景知识的能力。

1. 检测无效映射

一般而言，当模式发生变化时，检测无效映射的方式既可以是主动的也可以是被动的。在主动检测的环境中，一旦用户改变了模式，系统就会立即检测映射是否出现不一致。这种方法的基本假设（或前提）是映射维护系统可以及时检测到模式发生的任何变化。例如，ToMAS 系统希望用户通过自带的模式编辑器来修改模式，从而使系统检测到模式的变化。系统一旦检测到这种变化，就会立即对包含新模式中逻辑关系表的映射进行语义翻译，从而达到检测无效映射的目的。

在被动检测的环境下，映射维护系统并不知道数据模式在何时或以何种方式发生了变化。因此，为了检测无效的模式映射，系统需要定期地在数据源上执行查询，并使用现有的映射对查询返回的数据进行翻译，最终基于映射检测的结果来确定无效的映射。

还可以使用机器学习技术来检测无效映射（如在 Maveric 系统中）。该方法集成一组训练好的传感器（类似于模式匹配中的多学习器）来检测无效的映射。类似的传感器包括：取值传感器，负责监控目标实例取值的分布特性；趋势传感器，负责监控数据修改的平均速率；约束传感器，负责监控和对比翻译好的数据与目标模式在语法和语义上的差别。系统将单一传感器找到的无效映射进行加权求和，并通过学习的方法计算权重。如果求和的结果或后续的检测显示模式发生了变化，则会生成警报。

2. 调整无效映射

一旦检测到无效的模式映射，就必须对其进行调整以适应模式的变化。现有的调整方法可以粗略地分为以下几类：固定规则方法（fixed rule approaches）为能预期到的每种模式变化类型定义重新映射的规则；映射桥接方法（map bridging approaches）比较变化前的模

式 S 和变化后的模式 S' 之间的差异，在现有映射关系的基础上生成从 S 到 S' 的新的映射关系；语义重写方法（semantic rewriting approaches）基于蕴含于现有映射、模式和模式语义变化中的语义信息，提出映射重写规则，从而生成语义一致的目标数据。在大多数情况下，可能存在多个重写规则，因此需要对可能的候选规则进行排序，并呈现给用户进行选择，而用户主要基于在模式或映射中未涉及的场景或业务语义。

另一种有争议的映射调整方法是对模式进行完全的重新映射（即使用模式匹配技术从零开始对模式进行映射）。然而，在大多数情况下，对映射重写比重新生成映射的代价更低，因为前者可以利用现有映射中的知识，从而排除掉可能会被用户拒绝的映射，以及避免冗余的映射。

7.1.5　数据清洗

在源数据库中总会有错误发生，需要对其清洗才能正确回答用户查询。数据清洗问题同时存在于数据仓库和数据集成系统中，但具体的应用场景不同。在数据仓库中，数据从局部运行数据库中抽取出来，并物化为全局数据库，因此在创建全局数据库时进行数据清洗。另一方面，数据集成系统在源数据库返回数据的查询处理阶段进行数据清洗。

一般而言，数据清洗过程处理的错误可以分为模式级和实例级。模式级错误是由于 LCS 违反明确的或隐含的约束而产生的。例如，属性值可能超出取值范围（如第 14 个月或是负的工资），属性值可能违反隐含的依赖关系（如年龄属性的取值与当前日期减去生日的结果并不对应），属性值违反唯一性约束或参照完整性约束。此外，之前讨论的 LCS 之间在模式级的异构性（结构和语义）都可能会产生错误。不难看出，对于模式级错误，应该在模式匹配阶段进行检测，并在模式集成阶段进行修正。

实例级错误存在于数据级别。例如，一些必需的属性值可能会缺失，词语出现拼写错误或是位置调换（如“M.D. Mary Smith”和“Mary Smith,M.D.”），缩写上存在差异（如一个源数据库使用“J.Doe”，而另一个使用“J.N.Doe”），值存在嵌套（如地址属性包括街道、省、邮编），值对应错误的域上，值存在重复，值出现冲突（工资在不同的数据库上有不同的取值）。对于实例级清洗，核心的问题是生成一组映射，以便通过执行映射函数（查询）来对数据进行清洗。

数据清洗的通用方法是定义数据模式或数据上的一组操作符，这些操作符可以组合成一个数据清洗计划（data cleaning plan）。模式操作符包括从关系表中添加或删除列，组合与拆分列以重构关系表，或是定义更复杂的模式转换，例如利用一个通用的“映射”操作符将一个关系表转换为一个或多个关系表。数据级操作符包括将某个函数应用于属性的每个值，将两个属性的值合并为同一属性的值以及相反的拆分操作，计算两个关系表中元组近似连结的匹配操作符，将关系表中元组分簇的聚类操作符，将关系表中元组划分成多组的元组合并操作符，以及将多组中元组整合成单一元组的聚合操作符。除此之外，还有重复检测和去重这类基本操作符。很多数据级操作符需要比较两个（来自相同或不同的模式）关系表中的所有元组，并决定它们是否代表了相同的实体。这与模式匹配中的情形十分类似，但不同之处在于这里考虑数据级别，即不考虑单一属性取值，而是考虑整个元组。然而，模式匹配中的一些技术（如使用编辑距离或语音码）依然可以使用。一些研究也考虑了如何在数据清洗中提高效率，例如模糊匹配通过学习一个相似性函数来决定两个元组相同或相似的。

由于需要处理的数据量很大，数据级清洗的代价很高，因此效率问题变得十分突出。因此，对上面讨论的操作符做高效的物理实现十分重要。尽管在数据仓库系统中清洗可以在线下成批地完成，但对于数据集成系统来说，清洗需要在从源获得数据后在线地进行。显然，在后一种情况下，数据清洗的性能问题更为突出。

7.2 多数据库查询处理

本节主要介绍已经通过上一节的技术集成而得的数据库应该如何查询和访问——这被称为多数据库查询问题。如前所述，第 4 章中介绍的许多分布式查询处理和优化技术都适用于多数据库系统中，但是它们之间存在重要差异。回想一下，第 4 章将分布式查询处理分为四个步骤：查询分解、数据本地化、全局优化和局部优化。多数据库系统有着不同的特点，查询处理需要不同的步骤和技术。具体来说，组件 DBMS 可能是自治的并且具有不同的数据库语言和查询处理能力。因此，需要一个 MDBS 层（见图 1.12）与组件 DBMS 进行有效的通信，这带来了额外的查询处理步骤（见图 7.13）。此外，组件 DBMS 的数量可能会很多，每个组件 DBMS 也有着不同的特点，这些对更具自适应性的查询处理技术提出了新的要求。

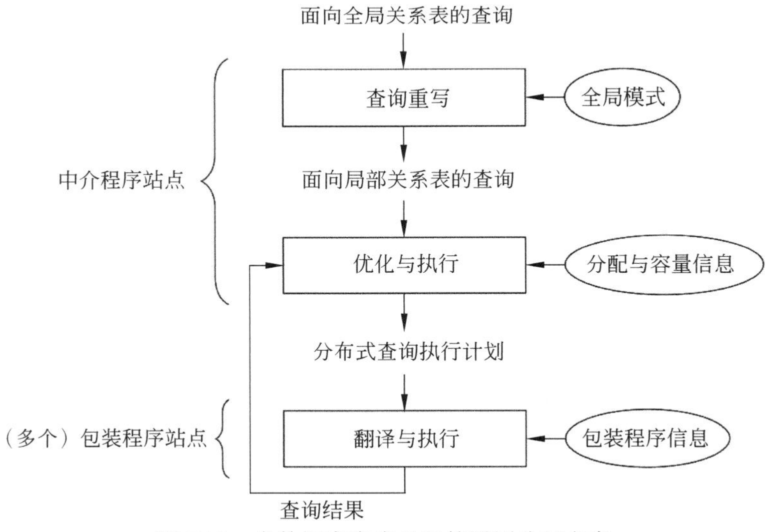

图 7.13 多数据库查询处理的通用分层方案

7.2.1 多数据库查询处理的关键问题

多数据系统中的查询处理比分布式 DBMS 中的查询处理更为复杂，原因在于：

（1）组件 DBMS 的计算能力存在着差异，这阻碍了跨多个 DBMS 的统一查询处理。例如，一些 DBMS 可以支持包含连结、聚合等操作的复杂 SQL 查询，而另一些 DBMS 则不能。因此，多数据库查询处理程序需要考虑不同 DBMS 在处理能力上的差异性，并将每个组件的功能与数据分配信息一同记录在目录中。

（2）与查询能力类似，不同的组件 DBMS 在查询处理的代价方面也存在差异，不同 DBMS 的局部优化能力也可能会有很大的不同。这些都增加了代价函数估计的复杂性。

（3）组件 DBMS 的数据模型和查询语言也会存在差异，例如，组件 DBMS 可能采用关系数据库、面向对象数据库、XML 数据库等。这给将多数据库查询翻译为组件 DBMS 上的查询以及集成异构的查询结果带来了不小的挑战。

（4）多数据库系统允许访问可能具有不同性能和行为的 DBMS，因此分布式查询处理技术需要适应这些性能和行为的差异性。

组件 DBMS 的自治性也会带来很多问题，其中自治性可以从三个主要的维度来定义：通信、设计和执行。通信自治意味着组件 DBMS 自行决定如何与其他 DBMS 通信，特别是，它可以随时终止通信。在这种情况下，查询处理技术需要能够容忍系统出现不可用。由此带来的问题是：如果组件系统从一开始就不可用或是在查询执行阶段停止，系统应该如何回答查询？设计自治性会限制可用性，以及查询优化需要的代价信息的估计精度。此时的核心难点是如何决定局部代价函数。多数据库系统的执行自治性增加了使用查询优化策略的难度。例如，如果源和目标关系位于不同组件 DBMS 中，使用基于半连结的分布式连结优化就会变得十分困难，因为在这种情况下，半连结的执行需要转换为三个查询的执行：查询一是获取目标关系的连结属性值，并将其发送到源关系的 DBMS 上；查询二是在源关系上执行连结操作；查询三是在目标关系的 DBMS 上执行连结操作。这一过程会出现问题，是因为与组件 DBMS 的通信基于的是高层的 DBMS API。

除了以上难点，分布式多数据库系统的体系架构也带来了一定的挑战，图 1.12 中的架构体现了这种复杂性。在分布式 DBMS 中，查询处理器只需要处理跨多个站点的数据分布；而在分布式多数据库中，数据不仅分布在多个站点上，而且分布在多个数据库中，每个数据库都由一个自治的 DBMS 管理。因此，分布式 DBMS 只需考虑两种角色（控制站点和局部站点）如何在查询处理过程进行协作，而分布式多 DBMS 则需要考虑三种角色：控制站点（即中介程序）的多 MDBS 层接收全局查询，参与站点（即包装程序）的 MDBS 层参与查询处理，组件 DBMS 最终优化和执行查询。

7.2.2　多数据库查询处理体系架构

有关多数据库查询处理的大部分研究工作采用的是中介程序/包装程序体系架构（见图 1.13）。在这个体系架构中，每个组件数据库关联一个包装程序，用于输出源模式、数据和查询处理能力等信息。中介程序负责将包装程序提供的信息以统一的格式集中起来（存储在全局数据字典中），并使用包装程序访问组件 DBMS 来进行查询处理。中介程序可以使用关系模型、面向对象模型，甚至是半结构模型。为了与之前的章节一致，本章继续使用关系数据模型，该模型足以将多数据库查询处理技术充分说明。

这里列举出中介程序/包装程序体系架构的几个优点。第一，该架构提供了分工明确的组件，分别处理不同类型用户的各类问题。第二，中介程序通常可以专注于一组具有“相似”数据的相关组件数据库，因此可以输出特定领域相关的模式和语义。不同组件的专业化分工使得分布式系统更具灵活性和扩展性，尤其是可以支持存储在不同组件中的不同数据（从关系 DBMS 到简单的文件）进行无缝集成。

给定中介程序/包装程序架构，下面讨论分布式多数据库系统查询处理的各个层次，如图 7.13 所示。与以前一样，我们假设输入是全局关系上的一个查询，表示为关系演算的形式。查询是作用在全局（分布式的）关系表上的，这意味着隐藏了数据分布和异构性。多数据库查询处理包含三个层次，这种分层方式类似于同构分布式 DBMS 的查询处理（见图 4.2）。然而，由于不涉及数据分片，因此不需要数据本地化层。

前两层将输入查询映射为一个优化的分布式查询执行计划（QEP），通过查询重写、查询优化和查询执行等过程。前两层由中介程序执行，并使用存储在全局目录中的元信息（全局模式、分配和能力信息）。查询重写使用全局模式将输入查询转换为局部关系表上的查询。回想一下，数据库集成主要有两种方法：全局作为视图（GAV）和局部作为视图（LAV）。因此，查询重写需要使用全局模式提供的视图定义，即全局关系表到组件数据库中的局部关系表之间的映射关系。

查询重写可以在关系演算或关系代数级完成。本章使用一种通用的关系演算形式 Datalog，这种形式非常适合查询重写。在使用 Datalog 的情况下，需要附加一步关系演算到关系代数的翻译，该过程类似于同构分布式 DBMS 中的查询分解过程。

第二层负责执行查询优化和（部分）查询执行功能，该过程会考虑局部关系表的分配方案和由包装程序导出的组件 DBMS 的不同查询处理能力。本层使用的分配方案和能力信息也可能包含异构的代价信息。本层产生的分布式 QEP 在子查询中将操作进行分组，主要考虑的是由组件 DBMS 和包装程序处理的操作。与分布式 DBMS 类似，查询优化既可以是静态的，也可以是动态的。然而，由于多数据库系统具有异构性，例如一些组件 DBMS 回答查询的延迟可能无法预料，使用动态查询优化可能更为必要。在动态优化的情况下，在后续层次执行之后可能还会对当前层进行调用，如图中箭头所示。最后，第二层会集成来自不同包装程序中的结果，为用户查询提供统一的查询结果。为此，需要能够对包装程序返回的数据执行某些操作。由于包装程序可能提供有限的执行能力，如在非常简单的组件 DBMS 中的情况下，中介程序需要提供完整的执行能力支持中介接口。

第三层使用包装程序执行查询翻译和执行（query translation and execution），然后将结果返回给中介程序，并由后者负责做结果集成和后续操作。每个包装程序都维护一个包装模式（wrapper schema），其中包含局部导出模式和一些映射信息，以便于将以公共语言表达的子查询（QEP 的子集）翻译成组件 DBMS 上的查询。子查询翻译之后，由组件 DBMS 负责执行查询，并将结果翻译成公共格式。

包装信息描述了如何执行从/到参与的局部模式和全局模式的映射，可以以不同的方式实现数据库组件之间的转换。例如，如果全局模式以华氏度表示温度，而局部数据库使用摄氏度，则包装信息必须包含转换公式以同时对全局用户和局部数据库提供正确的温度表示。如果是跨类型的转换，简单的公式无法胜任，则可在目录中存储的包装信息中使用完整的映射表。

7.2.3 基于视图的查询重写

查询重写将全局关系表上的输入查询转换为局部关系表上的查询。查询重写使用全局模式，以视图的形式描述了全局关系表和局部关系表之间的对应关系。因此，查询需要使用视图来进行重写。对查询重写技术进行分类，可以考虑所使用的数据库集成方法，即 GAV 或 LAV。特别是，LAV（及其扩展 GLAV）使用得更为普遍。大多数使用视图进行查询重写的研究都是使用 Datalog 完成的。Datalog 是一种基于逻辑的数据库语言，比关系演算更简洁，因此能更简练地描述查询重写算法。本节首先介绍 Datalog 的相关术语，进而给出 GAV 和 LAV 方法中查询重写的主要技术和算法。

7.2.3.1 Datalog 的相关术语

Datalog 可以看作是一种域关系演算语言。我们首先定义合取查询（conjunctive queries），即选择-投影-连结查询，这种简单的查询是复杂查询的基础。Datalog 中的一个合取查询可以表示为如下形式的一个规则：

$$Q(t)\text{: -}\mathrm{R}_1(t_1),\ldots,\mathrm{R}_n(t_n)$$

原子$Q(t)$是查询头（head），表示结果关系。原子$\mathrm{R}_1(t_1),\ldots,\mathrm{R}_n(t_n)$是查询主体中的子目标（subgoals），表示数据库关系表。Q和$\mathrm{R}_1,\ldots,\mathrm{R}_n$是谓词名称，对应于关系表的名称。$t,t_1,\ldots,t_n$表示关系元组，包含变量和常量，其中变量类似于域关系演算中的域变量。因此，在多个的谓词中使用相同的变量名表示等值连结谓词。常量对应于相等谓词。更复杂的比较谓词（例如，使用≠、≤和<）需要表示为其他子目标。如果查询头中的每个变量也存在于查询体中，我们称查询是安全的（safe）。析取查询也可以在 Datalog 使用求并操作表示，并操作的对象是一组有着相同头谓词的合取查询。

【例 7.12】 给定图 7.9 中定义的 GCS 关系 EMP 和 WORKS，考虑下面的 SQL 查询：

```
SELECT E#,TITLE,P#
FROM NATURAL JOIN WORKS
WHERE TITLE = "Programmer" OR DUR = 24
```

对应的 Datalog 查询可以表示为：

$$Q(\text{E\#,TITLE,P\#})\text{: -EMP(E\#,ENAME, "Programmer",CITY),}$$
$$\text{WORKS(E\#,P\#, RESP, DUR)}$$
$$Q(\text{E\#,TITLE,P\#})\text{: -EMP(E\#,ENAME, TITLE,CITY),}$$
$$\text{WORKS(E\#,P\#, RESP, 24)}$$

7.2.3.2 使用 GAV 的查询重写技术

在 GAV 方法中，全局模式根据数据源表示，每个全局关系表都定义为局部关系表上的一个视图。这种集成方式与紧耦合分布式 DBMS 上的全局模式类似，局部关系表（即组件 DBMS 中的关系表）可以对应于关系表的片段。然而，由于局部数据库是预先存在且是自治的，可能会出现以下情况：全局关系表中的元组可能不存在于局部关系表中，或者全局关系表中的一个元组可能存在于不同的局部关系表中。因此，无法保证分片的完整性和不相交性。不满足完整性会产生不完整的查询结果；不满足不相交性会产生重复的结果，不过重复结果可能仍然是有用的信息并且可能无须去除。与查询类似，视图定义也可以采用 Datalog 完成。

【例 7.13】 考虑图 7.9 中的全局关系表 EMP 和 WORKS，这里稍作修改：雇员在一个项目中的责任默认和他的职位相关，因此属性 TITTLE 存在于关系表 WORKS 中，但不在 EMP 中。考虑局部关系表 EMP1 和 EMP2 包含属性 E#、ENAME、TITLE 和 CITY，局部关系表 WORKS1 包含属性 E#、P#和 DUR，则全局关系表 EMP 和 WORKS 可以使用以下 Datalog 规则简单定义：

$$\text{EMP(E\#, ENAME, CITY)} :-\text{EMP1(E\#, ENAME, TITLE, CITY)} \quad (d_1)$$

$$\text{EMP(E\#, ENAME, TITLE, CITY)} :-\text{EMP2(E\#, ENAME, TITLE, CITY)} \quad (d_2)$$

$$\text{WORKS(E\#, P\#, TITLE, DUR)} :-\text{EMP1(E\#, ENAME, TITLE, CITY)}, \text{WORKS1(E\#, P\#, DUR)} \quad (d_3)$$

$$\text{WORKS(E\#, P\#, TITLE, DUR)} :-\text{EMP2(E\#, ENAME, TITLE, CITY))}, \text{WORKS1(E\#, P\#, DUR)} \quad (d_4)$$

将全局模式上的一个查询重写为局部关系表上的等价查询相对简单，该过程与紧耦合分布式 DBMS 上的数据定义过程类似（参见 4.2 节）。使用视图的重写技术称为展开（unfolding），它将查询中的每个全局关系表替换为相应的视图。这需要通过将视图定义规则应用于查询并产生一组合取查询的并集来完成，其中每个合取查询对应于一条规则。由于全局关系表可以通过多条规则定义（参见例 7.13），展开会产生冗余查询，这需要在后续的过程中进行消除。

【例 7.14】 考虑例 7.13 中的全局模式和以下查询q，该查询寻找居住在 Paris 的雇员的分工信息：

$$Q(e,p)\text{: -EMP}(e\text{,ENAME,"Paris"),WORKS}(e,p\text{,TITLE,DUR)}$$

展开q产生q'如下：

$$Q'(e, p) :-\text{EMP1}(e, \text{ENAME, TITLE, "Paris"), WORKS1}(e, p, \text{DUR}). \quad (q_1)$$

$$Q'(e, p) :-\text{EMP2}(e, \text{ENAME, TITLE, "Paris"), WORKS1}(e, p, \text{DUR}). \quad (q_2)$$

Q'是标记为q_1和q_2的两个合取查询的并集。查询q_1是通过应用 GAV 规则d_3获得或是同时应用规则d_1和d_3获得。在后一种情况下，所获得的查询与仅使用d_3得到的查询相比是冗余的。类似地，q_2也可以通过应用规则d_4获得或是同时应用d_2和d_4获得。

虽然上述基本技术很简单，但当局部数据库的访问受限时，使用 GAV 进行重写会变得十分困难。通过 Web 访问数据库就是这种情况，此时智能使用特定的属性模式对数据库进行访问。因此，简单地将全局关系表替换成视图是远远不够的，还需要使用递归的 Datalog 查询进行查询重写。

7.2.3.3 使用 LAV 的查询重写技术

在 LAV 方法中，全局数据模式的表达独立于局部数据库，每个局部关系表都定义为全局关系表上的一个视图。这为定义局部关系表提供了很大的灵活性。

【例 7.15】 为了便于和 GAV 进行比较，我们给出一个与例 7.13 类似的例子，其中 EMP

和 WORKS 作在例子中被定义为全局关系表。在 LAV 方法中，局部关系 EMP1、EMP2 和 WORKS1 可以使用下面的 Datalog 规则定义：

```
EMP1(E#, ENAME, TITLE, CITY) : −EMP(E#, ENAME, CITY),
                                WORKS(E#, P#, TITLE, DUR)        (d5)
EMP2(E#, ENAME, TITLE, CITY) : −EMP(E#, ENAME, CITY),
                                WORKS(E#, P#, TITLE, DUR)        (d6)
         WORKS1(E#, P#, DUR) : −WORKS(E#, P#, TITLE, DUR)        (d7)
```

将在全局模式上表达的查询重写为局部关系表视图上的等价查询是困难的，原因有三：第一，与 GAV 方法不同，全局模式中使用的术语（如 EMP、ENAME）与视图中的术语（如 EMP1、EMP2、ENAME）并无直接的对应关系。因此，找出对应关系需要与每个视图进行比较。第二，由于视图可能比全局关系表多得多，视图比较往往非常耗时。第三，视图定义可能包含复杂的谓词以反映局部关系表上的特定内容，例如，视图 EMP3 仅包含程序员。因此，并不总是能够找到针对查询的等价重写。在这种情况下，最好的办法是找到一个最大包含的查询，即一个能够产生原查询结果最大子集的查询。例如，EMP3 仅能返回所有雇员的一个子集，即程序员。

因为与逻辑和物理数据集成问题均相关，使用视图重写查询已经得到了广泛的关注。在物理集成（即数据仓库）的情况下，使用物化视图可能比直接访问基础关系表更有效。然而，寻找基于视图的重写规则是一个与视图数量和查询子目标数量相关的 NP 完全问题。因此，相关算法在本质上是试图尽量减少需要考虑的重写次数。为此提出了三种主要算法：桶算法、逆向规则算法和 MinCon 算法。桶算法和逆向规则算法具有相似的局限性，而 MinCon 算法解决了这个局限性。

桶算法认为查询中的谓词是相互独立的，从而仅选择与谓词相关的视图。给定查询Q，该算法包含两个步骤：第一步为Q中的每个不是比较谓词的子目标q构建桶b，并将与q结果相关的视图的头部插入到b内。为了确定一个视图 V 是否应该在桶b中，必须存在一个映射将q与 V 中的某个子目标统一起来。

例如，考虑例 7.14 中的查询Q和例 7.15 中的视图。以下的映射将Q中的子目标 EMP(e,ENAME,"Paris")与视图 EMP1 中的子目标EMP(E#,ENAME,CITY)统一了起来：

$$e \rightarrow \text{E\#}, \text{"Paris"} \rightarrow \text{CITY}$$

在第二步中，算法对所有非空的桶（即桶的某个子集）做笛卡儿积，并针对结果的每个视图 V 产生一个合取查询，并检验该查询是否包含在Q中。如果包含，则保留该合取查询，因为它给出了通过 V 回答Q中部分查询的一种方式。由此可见，重写的查询是合取查询求并集之后的结果。

【例 7.16】 考虑例 7.14 中的查询 Q 和例 7.15 中的视图。在第一步中，桶算法创建两个桶，分别对应Q中的两个子目标。这里使用b_1表示为子目标EMP(e,ENAME,"Paris")产生的桶，使用b_2表示为子目标WORKS(e, p,TITLE,DUR)产生的桶。由于算法仅将视图的头部插入桶中，视图头部中的一些变量可能不出现在统一的映射中，因而被剪掉了。由此，可以得到下面的桶：

b_1= {EMP1(E#,EMAME,TITLE′,CITY),

EMP2(E#,EMAME,TITLE′,CITY)}

b_2= {WORKS1(E#,P#,DUR′)}

在第二步中，算法通过对桶中的成员进行组合，可以产生两个合取查询的并集：

$$Q'(e,p):-\mathrm{EMP1}(e,\mathrm{ENAME},\mathrm{TITLE},\text{“Paris”}),\mathrm{WORKS1}(e,p,\mathrm{DUR}) \qquad (q_1)$$

$$Q'(e,p):-\mathrm{EMP2}(e,\mathrm{ENAME},\mathrm{TITLE},\text{“Paris”}),\mathrm{WORKS1}(e,p,\mathrm{DUR}) \qquad (q_2)$$

桶算法主要的优点是，通过考虑查询中的谓词，可以显著地减少需要考虑的重写次数。然而，孤立地考虑查询谓词可能会在连结其他视图时产生一些无关的视图。此外，算法的第二步可能会因为对桶做笛卡儿积而产生大量的重写。

【例 7.17】 针对例 7.14 中的查询 Q 和例 7.15 中的视图，考虑下面的视图，其含义是居住在 Paris 雇员参与的项目：

$$\mathrm{PROJ1(P\#)}:-\mathrm{EMP1(E\#,ENAME,\text{“Paris”})},$$

$$\mathrm{WORKS(E\#,P\#,TITLE,DUR)} \qquad (d_8)$$

以下列出的映射将 Q 中的子目标 WORKS(e,p,TITLE,DUR) 和 PROJ1 中的子目标 WORKS(E#,P#,TITLE,DUR)统一了起来：

$$p \rightarrow \mathrm{PNAME}$$

因此，桶算法的第一步是将 PROJ1 添加到桶b_2中。然而，PROJ1 不能用于Q的重写，因为变量 ENAME 不在 PROJ1 的头部中，因此无法在Q的变量e上连结 PROJ1。这点仅在第二步构建合取查询时才能发现。

为了桶算法（和逆向规则算法）的局限性，MinCon 算法对查询进行全局考察，并考虑查询中的每个谓词如何与视图进行交互。与桶算法类似，MinCon 算法也包含两个步骤。第一步首先选择一组视图，使之包含与查询 Q 中子目标相对应的子目标。然而，在找到将 Q 的子目标 q 与视图 V 中的子目标 v 统一起来的映射后，算法会考虑 Q 中的连结谓词，并找到 Q 中子目标上的一个集合，使之满足：（1）Q 中的子目标映射到 V 中的子目标；（2）该子目标集合是最小的。这个 Q 中子目标的集合使用与 V 关联的 MinCon 描述（MinCon description，MCD）来表示。算法的第二步是将不同的 MCD 进行组合，产生重写查询。与桶算法不同，在第二步中，不必检查查询包含的重写，因为 MCD 构建的方式可以保证结果重写包含在原有的查询中。

将算法应用在例 7.17 中，产生三个 MCD：两个针对视图 EMP1 和 EMP2，包含 Q 中的子目标 EMP；一个针对 ASG1，包含子目标 ASG。然而，算法无法为 PROJ1 创建 MCD，因为它无法在 Q 中应用连结谓词。因此，算法会产生例 7.16 中的重写查询 Q'。与桶算法相比，MinCon 算法的第二步效率更高，因为它执行的 MCD 组合比桶的数量更少。

7.2.4 查询优化和执行

多数据库系统查询优化有三个核心问题：异构的代价模型、异构的查询优化（处理组件 DBMS 的不同能力），以及自适应的查询处理（处理多变的环境，故障、意外的延迟等）。本节介绍解决前两个问题的技术。我们在 4.6 节中提出了解决自适应的查询处理问题的技术。在包装程序能够收集相关组件 DBMS 的执行信息的情况下，这些技术也能被很好地应用于多数据库系统。

7.2.4.1　异构代价模型

全局代价函数定义，以及从组件 DBMS 中获取与代价相关的信息是上述三个问题中研究得最多的。本节将讨论与之相关的一些解决策略。

首先需要说明的是，我们主要关心：如何计算查询执行树上的较低层次节点的代价，这部分代价对应组件 DBMS 上的查询。在假设所有局部处理都推到执行树下层的情况下，我们可以修改查询计划，以保证树的叶子节点对应组件 DBMS 上执行的子查询。此时，我们探讨的是如何计算那些以第一层（底层）算子为输入的子查询的代价。树高层节点的代价可以基于叶子节点的代价递归地计算。决定组件 DBMS 执行代价的方法有如下 3 种。

（1）黑盒方法（Black Box Approach）将每个组件 DBMS 视为一个黑盒，在黑盒中执行一些测试查询，从而决定必需的代价信息。

（2）定制化方法（Customized Approach）基于组件 DBMS 之前的信息，以及一些外部特点，主观地决定代价信息。

（3）动态方法（Dynamic Approach）监控组件 DBMS 的在线行为，动态地收集代价信息。

下面讨论这三种方法，并侧重分析一些有影响的具体策略。

1. 黑盒方法

黑盒方法的代价函数采用逻辑的方式（如聚合的 CPU 和 I/O 代价、选择率因子），而不是基于物理特性（如关系基数、页数、每列不同取值的个数）来表示。因此，组件 DBMS 的代价函数可以表示为：

$$\text{代价} = \text{初始代价} + \text{找到合格元组的代价} + \text{处理所选元组的代价}$$

公式中的每一项会因算子不同而有差异，不过具体的差异并不难预先确定。核心的难点是确定公式中每项前的参数，这些参数因不同的组件 DBMS 而有差异。解决该问题的一种方法是构建一个合成数据库，称为校验数据库（calibrating database），通过独立地在该数据库中执行查询并测试查询时间，来推算出这些参数。

该方法的问题是，利用校验数据库合成的结果未必适用于真实的 DBMS 。一种解决方法是在组件 DBMS 上执行探测查询来决定代价信息。事实上，探测查询可以用来收集一系列的代价信息，例如，探测查询可以从组件 DBMS 上收集数据来构建和更新多数据库目录，也可以使用探测查询来获得统计信息，例如关系中元组的个数。最后，可以通过测量探测查询的时间性能来计算代价函数中的参数。

探测查询的一个特殊情况是采样查询。此时，查询可以根据一系列的准则进行分类，执行不同类别的样本查询可以推导出组件的代价信息。而查询的分类可以根据查询特性（例如单算子查询，两路连结查询）、操作关系特性（例如基数、属性个数、索引属性信息），以及底层组件 DBMS 的特性（支持的访问方法和选择访问方法的策略）等特征来完成。

我们可以定义分类规则来处理拥有类似执行特性的查询，使它们应用相同的代价公式。例如，如果两个查询的代数表达式相似（即有相同形状的算符树），而且即使操作的关系、属性或常量不同，属性仍具有相同的物理特性，那么这两个查询可以使用相同的执行方法。另一个例子是，如果底层查询优化器使用重排序技术计算出的高效连结次序，那么查询中连结的顺序不会对查询的执行产生影响。此时，不管用户用什么方式表达连结次序，在相同关系上做连结操作的两个查询就属于相同的类别。可以结合分类标准来定义查询类别。

分类既可以采用自顶向下的方式将一个类别分为更细的类别，也可以采用自底向上的方式将两个类别合并成一个更大的类别。不过在实际应用中，更有效的方法是将这两种方式混合使用。全局代价函数与 Pegasus 代价函数类似，都包含三个部分：初始化代价、检索一个元组的代价以及处理一个元组的代价，区别在于决定函数参数的方式。与使用校验数据库的方式不同，该方法执行采样查询，并测量相应的代价。全局代价方程可以看作是一个回归方程，其中回归因子使用采样查询获得代价计算，回归因子即为代价函数参数。最后，代价模型的质量由统计检验（如 F-检验）进行控制，如果检验失败，则继续优化查询分类直到质量得到保证为止。

上述方法需要一个准备步骤：实例化代价模型（通过校验或是采样），这可能并不总是适用，因为每当新的 DBMS 组件加入时，系统的性能就会降低。解决这个问题的一种方法是渐进地从查询中学习出代价模型。假设中介程序通过函数调用底层组件 DBMS，调用的代价包含三个部分：访问第一个元组的响应时间、整体结果响应时间，以及结果的基数。这些代价使查询优化器能够根据终端用户的需求，最小化获取第一个元组的时间或处理查询的整体时间。开始时，查询处理器不知道组件 DBMS 的任何统计信息。然后，处理器对查询进行监控，它收集并存储每次调用的处理时间来支持后续的估计。为了管理收集来的大量统计数据，代价管理器对其进行汇总，在不损失准确率或损失较少准确率的代价下，使用更少的存储空间，提供更快的估计操作。汇总信息包含一些聚合的统计信息：计算匹配相同模式所有调用（即名称相同，或包含多个相等参数的函数）的平均响应时间。代价估计模块使用声明型语言实现，这样就允许添加新的代价公式来描述特定组件 DBMS 的行为。不过，这也把扩展中介程序代价模型的负担留给了中介程序开发人员。

黑盒方法的主要缺点是，尽管使用了校验数据库做调整，但代价模型对于所有组件数据库都是共同的，没有反映出个体的差异性。因此，该方法很难准确地估计有异常行为的组件 DBMS 上的查询代价。

2. 定制化方法

使用定制化方法的前提是组件DBMS查询处理器之间存在的差异使黑盒方法中统一的代价模型不再适用。此外，该方法假设：对局部子查询代价的准确估计能够提高全局查询优化的性能。定制化方法提供了一个将组件 DBMS 代价模型集成到中介查询优化器的框架。框架采用的解决策略是：扩展包装程序接口，使中介程序从每个包装程序中获得代价信息。包装程序开发者可以用任意方式来提供代价模型，部分代价或是全部代价。该方法的核心挑战是将这些代价（可能是部分的代价）集成到中介程序查询优化器中，应对该挑战主要的方法有两种：

第一种方法是在包装程序中提供逻辑过程来估计以下三种代价：初始化查询处理和获得第一个结果数据的时间（称为$reset_cost$）、获取下一条数据的时间（称为$advance_cost$）以及结果基数（$cardinality$）。因此，总的查询代价可以表示为：

$$Total\_access\_cost = reset\_cost + (cardinality - 1) * advance\_cost$$

可以扩展该方法来估计数据库过程调用的代价。此时，包装程序提供的代价公式是一个依赖于过程参数的线性方程。该方法已经成功地用于建模一系列从关系 DBMS 到图像服务器的异构组件 DBMS。方法可以很容易地实现一个简单的代价模型，而且该模型可以显著地提高异构数据源上的分布式查询处理能力。

第二种方法是使用层次的通用代价模型。如图 7.14 所示，每个节点表示一个代价规则，该规则将一个查询模式关联到不同代价参数的一个代价函数上。

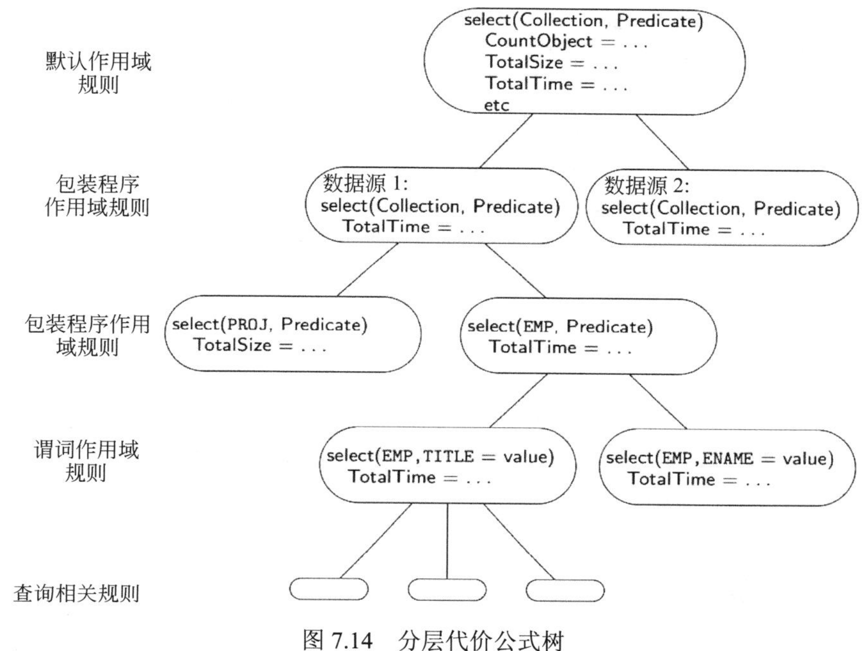

图 7.14　分层代价公式树

节点层次结构根据代价规则的通用性分为五个级别（在图 7.14 中，方块的宽度越宽表示规则关注的对象越多）。在顶层，代价规模默认为可以应用在任意 DBMS 上。在底层，代价规则依次关注特定的 DBMS、关系、谓词或查询。在包装程序注册阶段，中介程序获取包装程序的元数据（包括代价信息），计算包装程序的代价模型，并在合适的层次上添加一个新的节点。该框架足够通用，可以表达和集成下列信息：（1）包装器开发人员提供的通用代价知识，表示为规则；（2）从之前执行查询记录中获取的特定信息。因此，通过继承这一层次化架构，中介程序中基于代价的优化器可以支持广泛的数据源。中介程序也可以获益于每个组件 DBMS 的特定代价信息，从而精确地估计查询代价，选择更高效的 QEP。

【例 7.18】 考虑 GSC 关系 EMP 和 WORKS（见图 7.9）。EMP 存储在组件 DBMS db_1 中，包含 1000 个元组。ASG 存储在组件 DBMS db_2中，包含 10000 个元组。假设属性值服从均匀分布。WORKS 中一半的元组有大于 6 的持续时间（DUR）。下面具体给出中介程序通用代价模型（R 和 S 是两个关系，A 表示连结属性，上标表示访问方法）：

$cost(\mathrm{R}) = |\mathrm{R}|$

$cost(\sigma_{predicate}(\mathrm{R})) = cost(\mathrm{R})$——按照默认的方法，对 R 进行顺序访问。

$cost(\mathrm{R} \bowtie_{\mathrm{A}}^{ind} \mathrm{S}) = cost(\mathrm{R}) + |\mathrm{R}| * cost(\sigma_{\mathrm{A}=v}(\mathrm{S}))$——利用建立在 S.A 上的索引，使用基于索引的（ind）连结方法。

$cost(\mathrm{R} \bowtie_{\mathrm{A}}^{nl} \mathrm{S}) = cost(R) + |\mathrm{R}| * cost(\mathrm{S})$——使用嵌套循环（nl）连结。

考虑下面的全局查询 Q：

```
SELECT *
FROM EMP NATURALJOIN WORKS
WHERE WORKS.DUR>6
```

基于代价的查询优化器为处理 Q 生成下面的计划：

$$P_1 = \sigma_{\text{DUR}>6}(\text{EMP} \bowtie_{\text{E\#}}^{ind} \text{WORKS})$$
$$P_2 = \text{EMP} \bowtie_{\text{E\#}}^{nl} \sigma_{\text{DUR}>6}(\text{WORKS})$$
$$P_3 = \sigma_{\text{DUR}>6}(\text{WORKS}) \bowtie_{\text{E\#}}^{ind} \text{EMP})$$
$$P_4 = \sigma_{\text{DUR}>6}(\text{WORKS}) \bowtie_{\text{E\#}}^{nl} \text{EMP})$$

基于通用代价模型，得到代价如下：

$$\begin{aligned} cost(P_1) &= cost(\sigma_{\text{DUR}>6}(\text{EMP} \bowtie_{\text{E\#}}^{ind} \text{WORKS})) \\ &= cost(\text{EMP} \bowtie_{\text{E\#}}^{ind} \text{WORKS}) \\ &= cost(\text{EMP}) + |\text{EMP}| * cost(\sigma_{\text{E\#=v}}(\text{WORKS}) \\ &= |\text{EMP}| + |\text{EMP}| * |\text{WORKS}| = 10\ 001\ 000 \end{aligned}$$

$$\begin{aligned} cost(P_2) &= cost(\text{EMP}) + |\text{EMP}| * cost(\sigma_{\text{DUR}>6}(\text{WORKS})) \\ &= cost(\text{EMP}) + |\text{EMP}| * cost(\text{WORKS}) \\ &= |\text{EMP}| + |\text{EMP}| * |\text{WORKS}| = 10\ 001\ 000 \end{aligned}$$

$$\begin{aligned} cost(P_3) = cost(P_4) &= |\text{WORKS}| + \frac{|\text{WORKS}|}{2} * |\text{EMP}| \\ &= 5\ 010\ 000 \end{aligned}$$

因此，优化器不使用计划P_1和P_2，而使用P_3或P_4来处理查询Q。下面假设中介程序导入了组件 DBMS 中特定的代价信息。db_1导出了处理EMP元组的代价如下：

$$cost(\sigma_{\text{A}=v}(\text{R})) = |\sigma_{\text{A}=v}(\text{R})|$$

db_2将选择具有给定 E#的 WORKS 元组的代价导出为：

$$cost(\sigma_{\text{E\#}=v}(\text{WORKS})) = |\sigma_{\text{E\#}=v}(\text{WORKS})|$$

中介程序在层次化代价模型中将这些代价函数进行集成，准确估计 QEP 的代价如下：

$$\begin{aligned} cost(P_1) &= |\text{EMP}| + |\text{EMP}| * |\sigma_{E\#=v}(\text{WORKS})| \\ &= 1{,}000 + 1{,}000 * 10 \\ &= 11{,}000 \end{aligned}$$

$$\begin{aligned} cost(P_2) &= |\text{EMP}| + |\text{EMP}| * |\sigma_{DUR>6}(\text{WORKS})| \\ &= |\text{EMP}| + |\text{EMP}| * \frac{|\text{ASG}|}{2} \\ &= 5{,}001{,}000 \end{aligned}$$

$$\begin{aligned} cost(P_3) &= |\text{WORKS}| + \frac{|\text{WORKS}|}{2} * \sigma_{E\#=v}(\text{EMP}) \\ &= 10{,}000 + 5{,}000 * 1 \\ &= 15{,}000 \end{aligned}$$

$$\begin{aligned} cost(P_4) &= |\text{WORKS}| + \frac{|\text{WORKS}|}{2} * |\text{EMP}| \\ &= 10{,}000 + 5{,}000 * 1{,}000 \\ &= 5{,}010{,}000 \end{aligned}$$

此时最好的 QEP 是P_1。由于之前缺乏组件 DBMS 的代价信息，我们将P_1剪掉了。其实，在很多情况下，P_1是处理Q_1最好的方法。

本节给出的两种方法非常适用于中介程序/包装程序体系架构，为以下两个因素提供了很好的折中：提供不同组件 DBMS 代价信息所引起的额外开销和更快速的异构查询处理所带来的收益。

3. 动态方法

前面介绍的方法假设执行的环境是稳定的，不随时间的变化而变化。然而，在很多情况下，执行环境中的很多因素会频繁地发生变化。由动态性决定的环境因素有三类。第一类频繁变化（每秒钟到每分钟）的因素包括 CPU 负载、I/O 吞吐量，以及可用的内存。第二类缓慢变化（每小时到每天）的因素包括 DBMS 配置参数、磁盘上的物理数据组织方式，以及数据库模式。第三类基本稳定（每个月到每年）的因素包括 DBMS 的类型、数据库位置，以及 CPU 速度。我们侧重考虑处理前两种类型的方法。

一种处理动态环境（如网络竞争、数据存储，以及可用内存随时间变化）的方法是对采样的方法进行扩展，使用用户查询作为新的样本。该方法通过测量查询的响应时间，在线地为后续的查询调整代价模型的参数。这种方法避免了定期处理采样查询时带来的开销，但仍需要复杂的计算来求解代价模型方程，而且不能保证代价模型准确率的提高。定性法是一种更好的方法，它将系统竞争层定义为一组在查询代价上频繁变化的因素的组合。系统竞争层可以分为以下几类：高、中、低，以及无系统竞争。这样可以定义一个多类别的代价模型，以便在因素动态变化的时候准确地进行代价估计。初始条件下，代价模型使用探测查询进行校准。随着时间变化，基于最显著的系统参数不断计算当前状态的系统竞争层。这个方法不仅假设查询执行的时间很短，而且假设在查询执行时环境因素保持不变。不过，这个方法不适用于时间很长的查询，因为环境因素会在查询执行的过程中发生变化。

为了管理环境因素，使其按照可以预期的方式（如每天 DBMS 的复杂变化是相同的）变化，我们可以为后续的时间区间计算查询代价，进而，可以将总代价计算为每个区间查询代价的总和。此外，可以学习到 MDBMS 查询处理器与组件 DBMS 之间网络带宽的模式，从而支持查询代价按照实际的时间进行调整。

7.2.4.2 异构查询优化

除了异构代价模型，多数据库查询优化还需要处理不同组件 DBMS 之间在计算能力上的异构性。例如，一个组件 DBMS 可能只支持简单的选择操作，而另一个组件 DBMS 可能支持包含连结和聚合的复杂查询。因此，根据包装程序导出计算能力的不同，中介程序上的查询处理也会呈现出不同程度的复杂性。根据中介程序和包装程序之间接口的不同，方法分为两类：基于查询和基于算子。

（1）基于查询（query-based）的方法。在这种方法中，包装程序支持相同的查询能力，如 SQL 的子集，查询能力可以翻译为组件 DBMS 上的能力。一般情况下，方法依赖于标准 DBMS 接口，如开放数据库连结（ODBC）、ODBC 针对包装程序的扩展，或外部数据 SQL 管理（SQL Management of External Data，SQL/MED）。因此，由于对于中介程序来说组件 DBMS 是同构的，可以重用同构的分布式 DBMS 查询处理技术。不过，如果组件 DBMS

的查询能力有限，则需要在包装程序中实现附加的能力。例如，如果组件 DBMS 不支持连结，则需要在包装程序中处理连结查询。

（2）基于算子（operator-based）的方法。在这种方法中，包装程序通过组合关系算子来输出组件 DBMS 的查询能力。此时，中介程序和包装程序之间的功能层级的定义更具有灵活性。尤其是中介程序可以获知不同组件 DBMS 的查询能力，这使包装程序构建的代价更低，但增加了中介程序查询处理的复杂性。具体来说，任何组件 DBMS 不支持的功能（如连结）都需要在中介程序中支持。

本节的后半部分，我们将详细地介绍查询优化的方法。

1. 基于查询的方法

由于对于中介程序来讲组件 DBMS 是同构的，一种基于查询的方法是使用基于代价的分布式查询优化算法（见第 4 章），并使用异构的代价模型（见 7.2.4.1 节）。不过，算法需要进行扩展，以便分布式执行计划转换成组件 DBMS 和中介程序执行的子查询。适用这种情况的方法是混合两阶段优化算法（见 4.5.3 节）：在第一阶段，使用基于代价的集中式查询优化程序产生一个静态的计划；在第二阶段的开始的时候，通过站点选择和为站点分配子查询产生一个执行计划。不过，集中式优化程序通过去除稠密连结树的方式限制了搜索空间。几乎所有系统都使用左线性连结次序。仅考虑左线性连结树对集中式 DBMS 以下好处：其一，它至少在一个操作对象上减少了估计统计信息的必要性；其二，可以继续为一个操作对象使用索引。然而，在多数据库系统中，这种类型的连结执行方案不再适用，原因是该方案不支持任何连结的并行执行。尽管前几章中讨论过的同构分布式 DBMS 也有类似的问题，但多数据库系统使问题变得更加严峻，因为此时我们希望将更多的处理放到组件 DBMS 中进行。

解决上述问题的一种策略是生成稠密连结树，使用这种结构的代价是牺牲左线性连结树。一种实现方法如下：首先使用基于代价的查询优化器来生成一棵左线性连结树，接着将它转换成一棵稠密树。此时，对于总时间来说，左线性连结执行计划是最优的，这种转换可以在不过多影响总时间的前提下提升查询响应时间。另一种混合方法是同时对左线性连结执行树做自底向上和自顶向下的扫描，再一步一步地将它转换成一棵稠密树。该方法维护两个指针，称为树的上锚点节点（upper anchor nodes，UAN）。开始时，该方法设置最左侧根节点的祖父节点（在图 4.9 中与 R3 的连结）为底层 UAN（UANB）的指针，并设置根节点（与 R5 的连结）为另一个顶层 UAN（UANT）指针。针对每个 UAN，算法选择一个下锚点节点（lower anchor node，LAN），即最靠近 UAN 的节点，并保证 LAN 右子树的响应时间相对于 UAN 的右子树来说在一个设计允许的范围内。直观上讲，选择 LAN 的标准是其右子树的响应时间与对应的 UAN 右子树的响应时间越接近越好。后面我们会看到，这样做能够保持转换后的稠密树尽可能地平衡，从而减少了响应的时间。

在每一步中，算法选取一个 UAN/LAN 对（严格地讲，选定 UAN 后，再按照之前讨论的方法选择合适的 LAN），并为 LAN 和 UAN 对的片段执行下面的转换步骤：

（1）UAN 的左孩子变成转换后片段的新的 UAN。

（2）LAN 保持不变，但它的右孩子由一个新的节点替代，该节点是以下两棵子树的连结节点：UAN 和 LAN 的右子树。

该方法按照下面的启发式方法选择某个迭代步骤中的 UAN 节点：如果左子树的响应

时间比UAN_T子树的响应时间小，则选择UAN_B，否则，选择UAN_T，如果响应时间相同，则选择使子树更平衡的节点。在每次转换步骤的末尾，调整UAN_B和UAN_T。当$UAN_B = UAN_T$时，由于已无继续调整的必要，算法结束。得到的连结执行树基本上是平衡的，由此产生的执行计划可以因为连结的并行执行而减少响应时间。

上述算法在一棵左线性连结执行树上开始执行，这棵树可由现有商业 DBMS 中的优化程序产生。尽管这些优化器可以制定比较好的计划，但原本的线性执行计划可能没有充分地考虑分布式多数据库系统的特性，如数据复制。一种特殊的全局查询优化算法对此进行了考虑，算法从一个初始的连结图开始，考虑通过括号改变线性连结执行顺序的不同排序，并从中产生一种对响应时间来说最优的括号顺序。其结果是一棵几乎平衡的连结执行树。该方法似乎在增加优化时间的前提下产生更好的查询计划。

2. 基于算子的方法

使用关系算子表示组件 DBMS 的查询能力可以使中介程序和包装程序结合得更紧密，特别是中介程序和包装程序之间的通信可以用子计划来表达。我们使用 Garlic 项目提出的计划函数来说明基于算子的方法。在这个方法中，包装程序将组件 DBMS 的查询能力表示为可以被集中式查询优化程序直接调用的计划函数。这种方式扩展了基于规则的优化器，使用算子来构建临时关系并获取局部存储的数据。方法同时提出了 PushDown 算子，可以将一部分工作推送给组件 DBMS 来执行。在通常情况下，执行计划由算子树表示，不过算子节点可以附加额外的信息，如标记出操作对象的来源、结果是否需要物化，等等。最后，Garlic 算子树被翻译为可由执行引擎直接执行的算子。

优化程序将计划函数认为是一种枚举规则，计划函数由优化程序调用，并使用两个主要的函数来构建子计划：（1）accessPlan，访问一个关系；（2）joinPlan，使用访问计划来连结两个关系。这些函数准确且形式化地反映了组件 DBMS 的查询能力。

【例 7.19】考虑三个不同站点上的组件数据库。数据库db_1存储关系 EMP(ENO, ENAME, CITY)；数据库db_2存储关系WORKS(ENO, ENAME, DUR)；数据库db_3仅使用一个单表 EMPASG(ENAME, CITY, PNAME, DUR)来存储雇员信息，其主码是(ENAME, PNAME)。组件数据库db_1和db_2有相同的包装程序w_1，而db_3有不同的包装程序w_2。

包装程序w_1提供了关系 DBMS 两种典型的计划函数。其中的 accessPlan 规则：

$$\text{accessPlan}\big(\text{R: 关系表,A: 属性列表,} P\text{: 应用选择谓词}\big) = \text{scan}\big(\text{R,A,} P, db(\text{R})\big)$$

该规则产生了一个扫描算子，从组件数据库$db(\text{R})$中访问关系 R 的元组（我们有$db(\text{R}) = db_1$以及$db(\text{R}) = db_2$），应用选择谓词P，并投影到属性列表 A 上。另外一个 joinPlan 规则：

$$\text{joinPlan}\big(\text{R}_1, \text{R}_2\text{: 关系表, A: 属性列表, } P\text{: 应用选择谓词}\big) =$$
$$\text{Join}(\text{R}_1, \text{R}_2, \text{A}, P)$$
$$\text{条件: } db(\text{R}_1) \neq db(\text{R}_2)$$

该规则产生一个连结算子访问关系R_1和R_2的元组，应用连结谓词P，并投影到属性列表 A 上。其中的条件表示R_1和R_2存储在不同的组件数据库上（即db_1和db_2）。因此，连结算子需要由外包程序实现。

外包程序w_2也提供了两个计划函数。其中一个 accessPlan 规则为：

$$\text{accessPlan}\big(\text{R: 关系表, A: 属性列表, } P\text{: 应用选择谓词}\big) =$$

$$\text{Fetch(CITY = "c")}$$
$$\text{条件: (CITY = "c")} \subseteq P$$

该 accessPlan 规则产生了一个检索算子，它直接访问组件数据库db_3中CITY值为“c”的所有雇员元组。另外一个 accessPlan 规则为：

$$\text{accessPlan}(\text{R: 关系表, A: 属性列表, } P\text{: 应用选择谓词}) = \text{Scan}(\text{R,A,} P)$$

该accessPlan规则产生一个扫描算子，访问包装程序中关系R的元组，应用选择谓词P，并投影到属性列表 A 上。因此，扫描算子由包装程序实现，而不是组件 DBMS。

考虑下面这个提交到中介程序 m 上的 SQL 查询：

```
SELECT ENAME,PNAME,DUR
FROM EMP WORKS
WHERE CITY="Paris" AND DUR>24
```

假设使用 GAV 方法，全局视图EMPASG(ENAME, CITY, PNAME, DUR)可以定义如下（为了简单起见，我们使用相应组件数据库的名称来作为关系的前缀）：

$$\text{EMPASG} = (db_1.\text{EMP} \bowtie db_2.\text{WORKS}) \cup db_3.\text{EMPASG}$$

在使用 GAV 进行查询重写和优化后，基于算子的方法可以产生图 7.15 所示的 QEP。产生的计划显示，组件 DBMS 不支持的算子可以由包装程序或者中介程序实现。

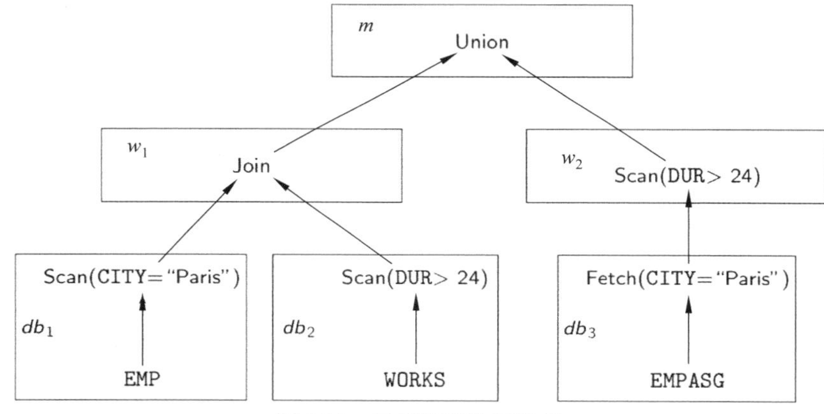

图 7.15 异构查询执行计划

使用计划函数进行异构查询优化在多 DBMS 的环境下有很多优点。其一，计划函数提供了一种更为灵活的方式来准确地表达组件数据源的查询能力，特别是计划函数可以用来对非关系数据源进行建模，如万维网站点。其二，规则是声明型的，这使包装程序的开发更加简单。包装程序开发中唯一重要的考虑因素就是实现特定的算子，如例 7.19 中db_3的扫描算子。最后，该方法可以很容易地集成到现有的集中式查询优化器中。

基于算子的方法已成功地应用在 DIMDBS 系统中，MDBS 是一种访问万维网上多数据库的多 DBMS 系统。DISCO 使用 GAV 方法，并使用对象数据模型同时表示中介程序和组件数据库中的模式和数据类型。这种方式容许新组件数据库的进入，而且能够很容易地处理类型不匹配的情形。组件 DBMS 的查询能力定义为代数机的一个子集（包含常用的算子，如扫描、连结和求并集等），可以由包装程序、中介程序完全地或部分地支持。这给实现包装程序带来了很大的灵活性——它具有决定在哪里支持组件 DBMS 的查询能力（在包装程序或中介程序）。此外，算子可以组合起来，并包含在特定的数据集中，从而反映组件 DBMS 的局限性。不过，因为使用了代数机以及算子组合，查询处理变得更加复杂了。在组件模式上的查询重写之后，还有如下 3 个步骤。

（1）搜索空间的生成。查询被分解成一组 QEP，从而构成了查询优化的搜索空间。搜索空间的生成可以使用传统的搜索策略，如动态规划。

（2）QEP 的分解。每个 QEP 被分解成n个包装程序 QEP 的森林和一个组合 QEP。每个包装程序的 QEP 是初始 QEP 的最大子集，能够完全地由包装程序执行。包装程序不能处理的算子被上移到组合 QEP 中。在最终的结果中，组合 QEP 对包装程序 QEP 的结果进行融合——一般对包装程序产生的中间结果做并集或是连结操作。

（3）代价估计。每个 QEP 的代价使用层次化代价模型（见 7.2.4.1 节）进行估计。

7.2.5　查询翻译和执行

查询翻译和执行由包装程序调用组件 DBMS 来实施。包装程序对一个或多个组件数据库的细节进行封装，其中每个组件数据库由相同的 DBMS（或文件系统）支持。包装程序使用一个通用的接口，向中介程序导出组件 DBMS 的查询能力和代价函数，它的一个主要用途是支持基于 SQL 的 DBMS 访问非 SQL 的数据库。

包装程序的主要功能是在共用接口和 DBMS 相关接口之间进行转换。图 7.16 给出了中介程序、包装程序和组件 DBMS 之间不同层次的接口。需要说明的是：根据组件 DBMS 自治程度的不同，这三个组件可能位于不同的站点。例如，在强自治的情况下，包装程序应该位于中介程序站点，并很有可能在同一个服务器上。因此，包装程序和组件 DBMS 之间的通信可能带来网络开销。另一方面，在合作组件数据库（位于同一组织内部）的情况下，包装程序需要安装在组件 DBMS 的站点上——这点与 ODBC 驱动类似。因此，包装程序和组件 DBMS 之间的通信会更加高效。

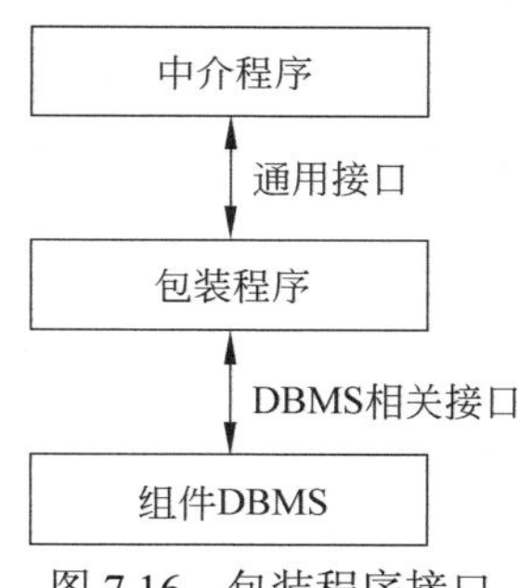

图 7.16　包装程序接口

实施转换所需的信息存储在包装程序的数据模式中，信息包括：以共用接口（如关系数据模型）导出到中介程序中的局部模式，局部模式和组件数据库模式之间的数据转换的模式映射。我们在 7.1.4 节讨论了模式映射。这里需要两种类型的转换，第一，包装程序需要将中介程序生成的输入 QEP 翻译为组件 DBMS 上的调用，前者使用共用的接口而后者使用 DBMS 相关的接口。第二，包装程序将查询结果翻译为共用接口的格式，并将结果返回给中介程序以便集成。此外，包装程序可以执行组件 DBMS 不支持的操作（如图 7.15 中包装程序w_2的扫描操作）。

正如 7.2.4.2 节讨论到的，包装程序中的共用接口既可以是基于查询的，也可以是基于算子的。不过两种方法中的翻译问题基本类似。使用下面的例子说明查询翻译，这里我们使用基于查询的方法和 SQL/MED 标准，该标准允许关系 DBMS 访问在包装程序的局部模式中表示为外部关系的外部数据。下面的例子说明了如何包装一个非常简单的数据源，使其能够被 SQL 语言访问。

【例 7.20】 我们考虑存储在一个简单组件数据库中的关系 EMP(ENO, ENAME, CITY)，它存储在服务器ComponentDB中，并使用 UNIX 文本文件构建。每个 EMP 元组存储为文件中的一行，不同的属性之间用“:”分隔。在 SQL/MED 标准中，该关系局部模式的定义，以及关系到 UNIX 文件的映射可以通过下面的语句声明为一个外部关系：

```
CREATE FOREIGN TABLE EMP
        ENO INTEGER,
        ENAME VARCHAR(30),
        CITY VARCHAR(20)
SERVER ComponentDB
OPTIONS (Filename '/usr/EngDB/emp.txt', Delimiter ':')
```

进而，中介程序可以将 SQL 语句发送给支持访问此关系的包装程序。例如，查询：

```
SELECT ENAME
FROM EMP
```

可以由包装程序使用下面的 Unixshell 命令翻译，并抽取相关的属性：

cut -d:-f2 /usr/EngDB/emp

接下来，其他的进程，如类型转换，可以使用程序代码完成。

在大多数情况下，包装程序仅为只读查询所用，这使得查询的翻译和包装程序的构建相对简单。包装程序的构建一般依靠工具，借助可重用的组件来生成大多数包装程序代码。此外，DBMS 供应商可以提供包装程序，以便透明地使用标准接口来访问 DBMS。不过，如果组件数据库上的更新操作需要包装程序（而不是组件 DBMS 本身）来完成，包装程序的构建会更为困难。一个核心的难点是共用接口和 DBMS 相关接口之间存在异构的完整性约束条件。正如第 3 章讨论的，完整性约束条件用来避免出现违背数据库一致性的更新操作。在现代 DBMS 中，完整性约束是显式的，表示为数据库模式中的一组规则。然而，在稍旧的 DBMS 或简单的数据源（如文件）中，完整性约束是隐式的，由应用程序中专门的代码实现。例如，在例 7.20 中，需要应用程序带有内嵌的代码来避免在 EMP 文本文件中添加一个与现有 ENO 重复的新行。这段代码对应于关系 EMP 的属性 ENO 上的唯一码约束，该约束是包装程序所不支持的。因此，使用包装程序更新的核心问题是拒绝一切违背完整性约束的更新操作，无论是显式地还是隐式地，从而保证组件数据库的一致性。解决该问题的一种软件工程方法是依靠工具，使用反工程技术来识别出应用中的隐式完整性约束，进而将约束翻译为包装程序中的代码。

另一个主要的问题是包装程序的维护。查询翻译在很大程度上依靠组件数据库模式和局部模式之间的映射。如果组件数据库发生了变化，组件数据库模式发生了改变，映射可能会失效。例如，在例 7.20 中，管理员可能改变 EMP 文件中各域的次序。使用失效的映射可能使包装程序产生不正确的结果。由于组件数据库是自治的，识别和纠正失效查询十分重要。相应的技术是我们在本章中讨论的映射维护方法。

7.3　本 章 小 结

本章讨论了自底向上的数据库设计，我们称之为数据库集成，同时我们也讨论了如何在以这种方式构造的数据库中执行查询。数据库集成的目标是创建 GCS（或称为中介模式）并决定 GCS 与任一 LCS 的映射关系。在不同的应用场景下，GCS 有着显著的差异：数据仓库系统需要实例化和物化 GCS，而数据集成系统仅将 GCS 看成虚拟视图。

尽管数据库集成已经研究了很长时间，但相关的工作还比较分散。不同的项目有不同的侧重点，如模式匹配、数据清洗或模式映射。我们需要一种“端到端”的数据库集成的方法，这种方法是半自动的，有足够的接口提供给专家参与进来。【Bernstein and Melnik 2007】的工作为该方法提供了一种方案，他们开始提供一种综合的“端到端”方法。

另一个在文献中讨论广泛的相关概念是数据交换（data exchange），其问题可以定义为：“结合源模式的数据结构，创建目标数据模式，从而达到最大程度上准确反映源数据的目的【Fagin 等 2005】。这个问题非常类似于物理层面的（即物化的）数据集成，如本章讨论过的数据仓库。然而，数据仓库与数据交换物化方法的不同点在于，在数据仓库系统中，数据一般属于单一的机构，可以通过良好的模式进行定义；而在数据交换系统中，数据可能来自不同的源，因而存在异构性。

本章的重点是数据库集成。然而，分布式应用中越来越多的数据并不存储在数据库中。因此，一个新的研究方向是如何集成存储在数据库中的结构化数据和存储在其他系统（如万维网服务器、多媒体系统、数字图书馆等）中的非结构化数据。我们将在第 12 章中讨论来自不同网络存储库的数据的集成，并介绍最近兴起的数据湖概念。另一个本章没有涉及的问题是当 GCS 不存在或无法定义情况下的数据集成。这个问题在现代 P2P 系统中变得尤其突出，因为数据源的规模和变化性使得设计 GCS（在能设计 GCS 的场景）变得十分困难。第 9 章将讨论 P2P 系统中的数据集成问题。

本章的第二部分关注多数据库系统的查询处理，相比于紧耦合、同构的分布式系统，多数据库系统中的查询处理要复杂得多。除了分布式这一特点，组件数据库也可以是自治的，使用不同的数据库语言，具备不同的查询能力，并呈现出不同的行为特点。具体来说，组件数据库可从完全支持 SQL 的数据库变化到非常简单的数据源（如文本文件）。

针对上述问题，本章扩展和修改了第 4 章中的分布式查询处理的架构。在给定中介程序/包装程序架构下，我们抽象出三个主要的层次：查询由中介程序进行重写（从而支持局部关系）和优化，进而由包装程序和组件 DBMS 进行翻译和执行。同时，我们也讨论了如何在多数据库中支持 OLAP 查询，OLAP 查询是决策支持应用中的重要需求。此时需要一个附加的翻译层，将 OLAP 多维查询翻译为关系查询。多数据库查询这种层次化的架构足够一般性，可以应对不同的情形。在对不同的查询处理技术，特别是带有不同设计目标和假设的技术做出描述的过程中，该架构十分有用。

多数据库查询处理的主要技术包括：使用多数据库视图进行查询重写、多数据库查询优化和执行，以及查询翻译和执行。根据使用集成方法的不同，即 GAV 或是 LAV，使用多数据库视图进行查询重写的技术也会有所不同。在 GAV 情况下的查询重写与同构分布式数据库系统中的数据定位十分类似。另一方面，在 LAV（及其扩展形式 GLAV）情况下的技术则更加复杂，在很多时候不能查询找到等价的重写规则，因此有必要产生结果的最大子集。多数据库查询优化技术包括：带有不同计算能力的组件数据库上的代价模型和查询优化。这些技术扩展了传统的分布式查询处理技术，对异构性更为关注。除了异构性，另一个重要的问题是处理组件 DBMS 的动态行为。自适应查询处理技术解决了这一问题，查询优化器在线地与执行环境进行通信，以保证对运行环境中难以预料的因素做出反应。最后，本章讨论了如何翻译查询使之被组件 DBMS 执行，以及如何生成和管理包装程序。

中介程序使用的数据模型可以是关系模型，可以是面向对象模型等等。为了表述简单，本章假设中介程序使用关系数据模型，该模型能够对多数据库查询处理技术加以解释。不过，在处理万维网数据源时，我们需要使用功能更强的中介程序模型，如面向对象模型或半结构化模型（如基于 XML 或 RDF），这需要对查询处理技术做更多的扩展。

7.4 本章参考文献说明

大量的文献研究本章涉及的问题。最早的工作可以追溯到 20 世纪 80 年代，【Batini 等 1986】做了很好的综述性工作。后续的工作在【Elmagarmid 等 1999】和【Sheth and Larson 1990】有很好的总结。【Jhingran 等 2002】做了另一篇最近的较优秀的综述。

【Doan 等 2010】编写的书对本节涉及的专题做了全面的总结。同时也有一些近期的概述性论文。【Bernstein and Melnik 2007】对集成的方法论做了深入探讨，同时也进一步将模型管理工作与一些数据集成研究进行了比较。【Halevy 等 2006】总结了 20 世纪 90 年代的数据集成工作，重点探讨了 Manifold 系统(【Levy 等 1996c】)，该系统使用的是 LAV 方法。论文提供了大量的参考文献，并探讨了这些年开辟的研究领域。【Haas 2007】形象地将整个集成过程划分为 4 个步骤：

（1）理解：包含相关信息（如码、约束、数据类型等）的发现，信息分析和质量评估，统计信息的计算；

（2）标准化，即用最好的方式表示集成的信息；

（3）规范化，包含集成过程中的具体配置；

（4）执行，即具体集成的执行。规范化阶段包含了该论文定义的技术。

【Lenzerini 2002】、【Koch 2001】、【Calì and Calvanese 2002】介绍了讨论了 LAV 和 GAV 方法。GLAV 方法在【Friedman 等 1999】和【Halevy 2001】中被讨论过。大量的系统被开发出来测试 LAV 和 GAV 方法。他们中的很多侧重于集成系统的查询。LAV 方法的一些例子可以参考【Duschka and Genesereth 1997】、【Levy 等 1996a】、【Manolescu 等 2001】，GAV 方法的一些例子参见【Adali 等 1996a】、【Garcia-Molina 等 1997】、【Haas 等 1997b】。

结构层面和语义层面的异构性方面也有不少研究工作，这方面的参考文献非常多。其中一些有趣的论文包括结构层面的【Dayal and Hwang 1984】、【Kim and Seo 1991】、【Breitbart 等 1986】、【Krishnamurthy 等 1991】、【Batini 等 1986】(【Batini 等 1986】还讨论了本章介绍到的结构冲突)和语义层面的【Sheth and Kashyap 1992】、【Hull 1997】、【Ouksel and Sheth 1999】、【Kashyap and Sheth 1996】、【Bright 等 1994】、【Ceri and Widom 1993】、【Vermeer 1997】。需要注明的是，这里仅提供了一个很不完整的论文列表。

对于 GCS 的规范模型提出了许多方法，我们在本章节讨论了 ER 模型（【Palopoli 等 1998】、【Palopoli 2003】、【He and Ling 2006】）、面向对象模型（【Castano and Antonellis 1999】、【Bergamaschi 2001】）、图模型（也可以被用于决定结构相似性）（【Palopoli 等 1999】、【Milo and Zohar 1998】、【Melnik 等 2002】、【Do and Rahm 2002】、【Madhavan 等 2001】）、查找树模型（【Madhavan 等 2001】）和 XML（【Yang 等 2003】）。

【Doan and Halevy 2005】很好地概述了各种模式匹配技术，提出了不同的、更简单的分类方式，包括基于规则的、基于学习的和混合的。【Rahm and Bernstein 2001】调研了更多模式匹配的工作，很好地比较了不同的方法。我们在本章中讨论的模式间规则是基于【Palopoli 等 1999】。匹配中使用的排序聚合函数的来源是【Fagin 2002】。

也有很多系统被开发出来验证不同模式匹配方法的可用性。基于规则技术的系统包括 DIKE（【Palopoli 等 1998】、【Palopoli 2003】、【Palopoli 等 2003】）、DIPE（DIKE 系统的早期版本）（【Palopoli 等 1999】、TranSCM【Milo and Zohar 1998】）、ARTEMIS（【Bergamaschi 等 2001】、similarity flooding【Melnik 等 2002】）、CUPID（【Madhavan 等 2001】）和 COMA（【Do and Rahm 2002】）。对于基于学习的方法，Autoplex【Berlin and Motro 2001】实现了一个比较简单的贝叶斯分类器，【Doan 等 2001, 2003a】和【Naumann 等 2002】也提出了类似的方法，相同类型的还有【Embley 等 2001, 2002】提出的决策树和【Dhamankar 等 2004】提出的 iMAP。

【Roth and Schwartz 1997】、【Tomasic 等 1997】和【Thiran 等 2006】关注于包装程序的不同方面，在【Thiran 等 2006】中提出了一种考虑完整性控制的软件工程解决方案，来解决包装程序的创建和维护问题。

【Batini 等 1986】、【Pu 1988】、【Batini and Lenzirini 1984】、【Dayal and Hwang 1984】、【Melnik 等 2002】讨论了很多二类集成技术，【Elmasri 等 1987】、【Yao 等 1982】、【He 等 2004】讨论了n-ary 机制，读者可以从【Sheth 等 1988a】、【Miller 等 2001】了解数据库集成工具 Clio，或者从【Roitman and Gal 2006】了解 OntoBuilder。

7.1.4.1 节讨论的映射建立算法来自【Miller 等 2000】、【Yan 等 2001】和【Popa 等 2002】。映射维护算法来自【Velegrakis 等 2004】。

近年来，随着集成工作对数据源的更广泛开放，数据清理引起了人们极大的兴趣。关于这个话题的文献很丰富，【Ilyas and Chu 2019】在书中对此进行了充分讨论。在这种情况下，模式级清理和实例级清理之间的区别在于【Rahm and Do 2000】。我们讨论的数据清理操作包括列划分（【Raman and Hellerstein 2001】）、映射操作（【Galhardas 等 2001】）和模糊匹配（【Chaudhuri 等 2003】）。

多数据库查询处理的研究开始于 20 世纪 80 年代早期，当时开发了最早的一批多数据库系统（如【Brill 等 1984】、【Dayal and Hwang 1984】和【Landers and Rosenberg 1982】）。当时的目标是访问同一组织内部不同的数据库。到了 20 世纪 90 年代，万维网的普及产生了访问各种类型数据源的需求，这激发了多数据库查询处理领域新的研究兴趣，产生了中介程序/包装程序架构（【Wiederhold 1992】）。一个多数据库查询优化的调研可见【Meng 等 1993】。有关多数据库查询处理的讨论还可以参考【Lu 等 1992,1993】、第 4 章中的【Yu and Meng 1998】以及【Kossmann 2000】。

使用视图进行查询重写的研究可见【Levy 等 1995】，【Halevy 2001】提供了综述。在

【Levy 等 1995】中，使用视图寻找重写这个一般性的问题可以证明为：针对视图的个数和查询中子目标的个数是 NP 完全的。展开技术是在 GAV 情况下使用 Datalog 表示查询重写的一种方法，由【Ullman 1997】提出。在 LAV 情况下使用视图进行查询重写的主要技术是桶算法（【Levy 等 1996b】）、逆向规则算法（【Duschka and Genesereth 1997】）以及 MinCon 算法（【Pottinger and Levy 2000】）。

异构代价模型的三种主要方法在【Zhu and Larson 1998】中进行了讨论。黑盒方法在【Du 等 1992】、【Zhu and Larson 1994】中进行使用；包括探测查询（【Zhu and Larson 1996a】）、样本查询（探测的一种特殊情况）（【Zhu and Larson 1998】），并随着查询的提出和解决学习时间代价。定制化方法由【Zhu and Larson 1996a】、【Roth 等 1999】、【Naacke 等 1999】提出。在包装程序里有特殊的代价计算方式（例如在 Garlic 中）（【Roth 等 1999】），或者层次化的代价模型（例如在 Disco 中）（【Naacke 等 1999】）。动态方法在【Zhu 等 2000】、【Zhu 等 2003】和【Rahal 等 2004】进行使用，在【Lu 等 1992】里面也有讨论。【Zhu 1995】提出了一种动态采样方法，【Zhu 等 2000】提出了一种定性方法。

我们给出的异构查询优化（见 7.2.4.2 节）中基于查询的方法在【Du 等 1995】中提出。【Evrendilek 等 1997】也做了一些讨论。为了说明基于算子的方法，我们介绍了带有计划函数的策略，该策略在 Garlic 项目【Haas 等 1997a】中提出。基于算子的方法也在多数据库系统 DISCO 中使用过，它被用来访问万维网上的组件数据库（【Tomasic 等 1996，1998】）。

自适应查询处理技术在很多场景中有很多研究。【Avnur and Hellerstein 2000】展示了为什么静态计划不能应对数据源的不可预测性，这个问题也存在于连续查询（【Madden 等 2002b】）、多谓词（【Porto 等 2003】）和数据倾斜（【Shah 等 2003】）的情况下。有关自适应查询处理技术的调研可见【Hellerstein 等 2000】、【Gounaris 等 2002b】。最有名的动态方法是 eddy（见第 4 章），【Avnur and Hellerstein 2000】做了相关讨论。关于自适应查询处理其他重要的技术是查询重置（【Amsaleg 等 1996a】、【Urhan 等 1998a】）、起伏连结（【Haas and Hellerstein 1999b】）、自适应划分（【Shah 等 2003】）、Cherry picking 方法（【Porto 等 2003】）。Eddy 方法最主要的扩展是状态建模（【Raman 等 2003】），以及分布式 Eddy 方法（【Tian and DeWitt 2003b】）。

在本章中，我们重点讨论了在数据库中的结构化数据的集成。【Halevy 等 2003】和【Somani 等 2002】讨论了结构化数据和非结构化数据集成的一般问题。【Bernstein and Melnik 2007】探究了另一个常见的方向，他们提出了一个模型管理引擎，可以支持模式匹配、组合映射、差异模式、合并模式、将模式转换为不同的数据模型以及从映射生成数据。

除了上面提到的系统，在本章中我们还提到了一些其他的系统，主要来源是：SEMINT（【Li and Clifton 2000】、【Li 等 2000】）、ToMAS（【Velegrakis 等 2004】）、Maveric（【McCann 等 2005】）和 Aurora（【Yan 1997】、【Yan 等 1997】）。

7.5 本章习题

习题 7.1 分布式数据库系统和分布式多数据库系统是系统设计的两种方法。为每种方法找三个最合适的应用场景，探讨应用场景的特点，并尽可能使这些特点更适合相应的方法。

习题 7.2　有些结构建模方法系统喜欢使用全局概念模式的定义，有些则不喜欢。你怎么看这个问题，给出具体的技术观点来支持你的看法。

习题 7.3（*）　给出一个算法将关系模式转化为实体-关系（ER）模式。

习题 7.4（）**　考虑图 7.17 和图 7.18 中的两个数据库，设计一种全局概念模式囊括这两个数据库，并将它们翻译成 E-R 模型。

图 7.17 描述了公路赛组织者需要使用的关系数据库，图 7.18 描述了造鞋商使用的实体-关系数据库。这两个数据库的语义描述如下。图 7.17 给出了公路赛关系数据库，并包含以下语义：

DIRECTOR 关系表定义了负责组织赛事的总监信息。这里假设每个赛事总监都有一个唯一的名字（用来作为码）、一个电话号码和一个通信地址。

```
DIRECTOR(NAME, PHONE_NO, ADDRESS)
LICENSES(LIC_NO, CITY, DATE, ISSUES, COST, DEPT, CONTACT)
RACER(NAME, ADDRESS, MEM_NUM)
SPONSOR(SP_NAME, CONTACT)
RACE(R_NO, LIC_NO, DIR, MAL_WIN, FRM_WIN, SP_NAME)
```

图 7.17　公路赛数据库

LICENSES 是必须的，因为每个赛车手都需要一个政府签发的执照，它由相关部门一个联系人 CONTACT 签发，称为签发人 ISSUER，签发人可能供职于另一个政府部门 DEPT；此外，每个执照都有唯一的编号 LIC_NO（主码），适用的城市 CITY、适用日期 DATE，以及成本 COST。

RACER 关系表描述了参赛人的信息。参赛人通过姓名 NAME 进行识别。由于姓名 NAME 并不能保证唯一性，因此需要地址 ADDRESS 一起组成组合码。最后，每个参赛人可能有 MEM_NUM 属性来识别它是哪个协会的会员，但并不要求所有的参赛者都有会员编号。

SPONSOR 关系表描述了比赛赞助商的信息。一般来讲，赞助商通过专人（CONTACT）来赞助多个比赛，而且多个比赛可能有不同的赞助商。

RACE 关系表描述了一场比赛，包含许可证编号（LIC_NO）和比赛编号（R_NO），比赛编号是主码，因为未获得许可证也可以筹划比赛。每场比赛包含男子组和女子组的冠军（MAL_WIN 和 FEM_WIN）和赛事总监 DIR。

图 7.18 给出了赞助商数据库中使用的实体-关系模式，包含以下语义：

SHOES 关系表描述了赞助商生产的特定型号 Model 和尺寸 Size 的鞋子信息，这两个属性构成了该实体的主码。

MANUFACTURER 关系表由名称 Name 唯一确定，并位于特定的地址 address。

DISTRIBUTOR 关系表描述经销商的姓名 Name、地址 address（这两个属性构成主码），社会保险号 SIN（用于纳税）。

SALESPERSON 关系表描述了销售（实体）的姓名 Name，赚取的佣金 commission，并通过其社会保险号 SIN 唯一确定（主码）。

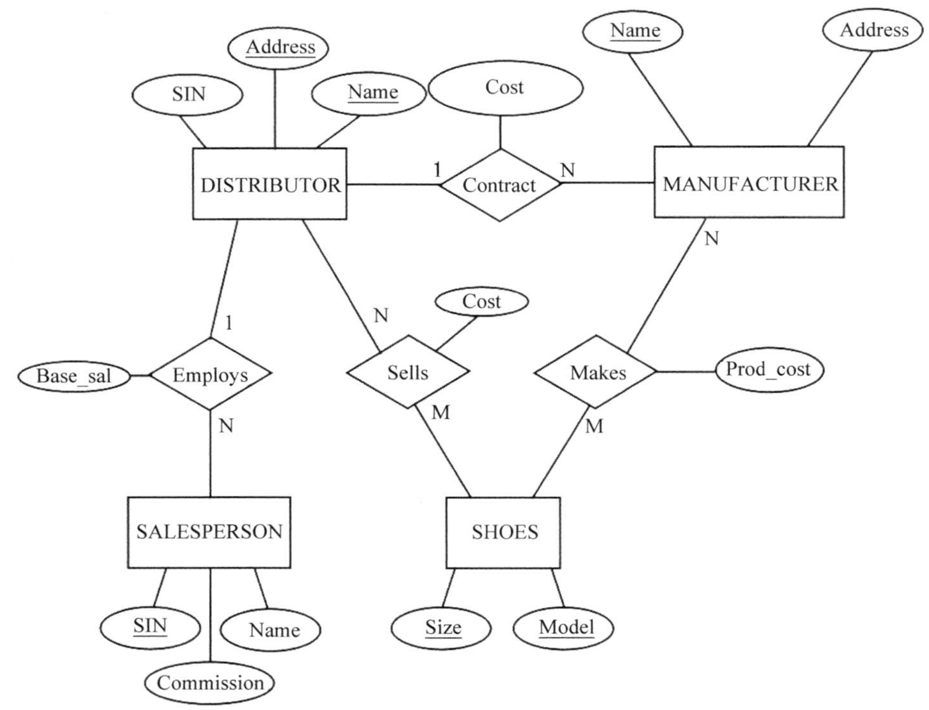

图 7.18　赞助商数据库

Makes 关系包含固定的产品成本（Prod_cost），它表示同一制造商可以生产不同的鞋子，以及不同的制造商可以生产同一种鞋子。

Sells 关系包含了经销商对于某个鞋子的销售成本 Cost，它表示每个经销商可以卖出多于一种鞋子，以及每种鞋子可以由多个经销商卖出。

Contract 关系是经销商用来向制造商表示专有权的合同关系，包含一个成本 Cost。注意：该关系并不妨碍同一经销商贩卖多个制造商的鞋子。

Employs 关系表表示经销商与多个销售人员的雇佣关系，包含底薪 Base_Sal 信息。

习题 7.5（*）　考虑三个数据源：

- 数据库 1 包含关系表 Area(Id, Field)，描述雇员专长的领域；Id 属性标识了一个雇员。
- 数据库 2 有两个关系表：Teach(Professor, Course)和 In(Course,Field)；前者表示每个教授上的课程，后者表示每个课程所属的领域。
- 数据库 3 有两个关系表：Grant(Researcher,GrantNo)，表示研究者的经费信息；For(GrantNo,Field)表示经费所属的领域。

构建 GCS，包含两个关系表：Works(Id,Project)表示一个雇员和一个项目之间的雇佣关系；Area(Project,Field)表示项目所属的一个或多个领域。

（a）给出数据库 1 和 GCS 之间的 LAV 映射关系；

（b）给出 GCS 和局部数据模式之间的 GLAV 映射关系；

（c）假设将另一个关系表 Funds(GrantNo,Project)加入到数据库 3 中，提供 GAV 映射关系。

习题 7.6　考虑一个 GCS，包含关系表 Person(Name,Age,Gender)。该关系表可以通过在下面 3 个 LCS 上定义视图获得：

```
CREATEVIEW Person AS
SELECT Name,Age,"male" AS Gender
FROM SoccerPlayer
UNION
SELECT Name,NULL AS Age,Gender
FROM Actor
UNION
SELECT Name,Age,Gender
FROM Politician
WHERE Age>30
```

针对下面的查询，分析三个局部模式(SoccerPlayer, Actor, Politician)中有哪些对全局查询结果有贡献：

```
(a)SELECT Name FROM Person
(b)SELECT Name FROM Person WHERE Gender="female"
(c)SELECT Name FROM Person WHERE Age>25
(d)SELECT Name FROM Person WHERE Age<25
(e)SELECT Name FROM Person WHERE Gender="male" AND Age=40
```

习题 7.7　考虑一个 GCS，包含关系表 Country(Name,Continent,Population,HasCoast)，描述世界各国。属性 HasCoast 表示国家是否有海岸线。通过以下的 LAV 方法可以生成与全局模式有关的 3 个 LCS。

```
CREATE VIEW EuropeanCountry AS
SELECT Name,Continent,Population,HasCoast
FROM Country
WHERE Continent="Europe"

CREATE VIEW BigCountry AS
SELECT Name,Continent,Population,HasCoast
FROM Country
WHERE Population>=30000000

CREATE VIEW MidsizeOceanCountry AS
SELECT Name,Continent,Population,HasCoast
FROM Country
WHERE HasCoast=true AND Population>10000000
```

(a) 对于下面的查询，讨论其结果的完整性，即验证局部数据源（或数据源的组合）是否覆盖了所有相关的结果。

```
1. SELECT Name FROM Country
2. SELECT Name FROM Country WHERE Population>40
3. SELECT Name FROM Country WHERE Population>20
```

（b）对于下面的查询，讨论三个 LCS 中的哪些对全局查询结果是必须的。

```
1. SELECT Name FROM Country
2. SELECT Name FROM Country WHERE Population>30 AND Continent="Europe"
3. SELECT Name FROM Country WHERE Population<30
4. SELECT Name FROM Country WHERE Population>30 AND HasCoast=true
```

习题 7.8 考虑下面两个关系表 PRODUCT 和 ARTICLE，分别使用简化的 SQL 进行表示。最佳的模式匹配关系用箭头表示。

```
PRODUCT                                →ARTICLE
    Id:int PRIMARY KEY                 →   Key:varchar(255) PRIMARY KEY
    Name:varchar(255)                  →   Title:varchar(255)
    DeliveryPrice:float                →   Price:real
    Description:varchar(8000)          →   Information:varchar(5000)
```

（a）指明下面的匹配方法分别能识别出上述 5 个匹配关系中的哪些：

① 元素名称的语法比较，例如使用字符串的编辑距离相似性。

② 使用近义词表比较元素名称。

③ 比较数据类型。

④ 分析实例数据值。

（b）上面列出的 4 个匹配方法可能产生错误的匹配关系吗？如果有，给出例子。

习题 7.9 考虑两个关系表：S(a, b, c)和 T(d, e, f)，可以使用一种匹配方法计算出 S 和 T 中元素的相似性，如下：

	T.d	T.e	T.f
S.a	0.8	0.3	0.1
S.b	0.5	0.2	0.9
S.c	0.4	0.7	0.8

基于上述匹配器给出的结果，推导出整体的模式匹配结果，并使其满足以下性质：

- 每个元素仅参与一个匹配关联；
- 不存在一个匹配关联，其包含的两个元素之间的相似性低于任一元素与其他模式中一个元素的相似性。

习题 7.10（*）图 9.19 给出了三个不同数据源的模式信息：

- MyGroup 包含一个工作组成员发表的论文；
- MyConference 包含一组会议及其讨论会上发表的论文；
- MyPublisher 包含期刊上发表的论文。

箭头表示外键到主键的关系（注意，为了节省空间，我们没有使用指定外键关系的 SQL 语句，而是使用了箭头）。数据源定义如下。

MyGroup 数据源

- Publication 关系表，属性信息如下：
  - Pub_ID：唯一的论文表示。

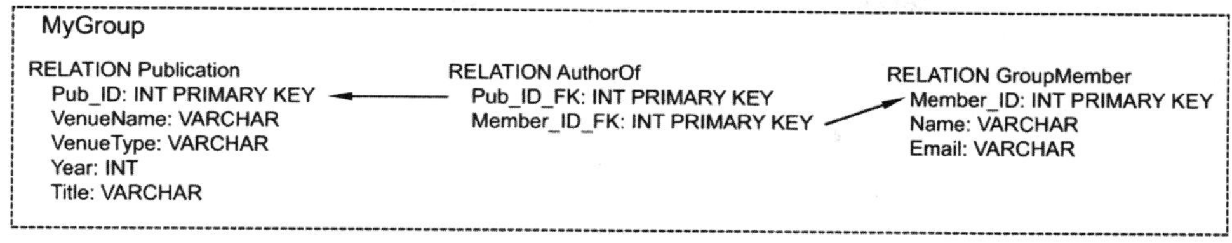

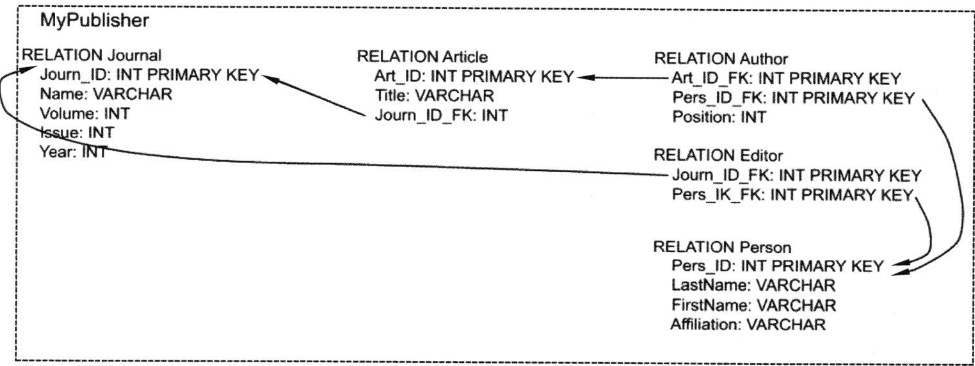

图 7.19 习题 7.10 的图示

- VenueName：期刊、会议或讨论会的名称。
- VenueType：发表刊物的类型，包括“journal”“conference”和“workshop”。
- Year：发表的年份。
- Title：论文的标题。

● AuthorOf 关系表：
- 多对多的关系，表示工作组成员是论文的作者。

● GroupMember 关系表，包含的属性如下：
- Member_ID：唯一的工作组成员标识。
- Name：组成员姓名。
- Email：组成员电子邮箱地址。

MyConference 数据源

● ConfWorkshop 关系表，包含的属性如下：
- CW_ID：会议或讨论会的唯一标识。
- Year：会议召开的年份。
- Location：会议召开的地址。
- Organizer：会议的组织者。
- AssociatedConf ID_FK：如果是会议，该值为 NULL，如果为讨论会，该值为相关的会议标识（这里假设讨论会依附于会议）。

- Paper 关系表，包含的属性如下：
  - Pap_ID：唯一的论文标识。
  - Title：论文的标题。
  - Author：一组作者姓名。
  - CW_ID_FK：论文发表的会议或讨论会名称。

MyPublisher 数据源

- Journal 关系表，包含的属性如下：
  - Journ_ID：唯一的期刊标识。
  - Name：期刊的名称。
  - Volume：期刊的卷号。
  - Issue：期刊的期号。
  - Year：期刊的年份。
- Article 关系表，包含的属性如下：
  - Art_ID：唯一的论文标识。
  - Title：论文的标题。
  - Journ_ID_FK：论文发表的期刊。
- Person 关系表，包含的属性如下：
  - Pers_ID：唯一的人员标识。
  - LastName：人员的姓。
  - FirstName：人员的名。
  - Affiliation：人员所属的机构（如所在大学的名称）。
- Author 关系表：
  - 表示人员与论文之间多对多的写作关系。
  - 属性 Position：表示人员在作者列表中的排位（例如，第一作者的排位是 1）。
- Editor 关系表：
  - 表示人员与期刊之间多对多的编辑关系。

（a）给出源数据模式元素之间所有的匹配关系。可以参考模式元素的名称和数据类型和给出的描述信息。

（b）使用以下的维度对得到的匹配关系进行分类：

① 模式元素的类型（如属性-属性或属性-关系表）。

② 基数（如一对一或一对多）。

（c）给出包含源数据模式中所有信息的全局模式。

习题 7.11（*） 图 7.20 给出了两个数据源 $Source_1$ 和 $Source_2$（使用简化的 SQL 语法）。$Source_1$ 包含两个关系表 Course 和 Tutor，$Source_2$ 仅包含一个关系表 Lecture。实线箭头表示模式匹配关系，虚线箭头表示 $Source_1$ 中两个关系表之间的主外键关系。

下面给出将 $Source_1$ 转化成 $Source_2$ 数据的 4 个模式映射关系（表示为 SQL 查询的形式）：

```
① SELECT C.id,C.name AS Title, CONCAT(T.lastname,
```

```
        T.firstname) AS Lecturer
    FROM Course AS C
    JOIN Tutor AS T ON (C.tutor_id_fk =T.id)
② SELECT C.id,C.name AS Title,NULL AS Lecturer
    FROM Course AS C
    UNION
③ SELECT T.id AS ID,NULL AS Title,T, lastname AS Lecturer
    FROM Course AS C
    FULL OUTER JOIN Tutor AS T ON (C.tutor_id_fk=T.id)
④ SELECT C.id,C.name AS Title,CONCAT(T.lastname,
        T.firstname) AS Lecturer
    FROM Course AS C
    FULL OUTER JOIN Tutor AS T ON (C.tutor_id_fk=T.id)
```

针对每个模式映射关系，回答下面的问题：

（a）映射关系是否有意义。

（b）映射关系是否完全（即是否将 O_1 中的数据全部转换）。

（c）映射关系是否可能违背主码约束。

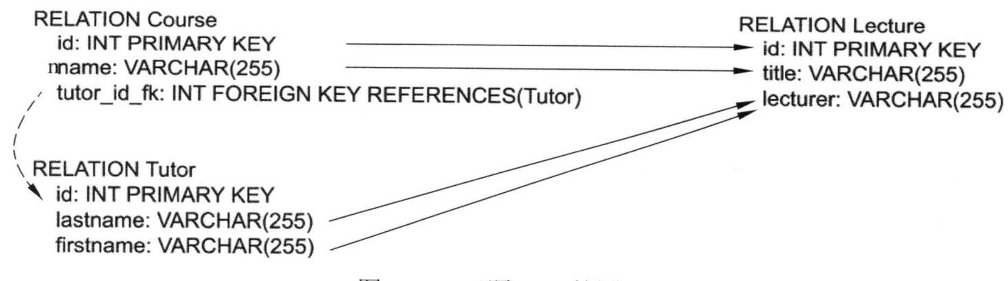

图 7.20　习题 7.11 的图示

习题 7.12（*）　考虑下面 3 个数据源：

- 数据库 1 包含关系表 AREA(ID,FIELD)，描述雇员专长的领域；ID 属性标识了一个雇员。
- 数据库 2 有两个关系表：TEACH(PROFESSOR,COURSE)和 IN(COURSE,FIELD)；前者表示每个教授上的课程，后者表示每个课程所属的领域。
- 数据库 3 有两个关系表：GRANT(RESEARCHER,GRANT#)，表示研究者的经费信息；FOR(GRANT#,FIELD)表示经费所属的领域。

设计一个全局模式，包含两个关系表：WORKS(ID,PROJECT)记录雇员工作的项目，AREA(PROJECT,FIELD)记录项目所属的领域，分别考虑下面的要求：

（a）数据库 1 和全局模式之间必须存在 LAV 映射。

（b）全局模式和局部模式之间必须存在 GLAV 映射。

（c）向数据库 3 添加新的关系表 FUNDS(GRANT#,PROJECT)时，必须存在 GAV 映射。

习题 7.13（）**　逻辑表达式（具体来讲，是一阶逻辑表达式）是模式翻译和集成的形式化表达方式，探讨逻辑表达式的作用。

习题 7.14（）**　任意类型的全局优化技术都可以在多数据库系统的全局查询上实施吗？形

式化地讨论并定义优化技术得以实施的条件。

习题 7.15（）** 考虑全局关系 EMP(ENAME,TITLE,CITY)和 ASG(ENAME,PNAME,CITY, DUR)。在 ASG 中的 CITY 属性是项目 PNAME 的位置（即 PNAME 函数决定 CITY）。考虑局部关系 EMP1(ENAME,TITLE,CITY)、EMP2(ENAME,TITLE,CITY)、PROJ1(PNAME,CITY)、PROJ2(PNAME,CITY)，以及 ASG1(ENAME,PNAME,DUR)。假设查询Q 选择雇员的姓名，这些雇员被分配到位于"Rio de Janeiro"的项目中，任期大于或等于 6 个月。

（a）假设使用 GAV 方法，实施查询重写。

（b）假设使用 LAV 方法，使用桶算法实施查询重写。

（c）假设使用 LAV 方法，使用 MinCon 算法。

习题 7.16（*） 考虑例 7.18 中的关系 EMP 和 ASG。我们使用|R|表示将关系 R 存储在磁盘上的页的个数。考虑下面的数据统计信息：

$$|\mathrm{EMP}| = 100$$
$$|\mathrm{ASG}| = 2000$$
$$selectivity(\mathrm{ASG.DUR} > 36) = 1\%$$

中介程序上一般形式的代价模型是：

$cost(\sigma_{\mathrm{A}=v}(\mathrm{R})) = |\mathrm{R}|$

$cost(\sigma(X)) = cost(X)$，其中$X$包含至少一个算子。

$cost(\mathrm{R} \bowtie_{\mathrm{A}}^{ind} \mathrm{S}) = cost(\mathrm{R}) + |\mathrm{R}| * cost(\sigma_{\mathrm{A}=v}(\mathrm{S}))$，使用的是一个索引连结算法。

$cost(\mathrm{R} \bowtie_{\mathrm{A}}^{nl} \mathrm{S}) = cost(\mathrm{R}) + |\mathrm{R}| * cost(\mathrm{S})$，使用的是一个嵌套循环连结算法。

考虑 MDBMS 输入查询Q：

```
SELECT *
FROM EMP NATURAL JOIN ASG
WHERE ASG.DUR>36
```

考虑处理查询 Q 的 4 种计划：

$$P_1 = \mathrm{EMP} \bowtie_{\mathrm{ENO}}^{ind} \sigma_{\mathrm{DUR}>36}(\mathrm{ASG})$$
$$P_2 = \mathrm{EMP} \bowtie_{\mathrm{ENO}}^{nl} \sigma_{\mathrm{DUR}>36}(\mathrm{ASG})$$
$$P_3 = \sigma_{\mathrm{DUR}>36}(\mathrm{ASG}) \bowtie_{\mathrm{ENO}}^{ind} \mathrm{EMP}$$
$$P_4 = \sigma_{\mathrm{DUR}>36}(\mathrm{ASG}) \bowtie_{\mathrm{ENO}}^{nl} \mathrm{EMP}$$

（1）计划P_1到P_4的代价都是多少？

（2）哪个计划有最小的代价？

习题 7.17（*） 考虑上一习题中的关系 EMP 和 ASG。现考虑中介代价模型由下面组件 DBMS 上的代价信息计算得到。

在db_1上访问 EMP 元组的代价为：

$$cost(\sigma_{\mathrm{A}=v}(\mathrm{R})) = |\sigma_{\mathrm{A}=v}(\mathrm{R})|$$

在db_2中选择给定 ENO 的 ASG 元组的代价为：

$$cost(\sigma_{\mathrm{ENO}=v}(\mathrm{ASG})) = |\sigma_{\mathrm{ENO}=v}(\mathrm{ASG})|$$

（1）计划P_1到P_4的代价都是多少？

（2）哪个计划有最小的代价？

习题 7.18（）** 试比较异构查询优化的基于查询和基于算子方法的优缺点。从下面几个角度分析：查询表达能力、查询性能、包装程序开发代价、系统（中介程序和包装程序）的维护和变化。

习题 7.19（）** 考虑例 7.19，在一个新的站点上添加组件数据库 db_4，存储关系 EMP(ENO, ENAME,CITY)和 ASG(ENO,PNAME,DUR)。通过包装程序 w_3，db_4 导出了连结和扫描能力。假设 db_1 中雇员的分配信息在 db_4 中，db_4 中雇员的分配信息在 db_2 中。

（a）定义包装程序w_3的计划函数。

（b）给出全局视图 EMPASG(ENAME,CITY,PNAME,DUR)的新定义。

（c）针对例 7.19 中相同的查询，给出一个 QEP。

第 8 章　并行数据库系统

许多数据密集型应用程序需要支持大规模数据库（例如，数百 TB 或 EB）。要在这种大规模数据库上支持高效的 OLTP 或 OLAP，可以通过结合并行计算和分布式数据库管理来解决。

并行计算机或多处理器是分布式系统的一种形式，由许多节点（处理器、存储器和磁盘）组成，这些节点通过非常快速的网络连接在同一房间内的一个或多个机柜中。根据这些节点的耦合方式，可以分类为两种多处理器：紧耦合和松耦合。紧密耦合的多处理器包含多个处理器，这些处理器在总线级别连接到共享内存。大型计算机、超级计算机和现代多核处理器都使用紧耦合来提高性能。松散耦合的多处理器，现在称为计算机集群，简称集群，是基于通过高速网络互连的多台商用计算机。其主要思想是用许多小型节点构建一台功能强大的计算机，每个节点都具有非常好的性价比，因此成本比同等的大型机或超级计算机低得多。在最便宜的形式中，互连可以是本地网络。然而，现在有用于集群的快速标准互连（如 Infiniband 和 Myrinet），它们为消息通信提供高带宽（如 100 Gb/s）和低延迟。

如前几章所述，可以利用数据分布来提高性能（通过并行性）和可用性（通过复制）。这一原理同样可以用来实现并行数据库系统，即并行计算机上的数据库系统。并行数据库系统可以利用数据管理中的并行性来提供高性能、高可用性的数据库服务器。因此，它们可以支持大规模数据库上的高负载。

大多数关于并行数据库系统的研究都是在关系模型的背景下进行的，因为它为并行数据处理提供了良好的基础。在本章中，我们将介绍并行数据库系统方法作为高性能和高可用性数据管理的解决方案。我们将讨论各种并行系统结构的优缺点，并给出通用的实现技术。

实现并行数据库系统自然是要依赖于分布式数据库技术的。然而，问题的关键是在数据放置（data placement）、并行查询处理（parallel query processing）和负载平衡（load balancing），因为并行数据库系统的节点数量可能要比分布式 DBMS 中的站点数量多得多。此外，并行计算机通常提供可靠、快速的通信，可以利用这些通信高效地实现分布式事务管理和复制。因此，尽管并行数据库系统的基本原理与分布式数据库管理系统相同，但其技术实现却大不相同。

本章的组织结构如下：8.1 节阐明并行数据库系统的目标；8.2 节讨论架构，特别是共享内存、共享磁盘和无共享；8.3 节介绍数据放置技术；8.4 节介绍查询处理技术；8.5 节介绍负载平衡技术；8.6 节介绍容错技术；最后，8.7 节介绍了并行数据管理技术在数据库集群中的使用，这是一种重要的并行数据库系统。

8.1　并行数据库系统的目标

并行处理利用多处理器计算机通过协同使用多个处理器来运行应用程序，以提高性能。长期以来，并行处理在科学计算中得到了广泛应用，改善了数值应用程序的响应时间。使用标准微处理器的通用并行计算机和并行编程技术的发展使并行处理技术进入到了数据处理领域。

并行数据库系统将数据库管理和并行处理相结合，以提高性能和可用性。请注意，性能也是 20 世纪 80 年代数据库机器（database machines）的目标。传统数据库管理面临的问题一直被称为“I/O 瓶颈”，其原因是磁盘访问时间要远高于主存访问时间（通常是数十万倍）。最初，数据库机器的设计者通过专用硬件来解决了这个问题，例如，通过在磁盘磁头中引入数据过滤装置。但是，这种方法失败了，因为与软件解决方案相比，其性价比较差；而软件解决方案可以很容易地从由芯片技术带来的硬件进步中获益。随着在磁盘控制器中引入通用微处理器，将数据库功能由磁盘来完成的想法重新引起了人们的兴趣，从而产生了智能磁盘。例如，需要代价较高的顺序扫描的那些基本功能，例如，使用模糊谓词对数据表进行选择操作，可以在磁盘级别得以更高效地执行，因为能够避免载入无关的磁盘块以致 DBMS 内存过载。然而，利用智能磁盘需要调整 DBMS 的架构，特别是查询处理器需要决定是否使用磁盘功能。由于没有标准的智能磁盘技术，适应不同的智能磁盘技术会损害 DBMS 的可移植性。

不过，我们也得到了一个重要的结果，即针对 I/O 瓶颈的通用解决方案，该解决方案可以概括为通过并行增加 I/O 带宽。例如，如果将一个大小为D的数据库存储在吞吐量为T的单个磁盘上，则系统吞吐量会受T的限制。而与此相反，如果将数据库划分为n个磁盘，每个磁盘的容量为D/n，吞吐量为T'（希望等于T），我们将获得一个理想的吞吐量$n * T'$，它可以被多个（理想情况下是n个）处理器更好地使用。请注意，主存数据库系统，即尝试将数据库维护在主存中的解决方案，与上述方案是互补的而不是替代的。特别是，主存系统中的“内存访问瓶颈”也可以基于类似方式采用并行来解决。因此，并行数据库系统的设计者一直致力于开发面向软件的解决方案，以利用并行计算机。

并行数据库系统可以宽泛地定义为在并行计算机上实现的 DBMS，具体实现的方式可能有很多：从简单移植现有的 DBMS（可能只需重写操作系统接口例程），到将并行处理和数据库系统功能进行复杂组合并集成到新的硬件/软件架构中。与在其他很多情况中一样，我们在可移植性（到多个平台）和效率之间进行权衡取舍。复杂的方法能够以牺牲可移植性为代价更充分地利用多处理器提供的机会。有趣的是，这给计算机制造商和软件供应商带来了不同的优势。因此，重要的是要在可供选择的并行系统架构的空间中描述要点。为此，我们将对并行数据库系统的解决方案和必要的功能进行精确的分析，这将有助于比较并行数据库系统不同的架构。

并行数据库系统的目标与分布式 DBMS 的目标（高性能、高可用性、可扩展性）类似，但由于计算与存储节点之间的紧密耦合，它们的侧重点有所不同，如下所述。

1. 高性能

这可以通过几个互补的解决方案来实现：并行数据管理、查询优化和负载平衡。并行性可用来提高吞吐量和减少事务响应时间。不过，通过大规模并行减少复杂查询的响应时间可能会增加其总时间（因为带来了额外的通信），同时会影响吞吐量。因此，以最小化并行开销为目标来优化与并行化查询十分重要，例如，可以限制查询的并行度。负载平衡是系统在所有处理器之间平均分配给定工作负载的能力。根据并行系统的架构，负载平衡既可以通过适当的物理数据库设计静态实现，也可以在运行时动态实现。

2. 高可用性

由于并行数据库系统由许多冗余组件组成，因此可以很好地提高数据可用性和系统容错性。在具有许多节点的高度并行系统中，节点在任何时候发生故障的概率都比较高。因此，在多个节点上复制数据有助于支持故障转移，这是一种容错技术，可以自动将事务从故障节点重定向到存储着数据副本的另一个节点上——这为用户提供了不间断的服务。

3. 可扩展性

并行系统可以更容易地适应不断增加的数据库大小或不断增加的性能需求（如吞吐量）应该更容易。可扩展性是指通过向系统添加处理和存储能力来平滑地扩展系统能力。理想情况下，并行数据库系统应该有两个可扩展性优势：线性加速和线性扩展（见图 8.1）。线性加速是指在数据库大小和负载不变的情况下，当节点数（即处理和存储能力）线性增加时，系统性能线性提升。线性扩展是指在数据库大小、负载和节点数线性增加时，系统性能能够持续稳定。此外，扩展系统需要对现有数据库进行最少的重组。

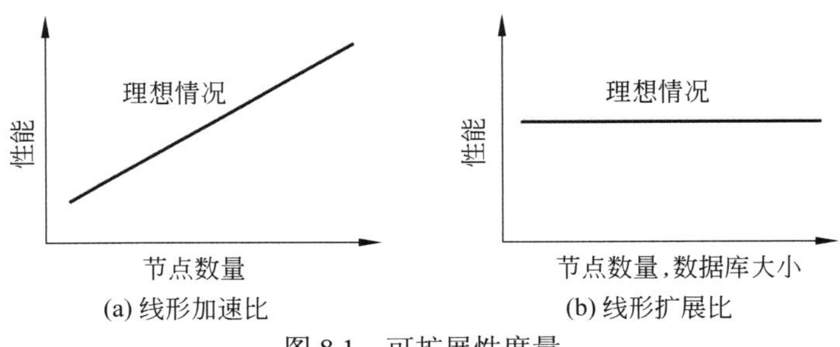

图 8.1 可扩展性度量

在大规模应用程序（如 Web 数据管理）中越来越多地使用集群，产生了两个术语 scale-out 与 scale-up。图 8.2 显示了一个有 4 个服务器的集群，每个服务器都有一些处理节点（用符号P表示）。在这种情况下，scale-up（也称为垂直扩展）是指给服务器添加更多节点，因此受到服务器最大容量的限制。scale-out（也称为水平扩展）是指以松散耦合的方式添加更多的服务器，称为“横向扩展服务器”，几乎可以无限扩展。

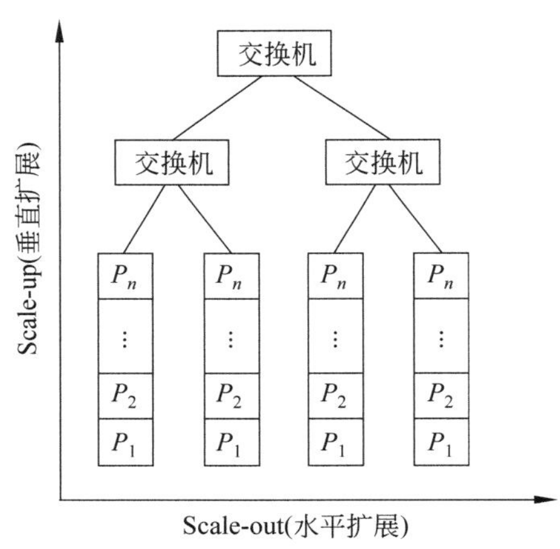

图 8.2 scale-up 和 scale-out

8.2　并 行 架 构

并行数据库系统需要在不同的设计方案上进行折中，以便以良好的性价比提供上面提到的三点优势。一个指导性的设计决策是主要的硬件元素，即处理器、主存储器和磁盘，通过某种互连网络相互连接的方式。本节将介绍并行数据库系统的架构，并具体提出并比较三种基本的并行架构：共享内存、共享磁盘和无共享。共享内存用于紧密耦合的多处理器，而无共享和共享磁盘则用于集群。在描述这些架构时，我们关注四个主要硬件元素：互连、处理器(P)、主内存模块(M)和磁盘。为简单起见，我们忽略了其他元素，如处理器缓存、处理器内核和 I/O 总线。

8.2.1　通用架构

假设采用客户端/服务器架构，并行数据库系统支持的功能可以分为三个子系统，这与典型的 DBMS 非常相似。然而，不同之处在于这些功能的实现方式，这些功能现在必须处理并行性、数据划分和复制以及分布式事务。根据这一架构，处理器节点可以支持所有这些子系统或是其中的一部分。图 8.3 给出了使用这些子系统的架构，该架构在图 1.11 的架构的基础上添加了客户端管理器。

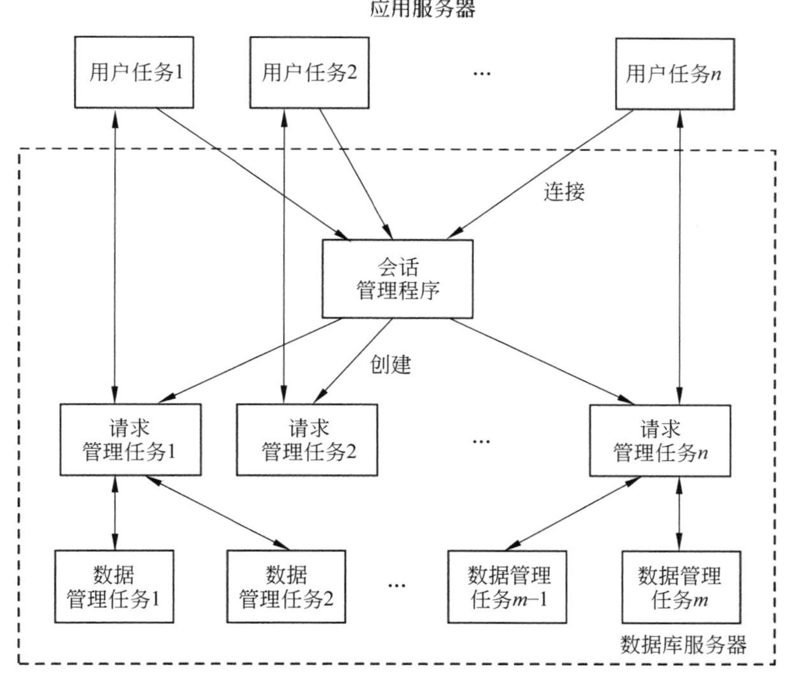

图 8.3　并行数据库系统的通用架构

（1）**客户端管理器**为客户端与并行数据库系统的交互提供支持，具体来讲，负责管理运行在不同服务器（如应用程序服务器）上的客户端进程与查询处理器之间的连接建立和连接断开。因此，它在一些查询处理器上发起客户端查询（可能是事务），然后这些查询处理器直接与客户端交互，并执行查询处理和事务管理。此外，客户端管理器使用一个目录来执行负载平衡，该目录维护有关处理器节点的负载和预编译查询（包括数据位置）的信息，从而允许在靠近所访问数据的查询处理器上触发预编译查询执行。客户端管理器是一个轻量级进程，因此不会是瓶颈；但为了容错，客户端管理器也可以在多个节点上进行复制。

（2）**查询处理器**接收和管理来自客户端的查询，例如编译查询、执行查询和启动事务。查询处理器使用数据库目录来保存数据、查询和事务的所有元信息（metainformation）。目录本身也应该作为数据库进行管理，同时可以在所有查询处理器节点上复制。它可以根据请求激活各种编译阶段，包括语义数据控制、查询优化和并行化，使用数据处理器触发和监视查询执行，并将结果和错误代码返回给客户端。它还可以触发数据处理器上的事务验证。

（3）**数据处理器**管理数据库的数据和系统数据（系统日志等），并提供并行执行查询所需的所有底层功能，即执行数据库运算符、支持并行事务、管理缓存等。

8.2.2 共享内存架构

在共享内存方法中，任何处理器都可以通过互连访问任何内存模块或磁盘单元。这样，所有处理器都被一个单一的操作系统所控制。

基于共享虚拟内存的编程模型的一个主要优点是简单。由于元信息（目录）和控制信息（例如锁表）可以被所有处理器共享，因此数据库软件的编写与单处理器计算机的情况并没有太大区别。具体来讲，查询间并行（interquery parallelism）可以自动获得；而查询内并行（intraquery parallelism）需要一些并行化处理，但仍然相当简单。负载平衡也很容易，因为可以使用共享内存在运行时将每个新任务分配给最不繁忙的处理器。

根据物理内存是否共享，可以将相关方法分为两类：统一内存访问（UMA）和非统一内存访问（NUMA），下面具体介绍。

8.2.2.1 统一内存访问

在统一内存访问（UMA）中，所有处理器共享物理内存，因此内存访问的时间是常数级的（见图 8.4）。因此，这类方法也被称为对称多处理器（symmetric multiprocessor，SMP）。实现处理器间互连的常见网络拓扑结构包括总线（bus）、交叉（crossbar）和网格（mesh）。

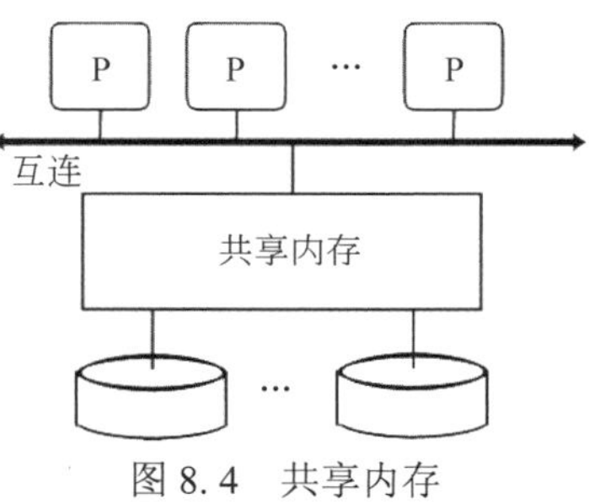

图 8.4 共享内存

第一批 SMP 出现在 20 世纪 60 年代的大型计算机上，只包括少量的处理器。在 20 世纪 80 年代，出现了包括数十个处理器的大型 SMP 机器。然而，这些系统存在成本高和可扩展性有限的问题。具体来说，由于每个处理器都要连接到任一内存模块或磁盘上，因此处理器之间的互连需要相当复杂的硬件，这产生了较高的成本。此外，随着处理器的速度越来越快（甚至连缓存也越来越大），对共享内存的冲突访问会迅速增加，并降低性能。因此，可扩展性被限制在不到 10 个处理器。最后，所有处理器共享内存空间，因此内存故障会影响大多数处理器，从而损害数据的可用性。

多核处理器（multicore processors）同样基于 SMP，该方法考虑单个芯片上的多个处理内核以及共享的内存。与以前的多芯片 SMP 设计相比，多核处理器提高了缓存操作的性能，所需的印刷电路板空间更小，能耗也更低。因此，随着具有数百个内核的处理器的出现，当前多核处理器的发展趋势是内核数量不断增加。

SMP 并行数据库系统的示例包括 XPRS、DBS3 和 Volcano。

8.2.2.2　非统一内存访问

非统一内存访问（NUMA）的目标是在具有分布式内存的可伸缩架构中提供共享内存编程模型，及其该模型带来的所有好处，其中每个处理器都有自己的本地内存模块，可以高效地访问。术语 NUMA 反映了这样一个事实，即对（虚拟）共享内存的访问具有不同的成本，具体取决于物理内存对于处理器是本地的还是远程的。

最古老的 NUMA 系统是缓存一致 NUMA（Cache Coherent NUMA，CC-NUMA）多处理器（见图 8.5）。由于不同的处理器可以在冲突更新的模式下访问相同的数据，因此需要全局缓存一致性协议。一种提高远程内存访问效率的方案是通过特殊的一致缓存互连在硬件中实现缓存一致性。因为共享内存和缓存一致性是由硬件支持的，因此远程内存访问非常高效，成本仅为本地访问的几倍（通常最高是 3 倍）。

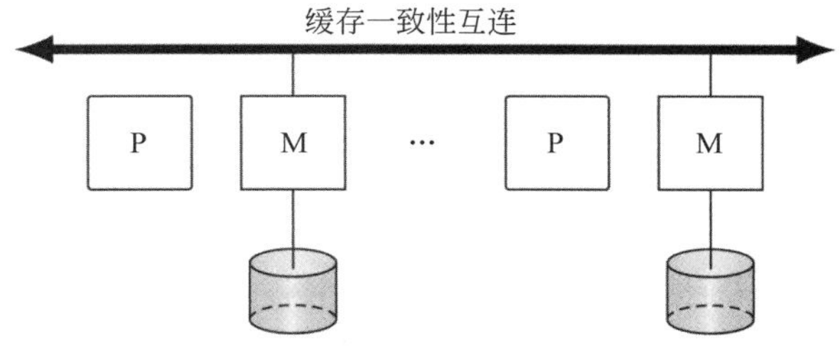

图 8.5　缓存一致的非统一内存架构（CC-NUMA）

一种最新的 NUMA 方法是利用远程直接内存访问（Remote Direct Memory Access，RDMA）功能，该功能现在由 Infiniband 和 Myrinet 等低延迟集群互连提供。RDMA 是在网卡硬件中实现的，提供了零拷贝网络通信（zero-copy networking），即允许集群节点直接访问另一个节点的内存，而不需要在操作系统缓冲区之间进行任何拷贝。这会产生典型的远程内存访问，延迟大约是本地内存访问的 10 倍，但仍有改进的余地。

例如，将远程内存控制更紧密地集成到节点的本地一致性层次结构中，可以产生 4 倍于本地访问延迟以内的远程访问。因此，可以利用 RDMA 来提高并行数据库操作的性能。不过，这需要开发 NUMA 感知的新算法来处理远程内存访问瓶颈，其基本方法是调度靠近数据的 DBMS 任务以及将计算和网络通信结合起来，以此最大化本地内存的访问。

现代多处理器使用混合 NUMA 和 UMA 的层次结构，即 NUMA 多处理器中的每个处理器都是多核处理器，或者反过来，每个 NUMA 多处理器可以用作集群中的一个节点。

8.2.3 共享磁盘架构

在一个共享磁盘的集群中（见图 8.6），任何处理器都可以通过互连访问任何磁盘单元，但只能通过独占而非共享的方式访问各自的主存。每个处理器-内存节点（可以是共享内存节点）都由自己的操作系统副本控制。然后，每个处理器都可以访问共享磁盘上的数据库页，并将它们缓存到自己的内存中。由于不同的处理器可以在冲突的更新模式下访问同一页的数据，因此需要考虑全局缓存一致性。全局缓存一致性通常是使用分布式锁管理器来实现的，而分布式锁管理器的实现方法参见第 5 章。第一个使用共享磁盘的并行 DBMS 是 Oracle，它通过高效的分布式锁管理器实现了缓存一致性，并已发展为 Oracle Exadata 数据库机器。其他主要的 DBMS 厂商（如 IBM、Microsoft 和 Sybase 公司）也实现了共享磁盘，通常用于处理 OLTP 工作负载。

共享磁盘要求磁盘可由群集节点全局访问。在群集中共享磁盘主要有两类技术：网络连接存储（network-attached storage，NAS）和存储区域网络（storage-area network，SAN）。NAS 是一种专用设备，通过网络（通常是 TCP/IP）以及使用分布式文件系统协议（如网络文件系统，Network File System，简称 NFS）实现共享磁盘。NAS 非常适用于低吞吐量的应用，例如从 PC 硬盘进行数据备份和归档。但是，NAS 相对较慢且不适合数据库管理，因为它很快就会成为许多节点的瓶颈。存储区域网络（SAN）提供了类似的功能，但提供了较低级别的接口。为了提高效率，它使用基于块的协议，从而更容易管理缓存一致性（在块级别）。因此，SAN 提供了较高的数据吞吐量，并且可以扩展到大量节点。

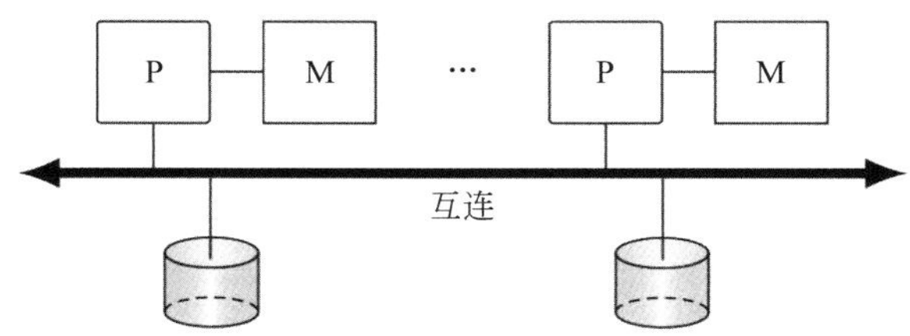

图 8.6 共享硬盘架构

共享磁盘架构主要有三个优点：简单廉价的管理、高可用性和良好的负载平衡。数据库管理员不需要处理复杂的数据分区；一个节点的故障只会影响其缓存的数据，而磁盘上的数据对其他节点仍然可用。此外，很容易实现负载平衡，因为任何请求都可以由任何处理器-内存节点处理。主要的缺点是（由 SAN 带来的）成本和较为局限的可扩展性，其原因在于大规模数据库的缓存一致性协议会造成性能瓶颈与开销。一种解决方案是考虑数据分区，就像在无共享架构中一样，但需要以更复杂的数据库管理为代价。

8.2.4 无共享架构

在一个无共享架构的集群中（见图 8.7），每个处理器都可以使用直连存储（Directly Attached Storage，DAS）独占地访问各自的主存和磁盘。

在这一架构中，每个处理器-内存-磁盘节点都由自己的操作系统副本控制。无共享集群在实践中被广泛使用，通常使用 NUMA 节点，因为它们可以提供最佳的性价比，并可以扩展到规模庞大的部署配置中（数千个节点）。

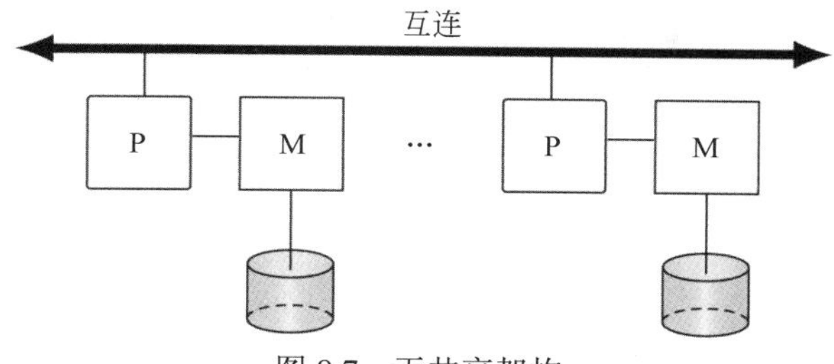

图 8.7　无共享架构

此外，每个节点都可以被看作分布式 DBMS 中的一个局部站点，并且具有自己的数据库和软件。因此，大多数为分布式 DBMS 设计的解决方案，如数据库分片、分布式事务管理和分布式查询处理，都可以在这里重用。由于使用了快速互连，这一架构可以容纳大量节点。因此，与 SMP 不同，这种架构通常被称为大规模并行处理器（Massively Parallel Processor，MPP）。

无共享架构可以通过添加新节点来实现系统的平稳增量增长，从而提供可扩展性和可伸缩性。但是，该架构需要对多个磁盘上的数据进行精细分区。而且，在系统中添加新节点可能需要重新组织和划分数据库，以处理负载平衡问题。此外，节点容错很困难（需要复制），因为一个节点的故障会导致其磁盘上的数据不可用。

许多并行数据库系统原型都采用了无共享架构，如 Bubba、Gamma、Grace 和 Prisma/DB。第一个主要的并行 DBMS 产品是 Teradata 的数据库机器。其他主要的 DBMS 公司（如 IBM、Microsoft 和 Sybase）以及列存储 DBMS 厂商（如 MonetDB 和 Vertica）都为高性能的 OLAP 应用实现了无共享架构。此外，NoSQL 类的 DBMS 和大数据系统通常也使用无共享架构。

请注意：系统也可以采用混合架构：集群的一部分采用无共享架构（如针对 OLAP 负载），而另一部分采用共享磁盘架构（如针对 OLTP 负载）。例如，Teradata 在其无共享架构中提出 clique 的概念，即一组节点共享一些公共磁盘，以提高可用性。

8.3　数据放置

后续章节将主要考虑无共享架构，因为这种架构最普遍，而且其实现技术有时也以简化形式适用于其他架构。并行数据库系统的数据放置（data placement）问题与分布式数据库中的数据分片（data fragmentation）问题具有相似性之处。一个明显的相似点是分片可以用来提高并行度。如第 2 章所述，并行数据库管理系统主要使用水平分区。不过，垂直分区也可以用于提高并行度和负载平衡，就像在分布式数据库中一样；这已经用于列存储数据库管理系统（如 MonetDB 或 Vertica）。与分布式数据库的另一个相似点是，由于数据比程序大得多，因此应尽可能在数据所在的位置执行程序。如第 2 章所述，分布式数据库方法有两个重要的独特之处。首先，不需要最大化（在每个节点的）局部处理，因为用户不与特定节点相关联。其次，在存在大量节点的情况下，负载平衡要困难得多。主要的问题是避免资源争用，这可能导致整个系统抖动（例如，一个节点完成所有工作，而其他节点保持空闲）。由于程序在数据所在的位置执行，因此数据放置对性能至关重要。

在并行 DBMS 中使用的最常见的数据划分策略是 2.1.1 节给出的循环（round-robin）、哈希（hashing）和范围划分（range-partitioning）方法。数据划分需要针对数据库规模和负载的增加而具备可扩展性。因此，划分程度，即一个关系表被划分的节点数，应该是一个由关系表大小和访问频率决定的函数。因此，提高划分程度可能会导致数据放置的重组。例如，一个关系表最初被放置在 8 个节点上，随后的数据插入可能会使其基数加倍；出现了这种情况，它就应该被放置在 16 个节点上。

在具有数据划分功能的高度并行系统中，为了负载平衡而周期性的重组既是必不可少的，也是应该经常进行的，除非是工作负载高度静态或是数据经历很少更新。重组应该对在数据库服务器上运行的编译查询保持透明。具体来讲，查询不应该因为重组而被重新编译，并且应该独立于数据的具体位置，因为数据位置可能会快速变化。这种独立性在运行时系统支持对分布式数据的关联访问（associative access）的情况下可以实现。这与分布式 DBMS 的情况有所不同，因为后者的关联访问是在编译节点由查询处理器使用数据目录实现的。

实现关联访问的一种方案是在每个节点上复制一个全局索引机制，记录关系表在一组节点上的位置。从概念上讲，全局索引是一个二级索引，其中第一级对关系表的名称进行聚类，而第二级对关系表的某些属性进行聚类。这个全局索引支持可变数据划分，即每个关系表可以有不同的数据划分程度。实现该索引结构的方式可以基于哈希或类似于 B 树的组织。这两种实现方式都可以支持通过单节点访问来高效地处理精确匹配查询。不过，如果使用哈希，范围查询组需要通过访问包含来自查询关系表数据的所有节点来处理；而使用通常比哈希索引大得多的 B 树索引则可以更有效地处理范围查询，该索引支持仅访问与指定数据范围有关的节点。

【例 8.1】 考虑本书的工程数据库示例中的关系表 EMP(ENO,ENAME, TITLE)，图 8.8 提供给出了一个全局索引和局部索引的例子。

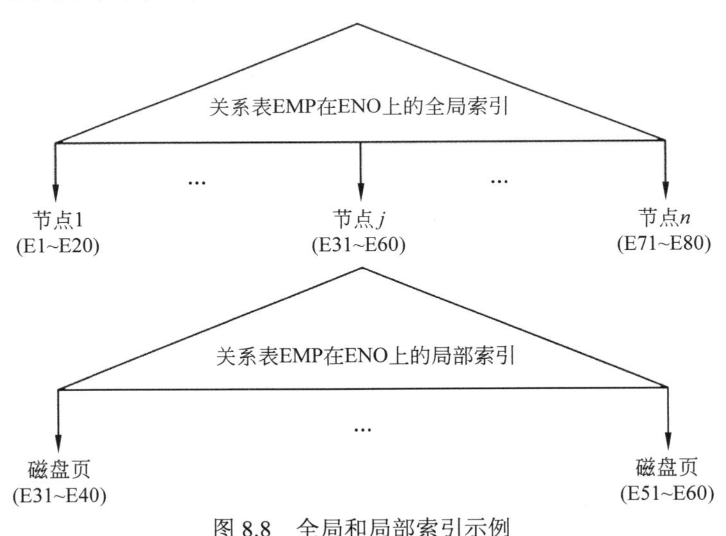

图 8.8 全局和局部索引示例

假设我们要定位 EMP 中 ENO 值为“E50”的数据，第一级索引将名称 EMP 映射到关系表 EMP 的属性 ENO 上的索引。然后，第二级索引进一步将根据值“E50”映射到编号为 j 的节点。为了将关系表映射到节点内的一组磁盘页上，还需要在每个节点内设置局部索引。局部索引也分为两级，第一级对关系表名称进行聚类，第二级对某些属性进行聚类。局部索引的第二级聚类属性要与全局索引的第二级聚类属性相同。这样，基于（关系名称、类簇值），从一个节点到另一个节点的关联路由可以得以改进。这个局部索引进一步将类簇值“E5”映射到编号为 91 的磁盘页。

数据布局中的一个重要问题是如何处理倾斜的数据分布，从而避免因不均匀划分而损害负载平衡。一种解决方案是适当地处理非均匀的划分，例如，通过对较大的分区做进一步拆分。这对于范围划分来说很容易，因为分区可以作为 B 树的叶子节点进行拆分，并可以进行一定的局部索引重组。而对于哈希来讲，解决方案是在不同属性上使用不同的哈希函数；此时，逻辑节点和物理节点分离会很有帮助，因为逻辑节点可以对应多个物理节点。

下面讨论最后一个数据放置的复杂因素，即面向高可用性的数据复制问题。第 6 章已经详细讨论了这一问题，而在并行 DBMS 中，可以采用更简单的方法，例如镜像磁盘架构维护相同数据的两个拷贝：一个主拷贝和一个备份拷贝。然而，如果节点发生故障，则存放拷贝节点的负载可能会倍增，从而损害负载平衡。针对这一问题，已有几种并行数据库系统的高可用性数据复制策略。一个有趣的解决方案是 Teradata 的交错划分（interleaved partitioning）策略，它在多个节点上进一步对备份拷贝进行划分。图 8.9 给出了关系表 R 在 4 个节点上的交错划分，其中分区的每个主拷贝（例如R_1）进一步拆分为三个分区，例如$R_{1,1}$、$R_{1,2}$和$R_{1,3}$，每个分区位于不同的备份节点。在故障模式下，主拷贝的负载在备份拷贝节点之间得到平衡。但是，如果两个节点出现故障，则该关系表无法被访问，从而损害了可用性。此外，基于备份拷贝重建主拷贝也可能代价较高；在正常模式下，维护拷贝一致性也可能代价高昂。

另一种解决方案是 Gamma 提出的链式划分，它将主拷贝和备份拷贝存储在两个相邻的节点上（图 8.10）。其主要思想是两个相邻节点同时故障的概率要远低于任意两个节点故障的概率。在故障模式下，故障节点和备份节点的负载通过使用主拷贝节点和备份拷贝节点在所有剩余节点之间进行平衡。该方法保持拷贝一致性的代价更低。这里有一个开放的问题，如何在考虑数据复制的情况下执行数据放置。与分布式数据库中的片段分配问题类似，该问题也应该被建模为一个优化问题。

节点	1	2	3	4
主拷贝	R_1	R_2	R_3	R_4
备份拷贝		$R_{1,1}$	$R_{1,2}$	$R_{1,3}$
	$R_{2,1}$		$R_{2,2}$	$R_{2,3}$
	$R_{3,1}$	$R_{3,2}$		$R_{3,3}$
	$R_{4,1}$	$R_{4,2}$	$R_{4,3}$	

图 8.9　交错划分示例

节点	1	2	3	4
主拷贝	R_1	R_2	R_3	R_4
备份拷贝	R_4	R_1	R_2	R_3

图 8.10　链式划分示例

8.4 并行查询处理

并行查询处理的目标是将查询转换为可以并行高效执行的查询执行计划，其途径是并行数据放置以及高层查询所提供的各种形式的并行性。本节首先介绍面向数据处理的基本并行算法，进而讨论并行查询优化方法。

8.4.1 数据处理的并行算法

基于划分的数据放置是并行化数据查询的基础。给定一个基于划分的数据放置方案，一个重要的问题是并行算法的设计，以支持高效数据库算子（即关系代数算子）和组合多个算子的数据库查询。然而，解决这一问题颇具挑战，因为在并行性和通信代价上很难找到一个好的平衡点，如增加并行性势必会增加节点间的通信代价。

面向关系代数算子的并行算法是实现并行查询处理所必需的基本组件，其目标是最大化并行度。然而，根据阿姆达尔定律（Amdahl's law），一个算法只能被部分地并行化。令seq为程序顺序部分（即不能并行化的部分）的比值，这是一个介于 0 和 1 之间的值；令p为处理器的个数数。可以实现的最大加速比可由以下公式给出：

$$MaxSpeedup(seq,p)=\frac{1}{seq+\left(\frac{1-seq}{p}\right)}$$

例如，当$seq=0$（整个程序是并行的）和$p=4$时，我们可以得到理想的加速比 4。但当$seq=0.3$时，加速比会下降到 2.1。此时，即使将处理器的数量增加一倍，即$p=8$，加速比也只会略微提升到 2.5。因此，在设计面向数据处理的并行算法时，重要的是通过利用算子内并行（intraoperator parallelism）最小化算法的顺序部分与最大化并行部分。

针对基于划分的数据放置，选择（select）算子的处理方式与在基于分片的分布式数据库中的情况相同。根据选择谓词的不同，算子既可以在精确匹配谓词的情况下在单个节点上执行，也可以在任意复杂谓词的情况下在关系表所划分的所有节点上执行。如果全局索引是通过类似于 B 树的结构组织的（参见图 8.8），则带有范围谓词的选择算子只能由存储相关数据的节点执行。本节的后续部分将重点讨论如何数据库查询中的两个主要算子——排序（sort）和连结（join）的并行算法。

8.4.1.1 并行排序算法

对关系表进行排序对于结果有序、聚合查询和分组查询来讲是必需的，而且是难以高效达成的，因为需要将一个数据项与其他所有数据项进行比较。一种高效的单处理器排序算法是快速排序算法，但它是高度顺序执行的，而且根据阿姆达尔定律，该算法不适合并行化。其他一些集中式的排序算法可以并行执行。其中最流行的算法之一是并行归并排序算法，因为它一方面易于实现，另一方面对并行系统架构的要求不高。因此，并行归并排序算法已被用于共享磁盘和无共享集群的架构中，该算法也可以进行调整以更好地利用多核处理器。

这里简要回顾一下 b路归并排序算法。给定 n 个待排序元素，算法的输出是这些元素的一个有序序列；因此，要排序的集合包含一个元素的 n 次运行。该方法包括迭代地将 K 个元素的 b 个运行合并一个为$K * b$个元素的有序运行，其中K的取值 1 开始。对于第i趟，每组 b 运行b^{i-1}个元素被合并到一个排序的b^i元素运行中。从$i = 1$开始，对 n 个元素进行排序所需的趟数为$\log_b n$。

现在探讨上述方法如何应用于无共享集群架构中。这里假设使用流行的主从模式来执行并行任务：存在一个主节点向工作节点发送任务和数据，并接收任务完成的通知，从而对工作节点进行协调。

假设我们必须对一个关系表进行排序，该关系表包含 p 个磁盘页且被划分到了 n 个节点上。每个节点都包含一个容量为$b + 1$磁盘页的局部内存，其中 b 个磁盘页用于输入，1 个磁盘页用于输出。并行归并排序算法分两个阶段进行。在第一阶段中，每个节点对其片段进行局部排序，例如，如果节点是单处理器，则使用快速排序；如果节点是多核处理器，则使用并行 b 路归并排序。该阶段被称为优化阶段，因为所有节点都处于忙碌状态。这一阶段生成p/n个磁盘页的 n 次运行；如果 n 等于 b，则一个节点可以在一趟中完成归并。然而，n 可能远远大于 b，在这种情况下，解决方案是主节点在第二阶段（称为后优化阶段）将工作节点安排为一个b阶的字典树。必要节点的数量在每趟中都会除以 b。在最后一趟中，某个节点会归并整个关系。后优化阶段的趟数为$\log_b p$；该阶段降低了并行度。

8.4.1.2　并行连结算法

给定两个任意划分的关系表，连结它们的基本并行算法有三种：并行归并排序连结算法、并行嵌套循环（parallel nested loop，PNL）算法和并行哈希连结（parallel hash join，PHJ）算法。这些算法是相应集中式算法的变体。并行归并排序连结算法简单地使用并行归并排序算法对连结属性上的两个关系表进行排序，并使用由单个节点完成的类似归并的操作将两个关系表连结起来。尽管最后一个操作是顺序执行的，但关系表的连结结果是按连结属性排序的，这对下一个操作很有用。

另外两种算法是完全并行的。我们使用一种包含 3 个主要结构的伪并发编程语言来更详细地给出算法描述：parallel-do、send 和 receive。其中，parallel-do 指定一组并行执行的操作块，例如：

```
for i from 1 to n in parallel-do action A
```

表示动作 A 要由n个节点并行执行。send 和 receive 结构是基本的数据通信原语，具体来说：send 将数据从一个节点发送到一个或多个节点，而 receive 获取特定节点发送的数据内容。下面考虑两个关系表 R 和 S 的连结操作，它们分别被划分到 m 和 n 个节点上。为了简单起见，假设 m 个节点和 n 个节点分属于不同的节点。R 的片段和 S 的片段所在的节点分别称为 R 节点和 S 节点。

1. 并行嵌套循环连结算法

并行嵌套循环算法简单而通用，实现了 4.5.1 节介绍的“片段-复制”（fragment-and-replicate）方法。算法基本上是由关系 R 和 S 的笛卡儿积并行组成，因此可以支持任意复杂的连结谓词，而不仅仅是等值连结谓词。

该算法包括两个嵌套的循环。选择一个关系表作为内部关系表，在内循环中访问；选择另一个关系表作为外部关系表，在外循环中访问。如何选择关系表取决于一个由两个主要参数决定的代价函数：关系表大小，这会影响通信代价；连结属性上是否存在索引，这会影响局部的连结处理代价。

算法 8.1：并行嵌套循环（PNL）

```
Input: R_1, R_2, . . . , R_m: fragments of relation R
S_1, S_2, . . . , S_n: fragments of relation S ;
JP: join predicate
Output: T_1, T_2, . . . , T_n: result fragments
begin
    for i from 1 to m in parallel do          {send R entirely to each S-node}
        send R_i to each node containing a fragment of S
    end for
    for j from 1 to n in parallel do          {perform the join at each S-node}
        R← ∪_{i=1}^{m} R_i;                    {R_i from R-nodes; R is fully replicated at S-nodes}
        T_j←R ⋈_JP S_j
    end for
end
```

算法的具体描述由算法 8.1 给出，其中连结的结果在 S 节点处产生，即选择 S 作为内部关系表。算法包含以下两个阶段。

在第一阶段，R 的每个片段被包含 S 片段的节点（有n个这样的节点）发送和复制。因此，该阶段由m个节点并行完成，需要发送$(m\times n)$条消息。

在第二阶段，每个 S 节点j需要完整地接收关系 R，并在本地将 R 与片段S_j连结起来——此阶段由 n 个节点并行完成，其中局部连结可以像在集中式 DBMS 中一样完成。根据局部连结算法的不同，连结处理过程可以在接收到数据后立即开始，也可以不开始。具体来说，如果使用嵌套循环连结算法，而且关系表 S 的连结属性上可能有索引，则连结处理操作可以在 R 的元组一到达就以流水线的方式完成。另一方面，如果使用排序归并连结算法，则已排序关系的连结操作必须在收到所有数据之后才能开始。

综上所述，并行嵌套循环算法可以看作是用$\bigcup_{i=1}^{n}(R \bowtie S_i)$替代了算子$R \bowtie S$。

【例 8.2】 图 8.11 给出了一个$m=n=2$时的并行嵌套循环算法例子。

2. 并行哈希连结算法

算法 8.2 中所示的并行哈希连结算法仅适用于等值连结，并且无须对操作的关系表做任何特定的划分。由于首先被提出用于 Grace 数据库机器，因此该算法被称为 Grace 哈希连结算法。

算法的基本思想是将表 R 和表 S 划分为数量相同的 p 个互斥集合(片段)$R_1, R_2, \dots R_p$和$S_1, S_2, \dots S_p$，并保证以下等式成立：

$$R \bowtie S = \bigcup_{i=1}^{p}(R_i \bowtie S_i)$$

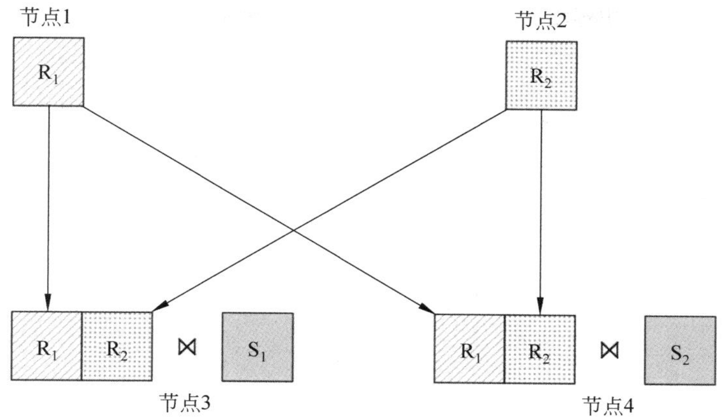

图 8.11　并行嵌套循环的示例

针对 R 和 S 的划分需要在连结属性上使用相同的哈希函数。每个单独的连结操作($R_i \bowtie S_i$)是并行完成的，其连结结果在 p 个节点上产生，而具体是哪 p 个节点实际上可以在运行时根据系统负载选出。

算法分为两个主要阶段，构建（Build）阶段和探测（Probe）阶段。构建阶段在内部关系表R的连结属性上做哈希处理，并把结果发送到 p 个节点上。这 p 个节点为接受到的元组构建哈希表。探测阶段把外部关系表 S 发送到 p 个关联的目标节点上，这些节点为每个接受到的元组探测哈希表。因此，只要已经为 R 构建了哈希表，S 的元组就可以通过探索哈希表并以流水线的方式进行发送和处理。

【例 8.3】 图 8.12 给出了并行哈希连结算法在$m = n = 2$时的例子。假定结果同时在节点 1 和 2 上产生，因此从节点 1 到节点 1 以及从节点 2 到节点 2 的箭头表示本地传输。

算法 8.2：并行哈希连结算法

Input: $R_1, R_2, \ldots, R_m$: fragments of relation R ;
$S_1, S_2, \ldots, S_n$: fragments of relation S ;
JP: join predicate R.A = S.B ;
h: hash function that returns an element of $[1, p]$
Output: $T_1, T_2, \ldots, T_p$: result fragments
begin
　{Build phase}
　for *i from* 1 *to m in parallel* **do**
　　$R_i^j \leftarrow$ apply h(A) to R_i ($j = 1, \ldots, p$);　　{hash R on A)}
　　send R_i^j to node j
　end for
　for *j from* 1 *to p in parallel* **do**
　　$R_j \leftarrow \cup_{i=1}^{m} R_j^i$　　{receive R_j fragments from R-nodes}
　　build local hash table for R_j
　end for
　{Probe phase}
　for *i from* 1 *to n in parallel* **do**
　　$S_i^j \leftarrow$ apply h(B) to S_i ($j = 1, \ldots, p$);　　{hash S on B)}
　　send S_i^j to node j

```
        end for
        for j from 1 to p in parallel do
            Sj ←∪(i=1..n) Sj^i;                 {receive Sj fragments from S-nodes}
            Tj ← Rj ⋈JP Sj                       {probe Sj for each tuple of Rj }
        end for
    end
```

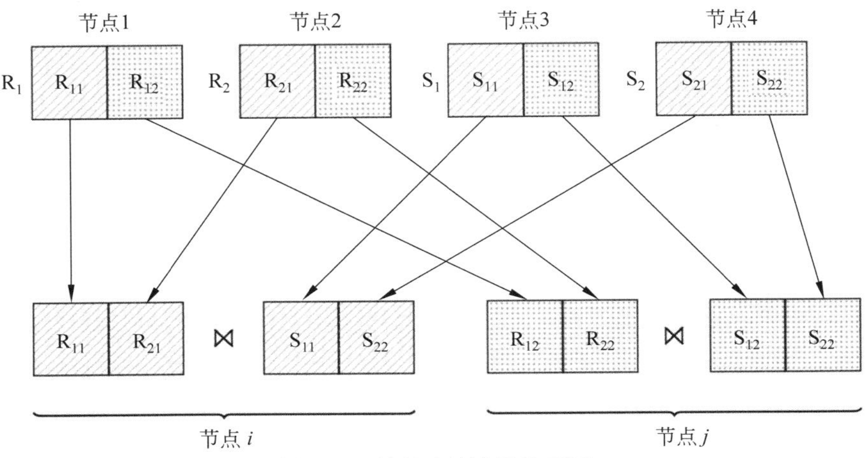

图 8.12 并行哈希连结的示例

并行哈希连结算法一般比并行嵌套循环连结算法更高效，因为其探测阶段所需的数据传输局部连结操作更少。此外，某个待连结的关系（如 R）可能已经通过在连结属性上做了哈希而完成了数据划分。在后面这种情况下，算法不再需要构建阶段，只将 S 的片段关联地发送到相应的 R 节点即可。此外，并行哈希连结算法通常也比并行排序归并连结算法更高效，然而后者依然十分有用，因为它会生成按连结属性排序的结果。

并行哈希连结算法和它的许多扩展方法存在的一个问题：连结属性上的数据分布可能是偏斜的，从而导致负载不平衡。8.5.2 节将讨论如何解决这一问题。

3. 并行连结算法的扩展方法

基本的并行连结算法有很多扩展方法，包括如何支持自适应查询处理以及如何利用主存与多核处理器。下面具体讨论这些扩展方法。

自适应查询处理（参见 4.6 节）的主要挑战是，随着不同关系表元组的流入，如何在运行时动态地对流水线中的连结算子进行排序。理想情况下，当参与连结的关系表元组到达时，应该将其发送给连结算子进行即时处理。然而，大多数连结算法不能即时处理某些传入的元组，因为算法处理内部元组和外部元组的方式是不对称的。例如，考虑 PHJ 算法，内部关系表在构建阶段被完全读取以构造哈希表，而外部关系表中的元组可以在探测阶段被流水线处理。这样一来，某个传入的内部元组不能被即时处理，因为它必须存储在哈希表中，并且只有在构建整个哈希表时才能进行处理。类似地，嵌套循环连结算法也是不对称的：对于外部关系表的每个元组，只有内部关系表必须被完全读取。具有某种不对称性的连结算法很难在内部角色和外部角色之间交替输入关系表。因此，为了放宽连结输入关系表的使用顺序，需要设计对称的连结算法。这样，连结中关系表所扮演的角色改变时，不会产生错误的结果。

早期对称连结算法的代表是对称哈希连结算法，该算法使用两个哈希表，各自对应一个输入的关系表。在基本哈希连结算法中，之前讲过的构建和探测阶段简单地交错进行。当一个元组到达时，算法用它探测另一个关系所对应的哈希表并找到匹配的元组。然后，被元组插入到相应的哈希表中，以便可以连结后面到达的另一个关系表中的元组。因此，每个到达的元组都可以被即时处理。另一种流行的对称连结算法是 ripple 连结，该算法是嵌套循环连结算法的一种扩展，其中内部和外部关系表的角色在查询执行期间不断交替。算法的主要思想是保持每个输入关系表的探测状态，使用一个指针标识用于探测另一个关系表的最后一个元组。在每个切换点，内外关系表之间的角色都会发生变化。此时，新的外部关系表从其指针位置开始探测内部输入，直至指定数量的元组。反过来，内部关系表从第一个元组依次扫描到指针位置减 1。在外部关系表的每个阶段处理的元组数可以用来计算切换率，并可以被自适应地监视。

利用处理器的主存对并行连结算法的性能也很重要。混合哈希连结算法在 Grace 哈希连结算法的基础上进行了改进，在划分期间利用可用的内存来保存整个分区(称为分区 0)，从而避免磁盘访问。另一种扩展方法是修改构建阶段，以便生成的哈希表可以存在处理器的主存中。这会显著地提高性能，因为减少了探测哈希表时缓存未命中的次数。同样的想法也用在多核处理器的 radix 哈希连结算法中，此时访问核心内存要比访问远程共享内存快得多。这里可以采用多路径划分方法，根据连结属性将两个输入关系表划分为不相交的多个部分，并使每个部分都能存放在核心的内存中。然后，在内部关系表的每个分区上构建哈希表，并使用外部关系表相应划分中的数据进行探测。并行归并排序连结算法，通常被认为不如并行哈希连结算法，同样可以针对多核处理器进行优化。

8.4.2　并行查询优化

并行查询优化与分布式查询处理有相似之处，但前者更注重利用算子内并行（使用上一小节介绍的算法）和算子间并行。与任何一种查询优化程序一样，并行查询优化程序包括三个部分：搜索空间、代价模型和搜索策略。本节将介绍它们的并行技术。

8.4.2.1　搜索空间

执行计划被抽象成算子树，它定义了算子被执行的顺序。注释（annotations）用来丰富算子树，这些注释表示额外的执行信息，比如每个算子的算法。在并行 DBMS 中，注释所反映出来一个有关执行的重要信息，就是两个连续的算子可以在流水线(pipeline)中执行。在这种情况下，第二个算子可以在第一个算子完成前开始，换句话说，第二个算子可以在第一个生产（produces）出元组后立即消费（consuming）。流水线执行不需要物化临时关系表，也就是说，我们不需要存储（stored）在流水线中执行的算子对应的树节点。

有些算子和算法需要存储一个操作对象。比如，并行哈希连结算法（见算法 8.2）在构造阶段时，会在最小关系表的连结属性上并行地构造一个哈希表。在探测阶段，依次扫描最大的关系表，并为每个元组查询哈希表。因此，流水线和储存的注释限制了执行计划的调度（scheduling），因为它会根据执行的阶段把一个算子树分割成不重叠的子树。流水线算子在同一个阶段被执行，通常被称为流水线链（pipeline chain），而存储表明建立一个阶段和后续阶段的边界。

【例 8.4】 图 8.13 展示了两棵执行树，一个没有流水线（图 8.13(a)）而另一个有流水线（图 8.13(b)）。图 8.13(a) 显示了没有流水线的执行过程。临时关系表 Temp1 必须完全生成，且在 Build2 中的哈希表必须在 Probe2 开始消费R_3之前被建立。对 Temp2、Build3 和 Probe3 也是如此。这样，树按连续的四个阶段执行：（1）构造R_1的哈希表，（2）将它与R_2探查，并构造 Temp1 的哈希表，（3）将它与R_3探查，并构造 Temp2 的哈希表，（4）将它与R_3探查，计算出最后结果。图 8.13(b)展示了一种流水线方式的执行，如果构造哈希表有足够的空间，树的执行可以按两阶段执行：（1）为R_1、R_3和R_4构造哈希表，（2）流水线方式执行 Probe1、Probe2 和 Probe3。

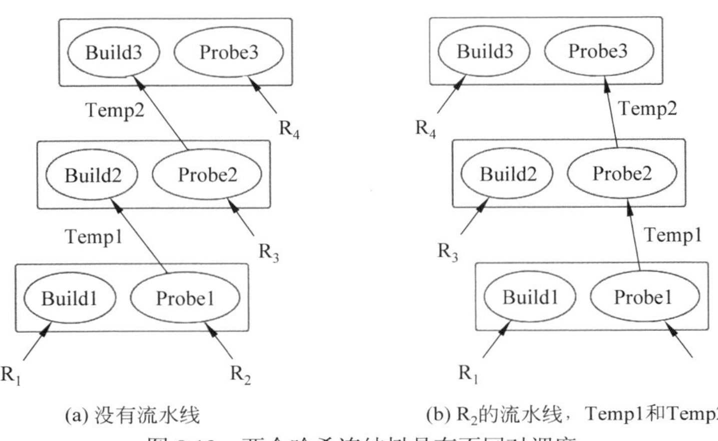

(a) 没有流水线 (b) R_2的流水线，Temp1和Temp2

图 8.13 两个哈希连结树具有不同对调度

存储关系表的一组节点称为其驻地（home）。一个算子的驻地（home of an operator）是一组对该算子加以执行的节点的集合，同时，这些节点必须是它对应操作对象的驻地，以保证算子能够访问它的操作对象。对于像连结这样的二元算子，这可能意味着需要重新划分其中一个操作对象。我们查询优化程序甚至有时会发现重新划分两个操作对象会带来效益。算子树所记录的执行注释用以指示这样的重划分。

图 8.14 展示了 4 个算子树，它代表了一个三路连结的执行计划。大箭头表示输入的关系表在流水线中被消费了，也就是说，它们不是保存在本地的。操作树可能是线性（linear）的，也就是说，每个连结节点至少有一个操作对象是基础关系表或是稠密的（bushy），这样可以很方便地将流水线关系表示为一个算子右边的输入。因此，右深树表示完全流水线，而左深树表示对所有中间结果进行物化。这样，相比左深树，长的右深树会更加高效，但会消耗更多内存以便存储左边的关系表。在一个左深树中，比如像图 8.14(a)，假如左边输入关系表可以完整的存放在内存中，那么只有最后的算子能消费其右边流水线输入的关系表。

除了左深和右深树，另外的并行树格式也同样有意思。比如，稠密树（图 8.14(d)）是唯一的能支持独立并行和一些流水线并行的树。在关系表被划分到不相交的驻地的时候，独立并行便非常有用。假设我们已经对图 8.14(d)中的关系表进行了划分，使得R_1和R_2具有相同的驻地 h_1，并且R_3和R_4有相同的驻地 h_2，但是 h_2 与 h_1 不相交，于是，通过组成 h_1 和 h_2 的节点，两个基础关系表的连结可以独立并行地执行。

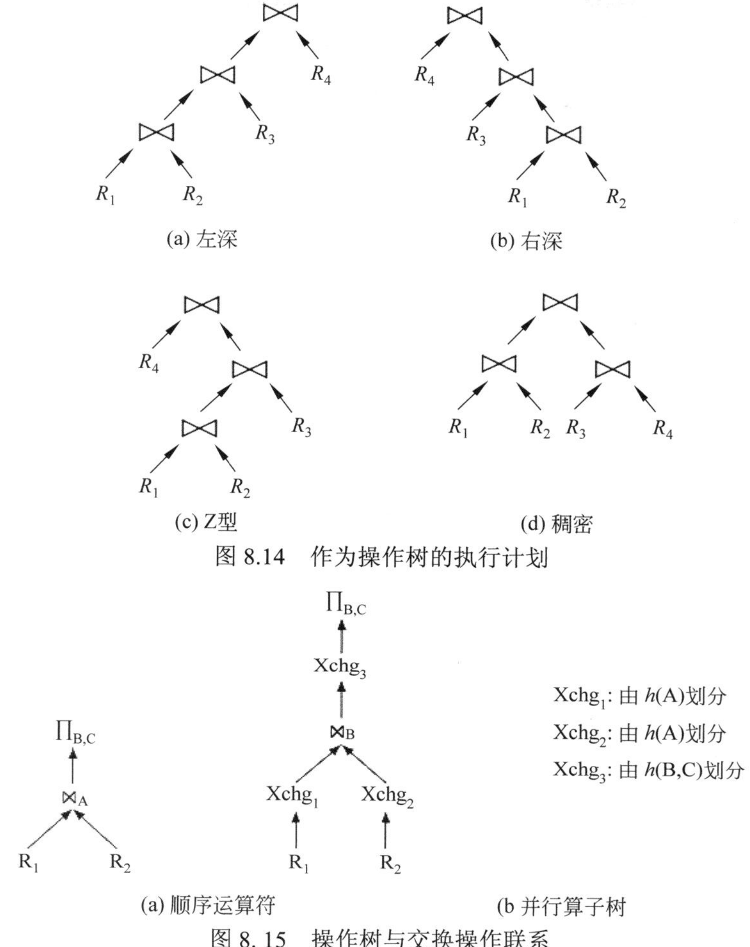

(a) 左深　(b) 右深

(c) Z型　(d) 稠密

图 8.14　作为操作树的执行计划

(a) 顺序运算符　(b 并行算子树

图 8. 15　操作树与交换操作联系

当流水线并行带来效益时，Z 型树（zigzag trees），也就是介于左深和右深树之间的中间形式，有时可以比右深树更高效，其原因是它能更好地利用主存。一个合理的启发式方式是，当关系表中部分的分段在不相交的驻地上，并且中间关系表非常大时，我们可以考虑使用右深或 Z 型树，在这种情况下，稠密树通常会需要更多阶段和更长时间来执行。相反，当中间结果很小时，流水线效率不是很高，因为我们很难在流水化阶段做好负载均衡。

使用上面的算子树，算子必须捕获并行性，这需要重新划分输入关系表。这在 PHJ 算法中得到了举例说明（见 8.4.1.2 节），其中输入关系表根据应用于连结属性的相同哈希函数进行划分，然后算法在本地分区上进行并行连结。为了便于优化器在搜索空间中导航，我们可以将数据重新划分封装在交换运算符（exchange）中。根据划分方式的不同，我们可以使用不同的交换运算符，如哈希划分、范围划分或将数据复制到多个节点。交换运算符的用法示例如下。

- 并行哈希连结：对连结属性上的输入关系表进行哈希划分，然后进行局部连结；
- 并行嵌套循环连结：在外部关系表被划分的节点上复制内部关系表，然后进行局部连结；

- 并行范围排序：范围划分，然后进行局部排序。

图 8.15 显示了带有交换运算符的运算符字典树的示例。连结操作是通过对 A（运算符 $Xchg_1$ 和 $Xchg_2$）上的输入关系表进行哈希划分，然后进行局部连结来完成的。投影操作是通过哈希消除重复（操作符 $Xchg_3$），然后进行局部投影完成的。

8.4.2.2 代价模型

回想一下，查询优化程序的代价模型是负责估计一个给定执行计划的代价。它包含两个部分：依赖于架构的和独立于架构的【Lanzelotte 等 1994】。独立于架构的部分由算子算法的代价函数组成，比如，用来连结的嵌套循环算法和用来选择的顺序访问算法。如果我们忽略并发的问题，那么只有数据重划分和内存消耗的代价函数存在区别，并组它们构成了依赖于架构的部分。事实上，在无共享系统中，重划分一个关系表的元组意味着需要在网络互联上传输数据，而它在共享内存中却简化为哈希。在无共享系统中，内存消耗问题被算子间并行复杂化了。在共享内存系统中，所有的算子通过一个全局内存读写数据，因而可以很简单的测试是否有足够空间来并行执行它们，也就是师傅独立算子的总内存消耗是小于可用内存的。在无共享系统中，每个处理器都具有它自己的内存，所以知道哪些算子在同一个处理器上并行执行就变得非常重要了。因此，为了简化，我们可以假定分配到算子的处理器集合（驻地）不重叠，也就是处理器集合的交集要么为空，要么是完全相同的集合。

一个计划的总时间可以用一个公式来计算。这个公式简单地把所有分布式查询优化中的 CPU、I/O 以及通信代价加起来。当必须考虑流水线时，响应时间也应该包含在内。

多个阶段（每个用 ph 表示）的计划 p 的响应时间用如下的公式来计算：

$$RT(p) = \sum_{ph \in p} (\max_{Op \in ph} (respTime(Op) + pipe\_delay(Op)) + store\_delay(ph))$$

其中，Op 表示一个算子，而 $respTime(Op)$ 是 Op 的响应时间，$pipe\_delay(Op)$ 是 Op 的等待周期，其作用是为生产者发送第一个结果元组（如果 Op 的输入关系表被存储了，它就等于 0）。$store\_delay(ph)$ 是阶段 ph 存储输出结果的必要时间（如果 ph 是最后阶段，即假定结果在它生产后就被分派，那么它等于 0）。

像分布式查询优化中的那样，为了估计一个执行计划的代价，代价模型使用数据库的统计和组成信息，比如关系表的大小和划分情况。

8.4.2.3 搜索策略

并行查询优化的搜索策略不需要与集中式或分布式查询优化不同。但是，并行查询优化的搜索空间往往更大，因为影响并行执行计划的参数更多，特别是流水线和存储注释。因此，在并行查询优化中，随机搜索策略（如迭代改进和模拟退火）通常优于传统的确定性搜索策略。另一个有趣但简单减少搜索空间的方法是为 XPRS（一种共享内存并行 DBMS）提出的两阶段优化策略，首先，在编译时生成基于集中代价模型的最优查询计划。然后，在执行时，考虑可用缓冲区大小和空闲处理器数等运行时参数来并行化查询计划。这种方法几乎总是能产生最优的计划。

8.5 负载均衡

对于并行系统的效率来说，好的负载均衡是非常关键的。一组并行算子的响应时间是其中响应最长的算子的响应时间。因此，最小化那个最长的时间是最小化响应时间的重点。为了最大化吞吐量，不同节点上不同事务和查询的负载均衡也同样关键。尽管并行查询优化程序考虑了如何并行执行一个查询计划，但在执行时产生的很多问题有可能会损害负载均衡的特性。解决这些问题的办法是在算子内或算子间层次上考虑。在这一节中，我们将讨论这些并行执行的问题以及它们的解决方案。

8.5.1 并行执行的问题

并行查询执行引入的主要问题有初始化、冲突和偏斜。

1. 初始化

执行之前，初始化是必要的。通常这一步是顺序进行的。它包括进程（或线程）创建和初始化，通信初始化等。这一步的时间长短和并行化程度成正比，并且实际上可能比执行简单的查询的时间还长，比如，在单一关系表上的选择查询。因此，并行化的程度应该根据查询的复杂程度来决定。

我们可以设计一个的公式，来估计在执行一个算子的过程中能取得的最大加速比，并获知最优的处理器数量。让我们考虑一个算子，它处理N个元组，并执行在n个处理器上。c是每个元组的平均处理时间，a是每个处理器初始化的时间。在理想情况下，算子执行的响应时间是响应时间

$$ResponseTime = (a \times n) + \frac{c \times N}{n}$$

通过推导，我们可以得到n_{opt}要分配的最佳处理器数和最大可实现的加速比（$Speed_{max}$）。

$$n_{opt} = \sqrt{\frac{c \times N}{a}} Speed_{max} = \frac{n_{opt}}{2}$$

最优处理器数(n_{opt})与n无关，只依赖于总处理时间和初始化时间。因此，最大化操作符的并行度（例如，使用所有可用的处理器）会因为初始化的开销而影响速度。

2. 冲突

一个高度并行执行会因为冲突（interference）而降低速度。冲突在几个处理器同时访问同样的资源、硬件或软件的时候发生。硬件冲突的典型例子是在共享内存系统中，系统总线的竞争。当处理器数目增加时，在总线上的冲突也增加了，从而限制了共享内存系统的可扩展性。解决这些冲突的方法是将共享的资源进行复制。比如说，磁盘访问的冲突可以通过增加更多的磁盘以及划分关系表来消除掉。

软件冲突的产生是由于多个处理器想访问共享的数据。为了避免冲突，使用互斥变量可以保护共享数据。因此，将访问共享数据的处理器和其他处理器隔离开。这个和基于锁

的并发控制算法（见第 5 章）类似。然而，共享变量可能成为查询执行的瓶颈，造成热点和护送效应。一个软件冲突的典型例子是访问数据库的内部结构，比如索引或缓冲。为了简化，早期的数据库系统版本是通过一个唯一的互斥变量来进行保护的，这一方法会产生大量开销。

针对软件冲突，一个通用的解决办法是将共享的资源划分为几个独立的资源，每个资源用不同的互斥变量来保护。这样，两个独立的资源可以并行地访问，因而降低了冲突的可能性。为了在一个独立的资源上（比如，一个索引结构）进一步降低冲突，可以使用重复机制。这样，访问重复的资源也可以并行化。

3. 偏斜

负载均衡问题会在算子内并行（划分大小的变化）和算子间并行（算子复杂性的变化）中出现，被称为数据偏斜（data skew）。

在并行执行中偏斜数据分布的效果可以分为如下几类。属性值偏斜（attribute value skew，AVS）是存在于数据集中的偏斜（比如，巴黎的人口比滑铁卢更多），而元组布局偏斜（tuple placement skew，TPS）是在数据初始化划分时所引入的偏斜（比如，范围划分）。选择率偏斜（selectivity skew，SS）在当每个节点的选择谓词的选择率有变化时引入的偏斜。重分布偏斜（redistribution skew，RS）在两个算子的重分布时产生。它很类似于 TPS。而连结乘积偏斜（join product skew，JPS）是因为连结选择率可能在不同的节点之间会发生变化。图 8.16 在两个划分不合理的关系表 R 和 S 的查询上，对这些分类进行了举例说明。方框的大小和对应划分的大小成正比。这种不合理的划分源于数据（AVS）或是划分函数（TPS）。因此，Scan1 和 Scan2 两个实例的处理时间并不相等，连结算子的情况更糟糕。首先，每个实例接收到的元组数量互不相同，这主要因为在 R 划分上不合理的重分布（RS）或是 R 划分处理的变量选择率（SS）。最后，S 划分的大小不均等导致了扫描算子发送元组的处理时间不同，由于连结选择率（JPS）的不同，划分的结果大小也不同。

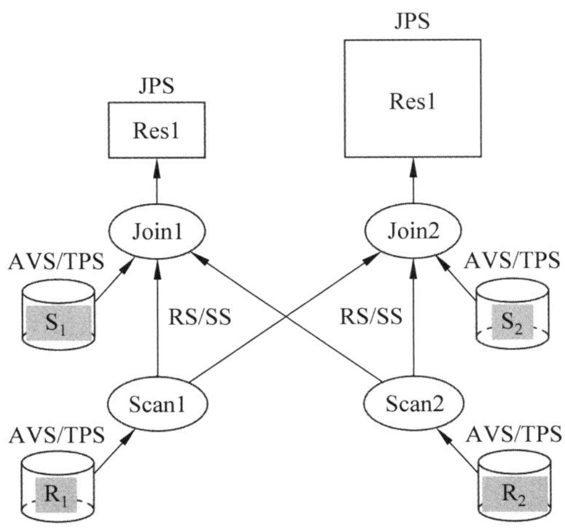

图 8.16　数据倾斜示例

8.5.2　算子内负载均衡

好的算子内负载均衡依赖于并行化的程度以及每个算子的处理器分配情况。对于一些算法，比如并行哈希连结算法，这些参数不受限于数据的布局，因此，算法必须认真地决定算子的驻地(一组用于执行算子的处理器)。偏斜问题使得并行查询优化器很难静态地(在编译时）做出决定，因为它需要一个非常精确而具体的代价模型。因此，主要的解决方案依赖于自适应的或专门的技术，它们可以被融合成一种混合的查询优化器。我们将在下面介绍这些用于并行连结的技术，它们都受到广泛的关注。为了简洁，我们假定每个算子都由查询处理器指定了一个驻地（静态的或是执行前决定)。

1. 自适应技术

其主要的思路是静态地决定算子的初始处理器分配（使用代价模型)，并且在执行时使用负载重分配来应对偏斜。一个简单的负载重分配方法是检测过大的分区，并将它再次划分到一系列处理器上（在那些已经分配给该算子的处理器中选择)，以增加并行性。这种方法通常允许对并行度进行更动态的调节。它在执行计划中使用特殊的控制算子，以检测中间结果的静态估计是否和运行时的结果不同。在执行过程中，如果预期值和实际值差异特别大，控制算子就会实施关系重分布以防止连结乘积和重分布的偏斜。自适应性技术对于提高各种种类并行架构中的算子内负载均衡非常有用。然而，大多数工作都是在无共享系统的环境中完成的，其中负载不均衡对效率的影响很严重。DBS3 最先为共享内存系统使用一种基于关系表划分（像无共享中一样）的自适应的技术。通过降低处理器冲突，该方法能为算子内并行带来出色的负载均衡特性。

2. 专用技术

并行连结算法在专门处理后用以解决偏斜问题。一种方式是使用多连结算法，每个专门负责一种不同程度的偏斜，并在执行时决定哪种算法是最优的。它依赖于两种主要的技术：范围划分和采样。使用范围划分而不是哈希划分（在并行哈希连结算法中的）是为了避免在构造关系表时候产生的重分布偏斜。这样，对应不同范围的连结属性值，处理器将得到具有相同数目元组的划分。为了决定描述范围的值，我们可以对构造关系表进行采样来产生连结属性值的直方图，也就是得到每个属性值所拥有的元组数目。采样对于决定使用哪个算法和哪个关系表用来构造和探查也是很有帮助的。利用这些技术，并行哈希连结算法适用于解决偏斜，如下所述。

（1）对构造中的关系表进行采样，以决定划分的范围。

（2）使用范围来将构造中的关系重分配到处理器上。每个处理器构造一个包含未来元组的哈希表。

（3）使用同样的范围来将探查中的关系表重分配到处理器上。对于每个接收到的元组，每个处理器探查哈希表来执行连结操作。

这个算法可以进一步使用附加的技术和不同的处理器分配策略，来提高应对高度偏斜的能力。一个相似的办法是修改连结算法，即在算法中插入一个调度的步骤，由它负责在运行时重新分布负载。

8.5.3 算子间负载均衡

为了在算子间的层次上获得好的负载均衡特性，有必要为每个算子选择多少个处理器来执行以及分配到哪些处理器上。其中应该考虑到需要算子间通信的流水线并行。在无共享系统中，这个很难做到，有如下的几个原因。首先，在并行优化阶段，所决定的并行度和算子的处理器分配，都基于一个不太准确的代价模型。其次，并行度的选择上很可能带来错误，因为无论是处理器还是算子都是离散实体。最后，在一个流水线链上最新的算子所关联的处理器可能在很长时间内处于空闲状态。这被称作流水线延迟问题。

在无共享系统中主要的方法是动态（在执行以前）决定并行度和对于每个算子处理器的局部化。比如说，速率匹配（ratematch）算法使用一种代价模型来匹配元组产生和消耗的速率。这是为了执行查询而选择所使用的处理器的基础（基于可用内存，CPU 和磁盘利用）。对于选择处理器数目和位置，很多其他算法也是可行的，比如说，通最大化若干资源的使用，在它们的范围上使用统计方法。

在共享磁盘和共享内存中，由于所有处理器可以均等地访问磁盘，因此灵活性更好。由于没有做物理关系表划分的必要，任何处理器可以被分配给任何算子。特别地，一个处理器可以在相同的流水线链上分配所有的算子，这样，便可以不利用算子间并行。然而，对于执行独立的流水线链，算子间并行是非常有用的。为共享内存提出的方法允许独立流水线链并行执行，这被称为“任务”。其主要的想法是将 I/O 绑定和 CPU 绑定的任务组合起来，以增加系统资源的利用率。执行前，使用下面的代价模型信息将一个任务分类为 I/O 绑定的或是 CPU 绑定的。让我们假定，如果顺序执行，任务t产生的磁盘访问的速率为$IO_{rate}(t)$，比如每秒磁盘访问数。我们考虑一个共享内存系统，它有n个处理器总和为B的磁盘带宽（每秒磁盘访问数）。如果$IO_{rate}(t) > B/n$，任务t将被定义为 I/O 绑定的，否则是 CPU 绑定的。CPU 绑定和 I/O 绑定的任务接着可以在它们最优的 I/O-CPU 平衡点上并行运行。这是通过动态调整任务的算子内并行度来实现的，以用来达到最大的资源利用率。

8.5.4 查询内负载均衡

查询内负载平衡必须结合内部和互操作器并行性。在某种程度上，给定一个并行架构，我们刚才介绍的用于内部或互操作器负载平衡的技术可以结合起来。然而，在具有共享内存节点（或多核处理器）的无共享集群中，负载平衡问题更加严重，因为它们必须在两个级别上解决，即每个共享内存节点（SM 节点）的处理器或核心之间的本地和所有节点之间的全局。上面讨论的用于内部和互操作器负载平衡的方法中，没有一种能够很容易地扩展到处理这个问题。无共享的负载平衡策略会遇到更严重的问题（例如，代价模型的复杂性和不精确性）。另一方面，采用为共享内存系统开发的动态解决方案会带来很高的通信开销。

在混合系统的负载均衡问题上，一个普遍的解决办法使用执行模型，被称为动态处理（dynamicprocessing，DP）。其基本的想法是，把查询分解成顺序执行的独立单位，每个单位可以被任何一个处理器执行。直观地看，一个处理器可以在查询算子上水平的迁移（算子内并行）和垂直的迁移（算子间并行）。这种方法最小化了节点间负载均衡通信的代价，并最大化共享内存节点内算子内或算子间的负载均衡。执行模型的输入是一个由优化器产生的并行执行计划，也就是一个带算子调度和算子计算资源分配的算子树。算子调动约束表述了查询算子的一个不完整序列：$O_{p_1} \prec O_{p_2}$表明了算子O_{p_1}不能在O_{p_2}前开始。

【例 8.5】 图 8.17 展示了一棵有四个关系表R_1、R_2、R_3和R_4的连结树，且也清晰定义了对应的带流水线链的算子树。假定使用了并行哈希连结，在关联构造和算子探查之间的算子调度约束是：

build1 ≺ probe1

build2 ≺ probe3

build3 ≺ probe2

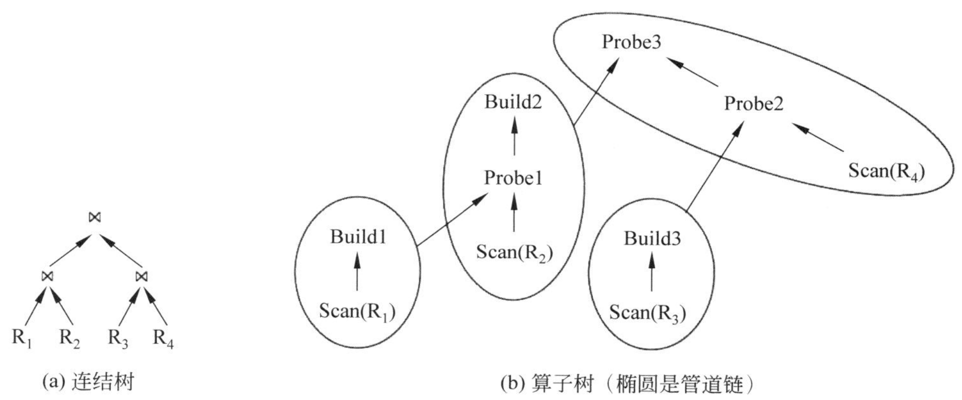

(a) 连结树　　(b) 算子树（椭圆是管道链）

图 8. 17　联结树和关联对运算树

在调度约束之后，不同的流水线链算子之间也存在启发式调度：

启发式调度 1：Build1<Scan(R_2), Build3<Scan(R_4), Build2<Scan(R_3)

启发式调度 2：Build2<Scan(R_3)

假定三个 SM-节点i、j和k。R_1存储在节点i上，R_2和R_3存储在节点j上，且R_4存储在节点k上。我们可以得到如下的算子的驻地：

$\text{home}(\text{Scan}(R_1)) = i$

$\text{home}(\text{Build1,Probe1,Scan}(R_2),\text{Scan}(R_3)) = j$

$\text{home}(\text{Scan}(R_4)) = k$

$\text{home}(\text{Build2,Build3,Probe2,Probe3}) = j$和$k$

给定这样一棵算子树，其问题是如何在混合架构上执行并最小化响应时间。这要在两个层次上通过使用动态负载均衡机制完成：(i)在一个 SM-节点内，通过快速进程间通信来达到负载均衡；(ii)在 SM-节点之间，需要更多昂贵的消息传递通信。因此，问题变为如何设计一种执行模型，使得本地负载均衡的使用最大化，而全局负载均衡的使用（通过消息传递）最小化。

我们把顺序处理中不能再划分的最小单元称为激活（activation）。DP 模型的主要特点是允许任何处理器处理它 SM-节点的任何激活。因此，线程和算子之间不存在静态的关联。对于一个 SM-节点的算子内或算子间的并行，这带来了好的负载均衡特性，因而最小化了全局负载均衡的需求，也就是说，在一个 SM-节点中不需要更多的工作。

DP 执行模型基于这样一些概念：激活、激活队列和线程。

1. 激活

激活表示了一个工作单元的序列。由于任何激活可以被任何线程（任意处理器）执行，激活必须是自包含的并且它引用了执行所需要的所有信息：执行的代码和处理的数据。我们应该区分两种激活：触发器激活和数据激活。触发器激活（trigger activation）是用来启动一个叶子算子的执行，也就是扫描。它用一个（算子，分区）对来表示，用来引用扫描算子和待扫描的基础关系桶。数据激活（data activation）描述了一个产生于流水线模式下的元组，它用（算子，元组，桶）的三元组来表示待处理的算子。对于一个构造算子，数据激活指定哪些元组必须插入在桶的哈希表中，而对于一个探查算子，数据激活同时指定哪些元组必须被桶的哈希表所探查。尽管激活是自包含的，但它们只能在关联数据（哈希表或基础关系）所在的 SM-节点上执行。

2. 激活队列

在流水线链上移动数据激活是通过激活队列（activation queues）来完成的，它也被称为和算子关联的表队列（table queues）。如果一个激活的生产者和消费者都在同样的 SM-节点上，移动将通过共享内存完成。否则，它需要信息传递。为了统一执行模型，队列用于触发激活（扫描算子的输入）和元组激活（用于建立或探查算子的输入），所有的线程都可以无限制地访问在它们 SM-节点上的所有队列。在管理小数目的队列（比如，每个算子一个队列）时，可能会出现冲突，为了减少冲突，队列将和每个在算子上工作的线程相关联。需要注意的是，更多的队列能够降低队列管理开销，但可能会增加冲突。为了更进一步降低冲突，而不增加队列的数量，每个线程给定了访问一组不同队列的集合的优先级，这个集合被称作主队列（primary queues）。因此，一个线程总是试图首先消费它主队列中的激活。在执行过程中，算子的调度约束可能意味着一个算子会被阻塞，直到其他算子（对其阻塞的算子）结束。因此，一个被阻塞的算子的队列同样是被阻塞着，也就是说，它的激活不能被消费掉，但是如果生产算子没有被阻塞，它们仍然能够生产。当它所有的阻塞算子结束了，被阻塞的队列才成为可消费的，也就是线程能消费它的激活。这一情景在图 8.18 中表示出来，它展示的是图 8.17 的算子树所对应的执行快照。

3. 线程

为了在一个 SM-节点内获得良好的负载平衡，一个简单的办法是分配远远多于处理器数量的线程，并让操作系统来完成线程调度。然而，这个策略会因为线程调度导致大量的系统调用、冲突和护送问题。相对于依靠操作系统来完成负载均衡，更好的方式是为每个处理器每个查询仅分配一个线程。由于任何线程能在它的 SM-节点上执行任何被分配的算子，因此这个是可行的。若假定一个线程永远不会被阻塞，这种“每个处理器一个线程”的分配优势是极大地减少了冲突和同步的代价。

为实现一个 SM-节点内的负载均衡，我们可以在一个共享内存段中分配所有激活队列，或是允许线程消费所有队列中的激活。为了限制线程的冲突，一个线程将在考虑其他 SM-节点的队列之前尽可能多地从它主队列集合中进行消费。因此，只有当没有任何算子有更多的激活时，线程才会空闲，这意味着正在处于饥饿状态的 SM-节点没有任何工作可以做。

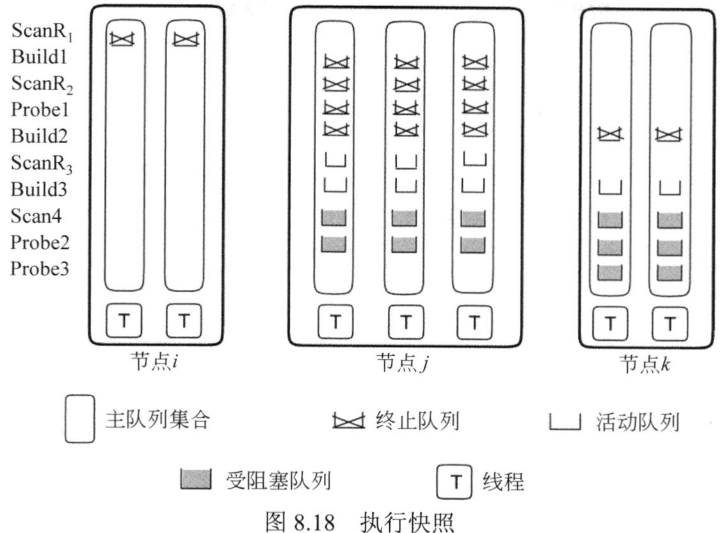

图 8.18　执行快照

当一个 SM-节点饥饿时，我们可以向另一个 SM-节点申请一些工作来进行负载分享。但是，获取激活（通过信息传递）会带来通信代价。另外，由于还必须获取关联的数据，如哈希表，获取激活是不够的，因此，我们应该动态估计获取激活和数据的好处。

负载均衡的量依赖于能并发执行的算子的数量，这样便能获得机会在空闲的时候找到一些工作来共享。提高并发算子的数量可以通过允许多条流水线链的并发执行来实现，同时也可以通过非阻塞的哈希连结算法实现，也就是允许稠密树的所有算子并发的执行。从另一个角度上讲，并发的执行更多的算子会增加内存消耗。优化程序所提供的静态算子调度能够避免内存溢出，从而解决这个权衡问题。

8.6　容　错　性

在这一节中，我们讨论在系统故障时会做什么。故障会引起如下的几个问题，首先是在故障情况下如何保持一致性。第二，对于未完成的事务，如何实现故障转移。第三，当一个故障的副本被重新引入的时候（在恢复之后），或者一个新鲜的副本被引入系统中，数据库当前的状态需要被恢复。我们主要的考虑是如何解决故障，首先需要检测到故障。在基于组通信的方法中（第 6 章），故障检测是由下层组通信来提供的（通常基于某种心跳机制），成员的改变被通知为事件。通过比较新的成员和老的成员，我们便可以得知[①]哪些副本发生了故障。组通信同样保证了所有相连的副本都共享同一个成员标识。对于那些不是基于组通信的故障检测，我们同样可以委托给下层通信协议（比如，TCP/IP），或是为复制逻辑实现一个额外的组件。不过，需要有一些一致性协议来保证所有连接的副本都共享相同的成员标识，即有哪些副本是正在操作的，而哪些不是。否则，会产生不一致性的问题。

① 组通信文献使用术语视图改变来表示成员籍改变的事件。在这里，我们不使用这个术语，主要为了避免与数据库中的视图这个概念相混淆。

故障同样可以在客户端用客户端 API 来检测。客户端通常用 TCP/IP 连接，并且可以通过已断开的连接来怀疑节点出现故障。一旦某个副本发生故障，客户端 API 必须发现一个新的副本，并重新建立连接。在最简单的情况下，我们需重新将最后一个未完成的事务发送到重新连接的副本上。由于需要重新传输，因此可能会传送重复的事务，这就需要重复事务检测与删除机制。在大多数情况下，我们为每个客户端和客户端中的每个事务都指定一个唯一标识就足够了，其中后者会随着每个新提交的事务递增。因此，集群可以跟踪到一个客户事务是否已经被处理，如果是，则丢弃该事务。

一旦一个副本的故障被检测出，在数据库集群上我们必须采取一些措施。这些措施就是故障转移过程中的一些部分，也就是把事务从一个故障节点转移到另一个副本节点上，而这个对用户是透明的。故障转移很大程度上受到失效副本是否是主节点的影响。如果一个非主副本发生了故障，在集群这一端我们不需要采取任何措施。对于那些有未完成事务的客户端，我们只需连接一个新的副本节点，并提交最后的事务即可。然而，有趣的是如何提供一致性的定义。回顾 6.1 节，在一个重复数据库中，单拷贝串行性可能会因为在不同节点上顺序相反的串行化事务而被破坏，由于故障转移，以同样方式处理的事务可能会牺牲单拷贝串行性。

为了防止出现这些情况，在大多数的复制方法里，故障转移是通过终止所有正在处理的事务来处理的。但是，这种处理故障的办法对客户端影响很大，因为它们必须重新提交终止的事务。由于客户端通常不具备回滚（undo）对话式交互结果的事务能力，因此它会非常复杂。高可用性事务（highly available transactions）这个概念使得故障完全跟客户端透明，因此在发生故障时它们是无法观测到事务终止的。

在主副本失败的情况下要采取的措施更为复杂，因为我们应该指定一个新的主副本来接管失败的主副本。一个新的主节点需要在集群中所有副本的同意下产生。在基于组的复制中，可以使用一个确定性函数为新成员分配主节点（所有节点都收到完全相同的启动和连接节点列表），这是因为成员变化会得到通知。

另一个容错性的重要方面是故障后的恢复。高可用性要求能够容忍故障并在发生故障时继续提供对数据的一致访问。不过，故障消除了系统中一定程度的冗余，因此降低了其可用性和性能。因此，我们有必要在系统中重新引入出现故障的或新鲜的副本，以保持和提高可用性和性能。其主要的困难在于，副本是具备状态的，而当它发生故障时可能会漏掉更新。因此，恢复一个出现故障的副本需要在它开始处理新事务之前接收到丢失的更新。一种解决方法是停止事务处理。那么，我们可以直接获得一个静止的状态，并被传输到任何正在工作的副本上来进行恢复。一旦在待恢复的副本上接收到所有缺失的更新，事务处理便可以继续进行，且所有的副本可以处理新的事务。

8.7 数据库集群

并行数据库系统通常以紧密耦合的方式实现并行数据管理功能，所有同质节点都在并行 DBMS 的完全控制下。一个更简单（但效率不高）的解决方案是使用数据库集群，它是由自治数据库组成的集群，每个数据库都由现成的 DBMS 管理。与在集群上实现的并行

DBMS 的一个主要区别是在每个节点上使用一个"黑盒"DBMS。由于 DBMS 源代码不一定可用并且不能更改为"集群感知"，我们因此必须通过中间件实现并行数据管理功能。这种方法已经成功地应用于 MySQL 或 PostgreSQL 集群中。

许多研究都致力于充分利用集群环境（具有快速、可靠的通信），以便通过利用数据复制来提高性能和可用性。该研究的主要成果是复制、负载平衡和查询处理的新技术。在本节中，我们将在介绍数据库集群架构之后介绍这些技术。

8.7.1 数据库集群架构

图 8.19 展示了一个具有无共享架构的数据库集群。并行数据管理由独立的 DBMS 完成，这些 DBMS 由在每个节点上复制的中间件协调。为了提高性能和可用性，我们可以使用本地 DBMS 在不同的节点上复制数据。客户端应用程序以一种经典的方式与中间件交互，以提交数据库事务，即即席查询、事务或对存储过程的调用。一些节点可以专门用作接收事务的访问节点，在这种情况下，它们共享一个全局目录服务，该服务捕获有关用户和数据库的信息。事务对单个数据库的一般处理如下所示：首先使用目录对事务进行身份验证和授权，如果成功，事务将被路由到某个 DBMS 节点（可能是不同的节点）来执行。我们在 8.7.4 节将介绍如何扩展此简单模型来处理并行查询处理，使用多个节点处理单个查询。

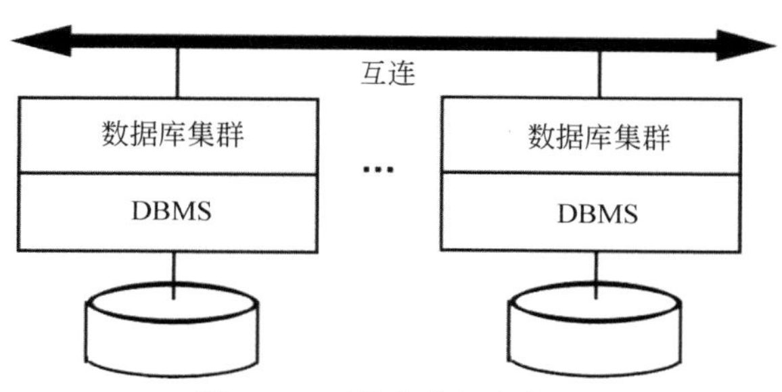

图 8.19 无共享数据库集群

与并行 DBMS 一样，数据库集群中间件有几个软件层：事务负载均衡器、复制管理器、查询处理器和容错管理器。事务负载平衡器使用从节点探测获得的负载信息在最佳节点触发事务执行，"最佳"节点被定义为事务负载最轻的节点。事务负载平衡器还确保每个事务执行都遵循 ACID 属性，然后向 DBMS 发送信号以提交或中止事务。复制管理器管理对复制数据的访问，并通过保证更新复制数据的事务在每个节点上以相同的串行顺序执行，来确保强大的一致性。查询处理器利用了查询间和查询内的并行性。使用查询内并行性，查询处理器将每个提交的查询路由到一个节点，并在查询完成后将结果发送到客户端应用程序。查询内并行更为复杂。由于黑盒 DBMS 不支持集群，因此它们无法相互交互来处理同一查询。然后，由查询处理器来控制查询执行、最终结果合成和负载平衡。最后，容错管理器提供在线恢复和故障切换。

8.7.2 复制

类似分布式DBMS那样，复制被用来提高性能和可用性。在一个数据库集群中，快速的互联和通信系统可以用来支持单拷贝串行性，同时提供可扩展性（在大量的节点上获得好的性能）和自治性（利用黑盒DBMS）。一个集群提供了一个稳定的环境，并且几乎不需要改变其拓扑结构（比如，由于增加节点或通信连结失败而引起的这种改变）。因此，支持能够管理节点组之间可靠通信的一个组通信系统会更加容易。组通信的原语（见6.4节）可以和活跃或惰性的复制协议一起使用，作为实现原子信息传播的一种手段（也就是取代昂贵的2PC）。

我们现在介绍另一个协议，称为预防性复制，它是惰性的，并提供对一个拷贝可序列化性和可伸缩性的支持。预防性复制还保留了DBMS的自治性。它不使用全序多播，而是使用更简单、更高效的FIFO可靠多播。原则如下。进入系统的每个传入事务T具有按时间顺序排列的时间戳$ts(T) = C$，并且被多播到存在副本的所有其他节点。在每个节点上，在开始执行T之前，我们引入一个时间延迟。此延迟对应于多播消息所需时间的上限（假定一个同步系统具有有限的计算和传输时间），关键问题是如何准确计算消息的上限（即延迟）。在集群系统中，上限的计算是相当精确的。当延迟到期时，所有可能在C之前提交的事务都保证在T之前按照时间戳顺序（即总顺序）接收和执行。因此，这种方法可以防止冲突，并在数据库集群中强制实现强一致性。延迟时间的引入在分布式系统的几种延迟集中式复制协议中也被利用。在运行PostgreSQL数据库管理系统的64个节点的集群上进行TPC-C基准测试，验证了预防性复制协议的有效性，并显示出良好的扩展性和加速性。

8.7.3 负载均衡

在数据库集群中，复制提供了良好的负载均衡机会。使用活跃或是预防式复制（见8.7.2节），查询负载均衡很容易实现。由于所有拷贝都相互保持一致，任何存储了一份事务的数据拷贝节点，比如最小负载节点，在运行时都可以使用传统的负载均衡策略而被选中。事务负载均衡在惰性分布式复制中也容易实现，因为所有的主节点最终都需要执行事务。然而，在所有节点执行事务的总代价可能会很高。通过松弛一致性，惰性复制可以更好地减少事务执行的代价，因此它提高了查询和事务的性能。这样，根据一致性和性能需求，活跃或是惰性复制在数据库集群中都非常有用。

8.7.4 查询处理

在数据库集群中，我们可以成功地运用并行查询处理来提高效率。如前面章节所讨论的，查询间（或事务间）并行是负载均衡和数据复制天然具备的结果。这种并行主要用来增加面向事务应用的吞吐量，同时在一定程度上减少了事务和查询的响应时间。对于那些经常使用的专门查询，且访问大量数据的OLAP应用来说，查询内并行是进一步减少响应时间的关键。查询内并行由在同一个关系表的不同划分上的同一个查询构成。

在数据库集群中，有两种互补的划分关系表的方法：物理的和虚拟的。物理划分定义了关系表的划分，本质上说是水平分片，且将它们更多以复制的方式分配到集群节点上。这个分片和分布式数据库中的分片及分配设计很类似（见第 2 章），但目标却是为了增加查询内并行，而不是增加访问的局部性。因此，依据查询和关系表大小，划分的程度应该更细致。用于决策支持的数据库集群中的物理分区可以使用小粒度分区。在数据均匀分布的情况下，这种解决方案能带来好的查询内并行性，比查询间并行性更高效。不过，物理划分是静态的，因此对周期性重划分所造成的数据偏斜及查询模式的变化非常敏感。

虚拟划分使用动态的方法和完全复制（每个关系表被复制到每个节点上），避免了静态物理划分的问题。我们称它最简单的形式为简单虚拟划分（simple virtual partitioning，SVP），虚拟分区是为了每个查询动态而生成的，并且实现查询内并行可以通过将子查询发送到不同的虚拟分区上实现。为了生成不同的子查询，数据库集群查询处理器将谓词添加到传入的查询中，以限制对一个关系表子集的访问，这个关系表自己也就是虚拟分区。它也可能通过重写将查询分解成为等价的子查询，然后形成组合查询。接着，每个收到子查询的 DBMS 被要求处理一个不同的数据项子集。最后，各个划分的结果需要通过聚合查询再组合起来。

【例 8.6】 我们通过如下的查询Q来举例 SVP。

```
SELECT PNO,AVG(DUR)
FROM WORKS
WHERE SUM(DUR)>200
GROUP BY PNO
```

一个在虚拟分区上通用的子查询通过在Q上增加谓词“**AND** PNO>= 'P1' **AND** PNO< 'P2'”来实现。通过绑定['P1', 'P2']到 PNO 的 n 个相继区间，我们便获得 n 个子查询，每个子查询针对 WORKS 的虚拟分区上的不同的节点。这样，查询内并行程度是 n。此外，在子查询中，“**AVG**(DUR)”操作必须重写为“**SUM**(DUR),**COUNT**(DUR)”。最后，为了获得“**AVG**(DUR)”的正确结果，组合查询必须在 n 个部分结果上执行“**SUM**(DUR)/**SUM**(**COUNT**(DUR))”。

每个子查询的执行效率过多地依赖于在划分属性（PNO）上可用的访问方法。在这个例子中，在 PNO 上的聚集索引应该是最好的。因此，根据查询以及可用的划分属性，让查询处理程序知晓可用的访问方法是很重要的。

SVP 允许在查询处理期间为节点分配极大的灵活性，因为可以选择任何节点来执行子查询。然而，并不是所有类型的查询都能从 SVP 中获益并被并行化。我们可以对 OLAP 查询进行分类，使同一类的查询具有相似的并行化特性。这种分类依赖于如何访问最大的关系表（在典型的 OLAP 应用程序中称为事实表）。其基本原理是，这种关系表的虚拟划分产生了更高的算子内并行性。确定了 3 个主要类别：

（1）不包含访问事实数据表的子查询的查询；

（2）包含和类别 1 查询等价的子查询的查询；

（3）任何其他查询。

类别（2）的查询需要重写为类别（1）的查询，以方便 SVP 使用。而类别（3）的查询不能因 SVP 获益。

SVP 有一些缺点。首先，决定最好的虚拟划分属性和范围值将会很困难，因为假定数值是均匀分布并不现实。第二，一些 DBMS 在从大区间数据获取元组时会执行完全数据表扫描，而不是索引化的访问。这便降低了并行磁盘访问的优势，因为一个节点会偶尔读取整个关系表，来访问一个虚拟分区。这使得 SVP 依赖于后台的 DBMS 查询能力。第三，由于查询在执行时不能从外部修改，负载均衡也很难实现，它主要依靠于初始的划分。

细粒度的虚拟划分通过大量的子查询，而不是为每个 DBMS 使用一个查询，来解决了这些问题。工作在更小的子查询上就避免了完全数据表扫描，使得查询处理受到 DBMS 特质的影响更小。不过，这种方法必须利用数据库统计和查询处理时间来估计分区的大小。在实际使用中，这些都很难通过黑盒 DBMS 获得。

自适应的虚拟划分（adaptive virtual partitioning，AVP）通过动态调整分区大小解决了这个问题，因而无须这些估计。AVP 在每个参与的集群节点上独立运行，避免了节点间的通信（决定分区大小）。初始时，每个节点收到一个工作的区间值。这些区间是类似 SVP 那样确定的。接着，每个节点实施如下的步骤。

（1）以一个非常小的分区大小起步，使用第一个接收到的区间值；

（2）在这个区间内执行一个子查询；

（3）当执行时间的减小和分区大小的增加成比例时，增加分区的大小并执行对应的子查询；

（4）当一个稳定的分区大小已经找到，停止增加分区的大小；

（5）如果存在性能退化，也就是出现连续的性能较差的执行，就减小分区大小，并转到第（2）步。

从很小的分区大小开始，就避免了在最初的处理中扫描整个数据表。也同样避免了其知晓阈值的必要性，该阈值是 DBMS 不使用聚集索引并开始进行表格完全扫描的阈值。当分区大小增加时，对查询执行时间的监测有助于决定一个时间点，在这个时间点之后，独立于数据大小的查询处理的步骤将不会影响总的查询时间。比如，如果将分区的大小加倍造成了执行时间的双倍增加，这就意味着这个点找到了。在这种情况下，算法停止增加大小。系统性能可能会因为 DBMS 数据缓存的未命中或是总体系统负载的上升而恶化。当被使用的大小太大，且系统从之前的数据缓存命中受益时，这种情况就可能发生。在这种情况下，减小分区大小可能会更好。这恰恰是第 5 步所要做的事情。它给予了回退以检查更小的分区大小的机会。从另一方面说，如果性能恶化是因为偶然和临时的系统负载增加或数据缓存未命中造成的，那么保持一个小的分区大小可能会导致低性能。为了避免这种情况，算法回到步骤 2 上，并重新增加大小。

AVP 和其他虚拟划分的变种有如下的优点：节点分配的灵活性，完全复制所带来的高可用性，以及支持动态负载均衡的优势。但是完全复制会带来磁盘使用量的高消耗。为了支持部分复制，已经有研究提出了混合解决方案，它综合了物理划分和虚拟划分。混合设计对最大和最重要的关系表使用物理划分，并完全复制小表。因此，查询内并行可以通过更小的磁盘需求来满足。混合解决方案将 AVP 与物理划分结合起来。它解决了磁盘使用量的问题，并保持了 AVP 的优势，也就是避免了完全数据表格扫描，并实现了动态负载均衡。

8.8 本章小结

并行数据库架构可以分为共享内存、共享磁盘和无共享。每种架构都有其优点和局限性。共享内存用于紧密耦合的 NUMA 多处理器或多核处理器，由于快速的内存访问和强大的负载平衡，它可以提供最高的性能。但是，它的可扩展性和可伸缩性有限。共享磁盘和无共享在计算机集群中使用，通常使用多核处理器。在使用低延迟网络（例如 Infiniband 和 Myrinet）下，它们可以提供高性能并扩展到非常大的配置（具有数千个节点）。此外，它们可以利用这些网络的 RDMA 能力来制造经济高效的 NUMA 集群。共享磁盘通常用于 OLTP 工作负载，因为它更简单并且具有良好的负载平衡。但是，对于具有最佳性价比的高可伸缩性系统（如 OLAP 或大数据中所需）来说，无共享仍然是唯一的选择。

并行数据管理技术扩展了分布式数据库技术。然而，这种架构的关键问题是数据划分、复制、并行查询处理、负载平衡和容错。这些问题的解决方案比分布式 DBMS 更为复杂，因为它们必须扩展到大量节点。此外，软硬件方面的最新进展，如低延迟互连、多核处理器节点、大主存和 RDMA，为优化提供了新的机会。特别是，对于要求最苛刻的运算符（如 join 和 sort）的并行算法需要具有 NUMA 意识。

数据库集群是一种重要的并行数据库系统，它在每个节点上使用一个黑盒数据库管理系统。许多研究致力于充分利用集群稳定的环境，通过利用数据复制来提高性能和可用性。这部分研究的主要成果是复制、负载平衡和查询处理的新技术。

8.9 本章参考文献说明

早期关于数据库机器的提议可以追溯到【Canaday 等 1974】，它主要是为了解决“I/O 瓶颈”【Boral and DeWitt 1983】，而 I/O 瓶颈是由相对于主存访问时间的高磁盘访问时间引起的，其主要思想是使数据库功能更接近磁盘。CAFS-ISP 是基于硬件的过滤设备的早期例子【BABB 1979】，它捆绑在磁盘控制器中用于快速关联搜索。在磁盘控制器中引入的通用微处理器也导致了智能磁盘的出现【Keeton 等 1998】。

第一批并行数据库系统产品是 Teradata 和 Tandem Non-StopSQL（20 世纪 80 年代早期）。从那时起，所有主要的 DBMS 参与者都提供了他们产品的并行版本。今天，这个领域的深入研究主题仍然是处理大数据和开发新的硬件功能，例如，低延迟互连、多核处理器节点和大型主存储器。

并行数据库系统的综合研究见【DeWitt and Gray 1992】、【Valduriez 1993】、【Graefe 1993】。【Bergsten 等 1993】、【Stonebraker 1986】、【Pirahesh 等 1990】讨论了并行数据库系统架构，并使用【Breitbart and Silberschatz 1988】中的简单仿真模型进行了比较。第一批 NUMA 架构在【Lenoski 等 1992】、【Goodman and Woest 1988】中进行了描述。一种基于远程直接内存访问（RDMA）的最新方法在【Novakovic 等 2014】、【Leis 等 2014】、【Barthels 等 2015】中进行了讨论。并行数据库系统原型的例子有 Bubba（【Boral 等 1990】）、DBS3（【Bergsten 等 1991】）、Gamma（【DeWitt 等 1986】）、Grace（【Fushimi 等 1986】）、Prisma/DB（【Apers

等 1992】)、Volcano（【Graefe 1990】）和 XPRS（【Hong 1992】)。

并行数据库系统中的数据布局（包括复制）在【Livny 等 1987】、【Copeland 等 1988】和【Hsiao and DeWitt 1991】中进行了讨论。一个可扩展的解决方案是 Gamma 的链式划分（【Hsiaoand DeWitt 1991】)，它将主副本和备份副本存储在两个相邻的节点上。【Khoshafian and Valduriez 1987】提出了使用全局索引对划分关系表进行关联访问的方法。

并行查询优化在【Shekita 等 1993】、【Ziane 等 1993】和【Lanzelotte 等 1994】中进行了讨论。8.4.2.2 节是基于【Lanzelotte 等 1994】的。【Swami 1989】、【Ioannidis and Wong 1987】提出了随机搜索策略。XPRS 采用了一种两阶段优化策略【Hong and Stonebraker 1993】。交换运算符是并行查询处理中并行重划分的基础，它是在 Volcano 查询评估系统的背景下提出的（【Graefe 1990】)。

有大量关于数据库操作符的并行算法，特别是排序和连结的文献。这些算法的目标是最大限度地提高并行度，遵循 Amdahl 定律（【Amdahl 1967】)，该定律规定只有部分算法可以并行化。【Bitton 等 1983】的开创性论文提出并比较了合并排序、嵌套循环联接和排序合并联接算法的并行版本。【Valduriez and Gardarin 1984】提出了将哈希用于并行连结和半连结算法。关于并行排序算法的综述，可以参考【Bitton 等 1984】。构建和探测这两个主要阶段的规范【DeWitt and Gerber 1985】对于理解并行哈希连结算法非常有用。Grace 哈希连结（【Kitsuregawa 等 1983】)、混合哈希连结算法（【DeWitt 等 1984】、【Shatdal 等 1994】）和基数哈希连结（【Manegold 等 2002】）是许多变体的基础，特别是利用多核处理器和 NUMA（【Barthels 等 2015】)。其他重要的连结算法是对称哈希连结（【Wilschut and Apers 1991】）和 Ripple 连结（【Haas and Hellerstein 1999b】)。在【Barthels 等 2015】中，作者展示了基数散列联接在使用 RDMA 的大规模无共享集群中可以非常好地执行。

并行排序合并连结算法正在重新关注多核和 NUMA 系统的上下文(【Albutiu 等 2012】、【PasettoandAkriev 2011】)。

并行数据库系统中的负载平衡在共享内存和共享磁盘的背景下得到了广泛的研究(【Lu 等 1991】、【Shekita 等 1993】)，没有共享任何内容(【Kitsuregawa and Ogawa 1990】、【Walton 等 1991】、【DeWitt 等 1992】、【Shattal and Nouton 1993】、【Rahm and Marek 1995】、【Mehta and DeWitt 1995】、【Garofalakis and Ioannidis 1996】)。8.5 节基于【Bouganim 等 1996, 1999】介绍了动态处理执行模型。速率匹配算法在【Mehta and DeWitt 1995】中有描述。

【Walton 等 1991】介绍了数据分布对并行执行的影响。【Biscondi 等 1996】提出了一种利用控制算子动态调整并行度的通用自适应方法。一个处理数据倾斜的好方法是使用多个连结算法，每个算法都专门用于不同程度的倾斜，并在执行时确定哪种算法是最佳的（【DeWitt 等 1992】)。

8.6 节的内容中关于容错的部分参考了【Kemme 等 2001】、【Jiménez Peris 等 2002】、【PerezSorrasal 等 2006】。

数据库集群的概念定义参考了【Röhm 等 2000，2001】。在【Kemme and Alonso 2000b, a】、【Patiño-Martínez 等 2000】、【Jiménez-Peris 等 2002】中提出了几种基于组通信的数据库集群可扩展的部分复制协议。他们的可扩展性在【Jiménez-Peris 等 2003】中进行了分析研究。分块复制在【Sousa 等 2001】中进行研究。8.7.2 节介绍预防性复制参考了【Paceti 等 2005】。数据库集群中的负载平衡参考了【Milán-Franco 等 2004】、【Gancarski 等 2007】。

8.7.4 节大部分内容基于自适应虚拟划分【Lima 等 2004】和混合分区【Furtado 2008】。【Stöhr 等 2000】提出将细粒度划分技术用于数据库集群中的物理划分，最终用于决策支持。【Akal 等 2002】提出 OLAP 查询的分类，使同一类的查询具有类似的并行化属性。

8.10　本 章 习 题

习题 8.1 (*) 考虑一个共享磁盘集群和需要跨多个磁盘单元进行划分的非常大的关系表，应该如何使用 8.3 节中的各种划分和复制技术？如何利用共享磁盘？请讨论对查询性能和容错性的影响。

习题 8.2 (**) 保序哈希【Knuth 1973】可用于划分属性 A 上的关系表，因此任何分区 i+1 中的元组的值都高于分区 i 中元组的值。请提出一种利用保序哈希的并行排序算法，讨论它的优点和局限性，并与 8.4.1.1 节中的 $b-$路合并排序算法进行了比较。

习题 8.3 请考虑 8.4.1.2 节中的并行哈希连结算法，解释构建阶段和探测阶段是什么。算法对其输入关系表是对称的吗？

习题 8.4(*) 考虑无共享集群中两个关系表 R 和 S 的连结。假设 S 通过对连结属性的哈希进行划分，在这种情况下，请修改 8.4.1.2 节的并行哈希连结算法，并讨论该算法的执行代价。

习题 8.5(**) 考虑一个简单的代价模型来比较三种基本并行连结算法的性能：嵌套循环连结、排序合并连结和哈希连结。该性能被定义为总通信代价(C_{COM})和处理代价(C_{PRO})。因此，每个算法的总代价是

$$Cost(Alg.) = C_{COM}(Alg.) + C_{PRO}(Alg.)$$

为简单起见，C_{COM}不包括启动和终止本地任务所必需的控制消息。我们用$msg(\#tup)$表示将$\#tup$个元组消息从一个节点传输到另一个节点的开销。处理代价（包括总 I/O 和 CPU 代价）基于函数$C_{LOC}(m,n)$，该函数计算连结基数为 m 和 n 的两个关系表的本地处理代价。假设所有三个并行连结算法的局部连结算法是相同的。最后，假设并行完成的工作量均匀分布在分配给操作符的所有节点上，并假设输入关系表是任意划分的，请给出每种算法总代价的计算公式，并确定使用算法的条件。

习题 8.6 考虑以下 SQL 查询：

```
SELECT ENAME, DUR
FROM EMP, ASG, PROJ
WHERE EMP.ENO=ASG.ENO
AND ASG.PNO=PROJ.PNO
AND RESP="Manager"
AND PNAME="Instrumentation"
```

给出 4 种可能的操作符树：右深树、左深树、Z 型和稠密树。请针对每一种情况讨论并行性的机会。

习题 8.7 考虑一个 9 路连结（要连结 10 个关系表），假设每个关系表可以与其他任何关系表连结，请计算可能的右深树、左深树和稠密树的数量。关于并行优化，你的结论是

什么？

习题 8.8 (**) 为 NUMA 集群（使用 RDMA）提出了一种数据布局策略，该策略最大化节点内并行（共享内存节点内的操作员内并行）和节点间并行（共享内存节点间的操作员间并行）的组合。

习题 8.9 (**) 请问应该如何将 8.5.4 节中提出的 DP 执行模型更改为处理查询间并行性？

习题 8.10 (**) 考虑了多用户集中式数据库系统。请从数据库系统开发人员和管理员的角度描述允许查询间并行性的主要更改。在界面和性能方面对最终用户有什么影响？

习题 8.11(*) 考虑图 8.19 中的数据库集群架构。假设每个集群节点都可以接受传入的事务，并通过描述不同的软件层，以及它们在数据流和控制流方面的组件和关系表，精确地定义数据库集群中间件框。请问集群节点之间需要共享哪些信息？它们是如何做这种共享的？

习题 8.12(*) 讨论预防性复制协议的容错问题（见 8.7.2 节）。

习题 8.13(*) 将预防性复制协议与紧急复制协议（见第 6 章）在数据库集群的环境中进行比较：支持的复制配置、网络要求、一致性、性能、容错性。

习题 8.14(**) 考虑两个关系表R(A,B,C,D,E)和S(A,F,G,H)。假设每个关系表的属性 A 上都有一个聚集索引，并且数据库集群具有完全复制。对于以下每个查询，请确定是否可以使用虚拟划分来获得查询内并行性，如果可以，则编写相应的子查询和最终结果组合查询。

```
(a) SELECT B, COUNT(C)
    FROM R
    GROUP BY B
(b) SELECT C, SUM(D), AVG(E)
    FROM R
    WHERE B=:v1
    GROUP BY C
(c) SELECT B, SUM(E)
    FROM R, S
    WHERE R.A=S.A
    GROUP BY B
    HAVING COUNT(*) > 50
(d) SELECT B, MAX(D)
    FROM R, S
    WHERE C = (SELECTSUM(G) FROM S WHERE S.A=R.A)
    GROUP BY B
(e) SELECT B, MIN(E)
    FROM R
    WHERE D > (SELECT MAX(H) FROM S WHERE G >= :v1)
    GROUP BY B
```

第 9 章　对等数据管理

本章将讨论“现代”对等（peer-to-peer，P2P）数据管理系统中的数据管理问题。这里有意使用“现代”一词来与早期的 P2P 系统进行区分，后者在客户端/服务器计算架构出现之前是很常见的。如第 1 章所述，分布式 DBMS 的早期工作主要集中在 P2P 架构上，系统中的每个站点不存在功能上的区别。因此，从某种意义上讲，P2P 数据管理就相当古老——如果简单将 P2P 理解为系统中没有可识别的“服务器”和“客户端”的话。然而，“现代”的 P2P 系统超越了这个简单的特征，并且在许多重要方面不同于早期的 P2P 系统，正如第 1 章所讨论的那样。

第一个区别是“现代”系统中存在大规模的数据分布，可以考虑数千个站点，而早期的系统只关注少数几个（可能最多几十个）站点。此外，站点在地理位置上可以非常分散，同时也有可能在某些地点形成了聚集。

第二个区别是不同的站点在各个方面存在的异构性（heterogeneity）及其自治性（autonomy）。尽管异构性和自治性一直是分布式数据库所关心的问题，然而大规模的数据分布使这两个问题变得更加突出，同时也使一些方法变得不再可行。

第三个主要区别是“现代”P2P 系统的波动性很大。分布式 DBMS 是一种控制良好的环境，在其中添加新站点或删除已有站点都非常小心且很少进行。然而，在现代 P2P 系统中，站点通常是人们的个人电脑，它们随意加入和离开 P2P 系统，这给数据的管理带来了相当大的困难。

本章将重点介绍现代 P2P 系统。这类系统需要满足以下几点需求。

- **自治性**：一个自治的节点[①]应该可以在任何时候不受限制地加入或离开系统，还应该能够控制其存储的数据以及其他哪些节点可以存储它的数据（例如其他一些可信节点）。
- **查询表达能力**：查询语言需要允许用户以恰当的详细程度描述所需的数据。最简单的查询形式是基于键来查找，这种形式只适用于文件查找；支持结果排序的关键字搜索适用于文档搜索；而对于结构化程度更高的数据，则需要类 SQL 的查询语言。
- **高效性**：有效利用 P2P 系统资源（带宽、计算能力、存储），可以降低成本，并因此提高查询的吞吐量，也就是说，在给定的时间区间内，P2P 系统可以处理更多的查询。
- **服务质量**：这是指用户可以感知到的系统效率，例如查询结果的完整性、数据的一致性、数据的可用性和查询的响应时间。
- **容错性**：这是指系统在节点故障的情况下依然能保持服务的效率和质量。鉴于节点的动态性，即节点可能会随时离开或发生故障，如何正确利用数据复制至关重要。

---

① 译者注：本章将 Peer 一词翻译为“对等节点”，并在无歧义的情况下将其简称为“节点”。

- **安全性**：P2P 系统的开放性带来了严峻的安全性挑战，因为人们不能依赖不可信的服务器。在数据管理方面，主要的安全问题是访问控制，其中包括如何对数据内容进行知识产权保护等问题。

P2P 系统有许多不同的用途，目前已被用于共享计算（如 SETI@home）、通信（如 ICQ）或数据（如 Bit-Torrent、Gnutella 和 Kazaa）方便。本书的兴趣点自然是在数据共享系统方面。从数据库功能的角度来看，BitTorrent、Gnutella 和 Kazaa 等流行系统的功能非常有限。第一，它们只提供文件级的共享，不支持更复杂的基于内容的搜索或查询功能。第二，它们属于专注于执行特定任务的单一应用程序系统，很难扩展到其他应用程序或功能上。因此，本章将讨论在 P2P 基础设施上提供良好数据库功能的研究工作，其必须解决的数据管理问题如下。

- 数据定位：节点必须能够引用和定位到存储在其他对等节点中的数据。
- 查询处理：给定一个查询，系统必须能够发现提供相关数据的节点并高效地执行查询。
- 数据集成：当系统中的共享数据源采用不同的数据模式或表示时，对等节点仍然能够访问该数据，并且，在理想情况下，可以使用对方的数据表示来访问。
- 数据一致性：如果数据在系统中复制或是缓存，需要解决的一个关键问题是如何保持数据副本之间的一致性。

图 9.1 给出了对等节点参与数据共享 P2P 系统的参考架构。取决于 P2P 系统的功能，该架构中的一个或多个组件可以不存在，也可以进行组合，或者可以由专门的对等节点实现。该架构的关键是将功能分为 3 个主要部分：（1）用于提交查询的接口；（2）负责查询处理和元数据信息（如目录服务）的数据管理层；（3）由 P2P 网络子层和 P2P 网络组成的 P2P 基础设施。本章将重点关注 P2P 数据管理层和 P2P 基础设施。

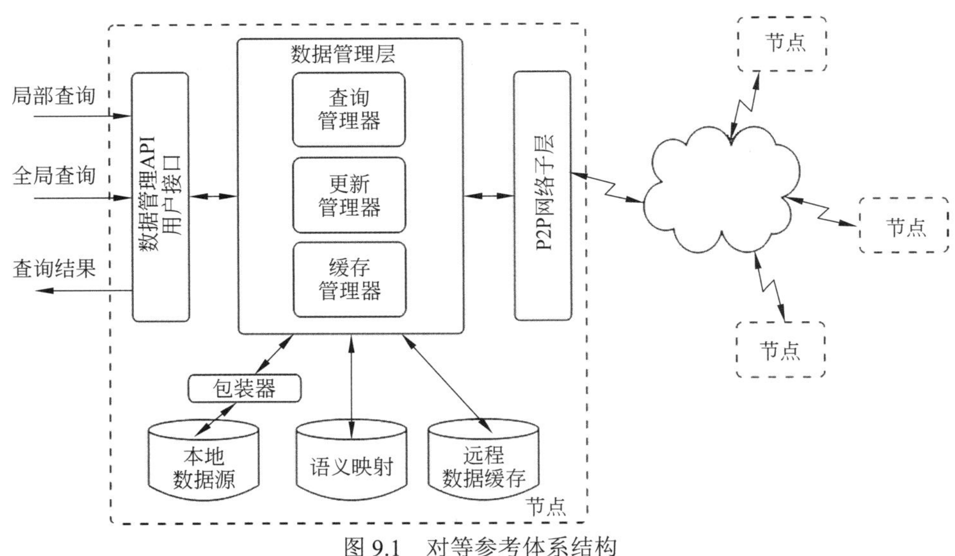

图 9.1　对等参考体系结构

查询可由用户界面或数据管理 API 提交，并由数据管理层处理，查询可以针对系统中局部或全局存储的数据。这些查询请求由查询管理器模块处理，该模块在系统集成异构数据源时会从语义映射库中检索语义映射信息，这里的语义映射库包含一系列的元信息，这些元信息有两方面的用途：其一是支撑查询管理器在系统中找出与查询相关的节点；其二是将原始查询重写为相应节点可以理解的查询。一些 P2P 系统可能会将语义映射信息存储在一些特定的节点中。在这种情况下，查询管理器需要与这些特定的节点进行通讯或将查询传给它们执行。不过，如果所有数据源都采用相同的数据模式，则系统将不需要语义映射库以及相关的查询重写功能。

这里假设存在一个语义映射库。此时，查询管理器会调用 P2P 网络子层的服务，与执行查询所涉及的节点进行通信。查询的实际执行过程会受 P2P 基础设施的影响。在一些系统中，数据会被发送到发起查询的节点，并在节点上进行合并。在另外一些系统中，会提供专门的节点负责查询的执行与协调。不管是在哪种情况下，参与查询执行的节点返回的结果数据都可以在本地缓存，以加速未来类似查询的执行。缓存管理器维护每个节点的本地缓存。也有一些实现方法旨在专门的一些节点上进行缓存。

查询管理器还负责在远程节点请求数据时执行全局查询中的相关局部查询。包装器可以将具体的数据、查询语言，或局部数据源和数据管理层之间的不兼容性进行隐藏与封装。更新数据时，更新管理器负责协调数据副本在节点之间的更新执行过程。

P2P 网络基础设施可以实现为结构化或非结构化的网络拓扑结构，它负责为数据管理层提供通信服务。

本章将讨论这个参考体系架构的每个部分，从 9.1 节的网络基础设施开始。9.2 节介绍数据映射问题及其解决方法。9.3 节探讨查询处理，9.4 节探讨数据一致性和复制问题。9.5 节介绍区块链，这是一种对事务进行高效、安全、永久记录的 P2P 基础设施。

9.1 基础设施

所有 P2P 系统的基础设施都是 P2P 网络，建立在物理网络（通常是互联网）之上。因此，P2P 网络通常被称为覆盖网络（overlay network）。覆盖网络可能（并且通常）具有与物理网络不同的拓扑结构；覆盖网络的所有算法都侧重于优化通信，通常是最小化一个消息从源节点经过覆盖网络到达目的节点所需的“跳数”。这里可能存在一个问题是覆盖网络和物理网络之间的差异性，因为在某些情况下，在覆盖网络中作为邻居的两个节点可能在物理网络中相距甚远。因此，覆盖网络中的通信成本可能不能反映物理网络中的实际通信成本。我们会在介绍基础设施的适当时候讨论这个问题。

覆盖网络一般可以分为两种类型：纯网络和混合网络。纯覆盖网络（pure overlay network，通常也称为纯 P2P 网络）是指那些任何网络节点都没有区别的网络——节点都是平等的。而在混合 P2P 网络（hybrid P2P networks）中，一些节点被赋予执行特殊的任务。混合网络通常被称为超级对等系统（superpeer systems），因为一些对等节点负责“控制”其域中的一组其他节点。纯网络又可以进一步地分为结构化网络和非结构化网络。结构化网络严格控制拓扑结构和消息路由，而在非结构化网络中，每个节点都可以直接与其邻居通信，并且可以通过连接到任何节点来加入网络。

9.1.1 非结构化 P2P 网络

非结构化 P2P 网络是指在那些在覆盖拓扑中对数据放置不加限制的网络。覆盖网络以一种非确定性（即 ad hoc）的方式创建，数据放置与覆盖拓扑完全无关。每个节点都知道其邻居，但不知道邻居拥有的资源。图 9.2 给出了一个非结构化 P2P 网络的示例。

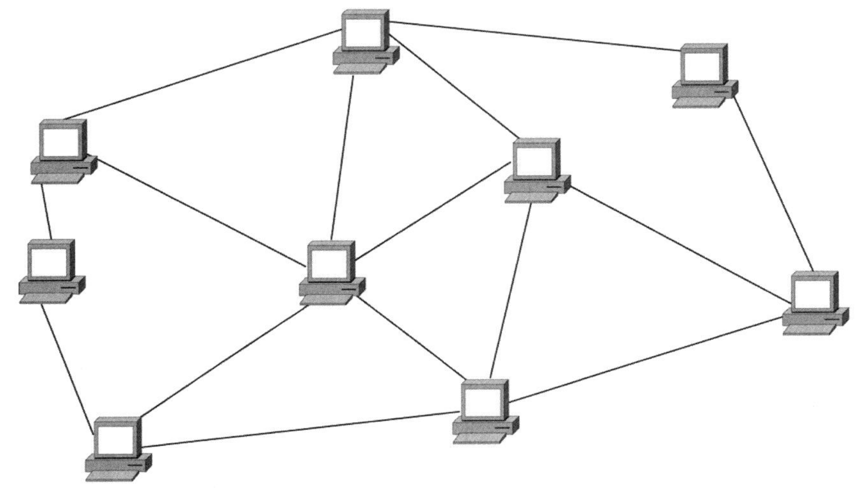

图 9.2 非结构化 P2P 网络

非结构化网络是 P2P 系统最早的例子，其核心功能依然是文件共享。在这些系统中，受欢迎文件的副本可以在节点之间共享，而无须从集中式的服务器下载。相关系统的例子包括 Gnutella、Freenet、Kazaa 和 BitTorrent。

所有 P2P 网络中都要解决的一个基本问题是为每个节点持有的资源确定索引类型，这决定了如何搜索资源。请注意，在 P2P 系统中所谓的“索引管理”与第 2 章中研究的目录管理非常相似。索引中存储的是系统维护的元数据。尽管在不同的 P2P 系统中，元数据的确切内容是不同的，但一般来说都至少包括有关资源和大小的信息。

维护索引有两种方法：集中式，其中一个对等节点存储整个 P2P 系统的元数据；分布式，其中每个对等节点都维护其所拥有资源的元数据。与之前类似，相关的解决方案 与目录管理的方案相同。

P2P 系统支持的索引类型——不管是集中式还是分布式——会影响系统如何搜索资源。请注意，这里指的并不是如何运行查询，而是讨论在给定资源标识符的情况下，底层的 P2P 基础设施如何定位到相关的资源。在维护集中式索引的系统中，这一过程需要询问一个中心节点以找到资源的位置，然后直接与资源所在的节点进行通信（如图 9.3 所示）。因此，在获得必要的索引信息（即元数据）之前，系统的运行类似于客户端/服务器架构；但在获取了索引信息之后，通信就会仅在两个对等节点之间进行。请注意，中心节点可能会返回一组持有资源的节点；此时，请求节点可以从中选择一个，或让中心节点根据负载或网络条件做出选择，仅返回一个推荐的节点。

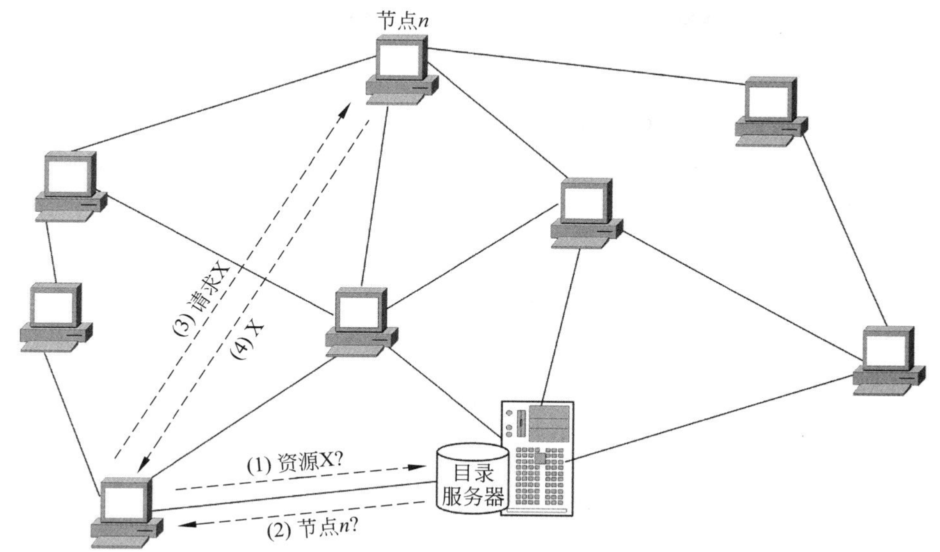

图 9.3　基于集中式索引的资源搜索：（1）某一节点向中心索引管理器请求资源；（2）在对请求进行响应时，标识出包含相关资源的节点；（3）向相关节点请求资源；（4）传输资源

在维护分布式索引的系统中，资源搜索的方式有很多。最流行的方式是扩散（Flooding），即寻找资源的对等节点将搜索请求发送给覆盖网络上的所有邻居。如果任何邻居拥有资源，它们可以直接做出反应；否则，每一个邻居都将请求转发给它自身的邻居，直到找到资源或完全遍历覆盖网络为止，如图 9.4 所示。

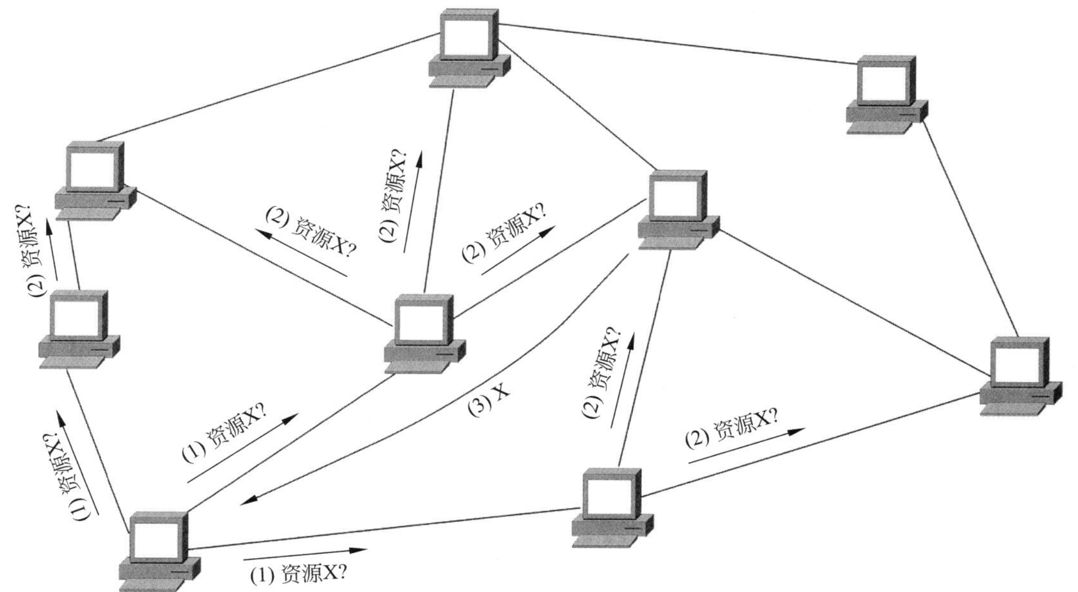

图 9.4　分布式索引环境下的资源搜索：（1）一个对等节点向其所有邻居发送资源请求；（2）如果邻居没有资源，则将资源请求传播给其邻居；（3）拥有资源的对等节点响应并发送被请求的资源

不难想象，这种扩散的方式对网络资源的要求很高而且不可扩展——随着覆盖网络的

规模变大，需要发起了更多的通信。这一问题通过建立一个生存时间（Time-to-Live，TTL）限制来解决，即限制请求消息在从网络中丢弃之前的跳数。不过 TTL 也限制了请求消息可访问的节点个数。

除了扩散方法之外，还有其他方法可以解决上述问题。一种简单的方法是让每个对等节点选择其邻居的一个子集，并将请求仅转发给这个子集中的邻居。这里确定邻居子集的方式有很多。例如，可以使用随机游走（random walk）的概念——每个对等节点随机选择一个邻居，并仅向它传播请求。或者，每个邻居不仅可以维护其本地资源的索引，还可以维护一定半径范围之内的节点上的资源索引，并在路由查询中使用有关其性能的历史信息。另一种方式是基于每个节点上的资源使用类似的索引，以提供最有可能在存储所请求资源的节点方向的邻居列表——这被称为路由索引，在结构化网络中更常用，我们将在介绍结构化网络时进行详细讨论。

另一种方法是利用 gossip 协议，该方法也称为流行病（epidemic）协议。gossip 协议最初被提出是为了保持复制数据的相互一致性，其主要方法是将副本更新传播到网络中的所有节点。此外，该协议已成功应用于 P2P 网络以进行数据传播。基本的 gossip 协议很简单。网络中的每个节点都有一个完整的网络视图（即所有节点的地址列表），可以随机选择一个节点来传播请求。gossip 协议的主要优点是对节点故障的鲁棒性，因为请求最终会以很高的概率传播到网络中的所有节点。然而，在大型 P2P 网络中，基本的 gossip 模型的可扩展性很差，每个节点都维护网络的完整视图会产生非常大的通信流量。对此，人们提出了可扩展的 gossip 协议，在每个节点仅维护网络的部分视图，例如，包含数十个邻居节点的地址列表。这样，给定一个 gossip 请求，节点在它的局部视图中随机选择一个节点并向它发送请求。此外，参与 gossip 的节点也会交换各自的部分视图，以反映各自视图中网络的变化。因此，通过不断更新其局部视图，节点可以自组织成随机覆盖，从而实现很好的可扩展性。

有关非结构化网络的最后一个问题是节点如何加入和离开网络。关于这点，集中式索引方法和分布式索引方法的过程是不同的。在集中式索引系统中，希望加入的对等节点只需通知中心索引对等节点，并告知自身希望为 P2P 系统贡献的资源。而在分布式索引系统中，加入的节点需要通过通知和接收有关其邻居的信息来了解系统中它“附加”的另一个节点。在这之后，该节点就编程了系统的一部分，并开始建立自己的邻居。离开系统的对等节点不需要采取任何特殊行动，他们只是简单地离开就可以。它们的离开会被系统及时发现，覆盖网络也将会自行调整。

9.1.2 结构化 P2P 网络

结构化 P2P 网络的出现是为了解决非结构化 P2P 网络所面临的可扩展性问题。为了实现这一目标，该方法对覆盖拓扑和资源放置进行严格控制。结构化 P2P 网络以较低的自治性为代价来实现较高的可扩展性，因为加入网络的每个对等节点都允许根据某种特定的控制方法将其资源放置在网络上。

与非结构化 P2P 网络一样，两个基本问题需要解决：如何索引资源以及如何搜索资源。结构化 P2P 网络中最流行的索引和数据定位机制是分布式哈希表（distributed hash table，

DHT）。基于 DHT 的系统提供了两个 API：put(key,data)和 get(key)，其中 key 是对象标识符。每个对象标识符（k_i）都会进行哈希以生成一个节点标识（p_i），用来存储与对象内容相对应的数据（如图 9.5 所示）。

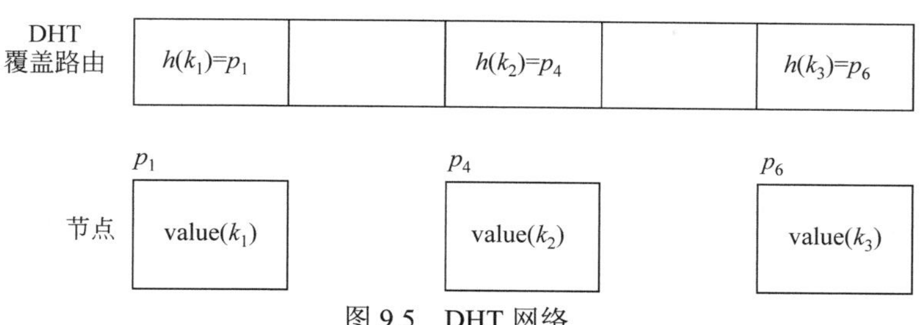

图 9.5　DHT 网络

一种简单的方法是使用资源的 URI 作为持有该资源节点的 IP 地址。然而，URI/IP 地址不能提供足够的灵活性以达成一个重要的设计要求，即保证资源在覆盖网络上的均匀分布。因此，人们提出了一致性哈希（consistent hashing）技术来提供均匀的哈希值，从而将数据均衡地放置于覆盖网络。尽管许多哈希函数都可用于生成资源的虚拟地址映射，SHA-1 已成为最广泛接受的基哈希函数①，该函数支持一致性和安全性（通过支持键的数据完整性）。哈希函数的实际设计依赖于具体的实现方式，这里不做进一步的探讨。

在基于 DHT 的结构化 P2P 网络进行搜索（通常称为“查找”）也涉及哈希函数：对资源的 key 进行哈希运算，以获得覆盖网络中负责该 key 的对等节点的标识，进而在覆盖网络上启动查找，以定位待查询的目标节点。这被称为路由协议，它有不同的实现方式，并与所使用的覆盖网络结构密切相关。我们稍后将讨论一种示例方法。

所有路由协议旨在提供高效查找的同时，也都试图最小化在覆盖中每个节点路由表中维护的路由信息（也称为路由状态）。这些信息在不同的路由协议和覆盖结构之间有所不同，但都需要提供足够的目录类型信息，以便将 put 和 get 请求路由到覆盖上的相应对等节点上。所有路由表的实现都需要使用维护算法，以保持路由状态最新且一致。与互联网上同样维护路由数据库的路由器相比，P2P 系统具有更大的挑战，因为它具有节点波动性高和网络链路不可靠的特点。此外，由于 DHT 还需要支持完全召回（即必须找到通过给定 key 可以访问的所有资源），路由状态一致性颇具挑战。因此，在面对并发查找和网络高度波动期间保持一致的路由状态至关重要。

人们已经提出了许多基于 DHT 的覆盖方法，可以根据其路由几何（routing geometry）和路由算法（routing algorithm）进行分类。路由几何本质上定义了邻居和路由的排列方式；路由算法对应于上面讨论的路由协议，其定义是在给定的路由几何结构上选择下一跳/路由的方式。现有的更重要的基于 DHT 的覆盖可分为以下几类。

- **树形**：在字典树（trie）方法中，叶节点对应于持有待搜索 key 的节点的标识符。字典树的高度是$\log n$，其中n是字典树中的节点数。搜索的过程是在每个中间节点上进行最长前缀匹配，从根到叶进行搜索，直到找到目标节点。在这种情况下，匹配可以被认为是在字典树中的每个连续跳跃点（successive hop）处从左到右校正比

① 基哈希函数（base hash function）定义为用于设计另一个哈希函数的基础函数。

特值（correcting bit values）。Tapestry 是属于这一类的常用 DHT 实现，它使用代理路由（surrogate routing）将每个节点上的请求转发到路由表中最接近的数字。其中，代理路由是指当无法找到最长前缀中的精确匹配时路由到最接近的数字。在 Tapestry 中，每个唯一标识符都关联到某个节点上，即为该标识符路由消息的唯一生成树的根节点。这样，查找就可以从这棵生成树的底部一直进行到标识符对应的根节点。虽然这样的实现方式与传统的字典树结构略有不同，但 Tapestry 路由几何结构与字典树结构密切相关，这也是我们将其归为此类的原因。

在字典树结构中，系统中的一个节点可以从与其具有$\log(n-i)$个公共前缀位的子树中选择2^{i-1}个节点作为邻居。随着我们深入字典树，潜在邻居的数量会呈指数增长。因此，每个节点总共有$n^{\log n/2}$个可能的路由表（但是请注意，一个节点只能选择一个这样的路由表）。因此，字典树几何结构具有良好的邻居选择特性，这为其提供了容错能力。不过，路由只能通过一个相邻节点发送到特定目的地，因此基于字典树结构的 DHT 在路由选择方面不能提供任何灵活性。

- **超立方体形**：超立方体形路由几何基于d维笛卡儿坐标空间，将空间划分为一组单独的区域，使得每个节点保持一个单独的坐标空间区域。基于超立方体的 DHT 的一个例子是内容寻址网络（Content Addressable Network, CAN）。一个节点在d维坐标空间中可能拥有的邻居数是$2d$（为了便于讨论，我们考虑$d=\log n$）。如果我们认为每个坐标表示一组二进制位，那么每个节点标识符可以表示为长度为$\log n$的一个位串。这样，超立方体几何就和字典树非常相似了，因为它也只是固定每一跳的位串，以到达目的地。然而，在超立方体中，由于相邻节点的位串只差一位，因此每个转发节点只需要修改位串中的一位即可——这一过程可按任意顺序进行。按照这种方式，如果考虑位串的校正，第一个校正可以应用于任何$\log n$个节点，下一个校正可以应用于任何$(\log n)-1$个节点，等等。因此，我们有$(\log n)!$种可能的节点之间的路由，这在超立方体路由几何中提供了很高的路由灵活性。不过，由于坐标空间中相邻的坐标区域不能更改，坐标空间中的节点无法选择其邻居的坐标，因此超立方体的邻居选择灵活性较差。
- **环形**：环形几何体表示为一个一维的圆形标识符空间，其中节点放置在圆上的不同位置。圆上任意两个节点之间的距离是围绕圆的数字标识符差（顺时针方向）。由于圆是一维的，因此数据标识符可以表示为单个十进制数字（表示为二进制位串），这些数字映射到标识符空间中最接近给定十进制数字的节点。Chord 是环几何的一个常用方法。具体来说，在 Chord 中，标识符为a的节点维护着环上的$\log n$其他邻居的信息，其中第i个邻居是圆上最接近$a+2^{i-1}$的节点。使用这些链接（称为 fingers），Chord 能够以$\log n$跳数路由到任何其他节点。

仔细分析 Chord 的结构可以发现，节点不一定需要 weih 最接近$a+2^{i-1}$的节点作为其邻居。实际上，如果选择$[(a+2^{i-1}),(a+2^{i})]$范围内的任何节点，该方法仍然可以保持$\log n$级的查找上界。因此，在路由灵活性方面，它可以支持每个节点在$n^{\log n/2}$个路由表中进行选择，这提供了很大的邻居选择灵活性。此外，对于路由到任何节点，第一跳有$\log n$个邻居可以搜索路由到目的地，下一跳有$(\log n)-1$个邻居个节点，以此类推。因此，可能到达目的地的路线通常有$(\log n)!$种，因此环形几何结构也提供了良好的路由选择灵活性。

除了上述最常见的几何结构以外，还有许多其他使用不同的拓扑结构的基于 DHT 的结构化覆盖网络。

基于 DHT 的覆盖能够高效的原因是它们可以保证以$\log n$跳找到要放置的节点或待查找的数据，其中n是系统中的节点数。但是，基于 DHT 的覆盖也存在几个问题，特别是从数据管理的角度来看。基于一致性哈希函数来分配资源的 DHT 存在这样一个问题：由于哈希值接近而在覆盖网络成为“邻居”的两个对等节点在实际网络中可能存在很远的地理举例。因此，与覆盖网络中的邻居通信可能导致实际网络中的高传输延迟。对此，现有研究设计邻近感知或位置感知的哈希函数来克服这个困难。基于 DHT 覆盖的另一个问题是在数据放置方面不提供任何灵活性——数据项必须放置在由哈希函数确定的节点上。因此，如果有 P2P 节点贡献他们自己的数据，它们需要同意将数据移动到其他节点上——从节点自治的角度来看，这是有问题的。基于 DHT 覆盖的第三个问题是很难在基于 DHT 的架构上支持范围查询——因为众所周知，很难在哈希索引上做范围查询。已经出现了一些研究来解决这一困难，我们稍后讨论。

上述问题促使人们研发了不采用 DHT 进行路由的结构化覆盖方法。在这些系统中，对等节点被映射到数据空间而不是哈希的键值空间。在多个对等节点之间划分数据空间的方法有很多。

- **层次结构**：许多系统采用层次化的覆盖结构，如字典树、平衡树、随机平衡树（例如跳表）等。具体来说，PHT 和 P-Grid 采用了二进制字典树结构，其中数据共享公共前缀的对等节点会被组织在共同的分支下。平衡树也因其保证路由效率（任意节点之间的期望“跳长”与字典树的高度成正比）而被广泛应用。例如，BATON、VBI-tree 和 BATON*采用 k-way 平衡字典树结构来管理对等节点，并且数据在叶级的对等节点之间平均分配。相比之下，P-Tree 采用了 B-Tree 结构，在字典树结构变化上具有更好的灵活性。SkipNet 和 Skip-Graph 基于跳表，它们根据一个随机平衡的字典树结构来链接对等节点，其中节点顺序由每个节点的数据值决定。
- **空间填充曲线**：这种架构通常用于在多维数据空间中的线性化排序数据。对等节点沿空间填充曲线（如 Hilbert 曲线）排列，以便可以根据数据顺序对对等节点进行排序遍历。
- **超矩形结构**：在这些系统中，超矩形的每个维度都对应于需要组织的数据的一个属性。对等节点均匀分布或基于数据局部性（例如，通过数据交集关系）分布在数据空间中。然后，超矩形空间根据节点在空间中的几何位置被划分，相邻节点互连形成覆盖网络。

9.1.3　超级节点 P2P 网络

超级节点 P2P 系统（superpeer P2P system）是一种结合了纯 P2P 系统和传统客户机-服务器的混合架构。超级节点 P2P 系统与客户机-服务器的类似之处在于并非所有对等节点都是平等的；一些对等节点（称为超级对等节点，或简称为超级节点）为其他对等节点提供专用服务，可以执行索引、查询处理、访问控制和元数据管理等复杂功能。如果系统中只有一个超级对等节点，那么这就简化为客户机-服务器架构。不过，超级节点 P2P 系统被认为是 P2P 系统的原因在于超级对等节点遵循了 P2P 的组织方式，并且超级对等节点之间可以通过复杂的方式相互通信。因此，与客户机-服务器系统不同，全局信息不一定是集中式的，而是可以跨超级对等节点进行划分或复制。

在超级节点对等网络中，请求节点可以用高级语言表达请求，并将其发送给负责的超级节点。然后超级节点可以直接通过其自身的索引或间接使用其邻居超级节点找到相关的节点。更准确地说，搜索资源的过程如下（如图 9.6 所示）。

（1）某个节点（如节点 1）通过向其超级节点发送请求的方式来请求资源。

（2）如果资源存在于该超级节点所控制的某个节点上，它就会通知节点 1，然后这两个节点直接通信以获取资源。否则，该超级节点会将请求发送给其他超级节点。

（3）如果资源不存在于该超级节点控制的某个节点上，则该超级节点询问其他超级节点；包含资源的节点所属的超级节点（例如节点n）则会对请求节点做出响应。

（4）节点n的身份被发送到节点 1，之后这两个节点可以直接通信来检索资源。

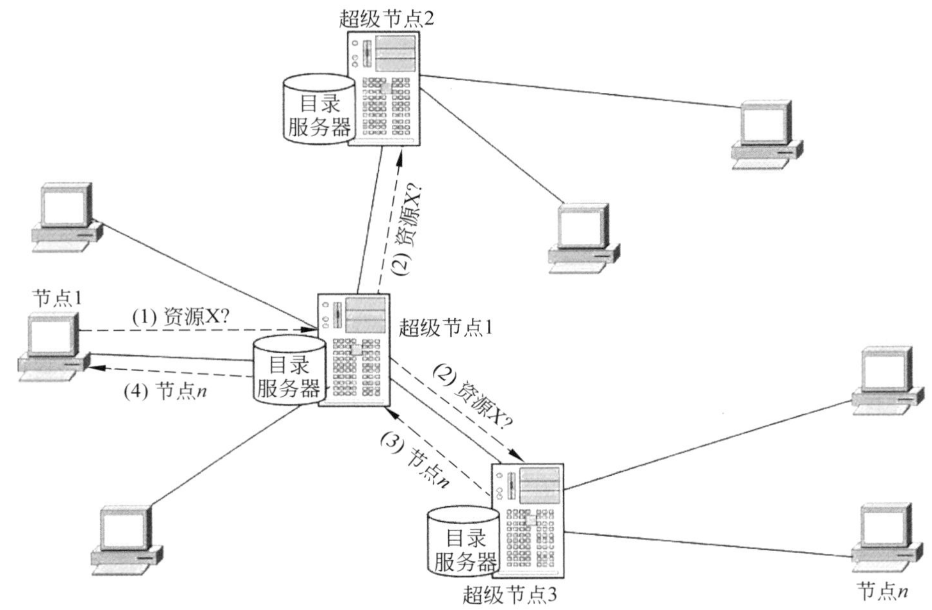

图 9.6　超级节点 P2P 系统的资源搜索过程

超级对等网络的主要优点是效率和服务质量，包括查询结果的完整性和查询响应时间等等。与扩散（Flooding）方法相比，通过直接访问超级节点中的索引来查找数据所需的时间非常短。此外，由于超级节点承担了整个网络的大部分负载，超级节点网络可以利用不同节点在 CPU 功率、带宽或存储容量方面的不同能力。访问控制也可以得到更好的执行，因为目录和安全信息可以在超级节点上维护。然而，由于节点不能自由登录到任意一个超级节点上，因此自治性比较有限。此外，容错性也通常较低，这是因为超级节点会成为其子节点的单点故障——此问题可以通过动态替换超级节点来缓解。

超级对等网络的例子包括 Edutella 和 JXTA。

9.1.4　P2P 网络比较

图 9.7 总结了三类 P2P 网络如何实现数据管理的需求，包括自治性、查询表达能力、效率、服务质量、容错性和安全性。这是一个比较粗的比较，目的是了解每类方法的优点。显然，每一类 P2P 网络都有改进的空间。例如，可以通过复制和故障转移等技术来提高超级节点系统的容错性；可以通过在结构化网络上支持更复杂的查询以提高查询的表达能力。

需求	非结构化	结构化	超级节点
自治性	低	低	适中
查询表达力	高	低	高
效率	低	高	高
服务质量	低	高	高
容错性	高	高	低
安全	低	低	高

图 9.7　不同方法的比较

9.2　P2P 系统上的模式映射

第 7 章介绍了数据库集成系统设计的重要性与相关的技术，类似的问题也会出现在数据共享的 P2P 系统中。

不过，由于 P2P 系统的特殊性，如节点的动态性和自治性，基于集中式全局模式的方法不再适用。因此 P2P 系统上的主要问题是如何支持分布式的模式映射，以便可以将一个对等模式上表达的查询重新表述为另一个对等模式上的查询。P2P 系统用于定义和创建对等模式之间映射的方法可分为以下几类：成对（pairwise）模式映射、基于机器学习的映射、公共协议映射和基于信息检索的模式映射。

9.2.1　成对模式映射

在这种方法中，每个用户可以定义自身的局部模式（local schema）与其他节点上的感兴趣数据模式之间的映射关系。基于已定义映射的可传递性，系统会尝试在未定义映射的模式之间提取映射关系。

Piazza 属于此类方法（如图 9.8 所示）。数据以 XML 文档的形式进行共享，每个节点都有一个模式来定义该节点的术语和结构约束。当一个新的节点（该节点具有一个新的模式）第一次加入系统时，它将其模式映射到系统中其他一些节点的模式上。每个映射定义都以一个 XML 模板开始，该模板匹配目标模式实例的某些路径或子树。模板中的元素可以用查询表达式进行注释，这些表达式将变量绑定到源数据中的 XML 节点上。

局部关系模型（Local Relational Model，LRM）是此类方法的另一个例子。LRM 假设节点采用的是关系数据库，并且每个节点都知道一组可以与之交换数据和服务的节点——这组节点被称为该节点的熟人（acquaintances）。每个节点必须定义其数据与它的每个熟人共享的数据之间的语义依赖关系和转换规则。定义的映射会形成一个语义网络（semantic

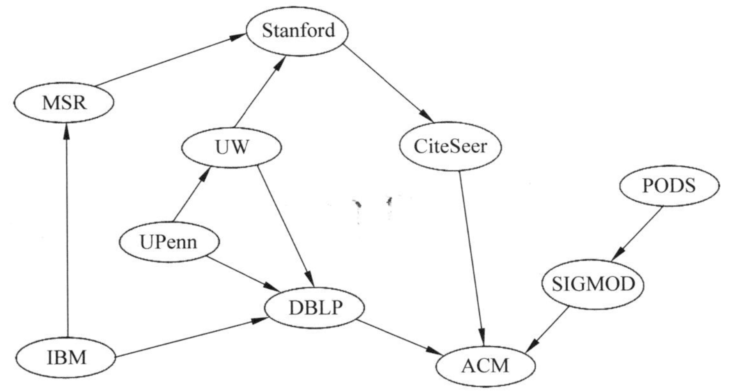

图 9.8　Piazza 中的成对模式映射示例

network），用于 P2P 系统中的查询重构。

Hyperion 将上述方法推广到处理在运行时形成熟人关系的自治节点上，使用映射表来定义异构数据库之间取值的对应关系。对等节点执行局部的查询和更新处理，并将查询和更新传播到它们的熟人对等节点上。

PGrid 还假设节点之间存在成对的映射关系，这些关系由领域专家在系统初始化时构建。PGrid 基于这些映射的传递性，同时使用 Gossip 算法来提取新的映射关系；这些新的映射关系会关联到没有预定义模式映射的那些对等节点上。

9.2.2　基于机器学习技术的映射

当共享数据通过语义网中的本体（ontology）和分类（taxonomy）定义时，通常可以使用基于机器学习的映射方法。这一方法使用机器学习技术自动提取共享模式之间的映射关系，并将提取的映射存储在网络上，以便用于未来的查询处理。GLUE 使用的就是这种方法。具体来说，给定两个本体，GLUE 为一个本体中的每个概念寻找在另一个本体中与其最相似的概念。GLUE 为集中实用的相似性度量方法提供了良好的概率定义，并使用了多种学习策略；这些学习策略会利用数据实例或本体的分类结构中不同类型的信息。为了进一步提高映射的准确性，GLUE 将常识和领域约束结合到模式映射的过程中。其基本思想是为概念提供分类器。为了确定两个概念 X 和 Y 之间的相似性，使用 X 的分类器对概念 Y 的数据进行分类，反之亦然。这样，就可以将成功分类为 X 和 Y 的值的个数来表示 X 和 Y 之间的相似性。

9.2.3　公共协议映射

在公共协议映射（common agreement mapping）方法中，具有公共兴趣的对等节点就数据共享的公共模式（common schema）描述达成一致，这一公共模式通常由专家用户来准备和维护。在此类方法中，APPA P2P 系统假设待合作的对等节点，例如在实验期间，会就公共模式描述（Common Schema Description，CSD）达成一致。给定 CSD，可以使用视图指定对等模式。这类似于数据集成系统中的 LAV 方法，不同之处在于对等节点的查询是根据局部视图而不是 CSD 来表达的。这种方法和 LAV 之间的另一个区别是 CSD 不是一个全局模式，即 CSD 仅是针对具有公共兴趣的一组节点集合来说是公共的（如图 9.9 所示）。因此，CSD 不会造成可扩展性方面的挑战。此外，当对等节点决定共享数据时，它需要将其局部模式映射到 CSD。

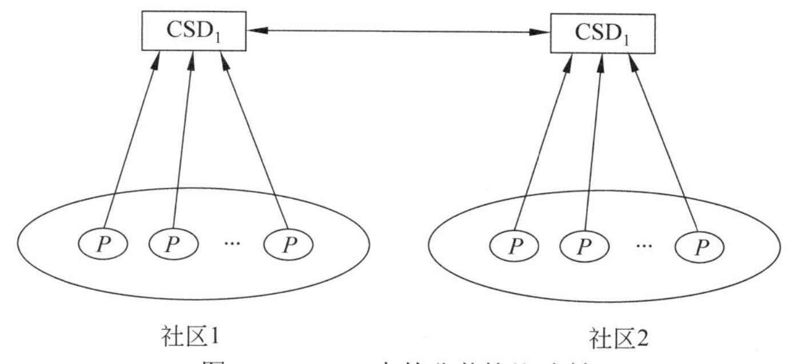

图 9.9　APPA 中的公共协议映射

【例 9.1】 给定两个 CSD 关系定义 R_1 和 R_2，对等节点p上的一个对等映射示例如下

$$p\text{:R(A,B,D)} \subseteq csd\text{: }R_1\text{(A,B,C)}, csd\text{: }R_2\text{(C,D,E)}$$

在本例中，对等节点p共享的关系R(A,B,D)被映射到 CSD 中的关系R_1(A,B,C)、R_2(C,D,E)。在 APPA 中，CSD 和每个对等节点的局部模式之间的映射关系会存储在对等节点的本地。给定局部模式上的一个查询Q，对等节点使用本地存储的映射关系将Q重新表述为 CSD 上的查询。

9.2.4　基于信息检索技术的模式映射

这类模式映射方法通过检索用户提供的模式描述，利用 IR 技术在查询执行时提取模式映射。PeerDB 使用这种方法在非结构化 P2P 网络中进行查询处理。某个对等节点在共享一个关系表时，也会在该节点上维护该关系表及其属性的相关描述信息；这些描述信息由用户在创建关系表时提供，并作为关系表名称和属性的同义词。当一个查询发出时，系统会生成一个查找潜在匹配项的请求，并将其扩散（flooding）给返回相应元数据的节点。通过匹配关系表元数据中的关键字，PeerDB 可以找到与查询关系表相似的关系表。找到的关系表将呈现给查询的提出者，并由他/她来决定是否在存储关系表的远程对等节点上继续执行查询。

Edutella 也采用这类方法在超级对等节点网络中进行模式映射。Edutella 使用 RDF 元数据模型对资源进行描述，并将描述信息存储在超级对等节点中。当用户在节点p发出查询时，该查询会被发送到p所属的超级对等节点，在那里检索存储的模式描述，并将相关对等节点的地址返回给用户。如果没有找到相关的节点，超级节点会将查询发送给其他超级节点，以便后者通过检索存储的模式描述来搜索相关节点。为了检索存储的模式，超级节点使用 RDF-QEL 查询语言，该语言基于 Datalog 语义，与现有的全部查询语言都兼容，可以支持扩展关系查询语言的一些查询功能。

9.3 P2P 系统的查询处理

P2P 网络提供了一些将查询路由到相关节点的基本功能，足以支持简单的精确匹配查询。例如，之前提到，DHT 提供了一种基本的机制，可以基于键值高效地查找数据。然而，在 P2P 系统中，特别是在基于 DHT 的系统中，支持更复杂的查询是困难的——这已成为很多现有研究的主题。在 P2P 系统中常用的复杂查询主要包括 Top-k 查询、连结（join）查询和范围（range）查询。本节将介绍这些查询的处理技术。

9.3.1 Top-k 查询

Top-k 查询已被广泛用于很多领域，如网络和系统监控、信息检索和多媒体数据库等。用户使用 Top-k 查询请求系统返回前k个最相关的结果，其中查询结果的相关性（分数）由某个评分函数来确定。Top-k 查询对于 P2P 系统中的数据管理非常重要，特别是当完整的查询结果集非常大的时候。

例 9.2 考虑在一个 P2P 系统中，医生希望分享一些（访问受限的）患者数据以进行流行病学的研究。假设所有医生都同意使用关系模式来描述患者数据。此时，某个医生可以提交以下查询，获取根据身高和体重排名的前 10 条查询结果：

```
SELECT *
FROM Patient P
WHERE P.disease = "diabetes"
AND P.height < 170
AND P.weight > 160
ORDER BY scoring-function(height,weight)
STOP AFTER 10
```

评分函数会指定每个数据项与条件的匹配程度。例如，在上述查询中，评分函数可以计算出前 10 个最超重的人。

由于网络的规模，在 P2P 系统中高效执行 Top-k 查询十分困难。本节首先介绍分布式系统中最有效的 Top-k 查询处理方法，然后探讨为 P2P 系统提出的技术。

9.3.1.1 基本方法

TA 算法（Threshold Algorithm）是在集中式和分布式系统中处理 Top-k 查询的一种有效算法。TA 适用于评分函数满足单调性的查询，即输入值的任何增加都不会减少输出值。许多常用的聚合函数（如 Min、Max 和 Average）都是单调的。TA 已成为多类算法的基础，本节中将讨论这些算法。

1. TA 算法

TA 假设数据模型是基于一组按照局部分数排序的数据项列表。模型如下：假设有n个数据项的m个列表，每个数据项在每个列表中都有一个局部分数，并且这些列表根据数据项的局部分数进行排序。此外，每个数据项都有一个总分数，通过给定的评分函数根据其在所有列表中的局部分数计算得出。例如，考虑图 9.10 中的数据库（即三个排序列表）。假设评分函数是计算所有列表中同一数据项的局部分数之和，则数据项d_1的总分是 30+21+14=65。

Top-k 查询要解决的问题就是找到总分最高的前k个数据项——这个问题模型简单且通用。假设我们想根据属性上定义的某个评分函数从一个关系表中找到前k个元组。要回答此查询，只需拥有评分函数中涉及的每个属性的值的排序（索引）列表，并返回列表中总分最高的前k个元组就足够了。另一个例子是：假设我们想要找到关于某些关键词的总排名最高的前k个文档。回答该查询的解决方案是为每个关键词都提供一个排好序的文档列表，之后返回综合所有列表求出的总分最高的前 k个文档。

TA 考虑两种排序列表的访问模式。第一种模式是有序（或顺序）访问，即按列表中每个数据项出现的顺序访问每个数据项。第二种模式是随机访问，即直接查找列表中的给定数据项，例如通过使用数据项 ID 上的索引。

给定包含n个数据项的m个排好序的列表，TA 算法（如算法 9.1 所示）并行地自上而下地遍历这些列表；并且对于每个数据项，通过随机访问检索其在所有列表中的局部分数并计算总分。算法还维护一个集合 Y，用来保存迄今为止总分最高的k个数据项。TA 算法的停止机制使用一个阈值，该阈值是使用列表有序访问的最后一个局部分数计算的。例如，考虑图 9.10 中的数据库。假设评分函数是分数之和，则对于所有列表，在位置 1（即，当在排序访问下仅看到第一个数据项时）的阈值为 30+28+30；而在位置 2 处，阈值是 84。由于数据项在列表中是按照局部分数的降序排序的，因此阈值会随着列表下移而不断降低。这一过程将持续进行，直到找到总分大于阈值的k个数据项为止。

【例 9.3】 考虑图 9.10 所示的数据库（即三个排好序的列表）和一个 Top-3 查询Q（即 $k=3$），并假设评分函数是计算所有列表中数据项的局部分数之和。TA 算法首先考虑所有列表中位于位置 1 的数据项，即d_1、d_2和d_3，进而使用随机访问在其他列表中查找这些数据项的局部分数以计算总分（分别是 65、63 和 70）。由于这三个数据项的总分没有达到排名 1 的阈值（88 分）。因此，在位置 1，TA 不会停止，而是继续进行，并且此时我们有 $Y=\{d_1,d_2,d_3\}$，即迄今为止看到的 k 个得分最高的数据项。在位置 2 和 3 处，Y 分别变为$\{d_3,$

位置	列表1		列表2		列表3	
	数据项	本地得分S_1	数据项	本地得分S_2	数据项	本地得分S_3
1	d_1	30	d_2	28	d_3	30
2	d_4	28	d_6	27	d_5	29
3	d_9	27	d_7	25	d_8	28
4	d_3	26	d_5	24	d_4	25
5	d_7	25	d_9	23	d_2	24
6	d_8	23	d_1	21	d_6	19
7	d_5	17	d_8	20	d_{13}	15
8	d_6	14	d_3	14	d_1	14
9	d_2	11	d_4	13	d_9	12
10	d_{11}	10	d_{14}	12	d_7	11
...	...	...	...	...	...	...

图 9.10　有 3 个排序列表的示例数据库

$d_4, d_5\}$和$\{d_3, d_5, d_8\}$。在位置6之前，Y中涉及的所有数据项的总分均小于阈值。而在位置6，阈值为63，小于Y中涉及的三个数据项的总分，即$Y=\{d_3, d_5, d_8\}$。因此，TA可以停止。请注意，Y在位置第6的内容和在位置3的内容完全相同。换句话说，在位置3时，Y已经包含了所有的Top-k的结果。因此，在本例中，TA算法在每个列表中都执行三个额外的有序访问，这些访问不会影响最终结果。这是TA算法的一个特点——它有一个保守的停止条件，导致它会比必需的时间要晚停止。在本例中，它执行9个排序访问和18=(9×2)次随机访问，这些访问不影响最终结果。

算法 9.1 TA 算法

```
Input: L1, L2,...,Lm: m sorted lists of n data items
f: scoring function
Output: Y : list of top-k data items
begin
    j ← 1
    threshold ← 1
    min_overall_score ← 0
    while j = n + 1 and min_overall_score < threshold do
        {Do sorted access in parallel to each of the m sorted lists}
        for i from 1 to m in parallel do
            {Process each data item at position j}
            for each data item d at position j in Li do
                {access the local scores of d in the other lists through random access}
                overall_score(d) ← f (scores of d in each Li)
            end for
        end for
        Y ← k data items with highest score so far
        min_overall_score ← smallest overall score of data items in Y
        threshold ← f (local scores at position j in each Li)
        j ← j + 1
    end while
end
```

2. 具有TA风格的算法

目前已经提出了几种具有TA风格的算法，扩展了上述基本TA算法，可以用于分布式Top-k查询处理。这里介绍一个代表性的方法：三阶段统一阈值（Three Phase Uniform Threshold，TPUT）算法；该算法在三次往返中执行Top-k查询，假设每个列表由一个节点（我们称之为列表持有者）持有，并且评分函数是求和。由查询发起者执行的TPUT算法具体参见算法9.2。

算法 9.2 三阶段统一阈值算法

```
Input: L1, L2, ..., Lm: m sorted lists of n data items, each at a different list holder
f: scoring function
Output: Y : list of  Top-k data items
begin
    {Phase 1}
```

```
        for i from 1 to m in parallel do
            Y ← receive Top-k data items from L_i holder
        end for
        Z ← data items with the k highest partial sum in Y
        λ1 ←partial sum of k-th data item in Z
        {Phase 2}
        for i from 1 to m in parallel do
            send λ1/m to L_i's holder
            Y ← all data items from L_i's holder whose local scores are not less than λ1/m
        end for
        Z ← data items with the k highest partial sum in Y
        λ2 ← partial sum of k-th data item in Z
        Y ← Y − {data items in Y whose upper bound score is less than λ2}
        {Phase 3}
        for i from 1 to m in parallel do
            send Y to L_i holder
            Z ← data items from L_i's holder that are in both Y and L_i
        end for
        Y ← k data items with highest overall score in Z
    end
```

TPUT 的工作原理如下。

（1）查询发起者首先从每个列表持有者处获取它的前 k 个数据项。令 f 为评分函数，d 为接收的数据项，$s_i(d)$ 为列表 L_i 中 d 的局部分数。那么，数据项 d 的局部分数的部分和（partial sum）可以定义为 $psum(d)=\sum_{i=1}^{m} s_i'(d)$，其中如果 L_i 的持有者已将 d 发送给协调者，则 $s_i'(d) = s_i(d)$，否则 $s_i'(d) = 0$。查询发起者计算所有接收到的数据项的部分和，并识别出部分和最高的前 k 个数据项。第 k 个数据项（称为第一阶段底部）的部分和用 λ_1 表示。

（2）查询发起者向每个列表持有者发送一个阈值 $\tau = \lambda_1/m$。作为响应，每个列表持有者返回其局部分数不小于 τ 的所有数据项。这里直观的解释是：如果一个数据项在这个阶段没有被任何列表持有者上报，那么它的分数一定小于 λ_1，所以它不可能属于 Top-k 结果。令 Y 表示从列表持有者那里收到的数据项的集合。查询发起者为 Y 中的数据项计算新的部分和，并识别部分和最高的前 k 数据项。第 k 个数据项（称为第二阶段底部）的部分和用 λ_2 表示。我们定义数据项 d 分数的上界为 $u(d)=\sum_{i=1}^{m} u_1(d)$，其中：如果 d 已经被接收到了，则 $u_i(d) = s_i(d)$，否则 $u_i(d) = \tau$。对于每个数据项 $d \in D$，如果 $u(d)$ 小于 λ_2，则将其从 Y 中移除。那些留在 Y 中的数据项称为 Top-k 候选数据项，因为 Y 中可能有一些数据项没有从所有列表持有者那里获得分数，因此需要第三阶段来完成这一工作。

（3）查询发起者将 Top-k 候选数据项发送给返回其分数的每个列表持有者，计算总分和总分最高的前 k 个数据项，并将它们返回给用户。

【例 9.4】考虑图 9.10 中的前两个有序列表（即列表 1 和列表 2），Top-2 查询 Q（即 $k = 2$），以及评分函数 sum。TPUT 算法的第一阶段产生集合 $Y = \{d_1, d_2, d_4, d_6\}$ 和 $Z = \{d_1, d_2\}$。由于第 k 个（即第 2 个）数据项是 d_2，其部分和是 28，因此有 $\lambda_1/2 = 28/2 = 14$。这里将 Y 中

的每个数据项表示为$(d$,列表 1 中的分数, 列表 2 中的得分)。第二阶段产生 Y={(d_1,30,21), $(d_2,0{,}28),(d_3,26{,}14),(d_4,28{,}0),(d_5,17{,}24),(d_6,14{,}27),(d_7,25,25),(d_8,23,20),(d_9,27,23)\}$和$Z=\{(d_1,30,21),(d_7,25,25)\}$。请注意，也可以选择$d_9$而不选择$d_7$，因为这两个数据项具有相同的部分和。由此得到$\lambda_2/2=50$。$Y$中数据项分数的上界为：

$$u(d_1)=30+21=51$$
$$u(d_2)=14+28=42$$
$$u(d_3)=26+14=40$$
$$u(d_4)=28+14=42$$
$$u(d_5)=17+24=41$$
$$u(d_6)=14+27=41$$
$$u(d_7)=25+25=50$$
$$u(d_8)=23+20=43$$
$$u(d_9)=27+23=50$$

接下来将候选集合Y中分数上界小于λ_2的数据项移除，得到$Y=\{d_1,d_7,d_9\}$。在这种情况下，算法不需要执行第三阶段，因为所有数据项都接收到了其所有的局部分数。因此，最终结果就是$Y=\{d_1,d_7\}$或$Y=\{d_1,d_9\}$。

TPUT 的时间性能在列表数量（即m）很大时会比基本 TA 算法好很多。

3. 最佳位置算法（BPA）

基本 TA 算法在处理很多数据库实例时，尽管已经计算出了所有的 Top-k 结果（如例 9.3 所示），但仍需要继续扫描列表。因此，我们有可能设计算法支持更快地停止扫描。基于这一观察，人们提出了比 TA 更高效的 Top-k 查询处理算法：最佳位置算法（Best Position Algorithm，BPA）。BPA 的基本想法提出了一种停止机制，考虑列表中的某些特殊位置——称为最佳位置。直观地来讲，列表中的最佳位置就是满足该位置之前的所有位置都被扫描过的最高位置。停止条件就是计算所有列表中的最佳位置的总分。

基本 BPA 算法（参见算法 9.3）与 TA 算法的工作原理类似，区别在于 BPA 会记录顺序或随机访问到的所有位置，计算最佳位置，从而得到一个与 TA 不同的停止条件。具体来说，对于每个列表L_i，令P_i表示针对L_i中顺序或随机访问的位置的集合。令L_i中的最佳位置bp_i是P_i中满足L_i中任何位于1到bp_i之间的位置都在P_i中的最高位置。换句话说，我们认为bp_i是最佳位置的原因是：可以保证在顺序或随机访问下，L_i中任何位于1到bp_i之间的位置都已经被访问到了。令$s_i(bp_i)$表示列表L_i中位于bp_i数据项的局部分数。给定某个函数f，BPA 的阈值可以计算为$f(s_1(bp_1),s_2(bp_2),\ldots,s_m(bp_m))$。

算法 9.3　最佳位置算法

Input: $L_1, L_2,\ldots,L_m$: m sorted lists of n data items
f: scoring function
Output: Y : list of Top-k data items
begin
　$j \leftarrow 1$
　$threshold \leftarrow 1$
　$min\_overall\_score \leftarrow 0$

```
        for i from 1 to m in parallel do
            P_i ← φ
        end for
        while j = n + 1 and min_overall_score < threshold do
            {Do sorted access in parallel to each of the m sorted lists}
            for i from 1 to m in parallel do
                {Process each data item at position j}
                for each data item d at position j in L_i do
                    {access the local scores of d in the other lists through random access}
                    overall_score(d) ← f (scores of d in each L_i)
                end for
                P_i ← P_i ∪ {positions seen under sorted or random access}
                bp_i ← best position in L_i
            end for
            Y ← k data items with highest score so far
            min_overall_score ← smallest overall score of data items in Y
            threshold ← f (local scores at position bp_i in each L_i)
            j ← j + 1
        end while
    end
```

【例 9.5】为了说明基本 BPA 算法，这里再次考虑图 9.10 中所示的 3 个有序列表和例 9.3 中给出的查询Q。

（1）在位置 1，BPA 访问到的数据项是d_1、d_2和d_3。针对每个数据项，算法执行随机访问获得其在所有列表中的局部分数和相应的位置。在这一步中，在列表L_1中访问到的位置 1、4、9，分别是d_1、d_3和d_2的位置，由此$P_1 = \{1, 4, 9\}$且L_1中的最佳位置是 $bp_1 = 1$（因为下一个位置是 4，这意味着位置 2 和 3 尚未出现）。对于L_2和L_3，有$P_2 = \{1,6,8\}$以及 $P3$= $\{1,5,8\}$，所以$bp_2 = 1$且$bp_3 = 1$。基于上述结果，最佳位置的总分是 $\lambda = f(s_1(1), s_2(1), s_3(1))$= 30+28+30=88。在位置 1 处，得分最高的 3 个数据项的集合是$Y = \{d_1, d_2, d_3\}$。此时，由于Y中数据项的总分小于λ，因此 BPA 不能停止。

（2）在位置 2，BPA 访问d_4、d_5和d_6，由此有$P_1 = \{1,2,4,7,8,9\}$、$P_2 = \{1, 2, 4, 6, 8, 9\}$以及$P_3 = \{1,2,4,7,8,9\}$。因此可以计算出最佳位置$bp_1 = 2$、$bp_2 = 2$和$bp_3 = 2$，根据最佳位置计算出 $\lambda = f(s_1(2), s_2(2), s_3(2))$= 28+27+29=84。由于$Y = \{d_3, d_4, d_5\}$的数据项的总分都小于 84，所以 BPA 没有停止。

（3）在位置 3，BPA 访问d_7、d_8和d_9。因此，我们有$P_1 = P_2 = \{1, 2, 3, 4, 5, 6, 7, 8, 9\}$和$P_3 = \{1, 2, 3, 4, 5, 6, 7, 8, 10\}$。由此可知$bp_1 = 9$、$bp_2 = 9$、$bp_3 = 8$。根据最佳位置可以计算出总分 $\lambda = f(s_1(9), s_2(9), s_3(8))$= 11+13+14=38。在这个位置，我们可以得到$Y = \{d_3, d_5, d_8\}$。由于Y中所有数据项的得分均高于λ，所以 BPA 停止，此时停止点恰好在 BPA 得到所有 Top-k 结果的第一个位置。

回想一下，在这个数据库中，TA 停在位置 6。

现有的研究已经证明，对于任何一组有序列表，BPA 停止得比 TA 更早，并且其执行成本不会高于 TA。研究还表明，BPA 的执行成本可以比 TA 低$(m-1)$倍（其中m为有序列表的个数）。尽管 BPA 十分高效，但它仍然会做额外的工作。BPA（以及 TA）会做的额外工作之一是可能会在顺序访问不同的列表时多次访问某些数据项。例如，一个数据项在列表中的某个位置通过排序访问而在其他列表中通过随机访问被访问，这种情况下在其他列表中则可能通过下一个位置的排序访问再次被访问。人们提出了一种更高效的改进算法 BPA2 避免了此类情况。BPA2 不会将看到的位置从列表所有者转移到查询发起者。因此，查询发起者不需要维护所看到的位置及其局部分数。此外，该方法最多访问列表中的每个位置 1 次。因此，BPA2 对列表的访问次数可能比 BPA 低大约$(m-1)$倍。

9.3.1.2 非结构化系统的 Top-k 查询

非结构化系统 Top-k 查询处理的一种方法是将查询路由到所有的对等节点，检索其所有可用的结果，使用评分函数进行评分，并将分数最高的k个结果返回给用户。然而，这种方法在响应时间和通信成本方面效率不高。

对此，第一个高效的解决方案是 PlanetP，这是一个非结构化的 P2P 系统。PlanetP 支持内容可寻址的发布/订阅服务在多达一万个对等节点的P2P社区中复制数据。在该系统中，Top-k 查询处理算法的工作原理如下：给定查询Q，查询发起者计算对等节点关于Q的相关性排名，按降序逐一与它们通信，并要求它们返回一组得分最高的数据项及其分数。为了计算对等节点的相关性，PlanetP 使用了一个包含术语到对等节点映射的全局完全复制索引。该算法在中等规模的系统中具有很好的性能。然而，在大型 P2P 系统中，保持复制索引的实时更新可能会损害可扩展性。

另一个是 APPA 中采用的解决方案，APPA 是一个 P2P 网络独立数据管理系统。该方案提出了一个用于执行 Top-k 查询的完全分布式框架，它还能解决查询执行期间对等节点的不稳定性问题，而且可以处理一些对等节点在完成查询处理之前离开系统的情况。给定一个具有指定 TTL 的 Top-k 查询Q，该方案采用的基本算法被称为完全去中心化（Fully Decentralized，FD）Top-k 算法，执行如下（如算法 9.4 所示）：

（1）查询转发：查询发起者将 Q 转发给与其在网络中距离小于 TTL 的可访问的对等节点。

（2）查询的局部执行和等待：每个收到Q的对等节点p在本地执行该查询：p访问能够匹配查询谓词的局部数据项，使用评分函数对这些数据项进行评分，选择前k个数据项作为结果，并将这些数据项及其分数保存在本地。之后，p等待接收邻居的查询结果。不过，由于一些邻居可能会离开 P2P 系统并且不会向p发送分数列表，因此等待会有一个时间限制；该限制是根据收到的 TTL、网络参数和节点的局部处理参数为每个节点计算的。

（3）合并与后退（merge-and-backward）：这一阶段会使用基于字典树（trie）的算法将高得分的结果传送给查询发起者，如下所示。当等待时间过期后，p将它的k个局部最高分数与从其邻居接收到的分数进行合并，并将结果以分数列表的形式发送给它的父节点（即接收到查询Q的那个对等节点）。为了最小化网络流量，FD 不会将顶部数据项本身（这些数据项可能会很大）向上传送，而只会传送它们的分数和地址。分数列表只是一个由k个(a,s)组成的列表，其中a是持有数据项的节点的地址，s是数据项的分数。

（4）数据检索：查询发起者在从其邻居处接收到分数列表后，会将其k个局部最高分与从其邻居接收到的合并分数列表进行合并，从而形成最终的分数列表。然后，查询发起者会直接从持有这些数据项的对等节点上检索出 Top-k 结果。

算法 9.4　完全去中心化（FD）Top-k 算法

```
Input: Q: Top-k query
f : scoring function
TTL: time to live
w: wait time
Output: Y : list of Top-k data items
begin
    At query originator peer
    begin
        send Q to neighbors
        Final_score_list ← merge local score lists received from neighbors
        for each peer p in Final_score_list do
            Y ← retrieve Top-k data items in p
        end for
    end
    for each peer that receives Q from a peer p do
        TTL ← TTL − 1
        if TTL> 0 then
            send Q to neighbors
        end if
        Local_score_list ← extract Top-k local scores
        Wait a time w
        Local_score_list ← Local_score_list ∪ Top-k received scores
        Send Local_score_list to p
    end for
end
```

上述算法是完全分布式的，它不依赖于某些对等节点的存在，因此可以解决查询执行过程中的节点波动性。具体来说，算法解决了以下问题：对等节点在合并与后退阶段变得不可访问；在数据检索阶段无法访问顶部数据项的对等节点；在等待时间过期后，对等节点接收分数列表出现延迟。FD 的性能评估表明：它可以在通信成本和响应时间方面能取得显著的性能提升。

9.3.1.3　分布式哈希表（DHT）的 Top-k 查询

正如我们之前讨论过的，DHT 的主要功能是将一组键（key）映射到 P2P 系统的对等节点上，并在给定键的情况下高效地查找相应的节点——这种机制为精确匹配查询提供了高效且可扩展的支持。然而，在 DHT 上支持 Top-k 查询并不容易。一个简单的解决方案是首先检索查询所涉及关系表中的所有元组，计算每个检索到的元组的分数，最后返回分数最高的前k个元组。然而，这个解决方案不能扩展到大量元组的情况。另一种解决方案是使用相同的键（例如关系表的名称）存储每个关系表的所有元组，以便所有元组都存储在同一个对等节点上。然后，可以使用常用的集中式算法在该中心对等节点执行 Top-k 查询处理。但是，在该方法中，中心对等节点会成为性能瓶颈或造成单点故障。

APPA 项目提出了一种基于 TA（见 9.3.1.1 节）的解决方案，该方案以一种完全分布式的方式在 DHT 中存储共享数据。在 APPA 中，节点可以用以下两种互补的方法将它们的元组存储在 DHT 中即元组存储（tuple storage）和属性值存储（attribute value storage）。在使用元组存储的方法中，每个元组使用其标识符（例如，其主键）作为存储键（storage key）存储在 DHT 中，这有利于通过类似于主索引的标识符来查找元组。属性值存储将可能出现在查询等式谓词或查询评分函数中的属性单独地存储在 DHT 中。因此，就像在二级索引中一样，这种存储方法有利于使用元组的属性值来查找元组。属性值存储有两个重要的特性：其一是在 DHT 中检索到一个属性值后，节点可以很容易地检索到该属性值对应的元组；其二是相对“接近”的属性值存储在同一节点上。为了支持第一个特性，需要将用于存储整个元组的键与属性值一起存储。为了支持第二个特性，需要使用域划分（domain partitioning）的概念，具体解释如下。考虑属性a及其值域D_a。假设在D_a上可以定义一个全序关系$\prec$，例如D_a是数值数据。D_a被划分成n个非空子域$d_1, d_2, \dots, d_n$，满足所有子域的并集是D_a，任意两个子域的交集为空，并且$\forall v_1 \in d_i$与$v_2 \in d_j$，如果$i < j$，则$v_1 \prec v_2$。哈希函数会应用在属性值的子域上。因此，对于属于同一子域的属性值，它们存储的键是相同的，并且这些属性值存储在相同的节点上。为了避免属性存储在分布上偏斜（即子域内属性值的偏斜分布），域划分会将属性值均匀分布在子域中。该技术使用基于直方图的信息来描述属性值的分布。

算法 9.5　分布式哈希表（DHT）的 Top-k 查询 DHTop 算法

```
Input: Q: Top-k query;
f: scoring function;
A: set of m attributes used in f
Output: Y : list of Top-k tuples
begin
    {Phase 1: prepare lists of attributes' subdomains}
    for each scoring attribute A_i in A do
        L_Ai ← all subdomains of A_i
        L_Ai ← L_Ai − subdomains which do not satisfy Q's condition
        Sort L_Ai in descending order of its subdomains
    end for
    {Phase 2: continuously retrieve attribute values and their tuples until finding k top tuples}
    Done ← false
    for each scoring attribute A_i in A in parallel do
        i ← 1
        while (i < number of subdomains of A) and not Done do
            send Q to peer p that maintains the attribute values of subdomain i in L_Ai
            Z ← A_i values (in descending order) from p that satisfy Q's condition,
            along with their corresponding data storage keys
            for each received value v do
                get the tuple of v
                Y ← k tuples with highest score so far
                threshold ← f(v_1, v_2,...,v_m) such that v_i is the last value received for attribute A_i in A
                min_overall_score ← smallest overall score of tuples in Y
                if min_overall_score ≤ threshold then
                    Done ← true
```

```
                end if
                i ← i + 1
            end for
        end while
    end for
end
```

使用这种存储模型的 Top-k 查询处理算法被称为 DHTop（如算法 9.5 所示），其工作原理如下。给定 Top-k 查询 Q、评分函数 f 以及发起 Q 的节点 p_0。为简单起见，假设 f 是一个单调的评分函数。此外，我们将作为参数传递给评分函数的属性集合成为评分属性（scoring attributes）。DHTop 算法从 p_0 开始，分两个阶段进行：首先准备多个候选子域的有序列表，然后不断检索候选属性值及其元组，直到找到前 k 个元组位置。具体的步骤如下：

（1）对于每个评分属性A_i，p_0为其准备子域列表，并按照这些子域列表对评分函数的正向影响程度将它们进行降序排序。对于每个列表，p_0从列表中删除那些没有成员满足 Q 的子域。例如，如果存在一个条件是评分属性等于一个常数（如$\mathrm{A}_i = 10$），那么p_0从列表中删除除该常数值所属的子域以外的所有子域。这里我们令L_{A_i}表示此阶段为评分属性A_i准备的列表。

（2）对于每个评分属性A_i，p_0并行地执行下面的操作。p_0将 Q 和A_i发送给一个节点p，节点p负责存储L_{A_i}的第一个子域的值；之后p_0要求返回A_i在p处的取值。请注意，这些取值按照它们对评分函数的积极影响从高到低有序地返回到p_0。在接收到每个属性值后，p_0会检索其对应的元组，计算其分数；如果这个分数是尚未计算的 k 个最高分数之一，则保留该分数。这一过程持续到获得 k 个元组，且满足这些元组的分数高于一个根据目前检索到的属性值计算的阈值。如果 p 返回给p_0的属性值不足以确定 k 个最大元组，则p_0将 Q 和A_i发送到负责L_{A_i}第二子域的站点。以此类推，直到找到 Top-k 结果为止。

令$\mathrm{A}_1, \mathrm{A}_2, \ldots, \mathrm{A}_m$为评分属性，$v_1, v_2, \ldots, v_m$分别为这些属性检索到的最后一个值。阈值可以定义为$\tau = f(v_1, v_2, \ldots, v_m)$。DHTop 的一个主要特点是：在检索每个新的属性值之后，阈值都会减小。因此，在检索到一定数量的属性值及其元组后，阈值就会变得小于检索到k个数据项的分数，此时算法可以停止。一些算法分析证明：DHTop 适用于单调评分函数，以及一大类非单调的评分函数。

9.3.1.4　超级用户系统中的 Top-k 查询

超级用户系统中 Top-k 查询处理的典型算法是 Edutella 算法。在 Edutella 中，一小部分节点是超级对等节点，并且被认为具有很高的可用性和非常好的计算能力。超级对等节点负责 Top-k 查询处理，其他对等节点只在本地执行查询，并对它们的资源进行评分。该算法非常简单，工作原理如下。给定一个查询 Q，查询发起人将 Q 发送给它的超级对等节点，然后超级对等节点将其发送给其他超级对等节点。超级对等节点将 Q 转发给与其相连的相关对等节点。每个拥有一些与 Q 相关的数据项的对等节点对它们进行评分，并将其得分最高的数据项发送给它的超级对等点。每个超级对等节点从所有接收到的数据项中选择总得分最高的项。为了确定第二好的项目，它只要求一个对等节点，即返回第一个顶部项目的对等节点，返回第二个得分最高的项目。超级对等节点从先前接收的项目和新接收的项目中选择第二个顶部项目。然后，它询问已返回第二个顶部项的对等节点，依此类推，直到检索到所有k个顶部项。最后，超级对等节点将其顶部项发送给查询发起方的超级对等节点，以提取全部k个顶部项，并将它们发送给查询发起方。该算法最大限度地减少了节点和超级节点之间的通信，因为在从每个连接到它的节点接收到最大得分的数据项之后，每个超级节点只向一个节点请求下一个顶部项。

9.3.2 连结查询

分布式和并行数据库中最有效的连结算法是基于哈希的。因此，DHT 依赖哈希来存储和定位数据，这一点可以自然地被利用来有效地支持连结查询。在 PIER P2P 系统的背景下，人们提出了一个基本的解决方案，该系统支持 DHT 之上的复杂查询。解决方案是并行哈希连结算法（PHJ）的一个变体（参见 8.4.1 节），我们称之为 PIERjoin。与 PHJ 算法一样，PIERjoin 假设连结的关系和结果关系有一个 home（在 PIER 中称为 namespace），即存储关系的水平片段的节点。然后利用 put 方法根据元组的连结属性将元组分发到一组对等节点上，以便具有相同连结属性值的元组存储在相同的节点上。为了在本地执行连结，PIER 实现了对称哈希连结算法的一个版本（参见 8.4.1.2 节），它为流水线并行提供了有效的支持。在对称哈希连结中，有两个连结关系，每个连结关系接收要连结的元组节点所维护的两个哈希表。因此，在从任一关系接收到新的元组时，节点将元组添加到相应的哈希表中，并根据目前接收到的元组，对相反的哈希表进行探测。PIER 还依赖于 DHT 来处理对等节点的动态行为（在查询执行期间加入或离开网络），因此它不能保证结果的完整性。

对于二进制连结查询 Q（可能包括选择谓词），PIERjoin 分三个阶段工作（参见算法 9.6）：多播、哈希和探测/连结。

（1）多播阶段：查询发起方的对等节点将 Q 多播到存储连结关系 R 和 S 的元组的所有对等节点，即它们的家庭。

（2）哈希阶段：接收 Q 的每个对等节点扫描其局部关系，搜索满足选择谓词的元组（如果有的话）。然后，它使用 put 操作将所选元组发送到结果关系的 home。put 操作中使用的 DHT 键是使用结果关系的 home 和连结属性计算的。

（3）探测/连结阶段：结果关系主节点中的每个对等节点在接收到一个新元组后，将其插入相应的哈希表中，探测相反的哈希表以找到与连结谓词（以及选择谓词（如果有的话））匹配的元组，并构造结果连结元组。回想一下（水平分区的）关系的“home”在第 4 章中定义为一组对等节点，其中每个对等节点具有不同的分区。在这种情况下，分区是通过对连结属性进行哈希来实现的。结果关系的 home 也是一个分区关系（使用 put 操作），因此它也位于多个对等节点。

这一基本算法可以从几个方面加以改进。例如，如果其中一个关系已经在连结属性上进行了哈希，我们可以使用它的 home 作为结果 home，使用并行关联连结算法（PAJ）的变体（参见 8.4.1 节），其中只有一个关系需要哈希并通过 DHT 发送。

算法 9.6　PIERjoin 算法

Input: Q: join query over relations R and S on attribute A;
h: hash function;
H_R, H_S: homes of R and S

```
Output: T : join result relation;
H_T: home of T
begin
    {Multicast phase}
    At query originator peer send Q to all peers in H_R and H_S
    {Hash phase}
    for each peer p in H_R that received Q in parallel do
        for each tuple r in R_p that satisfies the select predicate do
            place r using h(H_T, A)
        end for
    end for
    for each peer p in H_S that received Q in parallel do
        for each tuple s in S_p that satisfies the select predicate do
            place s using h(H_T, A)
        end for
    end for
    {Probe/join phase}
    for each peer p in H_T in parallel do
        if a new tuple i has arrived then
            if i is an r tuple then
                probe s tuples in S_p using h(A)
            else
                probe r tuples in R_p using h(A)
            end if
            T_p ← r ⋈ s
        end if
    end for
end
```

9.3.3 区间查询

回想一下，范围查询有一个 WHERE 子句，其形式为“范围[a，b]中的属性a”，其中a和b是数值。结构化 P2P 系统，特别是，在支持精确匹配查询（形式为“$A = a$”）方面非常有效，但在范围查询方面存在困难。主要原因是哈希往往会破坏有助于快速查找范围的数据的顺序。

在结构化 P2P 系统中，支持范围查询的方法主要有两种：利用邻近性或保序性来扩展 DHT，或者利用基于字典树的结构来保持键的有序性。第一种方法已在多个系统中使用。局部敏感哈希是 DHT 的一个扩展，它以很高的概率将相似的范围哈希到同一 DHT 节点。然而，这种方法只能得到近似解，并且在大型网络中可能导致负载不平衡。

前缀哈希树（PHT）是一种基于字典树（Trie）的分布式数据结构，它通过简单地使用 DHT 查找操作支持对 DHT 的范围查询。被索引的数据是长度为D的二进制字符串。每个节点有 0 或 2 个子节点，并且键k存储在标签为k的前缀的叶节点处。此外，叶节点与它们的邻居相连。PHT 对键k的查找操作必须返回唯一的叶节点$leaf(k)$，其标签是k的前缀。给定一个长度为D的键k，有$D + 1$个不同的前缀k。我们可以通过对这些潜在的$D + 1$节点进行线性扫描来获得叶（k）。然而，由于 PHT 是二叉树，因此我们可以使用前缀长度的二分查找来改进线性扫描。这将 DHT 查找的数量从$(D+1)$减少到$(\log D)$。给定两个键a和b，例如$a \le b$，支持两种范围查询算法，使用 PHT 的查找。第一种是顺序的：它搜索$leaf(a)$，然后依次扫描叶节点的链表，直到到达节点$leaf(b)$。第二种算法是并行的：它首先确定对应于完全覆盖范围$[a, b]$的最小前缀范围相对应的节点。为了到达这个节点，算法使用了一个简单的 DHT 查找，并将查询递归地转发给那些与范围$[a, b]$重叠的子级。

与所有哈希方案一样，第一种方法存在数据倾斜问题，这会导致对等节点的范围不平衡，从而影响负载平衡。为了克服这个问题，第二种方法利用基于字典树的结构来保持键的平衡范围。最早尝试基于平衡字典树结构构建 P2P 网络的方法是 BATON（平衡树覆盖网）。现在我们将更详细地介绍 BATON 及其对范围查询的支持。

BATON 将对等节点组织为一个平衡的二进制字典树（字典树的每个节点由一个对等节点维护）。一个节点在 BATON 中的位置由一个$(level, number)$元组决定，$level$从根 0 开始，$number$从根 1 开始，使用中序遍历依次赋值。每个字典树节点都存储指向其父节点、子节点、相邻节点以及所选邻居节点的链接。两个路由表：左路由表和右路由表存储到选定邻居节点的链接。对于编号为 i 的节点，这些路由表包含指向位于同一级别的节点的链接，这些节点的编号小于（左路由表）且大于（右路由表）i 的 2 次方。节点i的左（右）路由表中的第 j 个元素包含到编号为$i-2^{j-1}$节点的链接（分别为$i+2^{j-1}$）在字典树的同一级别。图 9.11 显示了节点 6 的路由表。

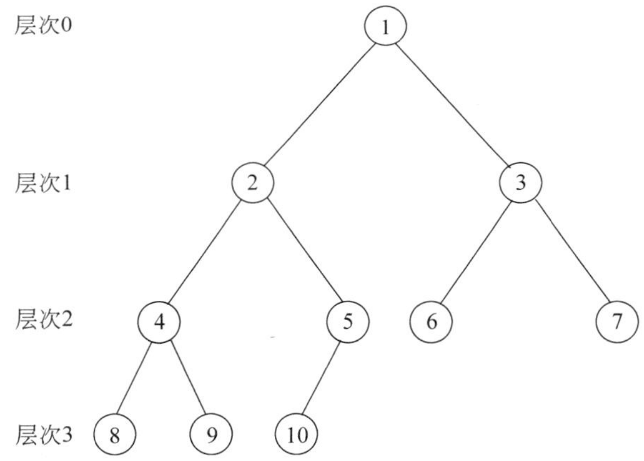

节点6: 层次2, 数量=3
父亲=3, 左孩子=null, 右孩子=null
左邻=1, 右邻=3
左路由表

	节点	左孩子	右孩子	下界	上界
0	5	10	null	LB5	UB5
1	4	8	9	LB4	UB4

右路由表

	节点	左孩子	右孩子	下界	上界
0	7	null	null	LB7	UB7

图 9.11　BATON 结构树索引和 6 号节点的路由表

在 BATON 中，每个叶和内部节点（或对等节点）都被分配一个值范围。对于每个链接，此范围存储在路由表中，当其范围更改时，算法将修改链接以更改记录。对等节点管理的值范围必须位于其左子树管理的范围的右侧，并且小于其右子树管理的范围（见图 9.12）。因此，BATON 构建了一个有效的分布式索引结构。处理等节点的加入和离开，以便于用于连结的字典树通过向上转发请求，用于叶的字典树向下转发请求来保持平衡，因此对于n个节点的字典树不超过$O(\log n)$个步骤。

范围查询处理如下（算法 9.7）。对于节点i提交的范围为$[a, b]$的范围查询 Q，它查找与搜索范围下限相交的节点。存储范围下限的对等节点在本地检查属于该范围的元组，并

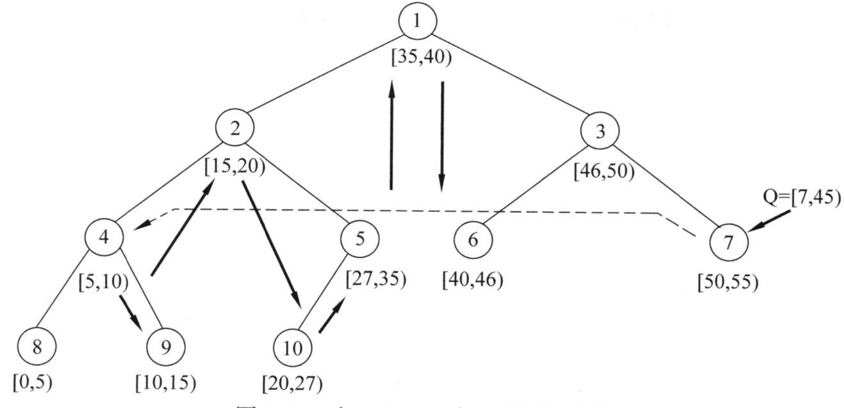

图 9.12　在 BATON 中处理区间查询

将查询转发到其右相邻节点。通常，接收查询的每个节点都会检查本地元组并联系其右相邻节点，直到到达包含范围上限的节点。找到交叉点时获得的部分答案将发送到提交查询的节点。使用精确匹配查询算法在$O(\log n)$步中找到第一个交集。因此，包含 X 个节点的范围查询在$O(\log n + X)$步中得到回答。

算法 9.7　BatonRange 算法

Input: Q: a range query in the form $[a, b]$
Output: T: result relation
begin
　{Search for the peer storing the lower bound of the range}
　At query originator peer
　begin
　　find peer p that holds value a
　　send Q to p
　end
　for *each peer p that receives Q* **do**
　　$T_p \leftarrow Range(p) \cap [a, b]$
　　send T_p to query originator
　　if $Range(RightAdjacent(p)) \cap [a, b] = \emptyset$ **then**
　　　let p be right adjacent peer of p
　　　send Q to p
　　end if
　end for
end

【例 9.6】 考虑图 9.12 中的节点 7 发出的范围为[7,45]的查询 Q。首先，BATON 执行精确匹配查询，查找包含范围下限的节点（参见图中的虚线）。由于下限在分配给节点 4 的范围内，因此它在本地检查属于该范围的元组，并将查询转发到其相邻的右节点（节点 9）。节点 9 检查属于该范围的本地元组并将查询转发给节点 2。节点 10、5、1 和 6 接收查询，它们检查本地元组并联系各自的右相邻节点，直到到达包含范围上限的节点。

9.4 副本一致性

为了提高数据可用性和访问性能，P2P 系统复制数据。然而，不同的 P2P 系统提供的副本一致性，其级别差别很大。早期，简单的 P2P 系统（如 Gnutella 和 Kazaa）只处理静态数据（如音乐文件），复制是“被动的”，因为它自然发生在对等节点请求和相互复制文件时（基本上是缓存数据）。在可以更新副本的更高级 P2P 系统中，需要适当的副本管理技术。不幸的是，大部分关于副本一致性的工作只在 DHT 的上下文中完成。我们可以区分三种处理副本一致性的方法：DHT 中的基本支持、DHT 中的数据货币和数据一致性。在本节中，我们将介绍这些方法中使用的主要技术。

9.4.1 DHT 中的基本支持

为了提高数据可用性，大多数 DHT 依赖于通过在多个对等点存储（键、数据）对来进行数据复制，例如，使用多个哈希函数。如果一个对等节点不可用，它的数据仍然可以从保存副本的其他对等节点检索其数据。一些 DHT 为应用程序提供了处理副本一致性的基本支持。在本节中，我们将介绍两种流行 DHT 中使用的技术：CAN 和 Tapestry。

CAN 提供了两种支持复制的方法。第一种是使用m个哈希函数将单个键映射到坐标空间中的m个点上，并相应地在网络中的m个不同节点上复制单个（键、数据）对。第二种方法是对 CAN 的基本设计进行优化，即当节点发现自己因对这些键的请求而发生过载时，主动向其邻居推送流行键。在这种方法中，复制的键应该有一个关联的 TTL 字段，以便在重载周期结束时自动撤销复制的效果。此外，该技术假定数据是不可变的（只读的）。

Tapestry 是一个可扩展的 P2P 系统，它在结构化覆盖网络之上提供分散的对象定位和路由。它将消息路由到逻辑端点（即标识符与物理位置无关的端点），例如节点或对象副本。这使得在底层基础设施不稳定的情况下，它可以将消息传递到移动或复制的端点。此外，Tapestry 考虑延迟来建立每个节点的邻域。Tapestry 的位置和路由机制如下所示。设 o 是由$id(o)$标识的对象；在 P2P 网络中插入 o 涉及两个节点：保存 o 的服务器节点（注为n_s）和保存形式为$(id(o), n_s)$的映射的根节点（注为n_r），表示标识为$id(o)$的对象存储在节点n_s中。根节点由全局一致的确定性算法动态确定。图 9.13(a)显示，当 o 插入到n_s时，n_s通过将包含映射$(id(o), n_s)$的消息从n_s路由到n_r，在其根节点发布$id(o)$。此映射存储在消息路径上的所有节点上。在位置查询期间，例如图 9.13(a)中的“$id(o)$”，寻找$id(o)$的消息最初被路由到n_r，但是一旦算法找到包含映射$(id(o), n_s)$的节点，它可能在到达它之前停止。为了将消息路由到$id(o)$的根，每个节点都将该消息转发给其逻辑标识符与$id(o)$最相似的邻居。

Tapestry 提供了利用副本所需的整个基础设施，如图 9.13(b)所示。图中的每个节点表示 P2P 网络中的一个对等节点，并包含该对等节点的十六进制格式的逻辑标识符。在该示例中，对象O（例如，书籍文件）的两个副本O_1和O_2被插入到不同的对等节点中（O_1→对等节点 4228 和O_2→对等节点 AA93）。O_1的标识符等于O_2的标识符（即十六进制的 4378），因为O_1和O_2是同一对象O的副本。当O_1被插入其服务器节点（对等 4228）时，映射（4378，

4228）从对等 4228 路由到对等 4377（O_1的标识符的根节点）。随着消息接近根节点，对象和节点标识符变得越来越相似。此外，映射（4378，4228）存储在沿消息路径的所有对等点处。O_2的插入遵循相同的程序。在图 9.13(b)中，如果对等 E791 查找O的副本，则相关的消息路由在对等节点 4361 处停止。因此，应用程序可以跨多个服务器节点复制数据，并依赖 Tapestry 将请求定向到附近的副本。

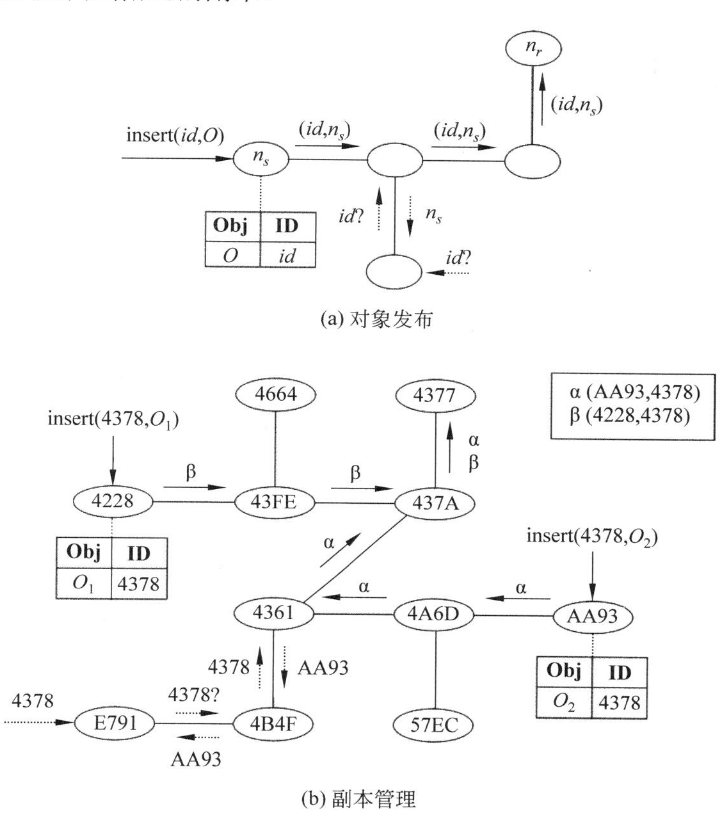

(a) 对象发布

(b) 副本管理

图 9.13　Tapestry 系统

9.4.2　DHT 中的数据货币

尽管 DHT 为复制提供了基本的支持，但由于对等节点离开网络或并发更新，更新后副本的相互一致性可能会受到影响。让我们用一个典型 DHT 中的简单更新场景来说明这个问题。

【例 9.7】 假设操作$\text{put}(k,d_0)$（由一些对等节点发出）映射到对等节点p_1和p_2，这两个对等节点都存储数据d_0。现在考虑一个更新操作$\text{put}(k,d_1)$（来自同一个或另一个对等节点）也映射到对等节点p_1和p_2。假设p_2无法到达（例如，因为它已经离开网络），只有p_1被更新以存储d_1。当p_2稍后重新加入网络时，副本不一致：p_1保持与k相关联的数据的当前状态，而p_2保持过时状态。

并发更新也会导致问题。现在考虑两个按相反顺序发送到p_1和p_2的更新$\text{put}(k,d_2)$和$\text{put}(k,d_3)$（由两个不同的对等节点发出），这样p_1的最后一个状态是d_2，而p_2的最后一个状态是d_3。因此，后续的$\text{get}(k)$操作将返回过时的或当前的数据，这取决于所查找的是哪个对等节点，并且我们无法判断它是否是当前的数据。

对于一些可以利用 DHT 的应用程序（如议程管理、公告板、合作拍卖管理、预订管理等），获取当前数据的能力非常重要。在复制的 DHT 中支持数据流通需要能够返回当前副本，无论对等节点是否离开网络或并发更新。当然，副本一致性是一个更普遍的问题，如第 6 章所讨论的，但是这个问题在 P2P 系统中尤其困难和重要，因为加入和离开系统的对等点具有相当大的动态性。

现有工作已经提出了一种同时考虑数据可用性和数据通用性的解决方案。为了提供高数据可用性，它使用一组独立的哈希函数H_r（称为复制哈希函数）在 DHT 中复制数据。在当前时刻负责关于哈希函数 h 的键k的对等节点由$rsp(k,h)$表示。为了能够检索当前副本，每对 $(k,data)$ 都有一个逻辑时间戳，对于每个 $h \in H_r$，算法在 $rsp(k,h)$ 处复制对 $(k,newData)$，其中$newData = \{data，timestamp\}$，即$newData$由初始数据和时间戳组成。在请求与键相关联的数据时，我们可以返回其中一个带有最新时间戳的副本。对于不同的 DHT，复制哈希函数（即H_r）的数目可以不同。例如，如果 DHT 中的节点可用性较低，则可以使用较高的H_r值（例如 30）来提高数据可用性。

此解决方案是名为更新管理服务（UMS）的服务的基础，该服务基于时间戳处理当前副本的高效插入和检索。实验验证表明，UMS 的通信开销非常小。在检索副本之后，UMS 检测对等数据管理是否是当前的副本，即不必与其他复制副本进行比较，并将其作为输出返回。因此，UMS 不需要检索所有副本来找到当前副本；它只需要 DHT 的带有 put 和 get 操作的查找服务。

为了生成时间戳，UMS 使用一种称为基于键的时间戳服务（KTS）的分布式服务。KTS 的主要操作是$gen_ts(k)$，它给定一个键k，生成一个实数作为k的时间戳。由 KTS 生成的时间戳是单调的，使得如果ts_i和ts_j是分别在时间t_i和t_j处为同一键生成的两个时间戳，则如果t_j晚于t_i，则ts_j>ts_i。此属性允许根据生成时间对为同一键生成的时间戳进行排序。KTS 还有另一个操作，由$last_ts(k)$表示，给定一个键k，它返回 KTS 为k生成的最后一个时间戳。在任何时候，$gen_ts(k)$最多为k生成一个时间戳，并且k的不同时间戳是单调的。因此，在插入对$(k,data)$的并发调用的情况下，即，来自不同的对等节点，只有获得最新时间戳的一方将成功地将其数据存储在 DHT 中。

9.4.3 副本协调

通过强制副本的相互一致性，副本协调比数据流通（data currency）数据货币更进一步。由于 P2P 网络通常是非常动态的，节点可以随意加入或离开网络，因此积极的复制解决方案（见第 6 章）是不合适的；多线复制才是首选的。在本节中，我们将介绍 OceanStore、P-Grid 和 APPA 中使用的协调技术，以提供一系列建议的解决方案。

9.4.3.1 OceanStore

OceanStore 是一个数据管理系统，旨在提供对持久信息的持续访问。它依赖于 Tapestry，并假设其基础设施由不受信任的强大服务器组成，这些服务器通过高速链路连接。出于安全考虑，数据通过冗余和加密技术得到保护。为了提高性能，OceanStore 允许数据缓存在网络中的任何位置上。

OceanStore 允许对复制对象进行并发更新，并依靠协调来确保数据一致性。一个复制对象可以在不同的节点上保存多个主副本和辅助副本。主副本之间相互链接和协作，并通过排序更新来实现副本的相互一致性。为了获得性能和可用性，辅助副本提供的一致性程度较低。因此，辅助副本可能不是最新的，并且数量可能比主副本多。二级副本通过流行算法在它们自己和主要复制酶之间进行通信。

图 9.14 展示了 OceanStore 中的更新管理。在本例中，R 是（唯一的）复制对象，而 R 和R_{sec}分别表示 R 的主副本和次副本。保存主副本的四个节点彼此链接（图中未显示）。虚线表示保存主副本或辅助副本的节点之间的链接。节点 n_1 和 n_2 同时更新 R。此类更新的管理方式如下。保存 R 的主副本的节点称为 R 的主组，负责对更新进行排序。因此，n_1 和 n_2 在其本地次副本上执行临时更新，并将这些更新发送到 R 的主组以及其他随机次副本（参见图 9.14(a)）。主组根据 n_1 和 n_2 分配的时间戳对临时更新进行排序；同时，这些更新会在次副本之间传播（图 9.14(b)）。一旦主组获得一个一致意见，更新的结果将被多播到二级

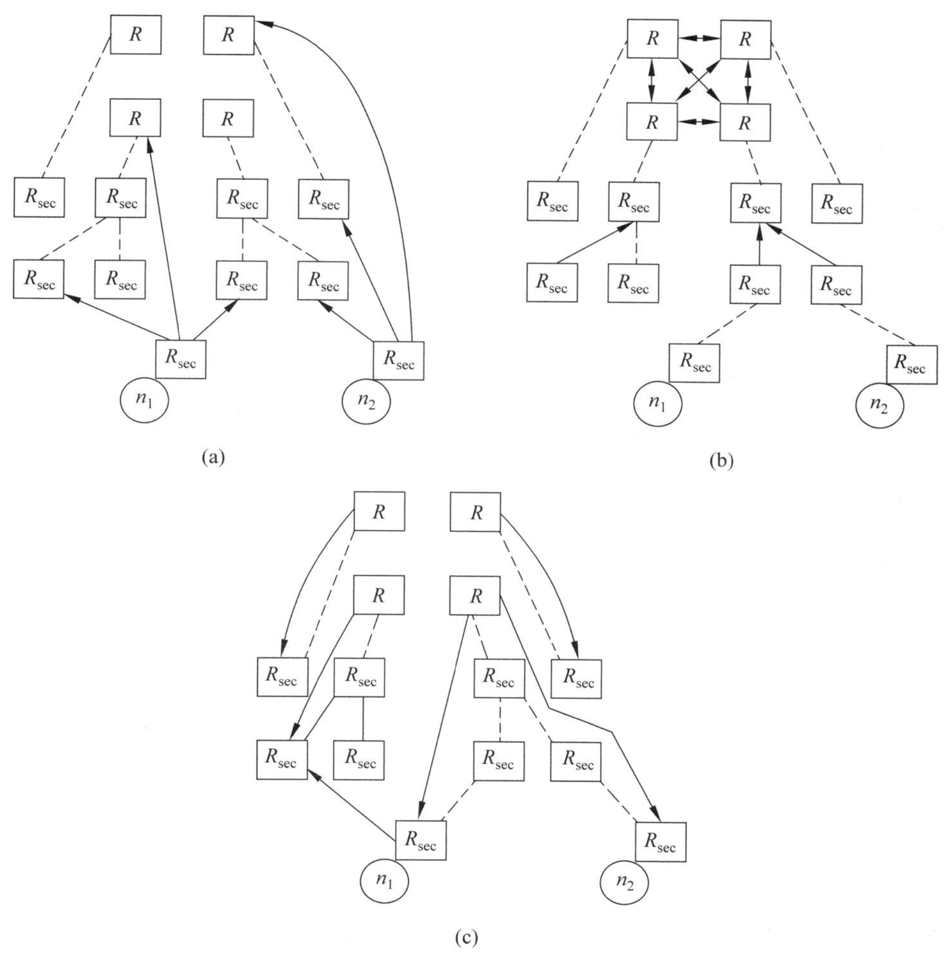

图 9.14　OceanStore 数据一致性

（a）节点 $n1$ 和 $n2$ 将更新发送到 R 的主组和几个随机的次副本；（b）R 命令的主组会更新，而次副本会流行地传播它们；（c）在主组协议之后，更新的结果被多播到辅助副本

副本（图 9.14(c)），其中包含暂定数据和已提交的数据。

副本管理调整副本的数量和位置，以便更有效地为请求提供服务。通过监控系统负载，OceanStore 可以检测复制副本何时过载，并在附近的节点上创建额外的复制副本以减轻负载。相反，当不再需要这些额外的复制副本时，它们将被消除。

9.4.3.2 P-Grid

P-Grid 是一种基于二进制字典树结构的结构化 P2P 网络。其路由基础设施由一个分散和自组织的过程建立，该基础设施适应于对等节点存储的数据间的给定分布。此过程解决数据存储的统一负载分配和数据的统一复制问题，以支持可用性。

为了解决复制对象的更新问题，P-Grid 采用了流言算法，没有很强的一致性保证。P-Grid 假设副本的准一致性（而不是在动态环境中很难提供的完全一致性）就足够了。

更新传播方案有一个推阶段和一个拉阶段。当对等节点 p 接收到对复制对象 R 的新更新时，它将更新推送到保存 R 的副本的对等节点的子集，该子集又将更新传播到保存 R 的副本的其他对等节点，依此类推。已断开连接并重新连接的对等节点、长时间未接收更新的对等节点或接收到拉请求但不确定是否有最新更新的对等节点进入拉阶段以进行协调。在这个阶段，多个对等点被联系起来，并且选择其中最新的一个来提供对象内容。

9.4.3.3 APPA

APPA 提供了一个通用的惰性分布式复制解决方案，可以确保副本的最终一致性。它使用 IceCube 动作约束框架来捕获应用程序语义并解决更新冲突。

应用程序语义是通过更新操作之间的约束来描述的。一个动作由应用程序程序员定义，它表示特定于应用程序的操作（例如，对文件或文档的写入操作，或数据库事务）。约束是应用程序不变量的形式化表示。例如，$predSucc(a_1, a_2)$约束在动作之间建立因果顺序（即，动作a_2仅在a_1成功后执行）；$mutuallyExclusive(a_1, a_2)$约束表示可以执行$a_1$或$a_2$。协调的目的是采取一组具有相关约束的操作，并生成一个时间表，即不违反约束的有序操作列表。为了降低调度生产的复杂性，APPA 将要排序的动作集划分为称为簇集合的子集。一个簇是由约束相关的动作的子集，这些约束可以独立于其他簇进行排序。因此，全局调度是由簇集合的有序动作串联而成的。

由 APPA 协调算法管理的数据存储在称为协调对象的数据结构中。每个协调对象都有一个唯一的标识符，以便能够在 DHT 中进行存储和检索。数据复制过程如下。首先，节点执行本地操作来更新对象的副本，同时遵守用户定义的约束。然后，这些动作（以及相关的约束）根据对象的标识符存储在 DHT 中。最后，协调器节点从 DHT 检索操作和约束，并根据应用程序语义协调冲突的操作来生成全局调度。该调度在每个节点上本地执行，从而确保最终的一致性。

任何连接的节点都可以通过邀请其他可用节点参与来尝试启动协调。算法一次只能运行一个协调。更新操作的协调分为 6 个分布式步骤，如下所示。步骤 2 的节点开始协调。每一步产生的输出成为下一步的输入。

步骤 1，节点分配：根据通信成本，选择连接的副本节点子集作为协调器。

步骤 2，操作分组：协调器从操作日志中执行操作，并将尝试更新公共对象的操作放入同一组，因为这些操作可能存在冲突。尝试更新对象 R 的操作组存储在操作日志 R 协调对象（L_R）中。

步骤 3，集群创建：协调器从操作日志中获取操作组，并将它们拆分为语义相关的冲突操作集群：如果应用程序判断以任何顺序同时执行两个操作a_1和a_2是安全的，则即使它们更新了一个公共对象，它们在语义上是独立的；否则，a_1和a_2是语义相关的。此步骤中生成的簇存储在集群集合协调对象中。

步骤 4，集群扩展：在集群创建中不考虑用户定义的约束。因此，在此步骤中，协调器根据用户定义的约束，通过向集群添加新的冲突操作来扩展集群。

步骤 5，集群集成：集群扩展导致集群重叠（当两个集群的交叉导致一组非空动作时，就会发生重叠）。在这一步中，协调器将重叠的集群聚集在一起。此时，集群变得相互独立，即不存在涉及不同集群的操作的约束。

步骤 6，集群排序：在这个步骤中，协调器从集群集中获取每个集群，并对集群的操作进行排序。与每个集群相关联的有序操作存储在模式协调对象中。所有集群的有序操作的串联构成了由所有副本节点执行的全局调度。

在每一步中，协调算法都利用了数据并行性，即多个节点在不同的动作子集上同时执行独立的活动（例如，排序不同的簇）。

9.5 区 块 链

区块链是比特币和其他加密货币推广的一种新型 P2P 基础设施，能够高效、安全地记录交易双方的交易。它已成为一个热门话题，受到了许多炒作和争议。一方面，我们发现伊藤（Ito）、纳鲁拉（Narula）和阿里（Ali）等热情的支持者在 2017 年声称区块链是一种颠覆性技术，“区块链对于金融系统的影响相当于互联网对媒体的影响”。另一方面，我们发现了强有力的反对者，例如著名经济学家 N. Roubini 将 2018 年区块链称为“人类历史上最被过度炒作、最不实用的技术”。一如既往，真相可能介于两者之间。

区块链是为比特币而发明的，旨在解决以前数字货币的双重消费问题，而无须可信的中央权威机构。2009 年 1 月 3 日，Satoshi Nakamoto①创建了第一个源块，为自己提供了 50 比特币的独特交易。此后，出现了许多其他区块链，如 2013 年的以太坊（Ethereum）和 2014 年的 Ripple。这些区块链取得了巨大的成功，加密货币被大量用于资金转移或高风险投资，例如，作为首次公开发行（IPO）的替代品的首次硬币发行（ICO）。使用基于区块链的加密货币的潜在优势如下：

- 低交易费用（由发送方设定以加快处理速度），与转账金额无关；
- 商户风险较小（无欺诈性退单）；
- 安全和控制（例如，防止身份盗窃）；
- 通过区块链进行信任，无须任何中央机构。

然而，加密货币也被大量用于诈骗和非法活动（在暗网上购买、洗钱、盗窃等），这引发了市场当局的警告，并在一些国家开始监管。其他问题如下。

---

① 伪比特币（Pseudo）是指开发比特币的人，这使得人们对他们的真实身份产生了很多猜测。

- 不稳定：因为没有国家或联邦银行的支持（与美元或欧元等强势货币不同）；
- 与实体经济无关，助长投机；
- 高度波动，例如与实际货币的汇率（由加密货币市场设定）在几个小时内会有很大的变化；
- 与 2017 年一样，受到严重的加密泡沫破裂的影响。

因此，基于区块链的加密货币有利有弊。但是，我们应该避免将区块链局限于加密货币，因为还有许多其他有用的应用程序。最初的区块链是一个公共的、分布式的账本，它可以以一种安全的方式在多台计算机之间记录和共享交易。它是一个复杂的分布式数据库基础设施，结合了 P2P、数据复制、一致性和公钥加密等多种技术。区块链 2.0 一词指的是可以编程到区块链中的新应用程序，以超越交易，实现资产交换，而无须强大的中介机构。这类应用的例子有智能合约、永久性数字标识、知识产权、博客、投票、声誉等。

9.5.1 区块链定义

记录双方之间的金融交易传统上是使用中介集中账本完成的，即所有交易的数据库，由受信任的机构（如清算所）控制。在数字世界中，这种集中的方法有几个问题。首先，它会存在单点故障，并使其成为攻击者的一个有吸引力的目标。其次，它有利于大型金融机构等参与者的集中。第三，复杂的事务需要多个中介，通常具有异构的系统和规则，这可能很难执行，而且需要时间。

区块链本质上是一个分布式账本，在 P2P 网络中的多个参与节点之间共享。它被组织成一个只附加的、复制的块数据库。块是用于事务的数字容器，并通过公钥加密进行保护。每个新块的代码都建立在前一块的代码之上，这保证了它不会被篡改。区块链由以多主模式维护数据库副本（见第 6 章）的所有参与者查看，并通过共识协作验证区块中的事务。一旦事务被验证并记录在一个块中，就不能被修改或删除，从而使区块链防篡改。参与者节点可能彼此不完全信任，一些节点甚至可能以恶意（拜占庭式）方式行事，即，给不同的观察者节点赋予不同的值。因此，在一般情况下，如比特币中的公共区块链，区块链必须容忍拜占庭式故障。

注意，典型的 P2P 数据结构（如 DHT）的目标是提供快速和可伸缩的查找。区块链的目的完全不同，即以安全和防篡改的方式管理不断增长的区块列表。但可伸缩性并不是一个目标，因为区块链并不是跨 P2P 节点划分的。

与集中账本方式相比，区块链可以带来以下优势。

- 通过信任数据而不是参与者，来增加对交易和价值交换的信任。
- 通过复制提高可靠性（无单点故障）。
- 通过区块链和公钥加密实现内置安全性。
- 参与者之间的高效和廉价交易，尤其是与依靠一长串的中介机构的方法相比。

区块链可以在两种不同的市场中使用：公开市场，如货币交易、公开拍卖，任何人都可以参与；私有的，如供应链管理、医疗保健，参与者是已知的。因此，一个重要的区别是公共和私有（也称为许可）区块链。

公共区块链（如比特币）是一个开放的 P2P 非授权网络，其规模可以非常大。参与者未知且不受信任，可以在不通知的情况下加入或离开网络。它们通常是化名的，这使得跟踪参与者的整个事务历史成为可能，有时甚至可以识别参与者。

私有区块链是一个封闭的许可网络，因此其规模通常比公共区块链小得多。它对控制进行监管以确保只有经过确认和批准的参与者才能验证事务。区块链事务的访问权限可以限制在授权参与者，这增加了数据保护。尽管底层基础设施可以相同，但公共区块链和私有区块链的主要区别在于谁（个人、集团或公司）可以参与网络以及谁控制网络。

9.5.2　区块链基础设施

在本节中，我们将介绍最初为比特币提出的区块链基础设施，重点介绍事务处理过程。参与者节点被称为完整节点以区别于其他节点，例如，处理数字钱包的轻量级客户端节点。当新的完整节点加入网络时，它使用域名系统（DNS）与已知节点同步，以获得区块链的副本。然后，它可以创建事务并成为“矿工”，即参与名为“挖掘”过程的块验证。

事务处理分为如下 3 个主要步骤。

（1）两个用户约定交易信息交换后创建交易：钱包地址、公钥等。

（2）将块中的事务进行分组，并与前一个块链接。

（3）使用“挖掘”验证区块（和事务），在区块链中添加已验证的块并在网络中复制。

在本节的其余部分中，我们将更详细地介绍每个步骤。

9.5.2.1　创造一个事务

让我们来考虑一下硬币所有者和收到钱的硬币接收者之间的比特币交易。交易通过公钥加密和数字签名进行保护。每个所有者都有一个公钥和私钥。硬币所有者通过以下方式签署交易

- 创建先前的交易（通过该交易接受硬币）和下一个所有者的公钥组合的哈希摘要；
- 使用其私钥对哈希摘要进行签名。然后将该签名附加到事务的末尾，从而在所有拥有者之间形成一个事务链（见图 9.15）。然后，硬币所有者通过将事务多播到所有其他节点，来在网络中发布事务。给定创建交易的硬币所有者的公钥，网络中的任何节点都可以验证交易的签名。

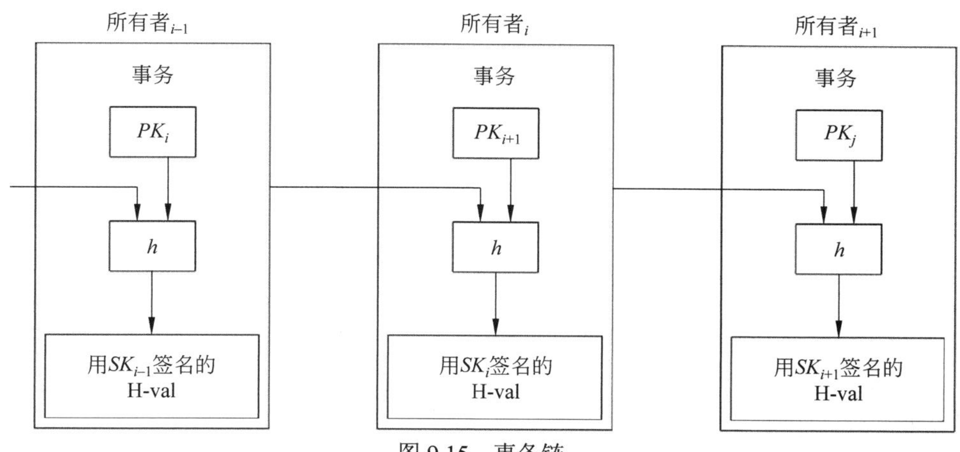

图 9.15　事务链

9.5.2.2 将事务分组为块

双重消费是数字现金方案中的一个潜在缺陷，在这种方案中，同一个数字令牌可以被多次消费。与实物现金不同，数字令牌由一个可以复制或伪造的数字文件组成。

每个矿工节点（维护区块链的一个副本）接收发布的事务，验证它们，并将它们分组到块中。为了接受一个事务并将其包含在区块中，矿工们遵循一些规则，比如检查输入是否有效，以及一枚硬币是否因攻击而被双倍花费（花费超过一次）（见下一步 51%攻击）。恶意矿工可能试图接受违反某些规则的事务并将其包含在块中。在这种情况下，区块不会获得其他遵循规则的矿工的共识，不会被接受和纳入区块链。因此，如果大多数矿工都遵循这一规则，那么这个系统就会起作用。如图 9.16 所示，每个新块都建立在链的前一个块之上。算法通过生成前一个块地址的哈希摘要（H-value），从而保护块不被篡改或更改。当前比特币块的大小为 1 兆字节，反映了效率和安全性之间的折中。

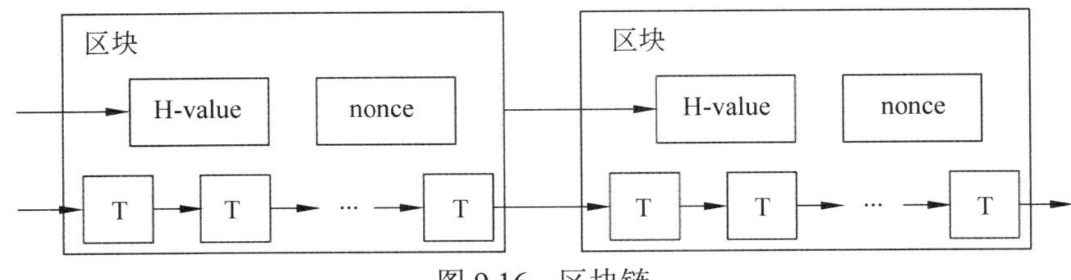

图 9.16 区块链

意外或故意的分叉问题可能会出现。由于不同的块由不同的节点并行验证，因此一个节点可以随时看到多个候选链。例如，在图 9.17 中，一个节点可以看到区块 7a 和区块 6b，这两个块都起源于区块 5。解决方案是应用最长链规则，即选择链中最长的块。在图 9.17 的示例中，算法将选择区块 7a 来构建下一个区块 7b。此规则的基本原理是尽量减少需要重新提交的事务数。例如，区块 6b 中的事务必须由客户重新提交（客户将看到区块未被验证）。因此，已验证块中的事务只能被临时验证，必须等待确认。在事务验证之后，链中接受的每个新块都被视为确认。比特币在 6 次确认（平均 1 小时）后认为交易成熟。在图 9.17 中，交易成熟度由区块的颜色深度表示（区块 6b 较亮，因为它的交易不会被确认）。

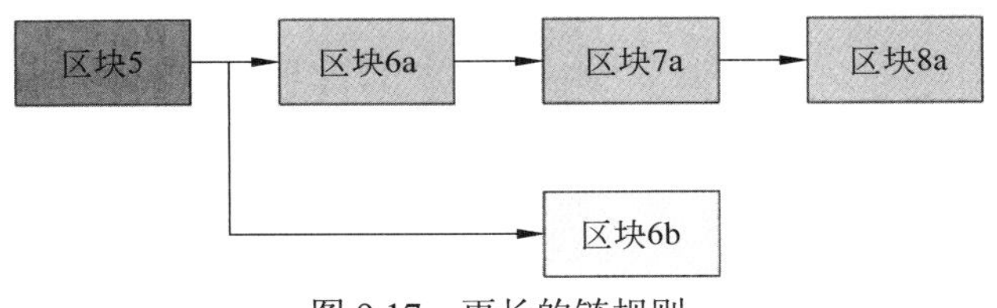

图 9.17 更长的链规则

除了意外的分叉，还有故意的分叉，这些分叉有助于向区块链代码库添加新功能（协议更改），或者有助于逆转黑客攻击或灾难性错误的影响。分叉具有两种类型：软分叉和硬分叉。软分叉是向后兼容的，即旧的软件将用新规则创建的块识别为有效的。然而，这使得攻击者很容易。硬分叉的一个著名事件是 2016 年以太坊区块链（Ethereum blockchain）的事件，该事件发生在针对风险投资的复杂智能合约的攻击之后。以太坊区块链分叉了但它没有社区管理软件的动力，因此导致了两个区块链：（新）以太坊和（旧）以太坊经典。

请注意，这场战斗更多的是哲学和伦理而非技术。

9.5.2.3　基于共识的块验证

由于块是由竞争节点并行产生的，因此我们需要达成共识来验证并将它们添加到区块链。请注意，在一般情况下，公众区块链是参与者未知的，传统的共识协议如 Paxos（见 5.4.5 节）并不适用。比特币区块链的共识协议是基于挖掘的。我们可以将共识协议总结如下：

（1）矿工节点竞争（就像抽奖一样）产生新的区块。使用大量的计算能力，每个矿工试图为区块产生一个“随机数”（使用过一次的数字）（见图 9.16）。

（2）一旦矿工找到了这个“随机数”，它就把这个块添加到区块链中，并将它多播到所有网络节点。

（3）其他节点通过检查“随机数”（这很容易）来验证新块。

（4）由于许多节点试图成为第一个向区块链添加区块的节点，基于抽奖的奖励系统会根据一定的概率选择一个竞争区块，赢家将获得报酬，例如今天的 12.5 比特币（最初是 50 比特币）。

这就增加了货币供应。

采矿的设计难度很大。网络的挖掘能力越强，就越难计算出“随机数”。这允许系统控制新区块的注入（“膨胀”），并以平均每 10 分钟注入一个区块的速度进行。采矿的困难在于产生一个工作证明（PoW），即一个很难计算但很容易验证的数据，来计算“随机数”。PoW 最初被提出是为了防止 DoS 攻击。比特币区块链使用 HashcashPoW，它基于 SHA-256 哈希函数。目标是生成一个值v，使$h(f\ (block, v)) < T$，其中

（1）h 为 SHA-256 哈希函数；

（2）f是一个结合了v和$block$中的信息的函数，所以“随机数”不能是预先计算的；

（3）T是所有节点共享的目标值，反映了网络的规模；

（4）v是一个以n个零位开始的 256 位的数字。

产生 PoW 的平均努力与所需零的位数成指数关系，也就是说，成功的概率很低，可以近似为$1/2^n$。这给强大的节点带来了优势，这些节点现在使用大型的 GPU 集群。然而，验证非常简单，只需执行一个哈希函数即可完成。

基于 PoW 的挖掘的一个潜在问题是 51%攻击，它使攻击者能够使有效交易无效，并双倍花费资金。要做到这一点，攻击者（矿工或矿工联盟）必须拥有采矿总计算能力的 50%以上。这样就可以修改接收到的链（例如，通过删除一个交易），并产生一个更长的链，该链将根据最长链规则由多数人选择。

9.5.3　区块链 2.0

由比特币开创的第一代区块链能够在没有强大中介的情况下记录加密货币的交易和交换。区块链 2.0 是该范式的重大演变，它超越了交易范畴，使各种资产能够进行交换。它由以太坊首创，使区块链可编程，允许应用开发者直接在区块链上构建 API 和服务。

应用程序的关键特征是（通过事务）交换资产和价值，有多个参与者，可能彼此不认

识，（数据中的）信任非常关键。区块链 2.0 在很多行业都有很多应用，例如金融服务和小额支付、数字版权、供应链管理、医疗保健记录保存、物联网（IoT）、食品来源。这些应用程序中的大多数都可以由私有区块链支持。在这种情况下，主要的优点是增加了隐私和控制，以及更有效的交易验证，因为参与者是可信的，不需要产生 PoW。

区块链 2.0 中支持的一个重要功能是智能合约。智能合约是一种自动执行的合约，其代码嵌入了合约条款和条件。简单智能合约的一个例子是双方之间的服务合约，一方请求带有关联支付的服务，另一方履行服务并在执行后获得支付。在区块链中，合同可以部分或完全执行，无须人工交互，并且涉及许多参与者，例如物联网设备。在区块链中拥有智能合约的一个主要优点是，实现合约的代码对所有人都可见，以便进行验证。然而，一旦进入区块链，合同就不能更改。从技术的角度来看，这个问题的主要挑战是如何生成无错误的代码，最好使用代码验证来完成。

IBM、英特尔、思科和其他公司于 2015 年启动的 Linux 基金会，其中 Hyperledger 项目是生产开源区块链和相关工具的一项重要协作计划。主要框架有：

- Hyperledger Fabric（IBM 公司，数字资产）：具有智能合约、可配置共识和会员服务的许可区块链基础设施。
- Sawtooth（英特尔公司）：一种新颖的共识机制，“经过时间证明”，即建立在可信的执行环境上。
- Hyperledger Iroha（Soramitsu 公司）：基于 Hyperledger Fabric，专注于移动应用。

9.5.4 问题

区块链经常被宣传为记录交易和验证记录的破坏性技术，对金融行业有很大影响。特别是，在区块链中编写应用程序和业务逻辑的能力为开发人员提供了许多可能性，例如智能合约。一些支持者，例如密码朋克活动人士，甚至认为它是一种潜在的破坏性力量，将建立一种民主和平等的意识，个人和小企业将能够与公司的权力竞争。

然而，存在重要的限制，特别是在公共区块链的情况下，就像最通用的基础设施一样。限制是：

- 复杂性和可扩展性，特别是需要分叉区块链的操作规则的复杂演化。
- 不断增加的链尺寸和高能耗（使用 PoW）。
- 潜在 51%攻击力。
- 用户只使用假名，隐私性低。例如，进行一个事务用户可以显示其所有其他事务。
- 不可预知的交易持续时间，从几分钟到几天不等。
- 缺乏控制和监管，使得各州难以监管和征税事务。
- 安全问题：如果私钥丢失或被盗，个人将无法追索。

为了解决这些限制，我们可以确定分布式系统、软件工程和数据管理中的几个研究问题：

- 公共区块链的可扩展性和安全性。这个问题重新引发了人们对共识协议的兴趣，以及使用更有效的 PoW 作为替代方案：利益证明、持有证明、使用证明、利益证明/时间。此外，除了共识之外，还有其他性能瓶颈。然而，一个主要问题仍然是性能和安全之间的权衡。Bitcoin-NG 是新一代区块链，它有两种类型的块：关键块和微区块。关键块包括 PoW，对前一个区块的引用，以及挖矿奖励，这使得 PoW 计算更高效；微区块包括交易，但没有 PoW。

- 智能合约管理，包括代码认证和验证、合约演化（变更传播）、优化和执行控制。
- 区块链和数据管理。由于区块链只是一个分布式数据库结构，它可以借鉴数据库系统的设计原则进行改进。例如，声明性语言可以使定义、验证和优化复杂智能合约变得更容易。BigchainDB 是一种新的数据库管理系统，它应用了分布式数据库的概念，特别是丰富的事务模型、基于角色的访问控制和查询，以支持可扩展的区块链。了解性能瓶颈还需要进行基准测试。BLOCKBENCH 是一个基准测试框架，用于了解私有区块链对数据处理工作负载的性能。
- 区块链互操作性。有许多区块链，每一个都有不同的协议和 API。区块链互操作性联盟（BIA）的成立是为了定义标准，以促进跨区块链交易。

9.6　本章小结

通过在网络中的自治对等节点之间分布数据存储和处理，P2P 系统可以在不需要强大服务器的情况下进行扩展。如今，数百万用户在使用主要数据共享应用程序，例如 BitTorrent、eDonkey 或 Gnutella。P2P 也被成功地用于扩展云中的数据管理，例如 DynamoDB 键值存储（见 11.2.1 节）。然而，这些应用程序在数据库功能方面仍然受到限制。

高级的 P2P 应用程序，如协作消费（例如，汽车共享），必须处理语义丰富的数据（例如，XML 或 RDF 文档，关系表等）。支持这样的应用程序需要重新审视分布式数据库技术（模式管理、访问控制、查询处理、事务管理、一致性管理、可靠性和复制）。在数据管理方面，P2P 数据管理系统的主要需求是自治性、查询表达性、效率、服务质量和容错能力。根据 P2P 网络架构（非结构化、结构化 DHT 或超级对等节点）的不同，这些需求可以在不同程度上得到实现。非结构化网络具有更好的容错性，但效率可能相当低，因为它们依赖于泛洪来进行查询路由。混合系统有更好的潜力来满足高级数据管理需求。然而，DHT 系统最适合基于键的搜索，可以与超级对等网络结合进行更复杂的搜索。

在 P2P 系统中，大多数关于数据共享的工作最初都集中在模式管理和查询处理上，特别是处理语义丰富的数据。然而，随着区块链的出现，更新管理、复制、事务和访问控制方面的工作越来越多，而这些工作都是相对简单的数据。P2P 技术也受到了一些关注，以帮助在网格计算环境下扩大数据管理，或帮助在信息检索或数据分析环境下保护数据隐私。

P2P 数据管理的研究在区块链和边缘计算两大背景下重新引起了人们的兴趣。在区块链的背景下，主要的研究问题（我们在 9.5 节的末尾详细讨论过）与公共区块链的可伸缩性和安全性（例如，共识协议）、智能合约管理，特别是使用声明式查询语言、基准测试和区块链互操作性有关。在边缘计算的背景下（通常与物联网设备一起），移动边缘服务器可以被组织为 P2P 网络，以减轻数据管理任务。然后，这些问题处在移动计算和 P2P 计算的十字路口。

9.7 本章参考文献说明

“现代”P2P系统中的数据管理具有大规模分布、固有的异构性和高波动性的特点。该主题在几本书中得到了充分的涵盖，包括【Vu 等 2009】、【Pacitti 等 2012】。一个更短的调查可以在【Ulusoy 2007】中找到。关于P2P数据管理系统的需求、架构和面临的问题，在【Bernstein 等 2002】、【Daswani 等 2003】、【Valduriez and Pacitti 2004】中进行了讨论。许多P2P数据管理系统在【Aberer 2003】中出现。

在非结构化P2P网络中，散射问题的处理方法有以下两种。【Kalogeraki 等 2002】选择邻居子集来转发请求。使用随机地选择提出的邻居集【Lv 等 2002】。在一个半径内使用邻居索引可以参考【Yang and Garcia-Molina 2002】、【Crespo and Garcia-Molina 2002】提出并维护资源索引以确定最有可能在搜索对等节点方向的邻居列表。【Kermarrec and van Steen 2007】在【Demers 等 1987】讨论的流言基础上讨论了使用流行协议的替代建议。【Voulgaris 等 2003】给出了衡量流言的方法。

【Ritter 2001】、【Ratnasamy 等 2001】、【Stoica 等 2001】中讨论了结构化P2P网络。与DHT类似，动态哈希也被成功用于解决超大分布式文件结构的可伸缩性问题（【Devine 1993】、【Litwin 等 1993】）。基于DHT的覆盖层，可以根据其路由几何形状和路由算法进行分类（【Gummadi 等 2003】）。我们详细介绍了以下DHT：Tapestry（【Zhao 等 2004】、CAN （【Ratnasamy 等 2001】）、Chord（【Stoica 等 2003】）。我们讨论的分层结构P2P网络及其来源出版物如下：PHT（【Ramabhadran 等 2004】）、P-Grid（【Aberer 2001】、【Aberer 等 2003a】）、BATON（【Jagadish 等 2005】）、BATON（【Jagadish 等 2006】）、VBI-tree（【Jagadish 等 2005】）、P-Tree（【Crainiceanu 等 2004】）、SkipNet（【Harvey 等 2003】）、Skip Graph（【Aspnes and Shah 2003】）。【Schmidt and Parashar 2004】描述了一种使用空间填充曲线来定义结构的系统，【Ganesan 等 2004】提出了一种基于超矩形结构的系统。

超级用户网络的例子包括Edutella（【Nejdl 等 2003】）和JXTA。

关于P2P系统中模式映射问题的很好的讨论可以在【Tatarinov 等 2003】中找到。Piazza（【Tatarinov 等 2003】）、LRM（【Bernstein 等 2002】）、Hyperion（【Kementsietsidis 等 2003】）和PGrid（【Aberer 等 2003b】）中使用了成对模式映射。GLUE使用了基于机器学习技术的映射（【Doan 等 2003b】）。公共一致性映射在APPA（【Akbarinia 等 2006】、【Akbarinia and Martins 2007】）和AutoMed（【McBrien and Poulovassilis 2003】）中使用。PeerDB（【Ooi 等 2003】）和Edutella（【Nejdl 等 2003】）中使用了使用IR技术的模式映射。在社交P2P系统中使用成对模式映射的语义查询重构在【Bonifati 等 2014】中得到了解决。

在【Akbarinia 等 2007b】中提供了一个关于P2P系统中查询处理的广泛调查，并且已经成为编写9.2和9.3节的基础。Top-k查询是P2P系统中一个重要的查询类型。【Ilyas 等 2008】综述了关系数据库系统中的Top-k查询处理技术。一种高效的Top-k查询处理算法是由多位研究人员独立提出的阈值算法（TA）（【Nepal and Ramakrishna 1999】、【Güntzer 等 2000】、【Fagin 等 2003】）。TA是P2P系统中几种算法的基础，特别是在DHT中（【Akbarinia等 2007a】）。最佳位置算法是一种比TA更有效的算法（【Akbarinia等 2007c】）。

针对分布式 Top-k 查询处理，许多研究者提出了 TA-style 算法，如 TPUT（【Cao and Wang 2004】）。

Top-k 查询处理在 P2P 系统中得到了广泛的关注：在非结构化系统中，有 PlanetP（【Cuenca-Acuna 等 2003】）和 APPA（【Akbarinia 等 2006】）；在 DHT 中，有 APPA（【Akbarinia 等 2007a】）；在超级对等系统中，有 Edutella（【Balke 等 2005】）。PIER 中提出了 P2P 连接查询处理的解决方案（【Huebsch 等 2003】）。局部敏感哈希（【Gupta 等 2003】）、PHT（【Ramabhadran 等 2004】）和 BATON（【Jagadish 等 2005】）中提出了 P2P 范围查询处理的解决方案。

【Martins 等 2006b】对 P2P 系统中复制的研究是 9.4 节的基础。【Akbarinia 等 2007d】给出了复制 DHT 中数据流通的完整解决方案，即提供找到最新副本的能力。OceanStore（【Kubiatowicz 等 2000】）、P-Grid（【Aberer 等 2003a】）和 APPA（【Martins 等 2006a】、【Martins and Pacitti 2006】、【Martins 等 2008】）解决了复制数据的协调问题。IceCube 已经提出了行动约束框架（【Kermarrec 等 2001】）。

P2P 技术也受到关注，以帮助在网格计算（【Pacitti 等 2007】）或边缘/移动计算（【Tang 等 2019】）的背景下扩大数据管理，或帮助保护数据分析中的数据隐私（【Allard 等 2015】）。

区块链是一个相对较近的争议性话题，有热情的支持者（【Ito 等 2017】）和强大的反对者，如著名经济学家 N. Roubini（【Roubini 2018】）。这些概念是在比特币区块链的先驱论文中定义的（【Nakamoto 2008】）。从那时起，许多其他加密货币的区块链也被提出，如 Etherum 和 Ripple。大多数最初的贡献都是由学术界之外的开发人员做出的。因此，信息的主要来源是网站、白皮书和博客。关于区块链的学术研究最近才开始。2016 年，首个专注于区块链技术相关各个方面（计算机科学、工程、法律、经济学和哲学）的学术期刊 *Ledger* 推出。在分布式系统社区，重点一直是提高协议的安全性或性能，如比特币-NG（【Eyal 等 2016】）。在数据管理社区，我们可以在主要会议中找到有用的教程，如【Maiyya 等 2018】，调查论文，如【Dinh 等 2018】，以及系统设计，如 BigchainDB。了解性能瓶颈还需要进行基准测试，如 BLOCKBENCH（【Dinh 等 2018】）所示。

9.8 本 章 习 题

习题 9.1 P2P 和客户机-服务器架构的根本区别是什么？具有集中式索引的 P2P 系统是否等同于客户机-服务器系统？从下列角度列出 P2P 文件共享系统的主要优点和缺点：

- 最终用户；
- 文件所有者；
- 网络管理员。

习题 9.2(*) 一个 P2P 覆盖网络是作为一个物理网络（通常是互联网）之上的一层构建的。因此，它们具有不同的拓扑结构，在 P2P 网络中相邻的两个节点可能在物理网络中相距很远。这种分层的优点和缺点是什么？这种分层对三种主要类型的 P2P 网络（非结构化、结构化和超级对等）的设计有什么影响？

习题 9.3(*) 考虑图 9.4 的非结构化 P2P 网络和左下角发送资源请求的对等节点。从结果完整性的角度阐述并讨论以下两种搜索策略：

- *TTL* = 3 的散射；
- 与每个同伴闲聊，最多只能看到 3 个邻居。

习题 9.4(*) 考虑图 9.7，聚焦于结构化网络。通过考虑 DHT 的三种主要类型：树、超立方体和环，使用 1～5 级（而不是低、中、高）来细化比较。

习题 9.5(**) 目标是设计一个在 DHT 之上的 P2P 社交网络应用程序。应用程序应该提供社交网络的基本功能：用个人资料注册一个新用户；邀请或找回朋友；创建朋友列表；给朋友发信息；读朋友的消息；在消息上发表评论。假设一个具有 put 和 get 操作的通用 DHT，其中每个用户都是 DHT 中的对等节点。

习题 9.6(**) 提出一个社交网络应用的 P2P 架构，它包含需要分发的不同的（键，数据）对。请描述如何进行以下操作：创建或删除用户；创造或删除一个朋友关系；阅读来自朋友列表的信息。讨论该设计的优点和缺点。

习题 9.7(**) 与习题 9.6 相同的问题，但是附加的要求是私有数据（例如，用户配置文件）必须存储在用户对等节点上。

习题 9.8(**) 讨论多数据库系统和 P2P 系统中模式映射的共性和差异。特别是，将第 7 章中介绍的本地视图方法与 9.2.1 节中的成对模式映射方法进行比较。

习题 9.9(**) 非结构化 P2P 网络中 Top-k 查询处理的 FD 算法（见算法 9.4）依赖于泛洪。请提出一个 FD 的变体，其中算法使用的不是散射，而是随机漫步或闲聊。它的优点和缺点是什么？

习题 9.10(*) 对图 9.10 中 $k = 3$ 的数据库的三个列表应用 TPUT 算法（算法 9.2）。对于算法的每一步，显示中间结果。

习题 9.11(*) 与习题 9.10 相同的问题，算法换成 DHTop（见算法 9.5）。

习题 9.12(*) 算法 9.6 假设要连接的输入关系被任意放置在 DHT 中。假设其中一个关系已经在连接属性上进行了哈希，请提出对算法 9.6 的改进。

习题 9.13(*) 为了提高 DHT 中的数据可用性，一个常见的解决方案是使用多个哈希函数在多个节点上复制(*k*, *data*)对。这会产生示例 9.7 中所示的问题。另一种解决方案是使用一个未复制的 DHT（只有一个哈希函数），并让节点在它们的一些邻居上复制(*k*, *data*)对。这对示例 9.7 中的场景有什么影响？就可用性和负载平衡而言，这种方法的优点和缺点是什么？

习题 9.14(*) 讨论公开和私密（许可）区块链的共性和区别。特别地，请分析需要由事务验证协议提供的属性。

第 10 章　大数据处理

过去十年出现了大量“数据密集型”或“以数据为中心”的应用，其中对海量异构数据的分析成为解决问题的基础。这些通常被称为大数据应用（big data applications），人们已经研究了专门的系统支持这些数据的管理和处理——这通常被称为大数据处理系统（big data processing system）。这些应用出现在很多领域，从健康科学到社交媒体，再到环境科学等。大数据是数据科学的主要内容，它结合了数据管理、数据分析、统计学、机器学习等不同学科，旨在从数据中产生新的知识。数据量越大，数据科学的结果越显著，但管理和处理这些数据的挑战也会随之而来。

大数据应用或系统没有准确的定义，但是它们通常以“4 个 V”为特征，尽管还有另外一些 V 被提出，例如价值（Value）、有效性（Validity）等：

（1）海量性（Volume）：大数据应用程序使用的数据集规模庞大，通常是 PB 级（即 10^{15} 字节），而且随着物联网应用的发展很快将达到 ZB 级（即 10^{21} 字节）。为了更好地理解这一点，谷歌公司在 2016 年的一份报道中称：YouTube 用户每天上传 1PB 的新视频，而且报告预计这一数值会呈指数级增长，每五年将增长 10 倍。所以，当你读到这本书时，YouTube 日视频量可能已增加到 10PB。Facebook 公司存储了大约 2500 亿张的图片（截至 2018 年），这需要以 EB 级的存储空间。阿里巴巴公司报告称，在 2017 年的高峰期，仅六个小时的购物活动就产生了 320PB 的日志数据。

（2）多样性（Variety）：传统数据库（通常指关系型数据库）的设计面向结构化数据，即数据由特定模式（schema）进行描述。然而，在大数据应用中，情况发生了变化，人们通常管理与处理多模态数据。除了结构化数据之外，数据还可以包括图像、文本、音频和视频。据称，在当今产生的数据中有 90%是非结构化数据。大数据系统需要能够无缝地管理与处理所有这些类型的数据。

（3）高速性（Velocity）：大数据应用的一个重要需求是有时需要在数据高速到达系统后立即进行处理。正如之前提及的例子，Facebook 公司每天必须处理用户上传的 9 亿张图片；阿里巴巴公司报告称，在高峰期，系统每秒需要处理 4.7 亿条事件日志。这些数据通常不允许系统在处理之前存储数据，因此需要实时处理的能力。

（4）真实性（Veracity）：大数据应用中的数据通常来自多个数据源，每个数据源可能不完全可靠或值得信赖，因此数据中可能存在噪声、偏差、不同拷贝之间的不一致性，以及故意的错误信息。这种现象通常被称为“脏数据”，在数据量增加时，这是不可避免的。据称，仅在美国经济中，脏数据每年就会消耗 30 亿美元。大数据系统需要清洗数据并维护数据来源，以便推断其可信度。真实性的另一个重要方面是数据的“可信性”，可信性确保数据并未被噪声，偏差，或有意篡改而改变——数据需要是可信的。

这些特点与（到目前为止我们一直关注的）传统数据库中的数据完全不同，因此需要新的系统和新的方法。或许我们可以说并行数据库系统（第 8 章）因为能够管理大规模的数据集而可以解决海量数据带来的问题。然而，本章关注的重点是可以解决上面强调所有问题的系统，这些问题也是目前学术研究和系统研发的特点。本章和下一章将侧重介绍解决海量性、多样性和高速性系统的基础架构方法。本书将不会具体介绍真实性，因为它本身作为一个单独的问题，与本书的主题关联度不大。在参考书目中，我们将指出该领域的一些文献。读者会记得，第 7 章曾简短地讨论过有关真实性的问题（7.1.5 节），此外第 12 章，特别是 12.6.3 节会结合 Web 数据管理的场景进一步讨论这一问题。

与传统的 DBMS 相比，大数据管理使用的是不同的软件栈，包含如图 10.1 所示的各层次。大数据管理基于分布式存储层，其中数据通常存储以文件或对象的形式分布在无共享（shared-nothing）群集的节点上。存储在分布式文件中的数据可以通过数据处理框架直接访问，这使程序员在无须介入 DBMS 的情况下就可以实现并行处理程序。在数据处理框架之上可能有脚本和声明式（类 SQL）的查询工具。对于多模态数据管理，通常将 NoSQL 系统部署为数据访问层的一部分，或者可以使用流引擎，甚至可以使用搜索引擎。最后，在顶层可以提供各种工具，用于支持更复杂的大数据分析，包括机器学习工具。这个软件栈，正如稍后介绍的 Hadoop 所例证的那样，促进了松散耦合（通常开源）组件的集成。例如，NoSQL 数据库管理系统通常支持不同的存储系统（例如 HDFS 等），而这些存储系统通常部署在公有或私有云的计算环境中。请注意，这个软件栈架构将指导本章与下一章的内容讨论。

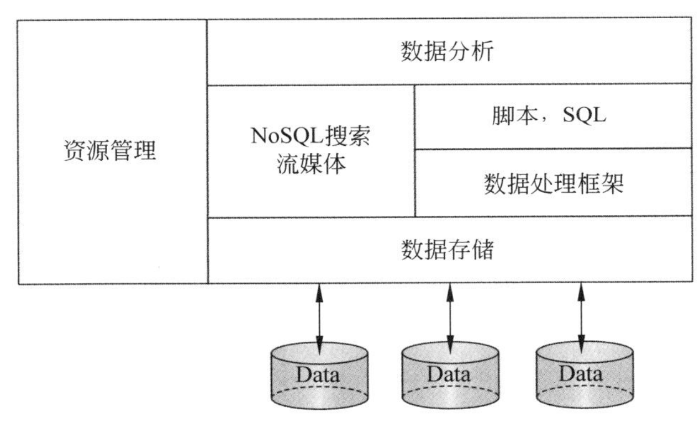

图 10.1　大数据管理软件栈

本章接下来的内容将按照自底向上的方式介绍上述体系结构的各个组成内容，并将重点解决大数据系统的 2 个 V。10.1 节主要介绍分布式存储系统。10.2 节涵盖两个重要的大数据处理框架，即 MapReduce 和 Spark。与 10.1 节一样，这一小节重点关注的也是可扩展性的问题，即围绕大数据“海量性”特点。10.3 节讨论如何处理流数据，即围绕大数据“高速性”特点。10.4 节介绍图系统，并将目光聚焦在图分析，即围绕大数据“多样性”特点。10.5 节也主要围绕多样性进行讨论，重点关注新兴的数据湖。数据湖集成了不同来源的数据，这些数据可能是结构化的，也可能是非结构化的。至于软件栈架构中的 NoSQL 部分，我们留在第 11 章进行专门介绍。

10.1　分布式存储系统

大数据管理需要基于分布式存储层，即数据通常以文件或对象的形式分布在无共享集群的节点上。这是与主流 DBMS 基于块存储的软件栈的一个主要区别。通过了解 DBMS 的历史来理解这一软件栈的演变十分有趣。最早的 DBMS 基于层次模型或网络模型，构建为一种具有文件间链接功能的扩展文件系统（例如 COBOL），而第一个关系 DBMS 也构建在文件系统之上。例如，著名的 INGRES 数据库管理系统搭建在 UNIX 文件系统之上。然而，使用通用文件系统会使数据访问效率低下，因为 DBMS 无法控制磁盘上的数据集群或主存中的缓存管理。所以，当时对基于文件方法的主要批评是缺乏在操作系统层面对数据管理的支持，因此关系型 DBMS 的架构从基于文件的发展为基于块的，即使用操作系统提供的原生磁盘接口，这类基于块的接口提供对磁盘块（即磁盘上存储分配的单位）的直接且高效的访问。如今，所有关系型 DBMS 都是基于块的，因此可以完全控制硬盘管理。并行数据库管理系统的发展也采用了相同的方法，主要是为了简化从集中式系统到并行系统的过渡。大数据管理重新使用文件系统的一个主要原因是需要分布式存储支持容错性和可扩展性，这使得构建上层的数据管理功能变得更加容易。

在大数据管理的场景下，分布式存储层通常提供两种方案来存储分布在集群节点上的数据，即对象或者文件。这两种方案是互补的，因为它们具有不同的目的并且可以结合使用。

对象存储（object storage）将数据作为对象（object）进行管理。对象既包含数据，也包含数量不固定的元数据，以及一个在对象空间表征的唯一标识（oid）。因此，一个对象可以表示为三元组⟨oid, data, metadata⟩，并且一旦创建，就可以通过其 oid 直接访问。数据与元数据与对象进行捆绑，这使在分布式的位置之间移动对象变得容易。此外，与所有文件的元数据类型都相同的文件系统不同，对象可以具有数量不固定的元数据。这样的好处是用户可以灵活地表达如何保护对象，如何复制对象，何时可以删除对象，等等。使用一个对象空间方便了对大量（例如数十亿或数万亿）非结构化数据对象进行管理。最后，可以使用带有 put 和 get 命令的基于 REST 的 API 轻松访问对象，这很容易通过互联网协议实现。对象存储在存储大量却相对较小的数据特别有用，例如照片、邮件附件等。因此，对象存储方法受到了支持这类应用的大多数云提供商的欢迎。

文件存储（file storage）管理非结构化文件（即字节序列）中的数据，基于这些文件，数据可以组织为固定长度或可变长度的记录。文件系统通过目录层次结构组织文件，并为每个文件维护其元数据，包括文件名、文件夹位置、所有者、内容长度、创建时间、上次更新时间、访问权限等；这些元数据与数据本身内容是分开的。由于使用这种方式进行元数据管理，文件存储适用于在数据中心内局部共享文件以及文件数量有限（例如，数十万）的情况。为了处理包含大量记录的大文件，需要使用分布式文件系统将文件进行拆分，并将拆分后的结果分布在集群中的多个节点上。谷歌文件系统（Google File System，GFS）是最具影响力的分布式文件系统之一。本节后面的内容将介绍 GFS，同时也将讨论如何将对象存储和文件存储相结合——这在云上通常十分有用。

10.1.1 谷歌文件系统

谷歌文件系统（GFS）由谷歌公司开发供其内部使用，目前已应用于很多谷歌应用程序和系统中，如 Bigtable。

与其他分布式文件系统类似，GFS 旨在提供高性能、可扩展、能容错、高可用等特性。然而，这在由无共享架构集群组成的目标系统上是颇具挑战的，因为集群由许多（例如，数千个）由廉价硬件构建的服务器组成。因此，任意服务器在给定时间发生故障的可能性都很高，这使得容错变得困难。正如我们稍后讨论的，GFS 通过复制和故障转移解决了这个问题。GFS 还针对谷歌的数据密集应用（例如搜索引擎或数据分析）进行了优化，这些应用具有以下特点。首先，这些应用中的文件非常大，普遍是 GB 级的，包含许多对象，如 Web 文档。其次，这些应用中的负载主要由读和添加操作组成，很少有随机更新。读操作既包含大批量数据读取（例如 1MB），也包含小的随机读（例如几行字节（KB））。数据添加操作的规模也很大，同时可能存在许多并发客户端向同一个文件中添加数据。第三，由于负载主要包含大量的读和添加操作，因此高吞吐比低延迟更重要。

GFS 将文件组织为目录字典树，通过路径名对文件进行标识，并提供一个文件系统接口，具有传统的文件操作功能，即创建（create）、打开（open）、读（read）、写（write）、关闭（close）、删除（delete）文件，以及两个附加操作：

（1）快照（snapshot），即允许创建文件或目录字典树的副本；

（2）添加（append），即允许并发客户端以高效的方式向一个文件中添加数据。

记录以原子的方式添加，即作为连续的字节串，添加到由 GFS 确定的字节位置。这避免了针对传统写操作（写操作可用于添加数据）所必需的分布式锁管理。

GFS 的架构如图 10.2 所示。文件被分成固定大小的分区，称为块（chunk），其大小是 64MB。集群节点包含向应用提供 GFS 接口的 GFS 客户端、存储块的块服务器，以及维护文件元数据（如命名空间、访问控制信息、块放置信息）的一个 GFS 主站点（master）组成。每个块都有一个唯一的 id，由主站点在创建时分配，并且出于可靠性原因，至少在三个块服务器上进行复制。要访问块数据，客户端需要首先向主站点询问应用程序文件访问所必需的块的位置。然后，使用主站点返回的信息，客户端可以向其中一个副本请求块数据。

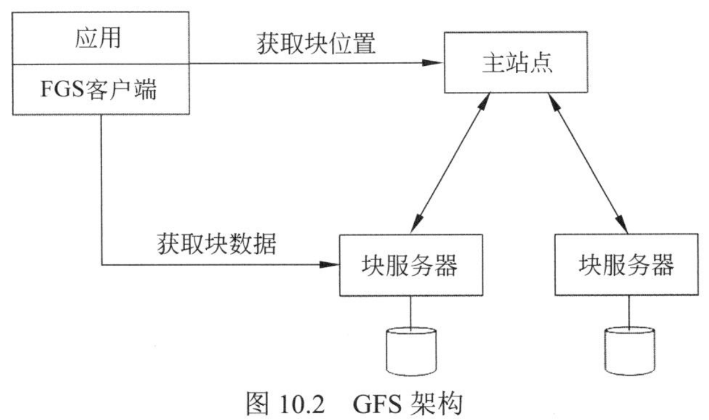

图 10.2　GFS 架构

这种使用单一主站点的架构很简单，而且主站点主要用来定位块，而不保存块数据，因此它不会成为系统瓶颈。此外，无论是在客户端还是在块服务器上都没有数据缓存，因为这不利于大量读取操作。另一个简化是针对并发写和记录添加采用了松弛一致性（relaxed consistency）模型，因而应用程序必需使用检查点、自验证等技术来处理松弛一致性。最后，为了在高频节点宕机的情况下保证系统的高可用性，GFS 使用复制和自动故障转移技术。每个块在多个服务器上复制（默认情况下，GFS 保存三个副本）。主站点定期向每个块服务器发送心跳信息。一旦块服务器发生了故障，主站点将所有文件访问重定向到保存数据副本的活跃服务器上，以此实现故障转移。此外，GFS 还会将主站点的所有数据复制到一个备份主站点（shadow master）上。这样，在主站点出现故障时，备份主站点将会自动接管。

GFS 有一些开源的实现，例如 10.2.1 节介绍的 Hadoop 分布式文件系统（HDFS）。还有其他一些重要的针对集群的开源分布式文件系统，例如用于无共享架构的 GlusterFS 和用于共享磁盘架构的 GFS2，它们现在都由 Red Hat 为 Linux 开发。

10.1.2　对象存储与文件存储的结合

目前一个重要的趋势是将对象存储和文件存储结合在一个系统中，以便同时支持大量对象和大文件。第一个结合了对象存储和文件存储的是 Ceph 系统。Ceph 是一个开源软件存储平台，由 Red Hat 开发并应用于无共享架构的 EB 级别数据环境。Ceph 实现了数据和元数据操作的分离，其途径是取消了文件分配表，并将之替换为专为由不可靠对象存储设备（object storage devices，OSD）组成的异构且动态集群设计的数据分布函数。这使得 Ceph 可以利用 OSD 将复杂数据访问、更新序列化、复制和可靠性、故障检测和恢复进行分布式处理。Ceph 和 GlusterFB 现在是 Red Hat 为无共享集群提供的两个主要存储平台。

另一个方面，HDFS 已成为满足可扩展性和可靠性的大数据文件系统管理的事实标准。因此，有足够的动力将对象存储功能加入 HDFS，以使云提供者和用户更轻松地存储数据。Azure HDInsight 是微软基于 Hadoop 的云大数据管理方案，在 Azure HDInsight 中，HDFS 与对象存储管理器 Azure Blob Storage 相结合，从而实现直接对结构化或非结构化数据进行操作。Azure Blob Storage 使用键值对方式存储数据，没有使用目录层次结构。

10.2　大数据处理框架

当前有一类重要的大数据应用是在不引入完整数据管理开销的情况下进行数据管理，而云服务需要应用程序具备可扩展性，这些应用通常很容易划分为很多并行的小任务，即所谓的理想并行应用[①]。对这些情况而言，可扩展性要比声明性查询、事务支持和数据库一致性更重要。对此，人们提出了一种称为 MapReduce 的并行处理平台。其基本思想是使用仅包含两个接口的分布式计算平台来简化并行处理，这两个接口是 map 和 reduce。程序员可以实现自己的 map()和 reduce()函数，而系统负责调度和同步 map 和 reduce 任务。这种构

① 译者注：理想并行是原文“embarrassingly parallelizable”的意译，这类并行场景往往需要很少或者根本不需要任务进行结果交流。因其也称为 perfect parallel，故翻译为“理想并行”。

架在 Spark 中得到了进一步优化，因此下面讨论的大部分内容同时适用于这两种框架。本节首先讨论基本的 MapReduce 框架，详见 10.2.1 节；然后介绍 Spark 的优化，详见 10.2.2 节。

这类处理框架经常被提及的优点如下。

（1）灵活性： 由于 map()和 reduce()函数的代码是用户编写的，因此在表达对数据的明确处理需求方面比使用 SQL 语言具有更大的灵活性。程序员可以编写简单的 map()和 reduce()函数来处理分布在多台机器（或并行 DBMS 中常用的节点）上的大量数据，而无须了解如何并行处理 MapReduce 作业。

（2）可扩展性： 许多现有应用的主要挑战是处理逐渐增长的数据。尤其是在云服务场景下，弹性可扩展性（elastic scalability）是十分必要的，这要求系统能够随着计算需求的变化而动态地提高或降低其计算性能。这种“即用即付”（pay-as-you-go）的服务模式现在已被云计算服务商广泛采用，而 MapReduce 可以通过数据的并行执行来无缝地支持这种服务模式。

（3）高效性： MapReduce 不需要将数据加载到数据库中，这避免了因数据摄取（data ingest）产生的高开销。因此，对于仅需要将处理一次（或几次）的应用来说，这种模式十分高效。

（4）容错性： 在 MapReduce 中，每个作业（job）被分成许多小的任务（task），而这些任务会被分配给不同的机器。如果任务或机器发生了故障，可以通过将任务重新分配给可执行任务的机器来进行补救。作业的输入存储在分布式文件系统中，系统保留多个副本以确保高可用性。因此，如果 map 任务发生故障，可以通过重新加载副本来重新执行。如果 reduce 任务发生故障，也可以通过从已完成的 map 任务中拉取数据来重新执行。

对 MapReduce 的批评主要集中在它的功能局限、需要大量的编程工作，以及它不适合某些类型的应用场景（例如，需要迭代计算的应用程序）。MapReduce 不需要数据模式的存在，也不需要提供 SQL 等高级语言。上面提到的灵活性优势是以用户需要进行大量（通常是复杂的）编程为代价的。因此，一些使用简单 SQL 语句就可以执行的作业可能需要在 MapReduce 中进行大量编程，而且这些代码通常不可重用。此外，MapReduce 没有内置的索引，缺乏查询优化支持，总是使用扫描操作（这可能既是优点也是缺点，取决站在哪个角度）。

10.2.1 MapReduce 数据处理

如上所述，MapReduce 是一种简化的并行数据处理方法，适用于在计算集群上执行。MapReduce 使程序员能够以简单的、函数式的方式表达他们对大规模数据集的计算需求，并隐藏有关并行数据处理、负载平衡和容错方面的细节。MapReduce 的编程模型由两个用户定义的函数 map()和 reduce()组成，具有以下语义：

map()	$(k_1, v_1) \rightarrow list\,(k_2, v_2)$
reduce()	$(k_2, list(v_2)) \rightarrow list\,(v_3)$

map()函数应用于输入数据集中的每条记录，计算零个或多个中间的键值对，而 reduce()

函数应用于具有相同键的所有值，以计算这些值组合的结果。由于这两个函数的输入相互独立，map()和 reduce()函数可以自动并行处理，在不同的数据分片上使用多个集群节点。

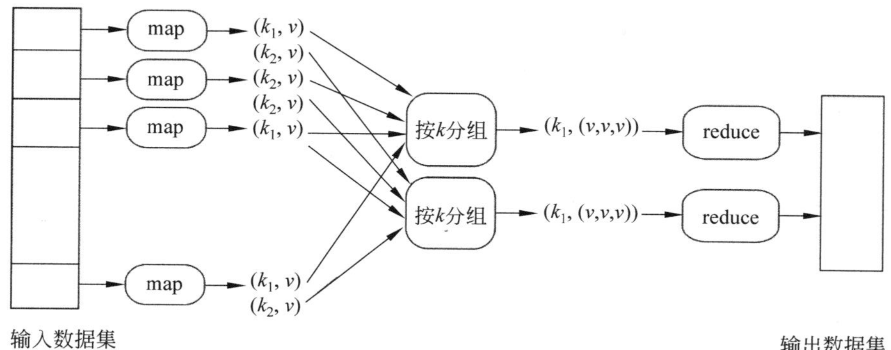

图 10.3　MapReduce 的执行过程概览

图 10.3 展示了 MapReduce 在集群上运行的概览。map()函数的输入是一组键/值对的集合。当一个 MapReduce 作业被提交到系统时，计算节点会启动 map 任务（称为 mappers 进程），每个 map 任务会将 map()函数应用于分配给它的每个键值对(k_1,v_1)。这一过程会为相同的输入键/值对生成零个或多个键/值对作为中间结果，表示为 $list(k_2,v_2)$，并将这些中间结果存储在本地文件系统中，并按照键进行排序。在所有 map 任务结束后，MapReduce 引擎通知 reduce 任务（也就是 reducer 进程）开始处理。之后，reducer 会并行拉取 map 任务的输出文件，并对从 map 任务中获得的文件进行合并排序，将键/值对组合成一组新的键/值对，即$(k_2,list(v_2))$，其中具有相同键 k_2 的所有值都被分组到一个列表中，并用作 reduce()函数的输入——这通常被称为 shuffle 过程，实际上是一种并行排序。这里，reduce()函数在待处理的数据上应用用户定义的处理逻辑，其处理结果（通常是值列表）会被写回存储系统。

除了编写 map()和 reduce()函数之外，程序员还可以通过系统提供的用户定义函数（user-defined function，UDF）实现更多控制，例如定义输入/输出格式和控制划分函数。

【例 10.1】 考虑关系表 EMP(ENO,ENAME,TITLE,CITY)和以下 SQL 查询，该查询为每个城市返回姓名中包含“Smith”的雇员个数。

```
SELECT CITY, COUNT(*)
FROM EMP
WHERE ENAME LIKE "%Smith"
GROUP BY CITY
```

如果要使用 MapReduce 处理这条查询，可以采用以下 map()和 reduce()函数，这里提供伪代码。

```
map(Input: (TID,EMP), Output: (CITY,1))
    if EMP.ENAME like ''\%Smith'' return (CITY,1)
reduce(Input: (CITY,list(1)), Output: (CITY, SUM(list(1)))
    return (CITY,SUM(1))
```

具体而言，map 并行地应用于 EMP 中的每一个元组，该函数以一对(TID,EMP)作为输入，其中的键是EMP元组标识符 TID，值是EMP元组；如果满足条件，则函数返回一对

(CITY, 1)。需要注意的是，元组格式解析与属性提取需要由 map()函数完成。然后将具有相同CITY的所有(CITY, 1)分组在一起，并为每个CITY创建一对(CITY, list(1))。最后，并行地应用 reduce()函数来计算CITY的计数并生成查询结果。

10.2.1.1 MapReduce 架构

为了更好地讨论 MapReduce 的细节，本节将重点关注一个具体的实现 Hadoop。Hadoop 的技术栈如图 10.4 所示，它是图 10.1 中描述的大数据架构的一种特定实现。Hadoop 使用 Hadoop 分布式文件系统 HDFS 作为其底层存储，尽管它也可以部署在不同的存储系统上。HDFS 和 Hadoop 处理引擎是松散连接的：它们可以共享同一组计算节点，也可以部署在不同的节点上。在 HDFS 中，系统维护两类节点：名称节点（name node）和数据节点（data node）。名称节点记录数据如何划分，并监控 HDFS 中数据节点的状态。导入 HDFS 的数据被划分成大小相等的数据块（chunk），名称节点将这些数据块分发到不同的数据节点上，而这些数据节点负责存储和管理分配到的数据块。名称节点还充当字典服务器，为搜索特定数据块的应用程序提供数据划分信息。

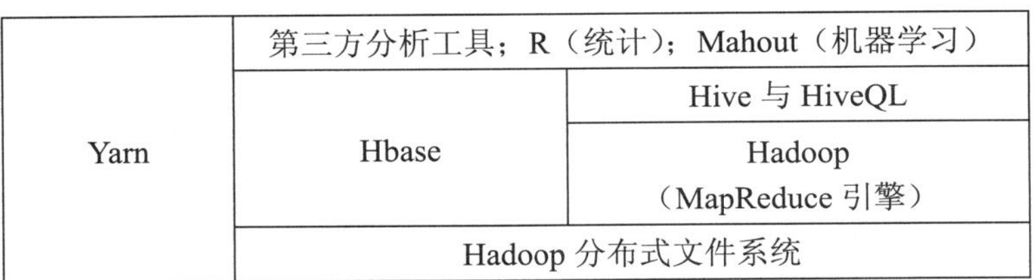

图 10.4　Hadoop 的软件栈

Hadoop 处理引擎与底层存储系统的解耦允许处理层和存储层根据需要独立地向上或向下扩展。10.1 节讨论了分布式存储系统的不同设计方法并给出了示例。存储在集群中每台机器上的每个数据块都是一个 mapper 的输入。因此，如果数据集被划分为k个块，则 Hadoop 将创建k个 mappers 来处理数据（反之亦然）。

Hadoop 处理引擎有两类节点，主节点（master node）和工作节点（worker node），如图 10.5 所示。主节点通过调度模块（在 Hadoop 中，这一模块成为 job tracker）控制工作节点上任务的执行流程，而每个工作节点负责一个 map 或 reduce 任务。MapReduce 引擎的基本实现需要包含以下几个模块，其中前三个是必需的，而其余的是拓展模块。

（1）调度模块（Scheduler）：调度模块负责根据数据局部性、网络状态以及工作节点的其他统计信息将 map 和 reduce 任务分配给工作节点。它还通过将失败的进程重新调度给其他工作节点（如果可能的话）来控制容错。调度模块的设计会显著地影响 MapReduce 系统的性能。

（2）Map 模块（Map module）：Map 模块扫描数据块，并调用用户定义的 map()函数来处理输入数据。在生成中间结果，即一组键/值对的集合后，该模块基于键对结果进行分组，对每组中的元组进行排序，并将结果的位置通知主节点。

（3）Reduce 模块（Reduce module）：Reduce 模块在收到主节点的通知后从 mapper 中拉取数据。一旦从 mapper 获得了所有的中间结果，该模块将按照键对所有数据进行合并，并将具有相同键的所有值组合在一起。最后，将用户定义的 reduce()函数应用于每个键/值

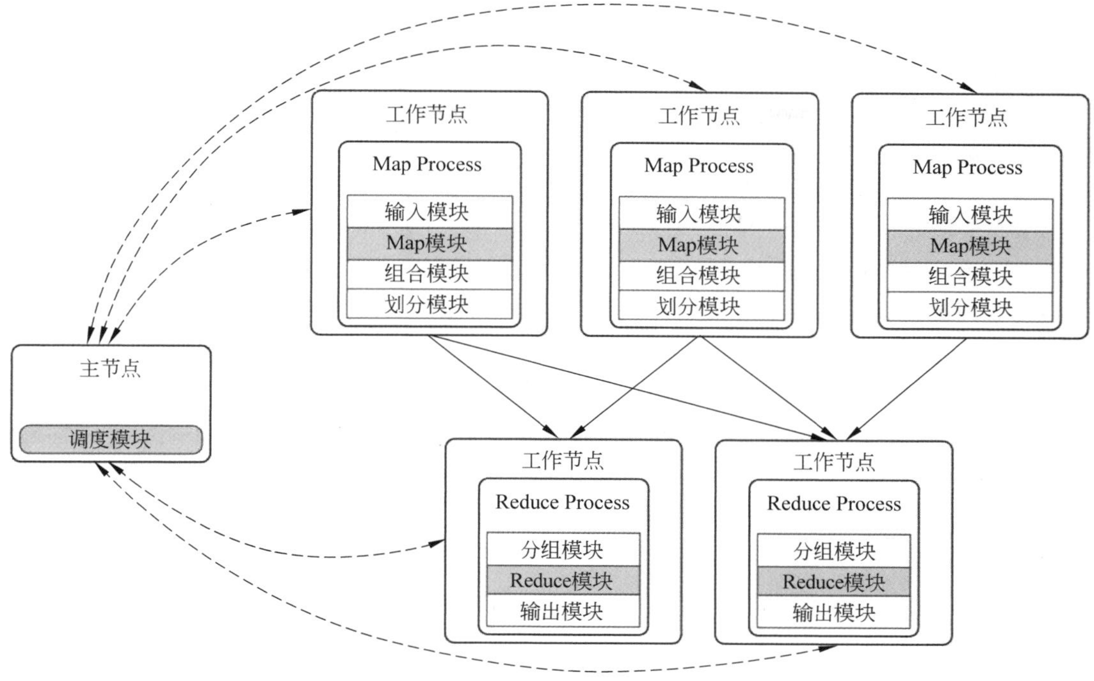

图 10.5　MapReduce 的主从架构

对，并将结果输出到分布式存储。

（4）输入输出模块（Input and Output Module）：输入模块负责识别不同格式的输入数据，并将输入数据拆分为键/值对的形式。该模块允许处理引擎与不同的存储系统一起工作，允许使用不同的输入格式来解析不同的数据源，例如文本文件、二进制文件，甚至数据库文件。与输入模块类似，输出模块可以指定 mapper 和 reducer 的输出格式。

（5）组合模块（Combine Module）：组合模块对 mapper 生成的键/值对在本地执行 reduce 过程，从而降低 shuffle 带来的代价。

（6）划分模块（Partition Module）：划分模块负责在 mapper 到 reducer 之间对键/值对执行 shuffle 操作。默认的划分函数定义为$f(key) = h(key)\%numOfReducer$，其中%表示取模操作，$h(key)$是键的哈希值。键/值对$(k, v)$会被发送到第$f(k)$个 reducer 上。用户可以定义不同的划分函数，以支持更复杂的划分行为。

（7）分组模块（Group Module）：分组模块负责将从不同 map 进程接收到的数据进行合并，并发送到 reduce 阶段的一个排序过程中。通过定义分组函数，即一个建立在 mapper 输出的键上的函数，可以更灵活地合并数据。例如，如果 mapper 输出的键是有两个属性(sourceIP, destURL)组成的，则分组函数可以只比较这些属性的一个子集，如 sourceIP。这样，在 Reduce 模块中，reduce()函数将应用于具有相同 sourceIP 的键/值对。

MapReduce 系统的目标之一是在大量处理节点上实现可扩展性，因此它需要高效地支持容错。当 map 或 reduce 任务失败时，会在另一台机器上创建任务来重新执行失败的任务。由于 mapper 将结果存储在本地，因此即使是已完成的 map 任务也需要在节点出现故障时重新执行。相比之下，由于 reducer 将结果存储在分布式存储中，因此当发生节点故障时，不需要重新执行已完成的 reduce 任务。

10.2.1.2 MapReduce 的高级语言

MapReduce 的设计理念是提供一个灵活的框架来解决不同的问题。因此，MapReduce 不提供查询语言，而是希望用户实现自定义的 map()和 reduce()函数。这虽然提供了相当大的灵活性，但也增加了应用程序开发的复杂性。为了让 MapReduce 更易于使用，人们开发了许多高级语言，其中一些是声明式的（如 HiveQL、Tenzing 和 JAQL），另外还包括数据流语言（如 Pig Latin）、过程语言（如 Sawzal）、Java 库（FlumeJava），还有一些是声明式的机器学习语言（如 SystemML）。从数据库系统的角度来看，也许声明式语言更受关注。尽管这些语言不同，但它们通常遵循相似的架构，如图 10.6 所示。该架构的上层由多个查询接口组成，例如命令行接口、Web 接口或 JDBC/ODBC 服务器。目前只有 Hive 支持所有这些查询接口。查询从其中一个接口发出后，查询编译程序（Query Compiler）首先使用元数据将查询解析为逻辑计划。然后，查询优化程序（Query Optimizer）使用基于规则的优化方法（例如将投影（projection）下推）来优化逻辑计划。最后，该计划被转换为 MapReduce 作业的有向无环图（directed acyclic graph，DAG），并被提交给执行引擎。

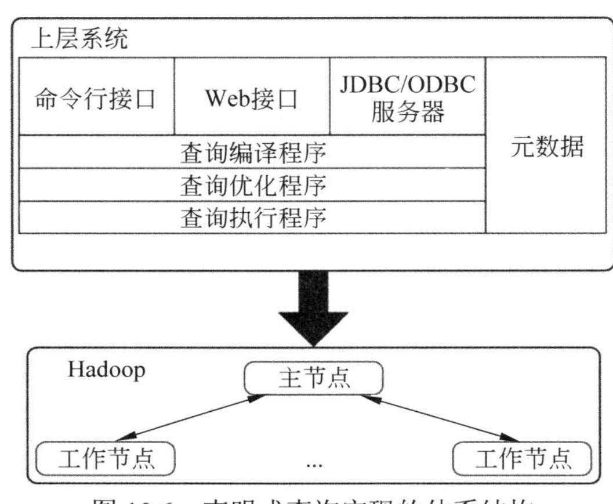

图 10.6 声明式查询实现的体系结构

10.2.1.3 数据库算子的 MapReduce 实现

如果要将 Hadoop 等 MapReduce 系统用于数据管理，而不仅仅是那些符合完美并行的应用程序，则需要在系统中实现典型的数据库算子——这已成为一个研究热点。简单的操作符，如 select 和 project，可以由 map 函数轻松实现；而复杂的算子，如θ连结（theta-join）、等值连结（equi-join）和多路连结（multiway-join）则需要专门的设计。本节将重点讨论数据库算子的 MapReduce 实现。

通过在 map()函数中添加一些条件来过滤不需要的列和元组，可以很容易地实现投影和选择算子。使用 map()和 reduce()函数可以很容易地实现聚合算子。图 10.7 给出了实现聚合算子的 MapReduce 作业的数据流，其中 mapper 为每个传入的元组（转换为键/值对）提取聚合键，表示为 Aid。具有相同聚合键的元组被 shuffle 到相同的 reducer，进而被应用聚合函数，例如 sum()、min()等。

Join 算子的实现吸引了迄今为止最多的关注，因为它是代价最高的算子之一，因此更

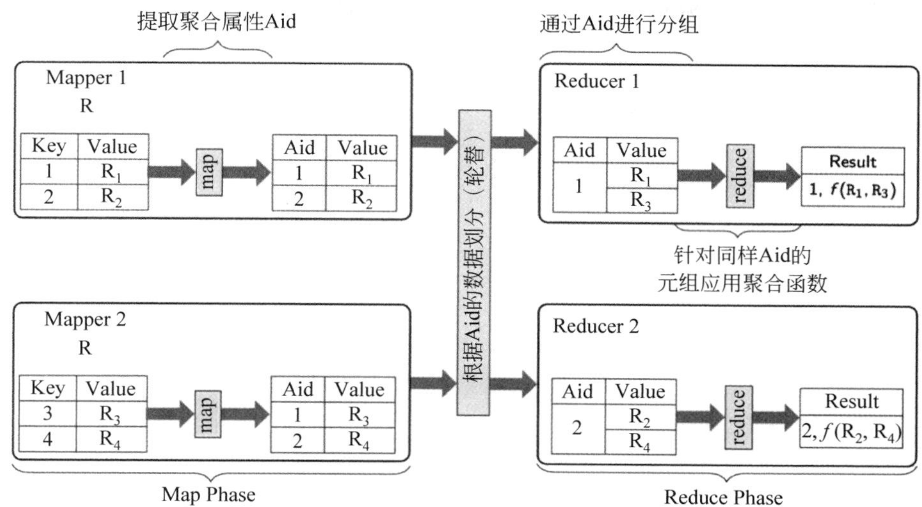

图 10.7 聚合算子的数据流

好的实现可能会带来显著的性能提升。图 10.8 总结了现有的连结算法，这里以θ连结和等值连结的实现为例进行介绍。

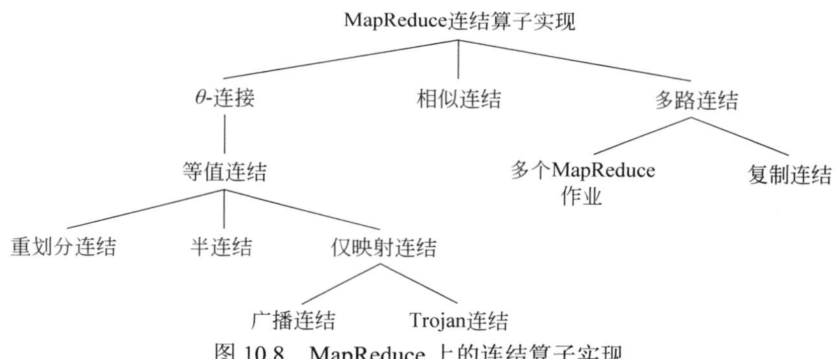

图 10.8 MapReduce 上的连结算子实现

回想一下：θ 连结（theta-join）是连结条件θ属于$\{<,\leq,=,\geq,>,\neq\}$之一的连结算子。关系表 R(A,B)和 S(B,C)的二元（自然）连结运算可以使用 MapReduce 执行如下。首先，对关系表 R 进行划分，并将得到的每个分片分配给一组 mappers。然后，每个 mapper 在获取到元组⟨a,b⟩之后，将其转换为形如(b, ⟨a,R⟩)的一个键/值对列表，其中键是连结属性，而值包括关系表名称 R。接下来，这些键/值对被 shuffle 后发送给 reducer，以便在同一个 reducer 中汇集具有相同连结键值的所有键/值对。类似地，也对关系表 S 应用上述过程。最后，每个 reducer 将 R 的元组与 S 的元组连结起来。请注意，在值中包含关系表名称是用来确保同一关系表的元组不相互连结。

为了在 MapReduce 上高效地实现θ连结算子，需要将$|R|\times|S|$个元组均匀地分布在 R 的 Reducer 上，以便每个 reducer 生成结果的数量大致相同，即$\frac{|R|\times|S|}{r}$。对此，1-Bucket-Theta 算法将连结矩阵均匀地划分到不同的桶中，如图 10.9 所示，并将每个桶仅分配给一个 reducer 以消除重复计算。该算法同时保证所有 reducer 都分配相同数量的桶以实现负载

平衡。以图 10.9 为例：关系表 R 和 S 被均匀地划分为 4 个部分，从而形成一个具有 16 个桶的矩阵，这些桶被分为 4 个区域，每个区域都指定给一个 reducer。

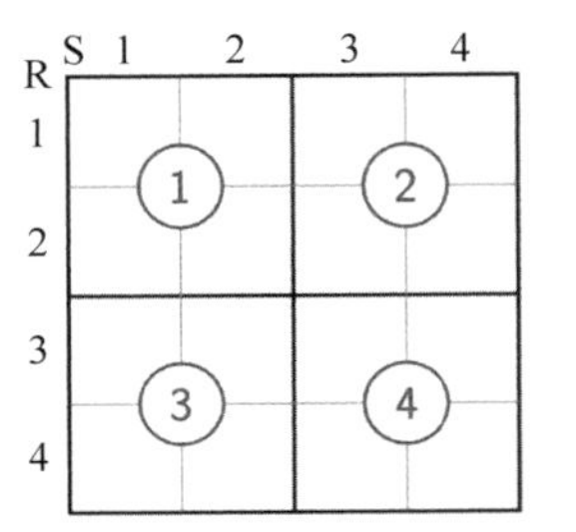

图 10.9　支持交叉积（Cross Product）的 Matrix-to-Reducer 映射

针对图 10.9 所示的情况，图 10.10 给出了当θ取≠时θ连结的数据流，其中 map 和 reduce 阶段的实现如下：

（1）map 阶段：在实现 map 时，对于来自R 或 S的每个元组，随机选择一个介于 1 与区域数量（图 10.9 所示例子中为 4）之间的行 ID 或列 ID，称为 Bid，作为 map 输出的键。此外，将元组与一个指示元组来自哪个表的标记连接起来作为 map 的输出值。Bid 指定元组属于矩阵（如图 10.9 所示）中的哪一行或哪一列，并且 map()函数的输出元组被 shuffle 给所有与行或列相交的 reducer。请注意，每个 reducer 对应一个区域。

（2）reduce 阶段：在实现 reduce 时，根据上面提到的标记将来自同一个表的元组分组在一起。然后，针对两个关系表的分片执行局θ连结操作，并将符合连结条件的结果（即满足$\mathrm{R}.key \neq \mathrm{S}.key$）输出到存储层。请注意，由于每个桶只分配给一个 reducer，因此不会生成冗余结果。

图 10.9 所示的例子中有 16 个桶，被组织成 4 个区域。在图 10.10 中有 4 个 reducer，

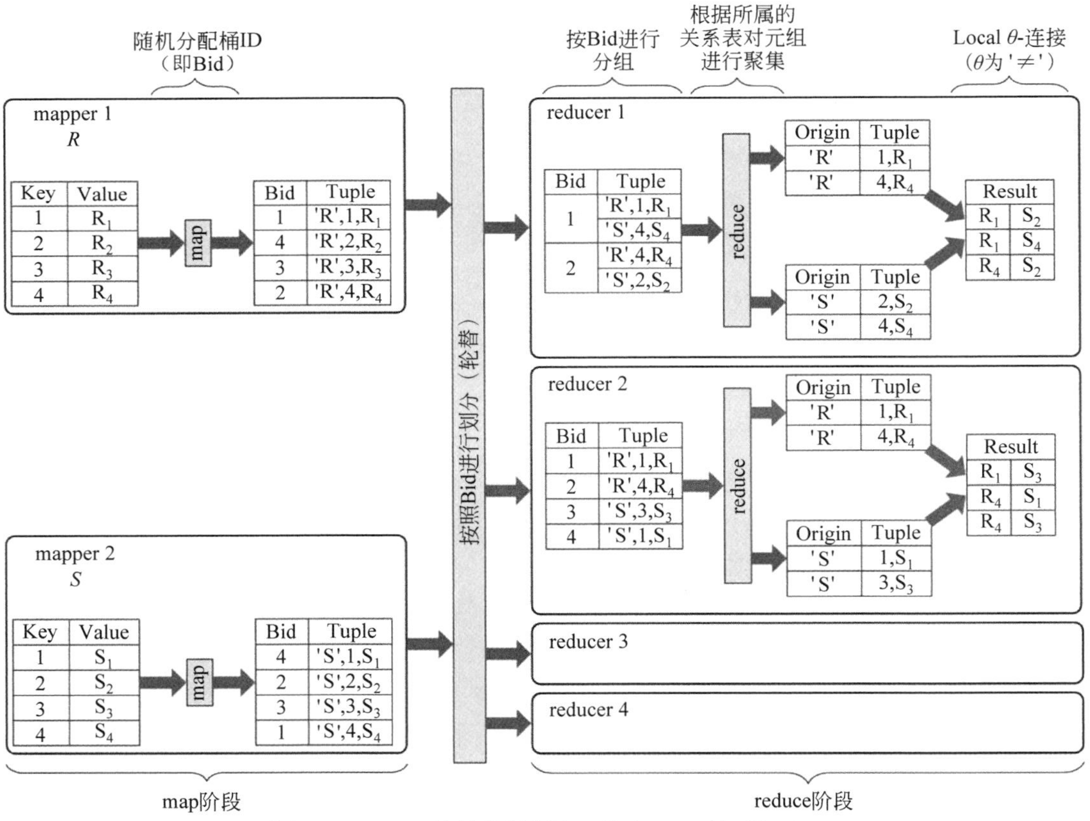

随机分配桶ID（即Bid）　　按Bid进行分组　　根据所属的关系表对元组进行聚集　　Local θ-连接（θ为'≠'）

mapper 1　R

Key	Value
1	R_1
2	R_2
3	R_3
4	R_4

map →

Bid	Tuple
1	'R',1,R_1
4	'R',2,R_2
3	'R',3,R_3
2	'R',4,R_4

mapper 2　S

Key	Value
1	S_1
2	S_2
3	S_3
4	S_4

map →

Bid	Tuple
4	'S',1,S_1
2	'S',2,S_2
3	'S',3,S_3
1	'S',4,S_4

按照Bid进行划分（轮替）

reducer 1

Bid	Tuple
1	'R',1,R_1
	'S',4,S_4
2	'R',4,R_4
	'S',2,S_2

reduce →

Origin	Tuple
'R'	1,R_1
'R'	4,R_4

Origin	Tuple
'S'	2,S_2
'S'	4,S_4

Result	
R_1	S_2
R_1	S_4
R_4	S_2

reducer 2

Bid	Tuple
1	'R',1,R_1
2	'R',4,R_4
3	'S',3,S_3
4	'S',1,S_1

reduce →

Origin	Tuple
'R'	1,R_1
'R'	4,R_4

Origin	Tuple
'S'	1,S_1
'S'	3,S_3

Result	
R_1	S_3
R_4	S_1
R_4	S_3

reducer 3

reducer 4

map阶段　　reduce阶段

图 10.10　theta 连结的数据流（其中 theta 等于取≠）

每个 reducer 负责一个区域。由于 Reducer 1 负责区域 1，因此将所有 Bid=1 或 2 的 R 元组和 Bid=1 或 2 的 S 元组发送给它。类似地，Reducer 2 会获得 Bid=1 或 2 的 R 元组和 Bid=3 或 4 的 S 元组。每个 reducer 将接收到的元组根据所属的关系表分为两部分进行连结操作。

下面考虑等值连结算子，它是θ连结在θ取=时的一个特例。等值连结的实现有三种方法：重划分连结（repartition join）、基于半连结的连结（semijoin-based join）和仅映射连结（map-only join）。本节将重点讨论重划分连结，这里先对其他两类做简要介绍。基于半连结的实现方式由三个 MapReduce 作业组成：第一个是完整的 MapReduce 作业，它从一个关系表（例如 R）中提取出唯一的连结键，其中 map 任务负责提取每个元组的连结键，并将相同的键 shuffle 给同一个 reducer；reduce 任务负责去除重复的键，并将结果作为一组文件$(u_0, u_1, \ldots, u_k)$存储在分布式文件系统中。第二个 MapReduce 作业仅考虑 map 任务，用于生成半连结结果，即$\mathrm{S}' = \mathrm{S} \ltimes \mathrm{R}$。在这个作业中，由于存储R的不重复的键的文件很小，这些文件会被广播给每个 mapper，并与分配给该 mapper 的 S 部分（称为数据块）进行局部连结操作。第三个作业也是仅考虑 map 任务，其中 S′ 被广播到所有的 mapper 上，并与 R 进行局部连结。此外，仅映射连结（map-only join）只需要考虑如何实现 map 任务。如果内关系表远小于外关系表，则可以避免 shuffle 操作（如广播连结所建议的那样），具体的方法与基于半连结算法的第三个作业中的 map 任务很类似。具体来说，假设 S 是内关系表，R 是外关系表。每个 mapper 可以加载完整的 S 表以构建一个内存哈希索引，并扫描其分配的 R 数据块 R_i，从而在 S 和 R_i 之间执行局部哈希连结操作。

重划分连结是 Hadoop 中 MapReduce 的默认连结算法。该方法将待连结的两个关系表在 map 阶段进行划分，然后将这两个表中具有相同键的元组 shuffle 到相同的 reducer 上。重分划分连结可以通过一个 MapReduce 作业来实现，如图 10.11 所示。

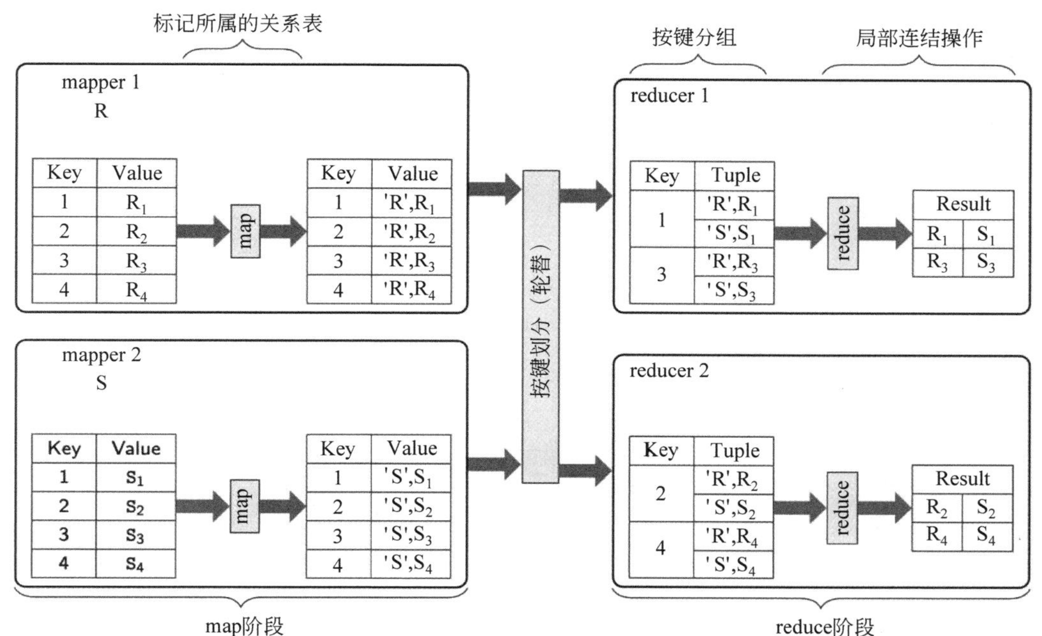

图 10.11　重划分连结的数据流

（1）map 阶段：在 map 阶段会创建两类 mapper，分别负责处理一个关系表。针对表中的每个元组，mapper 输出一个键/值对，即$(k,\langle t,v\rangle)$，其中k是连结属性值，v是整个元组，t标记键/值对所属的关系表。更具体地说，map 阶段包含以下步骤。

- 从 HDFS 扫描数据并生成键/值对。
- 对 mapper 输出的一组键/值对进行排序。在 map 阶段，每个 mapper 的输出需要在 shuffle 到 reducer 之前先进行排序。

（2）shuffle 阶段：在 map 任务完成后，其生成的数据会被 shuffle 给 reduce 任务。

（3）reduce 阶段：reduce 阶段包含以下步骤。

- 合并：每个 reducer 使用排序合并（sort-merge）算法将接收到的数据进行合并。假设内存足以同时处理所有排序进程，则 reducer 只需在局部文件系统中读写一次数据。
- 连结：在完成合并排序后，reducer 需要两个阶段来完成连结操作。第一，将具有相同键的元组根据其所属关系表的标记分为两部分。第二，针对这两部分执行局部连结操作。这里假设具有相同键的元组数量很少，可以放在内存中，因此这一步只需要扫描一次排序的运行。
- 写入 HDFS。最后，reducer 生成的结果应写回 HDFS。

10.2.2 使用 Spark 处理数据

正如上节所述，基本的 MapReduce 框架不太适合数据密集型的应用，这类应用的特点是迭代计算（iterative computation），这需要一系列（即多个）MapReduce 作业（如数据挖掘）或在线聚合操作。本节将讨论 MapReduce 的一个重要扩展来处理这类应用——这个扩展就是 Spark 系统。下面首先讨论如何在基本的 MapReduce 系统中执行迭代计算，进而分析为什么这样做是有问题的。

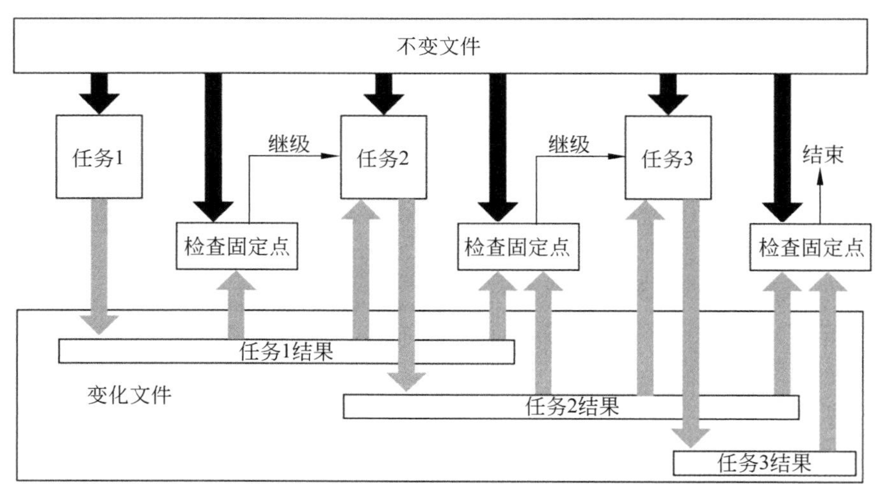

图 10.12 迭代计算 MapReduce 处理流程

图 10.12 展示了一个包含三个迭代的迭代作业，它具有两个特征：第一，每次迭代的数据源包含一个变化部分和一个不变部分，其中变化部分由之前 MapReduce 作业生成的文

件组成（如图 10.12 中的灰色箭头所示），而不变部分是原始输入文件（如图 10.12 中的黑色箭头所示）。第二，在每次迭代结束时，可能需要进行进度检查，以检测是否达到某个固定点（fixpoint）。这里的固定点在不同应用中会有不同的含义。例如，在例 10.2 中的 k-means 聚类算法中，固定点反映了簇内平方和是否已被最小化；在例 10.4 中的 PageRank 计算中，固定点反映了图中每个节点的排名计算已经收敛。图 10.12 给出了将 MapReduce 用于迭代计算任务时的三个重要问题。第一个问题是在每个作业（即迭代）结束之后，中间结果必须写入分布式文件系统（例如 HDFS），并在下一个作业（迭代）开始时再次读取。第二个问题是不能保证后续作业会分配到同一台机器上。因此，那些在迭代之间不会改变的不变数据是不能保存在工作节点上的，而且可能必须要重新读取。

第三个问题是在每次迭代结束时都需要一个额外的作业来比较当前作业和前一个作业生成的结果，即检查收敛性。所有这些作业都有很高的开销，这使得在这些应用中使用 MapReduce 的效率十分低下。为了解决这一问题，人们提出了很多方法。一些方法只针对特定的任务，例如下一节将讨论的图分析；而另外一些方法，例如本节讨论的 Spark，则更为通用。

使用 MapReduce 中存在问题的一个示例应用是 k-means 聚类算法，该算法在大数据分析中的使用非常频繁。例 10.2 将介绍具体的应用场景，并分析为什么使用 MapReduce 实现 k-means 聚类算法是十分困难的。

【例 10.2】 k-means 算法的输入是一组值的集合X，目标是将这些值划分为k个簇。算法将每个值$x_i \in X$放在一个簇C_j中，使之满足C_j的中心是所有簇中离x_i最近的。具体来说，簇的中心即是该簇中所有值的平均值，而距离计算即是计算簇内平方和，即$\sum_{j=1}^{k}\sum_{x_i \in c_j}(x_i - \mu_j)^2$，其中$\mu_j$是簇$c_j$的中心。由此可见，算法是要为每个$x_i$找到最小上述目标函数的分配方式。

标准 k-means 算法以值的集合$X = \{x_1, x_2, \dots, x_r\}$和初始簇中心集合$M = \{\mu_1, \mu_2, \dots, \mu_M\}$为输入，并迭代执行以下 3 个步骤。

（1）计算每个x_i到每个簇中心μ_j的距离。如果某个簇中心μ_z可以最小化上面的目标函数，则将x_i分配给对应的簇C_z。

（2）根据对簇的新的分配结果计算更新簇中心的集合M。

（3）对于C中的每个簇，检查更新后和更新前的中心是否相同；如果相同，则表示已达到收敛并且算法可以停止。否则，需要使用更新后的中心进行新的一轮迭代。

这个算法在 MapReduce 中的实现很简单。步骤（1）在 map 阶段执行，每个工作节点（即 mapper）对X的一个子集上执行计算，而步骤（2）在 reduce 阶段执行。步骤（3），检查收敛性，这是上面讨论的另一个作业。需要注意的一点是，所有 mapper 都需要完整的簇中心集合M；因此，如果未达到收敛，则收敛检查作业（步骤（3））需要广播所有新的簇中心。

本例展示了使用 MapReduce 实现迭代作业存在的问题：第一，每次迭代结束时，计算结果（即更新后的簇中心集合M和簇C的分配情况）必须写入 HDFS，以便在下一次迭代中被 mapper 和 reducer 读取。第二，由于后续迭代作业可以分配给任何机器，因此必须对不变数据，即输入X，重新做划分和读取。第三，在每次迭代结束时，都需要额外的作业来检查是否收敛。

Spark 解决 MapReduce 上述缺点的方法是提供一种抽象结构，使得迭代计算的多个阶段之间可以共享数据，该抽象结构称为弹性分布式数据集（resilient distributed dataset，RDD）。RDD 通过两种方式实现高效共享：其一是确保在分配给每个工作节点的数据分区在迭代之间保持不变，从而避免数据的 shuffle 操作；其二是通过将 RDD 保存在内存中来避免在迭代作业之间从 HDF 写入和读取数据。由于从上一个迭代到下一个迭代都维护工作节点的分配信息，因此这样做是可行的。

RDD 是一种数据结构，用户可以创建它，决定它如何在集群的工作节点之间进行划分，并明确决定它是存储在磁盘上还是保存在内存中。如果是保存在内存中，则 RDD 将充当应用程序的工作集缓存。RDD 中数据记录的不可改的（即只读的），对 RDD 执行更新需要通过转换操作（如 map()、filter()、groupByKey()）来完成，转换会生成新的 RDD。因此，RDD 的创建方式既可以是从文件系统读取数据，也可以是从另一个 RDD 转换而来。

【例 10.3】 本例考虑使用 Spark 实现 k-means 聚类算法（参见例 10.2）。我们不会在这里给出完整的算法①，但会强调它是如何解决这些问题的：

（1）为不变数据（即集合X）创建一个 RDD 并将其缓存在内存中，从而避免原本在每次迭代之间所必须执行的 I/O 操作。

（2）为变化数据（即计算的簇中心集合M）创建一个 RDD。

（3）计算每个 $x_i \in X$ 和每个 $\mu_j \in M$ 之间的距离，并将这些距离存入命名为 D 的 RDD 中。

（4）创建一个新的 RDD，其中包含每个x_i以及D中保存的与之距离最小的μ_j。

（5）创建一个名为M_{new}的 RDD，其中包含分配给每个μ_j的x_i的平均值。

（6）比较M和M_{new}，判断是否收敛，即检查固定点。

（7）如果还没有收敛，则更新$M \leftarrow M_{new}$。无须重新加载不变数据，Spark 可继续执行第（3）步。

RDD 的一个重要考量是它是否在迭代（或 MapReduce 作业）中持续存在。如果需要，则必须对 RDD 执行下述转换中的一个，即 cache 或 persist。具体而言，如果需要 RDD 在作业之间保留在主存中，则使用 cache；如果需要灵活地指定“存储级别”（例如，仅磁盘、磁盘和内存等），则使用 persist，并设置适当的选项，默认为 persistence in memory。

当程序需要执行一个操作时，RDD 的计算是延迟完成的。这里，操作（例如 collect() 和 count()）与转换的不同之处在于：前者在执行第一个操作时对 RDD 进行物化，并在保存该 RDD 的所有分片的节点上执行指定的操作。稍后我们将讨论如何具体执行。

下面介绍 Spark 程序执行的工作流程，如图 10.13 所示。首先，程序从 HDFS 上的原始数据创建一个 RDD。然后，根据用户是否缓存/持久化 RDD 的决定，系统进行适当的准备。然后，根据需要对 RDD 进行转换以生成其他 RDD，并为每个 RDD 指定 cache/persist 决策。最后，开始处理程序指定的操作。如上所述，对 RDD 的第一个操作会将其物化，然后应用该操作。这一处理过程会设计多个操作和作业上的迭代。

---

① 算法的完整实现参见：https://github.com/apache/spark/blob/master/mllib/src/main/scala/org/apache/spark/ mllib/clustering/KMeans.scala (2018 年 1 月访问)

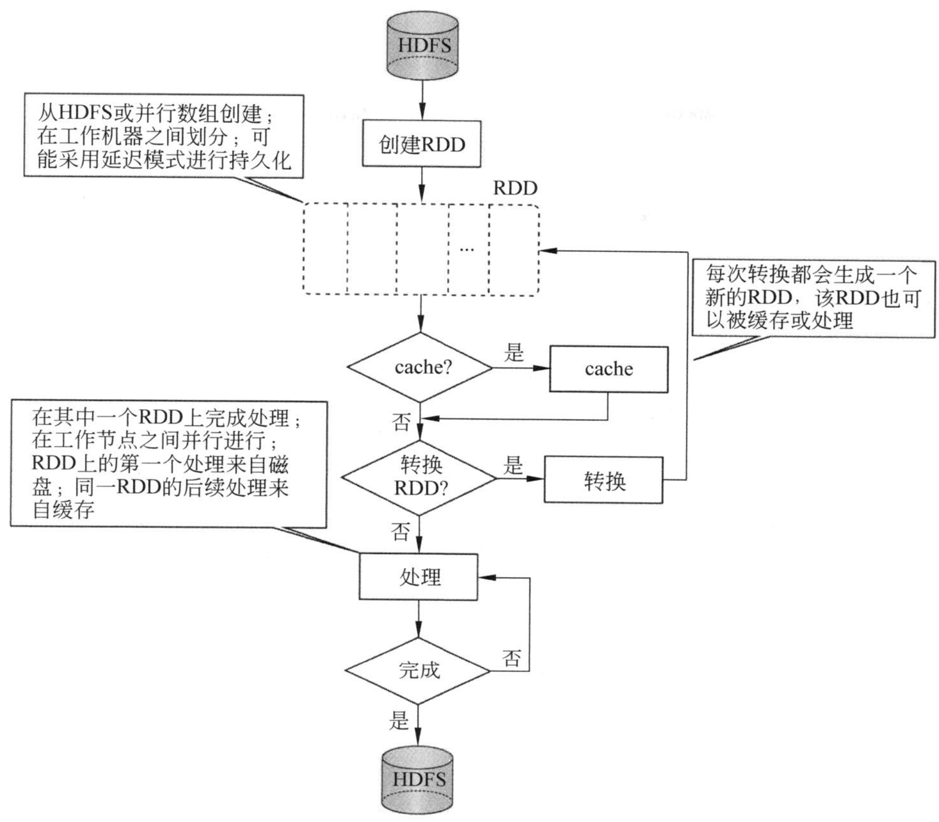

图 10.13　Spark 程序执行的工作流程

现在讨论 Spark 如何支持基于 RDD 的程序的执行。Spark 期望有一台能够执行驱动程序的控制器。驱动程序生成程序中指示的 RDD，并在对 RDD 执行第一个操作时将其物化，将其划分到工作节点，然后在工作节点上执行操作。该控制器对应 MapReduce 中的主节点（master），而驱动程序对应 MapReduce 中的调度模块（Scheduler）。基于每个 RDD 的 cache/persist 决策，驱动程序指挥工作节点采取适当的操作。当工作节点通知操作执行完成时，驱动程序将发起后续操作。在如何管理 RDD、如何落后的工作节点（straggler worker）等方面，Spark 都有一些常见的优化——本节不对这部分内容进行讨论。

Spark 通过维护 RDD 的数据血缘（lineage）来提升标准 MapReduce 的容错能力。换言之，Spark 维护一个图结构，记录每个 RDD 是如何从其他 RDD 生成的。这一数据血缘信息被构造为一个对象并持久存储以供故障恢复所用。当发生故障导致一个 RDD 丢失时，可以根据数据血缘将它重新计算出来。此外，正如下面所讨论的，每个 RDD 都是跨工作节点进行划分的，因此损失的很可能仅限于 RDD 的某些分片，因此重新计算可以仅限于这些分片。

尽管 Spark 的一个重要目标是以统一的方式实现之前介绍的参考架构，但它同时也提供了一个公共的生态系统。人们基于 Spark 开发了关系数据库管理系统 Spark SQL、数据流系统 Spark Streaming 和图数据处理系统 GraphX。后续章节将会介绍 Spark Streaming 和 GraphX。

10.3 流数据处理

到目前为止，我们一直考虑的传统数据管理系统由一组相对静态的无序对象组成，其中插入、更新和删除操作的发生频率要低于查询操作。这类系统有时称为快照数据库（snapshot databases），因为它们显示了给定时间点的数据对象值的快照[①]。对这类系统的查询在提出时执行，查询结果反映了数据库的当前状态。典型的例子是对持久数据（persistent data）执行瞬时查询（transient queries）。

然而，当前出现了一类不适合此数据模型和查询范式的应用程序，包括传感器网络、网络流量分析、物联网（Internet-of-Things，IoT）、金融行情、在线购物与拍卖，以及分析交易日志（例如网络使用日志和电话记录）。在这些应用程序中，数据以无约束的值序列（称为流）的形式实时生成的——这些称为数据流（data stream）应用。本节将讨论支持数据流应用的系统。数据流应用反映了之前介绍过的大数据的高速性（Velocity）。

处理数据流的系统通常有两种类型：一类是数据流管理系统（data stream management system，DSMS），提供典型的 DBMS 功能，包括查询语言（声明式或基于数据流的）；另一类是数据流处理系统（data stream processing system，DSPS），不提供完整的 DBMS 功能。早期系统通常属于 DSMS，其中一些使用声明式语言，例如 STREAM、Gigascope 和 TelegraphCQ，而其他系统，例如 Aurora 及其分布式版本 Borealis，使用数据流语言。较新的系统通常属于 DSPS，例如 Apache Storm、Heron、Spark Streaming、Flink、MillWheel 和 TimeStream。早期的 DSMS 系统大多属于是单机系统（Borealis 除外），而新兴的 DSPS 系统则都属于分布式/并行系统。

数据流模型的一个基本假设是：新数据以固定顺序连续生成，尽管到达率可能因应用程序而异，从每秒数百万个数据项（例如，互联网流量监测）到每小时数个数据项（例如天气监测站的温度和湿度读数）。流数据的排序可以是隐式的（通过到达处理站点的时间）或显式的（按照生成时间，例如由数据源添加到每个数据项的时间戳所示）。由于这些假设，数据流系统（data stream system，DSS）[②]面临以下需求。

（1）DSS 执行的大部分计算都是基于推送（push-based）或数据驱动的。新到达的流数据持续地（或周期性地）被推入系统进行处理。另一方面，传统的 DBMS 大多采用基于拉取（pull-based）或查询驱动的计算模型，即在提出查询时启动处理。

（2）因此，DSS 查询和负载通常是持久的（也称为连续的、长时间运行的或长期查询），因为它们尽管只发出一次，但可能会在系统中保持活跃很长时间。这意味着必须随着时间的推移产生一系列更新的结果。当然，这些系统也可以像传统的 DBMS 那样接收和运行临时的即席查询（ad-hoc query），但是持久查询是 DSS 的标志性特征。

（3）数据流的长度一般假设是无限的，或者至少是未知的。因此，不可能按照通常的方法在执行查询之前完全存储数据，而是随着数据到达系统就执行查询。一些系统采用连

① 回顾我们先前的讨论，数据仓库通常存储历史数据，以便随着时间的推移进行分析。我们一直在考虑的大多数系统都是 OLTP 系统，它们处理快照。

② 当 DSM 和 DSP 之间的差别对讨论不重要时，我们将使用这个更一般的术语。

续处理模型（continuous processing model）：每个新数据项一到达系统就被处理，例如 Apache Storm 和 Heron 系统。也有一些系统采用窗口处理模型（windowed processing model）：传入的数据项被分成批次进而进行批处理，例如 STREAM 和 Spark Streaming 系统。从用户的角度来看，最新到达的数据可能会更重要也更有用，因此可以从应用的角度定义窗口。采用连续处理模型的系统也可能（而且通常会）在其 API 中提供窗口功能。因此，从用户的角度来看，这类系统同时支持联系处理和窗口处理。系统也可以在内部实现窗口机制，以克服稍后会讨论的阻塞操作。

（4）在持久查询的生命周期内，系统条件可能不稳定。例如，数据流的到达率可能会波动，而且查询负载也可能会发生变化。

DSS 的抽象单节点参考架构如图 10.14 所示。数据来自一个或多个外部的数据源。输入监视器调节输入速率；并有可能删除数据项，如果系统无法保持数据通常存储以下三个分区中：临时工作存储（例如，用于稍后将介绍的窗口查询），流概要的存储（这是可选的，因为有些系统不向应用程序公开流状态，此时则不需要该存储），以及元数据的静态存储（例如，每个数据源的物理位置）。长时间运行的查询需要在查询存储库中注册，并放入组中以进行共享处理，尽管也可以对流的当前状态进行一次性查询。查询处理程序与输入监视器通信，并可能重新优化查询计划，从而响应不断变化的输入速率。查询结果是以流的形式传输给用户或临时缓冲区。然后，用户可以根据最新结果对查询进行修改。在分布式/并行 DSS 中，该架构将在每个节点中复制，并添加组件用于通信和分布式数据管理。

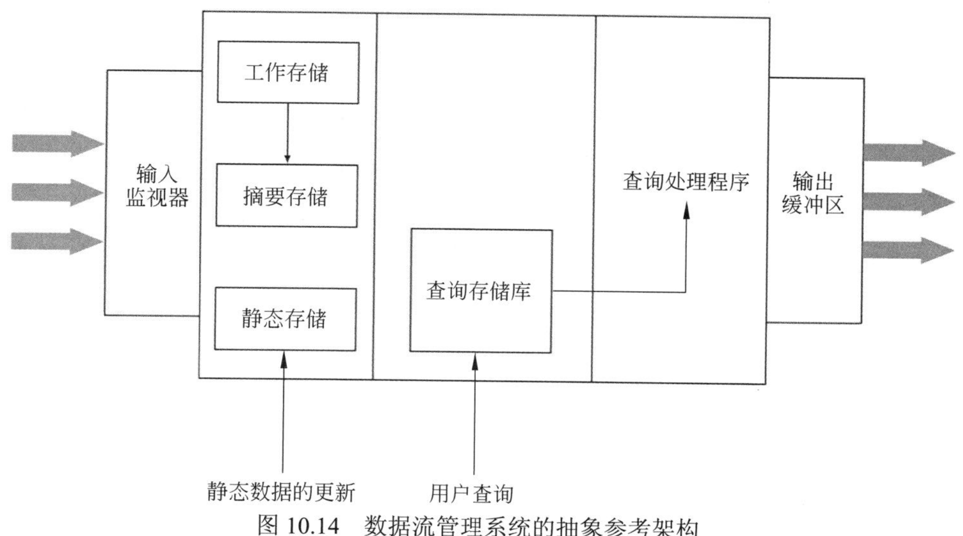

图 10.14　数据流管理系统的抽象参考架构

10.3.1　流模型、语言和算子

本节探讨流系统的基本模型问题。研究这一问题的相关工作非常多，我们会在后续的参考书目中列出。本节的重点是介绍和解释基本概念，以便读者理解后续内容。

10.3.1.1　数据模型

数据流可以被定义为一个按某种顺序到达的带有时间戳的数据序列，而且该序列仅可添加（append-only）。虽然这是普遍接受的定义，但还有更为宽松的定义方式。例如：可以考虑修订元组（revision tuples），这类元组用于替换先前报告的数据（先前数据可能是错误的），此时序列不一定是仅可附加的。在发布/订阅系统中，数据由某些数据源生成，并由订阅这些数据的人使用，此时数据流可以被认为是连续报告的一系列事件。由于数据可能会以突发的形式到达，因此可以将数据流建模为元素集合（或包）的序列，其中每个元素集合存储在同一时间单位内到达的元素（同一时间到达的数据项之间无须指定顺序）。在基于关系的流模型（例如 STREAM 系统）中，数据项采用关系元组的形式，因此同一数据流中到达的所有元组都具有相同的数据模式。在基于对象的模型（例如 COUGAR 和 Tribeca 系统）中，数据源和数据项的类型可能是相关方法实例化的（层次化）数据类型。在 Apache Storm 和 Spark Streaming 等较新的系统中，数据项可以是任何应用程序相关的数据，因此有时会使用通用术语 payload 来指代它。流中的数据项可以包含数据源分配的显式时间戳，也可以由 DSMS 在到达时分配隐式时间戳，因此每个数据项可以表示为一个元组⟨timestamp, payload⟩。不管是显式还是隐式的情况，时间戳属性可以是流模式的一部分，也可以不是，因此时间戳对用户可以可见，也可以不可见。流中的数据项可能无序到达（如果使用显式时间戳）和/或以预处理形式到达。例如，如果要总结两个 IP 地址之间的某个连接的长度和传输的字节数，可以不用传播每个 IP 数据包的报头，而是产生一个值（或几个部分预聚合的值）。

窗口模型的分类方式有很多，但如下两个标准是最重要和最普遍的。

（1）**窗口两端的移动方向**：固定窗口（fixed window）由两个固定端点定义；滑动窗口（sliding window）由两个滑动的端点定义（向前或向后滑动，在新数据项到达时替换旧数据项）；地标窗口（landmark window）由一个固定端点和一个移动端点（向前或向后）定义。

（2）**窗口大小的定义**：逻辑或基于时间的窗口是根据时间间隔来定义的，而物理（也称为基于计数）窗口是根据数据项的个数来定义的。此外，划分窗口（partitioned window）可以通过将窗口分组并在每个组上定义单独的基于计数的窗口来定义。最通用的类型是谓词窗口（predicate window），它使用任意的谓词来指定窗口的内容；例如，来自当前开放的 TCP 连接中的所有数据包。谓词窗口类似于物化视图，因此也被称为会话窗口（session window）或用户定义窗口（user-defined window）。

在上述分类体系中，比较重要的窗口模型是基于时间和基于计数的滑动窗口。这些问题引起了最广泛的关注，本节的大多数讨论都将围绕它们展开。

10.3.1.2 流查询模型和语言

一个重要的问题是持久（连续）查询的语义是什么，即它们如何生成查询结果。持久查询可以是单调的，也可以是非单调的。单调查询（monotonic query）的结果可以增量更新，也就是说，对新到达的数据项重新执行查询并将符合条件的元组添加到结果中就可以了。因此，单调持久查询的结果是一个连续且仅可添加的数据流。此外，也可以可通过添加一批新结果来定期更新输出结果，当然这不是必需的。非单调查询（non-monotonic query）随着新数据的添加和现有数据的更改（或删除），可能会产生不再有效的结果。因此，每次重新对查询进行处理时，可能需要从头重新计算这些查询。

如前所述，DSMS 会提供一种用于访问的查询语言，目前有两种基本的查询范式：声明式和过程式。声明式语言有类似 SQL 的语法，但具有特定流的语义。属于此类的语言包括 CQL、GSQL 和 StreaQuel。过程式语言通过定义算子的有向无环图（例如 Aurora 系统）来构造查询。

支持窗口执行的语言提供两种语言原语：size 和 slide。第一个原语指定窗口的长度，第二个指定窗口移动的频率。例如，对于一个基于时间的滑动窗口查询，size=10min，slide=5sec 意味着我们希望检索 10 分钟长的窗口中的数据，并且窗口每 5 秒“移动”一次。这两个原语会影响窗口中内容的管理模式，10.3.2.1 节将详细讨论这一问题。

10.3.1.3 流算子及其实现方法

生成数据流的应用在执行的操作类型上也有共性，下面列出了一组流数据的基本操作。

- **选择**（Selection）：所有数据流应用都需要支持复杂的数据过滤操作。
- **复杂聚合**（Complex aggregation）：计算数据的趋势需要复杂聚合操作，包括嵌套聚合（例如，将最小值与平均值进行比较）、频繁项查询等。
- **多路复用和多路分解**（Multiplexing and demultiplexing）：一个物理流可能需要分解成一系列逻辑流；反之，逻辑流可能需要融合成一个物理流，这分别类似于 group by 和 union 操作。
- **流数据挖掘**（Stream mining）：流数据的在线挖掘需要进行模式匹配、相似性搜索和预测等操作。
- **连结**（Join）：应该支持多个数据流的连结操作，以及带有静态元数据的流连结操作。
- **窗口查询**（windowed query）：上述所有查询类型都可能被限制在一个窗口内返回结果（例如，最近 24 小时或最新的 100 个数据包）。

虽然这些看起来大体上是普通的关系查询算子，但它们的实现和优化带来了新的挑战，我们将在下面讨论。

其中一些算子是无状态的（例如，投影和选择），这些算子在关系数据库中的实现方法可以直接用于流查询，而无须进行重大修改。图 10.15(a)以选择算子的实现方法为例进行了介绍，其中传入的元组只需简单地根据选择条件过滤即可。

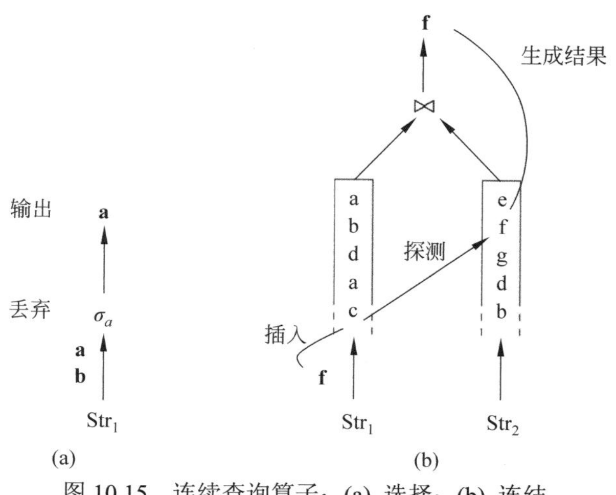

图 10.15 连续查询算子：(a) 选择；(b) 连结

然而，有状态的算子（例如连结）在关系数据库中的实现具有阻塞行为，这对于 DSS 来说是不适用的。例如，在返回下一个元组之前，嵌套循环连结（Nested Loops Join，NLJ）可能会扫描整个内关系表，并将内关系表的每个元组与当前外关系表的元组进行比较。考虑到流数据是无界（unbounded）的，这种阻塞是有问题的。已经证明，一个查询是单调的，当且仅当它是非阻塞（non-blocking）的，这意味着它不需要等到输入结束才产生结果。一些算子具有其非阻塞的实现方式，如连结和简单聚合。例如，非阻塞流水线对称哈希连结两个字符流Str_1和Str_2，它为Str_1和Str_2都动态构建哈希表，如图 10.15(b)所示。该哈希表存储在主存中，当来自其中一个关系表的元组到达时，该元组会被插入到对应的哈希表中，并探测其他表以查找匹配的数据项，从而生成涉及新元组的结果（如果有的话）。连结两个以上的数据流以及连结具有静态关系表的数据流都是上述方法直接的扩展。在前者中，对于一个输入的每次到达，将按照某种顺序探测所有其他输入的状态。在后者中，流中新到达的数据项触发关系表探测。由于在无界流上维护哈希表是不切实际的，因此大多数 DSMS 仅支持窗口连结，其中定义每个输入流上的窗口，并根据特定的窗口语义对这些窗口中的数据执行连结操作。

将查询算子变为不阻塞的，可以通过以下方法来实现：以增量形式重新实现算子、限制算子在窗口上操作，以及利用流约束（例如使用 punctuation）。这里，punctuations 用来指定针对所有未来数据项的条件约束（编码为数据项）。后续章节会具体介绍 punctuations。滑动窗口算子处理两类事件：新数据的到达和旧数据的过期。下一节在介绍查询处理问题的时候会详细讨论这一点。

10.3.2 数据流的查询处理

通过一些修改，数据流的查询处理方法会与关系数据查询处理方法类似：声明式查询被转换为执行计划，并将查询中的逻辑算子映射为其物理实现。然而，在细节方面存在差异。

一个重要的区别是引入了持久查询，以及算子的输入数据由数据源推送到查询计划中，这与传统 DBMS 从数据源中拉取数据是不同的。此外，之前提到，针对数据流的操作可能（并且通常）比关系算子更复杂，而且涉及用户定义函数（UDF）。队列允许数据源将数据推送到查询计划中，并允许操作根据需要检索数据。一个简单的调度策略为每个操作分配一个时间片，在此期间，它从输入队列中提取元组，按时间戳顺序处理它们，并将输出元组存入下一个操作的输入队列（图 10.16）。

如前所述，数据流系统可以采用连续处理或窗口执行模型。后一种情况的一个基本问题是如何具体管理窗口，即如何在当前窗口中添加和删除数据项。这是另一个与关系 DBMS 的区别，10.3.2.1 节将会讨论这一点。数据流系统还设计另外两个问题，即当数据到达率超过系统的处理能力时的负载管理（参见 10.3.2.2 节），以及如何处理无序数据项（参见 10.3.2.3 节）。最后，10.3.2.4 节将讨论持久查询如何为多查询处理提供了额外的机会。

分布式和并行数据流系统遵循不同的路径，这一点类似分布式和并行关系数据库的关系。在分布式数据流系统的情况下，基本技术是将查询计划在多个处理节点上进行划分，以使其处理这些节点上的数据。对查询计划进行划分需要将查询算子分配给不同的节点，

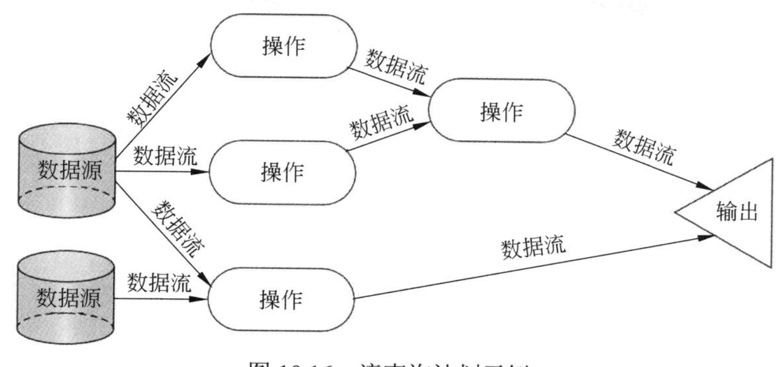

图 10.16　流查询计划示例

并且可能需要随着时间的推移进行重新平衡。这里的问题类似于本书前面详细讨论过的分布式 DBMS。在并行数据流系统中，通常遵循数据并行处理的原则，将流数据进行划分，并且每个处理节点对一个数据子集执行相同的查询。大多数现代系统遵循后一种方法，因此 10.3.2.5 节将对这种方法做进一步的讨论。

10.3.2.1　窗口查询处理

前面提到，在窗口执行中，系统需要处理新数据的到达和旧数据的过期，而针对到达和过期所采取的操作会因算子而异。新的数据项可能会生成新的结果（例如连结操作），也可能会删除之前生成的结果（例如否定操作）。此外，过期的数据项可能会导致从结果中删除数据项（例如聚合操作）或向结果中添加新的数据（例如去重和否定操作）。请注意，本节讨论的不是应用程序删除数据项的情况，而是因窗口操作从查询结果中删除数据项的情况。

例如，考虑滑动窗口连结操作：一个输入中新到达的数据会探测另一个输入的状态，就像无界数据流连结操作所处理的那样。此外，过期数据将从状态中删除。

单个基于时间的窗口中的数据过期很好处理。具体来说，如果数据项的时间戳超出窗口范围，则认定该数据项过期。

在基于计数的窗口中，数据项的数量在时间变化时是保持不变的。因此，解决数据过期的方法是用新到达的数据项覆盖最旧的数据项。不过，如果算子存储的状态是与基于计数窗口的连结结果相对应的，则状态中数据项的数量可能会发生变化，具体取决于新元组的连结属性值。

一般来说，滑动窗口查询处理和状态维护可以采用两项技术，即否定元组（negative tuple）方法和直接（direct）方法。否定元组方法为查询涉及的每个窗口都分配一个算子，该算子除了将新到达的元组推入查询计划之外，还在每次发生过期时显式地生成一个否定元组。因此，否定元组方法需要将每个窗口物化以生成适当的否定元组。之后，否定元组会通过查询计划进行传播，算子对其处理的方式与常规元组类似，但否定元组也会导致算子从其状态中删除相应的“真实”元组。否定元组方法的具体实现可以使用哈希表作为算子状态，从而可以快速查找过期元组以响应否定元组。该方法的缺点是查询必须处理两倍数量的元组，因为每个元组最终都会从其窗口过期并生成相应的否定元组。此外，当窗口向前滑动时，计划中必须分配额外的算子来负责否定元组的生成。

直接方法处理侧重于处理基于时间窗口上的无否定查询（negation-free query）。无否定查询具有这样的特性：基础元组和中间结果的过期时间可以通过其过期时间戳来确定，其中过期时间戳的计算是到达时间加上窗口长度。因此，算子可以直接访问数据状态并查找过期元组，因此不需要生成否定元组。直接方法没有产生否定元组的开销，也不必存储查询中涉及的基本窗口。但是，在针对多个窗口上查询的时候，直接方法可能比否定元组方法慢，因为在插入或删除期间，可能需要顺序扫描状态缓冲区。

10.3.2.2　负载管理

数据流的到达率可能非常高，以至于无论使用何种（静态或运行时）优化技术，都无法处理所有元组。在这种情况下，可以使用两类的减载（load shedding）方法：随机减载或语义减载，后者利用流属性或服务质量参数来删除被那些被认为不太重要的元组。这里举一个语义减载的例子，考虑执行近似滑动窗口连结操作，目的是获得最大的结果大小。语义减载的思路是：应该删除即将过期的或不会产生很多连结结果的元组（在内存限制的情况下），或者将元组插入连结状态，但在探测步骤中将其忽略（在 CPU 限制的情况下）。请注意，其他目标也是可能的，例如获得连结结果的随机采样。

一般来说，我们希望以最小精度下降的代价进行减载。当涉及具有多个算子的多个查询时，这个问题变得更加困难，因为必须决定应该在查询计划的什么地方删除元组。显然，在计划的早期删除元组是有效的，因为所有后续算子都减少了负载。不过，如果这部分计划是由多个查询共享的，该策略可能会对多个查询的准确性产生负面影响。另一方面，在计划的后期，在共享子计划已被评估并且剩余算子只针对单个查询之后，减载可能对降低整个系统负载影响很小或几乎没有影响。

减载和查询计划生成的一个问题是，如果使用减载，则在没有减载的情况下选择的最优计划是否仍然是最优的。事实证明，针对滑动窗口聚合查询确实如此，但包含滑动窗口连结的查询则不然。

请注意，在高负载期间，除了删除元组之外，还可以先将其放在一边（例如，溢出到磁盘），在负载下降时再进行处理。最后，针对周期性地重新执行持久查询的情况，增加重新执行间隔也可以认为是一种减载的手段。

10.3.2.3　无序处理

到目前为止，我们的讨论假设数据流系统按顺序（通常按时间戳顺序）处理传入的数据项。然而，实际情况并不总是这样。由于数据来自外部数据源，因此某些数据项可能会延迟到达，或者相对于它们生成时间而言是无序的。此外，数据流系统也可能在一段时间内没有从数据源（例如，远程遥感器或路由器）接收到数据，这可能意味着没有新数据要报告，或者数据源已关闭。特别是在分布式系统中，由于网络断开、恢复时长等原因，上述情况应该被认为是正常运行的情况。因此，系统需要考虑无序处理问题。

早期处理该问题的方法是建立一个“松弛”(slack)来确定数据无序程度的上限。例如，Aurora 有一个缓冲排序的算子，利用该算子，传入的数据流在被处理之前会缓冲这段松弛时间，之后算子按照某些属性的排序顺序输出数据流。到达时间晚于松弛时间单位的数据将被丢弃。Truviso 引入了“漂移”（drift）的概念，以适应来自同一数据源的流在其内部被排序的情况，但是来自某些数据源的数据可能会发生延迟。当输入监视器检测到这一点时，它将开始一个漂移周期，在此期间缓冲来自其他数据源的数据。上述两种方法的区别是，Aurora 可以在每个算子的基础上定义松弛，而 Truviso 在输入监视器上进行漂移管理。

另一个解决方案是之前介绍的 punctuation。在本例中，punctuation 是一个特殊的元组，它包含一个被数据流其余部分满足的谓词。例如，带有谓词 timestamp>1262304000 的 punctuation 保证不会有更多的元组以低于给定 Unix 时间的时间戳到达。当然，如果这个 punctuation 是由数据源生成的，那么它只在元组按时间戳顺序到达时才有用。控制未来元组时间戳的 punctuation 通常称为心跳。

10.3.2.4　多查询优化

由于数据库查询可能共享相同的部分，因此优化多个查询的技术一直备受关注，这被称为多查询优化。在支持持久查询的流系统中，有更多的机会检测和利用共享的部分以及处理它们的状态。例如，在不同窗口长度以及可能不同滑动间隔上的聚合查询可能会共享状态和数据结构。类似地，状态和计算可以在相似的谓词和连结之间共享。因此，数据流系统可以对相似的查询进行分组，并为每个组运行一个查询计划。

图 10.17 展示了共享查询计划时会遇到的一些问题。前两个计划对应单独执行查询Q_1和Q_2的情况，其中选择算子在连结算子之前执行。第三个计划执行两个查询的方式是首先执行连结算子，然后再执行选择算子。请注意，连结算子会有效地创建其输出流的两个副本。尽管在两个查询之间共享部分计划，但如果只有一小部分连结结果满足选择谓词σ_1到σ_4，则第三个计划的效率可能低于单独执行的计划。此时，连结算子随着时间的推移将执行大量不必要的工作。为了解决这个问题，图中的第四个计划在流加入之前对其进行“预过滤”。

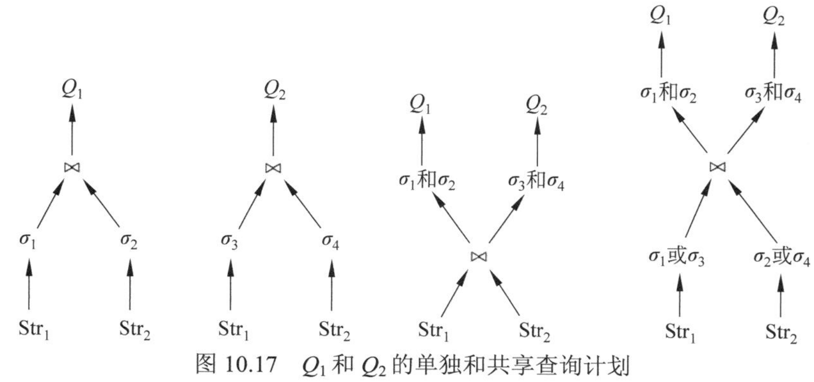

图 10.17　Q_1 和 Q_2 的单独和共享查询计划

10.3.2.5　并行数据流处理

大多数现代数据流系统都运行在大规模并行集群上，因此这些系统属于并行数据流处理系统（parallel data stream processing systems，PDSPS）。这些系统与第 8 章中的并行数据库十分类似；另外也许更重要的是，这些系统与 10.2 节中的大数据处理框架很相似。因此，在下面的介绍中，我们基于之前章节的讨论探讨数据流系统的基本特性。

并行数据流处理系统中的典型执行环境可以描述为连续算子的并行执行。参考图 10.16，每个顶点是分配给多个工作节点的不同的连续算子。为了简化讨论，让我们假设每个工作节点只执行一个算子。在这种情况下，每个工作节点在数据流的一个分片上执行分配给它的操作，并产生结果，这些结果被流式传输到查询计划中执行后续算子的工作节点上。这里需要注意的是，流数据的划分发生在两个算子之间。因此，每个算子的执行遵循如下 3 个步骤。

（1）对传入的数据流进行划分；

（2）在相应的分片上执行操作；

（3）（可选）聚合工作节点上的结果。

1. 数据流的划分

与所有并行系统一样，数据流划分的一个特定目标是在工作节点之间获得负载平衡，以避免某些节点成为瓶颈。不过，数据流系统特有的特点是，分配给每个工作节点的数据集是以流的方式到达的，因此需要动态地将数据（根据关键属性）划分给多个工作节点，而不是像 10.2 节中讨论的系统那样进行离线数据划分。

分布式系统中最简单的负载平衡方法是在工作节点之间随机分配负载。混洗划分（shuffle partitioning）以轮替的方式将传输的数据项发送给工作节点，因此也被称为轮替划分（round-robin partitioning）。这样的划分方式会产生完全平衡的工作负载，对于无状态的应用会很有效。然而，对于有状态的应用则需要更复杂的设计。由于具有相同键的数据项可能会分配给不同的工作节点，因此有状态操作需要一个聚合步骤，以便在执行的每个步骤中将不同工作节点中针对每个键的部分结果聚合在一起（更多内容请参见 10.3.2.5 节）——聚合操作的成本很高，需要考虑在内。此外，混洗划分对有状态操作的空间需求也很高，因为每个工作节点都必须维护每个键的状态。

另一个极端是哈希划分（hash partitioning），这项技术已经多次介绍。哈希可以确保将具有相同键的数据项分配给同一个工作节点，从而避免代价很高的聚合操作，并最大限度减少了空间需求，因为每个键值的状态仅有一个工作节点来维护。然而，哈希划分可能会导致严重的负载分布不平衡，特别是对于倾斜（就键值而言）的数据流。

对于有状态的应用程序，混洗划分和哈希划分分别反映了键值划分和负载不平衡的最坏情况。因此，最新的一些工作主要聚焦在这两个极端之间寻找折中。一种很有前途的方法是键拆分（key-splitting），即在哈希分区之后，将每个键拆分给少量工作节点，从而减少负载不平衡。具体而言，其目标是减少聚合操作的开销，同时也降低了负载不平衡，特别是在倾斜的数据流中。部分键分组（Partial Key Grouping, PKG）算法的目标是通过自适应的键拆分来降低哈希划分的负载不平衡。PKG 利用了“power of two choices”原理，允许每个键在两个工作节点之间进行分配。这使得 PKG 能够实现比哈希划分更好的负载平衡，并限制了复制因子和聚合代价。对于严重倾斜的数据，可以扩展 PKG，允许使用两个以上的工作节点来处理头部数据。尽管这样做可以进一步改善负载平衡，但在最坏的情况下，其复制因子的上限是工作节点的数量。处理严重倾斜数据的另一种方法是使用混合划分（hybrid partitioning）技术，对键值分布中的头部（频繁）数据和尾部（不太频繁）数据中的元组进行不同的处理，可能更倾向于对头部数据进行平衡的分配。

2. 并行流负载执行

首先关注单个操作的执行。对于无状态操作，流式传输不会带来任何新的问题，聚合步骤也不是必需的。对于有状态操作，则需要更多的处理，下面具体讨论。

如前所述，如果将混洗划分用于有状态操作，则具有相同键的数据项可能位于不同的工作节点上，而每个工作节点仅会存储部分结果。因此，混洗划分需要一个聚合步骤来产生最终结果。例如，图 10.18 描绘了三个工作节点上的计数操作，其中不同的颜色表示不同的键。可以看出，具有相同键的数据项可能会传递给不同的工作节点，每个工作节点都维护最后聚合的每个键（状态）的计数。

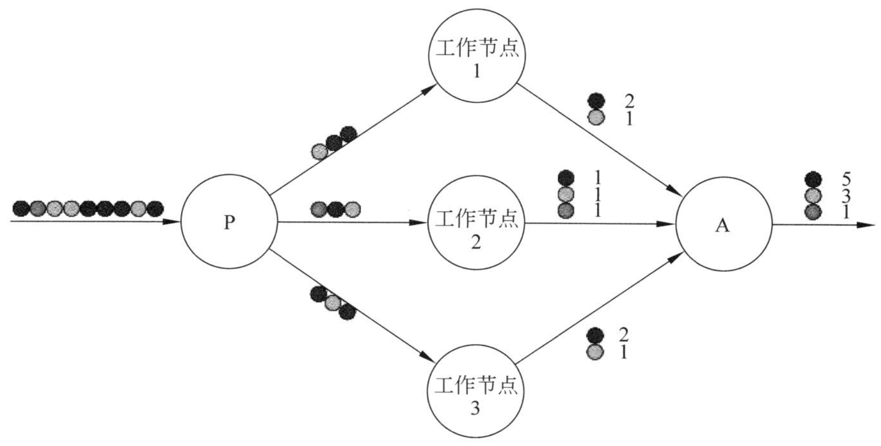

图 10.18　轮循流分区

如果将哈希划分用于有状态操作，则具有相同键的所有数据项都被分配给同一个工作节点，因此没有聚合步骤。图 10.19 通过之前使用过的计数的例子展示了哈希划分的情况。

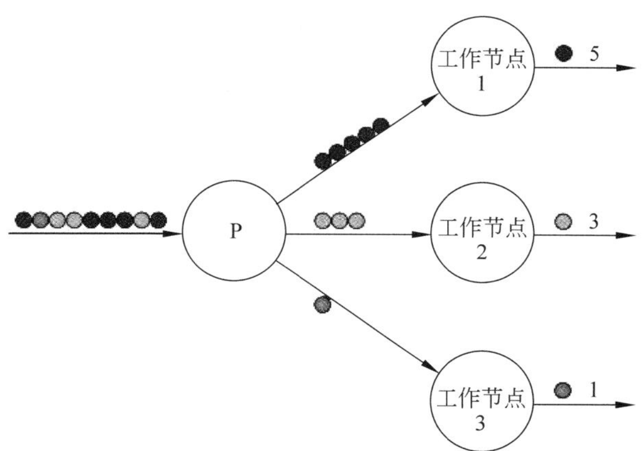

图 10.19　基于哈希的流分区

当上述内容被合并到查询计划中时，通常会单独处理每个操作，并为每个操作执行划分决策，就像在 Apache Storm 和 Heron 中一样。因此，图 10.16 中给出的示例查询计划的形状如图 10.20 所示。

这里会出现一个问题，即高度倾斜的数据流。就像 10.3.2.5 节讨论的那样，目前普遍接受的方法是对高度倾斜的数据使用键拆分，可能同时对高度倾斜的数据进行某些优化。另一种方法是在查询计划的操作之间进行数据流的重新划分。这里的基本问题是在查询计划中的操作之间重新对数据流进行路由，这也需要状态迁移（因为另一个工作节点将接管本属于一个工作节点的部分数据流）。对此，人们开发出了一些实现策略，其中开创性工作

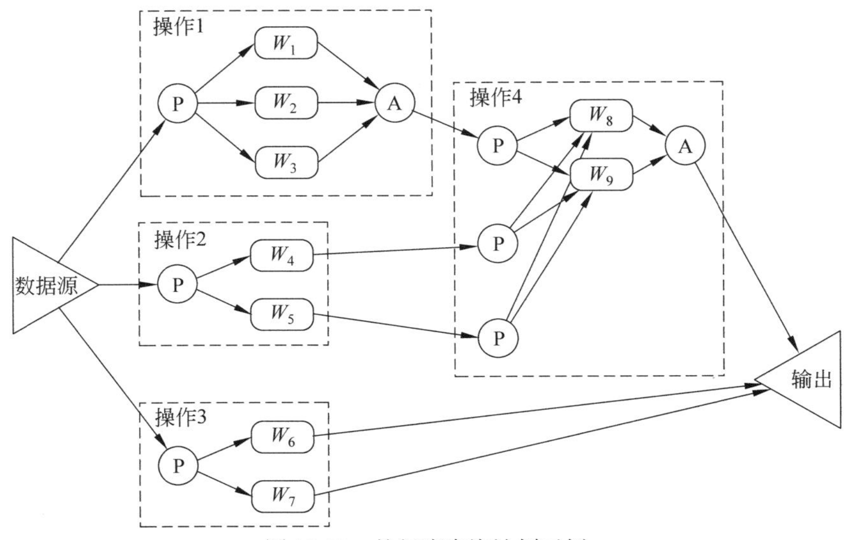

图 10.20　并行流查询计划示例

是 Flux，这里以此为例讨论如何进行重新划分。Flux 是一个数据流算子，它被放置在查询计划中的两个算子之间，负责监视工作节点的负载，动态地重新路由数据，并将状态从一个工作节点迁移到另一个工作节点。具体的过程分为两个阶段：重新路由数据和迁移状态。重新路由需要更新内部路由表。状态迁移需要更多的设计，因为需要封送（marshal）"旧"的工作节点上关于该分片的状态，并将其移动到"新"的工作节点上。为了完成这一工作，需要以下步骤：第一，阻止新元组被相应的分片接受；第二，封送"旧"工作节点中的状态，这涉及从内部数据结构中提取相应信息；第三，将状态移动到"新"的工作节点；第四，解除状态封送并通过填充"新"工作节点的数据结构对其进行初始化并重新开始向流接收数据。显然，上述状态迁移过程需要高效地执行，然而该过程是一项涉及复杂同步协议的高代价任务。这就是现代系统通常原生支持状态迁移的原因之一。

10.3.3　数据流系统容错

分布式/并行数据流系统的可靠性与关系型数据库管理系统有相似之处，但由于需要处理流经查询计划的数据流，这一问题更具挑战性。这里首先回顾一下前面所做的区分，即在不同的服务器节点上划分查询计划并执行每个部分的系统，以及在每个节点上划分数据并复制查询计划的系统（即数据并行执行）。在第二类系统中，可以通过 10.2.1 节中讨论的工作节点复制技术来处理故障。然而，在第一类系统中，不同的服务器是"连接"的，因为每台服务器仅执行部分的查询计划，并且从上游服务器到下游服务器存在数据流。因此，节点故障可能会中断查询执行，因为重要的（瞬时）状态信息可能会丢失，从而迫使下游服务器不再接收数据。因此，需要为这类系统实现功能更强的可用性技术。

系统在数据流经服务器网络（或查询计划）时，存在一个重要的问题，那就是它提供的查询执行语义。语义一共有三种选择：至少一次，最多一次，正好一次。至少一次语义（也称为回滚恢复）表示系统保证每个数据项至少处理一次，但不保证不重复处理。因此，如果一个数据项在恢复之后被一个失败的节点再次转发，那么该数据项可能会被再次处理并产生一个重复的输出。相反，如果最多采用一次语义（也称为间隙恢复），则系统保证重复数据项将被检测到并且不会被处理，但某些数据项可能根本不会被执行。这可能由于前面讨论过的负载管理，或者由于某个节点在恢复时忽略了关闭时可能收到的所有数据项。最后，精确一次语义（也称为精确恢复）意味着系统只执行每个数据项一次。因此不会删除任何内容，也不会多次执行任何内容。显然，每种方法都需要不同的系统功能。现有系统都支持这两种方法：Apache Storm 和 Heron 为应用程序提供至少一次和最多一次的语义选择，而 Spark Streaming、Apache Flink 和 MillWheel 只执行一次语义。

数据流系统的恢复技术主要有两种：复制和上游备份。在复制的情况下，对于每个执行部分查询计划的节点，系统都有一个副本节点同样负责该部分查询计划。这是一种主从安排，其中主节点在运行时为查询计划提供服务，如果主节点发生故障，则由从节点接管工作。两者之间的安排可以是主动备用或者被动备用的，其中主动备用中的主节点和从节点都从上游节点获取数据项并同时处理它们，而只有主节点向下游发送输出，而被动待机中的主节点周期性地向从节点发送其状态的增量差，从节点相应地更新其状态。主动备用和被动备用都可以通过检查点来支持以加速恢复。这种方法作为上面讨论的 Flux 算子的一部分被提出，并在 Borealis 中使用。另一种数据流系统的恢复技术的选择是上游备份，其中上游节点缓冲它们流向下游节点的数据项，直到它们被处理。如果下游节点发生故障并恢复，它将从其上游节点获取缓冲数据项并重新处理它们。该方法的设计的难点在于如何确定这些缓冲区的大小，以容纳在故障和恢复期间收集的数据。这很复杂，因为它受数据到达率以及其他因素的影响。Apache Storm 和 TimeStream 等系统采用这种方法。

10.4　图分析平台

图数据在许多应用中越来越重要。在本节中，我们将讨论属性图，它是一种具有与顶点和边关联的属性的图。另一种类型的图是我们在第 12 章讨论的资源描述框架图（RDF 图）。属性图用于对许多领域的实体和关系进行建模，如生物信息学、软件工程、电子商务、金融、贸易和社会网络。图$G = (V, E, D_v, D_E)$由一组顶点V定义，下面定义一组边E、D_v和D_E。属性图的显著特征如下：

- 图中的每个顶点表示一个实体，一对顶点之间的每条边表示这两个实体之间的关系。例如，在代表 Facebook 的社交网络图中，每个顶点可能代表一个用户，每个边可能代表“朋友”关系。
- 在一对顶点之间可能有多条边，每条边表示不同的关系；这些图通常称为多重图。
- 边可能附加有权重（加权图），其中边的权重在不同的图中可能具有不同的语义。
- 这些图可以是有向的或是无向的。例如，Facebook 图通常是无向的，表示两个用户之间的对称友谊关系，即如果用户 A 是用户 B 的朋友，那么用户 B 是用户 A 的朋友。而 Twitter 图的边表示“关注”关系，它是有向的，表示用户 A 关注了用户 B，但反过来可能不是一定成立。就如之前提到的，RDF 图是按定义定向的。
- 如前所述，每个顶点和每条边都可以有一组属性（attributes/properties）来编码实体

（顶点）或关系（边）的特性。如果边有属性，这些图通常称为边标记图。上面给出的图定义中的D_V和D_E分别表示顶点和边属性集。每个顶点/边可能有不同的属性，当我们泛指图的属性时，我们将记其为D或D_G。

作为图分析主题的现实生活图（如社会网络图、道路网络图以及我们前面讨论的网络图），它们具有许多重要的特性，并影响系统设计的许多方面：

- 这些图非常大，有些有几十亿个顶点和边。处理具有如此多顶点（尤其是边）的图需要小心。
- 其中许多图被称为幂律图或无标度图，其中顶点度有显著变化（称为度分布偏斜）。例如，Twitter 图中的平均顶点度数为 35，而该图中的“超级节点”的最大度数为 290 万。
- 根据上述观点，许多真实世界中，具有高密度核的图的平均顶点度是相当高的。例如，交友网站图 Friendster 中的平均顶点度约为 55，而 Facebook 图中的平均顶点度为 190。
- 一些真实世界的图具有非常大的直径（即，两个最远顶点之间的跳数）。这些包括空间图（例如，道路网络图）和网络图：网络图的直径可以达到几百，而一些道路网络要大得多。图直径影响图分析算法，这些算法依赖于迭代地对每个顶点进行访问并计算（我们将在下面进一步讨论）。

在这些图上高效地运行工作负载是大数据平台的重要组成部分。与许多大数据框架一样，这些框架大多是并行/分布式（scale-out）平台，它们依赖于跨集群节点或分布式系统站点之间划分的数据图。

图工作负载通常分为两类。第一种是分析查询（或分析工作负载），要对其进行评估，我们需要在多次迭代中处理图中的每个顶点，直到达到某一个固定点。分析工作负载的示例包括 PageRank 计算（参见示例 10.4）、聚类、查找连通分量（参见示例 10.5）和许多利用图数据的机器学习算法（例如，信息传播）。我们专注于为这些任务开发的不同计算方法，以及为支持这些任务而构建的系统。这些是我们在上一节讨论 Spark 时提到的专用迭代计算平台。它们是我们本节的重点。第二类工作负载是在线查询（或在线工作负载），它们不是迭代的，通常需要访问图的一部分，并且我们可以通过适当设计一些辅助的数据结构（如索引）来协助它们执行。在线工作负载的示例包括可达性查询（例如，目标顶点是否可以从给定的源顶点到达）、单源最短路径（查找两个顶点之间的最短路径）和子图匹配（图同构）。我们将这些工作负载的处理放到第 11 章讨论，在这里我们讨论图 DBMS。

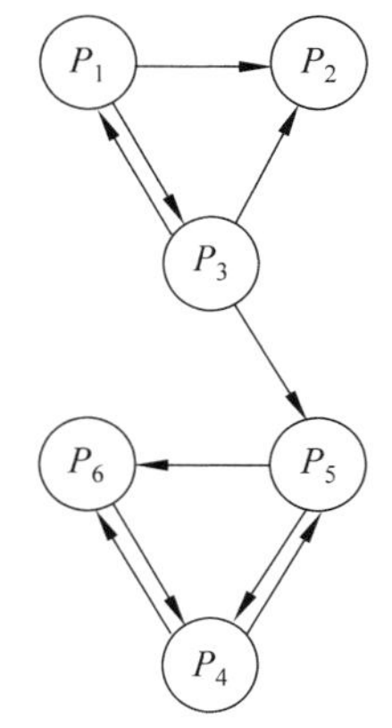

图 10.21 PageRank 计算的 Web 图表示

【例 10.4】PageRank 是一种著名的计算网页重要性的算法。它基于这样一个原则，即一个页的重要性取决于指向它的其他页的数量和质量。在本例中，PageRank 使用质量来衡量一个页面（因此是递归定义的）。每个网页在网络图中表示为一个顶点（见图 10.21），每个有向边表示一个“指向”关系。因此，Web 页面P_i的 PageRank，记为$PR(P_i)$，是指向它的所有页面P_j的 PageRank 的总和，我们通过每个P_j指向的页面数对P_i的 PageRank 进行归一化。我们的想法是，如果一个页面P_i指向n个页面（其中一个页面是P_i），那么它的 PageRank 对n个页面的 PageRank 计算的贡献是相等的。PageRank 公式还包括一个基于随机游动理论的阻尼因子：如果用户从一个网页开始，继续点击链接到达其他网页，这种"游走"最终将停止。因此，当用户在第P_i页时，用户继续单击下一个页面的概率为d，而停止游走的概率为$(1-d)$；d通常取 0.85，这是经验研究的结果。因此，设P_i的内邻居集是B_{P_i}（这些是P_i的后向链接），外邻居集是F_{P_i}（前向链接），则 PageRank 公式为

$$PR(P_I)=(1-d)+d\sum_{P_j\in B_{P_i}}\frac{PR(P_j)}{|F_{P_j}|}$$

我们将在第 12 章讨论 Web 数据管理时更详细地介绍 PageRank。目前，我们将以图 10.21 为例，简单地介绍 PageRank 值的计算。让我们考虑P_2页；此页面的 PageRank 为 $PR(P_2)=0.15+0.85\left(\frac{PR(P_1)}{2}+\frac{PR(P_3)}{2}\right)$。显然，这是一个递归公式，因为它依赖于$P_1$和$P_3$的 PageRank 值的计算。计算开始时会为每个顶点分配相等的 PageRank 值（在本例中是 1/6，因为有 6 个顶点），然后迭代地计算每个节点的值，直到到达固定点（即，值不再改变）。因此，PageRank 计算展示了我们为分析工作负载确定的两个属性：迭代计算，以及每个顶点在每次迭代中的参与。

【例 10.5】 本例展示图的连通分量的计算。首先介绍一些基础概念。如果每对顶点之间都有一条路径，则称图是连通的。图的最大连通子图称为连通分量，该连通分量中的每个顶点都可以从其他顶点到达。在一个图中寻找一组连通子图是一个重要的图分析问题，可以用于许多应用程序，如聚类。如果图是有向的，那么在两个方向上每对顶点都有一条有向路径（即从顶点v到u的路径和从u到v的路径）的子图称为强连通分量。例如，在图 10.21 中，$\{P_1,P_3\}$和$\{P_4,P_5,P_6\}$是两个强连通分量。如果图中的所有有向边都被无向边代替，然后确定最大连通分量，这就产生了弱连通分量集。图 10.21 中的整个图是一个弱连通分量（在这种情况下，该图被称为弱连通）。

寻找弱连通分量是一种使用深度优先搜索（DFS）的迭代算法。给定一个图$G=(V,E)$对于每个$v\in V$，该算法执行 DFS 来确定v所在的分量。

10.4.1　图划分

如前文所述，大多数图分析系统是并行的，它们需要对数据图进行划分并将其分配给工作节点。我们在前面的章节中已经介绍了数据划分，在第 2 章的分布式关系系统场景中讨论过，在第 8 章的并行数据库系统场景中讨论过。因为顶点之间的连接，图的划分和数据划分是不同的；在某种意义上，这类似于在分布设计中考虑跨片段完整性约束，但是由于顶点之间的通信量很大，图划分需要更加小心，这些内容我们将在接下来的部分中讨论。由于前文提到的原因，人们为图划分设计了特殊的算法，并且有大量相关的参考文献。

图划分可以遵循边切割方法（也称为顶点不相交）或顶点切割方法（也称为边不相交）。边切割方法将每个顶点指定给分区，但是如果某条边连接了边界的顶点，则我们可以在分区之间复制该边。顶点切割方法将每个边分配给分区，但如果顶点与分配给不同分区的边相关，则可以在分区之间复制顶点。这两种方法中都有如下 3 个目标。

（1）将每个顶点或边分配给分区，使分区互斥。

（2）确保分区平衡。

（3）最小化切割（边切割或顶点切割），来最小化分配每个分区的机器之间的通信。

将这些需求进行平衡是很困难的；例如，如果我们只关心在获得互斥分区的同时平衡工作负载，那么将顶点（或边）循环分配给机器可能就足够了。然而，不能保证这不会造成大量的切割。

划分可以表示为一个优化问题，如下所示。给定一个图$G(V,E)$（暂时忽略属性），我们希望将G划分为$P=\{P_1,\dots,P_k\}$的k个分区，其中P_i的大小是平衡的。这可以表示为以下优化问题：

$$\text{最小化}C(P)$$
$$\text{针对：}$$
$$w(P_i)\leqslant\beta*\frac{\sum_{j=1}^{k}w(P_j)}{k},\forall i\in 1,\dots k$$

其中$C(P)$表示分区的总通信开销，$w(P_i)$表示处理分区P_i的抽象开销。这两种方法（顶点切割和边切割）在$C(P)$和$w(P_i)$的定义上有所不同，如下所述。在上面的公式中，我们引入β作为松弛参数以允许不完全平衡的划分；如果$\beta=1$，则解是一个完全平衡的划分，该问题称为k-平衡图划分优化问题；如果$\beta>1$，则允许偏离绝对的平衡，这就是(k,β)平衡图划分优化问题。这个问题已经被证明是 NP 难的，研究人员提出了一些启发式方法来获得近似解。

边切割（顶点不相交）的启发式方法试图在满足最小化边切割的同时实现顶点到分区的平衡分配；因此每个P_i包含一组顶点。在这些方法中，$w(P_i)$定义为每个分区的顶点数(即，$w(P_i)=|P_i|$)，而通信代价被计算为边切割的一部分：

$$C(P)=\frac{\sum_{i=1}^{k}|e(P_i,V\setminus P_i)|}{|E|}$$

其中$\left|e\left(P_i,P_j\right)\right|$是分区$P_i$和$P_j$之间的边数。

最著名的顶点不相交启发式算法是 METIS，它提供了近似最优的划分。它包括如下 3 个步骤。

（1）给定一个图$G_0=(V,E)$，生成一个连续粗化的图$\{G_1,\dots,G_n\}$，使得任意$i<j$的$|V(G_i)|>\left|V\left(G_j\right)\right|$。粗化有许多可能的方法，但最流行的是所谓的收缩，即G_i中的一组顶点被$G_j(i<j)$中的单个顶点替换。当G_n足够小到高成本的划分算法仍然可以被使用时，粗化通常会停止。通过寻找最大匹配，即没有两条边共享一个顶点的边集，图G_i可以粗化为G_{i+1}。然后这些边的端点由G_{i+1}中的顶点表示。

（2）使用某些划分算法进行对G_n进行划分——如上所述，G_n现在应该足够小，使得我们可以使用任何所需的划分算法，而不考虑其计算成本。

（3）将G_n迭代地细化到G_0，并且在每一步执行：

- 将图G_j上的划分方案投影到图G_{j-1}上（注意，下标的数值越小表示图的粒度越细）。
- 使用各种技术对G_{j-1}的划分进行改进。

尽管 METIS 和相关算法大大缩短了图分析的工作负载处理时间，但由于计算代价大，它们即使对中等大小的图也不实用。在图分析系统中，划分开销是一个重要的考虑因素，因为一个图的加载和划分时间占了处理时间的很大一部分。

我们将一个简单的基于哈希的方法纳入到下面讨论的大多数图形分析系统中，该方法是一个顶点不相交划分的启发式算法。在这种情况下，一个顶点被分配给其标识符哈希到的分区。这种策略很简单，速度也很快，在均匀分布的图中，它的平衡负载方面性能是相当好的。然而，在上面讨论的具有偏斜的现实生活图中，结果可能是工作负载不平衡。边划分模型按顶点分配负载，但对于某些算法，负载与边的数目成正比，这对于倾斜图是不平衡的。对于这些情况，采用考虑图结构的更复杂的启发式算法更合适。

一个考虑图结构的方法是标签传播，这种方法从每个有自己标签的节点开始，之后节点与它的邻居进行迭代地交换。在每次迭代中，每个顶点都采用其“领域”中最常见的标签，当频率相同时，将采用一种策略选择标签。当顶点标签不再更改时，此迭代过程停止。这种技术对图的结构敏感，但不能保证产生平衡的分区。实现平衡的一种方法是从非平衡分区开始，然后使用贪婪标签传播算法重新定位顶点以实现平衡（或接近平衡）。贪心算法通过移动顶点来最大化受平衡约束的重定位效用函数。例如，效用函数可能是将要位于同一分区中的图的邻居数。通过在粗化阶段加入标记传播，我们可以将 METIS 与标记传播结合起来。同样，该问题被建模为一个约束划分问题，该问题最大化一个关注顶点邻域的效用函数，以最小化边切割。

【例 10.6】 考虑图 10.22(a)中的示例，图 10.22(b)展示了该图的顶点不相交划分，其中边切割用虚线表示。这种划分是通过如上所述的哈希来实现的。值得注意的是，这种划分将导致 12 条边中的 10 条被切割。这个例子演示了使用度数高的顶点划分图是困难的（在这个图中，顶点v_3，特别是v_4是度数高的），这导致了高边切割。METIS 在这个图上做得更好，但它不能生成三个分区，而是生成两个分区：$\{v_1, v_3, v_4, v_7, v_9\}$和$\{v_2, v_5, v_6, v_8\}$，从而产生 5 个边切割（基于哈希的双向分区会导致 8 个边切割）。

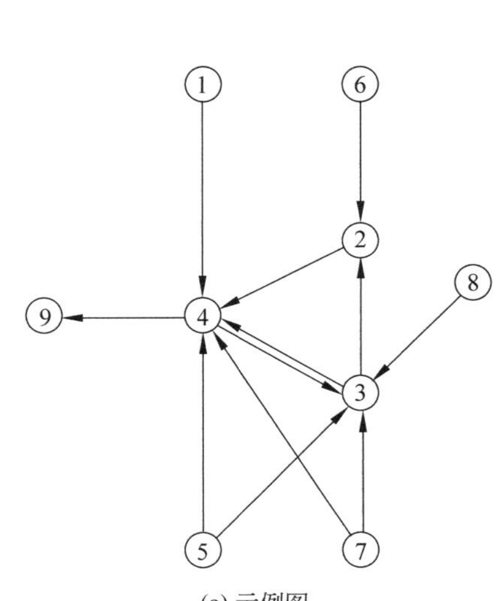

(a) 示例图

(b) 顶点不相交（边切割）划分

图 10.22　划分示例

已有研究表明，边切割的启发式算法在度数低的顶点的图上表现良好，但在幂律图（over-law）上表现较差，因为它造成了大量的边切割。为了处理这个特殊的问题，人们对METIS进行了修改，但是它在处理非常大的图时的性能仍然是一个问题。顶点切割方法将边分配给各个分区，同时划分（复制）与这些边相关的顶点，人们普遍认为，这样的方法更容易处理幂律图（即，每个P_i包含一组边）。在这种情况下，$w(P_i)$被定义为分区P_i中的边数，即$w(P_i)$=|$e(w(P_i)$|。对于这些启发式算法，通信$C(P)$将受到每个顶点的复制因子（定义为分配给该顶点的分区的数目）的影响；其公式如下：

$$C(P) = \frac{\sum_{v \epsilon V} |A(v)|}{|V|}$$

其中$A(v) \subseteq \{P_1, \dots, P_k\}$表示顶点$v$被分配到的分区集。

哈希也是顶点切割的启发式方法的一个选择：在这种情况下，算法对一条边上两个顶点的 id 上进行哈希。这种方法简单、快速（因为它可以很容易地并行化），并且可以提供良好的平衡分区。但是，它可能导致顶点复制次数过多。我们可以使用哈希，但需要控制复制因子。现有的一种方法是为边$e_{u,v}$关联的两个顶点u和v分别定义约束集C_u和C_v。这些是可以在之上复制u和v的分区集。显然，我们必须将边$e_{u,v}$分配给一个u和v的约束集共同包含的分区，即$C_u \cap C_v$。该约束对一个顶点可以分配到的分区数量设置了限制，从而控制复制因子的上限。生成这些约束集的一种方法是定义分区的平方矩阵，并通过将u（v也同理）哈希到其中一个分区（比如P_i），然后将位于P_i同一行和列上的分区来分配给S_u（S_v也同理）。

我们还设计了识别图特征的顶点切割启发式算法。贪婪算法决定如何将$(I+1)-$st边分配给一个分区，从而使复制因子最小化。当然，第$(I+1)-$st边的分配取决于前 R 边的分配，所以过去的历史很重要。边$e_{u,v}$的位置使用以下启发式规则确定：

（1）如果$A(u)$和$A(v)$的交集不为空（即，存在一些同时包含u和v的分区），则将$e_{u,v}$分配给交集中的一个分区。

（2）如果$A(u)$和$A(v)$的交点为空，但$A(u)$和$A(v)$各自不为空，则将$e_{u,v}$分配给$A(u) \cup A(v)$中具有最多未指定边的一个分区。

（3）如果$A(u)$和$A(v)$中只有一个不是空的（即u或v中只有一个被分配到分区），则将$e_{u,v}$分配到所分配顶点的分区之一。

（4）如果$A(u)$和$A(v)$为空，那么将$e_{u,v}$分配给最小的分区。

该算法考虑了图的结构，但由于依赖于历史，很难实现高性能的并行化。并行化要么需要维护一个定期更新的全局状态，要么需要一个近似值，其中每台机器只考虑其局部状态历史而不维护全局状态历史。

我们也可以在一个划分算法中同时使用顶点切割和边切割方法。例如，PowerLyra 对度数低的顶点使用边切割算法，对度数高的顶点使用顶点切割算法。具体地说，给定一个有向边$e_{u,v}$，如果v的度数低，算法则对v进行哈希处理，如果该度数高，则对u进行哈希。

【例 10.7】 再次考虑图 10.22(a)中的图。图 10.23 中显示了该图的边不相交划分，其中复制的顶点用点圆表示。这个分区是通过如上所述的哈希来实现的。请注意，这将导致 9 个顶点中的 6 个被复制。

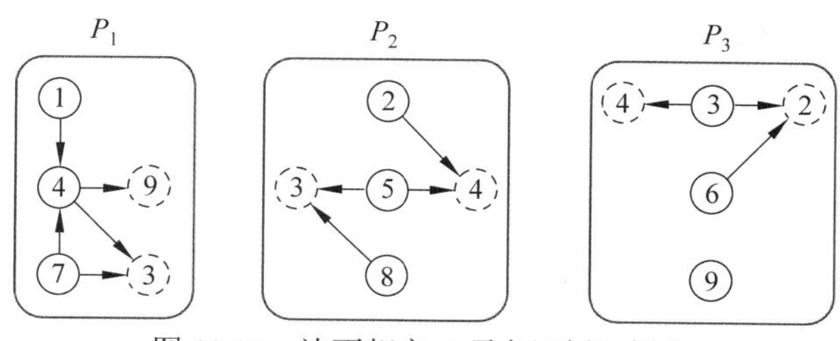

图 10.23 边不相交（顶点切割）划分

10.4.2 MapReduce 和图分析

我们可以使用 MapReduce 系统（如 Hadoop）进行图处理和分析。但是，如 10.2.1 节所述，MapReduce 系统不能很好地处理迭代计算，其主要问题我们在该节进行了讨论。在图系统中，由于许多实际图的度分布是偏斜的，因此存在一个额外的问题，即在工作节点（worker）之间平衡分配顶点，如 10.4.1 节所讨论的那样。这导致工作节点之间的通信开销发生变化。所有这些都会导致开销明显增大，从而对用于图分析的 MapReduce 系统的性能产生负面影响。然而，我们将在下一节讨论的大多数专用的图分析系统都需要将整张图保存在内存中；当上述方法不可能应用的时候，MapReduce 可能是一个合理的替代方案，并且有研究关注它在各种工作负载中的使用，以及提出更好的可扩展性方面的修改。还有一些系统可以修改 MapReduce 以更好地适应迭代图分析工作负载。如前所述，Spark 是 MapReduce 处理迭代的改进版，GraphX 是在 Spark 之上开发的一个图处理系统。还有一种用于图处理的 MapReduce 变体，HaLoop 系统就是一个例子。这两种方法都将在迭代过程中更改的状态与不变的数据分开，并缓存不变数据以避免不必要的 I/O。它们还修改调度程序，以确保相同的数据在多次迭代中映射的工作节点相同。实现这些的方法与 HaLoop 明显不同，HaLoop 修改 master 中的 Hadoop 任务调度器和工作节点中的任务跟踪器，以及通过在 master 中实现循环控制来检查固定点。另一方面，GraphX 使用合并到 Spark 的修改来更好地处理迭代工作负载。它执行图的边不相交划分，并在每个工作节点上创建顶点表和边表。顶点表中的每个条目都包括顶点标识符和顶点属性，而边表中的每个条目都包括每个边的端点和边特性。这些表是作为 Spark RDD 创建的。任何图计算都涉及两个步骤（带迭代）：连结顶点表和边表，并执行聚合。连结涉及将顶点表移动到包含相应边表的工作节点，因为顶点的数量小于边的数量。为了避免将每个顶点表广播给所有边表工作节点，GraphX 创建一个路由表，为每个顶点指定边表工作节点所在的位置；这也是作为 RDD 实现的。

10.4.3 图分析专用系统

我们现在将注意力转向专门为图分析开发的系统。这些系统的典型特征是它们的编程模型和计算模型。具体而言，编程模型指定应用程序开发人员如何编写要在系统上执行的算法，而计算模型则指示底层系统如何执行这些算法。

有 3 种基本编程模型：以顶点为中心、以分区为中心和以边为中心。

1．以顶点为中心

以顶点为中心的方法要求程序员专注于每个顶点上要执行的计算。因此，这通常被称为“面向顶点思考”（think-like-a-vertex）的方法。顶点v的计算仅基于其自身的状态和相邻顶点的状态。例如，在 PageRank 的计算中，每个被编程出来的顶点都接收来自其邻居的排名计算，并基于这些计算来计算其自己的排名。然后，状态计算的结果可供相邻顶点使用，以便它们可以执行计算。

2．以分区为中心

在遵循这种编程模型的系统中，程序员需要指定在整个分区上而不是在每个顶点上执行的计算。因为计算是在顶点块上进行的，这也称为“像块一样思考”（think-like-a-block）或者“像图一样思考”（think-like-a-graph）。

以分区为中心的方法通常在每个块中使用串行算法，并且只依赖于整个相邻块的状态，而不是单个顶点的状态。在分区内和分区之间（对于边界处的顶点）使用单独计算算法的这一特性可能导致算法更复杂，但是减少了对邻居状态的依赖和通信开销。

3．以边为中心

第三种方法是顶点中心模型的对偶，即为每个边而不是每个顶点指定操作。在这种情况下，我们主要关注对象是边而不是顶点。按照相同的命名方案，这可以称为“像边一样思考”。

计算模型包括整体同步并行（bulk synchronous parallel，BSP）、异步并行（asynchronous parallel，AP）和聚集-应用-分散（gather-apply-scatter，GAS）。

- **整体同步并行**。整体同步并行是一种并行计算模型，它将一个计算过程划分为一系列被全局屏障隔开的超步（superstep）。在每个超步中，所有工作节点（即工作机）并行执行计算，在超步结束时，它们在开始下一个超步之前进行同步。同步涉及与其他人共享在该超步中计算的状态，以便该状态可由下一超步中的所有工作节点使用。计算在多个超步中进行，直到达到固定点。图 10.24 显示了一个 BSP 计算示例，三个超步中包含三个工作节点，BPS 计算在该三个超步中到达固定点。

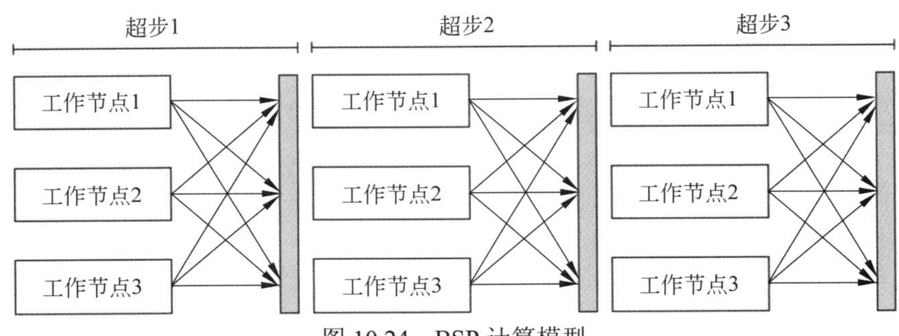

图 10.24　BSP 计算模型

由于这些系统大多运行在并行集群上，因此通信通常以消息传递的方式进行（这对于我们讨论的所有计算模型都是如此）。BSP 模型实现了一种基于推送的通信方法：消息由发送方推送，并在接收方进行缓存。当接收器在一个超步结束时接收到消息，它会自动地被安排在下一个超步中执行。BSP 模型简化了并行计算，但它需要注意任务划分，以便合理地平衡工作节点以避免掉队。它还会在每个超步的末尾产生同步开销。

- **异步并行**。异步并行模型消除了 BSP 模型的限制，BSP 模型要求工作机之间在全局屏障处进行同步——在超步k计算的状态可用于超步$k+1$的计算，即使它们在超步k内到达目的固定点。AP 模型保留了全局屏障以分离超步，但允许立即看到和使用接收到的状态。因此，状态k是基于超步$k-1$中计算出来的邻居的状态来计算的，但该状态被延迟到$k-1$步结束，或者在超步k中才收到。

  一个超步中的状态计算可能与从邻居接收状态重叠，这一事实引起了一致性问题，因而状态更改和状态读取需要仔细控制。这通常是通过在读取或写入状态时对状态加锁来处理的；由于状态分布在多个工作节点上，因此需要分布式锁定解决方案。

  异步并行模型的一个重要目标是允许更快的处理单元，它不必等到同步屏障[①]并继续处理，以提高性能。这可能会减少超步的步数。然而，由于它仍然保留同步屏障，因此同步和通信开销没有完全消除。

- **聚集-应用-分散**。顾名思义，聚集-应用-分散模型由三个阶段组成：在聚集阶段，图的元素（顶点、块或边）接收（或提取）关于其邻域的信息；在应用阶段，它使用收集到的数据来计算自己的状态；在分散阶段，它会更新邻域的状态。聚集-应用-分散模型的一个重要区别特征是状态更新和激活的分离。在 BSP 和 AP 中，当一个状态更新被传送到邻居时，它们被自动激活（即计划执行），而在 GAS 中，这两个动作是分开的。这种分离很重要，因为它允许调度程序自行决定下一步执行哪些图元素（可能基于优先级）。

  聚集-应用-分散可以是同步的或异步的。同步聚集-应用-分散与 BSP 模型类似，因为它保持了全局屏障，但二者有一个重要的区别：在 BSP 中，每个图元素在超步的最后都将其状态推到它的邻居，而在 GAS 中，激活的图元素在超步的开始时从其邻域处拉取其状态。

  异步 GAS 消除了全局屏障，因此它与通过使用分布式锁的 AP 模型具有相同的一致性问题。然而，它与 AP 模型不同，因为它没有任何与 BSP 模型相同意义上的超步概念。它迭代地调度图元素的执行、收集其邻居状态（称为范围，scope）、计算其状态以及更新需要调度的范围和图元素列表。当没有更多的图元素等待调度时，计算结束。

编程和计算模型的结合定义了设计的可能性，包括九个备选方案。然而，到目前为止，并不是所有的备选方案都有相应的系统被构建。大多数的研究和开发工作都集中在以顶点为中心的 BSP 系统（参见 10.4.4 节），因此，我们对这一方案进行深入探讨，而对于那些没有被已知系统实际使用的情况，则仅做简要说明。

---

① 本章对术语全局屏障（global barrier）、全局同步屏障（global synchronization barrier）和同步屏障（synchronization barrier）不加以严格区分。

10.4.4 以顶点为中心的整体同步系统

如上所述，以顶点为中心的系统要求程序员专注于每个顶点的计算；在这些系统中，边不是最重要的对象，因为没有对它们执行任何计算。当与 BSP 计算模型耦合时，这些系统迭代地执行计算（即在超步中），使得在每次迭代中，每个顶点v访问在上一次迭代中发送给它的消息中包含的状态，并基于这些消息计算其新状态，接着将其状态传达给其邻居（他们将在随后的超步中读取状态）。然后，系统等待所有工作机完成该迭代（全局屏障）中的计算，并再开始下一个迭代。

每个顶点处于“活跃”或“非活跃”状态。计算从处于活跃状态的所有顶点开始，一直持续到所有顶点到达固定点并进入非活跃状态，并且系统中没有待办的消息（图 10.25）。当每个顶点到达固定点时，它在进入非活跃状态之前发送一个“投票停止”消息；一旦处于非活跃状态，顶点将活跃该状态，除非它接收到要再次变为活跃状态的外部消息。

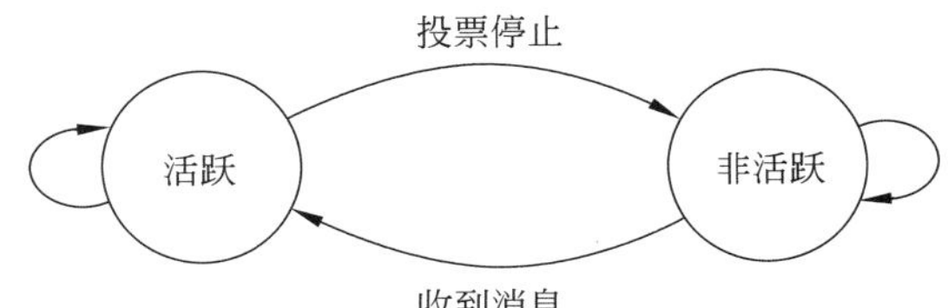

图 10.25 以顶点为中心的系统中的顶点状态

正如我们前面提到的，对于系统构建者来说，以顶点为中心的 BSP 系统是最受欢迎的。经典的系统是 Pregel 及其开源对应的 ApacheGiraph。其他的有 GPS、Mizan、LFGraph、Pregelix 和 Trinity。我们将 Pregel 作为这类系统的一个范例来讨论一些细节（这些系统通常被称为“Pregel-like”）。

为了方便以顶点为中心的计算，为每个顶点提供一个 Compute()函数，程序员需要基于应用程序语义指定需要执行的计算。系统提供内置函数，例如GetValue()和WriteValue()以读取与顶点关联的状态并修改顶点的状态，以及SendMsg()函数，它将顶点状态更新推送到相邻顶点。这些功能是作为基本功能提供的，程序员可以专注于需要在每个顶点上执行的计算。从这个意义上讲，这种方法类似于 MapReduce，其中程序员需要为map()和reduce()函数提供特定代码，而底层系统提供执行和通信机制。

Compute()函数非常通用，除了为顶点计算一个新的状态外，如果系统支持，它还可能实现图拓扑的更改（称为突变）。例如，聚类算法可以用单个顶点替换一组顶点。在一个超步中执行的突变在下一个超步开始时生效。自然地，当多个顶点需要相同的变异时，例如添加具有不同值的相同节点，会产生冲突。这些冲突通过操作的偏序和实现用户定义的处理程序来解决。操作的偏序规定了以下顺序：首先执行边删除，然后执行顶点删除，然后执行顶点添加，最后执行边添加。所有这些突变都发生在调用 Compute()函数之前。

【例 10.8】 为了演示以顶点为中心的 BSP 计算方法，我们将计算图 10.26(a)中给出的图的连通分量。对于这个例子，我们选择一个图（图 10.22(a)）来演示计算步骤，它比我们用于划分的图更简单。

由于这个图是有向的，计算连通分量将简化为计算弱连通分量（WCC），弱连通分量忽略了方向（参见示例 10.5）。另外，由于这个图是全连通的，所有的顶点都应该在一个组中，所以我们用这个事实来检查计算的正确性。

WCC 算法的以顶点为中心的 BSP 版本如下所示。每个顶点保存它所在的组的信息，并且在每个超步中，它与它的邻居共享这些信息。在随后的超步开始时，每个顶点从其邻居获取这些组 id，并选择最小的组 id 作为其新的组 id，即计算方法为 Compute()=min{neighbor group id, selfgroup id}。如果其组 id 与上一个超步相比没有更改，顶点将进入非活跃状态（回想一下，非活跃状态表示顶点值已达到固定点）。否则，它会将其新组 id 推送给其邻居。当顶点进入非活跃状态时，它不会再向其邻居发送任何消息，但它将接收来自活跃邻居的消息，以确定它是否应该再次变为活跃状态。计算以这种方式在多个超步上继续。

图 10.26(b)描绘了这种执行。在初始化步骤中，算法通过将每个顶点分配到由顶点 id 标识的组（例如，顶点v_1在组 1 中）来初始化。每个顶点的值都是标记超集末尾的状态。然后将这个组 id 推送到它的邻居。每个箭头都显示消息何时被接收者工作节点使用，因此在指向下一个超集之前，消息不会被访问，无论消息何时被传递或接收。在超步 1 中，请注意顶点v_4、v_7、v_5、v_8、v_6和v_9会更改其组 id，而顶点v_1、v_2和v_3不会更改其值并进入非活跃状态。在这个例子中，整个计算需要 9 个超步。

在某些情况下，处于非活跃状态的顶点由于从邻居接收到消息而变为活跃状态。例如，顶点v_2在超步 2 中变为非活跃状态，而当它从v_7接收到一个组 id 值为 1 时，该组 id 使顶点v_2更新自己的组 id，并在超步 4 中变为活跃的顶点。这是上面讨论的此类计算的特征。

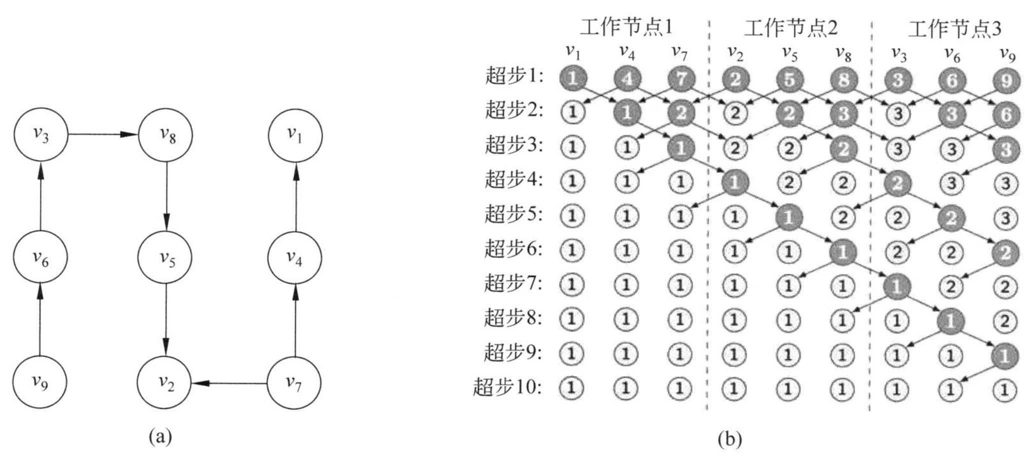

图 10.26　以顶点为中心的 BSP 示例 (a) 示例图；(b) WCC 的以顶点为中心的 BSP 计算（灰色顶点处于非活跃状态，蓝色顶点处于活跃状态）

回想一下，这些系统在集群上执行并行计算，其中有一个主节点和多个工作节点，每个工作节点承载一组图顶点并实现 Compute()函数。在某些系统（如 GPS 和 Giraph）中，有一个额外的 Master.Compute()函数，它允许算法的某些部分在主机上串行执行。这些函数的存在为算法的实现和一些优化提供了进一步的灵活性（如下所述）。

对于某些算法，捕获图的全局状态是很重要的。为了实现这一点，我们可以实现聚合程序。每个顶点向聚合程序贡献一个值，聚合的结果在下面的超步中对所有顶点可用。系统通常提供许多基本聚合程序，如 min、max 和 sum。

这类系统的性能受两个因素影响：通信代价和超步步数，而这两个因素则取决于之前讨论过的现实世界中不同图的如下一些特征。

（1）具有度分布偏斜的幂律图：具有度分布偏斜的问题是，持有这些度数高的顶点的工作节点需要接收和处理消息要比其他的工作节点多得多，从而使得工作节点之间的负载不平衡，导致前面讨论的掉队问题。

（2）顶点度数的平均值高：这导致每个顶点必须处理大量传入消息，并且必须与大量相邻顶点通信，从而导致沉重的通信开销。

（3）大直径：如果在 BSP 计算中，每个超步对应于顶点之间的一跳（即一条消息），则这些计算将占用大量超步——与图形直径成比例。尽管几百跳作为一个图的直径似乎并不过分，但许多工作负载的分析需要多次遍历这些图中的所有顶点，从而导致高算法成本。例如，据报道，在直径为 20 的图上运行强连通分量算法需要超过 4500 个超步（没有优化）。

一个组合器可以优化系统来减少工作节点之间的通信开销，该组合器根据应用程序定义的语义来组合发往顶点v的消息（例如，如果v仅需要来自邻居的值的总和）。这是不能自动完成的，因为系统无法确定何时以及如何进行该聚合是合适的；相反，系统提供一个 Combine()函数，程序员需要指定该函数的代码。

处理倾斜的系统级优化包括对这种倾斜敏感的图划分算法的实现。我们在 10.4.7 节～10.4.9 节中讨论的基于划分的系统也通过采用截然不同的系统设计来解决这些问题。

也有人提议对算法进行优化来处理这些问题，但这些都需要对工作负载算法的实现进行修改。虽然我们不会深入讨论这些细节，但我们将突出展示其中一个示例。一些工作负载分析算法可能会导致一小部分图顶点在其他顶点变为非活跃状态之后保持活跃状态，从而导致在收敛之前出现更多的超步。在这种优化中，如果图的“活跃”部分足够小，则将计算移动到主节点，并使用 Master.Compute()功能。实验表明，这种方法可以减少 20%～60%的超步数。

10.4.5 以顶点为中心的异步并行系统

这些系统遵循与前一种情况相同的编程模型，但是放松同步执行模型，同时在每个超步结束时保持同步屏障。因此，每个顶点的 Compute()函数在每个超步中执行，其结果被推送到相邻顶点，但该函数可用的输入消息并不限于在前一个超步中发送的消息；一个顶点可以在发送它的那个超步内看到该顶点接收到的消息。与 BSP 中一样，执行 Compute()函数时，不可用的消息将在后续超步的开始时被接受。这种方法解决了 BSP 模型的一个重要问题，同时保持了以顶点为中心编程的简便性：顶点可能会看到更新的消息，这些消息不会延迟到后续的超步。这通常会使得这种方法比基于 BSP 的系统收敛得更快。GRACE 和 GiraphUC 遵循这种方法。

【例 10.9】 为了演示以顶点为中心的 AP 系统，我们使用上一节中的弱连通分量示例（例 10.8）。为了简化问题，我们假设顶点之间的所有消息都在同一个超步内到达它们的固定点，并且每个工作节点上的计算也在同一个超步内完成。此外，我们假设一个单线程执行过程，其中每个工作节点逐个地在顶点上运行 Compute()函数。在这些假设下，图 10.26(a)中的图的 WCC 的计算如图 10.27 所示。例如，在初始化步骤中，v_1将其组 id 为 1 的值推送到v_4，v_4将其组 id 为 4 推送到v_1和v_7。由于我们假设是单线程执行，所以方法执行 v_4.Compute()函数，将v_4的组 id 更改为 1，这也会在同一个超步（超集 1）中推送到v_7。因此，当执行 v_7.Compute()函数时，v_7的组 id 设置为 1。AP 模型的显著特点是能够在同一个超步内获得顶点状态。

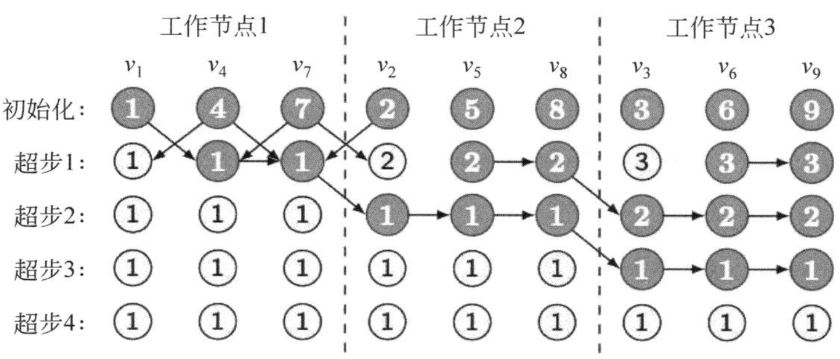

图 10.27　以顶点为中心的 AP 示例

如前所述，异步执行需要通过分布式锁来控制一致性。这在此类系统中以下列方式展示。其他顶点执行其 Compute()函数时可以访问某个节点的状态——当顶点v_i执行 Compute()函数时，其邻居顶点v_j可能将其更新推到v_i。为避免这种情况，每个顶点都放置了锁。由于是跨工作节点分布的，因而这需要一个分布式加锁机制来确保状态一致性。

AP 方法的另一个问题是它破坏了 BSP 提供的不同类型的一致执行保证。每个顶点使用自上次执行以来收到的所有消息来执行 Compute()函数，这是旧消息（来自上一个超步）和新消息（来自当前超步）的混合。因此，这并不是说，在每个超步处，每个顶点始终基于上一个超步结束的相邻顶点的状态来计算新状态。但是，这种松弛允许顶点在接收到高优先级消息时立即执行 Compute()函数。

AP 模型虽然解决了 BSP 的消息陈旧问题，但由于全局同步屏障的存在，该模型仍然存在性能瓶颈，即通信开销大，需要处理掉队者。屏障异步并行(BAP)模型可以通过消除 GiraphUC 提出的一些屏障来克服。当工作节点全局同步时，BAP 维护全局超步之间的全局屏障，但是它将每个全局超步划分为逻辑超步，由非常轻量级的局部屏障分隔。这允许快速工作程序在需要与较慢的工作程序节点全局同步之前，多次执行 Compute()函数（在每个逻辑超步中执行一次）。与 AP 一样，顶点可以立即读取它们接收到的本地和远程消息，这减少了消息的陈旧性。图 10.28 展示了 3 个工作节点上的 BAP；第一个工作节点（W_1）在第一个全局超步（GSS）中有 4 个逻辑超步（LSS），第二个工作节点有两个，第三个工作节点有 3 个。虚线箭头表示在同一逻辑超步中接收和处理的消息，而实心箭头表示在随后的全局超步中接收的消息。

BAP 模型在确定终止时需要小心。回想一下，在每个同步屏障处，BSP 和 AP 模型检查所有顶点是否处于非活跃状态并且没有消息在传输中，如果达到条件，则判断可以终止。由于现在 BAP 模型已将本地和全局屏障分开，因此它需要在本地和全局屏障上进行此检查。

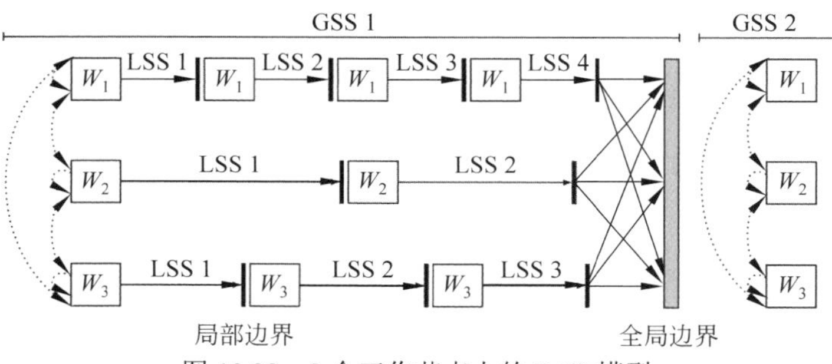

图 10.28　3 个工作节点上的 BAP 模型

一个简单的方法是，在本地屏障上检查是否有更多的本地或远程消息要处理；如果没有，那么就没有更多的工作要做，并且这个工作节点上的顶点到达全局屏障。当图中的所有顶点到达全局屏障时，将执行第二次检查，这与 BSP 和 AP 中的检查相同：如果所有顶点都处于非活跃状态并且没有更多消息，则计算将全局终止。

10.4.6　以顶点为中心的聚集-应用-分散系统

这个类别的特点是将以顶点为中心的编程模型和基于拉取（pull-based）的 GAS 计算模型相结合的 GraphLab。如前所述，这种方法的同步版本（在 GraphLab Sync 中实现）实际上与以顶点为中心的 BSP（拉取方面除外）相同，因此我们将不再进一步讨论。异步版本是不同的：在收集阶段，一个顶点从它的邻居那里拉取数据，而不是邻居推送数据给它（push）①。对于每个顶点v，算法定义了一个范围$[scope(v)]$，该范围包括存储在所有相邻边和顶点中的数据以及v中的数据。Compute()函数（在 GraphLab 中称为 Update()函数）将v和$Scope(v)$作为输入，并返回更新的$Scope'(v)$以及一组状态已更改的顶点v'，它们是调度的候选对象。执行过程分为 3 个步骤，以一个图G和一组初始顶点v'作为输入：

（1）根据调度决策从v'中删除顶点。

（2）执行Compute()函数并计算$Scope'(v)$和V'。

（3）$v' \leftarrow v \cup v'$。

这三个步骤迭代执行，直到 v 中不再有顶点。$Scope'(v)$中的状态更新（即邻居的状态）与顶点计算调度的分离是 GAS 与 AP 方法的一个主要区别，其中更新顶点状态的消息也调度这些顶点进行计算。这种分离允许灵活地选择顶点计算的顺序，例如，基于优先级或负载平衡。此外，注意 GAS 执行中没有显式的SendMsg()函数；共享状态更改是在收集阶段完成的。

由于顶点v可以直接从$Scope(v)$读取数据，因此可能会出现不一致，因为多个顶点计算可能会导致状态更新冲突，如前所述，我们需要部署分布式锁机制。当顶点v执行 Compute()时，它获取其$Scope(v)$上的锁，执行其计算，更新$Scope(v)$，然后释放其锁。在 GraphLab 中，这称为完全一致性。在该特定系统中，算法提供了两个更宽松的一致性级别：边一致性和顶点一致性，以更好地适应语义可能不需要完全互斥的应用程序。边一致性确保v对自

① GraphLab 还通过其分布式共享内存实现来区分自己，但这在本讨论中并不重要。

己的数据和相邻边的数据有读/写访问权限，但对相邻顶点只有读访问权限。例如，PageRank计算只需要边一致性，因为它只读取相邻顶点的排序。顶点一致性只是确保在v执行Compute()函数时，不会有其他顶点访问它。边和顶点的一致性允许应用程序语义达成一致性成为可能。

10.4.7　以划分为中心的整体同步系统

正如我们在 10.4.4 节提到的，以顶点为中心的系统对许多现实生活中的图进行处理分析具有挑战性，人们已经开发了许多优化来处理所提出的问题。以划分为中心的 BSP 系统构成了处理这些问题的不同方法。这些系统利用了图在工作节点上的划分，因此，每个顶点就不再像以顶点为中心的方法那样使用消息传递与其他顶点通信，而是通过在每个分区内实现的更简单的串行算法，将通信限制为跨块（分区）的消息。计算遵循 BSP，因此多次迭代作为超步执行，直到系统收敛。Blogel 和 Giraph++就是这种方法的例子。

这些系统的关键是在块内执行串行算法，并且只在块之间进行通信。一种解释是，给定一个图$G=(V,E)$，经过划分后，我们得到一个图 $G'=(B,E')$，其中B是块的集合，E'是块之间的边的集合。在以划分为中心的算法中，通信开销的上界是$|E'|$，这比$|E|$小得多。因此，高密度的图具有较低的通信开销。例如，在 Friendster 图上进行的计算连通分量的实验表明，与以划分为中心的系统相比，以顶点为中心的系统需要多 372 倍的消息和 48 倍的计算时间。基于划分的系统也减小了图的直径，因为每个图块由 G' 中的一个顶点表示，这使得 BSP 计算中的超步数显著减少。在美国道路网络图（直径约 9000）上计算连通分量的类似实验表明，超步步数会由 6000 多个减少到 22 个。最后，可以利用图分割算法处理度分布中的偏斜问题，以保证每个块中顶点的数量均衡。由于在每个块内执行的串行算法，因此度数高的顶点不一定会导致大量的消息。这个论点是，以顶点为中心的系统在G上工作，而以划分为中心的系统是在比G显著更小的 G'上工作的。

【例 10.10】考虑一下我们一直在讨论的 WCC 计算将如何在以划分为中心的 BSP 系统中执行。计算步骤如图 10.29 所示，其中每个工作节点处的图段是用阴影表示的分区。由于在每个分区中使用了串行算法，因此我们所讨论的算法，即每个顶点从其自己的组开始的算法，不一定是可以使用的算法，但是为了与以前的方法进行比较，我们将假设使用相同的算法。在超步 1 中，每个工作节点执行一个串行计算，以确定其分区中工作节点 1 的

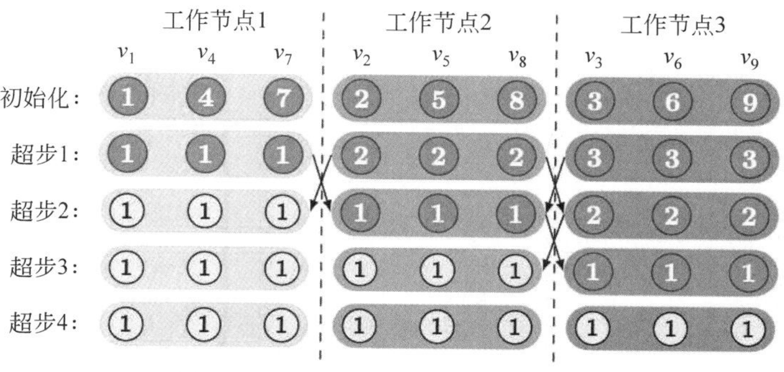

图 10.29　以划分为中心的 BSP 示例

顶点的组 id。最小的组 id 为 1，因此成为顶点v_1、v_4和v_7的组 id。类似的计算也发生在其他工作节点上。在超步结束时，每个工作节点将其组 id 推送到其他工作节点，然后重复计算。

请注意，这种情况下的超步数与以顶点为中心的 AP 相同（例 10.9）；一般来说，它可能会更低，但这不是重点。节省的是交换的消息数量：以划分为中心的方法只交换 6 条消息，而以顶点为中心的 AP 交换 20 条消息。我们在这些示例中使用的示例图不是密集连接的；如果是的话，节省的消息数量会更多。

10.4.8 以划分为中心的异步并行系统

此类系统将在工作节点之间对图进行划分，并在每个分区内执行串行算法，如 10.4.7 节所示，但在发送分区内消息时，工作节点之间进行异步通信。如前所述，异步通信通常使用分布锁来实现。从这个意义上说，这些系统将非常类似于我们在本书中讨论的分布式 DBMS，如果将每个工作分区视为一个数据片段的话，人们目前还没有开发这一类的系统。

10.4.9 以划分为中心的聚集-应用-分散系统

以划分为中心的聚集-应用-分散与 10.4.7 节中描述的以分区为中心的 BSP 的唯一区别在于，它使用基于拉取的 GAS 而不是基于推送的 BSP。同样，这类系统与分布式 DBMS 非常相似，只是对查询计划中的数据传输操作进行了适当的更改。目前，人们还没有开发这一类的系统。

10.4.10 以边为中心的整体同步系统

以边为中心的系统将每个边作为主要关注对象；从这个意义上说，它们是以顶点为中心方法的对偶。计算在每条边上完成，并使用超步进行迭代，直到到达固定点。但是，请注意，图中的边是用它的两个关联顶点标识的。因此，在边上执行Compute()函数需要在该边的关联顶点上执行。所以，这两种系统的真正的区别在于系统一次处理一条边，而不是像以顶点为中心的方法那样一次处理一个顶点。

一个自然的问题是，鉴于大多数图的边远多于顶点，为什么这样做更可取。乍一看，以边为中心的方法可能会导致更多的计算。但是，回想一下，在以顶点为中心的系统中，边的数量越多，消息传递成本就越高。此外，在以顶点为中心的系统中，边通常按其起始顶点排序，并在其上建立索引以便于访问。当状态更新传播到相邻顶点时，以顶点为中心的系统访问该索引以定位与该顶点相关的边；这种随机存取是昂贵的。以边为中心的系统旨在通过对未排序的边序列进行操作来解决这些问题，其中每条边标识其源顶点和目标顶点——该类系统没有对索引的随机访问，并且在边上进行计算后推送消息时，只有一个目标顶点。由于我们考虑的是 BSP 计算模型，因此在一个超步计算中的更新在随后的超步开始时可用。X-Stream 在共享内存并行系统上遵循这种方法，并对内存和基于磁盘的图形处理实现优化。

10.4.11　以边为中心的异步并行系统

这类系统是以顶点为中心的异步系统的修改（见 10.4.5 节），其关注点在每个边上而不是每个顶点上的一致执行。因此，锁将在边上而不是顶点上实现。目前，这一类中还没有已知的系统。

10.4.12　以边为中心的聚集-应用-分散系统

以边为中心的编程与 GAS 计算模型的结合将对以边为中心的 BSP 系统做出改变（见 10.4.10 节），就像以顶点为中心的 GAS 系统改变以顶点为中心的 BSP 系统一样。这意味着聚集、应用和发散函数在边上实现，并在聚集阶段执行基于拉取的状态读取。目前，还没有已知的系统遵循这种方法。

10.5　数　据　湖

大数据技术支持以自然格式存储和分析多种不同类型的数据，这些数据可以是结构化、半结构化或非结构化的。这为以新的方式解决物理数据集成的老问题提供了机会（见第 7 章，通常使用数据仓库来解决这个问题）。数据仓库使用一种通用格式（通常是关系模型）来集成来自不同企业数据源的数据，这需要进行数据转换。相比之下，数据湖使用 Hadoop HDFS 等大数据存储，以其原生格式存储数据。每个数据元素都可以直接存储，具有唯一的标识符和相关的元数据（例如数据源、格式等）。因此，我们不需要进行数据转换。这保证了对于每个业务问题，我们都可以快速找到相关的数据集进行分析。

引入数据湖这个概念是为了与数据仓库（data warehouse）和数据集市（data mart）形成对比，并且它通常是与 Hadoop 软件生态系统相关联的。特别是与数据仓库相比，数据湖已经成为一个热门但有争议的话题。

本节将会详细地讨论数据湖和数据仓库，进而介绍数据湖的原理和体系结构，最后探讨一些尚未解决的问题。

10.5.1　数据湖与数据仓库

如第 7 章所述，数据仓库遵循物理数据库集成。它是 OLAP 和业务分析应用程序的核心。因此，它通常是企业面向数据的战略核心。当数据仓库开始流行（在 20 世纪 80 年代）时，企业数据位于面向 OLTP 的业务数据库中。如今，越来越多有用的数据来自于许多其他大数据源，如网络日志、社交网络和电子邮件。因此，传统的数据仓库存在以下几个问题。

- **开发过程长**。开发数据仓库通常是一个漫长的、多年的过程。主要原因是它需要预先对所需的数据进行精确的定义和建模。一旦找到了所需的数据（通常是在企业信息系统中），我们就需要仔细定义全局模式和相关元数据，并且必须设计数据清理和转换过程。

- **写时模式**。数据仓库通常依赖关系 DBMS 来管理数据，数据是根据关系模式构建的。关系 DBMS 采用了最近被称为写时模式（schema-on-write）的方法，以与稍后讨论的读时模式（schema-on-write）形成对比。使用写时模式，数据将按照模式定义的固定格式写入数据库。这有助于加强数据库的一致性。然后，用户可以基于模式表达查询以检索已经采用正确格式的数据。在这种情况下，查询处理是有效的，因为系统不需要在运行时解析数据。然而，这是以适应业务环境变化的困难和代价高昂的演进为代价的。例如，引入新数据可能意味着模式修改（例如添加新列），同时也意味着需要对应用程序和预定义查询进行更改。
- **OLAP 工作负载数据处理**。数据仓库通常只针对 OLAP 工作负载进行优化，数据分析师可以在其中跨不同维度交互式地查询数据，例如，通过数据立方体（data cubes）。大多数 OLAP 应用程序，例如趋势分析和预测，需要分析历史数据，而不需要最新版本的数据。然而，最新的 OLAP 应用程序可能需要实时访问业务数据，这在数据仓库中很难得到支持。
- **使用 ETL 进行复杂开发**。通过全局模式集成异构数据源需要开发复杂的 ETL 程序，以执行数据清理、数据转换和管理数据刷新。随着需要集成的数据源越来越多样化，ETL 开发变得更加困难。

数据湖是以其自然格式存储所有企业数据的中央存储库。与数据仓库一样，它可以用于 OLAP 和业务分析应用程序，也可以用于使用大数据技术的批量或实时数据分析。与数据仓库相比，数据湖可以提供以下优势。

- **读时模式**。读时模式指的是“加载优先”的大数据分析方法，Hadoop 就是一个例子。在读时模式下，数据以其原生格式（例如 Hadoop HDFS）按原样加载。然后，在读取数据时，数据湖使用模式来标识感兴趣的数据字段。因此，可以以其原生格式来查询数据。这提供了很大的灵活性，因为这方便可随时在数据池中添加新数据。但是，需要做更多的工作来编写将模式应用于数据的代码（例如，作为 MapReduce 中 map()函数的一部分）。此外，数据解析是在查询执行期间执行的。
- **多工作负载的数据处理**。大数据管理软件栈（见图 10.1）支持对同一数据的多种访问方法，例如，使用 MapReduce 等框架进行批量分析、交互式 OLAP，使用 Spark 等框架进行业务分析，使用数据流框架进行实时分析。因此，通过组装这些不同的框架，数据湖可以支持多工作负载数据处理。
- **经济高效的体系架构**。数据湖通过依靠开源技术实现大数据管理软件栈和无共享集群，它提供了优异的性价比和投资回报。

10.5.2 体系架构

数据湖应提供以下主要功能。

- 收集所有有用数据：原始数据、转换后的数据、来自外部数据源的数据等。
- 允许来自不同业务部门的用户探索数据并用元数据丰富数据。

- 通过不同的方法访问共享数据：批量访问、交互式访问、实时访问等。
- 对数据和任务进行治理、保护和管理。

图 10.30 显示了数据湖体系架构及其主要组件。

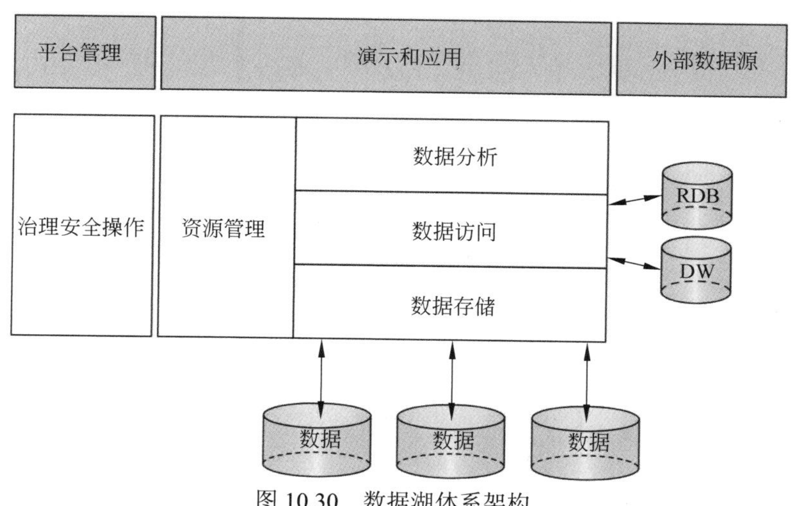

图 10.30　数据湖体系架构

架构的中心是大数据管理组件（数据存储、数据访问、数据分析和资源管理），在这些组件之上我们可以构建不同的表示和应用程序。这些组件是大数据管理软件栈的组件，可以通过 Apache 开源软件找到。请注意，现在有许多 BI 工具可以与 Hadoop 一起使用，在 Hadoop 中，我们可以区分 RDBMS 的新工具或传统 BI 工具的扩展。我们还可以如下区分两种方法（这两种方法可以组合在一个工具中）。

（1）Hadoop 上的 SQL，即使用 Hadoop SQL 驱动程序，如 HiveQL 或 SparkSQL。工具的例子有 Tableau、Platfora、Pentaho、PowerBI 和 DB2BigSQL。

（2）通过高级操作符提供 HDFS 访问的函数库。工具的例子包括 Datameer、PowerBI 和 DB2BigSQL。

架构的左侧是平台管理，包括数据治理、数据安全和任务操作。这些组件补充了大数据管理功能，这些功能对于在企业规模（跨多个业务部门）共享数据至关重要。数据治理在数据湖中变得越来越重要，因为有必要根据企业的政策管理数据，特别注意数据隐私法，例如欧盟于 2018 年 5 月通过的著名的通用数据保护条例（GDPR）。此策略通常由数据治理委员会监督，并由数据管理员实施，数据管理员负责根据业务需要组织数据。数据安全包括用户身份验证、访问控制和数据保护。任务操作包括任务的供应、监视和调度（通常在 SN 集群中）。与用于大数据的 BI 工具一样，现在可以找到用于数据治理的 Apache 工具（如 Falcon），数据安全工具（如 Ranger 和 Sentry），以及任务操作工具（如 Ambari 和 Zookeeper）。

最后，该架构的右侧显示可以集成不同类型的外部数据源，例如 SQL、NoSQL 等，通常使用数据访问工具的包装器，例如 Spark 连接器。

10.5.3 挑战

出于方法和技术原因，建立和运行数据湖仍然具有挑战性。数据仓库的方法现在已经被很好地理解了。它由规定性数据建模（写时模式）、元数据管理和数据治理的组合组成，它们共同产生了强大的数据一致性。然后，通过强大的 OLAP 或业务分析工具，不同的用户，即使数据分析技能有限，也可以从数据中获得价值。特别是，数据集市将使分析特定于业务需求的数据变得更容易。

相反，数据湖缺乏数据一致性，这使得企业规模的数据分析更加困难。这是需要熟练的数据科学家和数据管理员的主要原因。另一个原因是，大数据技术前景复杂且不断变化。因此，应考虑以下构建数据湖的方法和最佳实践：

- 与企业的数据仓库相比，设置优先级和业务附加值的列表。这应该包括精确业务目标的定义，以及数据湖的相应数据需求。
- 对数据湖体系架构有一个全局视野，它应该是可扩展的（以适应技术的发展），并且包括数据治理和元数据管理。
- 定义一个安全和隐私策略，如果数据在业务线之间共享，这一点至关重要。
- 定义一个支持全局视野的计算/存储模型。特别是，可扩展性和可伸缩性方面将推动技术选择。
- 根据正常运行时间、容量、多样性、速度和准确性，使用服务级别协议(SLA)定义运营计划。

使数据湖具有挑战性的技术原因是数据集成和数据质量问题。传统的数据集成（见第 7 章）侧重于模式集成问题，包括模式匹配和映射，来生成一个全局模式。在大数据集成的背景下，异构数据源较多的模式集成问题变得更加困难。数据湖方法通过管理无模式的数据，简单地避免了模式集成的问题。然而，随着数据湖的成熟，为了提高数据一致性，可能会出现模式集成的问题。一个有趣的解决方案是从许多相关数据项（例如，在同一数据集中）自动提取元数据和模式信息，其中包括结合机器学习、匹配和聚类的技术。

10.6 本章小结

大数据及其在数据科学中的作用已经成为数据管理中的重要课题，即使这些问题很难被精确地定义。因此，没有一个统一的框架来展示这一领域的发展——也许我们在图 10.1 中提供的参考架构是可以做到的最好的。因此，在本章中，我们将重点讨论这些系统的特性，并将重点放在为解决这些问题而提出的基本平台上。总之，我们讨论了分布式存储系统以及 MapReduce 和 Spark 处理平台，它们解决了管理和处理大量数据的问题；我们讨论了处理与大数据应用程序相关的速度特性的数据流；我们还讨论了图分析，它与数据流一起突出了多样性问题。数据湖讨论解决了数据集成方面的多样性和规模问题，并强调了数据质量问题（准确性），以及当源数据在最初没有很好地管理时，进行数据清理的必要性。

不可避免的是，本章所涉及的主题将继续发展和改变——这是一个技术发展迅速的领域。我们已经介绍了基础知识，并指出了基础出版的相关材料。我们将在下一节提供更多的参考资料，但建议读者密切关注相关出版材料的发展。

10.7　本章参考文献说明

关于大数据的统计数据比较零散，没有一个单一的出版物报道全面的统计数据。YouTube 的数据来自【Brewer 等 2016】，而阿里巴巴公司的数据来自个人通信。更多的数字出现在各种博客和网络出版物上。

【Stonebraker 1981】在早期对数据库管理系统的操作系统支持问题进行了很好的讨论，这也解释了早期数据库管理系统从基于文件系统的存储转向块存储的原因。在我们讨论的最近的存储系统中，Google 文件系统在【Ghemawat 等 2003】中有描述，Ceph 在【Weil 等 2006】中有描述。

我们对大数据处理平台（特别是 MapReduce）的讨论主要是基于【Li 等 2014】。【Sakr 等 2013】和【Lee 等 2012】也对该主题进行了概述。最初的 MapReduce 提案在【Dean and Ghemawat 2004，2010】中被提出。对 MapReduce 的批评在【DeWitt 等 2008】、【DeWitt and Stonebraker 2009】、【Pavlo 等 2009】、【Stonebraker 等 2010】中进行了讨论。MapReduce 语言的来源如下：HiveQL（【Thusoo 等 2009】）、Tenzing（【Chattopadhyay 等 2011】）、JAQL(【Beyer 等 2009】)、Pig Latin(【Olston 等 2008】)、Sawzall(【Pike 等 2005】)、FlumeJava（【Chambers 等 2010】）和 SystemML（【Ghoting 等 2011】）。MapReduce 连结实现 1-Bucket-Theta 算法是由【Okcan and Riedewald 2011】提出的，广播连结是由【Blanas 等 2010】提出的，重划分连结是由【Blanas 等 2010】提出的。

Spark 在【Zaharia 等 2010】、【Zaharia 2016】中提出。作为 Spark 生态系统的一部分，Spark SQL 在【Armbrust 等 2015】、Spark Streaming 在【Zaharia 等 2013】和 GraphX 在【Gonzalez 等 2014】中进行了讨论。

关于数据流系统，大量的书籍涵盖了丰富的文献。【Golab and Özsu 2010】主要关注早期的系统和数据及查询建模问题。这本书还讨论了流仓库。【Aggarwal 2007】包含了广泛的主题（包括我们省略的流挖掘），主要关注早期的工作。更多关于溪流开采的讨论见【Bifet 等 2018】。【Muthukrishnan 2005】关注这些系统的理论基础。将数据流系统泛化为事件处理是另一个已经遵循的方向；虽然我们在本章中没有讨论这个问题，但【Etzion and Niblett 2010】是研究这个方向的一个很好的起点。除了我们讨论的系统之外，还可以在云中部署 DSS，StreamCloud 就是一个例子（【Gulisano 等 2010、2012】）。

将数据流定义为按某种顺序到达的时间戳项的仅附加序列【Guha and McGregor 2006】。数据流的其他定义见【Wu 等 2006】、【Tucker 等 2003】。【Ryvkina 等 2006】在数据流中引入了修订元组的概念。【Arasu 等 2006】在 CQL 语言的上下文中讨论了流查询语义，【Law 等 2004】更一般地讨论了流查询语义。这些语言分为声明性语言 QL（【Arasu 等 2006】、【Arasu and Widom 2004】)、GSQL（【Cranor 等 2003】）和 StreaQuel（【Chandrasekaran 等 2003】）或过程性语言 Aurora（【Abadi 等 2003】)。流系统中的操作符执行由于其非阻塞性要求而非常重要。非阻塞联接是【Haas and Hellerstein 1999a】、【Urhan and Franklin 2000】、

【Viglas 等 2003】、【Wilschut and Apers 1991】、【Hellerstein 等 1997】和【Wang 等 2003】的主题。两个以上流的连结（多流连结）在【Golab and Özsu 2003】、【Viglas 等 2003】中讨论，流与静态数据的连结是【Balazinska 等 2007】的主题。【Tucker 等 2003】提出了标点符号作为解锁手段的主题。标点符号也可以用来减少运营商需要支持的状态量（【Ding and Rundensteiner 2004】、Ding 等 2004】、【Fernάndez-Mottezuma 等 2009】、【Li 等 2006，2005】）。心跳是控制未来元组时间戳的标点符号，在【Johnson 等 2005】、【Srivastava and Widom 2004a】中进行了讨论。

数据流上的查询处理是【Abadi 等 2003】、【Adamic and Huberman 2000】、【Arasu 等 2006】、【Madden and Franklin 2002】、【Madden 等 2002a】的主题。窗口查询处理见【Golab and Özsu 2003】、【Hammad 等 2003a，2005】、【Kang 等 2003】、【Wang 等 2004】、【Arasu 等 2006】、【Hammad 等 2003b，2004】。流量超过处理能力时的负载管理方法见【Tatbul 等 2003】、【Srivastava and Widom 2004b】、【Ayad and Nautton 2004】、【Liu 等 2006】、【Reiss and Hellerstein 2005】、【Babcock 等 2002】、【Cammert 等 2006】、【Wu 等 2005】。

已经有许多流处理系统作为原型和生产系统被提出和开发。我们将其中一些分类为数据流管理系统(DSMS)：Stream（【Arasu 等 2006】）、Gigascope（【Cranor 等 2003】）、TelegraphCQ(【Chandrasekaran 等 2003】)、COUGAR(【Bonnet 等 2001】)、Tribeca(【Sullivan and Heybey 1998】)、Aurora（【Abadi 等 2003】）、Bore-alis（【Abadi 等 2005】）。我们将其他的分类为数据流处理系统(DSP)：Apache Storm（【Toshniwal 等 2014】）、Heron（【Kulkarni 等 2015】）、Spark Streaming（【Zaharia 等 2013】）、Flink（【Carbone 等 2015】）、MillWheel（【Akidau 等 2013】）和 TimeStream（【Qian 等 2013】）。如前所述，除 HORE-alis 外，所有 DSSS 都是单机系统，而所有 DSPSs 都是分布式/并行的。

【Xing 等 2006】和【Johnson 等 2008】讨论了并行/分布式系统中的流数据分区。密钥分割由【Azar 等 1999】提出，部分密钥分组(PKG)由【Nasir 等 2015】提出（PKG 所基于的“两种选择的力量”在【Mitzenmacher 2001】中讨论）。PKG 已经扩展到使用两个以上的分销负责人选择（【Nasir 等 2016】、【Gedik 2014】、【Pacaci and Özsu 2018】）。【Zhu 等 2004】、【Elseidy 等 2014】、【Heinze 等 2015】、【Fernandez 等 2013】、【Heinze 等 2014】讨论了查询计划中操作之间的重新划分。在此背景下，【Shah 等 2003】提出了开创性的功通量。

并行/分布式流系统的恢复语义是【Hwang 等 2005】的讨论主题。

有很多书关注于图形分析平台的特定方面，这些书通常会讨论如何使用我们讨论的平台之一执行分析。关于图形处理的更一般的书，【Desh-pande and Gupta 2018】是一个很好的来源。在广泛的调查中讨论了图形分析（【Yan 等 2017】）。【LarribaPey 等 2014】的调查也是一个很好的参考。【Lumsdaine 等 2007】讨论了图形处理中的真正挑战。【McCune 等 2015】对以顶点为中心的系统进行了很好的调查。

图的特征，特别是度分布中的偏斜，在图的处理中起着重要的作用。这一点在【Newman 等 2002】中进行了讨论。并行/分布式图形处理的第一个重要步骤是图形分区，它占用了大量的处理时间（【Verma 等 2017】），并且计算成本很高（【Andreev and Racket 2006】）。图划分技术可以分为两类：顶点不相交（边割）和边不相交（顶点割）。第一类中的主要算法是 METIS，【Karypis and Kumar 1995】)、【McCune 等 2015】分析了其计算成本。当顶点散列到不同分区时，散列是另一种可能。这些技术以平衡的方式分布顶点，但是它们不能很好地处理幂律图。METIS 的扩展已经针对这种情况开发出来（【AbouRjeili and Karypis 2006】）。或者，标签传播(【Ugander and Backstrom 2013】)是处理此问题的另一种方法。也有人提出将 METIS 与标签传播相结合，将后者纳入 METIS 的粗化阶段(【Wang 等 2014】)。另一种选择是从不平衡分区开始，逐步实现平衡（【Ugander and Backstrom 2013】）。对于边不相交的分区，可以使用散列。也可以结合顶点不相交和边不相交的方法，如 PowerLyra【Chen 等 2015】。

MapReduce 被认为是处理图形的可能方法(【Cohen 2009】、【Kiveris 等 2014】、【Rastogi 等 2013】、【Zhu 等 2017】）以及允许更好可伸缩性的修改（【Qin 等 2014】)。HaLoop 系统（【Bu 等 2010、2012】）是一种专门定制的 MapReduce 图形分析方法。GraphX（【Gonzalez 等 2014】）是一个基于 Spark 的系统，遵循 MapReduce 方法。

在本机图形分析系统中，在 10.4.3 节中讨论的分类，是基于【Han 2015】、【Corbett 等 2013】的。批量同步并行（BSP）计算模型源于【Valiant 1990】。以顶点为中心的 BSP 系统包括 Pregel(【Malewicz 等 2010】)及其开源对手 Apache Giraph、GPS(【Salihoglu and Widom 2013】)、Mizan（【Khayyat 等 2013】)、LFGraph（【Hoque and Gupta 2013】)、Pregelix（【Bu 等 2014】）和 Trinity（【Shao 等 2013】)。处理歪斜的系统级优化在【Lugowski 等 2012】、【Salihoglu and Widom 2013】、【Gonzalez 等 2012】中进行了讨论。【Salihoglu and Widom 2014】中介绍了一些算法优化。以顶点为中心的异步系统包括 GRACE（【Wang 等 2013】）和 GiraphUC（【Han and Daudjee 2015】)。以顶点为中心的聚集-应用-散射系统的主要示例是 GraphLab(【Low 等人 2012，2010】)。Blogel(【Yan 等 2014】)和 Giraph++(【Tian 等 2013】)遵循以分区为中心的 BSP 方法。X-Stream（【Roy 等 2013】）是迄今为止开发的唯一以边缘为中心的 BSP 系统。

数据湖是一个新的主题，因此，现在看到许多关于这个主题的技术书籍还为时过早。【Pasupuleti and Purra 2015】很好地介绍了数据湖体系结构，重点介绍了数据治理、安全性和数据质量。您还可以在白皮书中找到有用的信息，例如，提供数据湖组件和服务的公司提供的(【Hortonworks 2014】)。数据湖面临的一些挑战是大数据集成。【Dong and Srivastava 2015】对大数据集成的最新技术进行了出色的调查。大数据整合的更广泛问题，包括网络，是【Dong and Srivastava 2015】的主题。在此背景下，【Coletta 等 2012】建议结合机器学习、匹配和聚类技术来解决数据湖中的集成问题。

10.8　本 章 习 题

习题 10.1　从可扩展性、易用性（获取数据等)、体系结构（共享、不共享等)、一致性方案、容错性、元数据管理等方面比较和对比不同的存储系统设计方法。在简短进行讨论的同时，尝试列出一个表格，以不同维度进行系统的比较。

习题 10.2（*）　请比较大数据管理软件栈（图 10.1）与传统的关系型 DBMS 软件栈，例如，基于图 1.9 中的软件栈。特别是着重讨论两者在存储管理方面的主要差异。

习题 10.3（*）　在大数据管理软件栈的分布式存储层中，数据可以以文件形式或是对象形式存储。请根据数据特征讨论什么时候应该使用文件存储，什么时候应该使用对象存储，其中可以考虑的数据特征包括数据对象的大小、数据对象的多少、相似的数据记录、应用程序的需求（例如易于跨机器移动、可扩展性、容错性）。

习题 10.4（*） 在像 GFS 或 HDFS 这样的分布式文件系统中，文件被划分成固定大小的分区，称为块。请解释块和第 2 章中的水平片段之间的区别。

习题 10.5 请考虑 10.2.1.3 节中给出的等值连结的各种 MapReduce 实现。请在通用性和 shuffle 成本方面比较广播连结和重划分连结这两种方法。

习题 10.6（*） 10.2.1.1 节描述了如何使用组合模块降低 shuffle 的代价。

（a）为例 10.1 中给出的 SQL 查询示例提供此类组合程序函数的伪代码。

（b）描述它将如何降低 shuffle 的代价。

习题 10.7 考虑θ连结算子的 MapReduce 实现及其在图 10.10 中给出的数据流。请讨论在等值连结的情况下（其中θ 是=），这种数据流的性能影响。

习题 10.8 考虑实施例 10.3 中的 k-means 聚类算法。请描述算法中的哪些步骤会导致数据在多个工作节点之间进行 shuffle 操作。

习题 10.9 我们在例 10.4 中讨论了 PageRank 计算。这里考虑个性化 PageRank，即为不同的边分配不同的重要性，其中在那些用户已经识别的页面集的邻域中的边，将被分配到更多的重要性，它以此计算用户选择的那些页面集周围的页面值。在这个问题中，假设用户已经识别的页面集是单个页面，称为源页面。计算是针对这个源页面进行的。与通常的 PageRank 的区别如下：

- 回想一下，在 PageRank 中，当随机游走落在一个页面上时，游走可能会以d的概率跳到图中的一个随机页面。在个性化 PageRank 中，该跳转不再是到一个随机页面，而是始终跳转到源页面，即，以概率d跳回源页面。
- 在初始化计算时，该方法不是为图中的所有顶点分配相等的 PageRank 值，而是将原页面的排序设置为 1，其余的页的排序分配给 0。

请手工计算图 10.21 所示的网页图的个性化 PageRank。

习题 10.10(**) 在 MapReduce 中习题 10.9 中定义的个性化 PageRank（使用 Hadoop）。

习题 10.11(**) 在 Spark 中实现习题 10.9 定义的个性化 PageRank。

习题 10.12(**) 考虑 10.3 节中所述的 DSPS，请描述一种至少一次传递语义的算法（at-least-one delivery semantics）。

习题 10.13(**) 考虑 10.3 节中描述的问题。

（a）请设计一种基于流式过滤算子（filter streaming operator）的算子内并行算法。

（b）请设计一种基于聚合算子的算子内并行版本。提示：与之前的过滤算子不同，聚合操作符是有状态的。对于（无状态）过滤运算符，您需要考虑哪些因素是不必要？如何在算子实例之间拆分数据？在前一个算子的输出上，应该做些什么来保证每个流元组都指向正确的实例？

习题 10.14(**) 设计两个流的滑动窗口连结算子。它是确定性的吗？如果不是，为什么不是？能否提出一种替代性的算子设计，以保证独立于输入流相对速度/交错关系的确定性？

习题 10.15 考虑 10.4.3 节中描述的用于图处理的以顶点为中心的编程模型。请比较 BSP

和 GAS 计算模型的性能。

（a）图算法的通用性和表达性。

（b）性能优化。

习题 10.16(**) 请使用以顶点为中心的 BSP 模型，给出了习题 10.9 中定义的个性化 PageRank 算法。

习题 10.17(*) 例 10.8 描述了一种基于迭代标签传播的算法，用于在以顶点为中心的编程模型中查找输入图的连通分量。考虑一个流应用程序，其中流中的每个传入元组表示输入图的无向边。请设计一个增量算法，找到由流中的边构成的图的连通分量。

习题 10.18(*) 考虑 10.4.10 节中定义的贪婪顶点切割的边放置启发式算法。如果边的流以某种对抗顺序呈现，则这种贪婪的划分启发式方法会存在负载不平衡问题。

（a）请在图 10.23 中创建顶点的排序，以使所描述的启发式方法导致高度不平衡的划分，即，将整个边集分配给单个分区。

（b）在这种对抗性流排序的情况下，请提出一种减轻负载不平衡的策略。

习题 10.19(*) 数据湖类似于数据仓库(请参见第 7 章),但它适用于非结构化无模式数据，例如存储在 HDFS 中的数据。考虑 Spark 大数据系统，该系统提供 SQL 对 HDFS 数据（通过 Spark SQL）和许多其他数据源的访问。Spark 是否足以构建数据湖？它缺少什么功能？

习题 10.20(**) 最近在现代数据仓库中使用的并行 DBMS 增加了对外部表的支持（例如，参见第 11 章中的 Polybase），它与 HDFS 文件建立了对应关系，并且可以使用 SQL 查询与本机关系表一起进行操作。另一方面，数据湖使用包装器（例如 Spark 连接器）提供对外部数据源（例如 SQL、NoSQL 等）的访问。从数据集成的角度，请比较两种方法（数据湖和现代数据仓库）有什么相似之处和不同之处。

第 11 章　NoSQL、NewSQL 与 Polystore 技术

云数据管理在大多数情况下可以采用关系数据库管理系统——所有的关系数据库管理系统都有一个分布式的版本，而且大部分都可以在云端运行。然而，这样的系统因其“一刀切”（one size fits all）的特点而备受批评，主要体现在：尽管这些系统能够集成对所有类型数据（例如，多媒体对象、文档）和新功能的支持，但对于具有特定或严格性能要求的应用来说，这会导致在性能、简单性和灵活性方面的损失。因此，有人认为需要设计更专用的数据库管理系统引擎。例如，针对 OLAP 负载，列式存储的数据库管理系统已被证明比传统的行式存储系统在性能上要好一个数量级以上。类似地，数据流管理系统（参见 10.3 节）专门为高效处理数据流而设计。

因此，人们提出了许多不同的数据管理解决方案，专门针对不同类型的数据和任务，其性能能够比传统的关系数据库管理系统要好几个数量级。新型数据管理技术的例子包括分布式文件系统和大数据的并行处理框架（参见第 10 章）。

NoSQL 就是一类重要的新型数据管理技术，其含义是“不限于 SQL”（Not Only SQL），它与传统关系数据库管理系统的“一刀切”方法形成了对比。NoSQL 是专门为满足 Web 和云数据管理需求的数据存储系统，其中“数据存储”的概念十分广泛，不仅包括数据库管理系统，还包括更简单的文件系统或文件目录。作为关系数据库管理系统的一种替代方案，NoSQL 系统除了支持标准 SQL 以外，还支持不同的数据模型与不同的语言，同时也更强调可扩展性、容错性和可用性，尽管有时以牺牲一致性为代价。NoSQL 系统包含不同的类型，包括键值、文档、宽列和图，以及混合（多模型或 NewSQL）。

这些新型数据管理技术为构建可扩展、高性能的云数据密集型应用程序提供了丰富的途径。然而，这却以牺牲统一数据存储接口与通用编程范式为代价。因此，用户很难基于多个不同数据存储系统，如分布式文件系统、关系数据库管理系统和 NoSQL 数据库管理系统，来构建应用程序。这样的局面促使了 Polystore 技术的提出：Polystore 也称为多存储系统，它通过一种或多种查询语言提供对大量云数据存储的集成访问。

本章组织如下：11.1 节将探讨 NoSQL 系统提出的主要动机，并重点介绍有助于理解不同系统特性之间权衡关系的 CAP 理论，以及不同类型的 NoSQL 系统；11.2 节介绍键值数据系统；11.3 节介绍文档数据系统；11.4 节介绍宽列数据系统；11.5 节介绍图数据系统；11.6 节介绍混合系统，即多模型 NoSQL 系统和 NewSQL 系统；最后，11.7 节探讨了 Polystore 系统。

11.1　NoSQL 系统提出的动机

有几个（互补的）原因激发了对 NoSQL 系统的需求。首要的原因就是前面讨论过的传统关系数据库管理系统“一刀切”方法的局限性。

第二点原因是早期部署在云端的数据库系统架构存在可扩展性和可用性方面的局限性。该架构是传统的三层架构，其中 Web 客户端访问由负载均衡器、Web/应用程序服务器和数据库服务器组成的数据中心。数据中心通常使用一个无共享（shared-nothing）架构的集群，这是云中最具成本效益的解决方案。对于给定的应用程序，有一个数据库服务器（通常采用关系 DBMS）通过复制机制（replication）保证容错和数据可用性。随着 Web 客户端数量的增加，可以很容易地添加 Web/应用服务器（通常使用虚拟机）来处理增加的负载并进行扩展。然而，数据库服务器会成为瓶颈，添加新的数据库服务器需要复制整个数据库，这将花费大量时间。针对这一问题，在无共享集群中的一种解决方案是使用并行关系 DBMS 来提供可扩展性。不过，该方案仅适用于 OLAP（读取密集型）的工作负载（参见 8.2 节），并且不具有成本效益，因为并行关系 DBMS 是高端产品。

提出 NoSQL 系统的第三点原因是：如果要像关系 DBMS 一样通过 ACID 事务保证强数据库一致性，则会损害可扩展性。因此，一些 NoSQL 系统提出放宽强数据库一致性以换取可扩展性。这一方法使用分布式系统理论中著名的 CAP 理论作为论据支撑。然而，这样的论证是完全错误的，因为 CAP 理论与数据库的可扩展性无关，该理论是与存在网络划分时的复制一致性有关的。此外，同时保证强数据库一致性与可扩展性并非没有可能，一些 NewSQL 系统已经做到了这一点（参见 11.6.2 节）。

CAP 理论指出，一个具有复制功能的分布式数据存储系统只能提供以下三个特性中的两个：一致性（C）、可用性（A）和划分容错性（P）。请注意，这里没有可扩展性（S）。这些特性定义如下：

- 一致性：所有节点在同一时间看到的数据值是相同的，即每个读请求都返回数据最新写入的值。请注意，这里的一致性指的是线性一致性（linearizability，即针对单个操作的一致性）而不是可串行化（serializability，即针对多组操作的一致性）。
- 可用性：任何副本都必须回应任何收到的请求。
- 划分容错性：尽管存在网络划分，系统仍可在出现故障时继续运行。

对 CAP 理论的一个常见误解是需要放弃这三个特性中的某一个。然而，只有在存在网络划分的情况下，才需要在一致性和可用性之间做出选择。

NoSQL 是一个含义丰富的概念，有很大的解释和定义的空间。例如，它可以应用于早期的层次化与网络数据库管理系统，或对象/XML 数据库管理系统。不过，这个概念最早出现在 20 世纪 90 年代后期，用来表示为支持 Web 和云数据管理需求而构建的新型数据存储系统。作为关系数据库的替代方案，这些存储系统支持标准 SQL 以外的不同数据模型和语言，并且一般更强调可扩展性、容错性和可用性，尽管有时以牺牲一致性为代价。

本章将基于底层数据模型介绍 NoSQL 系统的四个类别，即键值（key-value）、文档（document）、宽列（wide column）和图（graph）。此外还将考虑混合数据存储：多模型（multimodel），即将多个数据模型组合在一个系统中，以及 NewSQL，将 NoSQL 的可扩展性与关系 DBMS 的强一致性结合起来。对于上述的每个类别，本章都会用一个代表性的系统来说明。

11.2 键值存储系统

在键值数据模型中，所有数据都表示为键值对（key-value pairs），其中键（key）唯一标识了值（value）。键值存储是无模式的，这带来了极大的灵活性和可扩展性。系统一般提供简单的接口，例如 put(key, value)、value=get(key)、delete(key)。

键值存储的扩展形式是将数据记录存储为一组“属性值对（attribute- value pairs）”，其中一个属性称为主键，如社会保险号，它在记录集合（例如人员数据）中唯一标识一条记录。键通常是有序的，这有利于范围查询以及键的有序处理。

一个常用的键值存储是亚马逊公司的 DynamoDB 系统，本节将在下面介绍。

11.2.1 DynamoDB

DynamoDB 系统在亚马逊公司被应用于一些需要高可用和基于键数据访问的核心业务，例如提供购物车、卖家列表、客户偏好和产品目录的服务。为了实现可扩展性和可用性，DynamoDB 在某些故障场景下牺牲了一致性，并在无共享集群中使用了常见的 P2P 技术（参见第 9 章）。

DynamoDB 将数据存储为数据库表。每张数据库表由一组数据项组成，其中每个数据项都是一个由“属性-取值”对组成的列表，属性的取值可以是标量、集合或 JSON 类型。数据项类似于关系表中的行，而属性类似于列。不过，由于属性是自描述的，因此不需要预先定义关系模式。此外，数据项可以是异构的，即不同的数据项可以具有不同的属性。

DynamoDB 最开始的设计提供了 P2P 分布式哈希表（distributed hash table，DHT）接口（参见 9.1.2 节）。主键（第一个属性）通过哈希的方式被分配到不同的数据分片上，从而支持对数据项进行基于键的高效读写操作以及负载平衡。最近，DynamoDB 进一步支持了复合主键功能，其中复合主键包含两个属性：第一个属性是哈希键，不一定是唯一的；第二个属性是范围键，允许在与哈希键对应的哈希分片内进行范围操作。为了访问数据库表，DynamoDB 提供了具有以下操作的 Java API：

- PutItem、UpdateItem、DeleteItem：根据主键（哈希主键或复合主键）在表中添加、更新或删除数据项。
- GetItem：根据主键返回数据表中的一个数据项。
- BatchGetItem：返回多个数据表中具有相同主键的数据项。
- Scan：返回表中的所有数据项。
- Range query：根据哈希键和范围键上的某个范围返回所有符合条件的数据项。
- Indexed query：根据索引属性返回所有符合条件的数据项。

【例 11.1】 考虑图 11.1 中的 Forum_Thread 表，表中的数据项包含有 4 个属性：Forum、Subject、Date of last post 和 Tags。该表包含一个复合键，由一个哈希键（Forum）和一个范围键（Subject）组成。通过主键访问的一个示例是：

```
GetItem(Forum="EC2", Subject="xyz")
```

Forum_Thread 表

Forum	Subject	Date of last post	Tags
"S3"	"abc"	"2017 . . ."	"a" "b"
"S3"	"acd"	"2017 . . ."	"c"
"S3"	"cbd"	"2017 . . ."	"d" "e"
"RDS"	"xyz"	"2017 . . ."	"f"
"EC2"	"abc"	"2017 . . ."	"a" "e"
"EC2"	"xyz"	"2017 . . ."	"f"
哈希键	范围键		

图 11.1　DynamoDB 数据表示例

该查询返回最后一个数据项。

范围查询的一个示例是：

```
Query(Forum="S3",Subject >"ac")
```

该查询返回第 2 和第 3 个数据项。

DynamoDB 在哈希键构建无序哈希索引，即 DHT；在范围键上分别和一个有序的范围索引。此外，DynamoDB 提供两种二级索引以支持基于非键属性的高效数据访问：本地二级索引，用于检索哈希分片内的数据项，即在哈希键中值相同的数据项；全局二级索引，检索整个 DynamoDB 数据表中的数据项。

为了提供负载平衡和高可用性，数据在多个数据中心的多个集群节点之间进行划分和复制。数据划分依赖于一致性哈希技术，这是一种常用的哈希方案，已在具有环几何结构的 DHT 中使用，例如 Chord（参见 9.1.2 节）。DHT 表示为一维圆形标识符空间，即"环"，其中系统中的每个节点在该空间内被分配一个随机值，代表其在环上的位置。数据项的节点分配方案如下：对数据项的键进行哈希，产生其在环上的位置，然后顺时针查找位置高于该位置的第一个节点，将数据项分配给该节点。这样，每个节点都可以负责在环中其前驱节点它本身之间的区间。一致性哈希的主要优点是节点的添加（加入）和删除（离开/失败）只影响节点的直接邻居，对其他节点没有影响。

DynamoDB 还利用一致性哈希来提供高可用性，方法是在n个节点上复制每个数据项，其中n是系统配置的参数。如上所述，每个数据项都分配了一个协调节点，并在$n-1$个顺时针后继节点上进行复制。因此，每个节点都负责其第n个前驱节点与它自己之间的区间。

【例 11.2】 图 11.2 展示了一个有 6 个节点的环，每个节点都以其位置（哈希值）命名。例如，节点 B 负责哈希值区间(A, B]，节点 A 负责区间(F, A]。操作 put(c,v) 为 A 和 B 之间的键c生成哈希值，因此由节点 B 负责该数据项。此外，假设复制参数$n=3$，则该数据项会在节点 C 和 D 处进行复制。因此，节点 D 负责存储其键落在区间(A, B]、(B, C]和(C, D]的所有数据项。

DynamoDB 以强数据一致性为代价来换取可扩展性和可用性，但它使用不同的方式对一致性进行控制。具体而言，DynamoDB 可以提供副本的最终一致性（参见 6.1.1 节），这是通过异步更新传播协议和基于 gossip 协议的分布式故障检测协议来实现的。

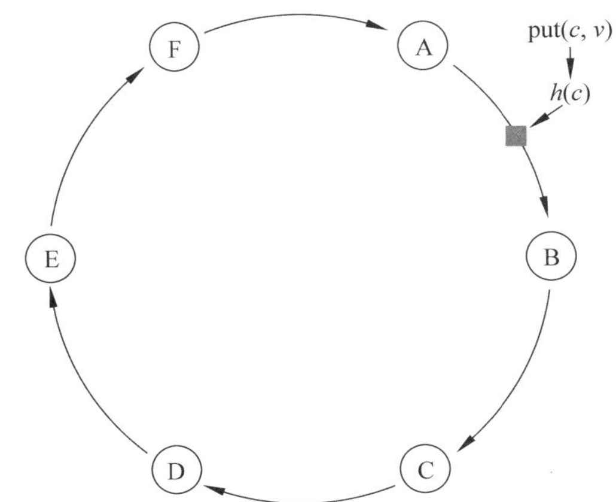

图 11.2 DynamoDB 的一致性哈希策略。节点 B 负责哈希值区间(A,B)，因此数据项(c,v)分配给 B 节点

并发多用户环境中的写入一致性可以通过条件写入（conditional writes）来控制。在默认情况下，写入操作（PutItem、UpdateItem 和 DeleteItem）将覆盖（overwrite）给定主键的现有数据项。条件写入在数据项属性上定义写入成功的条件。例如，操作 PutItem 成功的条件可以是不存在具有相同主键的数据项。由此可见，条件写入在并发更新的情况下十分有用。

DynamoDB 支持最终一致性和强一致性读取。在默认情况下，读取是最终一致的，即可能不会返回正在异步复制的最新数据。强一致性读取返回最新数据，但这在网络故障的情况下可能难以做到，因为并非所有副本更新都已传播。

11.2.2 其他键值存储系统

其他常用的键值存储系统有 Cassandra、Memcached、Riak、Redis、Amazon SimpleDB 和 Oracle NoSQL 数据库。许多系统提供了更多的扩展功能，由此我们看到一种从键值存储向宽列存储和文档存储的自然过渡，我们将在下面讨论。

11.3 文档存储系统

文档存储是一种高级键值存储，其中键映射到文档类型，例如 JSON、YAML 或 XML。文档通常被分组到不同的集合，其作用类似于关系表。然而，不同于关系元组，文档是自描述的，同时存储数据和元数据（例如，XML 中的标记、JSON 对象中的字段名称），并且可以和集合中的其他文档存在差异。此外，文档结构是分层的，使用嵌套结构，例如 JSON 中的嵌套对象和数组。因此，与不分层的关系表相比，使用文档对数据库进行建模需要更少的集合，并且还可以避免代价较高的连结操作。

除了用于检索文档的简单键值接口外，文档存储系统还提供 API 或查询语言，支持根据文档的内容对文档进行检索。文档存储系统使处理数据更改与可选值以及将数据映射到程序对象变得更容易。这些特性非常适用于现代 Web 应用，因为这些应用的特点就是不断变化，并且非常看重部署速度。

下面介绍一个常用的 NoSQL 文档存储系统 MongoDB。

11.3.1 MongoDB

MongoDB 是一个用 C++编写的开源系统。它提供一个基于 JSON 的文档数据模型，支持无共享集群环境下的模式灵活性、高可用性、容错性和可扩展性。

MongoDB 将数据作为文档存储在 BSON（二进制 JSON）中，BSON 是一种 JSON 的二进制编码序列化形式，包含更多数据类型，如二进制、整数、长整数和浮点数。BSON 文档包含一个或多个字段，每个字段都有一个名称并包含一个特定数据类型的值，例如数组、二进制数据和子文档。每个文档都是一个 BSON 对象，包含多个字段，并由其第一个 ObjectId 类型的字段唯一标识，该标识字段的值由 MongoDB 自动生成。

具有相似结构的文档被组织为集合，就像关系表一样，文档字段类似于列。但是，同一集合中的文档可以具有不同的结构，因为没有必须遵循的数据模式。

MongoDB 提供了丰富的查询语言，使用以 JSON 表示的函数更新和检索 BSON 数据，将查询表示为 JSON 的好处在于可以统一数据存储和数据操作。MongoDB 的查询语言可以与各种编程语言的 API 一起使用，例如 Java、PHP、JavaScript 和 Scala。由于查询可以作为特定编程语言 API 中的方法或函数实现，因此开发人员能够方便地将其简单而自然地集成到应用程序中。

MongoDB 支持多种查询来对文档进行插入、更新、删除和检索。查询可以返回文档、文档中特定字段的子集或基于多个文档的复杂聚合值。查询还可以包括用户定义的 JavaScript 函数。查询的一般形式是：

```
db.collection.function (JSON 表达式)
```

其中 db 是数据库连接对应的全局变量，function 对集合应用的数据库操作，JSON 表达式可以是选择数据的任意标准。不同类型的查询如下。

- 插入、删除和更新文档操作。对于删除和更新操作，查询中的 JSON 表达式指定了选择文档的条件。
- 精确匹配查询：返回与文档中某个字段（通常是主键）相等的结果。
- 范围查询：根据给定范围内的字段值返回结果。
- 地理空间查询：基于地理对象（例如 GeoJSON 格式的点、线、圆或多边形）的邻近度、交集和包含关系返回结果。
- 文本搜索查询：使用布尔运算符根据文本参数按相关顺序返回结果。
- 聚合查询：使用计数（count）、最小值（min）、最大值（max）和平均值（average）等运算从集合中返回聚合值。此外，可以使用左外连结操作组合来自两个集合的文档。

【例 11.3】 考虑图 11.3 中的集合 posts。集合中的每个 posts 数据项都通过其 ObjectId 类型的键（由 MongoDB 生成）进行唯一标识，键的值是一个 JSON 对象，带有嵌套数组，例如 tags 和 comments。下面给出一些更新操作的例子：

```
db.posts.insert(author:"alex,: title:"No Free Lunch")
db.posts.update(author:"alex," $set:age:30)
db.posts.update(author:"alex," $push:tags:"music")
```

其中$set（为字段指定指定的值）和$push（将指定的值添加到数组中）是嵌套在 JSON 中的 MongoDB 指令。

_id: ObjectId("abc")	author: "alex", title: "No Free Lunch", text: "This is ...", tags: ["business","ramblings"], comments: [{who:"jane", what:"I agree."},{who:"joe", what:"No..."}]
_id: ObjectId("abd")	A post by X
_id: ObjectId("acd")	A post by Y
MongoDB 生成的唯一标识	值为带有嵌套数组的 JSON 对象

图 11.3 MongoDB 中 posts 集合的示例

下列查询为精确匹配查询：第一个查询返回 Alex 发的所有帖子，第二个返回 Jane 评论过的所有帖子。

```
db.posts.find(author:"alex")
db.posts.find(comments.who:"jane")
```

为了提供对数据的高效访问，MongoDB 支持多种二级索引，二级索引可以声明在文档中的任何字段，包括数组中的字段。不同类型的索引包括如下。

- 唯一索引，其中索引字段的取值必须是唯一的。
- 多个字段上的多键（复合）索引。
- 数组字段的数组索引，每个数组值都有一个单独的索引条目。
- TTL 索引会在某个生存时间后自动过期。
- 地理空间索引可根据地理对象（例如点、线、圆或多边形）的邻近度、交集和包含关系来优化查询。
- 部分索引为满足用户指定条件的文档子集而创建。
- 稀疏索引用于仅索引包含指定字段的文档。
- 文本搜索索引使用特定于某种语言的语言规则来优化文本搜索查询。

为了在无共享集群中实现水平扩展，MongoDB 支持不同类型的数据划分（或分片）方案，包括基于哈希、基于范围和位置感知（用户指定键范围和关联节点）的划分。高可用性是通过一种支持异步更新传播的主副本复制方法来提供的，称为副本集（replica sets）。如果主节点宕机，其中一个副本将成为新的主节点并继续接受更新操作。一个 MongoDB 集群包括以下几个部分：①分片（数据分区）：每个分片可以是一个复制单元（称为副本集）；②mongos：充当客户端应用程序和集群之间的查询处理器；③配置服务器：存储集群元数据和配置信息。应用程序可以选择从辅助副本中读取数据，其中数据可以保证最终是一致的。

除了单文档事务之外，MongoDB 最近还通过快照隔离实现了对多文档 ACID 事务的支持。文档中的一个或多个字段可以在单个事务中写入，包括对多个子文档和数组元素的更新。多文档事务可以跨多个集合、数据库、文档和分片使用。

MongoDB 还提供了一个称为“写关注”（write concern）的选项，允许用户指定一个保证级别来报告写操作是否成功，以此在数据库副本上的持久性级别和性能之间进行权衡。客户端有四个保证级别来调整写操作的控制，从最弱到最强分别是：未确认（unacknowledged，即不保证）、确认（acknowledged，即磁盘写入已完成）、日志记录（journaled，即写入已记录在日志中）和副本确认（replica acknowledged，即写入已传播到副本）。

MongoDB 的架构适合大数据管理的软件栈（如图 10.1 所示）。该架构支持面向特定应用需求的可插拔（pluggable）存储引擎，例如 HDFS 或内存，可以与 MapReduce 和 Spark 等大数据框架进行交互，并支持用于分析、物联网、移动应用等第三方工具（参见图 11.4）。此外，通过使用其存储引擎（WiredTiger），MongoDB 可以充分使用内存来加速数据库操作和内置的压缩操作。

_id:ObjectId(“abc”)	author: “alex”, title: “No Free Lunch”, text: “This is ....”, tags : [“business”, “ramblings”], comments: [who: “jane”, what: “I agree.”, who: “joe”, what: “No. . .”]
_id: ObjectId(“abd”)	A post by X
_id: ObjectId(“acd”)	A post by Y

MongoDB 生成的唯一标识　　值为带有嵌套数组的 JSON 对象

图 11.4　MongoDB 的架构

11.3.2 其他文档存储

其他常见的文档存储系统有 AsterixDB、Couchbase、CouchDB 和 RavenDB，这些系统都在可扩展的无共享集群架构下支持 JSON 数据模型。不过，AsterixDB 和 Couchbase 支持 SQL++语言，这是 SQL 的一种良好扩展，就有一些查询 JSON 数据的简单功能。Couchbase 的 SQL++语言称为 N1QL，这是一种非第一范式的查询语言，发音为“nickel”。Couchbase 支持一种受限的事务功能（称为原子文档写入），并允许为了性能而牺牲一些特性，例如通过确认在内存中完成的写入操作然后异步写入磁盘来放宽持久性。除了用于查询和事务的 Couchbase 服务器之外，Couchbase 平台还有一个分析服务，允许在不影响事务处理性能的情况下进行在线数据分析，而且不需要基于不同的数据模型以及（由此带来的）ETL 功能。这是一种针对 NoSQL 的事务/分析混合处理（Hybrid Transaction and Analytics Processing，HTAP），参见 11.6.2 节中对 HTAP 的介绍。上述功能的实现基于 AsterixDB 的存储引擎和并行查询处理器。AsterixDB 是一种高性能 JSON 文档存储系统，它将并行数据库和文档数据库的技术相结合。

11.4 宽列存储

宽列存储结合了关系数据库的一些优良特性（例如，将数据表示为表）与键值存储的灵活性（例如，列中数据无序模式）。宽列表中的每一行都由一个键唯一标识，并具有多个列。但与关系表中的列只能包含原子值不同，列可以很宽并包含多个键值对。

宽列存储系统在键值存储系统的基础上扩展了方法接口，添加了更多声明性结构，支持对列族（column family）进行扫描、精确匹配和范围查询。系统通常为这些声明性结构提供 API，以便在编程语言中使用。一些宽列存储系统还提供类 SQL 查询语言，例如 Cassandra 的查询语言 CQL。

宽列存储的起源是下面要介绍的 Google 的 Bigtable 系统。

11.4.1 Bigtable

Bigtable 是一种适用于无共享集群的宽列存储系统。Bigtable 使用 Google 文件系统（Google File System，GFS）将结构化数据存储在分布式文件中，从而提供容错性和可用性（参见 10.1 节中的基于块的分布式文件系统的有关内容）。它还使用一种动态数据划分方法来实现可扩展性。与 GFS 一样，Bigtable 也被一些著名的 Google 应用程序所使用，例如 Google Earth、Google Analytics 和 Google+。

Bigtable 支持类似于关系模型的简单数据模型，并支持具有多值、带时间戳的属性。下面简要描述数据模型，因为它既是 Bigtable 实现的基础，也结合了行存储和列存储数据库管理系统的各方面特征。为了与之前使用的概念保持一致，这里考虑 Bigtable 的数据模型为略微扩展的关系模型①。

一个 Bigtable 实例由一组键/值对组成，其中键标识行，值是组织为列族（column family）的列的集合。Bigtable 通过键对其数据进行排序，这有助于将相同范围的行聚集在同一集群节点中。

Bigtable 中的每一行都由行键（row key）唯一标识，行键是一个任意字符串（在原始系统中最大为 64KB）。可以看出，行键就像关系表中的单个属性键。Bigtable 总是按行键排序，一行可以包含多个列族，它们构成了访问控制和存储的单元。列族被定义为一组相同类型的列。要创建一个 Bigtable，只需指定表名和列族名。不过，在列族中，是可以动态添加任意（相同类型的）列的。

要访问 Bigtable 中的数据，需要使用列键（column key）来标识列族中的列。列键的格式是完全固定的：column-family-name:column-name。列族名称类似于关系表中的属性名称。列名类似于关系表的属性值，但被用作列键的一部分来表示单个数据项，从而支持关系表中多值属性的等值判断。此外，一行内由同一列键标识的数据可以有多个版本，每个版本由一个时间戳（64 位整数）来标识。

【例 11.4】 图 11.5 用关系表的样式展示了一个包含 3 个列族和 2 个行的 Bigtable 示例，其中 Name 和 Email 列族具有异构列。要访问列值，必须指定行键和列键，例如，给定行键“111”和列键“Email:gmail.com”，可以返回结果“am@gmail.com”。

Bigtable 提供了一套基本的 API，用于在 C++等编程语言中定义和操作表。它还提供更改表和列族元数据的功能，例如访问控制权限。API 提供各种算子来写入和更新值，以及通过一个扫描（scan）算子在数据子集上进行迭代。类似关系模型中的 Select 算子，Bigtable

---

① 在提出之时，Bigtable 被定义为一个多维映射，索引由行键、列键和时间戳组成，映射的每个单元都是一个值（一个字符串）。

Row key	Name	Email	Web page
100	"Prefix": "Dr." "Last": "Dobb"	"email: gmail.com": "dobb@gmail.com"	<!DOCTYPE html PUBLIC...>
101	"First": "Alice" "Last": "Martin"	"email: gmail.com": "amartin@gmail.com" "email: free.fr": "amartin@free.fr"	<!DOCTYPE html PUBLIC...>

图 11.5　Bigtable 示例，包含 3 个列族和 2 个行

也有很多方法来筛选扫描所产生的行、列和时间戳，但它不支持复杂的算子，如连结（join）或并集（union），如果要实现复杂算子，则需要在扫描算子的基础上进行编程。

Bigtable 仅支持单行数据更新的事务原子性。因此，对于更复杂的多行数据更新，需要程序员编写适当的代码来控制原子性，使用一个接口在客户端进行跨行键的批量写入。

为了在 GFS 中存储表，Bigtable 对行键进行范围划分。每个表划分为若干个被称为 tablet 的分区，每个分区对应一定的行范围。划分是动态的，从一个 tablet（整个表范围）开始，然后随着表的增长分成多个 tablet。为了在 GFS 中定位（用户的）tablet，Bigtable 使用一个元数据表，元数据表本身也被划分为多个元数据 tablet，并在主服务器上存储一个根 tablet，这类似于 GFS 的主节点（master）。除了利用 GFS 实现可扩展性和可用性之外，Bigtable 还使用各种技术，以优化数据访问并最大限度减少磁盘访问次数，例如压缩列族、将具有高访问局部性的列族进行分组，以及由客户端主动缓存元数据信息。

Bigtable 依赖于一种称为 Chubby 的高可用且持久的分布式锁服务。具体而言，一个 Chubby 服务由五个活跃的副本组成，其中一个会被选为主节点并主动为请求提供服务。Bigtable 使用 Chubby 完成了以下几项任务：第一，确保任何时候最多只有一个活跃的主节点；第二，存储 Bigtable 数据的引导程序位置；第三，发现 tablet 服务器与完成 tablet 服务器的移除；第四，存储 Bigtable 的数据模式。请注意，如果 Chubby 长时间不可用，则 Bigtable 也将不可用。

11.4.2　其他宽列存储系统

Bigtable 有一些著名的开源实现版本，例如运行在 HDFS 之上的著名 Java 实现 Hadoop Hbase，以及结合了 Bigtable 和 DynamoDB 技术的 Cassandra 系统。

11.5　图数据库管理系统

第 10 章介绍了图分析，其目标是多次处理全图，直到达到某个结束条件。相比之下，图数据库管理系统侧重处理查询：查询是非迭代的，并且可能仅访问图中的一部分数据，支持有效的索引。图数据库直接将数据表示和存储为图的形式，这样可以自然表达和快速处理图查询，例如计算图中两个顶点之间的最短路径。这种方式要比关系数据库要高效得多，关系数据库需要将图数据存储为单独的表，而且图查询处理需要重复使用高代价的连结操作。图数据库管理系统通常提供强大的图查询语言。这些因素促使图数据库管理系统在社交网络和推荐系统等数据密集型的 Web 应用中变得越来越受欢迎。

通过指定顶点和边类型及其属性，图数据库管理系统可以提供灵活的数据模式。这样做的好处是可以基于属性值（如城市名称）定义索引以实现对顶点的快速访问，而不仅仅是使用结构索引。图查询可以通过特定的 API 或声明式查询语言使用图算子来表达。

前面提到，为了支持大规模数据库的可扩展性，键值、文档和宽列存储系统都会跨多个集群节点对数据进行划分。这种数据划分表现良好的原因是系统可以处理单个的数据项。然而，图数据的划分要困难很多，因为对图进行最佳划分是一个 NP 完全问题（参见 10.1 节）。特别是可以回顾一下，我们可能会从多个分区中获取由边相连的数据项，而遍历这样的跨分区的边会产生通信开销，从而降低图遍历操作的性能。因此，需要最小化分区之间边的数量，然而这样又有可能产生不平衡的数据划分。

下面我们通过 Neo4j 来介绍图数据库管理系统，Neo4j 是一种著名的图数据库管理系统，并具有多种部署的方式。

11.5.1 Neo4j

Neo4j 是一个具备可扩展和高性能特点的商业开源图数据库管理系统，它在无共享集群的环境下提供原生的图存储和处理功能。Neo4j 提供了一种丰富的带有完整性约束的图数据模型、一种功能强大并支持索引结构的查询语言 Cypher、ACID 事务，以及支持系统的高可用性与负载平衡。

Neo4j 的数据模型基于有向图，并对边（称为关系 relationship）、顶点（称为节点 node）或属性（称为属性 propertie）进行单独存储。每个节点可以有任意数量的属性，以（属性、值）的形式表示。每个关系必须有一个类型，它定义了关系的语义，以及从一个节点到另一个（或到它自己）的方向。Neo4j 的一个重要功能是可以在两个方向上以相同的性能遍历图中的所有关系。这样的设计简化了图数据库系统的建模方法：当一个关系可以推导出其相反关系时（例如，朋友关系反过来依然是朋友关系；某些 1:1 关系，如所有关系，反过来是归属关系），系统无须在节点之间创建两种不同的关系。

图的更新需要同时保证节点更新、关系更新和属性更新三者的一致性——这需要借助 ACID 事务来完成。

【例 11.5】 图 11.6 展示了一个表示社交网络的简单图。从 Bob 到 Mary 的朋友关系（含义是“Bob 是 Mary 的朋友”）足以代表双方的关系（“Mary 也是 Bob 的朋友”）。同样地，

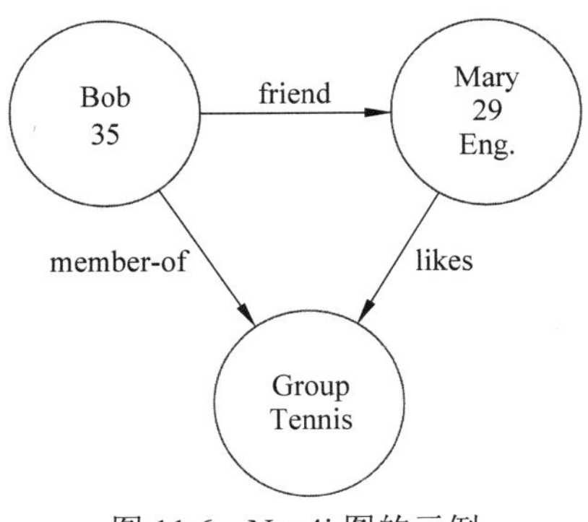

图 11.6 Neo4j 图的示例

这种关系也可以使用从 Mary 到 Bob 的关系来表示。这种表示方式显然使图模型变得简单。

以下给出一个事务示例：该事务使用 Java API 创建两个节点 Bob 和 Mary、它们的属性以及 Bob 到 Mary 的朋友关系。

```
Transactiontx = neo.beginTx();
Node n1 = neo.CreateNode();
n1.setProperty(''name'', ''Bob'');
n1.setProperty(''age'', 35);
Node n2 = neo.createNode();
n2.setProperty(''name'', ''Mary'');
n1.setProperty(''age'', 29);
n1.setProperty(''job'', ''engineer'');
n1.createRelationshipTo(n2, RelTypes.friend);
tx.Commit();
```

Neo4j 不会在图上预先定义数据模式，这种设计给数据创建提供了很大的灵活性——用户在创建数据时无须实现完全了解数据的使用方式。然而，数据模式，在其他的数据模型（关系、对象、XML 等）中，已被证明对数据库的一致性和高效查询处理十分有用。因此，Neo4j 引入了一种可选的数据模式方案，该方案基于标签（label）的概念并引入了一种数据定义语言来对其进行操作。标签的作用类似于一种标记，用于对相似节点进行分组。一个节点可以被分配任意数量的标签，例如人、学生和用户——这允许 Neo4j 仅查询图中的某些子集，如给定城市的学生。标签还可以用于定义完整性约束和索引。完整性约束可以定义在节点和节点之间的关系上，例如节点属性唯一性约束、节点属性存在性约束或关系属性存在性约束。

可以基于标签和属性组合创建索引，以提供高效的节点查找。节点查找是一个重要的操作，可以用于首先通过标签和属性上的谓词确定某些节点，进而从这些节点开始遍历全图。Neo4j-spatial 库还提供了 n 维多边形索引来优化地理空间查询。

为了查询和操作图数据，Neo4j 提供了一套 Java API 和一种称为 Cypher 的查询语言。Java API 使 Java 程序员可以使用 ACID 事务访问节点、关系、属性和标签上的图操作，并支持与编程语言的紧密集成。

Cypher 是一种功能强大的图数据库管理系统查询语言，具有 SQL 风格。它可用于操作图数据。例如，例 11.5 中的事务可以简单地由以下 CREATE 语句完成：

```
CREATE(:Person {name:''Bob'', age:35}) <- [:FRIEND]
    -(:Person {name:''Mary'', age:29, job:''engineer''})
```

由于使用了图模式匹配，Cypher 语言十分容易使用。用户在绘制图表时指定某种图模式，查询图数据库以找到与该模式匹配的数据。Cypher 提供 MATCH、MERGE、WHERE、RETURN 等语句，用来操作节点变量（如 SQL 中的元组变量）和其他一些变量。MATCH 用于图模式匹配。节点用括号括起来；关系用两个横杠表示，并用带有大于号或小于号的破折号来表示关系的方向；节点和关系属性键值对在花括号内指定。MERGE 可用于创建或匹配图。WHERE 用来指定节点上的谓词，RETURN 用来指明要返回的结果节点、关系和属性。

【例 11.6】 下面这条 Cypher 查询返回 Bob 的直接或间接好友中所有姓名以“M”开头的人。具体来说，MATCH 表达式使用两个节点变量，即 bob 和 follower，为“朋友的朋友”这种关系定义了一种递归模式；WHERE 表达式通过使用索引来查找姓名为“Bob”的节点，并选择姓名以“M”开头的 follower 节点；RETURN 表达式返回对应到 bob 和 follower 变量上的所有节点对。

```
MATCH bob-[:FRIEND]-> ()-[:FRIEND] -> follower
WHERE bob.name = "Bob" AND follower.name =~ "M.*"
RETURN bob, follower.name
```

Neo4j 提供了一个基于代价的查询编译器，可为 Cypher 查询（包括只读和更新查询）生成优化的查询计划。编译器首先进行查询计划的逻辑重写，包括对查询语句中的各部分解除嵌套、合并与简化等。然后，基于索引和标签选择率的统计信息，编译器为算子选择最佳的访问方法，生成查询执行计划，并最终采用嵌套迭代器的方式以流水线、自上而下地执行查询计划。

Neo4j 能够有效地支持高可用性，其途径是集群内和跨数据中心的完全复制策略。在一个集群内，Neo4j 采用了一种多主复制（参见第 6 章）的方法，称为因果集群，以实现大规模配置环境下的可扩展性。因果集群支持因果一致性，这种一致性模型可以保证所有客户端应用程序以相同的顺序查看因果相关的操作。因此，客户端应用程序可以保证读取自己的写入。因果集群的架构如图 11.7 所示，包含三类节点：应用服务器、核心服务器和读取服务器。应用服务器执行应用程序代码，向核心服务器发起写事务，并向读取服务器发出读查询。核心服务器使用 Raft 协议异步复制所有事务。为了确保事务的持久性，Raft 协议在事务提交以前使用大多数核心服务器来确认写入。核心服务器通过传送事务日志将事务复制到读取服务器。Raft 协议还用来实现跨数据中心的各种复制架构，以支持灾难恢复。

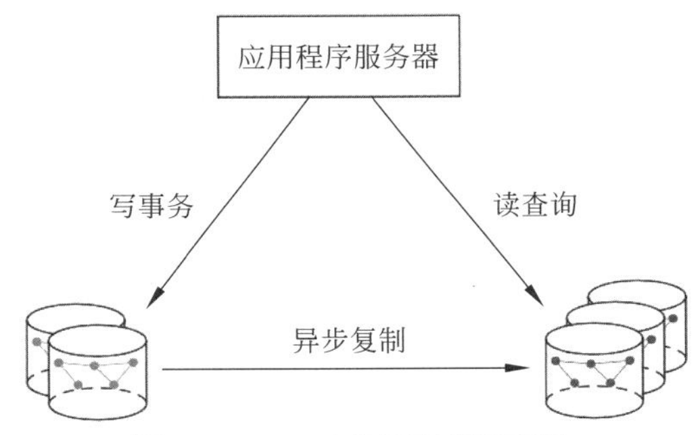

图 11.7　Neo4j 的因果集群架构

除了保证高可用之外，因果集群还支持使用大量读取服务器以提升图查询的可扩展性。为了优化 RAM 内存利用率，Neo4j 采用基于缓存的数据分片策略，它要求来自同一用户的所有查询始终发送到同一台读取服务器上。这种策略很自然会提升每台读取服务器上的引用局部性，并可以扩展到大规模图数据。

从上面的讨论可以看出，数据库图的最大容量受限于核心服务器磁盘的大小。这种约束要求我们在将紧凑图存储推到极致的同时，还要提供具有线性性能的路径遍历操作。为此，Neo4j 使用动态指针压缩来根据需要扩展可用地址空间，同时允许通过指针跳跃定位节点的相邻节点和关系。最后，为了进一步优化性能，Neo4j 对节点、关系和属性分别进行存储，这样的优点是允许节点和关系的存储仅保留基本信息并具有固定的大小，从而支持高效的$O(1)$路径遍历。而属性存储可以允许动态长度的记录。

11.5.2 其他图数据库系统

常见的其他图数据库系统还包括 Infinite Graph、Titan、GraphBase、Trinity 和 Sparksee。

11.6 混合数据存储系统

混合数据存储结合了不同数据存储和数据库管理系统中常见的功能。下面介绍多模型 NoSQL 系统和 NewSQL 数据库管理系统。

11.6.1 多模型 NoSQL 存储系统

多模型 NoSQL 系统旨在避免构建复杂应用程序时引入多个系统。下面使用 OrientDB 系统来讲解多模型 NoSQL 存储系统。OrientDB 是一个应用广泛的 NoSQL 数据存储系统，它结合了面向对象、NoSQL 文档和图数据模型的概念。其他有名的多模型系统有 ArangoDB 和微软的 Azure Cosmos DB。

OrientDB 的起源是面向无共享集群的 Orient Object-Oriented DBMS（最初用 C++ 编写）存储层的 Java 实现。OrientDB 提供了一个带有模式的丰富数据模型、一个强大的基于 SQL 的查询语言、乐观的 ACID 事务以及对高可用性和负载平衡的支持。

OrientDB 采用图数据模型，数据记录之间直接相连。数据记录有 4 种类型：Document、RecordBytes（二进制数据）、Vertex 和 Edge。当生成一条记录（最小存储单位）时，OrientDB 会为其分配一个唯一标识符，称为记录 ID。

OrientDB 的查询语言在 SQL 的基础上做出扩展，支持图上的路径遍历操作，同时支持以下多种索引结构：SB-Tree 索引，默认索引；哈希索引，用于高效精确匹配查询；Lucene 全文索引，用于文本搜索；Lucene 空间索引，用于空间查询处理。

OrientDB 的数据模式管理采用面向对象的方法，并支持类与类之间存在继承关系。具体来说，类定义了一组相似的记录，可以是无模式的，也可以是全模式（如在面向对象的数据库中）或模式混合的。其中，模式混合是指：在类的层面可以定义某些共有属性，但同时类中的一些记录可以具有其他属性。类的继承关系是以下结构：子类在父类的基础上扩展，继承父类的所有属性。

类是在多个节点上对记录进记录行聚类和划分的基础。每个类可以划分为一个或多个分区，每个称为一个簇。向类中插入新时，OrientDB 使用以下预置策略之一，将其存储在一个簇中：

- 默认策略（default）：使用类中指定的默认簇标识来选择簇；
- 轮替策略（round-robin）：将类中的簇按顺序排列，并将每条新记录按顺序分配给下一个簇；

- 平衡策略（balanced）：检查类中每个簇包含的记录数，并将新记录分配给最小的簇；
- 本地策略（local）：当数据库被复制时，选择当前节点（即处理插入操作的节点）上的主簇。

OrientDB 支持多主复制，即无共享集群中的所有节点都可以并行写入数据库。基于鲜有更新冲突的假设，OrientDB 采用乐观多版本的并发控制策略处理事务。在该策略下，事务在提交之前无须任何检查即可自行操作。当事务提交时，它将检查每个记录版本，以查看是否存在来自另一个事务的冲突更新。如果有，则会导致某些事务的取消。

11.6.2 NewSQL 数据库系统

NewSQL 是最新提出的一类 DBMS，目标是将 NoSQL 系统的可扩展性与关系 DBMS 的强一致性及易用性结合起来，从而满足企业信息系统中既需要使用传统关系数据库，又需要数据可扩展能力的新需求。针对复杂的数据密集型应用，NoSQL 系统提供了具有可扩展性、高可用性、数据模式灵活性的实用的 API。正如我们在前面几节中看到的，为了实现这一目标，NoSQL 系统需要在商用服务器构成的无共享集群中进行数据划分，以及放宽数据库的一致性要求。与此相对的是，关系数据库系统一方面通过 ACID 事务提供了强数据库一致性，另一方面通过标准的 SQL 语言为应用工具或程序提供了易用性。关系数据库系统也可以使用其并行版本进行数据扩展，但这通常带来高昂的价格，即使在使用无共享集群的情况下也是如此。

NewSQL 的一个重要类别是混合事务和分析处理系统（Hybrid Transaction and Analytics Processing，HTAP）。HTAP 的目标是对同一份数据执行 OLAP 和 OLTP 处理。HTAP 可以实现对业务数据的实时分析——这避免传统业务数据库和数据仓库互相分离的情况，以及复杂的 ETL 处理。

由于 NewSQL 系统方兴未艾，其系统架构也种类繁多。即便如此，我们仍然不难归纳出一些共性的特征：采用关系数据模型和标准 SQL 语言，支持 ACID 事务，基于无共享集群使用数据划分以保证可扩展性，以及通过数据复制以实现高可用性。

在本节的其余部分，我们介绍两个 NewSQL 系统，它们分别是 Google F1 系统和 LeanXcale 系统。除此之外，也存在另一些种类的 NewSQL 系统，包括 Apache Ignite、CockroachDB、Esgyn、GridGain、MemSQL、NuoDB、Splice Machine、VoltDB 和 SAP HANA。

11.6.2.1 F1 系统

F1 是来自 Google 的 NewSQL 系统，它结合了 Bigtable 的可扩展性和关系 DBMS 的一致性和易用性。它主要的用途是支持 Google 的 AdWords 这一超大规模的更新密集型应用场景。F1 在关系数据模型基础上做了一定的扩展，提供了完整的 SQL 查询支持、索引结构、即席查询以及乐观事务处理策略。F1 是建立在 Spanner 的基础上的，Spanner 是一种专为无共享集群设计的可扩展数据存储系统（参见 5.5.1 节）。

F1 的数据模型采用关系模型，它受 Bigtable 的启发采用分层的实现方式。在这种实现方式下，几个具有外键依赖关系的关系表可以被组织为嵌套关系：在嵌套关系中，每个子表的行会根据连结键与其父表中的相应行聚集在一起。这种组织方式有利于相同外键的多行高效更新，并加快了连结算子的处理速度。同时，F1 支持使用协议缓冲（Protocol Buffers）的方式将表格中的某列定义为结构化数据类型，协议缓冲是 Google 为结构化数据序列化而发明的跨语言、可扩展的机制。使用协议缓冲可以便捷地实现数据库的行和内存数据结构之间的转换。

F1 的主要查询接口是 SQL，它用于 OLTP 事务处理和大规模 OLAP 查询。在标准 SQL 的基础上，F1 添加了可以访问由协议缓冲定义的数据列等功能。F1 还支持将存储于 Spanner 中的数据与其他数据源（包括 Bigtable 和 CSV 文件）进行连接。另外，F1 支持 NoSQL 的键/值查询接口，并可通过精确匹配、范围查询以及基于主键的更新快速访问行。F1 支持将二级索引存储在 Spanner 表中，其中二级索引的键由主索引的键和被索引表的主键拼接而得。F1 的索引既可以是局部的，也可以是全局的。其中，局部索引主要针对某个表层级结构，其索引键需要包含相应被索引行的主键作为前缀；此外，索引记录与相应索引的数据记录需要位于同一位置，这样的组织方式有利于索引的高效更新。相反，全局索引是针对多个表的，因此不需要包含被索引记录的主键作为前缀，也无须与相应的索引记录位于同一位置。

F1 同时支持集中式与分布式查询执行。集中式查询执行用于短的 OLTP 查询，整个查询都在一个 F1 服务器节点上运行。分布式查询执行用于 OLAP 查询，具备高度的并行性，并使用基于哈希的重新划分和流式查询处理技术。

在 5.5.1 节中，我们介绍了 Spanner 可扩展的事务管理方法。Spanner 还提供容错、数据中心内数据划分、跨数据中心地理同步复制和 ACID 事务。在 Spanner 中，每个事务都会被分配一个提交时间戳，用于生成提交的全局总排序。在 Spanner 强大的事务支持能力的基础上，F1 支持如下三种类型的事务。

- 快照事务：用于具有快照隔离语义的只读事务，使用 Spanner 快照时间戳。
- 悲观事务：使用 Spanner 提供的基于 ACID 的基于锁的事务处理策略。
- 乐观事务：包含一个不带锁的读取阶段，然后是一个检测行级冲突的验证阶段，在这个阶段，F1 使用行的最后修改的时间戳来决定是提交还是中止。

11.6.2.2 LeanXcale 系统

LeanXcale 是一个 NewSQL/HTAP 系统，在无共享集群中，它具有完整的 SQL 查询和 Polystore 能支持。LeanXcale 具有三个主要的子系统：存储引擎、查询引擎和事务引擎，这三个子系统都是分布式且高度可扩展的（可扩展到 100 多个节点）。

LeanXcale 在具有 JSON 列的关系表上提供完整的 SQL 功能。客户可以使用任意带有 JDBC 驱动程序的工具访问 LeanXcale。LeanXcale 的一个重要功能是能够使用 CloudMdSQL 查询语言的脚本机制（参见 11.7.3.2 节）访问 Polystore 访问。在这一功能下，系统可以访问类型众多的底层数据存储，从分布式原始数据文件（例如 HDFS）到并行 SQL 数据库，再到 NoSQL 数据库（如 MongoDB，其查询可为 JavaScript 的程序）。

LeanXcale 存储引擎是一个专有的关系键值存储引擎 KiVi，KiVi 支持基于主键或索引键对表和索引进行有效的水平划分。每个表都会被存储为一个 KiVi 表，其中的键对应着 LeanXcale 表的主键，所有的列都按原样存储在 KiVi 的列中。原表的索引也会被存储为 KiVi

表，其中索引键映射到相应的主键上。这种存储模式使得存储层具有高可扩展性，其方式是跨 KiVi 数据节点对表和索引进行划分。KiVi 提供键值存储的典型 put 和 get 操作以及所有单表操作，例如基于谓词的选择、聚合、分组和排序——即除了连结之外的所有代数算子。多表的操作（即连结操作）由查询引擎和查询计划中连结算子上方的代数运算符执行。因此，连结算子下方的所有代数运算符都被下推到 KiVi 存储引擎上执行。

LeanXcale 查询引擎能够直接在业务数据上处理 OLAP 工作负载，从而通过实时数据返回分析查询的结果。查询引擎的并行实现遵循单程序多数据（SPMD）方法，该方法结合了查询间和算子内的并行性。使用 SPMD，不同查询上的多个对称工作节点（线程）会执行相同的查询/算子，但每一个工作节点都会处理不同部分的数据。

LeanXcale 查询优化包含两步。收到查询后，所有的工作节点都会多播和处理查询计划。如果是需要并行执行，则添加一个优化步骤，将生成的顺序查询计划转换为并行查询计划。转换过程包括用并行表扫描替换顺序表扫描，并添加 shuffle 操作确保在任意有状态的算子（如 Group by 或 Join）中，相关行由同一个工作节点处理。并行表扫描将基表中的行划分给所有工作节点，即每个工作节点将在表扫描期间检索行的不相交子集。这是通过划分行并将获得的子集调度到不同的查询引擎实例来完成的。然后，每个工作节点处理行数据，这些行数据是从被调度到其查询引擎实例的子集中获得的，它和其他工作节点交换行数据，交换的节点是通过查询计划中的 shuffle 运算符确定的。为了处理连结，查询引擎支持两种数据交换策略（shuffle 和多播）和各种连结方法（哈希、嵌套循环等），连结算子在数据交换发生后在每个工作节点本地执行。

查询引擎旨在与任意数据存储集成，其中数据以其自然格式驻留，并且可以通过运行特定脚本或声明性查询来（并行地）检索。这使它成为一个强大的 Polystore，可以处理原始格式的数据，并且可以充分利用富有表现力的脚本和大规模并行性。此外，利用高效的并行连结算法，查询引擎可以进行跨任何本地数据集（例如 HDFS 或 MongoDB，包括 LeanXcale 表）的连结。为了启用对任意数据集的即席查询（ad-hoc query），查询引擎使用 CloudMdSQL 查询语言处理查询，其中脚本被包装为本机子查询（见 11.7.3.2 节）。

在 5.5.2 节中，我们介绍了 LeanXcale 的横向扩展事务管理方法。LeanXcale 通过分解 ACID 属性并以可组合的方式独立扩展每个属性来扩展事务管理。事务引擎通过快照隔离提供强一致性。因此，使用多版本并发控制，读取不会被写入阻塞。它支持基于时间戳的排序和提交之前的冲突检测。用于提供事务一致性的分布式算法，能够通过智能分离关注点，在没有任何协调的情况下完全并行地提交事务。因此，提交数据的可见性与提交处理分离。通过这种方式，提交处理可以采用完全并行的方法，而不会影响由提交更新的可见性所规定的一致性。因此，提交是并行发生的，只要有更长的提交事务前缀没有间隙，当前快照就会前进到该点。

11.7 Polystore 系统

多存储系统（Polystore）提供对多个云数据存储（例如 NoSQL、关系 DBMS 或 HDFS）的统一访问。Polystore 系统通常只支持只读查询，因为如何支持跨异构数据存储系统的分布式事务十分困难。我们可以根据与底层数据存储的耦合程度来划分 Polystore 系统，本节将 Polystore 系统分为 3 类：松耦合、紧耦合以及两者的混合。下面首先针对每类介绍一些代表性的系统，包括它们的架构和查询处理过程。最后，给出一些分析结论。

11.7.1　松耦合的 Polystore 系统

松耦合 Polystore 系统与多数据库系统十分类似，因为这类 Polystore 系统可以处理自治的数据存储，而这些数据存储既可以通过 Polystore 系统的公共接口访问，也可以通过它们各自的 API 单独访问。松耦合的 Polystore 系统遵循具有多个数据存储（例如 NoSQL 和关系 DBMS）的中介器-包装器架构，如图 11.8 所示。每个数据存储都是自治的，即本地控制的，并且可以被其他应用程序所访问。这种中介器-包装器架构已在数据集成系统中所使用，并可以扩展到大量数据存储系统。

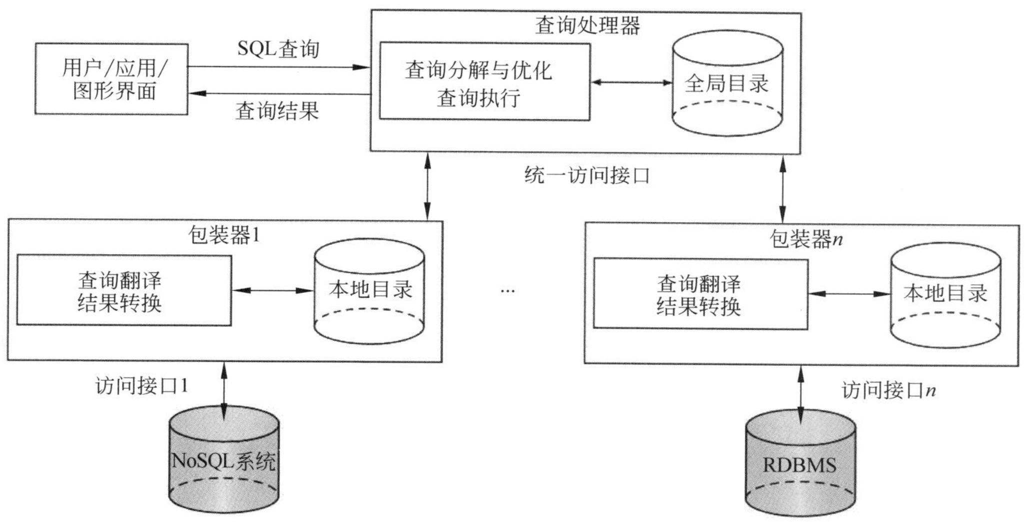

图 11.8　松耦合 Polystore 系统架构

松耦合 Polystore 系统有两个主要模块：一个全局的查询处理器、每个数据存储有一个包装器。查询处理器包含一个数据存储目录，每个包装器都有一个本地的数据存储目录。在构建了目录和包装器之后，查询处理器可以通过与包装器交互来开始处理来自用户的输入查询。典型的查询处理如下：

（1）分析输入查询并将其转换为若干子查询（每个数据存储对应一个子查询）和一个负责集成子查询，其中每个数据存储对应的子查询都用一种通用语言表示。

（2）将子查询发送到相关的包装器，在相应的数据存储中触发执行并将结果转换为通用语言格式。

（3）将来自包装器的结果进行集成（可能涉及执行 Union 和 Join 等算子），并将结果返回给用户。

下面介绍 3 个松耦合 Polystore 系统：BigIntegrator、Forward 和 QoX。

11.7.1.1 BigIntegrator 系统

BigIntegrator 支持类 SQL 查询，并将以存储在云端的 Bigtable 中的数据与关系 DBMS（不一定在云端）中的数据相结合。Bigtable 是通过 Google 查询语言（Google Query Language，GQL）访问的，该语言具有非常有限的查询表达能力，例如它不支持连结，并且只支持基本的选择谓词。为了解决 GQL 查询功能有限的问题，BigIntegrator 提供了一种基于插件的查询处理机制，称为吸收器（absorber）和终结器（finalizer），它们能够对 Bigtable 无法完成的操作进行预处理和后处理。例如，Bigtable 上的“LIKE”选择谓词或两个 Bigtable 的连结算子，它们将由 BigIntegrator 查询处理器进行处理。

BigIntegrator 使用 Local-As-View（LAV）的方法（参见 7.1.1 节），将 Bigtable 和关系数据源之上的全局数据模式定义为一张简单的“平面”关系表。每个 Bigtable 或关系数据源可以包含多个集合，而每个集合都表示为一张形式为“table-name_source-name”的源表，其中 table-name 是全局模式中的表的名字，而 source-name 是数据源的名字。例如，“Employees_A”代表数据源 A 处的 Employees 表，即 Employees 表的本地视图。SQL 语句会直接引用这些源表进行查询。

图 11.9 给出了 BigIntegrator 的系统架构，它有两个数据源，一个关系数据库和一个 Bigtable 数据存储。每个包装器都有一个导入器模块，以及吸收器和终结器插件。导入器负责创建源表并将它们存储在本地目录中。吸收器从用户查询中提取一个称为访问过滤器的子查询，该查询根据源的功能从特定源表中选择数据。系统将每个访问过滤器（由吸收器生成）转换为称为接口函数的运算符，应用于不同种类的数据源上。接口函数用于向数据源发送查询（即 GQL 或 SQL 查询）。

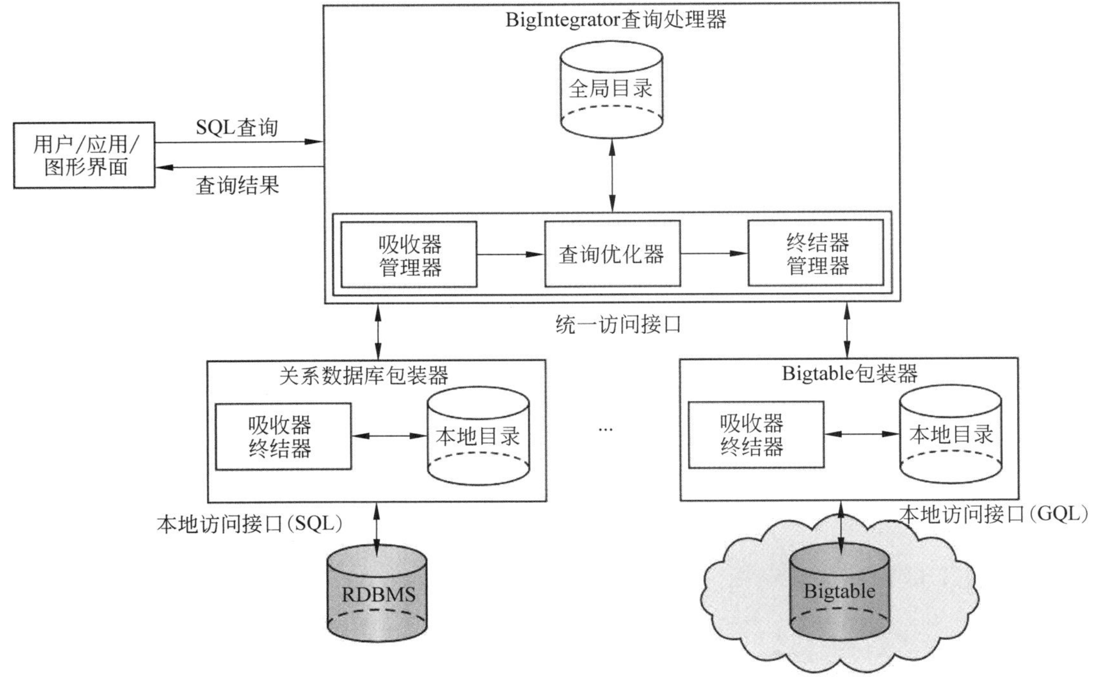

图 11.9 BigIntegrator 的系统架构

查询处理分为 3 个步骤执行，分别由吸收器管理器、查询优化器和终结器管理器负责。吸收器管理器接受（已解析的）用户查询，并且对于查询中引用的每个源表，调用其包装器相应的吸收器。为了用访问过滤器替换源表，吸收器根据数据源的功能从查询中收集源表和可能的其他谓词。查询优化器对访问过滤器和其他谓词重新排序以生成一个代数表达式，该表达式包含对访问过滤器和其他关系算子的调用。查询优化器还执行传统数据库查询优化的过程，例如选择算子下推和连结算子绑定。终结器管理器以上述代数表达式为输入，针对代数表达式中的每个访问过滤器，终结器管理器调用其包装器中相应的终结器，后者负责将访问过滤器转换为接口函数调用。

最后，通过使用内存技术，调用接口函数访问不同的数据源并执行后续的关系操作，查询执行由解释代数表达式的查询处理器执行。

11.7.1.2　Forward 系统

Forward 支持 SQL++，这一种类 SQL 语言，旨在统一 NoSQL 和关系数据库的数据模型和查询语言功能。SQL++具有强大的半结构化数据模型，它扩展了 JSON 和关系数据模型。Forward 还提供了丰富的 Web 开发框架，利用其 JSON 兼容性来集成可视化组件（例如，谷歌地图）。

SQL++的设计源于这样一种观察：JSON 和 SQL 这两种数据模型在概念上是相似的。例如，JSON 数组类似于具有顺序的 SQL 表，而 SQL 元组类似于 JSON 的对象。因此，在 SQL++中，集合（collection）的概念是一个数组或者一个包，其中可能包含重复的元素。数组是有序的（类似于 JSON 数组），每个元素都可以通过其序数位置访问，而包是无序的（类似于 SQL 表）。此外，SQL++扩展了关系数据模型，它支持复杂值（complex value）进行任意组合，以及支持元素存在异构性，其中复杂值的概念与在嵌套数据模型中一样，既可以是元组，也可以是集合。嵌套集合也可以通过在 SQL 的 **FROM** 子句中嵌套 **SELECT** 表达式访问，也可以使用 **GROUP BY** 算子组合来表达。同时，它们也可以使用 FLATTEN 算子取消嵌套。与传统的 SQL 表不同，SQL++并不要求所有元组具有相同的属性；与之相反，SQL++的集合还可以包含由元组、标量和嵌套集合组成的异构元素。

Forward 使用 Global-As-View（GAV）方法（见 7.1.1 节），其中每个数据源（SQL 或 NoSQL）向用户显示一个 SQL++虚拟视图，该虚拟视图通过 SQL++的集合进行定义。因此，用户可以发出涉及多个虚拟视图的 SQL++查询。Forward 架构如图 11.8 所示，每个数据源有一个查询处理器和一个包装器。查询处理器通过尽可能多地利用底层数据存储功能来执行 SQL++查询分解。但是，对于底层数据源不直接支持的 SQL++查询，Forward 会将其分解为一个或多个受支持的原生查询（native query），并将它们的查询结果进行组合，从而弥补 SQL++和底层数据源之间的语义或功能差距。在查询优化方面，通过在处理简单“平面”集合时重用多数据库系统的技术，对 SQL++查询进行基于成本的查询优化是可能的。但是，如果需要进一步考虑 SQL++的嵌套功能和元素异构性，这会困难得多。

11.7.1.3　QoX 系统

QoX 是一种特殊的松耦合 Polystore 系统，它的查询是分析数据驱动的工作流（或数据流），它集成了来自关系数据库和各种执行引擎（例如 MapReduce 或 ETL 工具）的数据。典型的数据流可能将非结构化数据（例如，推文）与结构化数据结合起来，并使用通用数据流操作（如过滤、连结、聚合）和用户自定义的功能（如情感分析和产品识别）。系统采用一种新颖的 ETL 设计方法，在设计过程的所有阶段都包含了一套称为 QoX 的质量指标。QoX 优化器负责处理 QoX 性能指标，目标是优化数据流的执行，其中数据流将后端的 ETL 数据集成过程与前端查询操作统一集成到一个分析过程中。

QoX 优化器使用 xLM，这是一种专门基于 XML 来表示数据流的语言，通常由某些 ETL 工具所创建。xLM 支持捕获流结构，其节点表示操作和数据存储，边表示连接这些节点的关系，以及重要的操作属性，例如操作类型、模式、统计信息和参数。xLM 可以由特定的包装器与特定于具体工具的 XML 格式进行相互转换。QoX 优化器可以连接到外部 ETL 引擎，并从这些引擎之间导入或导出数据流。

给定一个建立在多个数据存储和执行引擎上的数据流，QoX 优化器对不同的执行计划进行评估，估计执行计划的成本，并生成物理计划（可执行代码）。等效执行计划的搜索空间由数据流的转换操作定义，其中转换操作建模了数据传输（将数据移动到将执行操作的位置）、功能传输（将操作移动到数据所在的位置）和操作分解（将操作分解到更小的操作）。这里面每个操作的成本是根据统计数据（例如基数、选择性）估算的。最后，QoX 优化器为关系数据库引擎生成 SQL 代码，为 MapReduce 引擎生成 Pig 和 Hive 代码，并创建 Unix shell 脚本作为必要的“胶水代码”，用于连接在不同引擎上运行的不同子流。上述方法也可以扩展到访问 NoSQL 引擎上，前提是支持类 SQL 的接口和包装器。

11.7.2 紧耦合 Polystore 系统

紧耦合 Polystore 系统旨在高效地对结构化和非结构化数据进行查询，以支持（大）数据分析。尽管不同的系统可能有其特定目标，如 HDFS 和关系 DBMS 的自调整或集成，但这些系统的共性是都以自治权换取性能，通常在无共享集群中，因此数据存储只能通过 Polystore 访问。

与松耦合 Polystore 系统一样，紧耦合 Polystore 系统同样提供一种用于查询结构化和非结构化数据的语言。然而区别是，紧耦合 Polystore 系统的查询处理器直接调用底层数据存储的本地接口（见图 11.10），或者在 HDFS 的情况下，可以直接调用数据处理框架，例如 MapReduce 或 Spark。这样，在查询执行期间，查询处理器可以直接访问数据存储，并使数据在不同数据存储之间进行高效移动。不过，查询处理器可以直接调用的数据存储在数量上通常非常有限。

本节将介绍 3 个代表性的紧耦合 Polystore 系统：Polybase、HadoopDB 和 Estocada。除此之外，还有 3 个很有意思的紧耦合 Polystore 系统：Redshift Spectrum、Odyssey 和 JEN。Redshift Spectrum 是 Amazon Redshift 数据仓库产品在云平台 Amazon WebServices（AWS）中的一项功能。此功能支持针对存储在 Amazon Simple Storage Service（S3）中的大规模非结构化数据运行 SQL 查询。Odyssey 是一个可以与不同分析引擎（如并行 OLAP 系统或 Hadoop）一同工作的 Polystore 系统。Odyssey 支持在 HDFS 和关系 DBMS 中存储和查询数据，使用基于 MISO 的机会性物化视图（opportunistic materialized views），这是一种调整 Polystore（Hive/HDFS 和关系数据库）物理设计的方法，它决定数据如何存放在底层数据存储中，才能提高大数据查询处理的性能。查询执行的中间结果可被用于机会性物化视图，

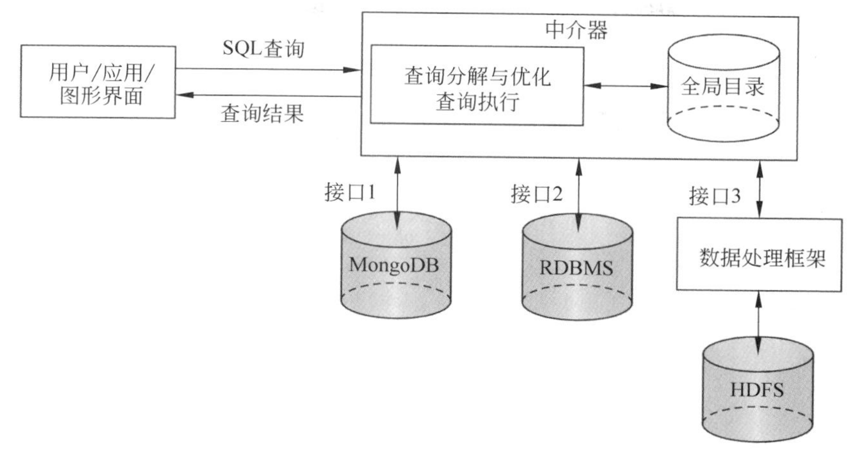

图 11.10　紧耦合 Polystore 的系统架构

可以将其存放在底层存储中以优化后续查询的评估。JEN 是 HDFS 之上的一个组件，可用于提供与并行关系 DBMS 的紧耦合。它允许使用并行连结算法（特别是高效的 zigzag 连接算法）和最小化数据移动的技术，来连结来自两个不同的数据存储（HDFS 和关系 DBMS）中的数据。随着数据量的增长，在 HDFS 端执行连结的效率似乎更高。

11.7.2.1　Polybase 系统

Polybase 是 Microsoft SQL Server 并行数据仓库（Parallel Data Warehouse，PDW）的一项功能，它允许用户使用 SQL 查询存储在 Hadoop 集群中的非结构化（HDFS）数据，并将它们与 PDW 中的关系数据做集成。HDFS 数据可以在 Polybase 中作为外部表引用，与 Hadoop 集群上的 HDFS 文件建立对应关系，从而可以与 PDW 原生表一样使用 SQL 进行查询。Polybase 利用了 PDW（一种无共享模式的并行数据库）的功能，它使用 PDW 查询优化器，将 HDFS 数据上的 SQL 操作转换为 MapReduce 作业，从而使其直接在 Hadoop 集群上执行。此外，HDFS 数据可以并行地导入/导出到 PDW，它们使用相同的 PDW 服务，将 PDW 数据在计算节点上进行 shuffle。

Polybase 集成在 PDW 内部，其架构如图 11.11 所示。Polybase 利用 PDW 的数据移动服务（Data Movement Service，DMS），该服务负责在 PDW 节点对中间数据进行 shuffle。例如，重新划分元组，以便将等值连结操作中匹配的元组对放到执行连结的同一计算节点上。DMS 通过扩展 HDFS Bridge 组件进行扩展，来支持与 HDFS 的所有通信。同时，HDFS Bridge 支持 DMS 实例与 HDFS 之间进行并行的数据交换（通过直接访问 HDFS 的分片）。

Polybase 利用 PDW 中基于成本的查询优化器，来决定何时将 HDFS 数据上的 SQL 查询推送到 Hadoop 集群上去执行。为此，Polybase 需要获取外部表的详细统计信息，这些统计信息来自 HDFS 表上具有统计显著性的样本。查询优化器枚举所有等效的查询执行计划（QEP），并选择成本最低的一个。这一过程中的搜索空间需要考虑将查询分解为以下两个部分：其一是 Hadoop 集群上的 MapReduce 作业执行，其二是 PDW 中的常规关系算子执行。MapReduce 作业可以用于执行外部表上的选择和投影算子，以及两个外部表的连结操作。然后，MapReduce 作业生成的数据可以导出到 PDW 与关系数据进行连结，如使用基于并行哈希的连结算法。

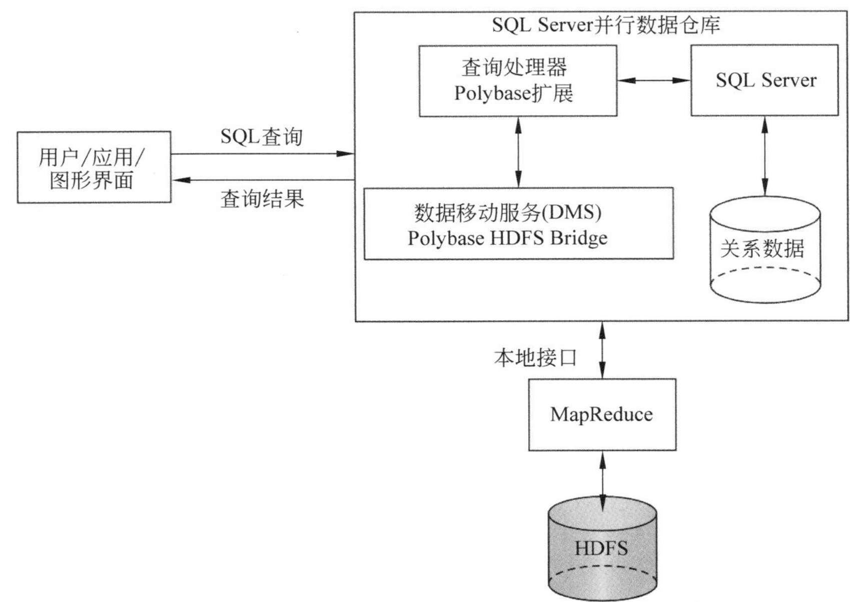

图 11.11 Polybase 的系统架构

上述将 HDFS 数据上的操作推送为 MapReduce 作业的方法存在一个比较严重的局限性：即使是简单的查找查询也有很长的延迟。为此，一种解决方案是使用存储在 PDW 中的 B+树，构建外部 HDFS 数据的索引。该方案利用了 PDW 中鲁棒且高效的索引代码，同时避免了 HDFS 数据因存储或缓存全部（大规模）而带来的显著空间开销。基于该方案，查询优化器可以将索引用作预过滤器，以减少 MapReduce 作业需完成的工作量。同时，为了使索引与存储在 HDFS 中的数据保持同步，系统使用增量的方法记录哪些索引记录已过期，并采用延迟更新的策略重建索引。在索引重建的过程中，回答查询可以采用以下策略：一方面使用 PDW 中的索引结构仔细地执行部分查询，另一方面将查询中的其余部分作为 MapReduce 作业仅在更改的 HDFS 数据上执行。Apache AsterixDB 也使用类似的方法来访问和索引 HDFS 中的外部数据，并允许用户的查询跨越 AsterixDB 管理的数据以及 HDFS 中的外部数据。

11.7.2.2 HadoopDB 系统

HadoopDB 的目标是提供最好的并行 DBMS（结构化数据上的高性能数据分析）和最好的基于 MapReduce 的系统（可扩展性、容错性和处理非结构化数据的灵活性），同时提供类 SQL 的查询语言（即 HiveQL）和关系数据模型。为此，HadoopDB 将 Hadoop 框架（包括 MapReduce 和 HDFS）与跨集群部署的多个单节点与关系数据库进行紧耦合——类似在无共享模式的并行数据库中那样。

HadoopDB 通过以下四个组件在 Hadoop 架构的基础上进行了扩展：数据库连接器、数据目录、数据加载器和 SQL-MapReduce-SQL（SMS）规划器。数据库连接器使用 JDBC 驱动程序为底层关系 DBMS 提供包装器。数据目录将数据库信息使用 XML 文件格式保存在 HDFS 中，并将之用于查询处理。数据加载器负责对键进行哈希，从而将（键、值）数据集合进行（重新）划分，并将划分后分区（或块）加载到单节点数据库上。SMS 规划器在

Hive 的基础上做出了扩展，Hive 是 Hadoop 的一个组件，能够将 HiveQL 转换为多个 MapReduce 作业，而这些 MapReduce 作业负责与 HDFS 中的以文件形式存储的 HDFS 数据表进行连接。上述系统架构以经济高效的方式提供了一个并行关系 DBMS，其中数据在关系数据库表格和 HDSF 文件中都被进行了划分，产生的分区可以并置在集群节点上进行高效的并行处理。

HadoopDB 查询处理比较简单，它依靠 SMS 规划器进行查询翻译与优化，并依靠 MapReduce 进行查询执行。查询优化包括将尽可能多的工作推送到单节点数据库中，并在需要时重新对数据集合进行划分。SMS 规划器首先将 HiveQL 查询分解为由关系算子构成的查询执行计划（QEP），进而将算子转换为 MapReduce 作业。与之相对，SMS 规划器将叶节点再次转换为 SQL 语句，并以此对底层关系 DBMS 实例进行查询。在 MapReduce 中，数据的重新划分应在 reduce 阶段之前进行。然而，如果优化器检测到输入数据表在用作 Reduce 聚合键的列上进了划分，它将对 QEP 进行简化——将其转换为一个 Map-only 的作业，而让关系数据库节点来完成所有的聚合操作。与此类似，等值连结操作也可以避免数据的重新分区，只要连结的双方都已在连结的键上做了划分。

11.7.2.3 Estocada 系统

Estocada 是一种支持自调优的 Polystore 系统，它面向需要处理多种数据模型（包括关系、键值、文档和图形）的应用场景，目标是优化其性能。为了从可用的数据存储中获得最佳的性能，Estocada 会自动地在不同的数据存储之间划分与分配数据。由于数据完全在系统的控制之下，而非自治的，因此 Estocada 是一种紧耦合的 Polystore 系统。

Estocada 中的数据分布是动态的，既要综合运用启发式和基于成本的策略，也要在可能的情况下考虑数据访问模式。每个数据集合通过一组划分来存储，它们之间在内容上可以重复，且每个分区都可以存储在任意底层数据存储中。这种策略可能会导致某个数据分区存储在一个与其本机的数据模型不同的数据存储中。为了使 Estocada 应用程序与底层数据存储相独立，Estocada 在内部将每个数据分区都描述为由一个或多个数据集合构成的物化视图。也正因如此，Estocada 的查询处理会涉及基于视图的查询重写过程。

Estocada 通过以下四个主要模块来支持两类数据存储和查询请求：存储器、数据目录、查询处理器和执行引擎。这些模块可以通过本地接口直接访问底层数据存储。查询处理器仅处理单模型的查询，每个查询都用相应数据源的查询语言表示。但是，要集成各种数据源，需要在 Estocada 之上使用一种通用的数据模型和查询语言。存储器负责对数据集合进行划分并将数据分区的存储委托给底层数据存储系统。对于自调优的应用场景，存储器还可以建议系统根据访问模式将数据从一个数据存储重新划分或移动到另一个数据存储上。每个数据分区由一个物化视图定义，其中物化视图由对应数据存储上的查询语言来表示。数据目录通过特定于数据存储的绑定模式来维护数据分区的信息，包括有关数据访问操作的成本信息。

使用数据目录，查询处理器将数据集合上的查询转换为在多个数据存储（如果存在将数据集合划分到不同数据存储中的情况）上的逻辑查询执行计划（QEP）。查询转换主要是利用数据集合上的物化视图来重写初始查询，并基于执行成本估计选择最佳的重写策略。执行引擎将逻辑查询执行计划转换为物理查询执行计划。物理查询执行计划进一步完成数据存储和 Estocada 运行引擎之间的工作划分，其中 Estocada 的运行时引擎提供自己的算子（选择、连结、聚合等）。

11.7.3 混合系统

混合系统试图结合松耦合系统与紧耦合系统各自的优点，例如前者可以访问许多不同的数据存储，而后者能够直接通过其本地接口高效访问某些数据存储。因此，混合系统（见图 11.12）一方面采用“中介器-包装器”的系统架构，同时查询处理器也可以通过 MapReduce 或 Spark 直接访问一些底层的数据存储，如 HDFS。

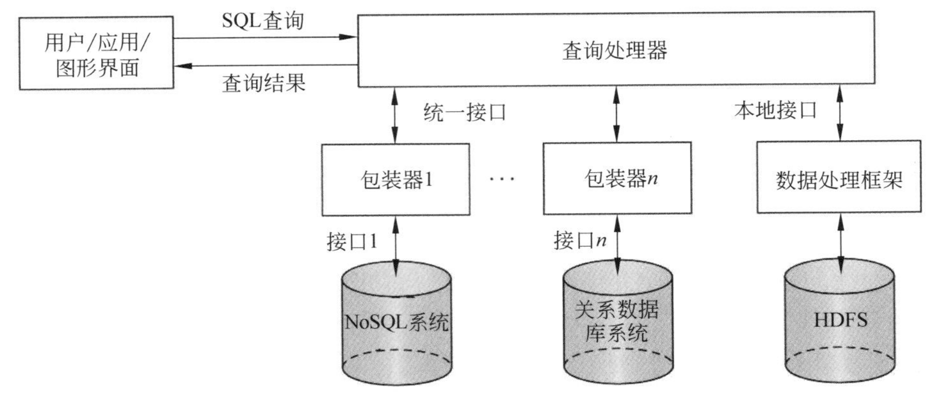

图 11.12 混合 Polystore 的系统架构

下面介绍三个混合 Polystore 系统：Spark SQL、CloudMdSQL 和 BigDAWG。

11.7.3.1 Spark SQL 系统

Spark SQL 是 Apache Spark 中的一个模块，它将关系数据处理与 Spark 函数式编程 API 集成在一起。Spark SQL 支持以类 SQL 查询方式，它可以集成那些通过 Spark 来访问的 HDFS 数据和通过包装器来访问的外部数据（如关系数据库）。因此，Spark SQL 属于 Spark/HDFS 紧耦合，以及外部数据源松耦合的混合 Polystore 系统。

Spark SQL 使用支持嵌套的关系数据模型。它支持所有主要的 SQL 数据类型以及可以嵌套在一起的用户自定义类型和复杂数据类型（结构、数组、映射和联合）。Spark SQL 还支持 DataFrame，DataFrame 是具有相同模式的行的分布式集合，如关系表。DataFrame 既可以从外部数据源中的表，也可以从本机 Java 或 Python 对象对应的 RDD（即 Spark 弹性分布式数据集）构建。一旦构建，DataFrame 可以使用各种关系算子进行操作，如 WHERE 和 GROUPBY，这些算子可用 Spark 程序代码表达。

图 11.13 给出了 Spark SQL 的系统架构，它作为一个库运行在 Spark 之上。查询处理器通过 Spark Java 接口直接访问 Spark 引擎，同时通过包装器（JDBC 驱动程序）支持的 Spark SQL 公共接口访问外部数据源（如，关系 DBMS 或键值存储）。查询处理器包括两个主要组件：DataFrame API 和 Catalyst 查询优化器。DataFrame API 支持数据的关系处理和过程处理之间的紧密集成，允许在外部数据源和 RDD 上执行关系操作。DataFrame API 已集成到 Spark 支持的编程语言（Java、Scala、Python）中，并支持在代码中定义用户自定义函数，

不像在其他数据库系统中那样需要复杂的注册过程。基于此，DataFrame API 允许开发人员无缝地混合使用关系编程和过程编程。例如：对通过关系操作访问的大规模数据集合，执行高级分析需求（这是在 SQL 中很难表达的）。

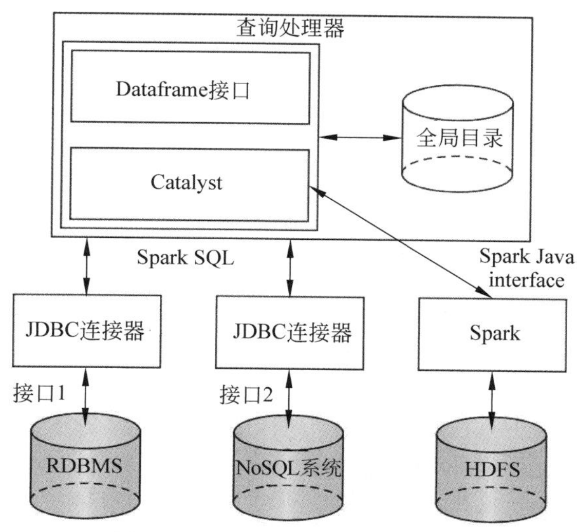

图 11.13　Spark SQL 的系统架构

Catalyst 是一种具备可扩展性的查询优化器，支持基于规则和基于成本的优化策略。之所以设计为可扩展的查询优化器，一方面是为了便于添加新的优化技术（如支持 Spark SQL 的新功能），另一方面是为了使开发人员能够扩展优化器以处理外部数据源（如通过添加数据源相关的规则来执行选择谓词的下推）。尽管可扩展的查询优化器并不是一个新的概念，但之前的方法往往采用复杂的语言来定义规则，以及特定的编译器来将规则转换为可执行代码。相比之下，Catalyst 使用标准的 Scala 函数式编程语言，例如模式匹配，这使开发人员可以轻松定义规则；这些规则也可以很容易地编译为 Java 代码。

Catalyst 提供了一个通用的框架来表示查询树，并采用基于规则的方法对查询树进行处理。该框架包括 4 个阶段：（1）查询分析；（2）逻辑优化；（3）物理优化；（4）代码生成。查询分析使用数据目录（含架构信息）解析查询中的名称引用并生成逻辑计划。逻辑优化采用标准的基于规则的方法对逻辑计划进行优化，如谓词下推、空值传播和布尔表达式简化等。物理优化以一个逻辑计划为输入，枚举等价的物理计划以形成搜索空间，其中物理计划由 Spark 执行引擎或外部数据源中实现的物理算子构成。然后框架使用简单的成本模型选择一个最优的计划，特别是选择最优的连结算法。代码的生成依赖于 Scala 语言，尤其是它需要简化 Scala 语言中抽象语法树（AST）的构建过程。最后，Catalyst 在运行时将生成的 AST 输入到 Scala 编译器以生成 Java 执行代码，并在相应的计算节点直接执行。

为了加速查询执行，Spark SQL 会利用内存中的热数据缓存，这需要使用基于列的存储方法（即将数据存储为数据列的集合而不是行的集合）。与 Spark 自带的缓存策略（简单地将数据存储为 Java 对象）相比，这种基于列的缓存能够使用数据列压缩策略（如字典编码和运行长度编码）将内存占用减少一个数量级。缓存对于交互式查询和机器学习中常见的迭代算法十分有效。

11.7.3.2 CloudMdSQL 系统

CloudMdSQL 支持功能强大的类 SQL 的函数式语言，专门为查询多个异构数据源（如关系和 NoSQL）而设计。一个 CloudMdSQL 查询可以包含若干嵌套的子查询，每个子查询均可以直接访问特定的数据存储，并且使用底层数据存储的查询接口。由此可见，CloudMdSQL 主要的创新点是尽可能地利用底层数据存储的功能，只需允许将一些本地数据存储的本机查询（如图数据库的广度优先搜索查询）作为函数调用。目前，CloudMdSQL 已被扩展到可使用分布式处理框架（如 Apache Spark）来处理问题，它支持将用户定义的 map/filter/reduce 算子作为子查询。

CloudMdSQL 的查询语言在 SQL 的基础上扩展支持在每个子查询中内嵌底层数据存储的查询接口。CloudMdSQL 通用的数据模型是基于表的，为了处理非平面和嵌套的数据，它支持丰富的数据类型，可以捕获广泛的底层数据存储的数据类型（如数组和 JSON 对象），这些复合的数据类型是由基本算子来定义的。CloudMdSQL 允许将命名表表达式定义为 Python 函数，这项功能对于仅支持使用 API 进行查询的底层数据存储十分有用。CloudMdSQL 查询允许在即席数据模式的场景下中执行，其中即席的数据模式由查询中的所有命名表表达式构成——这种方式有效弥补了缺乏全局数据模式的场景下产生的缺陷，并允许查询编译器执行查询的语义分析。

CloudMdSQL 查询引擎的设计充分利用了其部署在云端的优势，对不同的系统组件安装在何处有着完全的控制。查询引擎的架构是完全分布式的，查询引擎节点之间可以通过交换代码（即查询计划）和数据直接相互通信。这种分布式的架构对优化十分有利。例如，为了最小化数据传输量，可以将最小的中间数据移动到特定的节点进行后续处理。每个查询引擎节点都被配置在计算机集群中的每个数据存储节点上，且由两部分组成，即 Master 和 Worker。每个 Master 或 Worker 都有一个通信处理器，支持发送和接收处理数据的算子，以完成节点之间数据或指令的交换。Master 以一个查询为输入，进而使用查询计划器和数据目录（含有数据源的元数据和成本信息）生成一个查询计划，并将之发送到一个选定的查询引擎节点以供执行。Worker 的作用是充当底层数据存储之上的轻量级的运行时数据库处理器，它由三个通用模块（即相同的代码库）——查询执行控制器、运算符引擎和表存储——以及一个特定于底层数据存储的包装器模块组成。

上述过程中的查询计划器采用基于成本的优化策略。为了比较查询的不同重写结果，优化器使用一个简单的数据目录，它提供有关数据存储集合的基本信息，例如基数、属性选择率和索引，以及一个简单的成本模型。这些信息可以由包装器以成本函数或数据库统计信息的形式提供。在无法从数据目录中获取成本和选择率等信息时，查询语言还允许用户自定义成本和选择性函数，这主要是在使用本机子查询的情况下可行。查询计划的搜索空间通过传统数据库的方法获得，如下推选择谓词、使用绑定连结、执行连结排序或计划中间数据传输。

11.7.3.3 BigDAWG 系统

与多数据库系统类似，目前已介绍的所有 Polystore 系统都提供跨多个具有相同数据模型和语言的数据存储的透明访问。然而 BigDAWG（Big Data Analytics Working Group）则不同，它希望将不同的数据模型和查询语言统一起来进行查询，因此不存在一个共同的数据模型和查询语言。面对用户来说，BigDAWG 的一个关键用户概念是信息孤岛，它是使用某种单一的查询语言访问的底层数据存储的集合。可能存在各种类型的信息孤岛，包括关系 DBMS、数组 DBMS、NoSQL 和数据流系统（DSS）。在一个信息孤岛内，数据存储之间是松耦合的，因此系统需要提供一个包装器（称为 shim）来将面向信息孤岛的查询语言翻译为它的本机语言。当某个查询需要访问多个数据存储时，就可能使用 CAST 操作在数据库之间复制对象——这就是一种紧耦合的形式。因此，BigDAWG 被视为一个混合的 Polystore 系统。

BigDAWG 的架构是高度分布式的，有一个较为轻量的层将上层的工具（如可视化）或应用程序与信息孤岛连接起来。由于没有通用的数据模型和查询语言，因此也不存在通用的查询处理器，相反每个信息孤岛都有其特定的查询处理器。信息孤岛内部的查询处理类似于多数据库系统中的查询处理：大部分处理被推送到数据存储中，查询处理器只负责集成结果。BigDAWG 查询优化器不使用成本模型，而是使用启发式方法和某些高性能数据存储的信息。对于简单的查询，例如选择-投影-连结查询，优化器使用函数传送（function shipping）功能，来最小化不同数据存储之间的数据移动和网络流量。对于复杂的查询，例如数据分析，优化器可能会考虑数据传送，将数据移动到能提供高性能处理的数据存储上。

提交给一个信息孤岛的查询可能涉及多个信息孤岛。在这种情况下，查询需要表示为多个子查询，每个子查询都使用特定的信息孤岛的专用语言。为了指定子查询所针对的岛屿，用户可以将子查询包含在 SCOPE 规范中。因此，涉及多个信息孤岛的查询可能会用不止一个 SCOPE 子句来指定多个子查询的预期行为。此外，用户可以使用 CAST 操作来在多个信息孤岛之间高效地传输中间数据。由此可见，涉及多个信息孤岛查询的处理过程由用户如何指定子查询、SCOPE 和 CAST 的方式决定。

11.7.4　结束语

尽管所有 Polystore 系统的总体目标都是相同的——查询多个底层数据存储系统，但根据要实现的功能目标的不同，它们会采用不同的实现路径。因此，要实现的功能目标对系统设计有着重要影响。主流的方法是将关系数据（存储在关系数据库中）与不同数据存储中的其他类型的数据做集成，例如 HDFS（Polybase、HadoopDB、Spark SQL、JEN）或 NoSQL（BigIntegrator 的 Bigtable、Forword 的文档存储）。不同系统的主要区别在于所支持的数据存储类型是不同的。例如，Estocada、BigDAWG 和 CloudMdsQL 可以支持多种数据存储，而 Polybase 和 JEN 仅针对关系数据库与 HDFS 的集成。同时，在 Hadoop 中访问 HDFS 的重要性在日益增加，尤其通过 MapReduce 或 Spark 进行访问——这在很多结构化/非结构化数据集成的场景中应用广泛。

另一个发展趋势是自调优 Polystore 系统，如 Estocada 和 Odyssey，其目的是更好地利用已有的数据存储来提升整体性能。在数据模型和查询语言方面，大多数此类系统都提供了类 SQL 的关系抽象模型。另外，QoX 有一个更通用的图抽象来捕获分析数据流。Estocada 和 BigDAWG 都允许使用其本机（或信息孤岛内）的语言直接访问底层的数据存储。CloudMdsQL 也支持本机的查询方式，但需要作为类 SQL 语句中的子查询。

大多数 Polystore 系统支持全局数据模式的管理，采用基于 GAV 或 LAV 的方法。例如，

BigDAWG 在（单一模型）信息孤岛中使用 GAV。然而，QoX、Estocada、Spark SQL 和 CloudMdSQL 不支持全局数据模式，而是提供一些方法来处理数据存储的本地数据模式。

查询处理技术主要是扩展现有的分布式数据库系统技术，例如数据/功能传送、查询分解（基于底层数据存储能力、绑定连接、选择下推）。通常也支持查询优化，一般采用（简单）成本优化模型或启发式方法。

11.8　本章小结

与传统的关系 DBMS 相比，本章介绍的新技术保证了更好的可扩展性、性能和易用性。它们有效地补充了面向大数据的新型数据管理技术（见第 10 章）。

NoSQL 主要是为了解决关系数据库的三个主要局限性：第一，面向所有数据和应用使用通用的“一刀切”方法；第二，云端数据库在架构上存在可扩展性与可用性的局限；第三，如 CAP 定理所示，强数据库一致性和服务可用性之间难以权衡。本章介绍的 NoSQL 系统的四个主要类别是基于它们底层数据模型，即键值、宽列、文档和图。对于每个类别，我们介绍了一个代表性的系统：DynamoDB（键值）、Bigtable（宽列）、MongoDB（文档）和 Neo4j（图）。我们还通过 OrientDB 介绍了多模型 NoSQL 系统，OrientDB 结合了面向对象、NoSQL 文档和图数据模型的概念。

NoSQL 系统提供了较好的可扩展性、可用性、灵活的数据模式和实用的 API，但这通常需要放松强数据库的一致性。最近，NewSQL 提出将 NoSQL 系统的可扩展性与关系数据库系统的强一致性和可用性结合起来，其目标是满足企业信息系统的既需要支持传统关系 DBMS 也需要可扩展性的需求。本章通过 Google F1 和 LeanXcale 数据库管理系统介绍了 NewSQL。

为了构建云端的数据密集型应用，通常需要使用多种底层数据存储（NoSQL、HDFS、关系 DBMS、NewSQL），其中每种数据存储都针对特定的数据和任务进行了优化。一个典型的例子是很多应用场景都需要将非结构化数据（如 HDFS 或 NoSQL 支持的日志文件、推文、网页等）与关系数据库中的结构化数据相结合。为此，Polystore 系统通过一种或多种查询语言来提供对大量云数据存储系统的集成地或透明地访问。本章根据与底层数据存储的耦合程度将 Polystore 系统分为松耦合、紧耦合和混合类型，进而为每个类别介绍了 3 个典型的 Polystore 系统：松耦合的 BigIntegrator、Forward 和 QoX；紧耦合的 Polybase、HadoopDB 和 Estocada；混合的 Spark SQL、CloudMdSQL 和 BigDAWG。

Polystore 系统的主要趋势是研究如何将关系数据（存储在关系数据库中）与不同数据存储中的其他类型的数据（如 HDFS 或 NoSQL）集成起来。不同 Polystore 系统的区别在于支持不同类型的底层数据存储系统。另外，在 Hadoop 中访问 HDFS 的重要性日益增加，尤其是通过 MapReduce 或 Spark 等大数据处理框架的方式。另一个趋势是出现了自调优的 Polystore 系统，其目的是尽可能利用已有的数据存储来提高性能。在数据模型和查询语言方面，大多数系统都提供关系/类 SQL 的模型。但是，QoX 使用更为通用的图模型来分析数据流。Estocada 和 BigDAWG 都允许使用底层数据存储本机的查询语言对其直接进行访问。最后，Polystore 系统的查询处理技术一般是传统分布式数据库技术（见第 4 章）的扩展。

11.9 本章参考文献说明

NoSQL、NewSQL 和 Polystore 系统的研究概况不断变化且缺乏公认的标准，这增加了提供完整且最新的参考书目的难度。尽管有很多相关主题的书籍和研究论文，但它们很快就过时了，而最新的信息可以在系统的网站或博客中找到。因此，本章更专注于系统的原理和架构，而不是会随时间变化的实现细节。

CAP 定理是经常被引用的 NoSQL 系统的主要动机，该理论有助于理解（C）一致性、（A）可用性和（P）分区容忍度之间的权衡关系。CAP 定理始于【Brewer 2000】的一个猜想，并由【Gilbert and Lynch 2002】明确为一个定理。尽管 CAP 定理没有说明可扩展性，但一些 NoSQL 已经使用它来证明 NoSQL 系统缺乏对 ACID 事务的支持。

介绍 NoSQL 系统发展的书有好几本，典型的是【Strauch 2011】、【Redmond and Wilson 2012】，这些书介绍 NoSQL 系统的方法与本章相同，都是介绍了同样几个代表性的系统。另外还有一些书介绍了具体的系统。本章中 MongoDB 文档存储的介绍基于【Plugge 等 2010】以及 MongoDB 网站上的其他信息。AsterixDB 【Alsubaiee 等 2014】和 Couchbase【Borkar 等 2016】属于 JSON 文档存储系统，支持最初由【Ong 等 2014】提出的 SQL++语言。还有一本不错的关于 SQL++的实用书籍【Chamberlin 2018】，由 SQL 语言的发明者之一 Don Chamberlin 撰写。AsterixDB 的外部数据访问和索引机制可以参考【Alamoudi 等 2015】，DynamoDB 可以参考【DeCandia 等 2007】，Bigtable 可以参考【Chang 等 2008】。关于图数据库和 Neo4j，可以参考来自 Neo4j 团队的优秀书籍【Robinson 等 2015】。Neo4j 使用了因果一致性模型【Elbushra and Lindström 2015】进行多主复制，使用 Raft 协议支持了事务的持久性【Ongaro and Ousterhout 2014】。

本章中 NewSQL 系统的部分主要参考了 F1 DBMS【Shute 等 2013】和 LeanXcale HTAP DBMS 【Jimenez-Peris and Patiño Martinez 2011】、【Kolev 等 2018】。

Polystore 系统的设计初衷可以参考【Duggan 等 2015，Kolev 等 2016b】。本章中 Polystore 的介绍主要基于本书作者撰写的综述文章【Bondiombouy and Valduriez 2016】。该综述文章归纳了三类 Polystore 系统：（1）松耦合、（2）紧耦合和（3）混合系统，并为每一类提供了 3 个代表性的系统：（1）BigIntegrator（【Zhu and Risch 2011】、Forward【Fu 等 2014】和 QoX【Simitsis 等 2009, 2012】）；（2）Polybase（【DeWitt 等 2013, Gankidi 等 2014】、HadoopDB【Abouzeid 等 2009】和 Estocada【Bugiotti 等 2015】）；（3）Spark SQL（【Armbrust 等 2015】）、BigDAWG（【Gadepally 等 2016】）和 CloudMdsQL（【Bondiombouy 等 2016】、【Kolev 等 2016b,a】）。其他重要的 Polystore 系统还包括 Amazon Redshift Spectrum、AsterixDB、AWESOME（【Dasgupta 等 2016】）、Odyssey（【Hacigümüs 等 2013】）和 JEN（【Tian 等 2016】）。Odyssey 使用机会性物化视图、基于 MISO（【LeFevre 等 2014】）这种调整 Polystore 物理设计的方法。

11.10 本 章 习 题

习题 11.1 回忆并讨论 NoSQL 的主要动机，特别是重点与关系 DBMS 进行比较。

习题 11.2（*） 解释为什么 CAP 定理很重要。考虑一个具有多主复制的分布式架构（参见第 6 章），并假设使用异步复制进行网络划分。请回答：

（a）该场景保留了哪些 CAP 属性？

（b）达到了什么样的一致性？

如果将网络划分改为同步复制，请回答相同问题。

习题 11.3（）** 本章将 NoSQL 系统分为 4 类，即键值、宽列、文档、图。请据此回答：

（a）讨论上述 4 类在数据模型、查询语言和接口、体系架构和实现技术方面的主要异同。

（b）确定每一类系统的最佳用例。

习题 11.4（）** 考虑以下简化的订单录入数据库模式（嵌套关系格式），主键属性以下画线表示：

```
CUSTOMERS(CID, NAME, ADDRESS (STREET, CITY, STATE, COUNTRY), PHONES)
ORDERS(OID, CID, O-DATE, O-TOTAL)
ORDER-ITEMS(OID, LINE-ID, PID, QTY)
PRODUCTS(PID, P-NAME, PRICE)
```

（a）给出用四种 NoSQL 系统（键值、宽列、文档和图）管理上述数据对应的数据模式，并讨论每种 NoSQL 系统设计在易用性、数据库管理、查询复杂性和更新性能方面各自的优缺点。

（b）现在考虑一个产品可以由几种产品组成，例如，一套六瓶装的啤酒。将此反映在数据库模式的设计上，并讨论这会对四种 NoSQL 系统带来什么影响。

习题 11.5（）** 第 10 章中提到图数据库划分没有最佳解决方案。详细说明这一事实对图数据库可扩展性的影响？并尝试提出解决办法。

习题 11.6（）** 从数据模型、查询语言和接口、一致性、可扩展性和可用性这几个方面，对比 F1 NewSQL 系统与标准并行关系数据库系统（例如 MySQL Cluster）。

习题 11.7 Polystore 系统对多个底层数据存储（如 NoSQL、关系 DBMS 或 HDFS）提供统一的查询访问。请将 Polystore 系统与第 7 章介绍的数据集成系统进行比较。

习题 11.8（）** Polystore 系统通常只支持只读查询，用以满足数据分析需求。然而，随着云数据密集型应用越来越复杂，跨数据存储更新数据的需求将变得日益重要，因此分布式事务的需求日益凸显。但是，数据存储的事务模型可能与关系 DBMS 有着很大差别。特别是，大多数 NoSQL 系统不提供对 ACID 事务的支持。请讨论这一问题并尝试提出解决方案。

第 12 章　万维网数据管理

万维网（简称 WWW 或 Web）已成为存储数据和文档的主要资料库。无论用何种方法来衡量，万维网都在以惊人速度增长[①]。除了规模庞大之外，万维网也是迅速变化的。事实上，万维网代表了一种规模庞大、瞬息万变、分布式的数据存储系统。因此，在访问万维网数据时，存在很多典型的分布式数据管理问题。

从目前的表现形态来看，万维网可以认为是两个截然不同却又息息相关的组成部分。一个部分称为公开可索引万维网（Publicly Indexable Web，PIW），由 Web 服务器上的所有相互链接的静态网页组成，这些网页可以很容易地搜索和索引。另一部分称为深度万维网（deep Web，或隐藏万维网 hidden Web），由大量封装数据的数据库组成，它无法由外界直接访问。隐藏万维网上的数据通常通过搜索界面检索：用户在界面上输入传递给数据库服务器的查询，查询结果以动态生成网页的形式返回给用户。深度万维网的一部分被称为“暗网”（dark Web），它由加密数据组成，需要特定的浏览器（如 Tor）才能访问。

PIW 和隐藏万维网之间的区别主要在于它们处理搜索和/或查询的方式。搜索 PIW 主要方法是：首先通过网页间的链接结构进行爬取，索引爬取的网页，进而搜索已索引的数据（详见 12.2 节）。搜索方式既可以通过主流的关键词搜索，也可以通过问答（question answering, QA）系统（详见 12.4 节）。然而，搜索 PIW 的方法无法直接用于隐藏万维网，因为无法对其数据进行爬取和索引，深度万维网搜索方法将在 12.5 节介绍。

万维网数据管理的研究与两个不同却互有关联的研究领域相关。早期的研究大多属于网络搜索和信息检索领域，主要关注关键词搜索和搜索引擎，后续的研究也关注 QA 系统。数据库领域的工作主要集中在万维网数据的声明式查询上。目前一个新兴的研究方向是将搜索/浏览访问模式和声明式查询结合起来，但目前这一方向仍然方兴未艾。另一方面，在 21 世纪初，XML 作为一种重要的数据形式出现，用于表示与集成万维网数据，这使得 XML 数据管理成为了研究热点。不过，尽管 XML 在许多应用领域中仍然很重要，但它在万维网数据管理中的重要性已经减弱，这主要是由于 XML 过于复杂。最近，RDF 已逐渐成为万维网数据表示和集成的通用表示方法。

由于研究方向的不断分化，很难找到一个统一的架构或框架来讨论万维网数据管理，而是需要对不同的研究方向单独进行介绍。此外，要想涵盖与万维网相关的所有问题，一章的篇幅是远远不够的。因此，本章关注与数据管理直接相关的问题。

本章首先讨论如何将万维网数据建模成图结构。图的结构和管理问题至关重要，12.1 节将探讨这一问题。12.2 节主要关注万维网搜索，12.3 节介绍万维网查询，12.4 节介绍问答系统，12.5 节介绍深度/隐藏万维网的搜索与查询。最后，12.6 节探讨万维网数据集成，重点介绍基础性的问题和代表性的方法（如万维网表格、XML 和 RDF）。

---

① 参考：http://www.worldwidewebsize.com/。

12.1 万维网图管理

万维网由网页组成，网页之间由超链接相连，其结构可以建模为有向图。这类图结构通常称为万维网图（Web graph），其中静态 HTML 网页表示为顶点，超链接表示为有向边。万维网图的特征对研究数据管理问题很重要，因为这种图结构被用于万维网搜索、万维网内容分类以及其他与万维网相关的任务。此外，12.6.2.2 节将会介绍的 RDF 也是通过一些特定的符号来表示万维网图。万维网图的重要特征如下：

（1）易变性。如前所述，万维网图的规模高速增长。此外，很大一部分网页更新频繁。

（2）稀疏性。如果图的平均度数（即所有顶点度数的平均值）小于顶点个数，则该图就被认为是稀疏的，这意味着图中的每个顶点都有数量有限的邻居顶点，尽管这些顶点通常是相连的。万维网图的稀疏性引出了另外一个图结构方面的特点，将稍后进行讨论。

（3）自组织性。万维网包含着许多社区，每个社区由关于某一特定话题的一组网页组成，这些社区是自发组织起来的，不需要任何“集中控制”的介入，并在万维网图中形成了特定的子图结构。

（4）小世界图（small-world graph）。这一特点与稀疏性相关：尽管图中的每个顶点可能没有很多邻居，即顶点的度数可能很小，但数量众多的顶点可以通过中间顶点连在一起。小世界网络的概念首先出现在社会科学领域，用来描述陌生人与中间人相联系的现象。这一概念同样可以用来表示万维网图的连通结构。

（5）幂律图（power-law graph）。万维网图的入度和出度遵循幂律分布，即一个顶点具有入度（出度）为i的概率与$1/i^{\alpha}$成比例，其中$\alpha > 1$。α的值对于入度来说约为 2.1，对于出度来说约为 7.2。

万维网图的结构呈“领结”状，如图 12.1 所示。它有一个强连通的子图（如同领结中间的结），该子图中的任意两个页面之间都有一条连通的路径。下面给出的数字来自 2000 年的一项研究；虽然数字本身可能发生了变化，但图中描绘的结构仍然存在。读者应参考这些数字的相对大小，而不是它们的绝对数值。强连通子图（strongly connected component，SCC）由万维网 28%的网页组成，另外 21%的网页组成了“IN”子图，从“IN”这一部分有通往 SCC 网页的单向路径。与之对称的是：21%的网页组成了“OUT”子图，有单向路径从 SCC 网页通往“OUT”子图的网页。无法从 SCC 到达，或者无法到达 SCC 的网页被称为“卷须（tendril）”，它们大概占万维网网页的 22%。这些网页尚未被完全发现并且尚未连接到万维网中人们熟知的部分。最后还有一些不相连的部分，它们完全与外界隔离，只和自己内部的小型社区相连，这样的网页大概有 8%。图 12.1 所示的图结构相当重要，因为它决定了可以从万维网搜索和查询到的结果。此外，这种图结构与通常研究的图结构不同，因此需要专门的算法和技术对它进行管理。

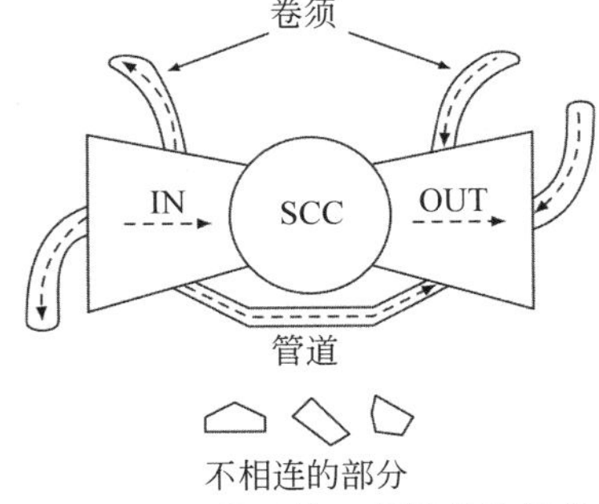

图 12.1 万维网的“领结状”结构（基于【Kumar 等 2000】的研究）

12.2　万维网搜索

万维网搜索是指查找与用户指定关键词相关（即内容相关）的“所有”万维网网页。当然，我们不可能找到所有网页，甚至无法确定是否已经检索了所有网页。因此，搜索需要收集与索引万维网网页，以此建立一个数据库，并在此基础上进行搜索。由于与查询相关的网页通常有很多，因此需要将这些网页按照相关性排序后返回给用户，其中相关性是由搜索引擎决定的。

通用搜索引擎的抽象架构如图 12.2 所示。下面详细介绍这一架构的各个组件。

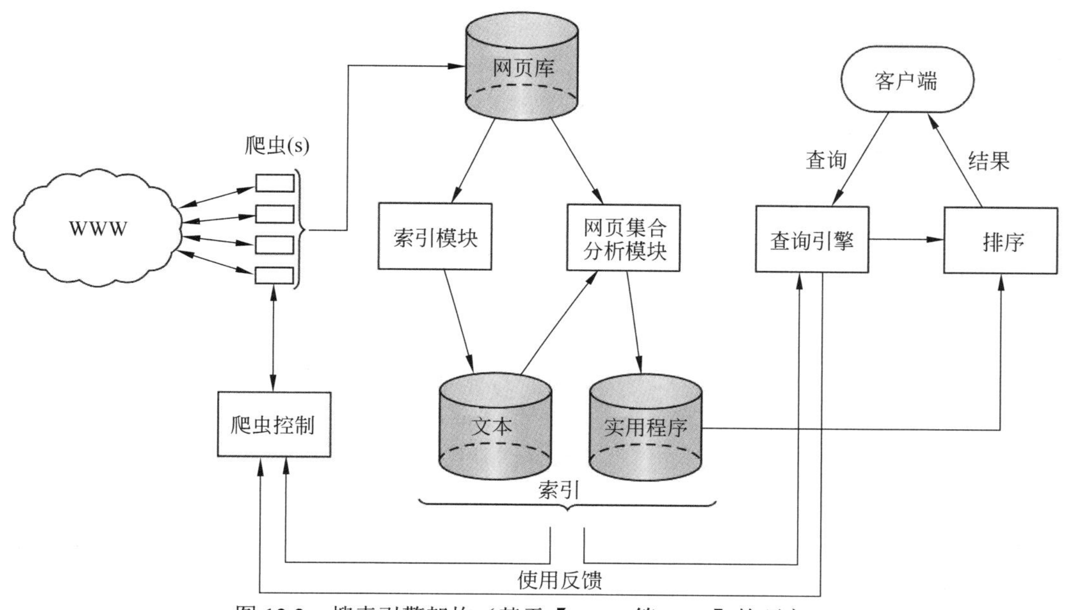

图 12.2　搜索引擎架构（基于【Arasu 等 2001】的研究）

在每个搜索引擎中，爬虫（crawler）都是举足轻重的。爬虫是搜索引擎用来扫描万维网并收集网页数据的程序。爬虫有一组起始网页——更准确地说，是一组网页的统一资源地址（Uniform Resource Locator，URL）。爬虫检索并解析一个 URL 对应的网页，抽取这个网页中的所有 URL，将它们加入到队列中。在下一轮循环中，爬虫（依照一定的顺序）从队列中抽取一个 URL，并检索相应的网页。这一过程循环往复，直至爬虫停止。另外会有一个控制组件来决定下一个被访问的 URL。检索到的网页存储到一个网页库中。12.2.1 节将会具体讨论爬虫涉及的操作。

索引模块（indexer module）负责对爬虫下载的网页构建索引。索引有很多种，其中最常见的两种是文本索引（text indexes）和链接索引（link indexes）。为了构建文本索引，索引模块会构建一个大型的“查找表”，以此提供包含关键词的网页的所有 URL。链接索引描述了万维网的链接结构，提供网页的指入链接和指出链接信息。12.2.2 节将会介绍现有的索引技术，并着重讨论有效储存索引的办法。

排序模块（ranking module）负责对大量查询结果进行排序，将搜索结果按相关性顺序返回给用户。排序问题正变得越来越重要，它不再仅仅局限于传统的信息检索，也开始考虑万维网的特性：万维网查询往往很短，却要在大量数据上执行。12.2.3 节将介绍排序算法，以及如何利用万维网链接结构获取更好的排序结果。

12.2.1 万维网爬取

前文提到，爬虫会为搜索引擎扫描万维网，提取被访问网页的信息。由于万维网规模巨大，网页特征千变万化，以及爬虫的计算和存储能力有限，爬取整个网络是不可能的。因此，爬虫的设计需要考虑优先访问“最重要”的网页，因此网页需要按照重要性进行排序。

设计一个爬虫需要考虑诸多因素。爬取的首要目标是获取最重要的网页，因此需要找到判断网页重要性的办法。我们可以采用一个度量指标来衡量某个特定网页的重要性。指标既可以是静态的，即不考虑网页上可能的查询的；也可以是动态的、考虑查询的。例如，为了判断某个网页P_i的重要性，静态指标可以考虑指向P_i（称为反向链接）网页的数量，有些还会考虑不同反向链接网页的重要性，比如著名的 PageRank 指标，Google 和其他搜索引擎就用到了这一方法。动态指标会在计算网页P_i重要性时考虑网页文本与查询之间的相似性，其中相似性可以通过一些常见的信息检索领域的相似性指标进行计算。

第 10 章已经介绍了 PageRank（详见例 10.4），这里简要回顾：某个网页P_i的 PageRank 分数，表示为$PR(P_i)$，是P_i所有反向链接网页（表示为B_{P_i}）的 PageRank 分数做标准化之后求和，其中针对$P_j \in B_{P_i}$的标准化方法是除以P_j所有正向链接网页F_{P_j}的个数：

$$PR(P_i) = \sum_{P_j \in B_{P_i}} \frac{PR(P_j)}{|F_{P_j}|}$$

这一公式利用反向链接网页来计算某个网页的排名，并通过一个反向链接网页P_j与其正向链接网页的个数，将P_j的贡献标准化。这一方法的原理在于：一个精心选择与哪些网页链接的网页，与一个不加选择进行链接的网页相比，来自前者的链接更重要；同时其贡献需要根据它指向的所有网页进行标准化。

在爬取一个网页之后，第二步，爬虫要选择下一个进行访问的网页。前文提到，在分析每个网页的同时，爬虫会维护一个队列，在这个队列中储存它所发现的网页的所有 URL。因此，需要对队列中的 URL 进行排序，有几种可能的排序策略。一种是按照 URL 被发现的顺序访问，这一方法被称为广度优先方法（breadth-first approach）。另一种策略是进行随机排序，爬虫从队列中尚未被访问的网页中随机选择一个 URL。还有一个办法是结合上文中提到的重要性因素进行排序，例如反向链接数量或 PageRank 值。

下面介绍如何使用 PageRank 指标进行排序，这里对前文提到的 PageRank 公式稍为修改。首先建立一个随机访问模型：在登录一个页面P时，随机访问模型选择P中的一个 URL 进行访问的（相等的）概率为d，而跳转到另一个随机页面的可能性为$1-d$。由此，PageRank 的公式可以修改为：

$$PR(P_i) = (1-d) + d \sum_{P_j \in B_{P_i}} \frac{PR(P_j)}{|F_{P_j}|}$$

利用这个公式计算 URL 的排序考虑了被访问页面的重要性。一些公式使用万维网中网页的总数将上述公式中的第一项做标准化。

【例 12.1】 考虑图 12.3 中的万维网图，其中网页P_i表示为顶点，如果网页P_i存在指向网页P_j的链接，则相应的顶点之间连一条有向边。一般来讲，参数取值 $d=0.85$，则P_2的 PageRank 值为 $PR(P_2)=0.15+0.85\left(\frac{PR(P_1)}{2}+\frac{PR(P_3)}{3}\right)$。该公式可以通过递归计算：首先为每个网页分配相等的 PageRank 初始值（本例中为$\frac{1}{6}$），进而迭代地计算每个网页的 PageRank 值，直到收敛，即计算出的 PageRank 值不再变化。

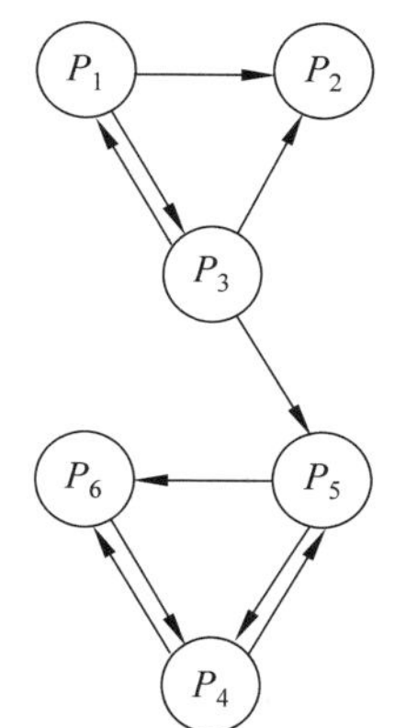

图 12.3　万维网图表示与 PageRank 计算

由于许多网页会随着时间的推移而发生变化，因此爬取是一个持续的过程，需要对网页进行重新访问。显然，重新访问不用每次都从头开始，更好的方式是有选择地重新访问一些网页，并对所获取的信息进行更新。这样的爬虫又称为增量式爬虫（incremental crawlers），它们要保证网页库中的信息尽可能地新。增量式爬虫可以根据不同网页的更新频率，也可以对一小部分网页进行采样，来确定对哪些网页进行重新访问。基于更新频率的方法（change frequency-based）会估计网页的更新频率，从而确定对网页进行重新访问的频率。我们可能会下意识地认为更新频率高的网页重新访问的频率也相对较高，而事实却不尽然：从频繁更新的网页上获取的任何信息都有可能很快变得过时，此时就需要减少对这类网页的重新访问频率。还可以设计一种自适应的增量式爬虫，从上一个周期获取信息并影响下一个周期的网页爬取策略。另一方面，基于样本的方法（sampling-based approaches）关注网站整体而不是单个的网页。从网站中抽取少部分网页作为样本来估计整个网站的更新频率，并由此来决定对网站的访问频率。

一些搜索引擎擅长于搜索特定主题的网页。它们针对目标主题对爬虫进行优化，这种爬虫称为聚焦式爬虫。聚焦式爬虫（focused crawlers）根据网页与目标主题的相关性对网页进行排序，从而判断接下来应该访问的网页。可以通过信息检索中广泛使用的分类技术对相关性进行估计，也可以使用机器学习技术来识别给定网页的主题。这里并不对这些技术展开深入讨论，但是确实有很多研究面向爬虫开发了一些相关技术，例如朴素贝叶斯分类器及其扩展、强化学习等。

为了应对更大规模的爬取，可以在爬取过程中使用并行爬虫（parallel crawlers）。在设计并行爬虫时要尽量减少并行化的开销。例如，两个爬虫并行爬取可能会下载同样一组网页，此时就要协调爬虫的工作以避免此类重复劳动。一种协调方法是使用中央协调器（central coordinator），动态地位每个爬虫分配一组要下载的网页。另一种办法是对万维网进行合理逻辑划分，使每个爬虫都知道自己的爬取区域，从而省去中央协调，这一方法被称为静态分配（static assignment）策略。

12.2.2　索引

为了有效地搜索爬取的网页和收集的信息，搜索引擎建立了一组索引，如图 12.2 所示。

其中最重要的两个索引是结构（或链接）索引和文本（或内容）索引，本节将详细介绍。

12.2.2.1 结构索引

结构索引的基础是 12.1 节中介绍的图模型，其中图代表着万维网中已爬取部分网页的结构。这些网页的高效存储与检索十分重要，12.1 节讨论了两个解决方案。结构索引可以用来获取万维网网页间链接的重要信息，例如一个网页的相邻（neighborhood）网页和兄弟网页的信息。

12.2.2.2 文本索引

文本索引（text index）是最重要也是最常用的索引类型。支持文本检索的索引可以通过传统文档集检索的访问方法来实现，例如后缀数组（suffix arrays）、倒排文件（inverted files）或倒排索引（inverted indexes）以及签名文件（signature files）。这里不对所有这些索引的处理展开讨论，只着重介绍最常用的文本索引类型，即倒排索引的使用。

倒排索引由一组倒排列表组成，其中每一个列表与一个特定的词相关联。通常，一个给定词的倒排列表就是一组出现这个词的文档标识的列表。必要时，这个词在一个网页中出现的位置也可以被保存为倒排列表的一部分。此类信息经常在近似查询和查询结果排序中使用。词在万维网网页中出现的附加信息也经常在搜索算法中使用，例如粗体格式（两边加上<strong>的 HTML 标签）、章节标题（两边加上<H1>或<H2>的 HTML 标签）或锚文本，它们在排序算法中占有不同的权重。

除了倒排列表，许多文本索引还会使用一个词典（lexicon），词典列出所有出现在索引中的词。词典还会包括术语级的数据，也可以在排序算法中使用。

构建和维护倒排索引有三大难点。

（1）一般来讲，倒排索引的构建需要处理每个网页，读取每个词并储存每个词的位置，以及最终将倒排文件写入磁盘。这一过程对于小型的静态网页集比较好处理；但如果要处理万维网中规模巨大的非静态的网页集，则十分困难。

（2）万维网的快速变化带来了另一个挑战，即如何保证索引的及时更新。尽管上一节探讨过通过增量式爬虫来进行更新，但是定期重建索引仍然是必要的，因为在前后两次爬取之间常常会出现较大的改变，而此时增量技术的更新效果并不令人满意。

（3）倒排索引的存储格式需要精心设计。可以压缩索引将部分索引缓存在内存中，但需要权衡查询时的解压开销。如何在二者之间进行平衡是处理万维网大规模网页集合的关键问题。

要解决以上问题并开发出高度可扩展的文本索引，可以在每台搜索引擎运行的机器上建立局部倒排索引（local inverted index），或者建立共享的全局倒排索引（global inverted index），从而将索引进行分布式处理。这一问题与前面章节中提到的分布式数据和目录的管理问题相似，因此这里不进行更多探讨。

12.2.3 排序与链接分析

一个典型的搜索引擎会返回大量可能与用户查询相关的网页。然而，这些网页的质量与相关性不尽相同，而用户无法浏览所有结果以找到高质量的网页。因此显然要通过算法对这些网页进行排序，从而保证高质量的网页排在前面。

基于链接的算法（link-based algorithms）可以用于对一组网页进行排序。正如前文所说，这一算法的原理是：如果网页P_j有链接指向网页P_i，则可以假设网页P_j的作者认为网页P_i的质量较高。因此，如果一个网页有较多的链接指向自己，则该网页的质量可能很高。基于这一原理，可以将指向自己的链接数量作为排序的标准，这是排序算法的基础。当然，不同的算法会通过不同的方式进行实现。之前讨论过的 PageRank 算法在用于爬虫的同时也用于结果排序。本节讨论另一个算法 HITS，看看如何用另一种方式解决这一问题。

HITS 也是一种基于链接的算法，其基础是识别"权威（authority）"和"枢纽（hub）"。高质量的权威网页会获得较高的排名。枢纽与权威彼此加强：一个高质量的权威网页必然被许多高质量的枢纽文件链接，而一个高质量的枢纽文档也会链接到许多权威网页。因此，被许多枢纽指向的网页，即好的权威网页，往往是高质量的。

首先来看一个万维网图，$G=(V,E)$，其中V指一组网页，E是网页间的链接集合。V中的每个网页P_i都有一对非负的权重(a_{P_i},h_{P_i})，分别代表P_i的权威值和枢纽值。

权威值和枢纽值的更新办法如下。如果网页P_i被许多高质量枢纽指向，则增加a_{P_i}的值来代表所有与P_i相连的网页P_j（符号$P_j \rightarrow P_i$表示P_j有一个链接指向P_i）：

$$a_{P_i} = \sum_{\{P_j | P_j \rightarrow P_i\}} h_{P_j}$$

$$h_{P_i} = \sum_{\{P_j | P_j \rightarrow P_i\}} a_{P_j}$$

由此可见，网页P_i的权威值（或枢纽值）就是P_i的所有反向链接网页的枢纽值（或权威值）的求和。

12.2.4　对关键词搜索的评价

基于关键词的搜索引擎是万维网上最普遍的信息检索工具。它们简单易用，可以指定模糊的查询，这里的模糊查询可能没有确切答案，只能找到近似于关键词的结果。然而，搜索引擎有着明显的局限性，简单的关键词查询局限了查询效果。首先，很明显，关键词查询无法表达复杂的查询意图。这一问题可以通过采用迭代式的查询方式（部分地）解决，即同一用户之前的查询可以用作后续查询的上下文语境。其次，关键词查询无法像数据库查询利用数据库模式信息那样，提供对整个万维网信息全局视图的支持。当然，我们也可以说数据模式对于万维网数据来说毫无意义，但是缺乏对数据的全局视图确实是个问题。第三，仅仅通过简单的关键词查询很难捕捉到用户的意图——错误的关键词选择可能会返回无关结果。

分类搜索（category search）解决了关键词查询的一个问题，即缺乏万维网的全局视图。分类搜索又被称为万维网目录、编目、黄页，或者是主题目录。公共的万维网目录数量众多，如万维网虚拟图书馆（World Wide Web Virtual Library，http://vlib.org）①。万维网目录是对人类知识的分级分类方法。尽管这种分类方法通常显示为树状，但它实际上是一个有

① 类似的虚拟图书馆可以参考：https://en.wikipedia.org/wiki/List_of_web_directories。

向无环图，因为一些类别之间存在交叉引用。

如果一个类别被确定为目标，那么万维网目录就会是一个相当有用的工具。然而，并非所有万维网网页都可以被分类，因此用户可以利用该目录进行搜索。同时，自然语言处理技术对于网页的分类不能达到百分之百有效，因此需要依靠人工判断提交的网页，这可能效率不高或无法扩展。最后，由于一些网页会随着时间的推移而改变，因此保持目录更新会产生很高的开销。

也有一些研究尝试利用多个搜索引擎回答查询，以提高召回率和准确率。元搜索引擎（metasearcher）就是这样一种万维网服务，它从用户那里获得给定的查询，将查询发送给多个异构的搜索引擎，然后收集答案并将统一的结果返回给用户。元搜索引擎可以按照不同的属性对结果进行排序，例如主机、关键词、日期、受欢迎程度等。这类搜索引擎的例子包括 Dogpile（http://www.dogpile.com/）、MetaCrawler（http://www.metacrawler.com/）以及 lxQuick（http:// www.ixquick.com/）。不同的元搜索引擎按照不同的方式对查询结果进行统一，并将用户查询分别翻译成每个搜索引擎的特定查询语言。用户可以通过客户端软件或万维网网页访问元搜索引擎服务。每个搜索引擎覆盖万维网的一小部分。元搜索引擎的目标是整合不同的搜索引擎从而实现对万维网网页覆盖的最大化。

12.3 万维网查询

声明式查询和查询的高效执行一直是数据库技术的核心，若能应用于万维网，将会十分有帮助。这样，在某种程度上可以将访问万维网视作访问大型数据库。本节将探讨几种典型的方法。

将传统数据库的查询概念移植到万维网数据有很多障碍，可能最大的困难在于数据库查询假设存在一个严格的数据模式。前文提到，对于万维网数据很难找到一个类似于数据库的模式[①]。充其量可以说万维网数据是半结构化的：其数据或许有一定的结构，但是这种结构不像数据库结构那样严格、规则和完整，因此不同的数据或许相似但绝不相同，因为存在缺失、额外的属性，或存在结构差异。很明显，查询无模式数据本身就颇具挑战。

其次，万维网不仅仅是半结构化数据（和文档）。万维网数据实体（如网页）之间的链接也很重要，需要加以考虑。与上一节讨论的搜索相似，在执行万维网查询时，需要跟踪和利用链接——这就要求需要将链接视为一级对象。

第三，查询万维网数据没有一个像 SQL 那样的统一的语言。前文提到，关键字搜索使用的语言简单，但是无法应对复杂的万维网数据搜索。人们就一个统一语言的基本结构（例如路径表达式）已经达成了一些共识，但还没有这样一个标准语言。不过，针对 XML 和 RDF 等数据模型的标准语言已经产生了，例如 XML 的 XQuery 和 RDF 的 SPARQL。相关内容将在 12.6 节与万维网数据集成一起介绍。

① 这里我们只讨论公开网页。深网网页数据或许是结构化的，但是往往无法被用户访问。

12.3.1　半结构化数据方法

查询万维网数据的一种办法是将其视为一组半结构数据的集合，这样可以使用现有面向半结构化数据的模型和语言来查询数据。半结构化数据模型和语言最初并不是为了处理万维网数据而开发的；它们的主要目的是应对不断增长的一类数据集带来的需求，这类数据集不像关系数据那样具有严格的数据模式。然而，由于这些特点同样适用于万维网数据，因此后来的研究尝试着将这些模型和语言应用于万维网查询。这里以一个特定的模型 OEM 和语言 Lorel 为例来说明这一方法。其他方法，例如 UnQL，都很类似的。

OEM 是对象交换模型（Object Exchange Mode）的简称，它是一种自描述的半结构化数据模型。自描述意味着每个对象都可以指定自己遵循的数据模式。

一个 OEM 对象可以定义为一个四元组⟨label, type, value, oid⟩，其中label（标签）是描述对象代表含义的字符串，type（类型）指定对象值的类型，value（值）的含义不言而喻，oid是对象区别于其他对象的标识。对象的类型可以是原子的，在这种情况下，对象被称为原子对象（atomic object）；也可以是复杂的，在这种情况下，对象被称为复杂对象（complex object）。原子对象包含一个基本值，例如整数、实数或字符串。复杂对象包含一组其他对象，可以是原子的也可以是复杂的。一个复杂对象的值由一组oid构成。

【例 12.2】 考虑一个包含大量文档的参考文献数据库。图 12.4 给出了该数据库的 OEM 表示形式的快照。每一行表示一个 OEM 对象，其中缩进用来简化对象结构的展示。例如，第二行<doc,complex,&o3,&o6,&o7,&o20,&o21,&o2>定义一个对象，其标签是 doc，类型是 complex，对象标识是&o2，它的值由 5 个对象组成，对象标识分别为&o3、&o6、&o7、&o20 和&o21。

该数据库包含三个文档，即&o2、&o22、&o34，其中第一个和第三个是书籍，而第二个是一篇文章。两本书之间，甚至于文章之间，既有共性，也有不同之处。比如，第一本书&o2 有价格信息，而第二本书&o34 没有；第二本书&o34 有第一本书&o2 所没有的 ISBN 和出版社信息。

前文提到，OEM 数据是自描述的，其中每个对象都通过其类型和标签来标识自己。很容易发现，OEM 数据可以表示为一个顶点加了标签的图，其中顶点表示 OEM 对象，边表示子对象关系。顶点的标签是对应对象的oid。然而，文献里常常将这类数据建模成边上加了标签的图：如果对象o_j是对象o_i的子对象，则o_j的标签被分配到连结o_i到o_j的边上，而省略掉作为顶点标签的oid。例 12.3 给出一个顶点和边都加了标签的例子，其中oid用作顶点标签，边的标签则用了我们刚刚描述的方法。

【例 12.3】 图 12.5 是针对例 12.2 中 OEM 数据库的图表示，其中顶点和边均加了标签。按照惯例，每个叶顶点（即没有出边的顶点）也包含这个对象的值，为了表示方便，这里略去这些值。

半结构化方法非常适合建模万维网数据，因为可以将数据表示为图结构。此外，它允许数据具有某种结构，但可能不像传统数据库数据那样严格、规则或完整。用户在查询数据时不需要知道完整的结构，也就是说，表达一个查询不需要完全了解数据的结构。对每个数据源的数据图表示是由第 7.2 节提到的包装器（wrapper）生成的。

```
<bib, complex, {&o2, &o22, &o34}, &o1>
   <doc, complex, {&o3, &o6, &o7, &o20, &o22}, &o2>
      <authors, complex, {&o4, &o5}, &o3>
         <author, string, "M. Tamer Ozsu", &o4>
         <author, string, "Patrick Valduriez", &o5>
      <title, string, "Principles of Distributed ...", &o6>
      <chapters, complex, {&o8, &o11, &o14, &o9}, &o7>
         <chapter, complex, {&o9, &o10}, &o8>
            <heading, string, "...", &o9>
            <body, string, "...", &o10>
            ...
         <chapter, complex, {&o18, &o19}, &9>
            <heading, string, "...", &o18>
            <body, string, "...", &o19>
      <what, string, "Book", &o20>
      <price, float, 98.50, &o21>
   <doc, complex, {&o23, &o25, &o26, &o27, &o28}, &o22>
      <authors, complex, {&o24, &o4}, &o23>
         <author, string, "Yingying Tao", &o24>
      <title, string, "Mining data streams ...", &o25>
      <venue, string, "CIKM", &o26>
      <year, integer, 2009, &o27>
      <sections, complex, {&o29, &o30, &o31, &o32, &o33}, &28>
         <section, string, "...", &o29>
           ...
         <section, string, "...", &o33>
   <doc, complex, {&o16,&o9,&o7,&o18,&o19,&o20,&o21},&o34>
      <author, string, "Anthony Bonato", &o35>
      <title, string, "A Course on the Web Graph", &o36>
      <what, string, "Book", &o20>
      <ISBN, string, "TK5105.888.B667", &o37>
      <chapters, complex, {&o39, &o42, &o45}, &o38>
         <chapter, complex, {&o40, &o41}, &o39>
            <heading, string, "...", &o40>
            <body, string, "...", &o41>
         <chapter, complex, {&o43, &o44}, &o42>
            <heading, string, "...", &o43>
            <body, string, "...", &o44>
         <chapter, complex, {&o46, &o47}, &45>
            <heading, string, "...", &o46>
            <body, string, "...", &o47>
      <publisher, string, "AMS", &o48>
```

图 12.4 OEM 描述举例

下面讨论半结构化数据的查询语言，并重点介绍其中一种查询语言 Lorel，不过其他语言与 Lorel 的基本方法是类似的。

Lorel 使用常见的 SELECT-FROM-WHERE 结构，但允许在 SELECT、FROM 和 WHERE 子句中使用路径表达式。由此可见，Lorel 查询的基本结构是路径表达式（path expression）。在最简单的形式中，Lore 中的路径表达式是一系列的标签，以一个对象名称或表示对象的变量开始。比如，bib.doc.title 是一个路径表达式，它的含义是从 bib 开始，沿着标签为 doc

的边，然后是标签为 title 的边。请注意，图 12.5 中有三条路径可以满足此表达：

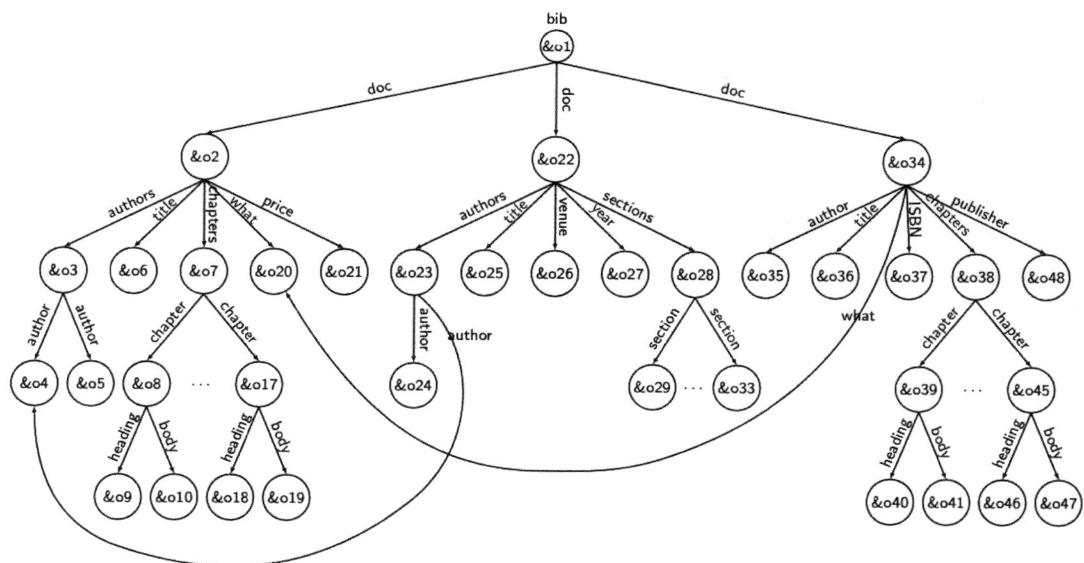

图 12.5　例 12.2 中 OEM 数据库对应的 OEM 图

```
（1）&o1.doc:&o2.title:&o6
（2）&o1.doc:&o22.title:&o25
（3）&o1.doc:&o34.title:&o36
```

这三条路径均可称为数据路径。在 Lorel 中，路径表达式可以是更复杂的正则表达式：这样，对象名称或变量后面跟着的可以不仅是一个标签，还可以是更一般的正则表达式，其中表达式可以由合取连结，析取连结（|），迭代符（?表示出现 0 次或 1 次，+表示出现 1 次或多次，*表示出现 0 次或多次）和通配符（#）组成。

【例 12.4】 以下为 Lorel 中有效的路径表达式：

（1）bib.doc(.authors)?.author 表示从 bib 开始，沿 doc 边和 author 边，后两者间可以有也可以没有一条 authors 边。

（2）bib.doc.#.author 表示从 bib 开始，沿 doc 边，然后是任意一条未指明标签的边（以通配符#表示），之后是 author 边。

（3）bib.doc.%price 表示从 bib 开始，沿 doc 边，之后是一条标签以“price”字符串结尾的边，其中“price”前有一些其他字符。

【例 12.5】 下面几个 Lorel 查询示例使用了例 12.4 中的一些路径表达式。

（1）找到 Patrick Valduriez 所写的所有文档的标题。

```
SELECT D.title
FROM bib.doc D
WHERE bib.doc(.authors)?.author = "Patrick Valduriez"
```

在这个查询中，**FROM** 子句限制文档（doc）的范围，SELECT 子句指定那些沿着 title 标签从文档可以到达的顶点。我们也可以把 WHERE 谓词写成

```
D(.authors)?.author="Patrick Valduriez"
```

（2）找到所有价格低于$100 的书的作者。

```
SELECT D(.authors)?.author
FROM bib.doc D
WHERE D.what = "Books" AND D.price < 100
```

半结构化数据方法可以简单灵活地对万维网数据进行建模和查询，同时可以自然地处理万维网对象的包含结构，从而在一定程度上支持网页的链接结构。然而，这种方法也存在不足。它的数据模型过于简单，不包含记录结构（每个顶点都是一个简单的实体），也不支持排序，因为没有在 OEM 图的顶点之间引入顺序的概念。此外，对链接的支持是相对初级的，因为模型和语言都不区分不同类型的链接，也就是说链接既可以表示对象间的整体与部分关系，也可以对应不同实体间的关联。由于没有对不同的关系分别建模，因此很难清晰查询。

最后，图结构可能会很复杂，从而增加查询的难度。尽管 Lorel 引入了一些特性（例如通配符）来简化查询，但上面的例子表明用户仍然需要了解半结构化数据的一般结构。大型数据库的 OEM 图可能会变得相当复杂，用户很难形成路径表达式。因此，需要对图加以概要，以便找到较小的类模式描述（schema-like description）来辅助查询。为此，有研究提出了 DataGuide 结构。DataGuide 是一个图结构，其中每个对应 OEM 图中的路径都只出现一次。DataGuide 是动态的，随着 OEM 图发生变化，相应的 DataGuide 也会更新。因此，它可以对半结构化数据库提供简明准确的结构化概要，该概要可用作一种轻量级数据模式，进一步用于支持浏览数据库结构、形成查询、存储统计信息，以及进行查询优化。

【例 12.6】 图 12.6 给出了例 12.3 中 OEM 图的对应 DataGuide 表示。

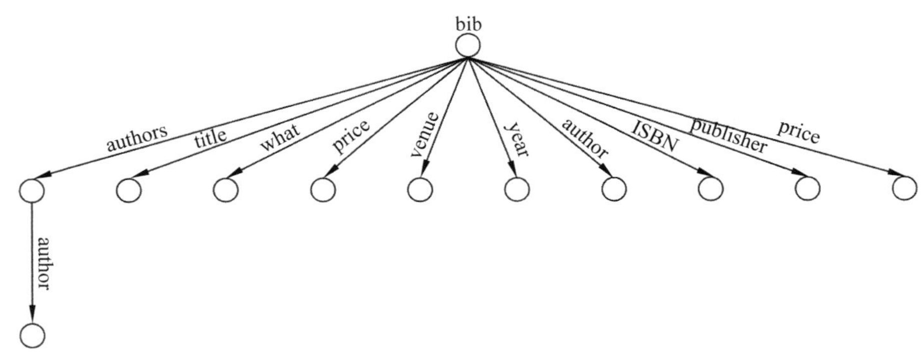

图 12.6 例 12.3 中 OEM 图的对应 DataGuide 表示

12.3.2 万维网查询语言方法

此类方法旨在直接表示万维网数据特征，尤其是侧重于正确处理链接（links）。方法从克服关键词搜索的缺点出发，提供适当的抽象，以建模文档的内容结构（类似于半结构化数据方法）和外部链接。这种方法结合了基于内容的查询（例如关键词表达式）和基于结构的查询（例如路径表达式）。

目前已经有了许多专门用于处理万维网数据的语言，这些语言可以分为第一代和第二代。第一代语言将万维网建模成相互连结的原子对象（atomic object）的集合。因此，这些语言可以用于搜索万维网对象之间的链接结构，以及这些对象的文本内容，但是不能表达基于万维网对象中文档结构的查询。第二代语言将万维网建模成一组结构化对象的链接集合，这样它们就可以像半结构化语言那样利用文档结构来表达查询。第一代方法包括 WebSQL、W3QL 和 WebLog，第二代方法包括 WebOQL 和 StruQL。这里以第一代的 WebSQL 和第二代的 WebOQL 为例来介绍万维网查询语言的基本思想。

WebSQL 是最早将搜索与浏览结合的查询语言之一，它直接处理由万维网文档（一般为 HTML 格式）表示的万维网数据，这些数据既包含内容，也包含指向其他网页或对象（例如 PDF 文件或图片）的链接。WebSQL 将链接当作一级对象，并且识别一些不同类型的链接，接下来我们会简要介绍。和以前一样，这一结构可以用图结构表示，但 WebSQL 通过下面两个虚拟关系表（virtual relation）来建模万维网对象的信息：

```
DOCUMENT(URL,TITLE,TEXT,TYPE,LENGTH,MODIF)
LINK(BASE,HREF,LABEL)
```

DOCUMENT 关系表包含每个万维网文档的信息，其中 URL 标识万维网对象并且是 DOCUMENT 关系表的主码，TITLE 是网页标题，TEXT 是网页的文本内容，TYPE 是万维网对象的类型（如 HTML 文档、图片等），LENGTH 不言而喻，MODIF 指对象的最后修改日期。除了 URL 外，所有其他属性都可以是空值。LINK 关系表包含是链接的信息，其中 BASE 是包含链接的 HTML 文档的 URL，HREF 是链接文档的 URL，LABEL 是之前定义的链接标签。

WebSQL 定义了一种由 SQL 加上路径表达式组成的查询语言，其路径表达式比在 Lorel 中的路径表达式更强大；具体来讲，这些路径表达式可以指定不同类型的链接：

（1）同一个文档中的内在链接（interior link），表示为#>。

（2）同一个服务器上文档之间的局部链接（local link），表示为->。

（3）与另一个服务器上的某个文档之间的全局链接（global link），表示为=>。

（4）空路径（null path），表示为=。

这些链接类型构成了路径表达式的基础，WebSQL 使用这些类型和正则表达式的常用构造函数，可以指定不同的路径，如例 12.7 所示。

【例 12.7】 WebSQL 路径表达式举例。

（1）-> | =>：表示长度为 1 的局部或全局路径。

（2）->*：表示任意长度的局部路径。

（3）=>->*：表示其他服务器上的任意长度的局部路径。

（4）(-> |=>)*：表示万维网可达的部分。

除了查询中可以出现的路径表达式，WebSQL 还允许通过以下方式在 **FROM** 子句中限制变量的范围：

```
FROM Relation SUCH THAT domain-condition
```

其中 domain-condition 可以是路径表达式，也可以通过 MENTIONS 语句指定文本搜索，或者可以指定（在 SELECT 子句中）的某个属性与万维网对象的相等关系。当然，对于每个关系表的说明，都应有一个作用在该关系范围上的变量——这是标准的 SQL 规范。下面的示例查询（选取自原始论文，略有改动）可以说明 WebSQL 的功能。

【例 12.8】 WebSQL 举例。

第一个例子展示如何简单地搜索所有关于“hypertext”的文档，以及使用 MENTIONS 来制定查询范围。

```
SELECT D.URL, D.TITLE
FROM DOCUMENT D
     SUCH THAT D MENTIONS "hypertext"
WHERE D.TYPE = "text/html"
```

第二个例子展示如何使用两个范围限制方法和一个链接搜索。这一查询是从关于“Java”的文档中查找所有指向 applet 的链接。

```
SELECT A.LABEL, A.HREF
FROM DOCUMENT D SUCH THAT D MENTIONS "Java",
     ANCHOR A SUCH THAT BASE=X
WHERE A.LABEL="applet"
```

第三个例子展示了不同链接类型的使用。这一查询搜索所有标题中包含字符串“database”的文档，这些文档可以从 ACM Digital Library 主页开始通过长度为 2 或更短的仅包含局部链接的路径访问。

```
SELECTD.URL, D.TITLE
FROM DOCUMENT D SUCH THAT
     "http://www.acm.org/dl"=|->|->-> D
WHERED.TITLECONTAINS "database"
```

第四个例子展示了如何在一个查询中同时指定内容和结构。该查询需要找到所有提及“Computer Science”的文档，以及所有通过长度小于等于 2 且仅包含局部链接的路径与上述文档链接的其他文档。

```
SELECT D1.URL,D1.TITLE,D2.URL,D2.TITLE
FROM DOCUMENT D1 SUCH THAT
     D1 MENTIONS "Computer Science",
     DOCUMENT D2 SUCH THAT D1=|->|->-> D2
```

通过上述例子可以看出，WebSQL 只能根据万维网文档的链接和文本内容查询万维网数据，无法根据文档结构进行查询，这是因为其数据模型将万维网看作原子对象的集合。

第二代语言，例如 WebOQL，通过将万维网建模成一个结构化对象的图来解决这一问题。在某种程度上，这类方法将半结构化数据方法的一些特性与第一代万维网查询模型的特点结合在一起。

WebOQL 的主要数据结构是超树（hypertree），即一种有序的边上带有标签的树。它包含两种类型的边：内边（internal edge）和外边（external edge）。内边表示万维网文档的内部结构，而外边表示对象之间的应用关系，即超链接。每条边都标有一条记录，该记录由多个属性（字段）组成。外边的记录中必须具有 URL 属性，并且不能有子孙节点（这里的子孙节点是指超树的叶节点）。

【例 12.9】 再次考虑例 12.2。假设它不是在参考文献中对文档建模，而是在万维网上对关于数据管理的文档集合进行建模。图 12.7 是一棵可能的（部分）超树。请注意，为了更好地解释一些查询，这里进行了一些改动，即为每个文档添加了摘要。

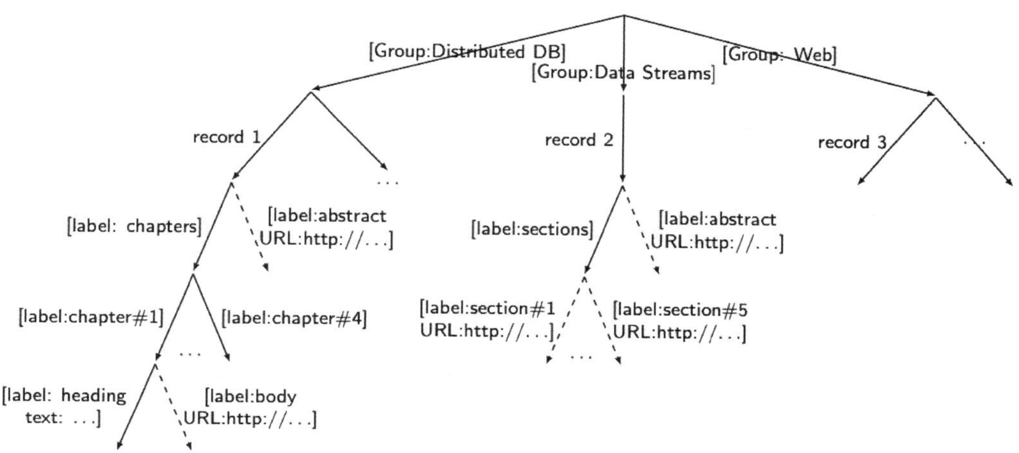

图 12.7 超树举例

在图 12.7 中，文档首先按照一些主题被分组，如从根节点向下的边上的记录所示。图中，内部链接表示为实边，外部链接表示为虚边。回想一下，在 OEM（如图 12.5 所示）中，边同时表示属性（如 author）和文档结构（如 chapter），而在 WebOQL 模型中，属性则由每条边对应的记录表示，而文档结构由（内）边来表示。

WebOQL 利用这一模型定义一系列超树上的算子：

- **Prime**：返回其参数值的第一棵子树（表示为′）。
- **Peek**：从文档的第一条外向边的标签记录中抽取一个字段。例如，考虑"Groups=Distributed DB"边可以到达一棵子树，而x指向这个子树的根节点，则x.authors 将检索到"M.TamerOzsu,Patrick Valduriez"。
- **Hang**：使用由参数形成的记录（表示为[]）构建一棵带有边标签的树。
- **Concatenate**：将两棵树结合（表示为+）为一棵树。
- **Head**：返回一棵树的第一棵简单树（表示为&）。树t的一棵简单树由一条边和一棵（可能为空的）源自t的根节点的子树组成。
- **Tail**：返回一棵树的除第一棵简单树之外的所有树（表示为!）。

【例 12.10】 假设一个查询（设为 Q1）检索到的结果为图 12.8(a) 中的树。那么，表达式[“Label: “Papers by Ozsu” / Q1]可以得到如图 12.8(b)所示的树。

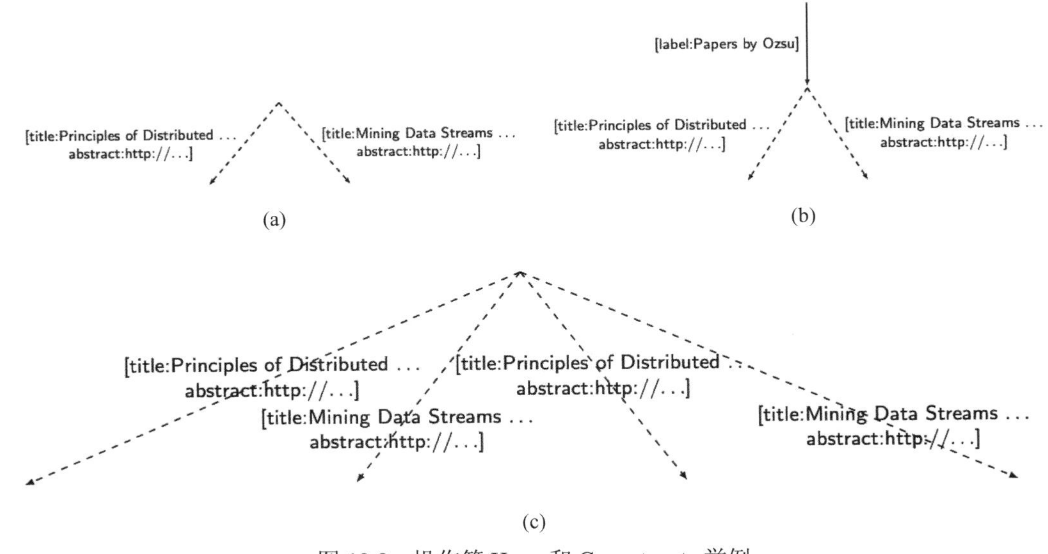

图 12.8 操作符 Hang 和 Concatenate 举例

【例 12.11】 再次假设查询 Q1 的结果为图 12.8(a) 中的树，Q1+Q2 的结果树如图 12.8(c)所示。

除此之外，WebOQL 还引入了一个字符串模式匹配算子，表示为~，其左参数是一个字符串，右参数是一个字符串模式。由于 WebOQL 只支持字符串数据类型，因此字符串模式匹配算子非常重要。

WebOQL 是一种函数式语言（functional language），因此可以通过组合上述算子来组成复杂的查询。此外，它还允许将这些算子嵌入到常用的 SQL（或 OQL）形式的查询中，如下面的例子所示。

【例 12.12】 假设 dbDocuments 表示图 12.7 所示数据库中的文档。下面的查询要找到作者为“Ozsu”的所有文档的标题和摘要，查询结果如图 12.8(a)所示。

```
SELECT y.title, y'.URL
FROM x IN dbDocuments, y IN x'
WHERE y.authors ~ "Ozsu"
```

该查询的语义如下：变量 x 的范围是 dbDocuments 的简单树。给定一个 x 值，y 遍历 x 的单个子树的简单树，并查看边的记录。如果 authors 的值匹配 Ozsu（使用字符串匹配算子~），则构建一棵树，其标签为 y 指向的记录的 title 属性和子树的 URL 属性值。

本节讨论的万维网查询语言采用了比半结构方法更强大的数据模型。该模型可以表达文档结构和万维网文档之间的链接关系，这样语言就可以利用不同的边语义。此外，从 WebOQL 的例子可以看出，查询还可以建立新的结构作为结果。不过，用户构造这些查询时仍然需要了解一些关于图结构的知识。

12.4　问 答 系 统

本节将从数据库的角度介绍一种有趣且不同寻常的万维网数据访问方法，即问答系统（Question Answering，QA）。问答系统接受自然语言问题，分析这些问题以提炼具体的查询，之后进行搜索并给出答案。

问答系统建立在 IR 系统的框架之上，其目标是在定义明确的文档语料库中搜索查询结果，这些通常称为闭域系统（closed domain system）。问答系统以两种基本的方式扩展了关键词搜索查询功能。首先，允许用户使用自然语言描述难以用简单关键词表达的复杂查询。这样，在万维网查询的环境下，用户不需要了解数据结构也可以进行查询，之后利用复杂的自然语言处理（NLP）技术分析查询的意图。其次，对文档语料库检索，并返回明确的答案，而不是返回与查询相关的文档链接。当然，这不意味着问答系统像传统的 DBMS 那样返回准确的答案，它们返回的是一个可以回答查询的（排序的）结果列表，而不是一组网页。例如，在搜索引擎上进行关键词搜索“President of USA”，返回的（部分）结果参见图 12.9 所示的页面。结果页面（以及更多的页面）包括一些网页的 URL 和简要描述（称为片段），而用户可以在结果网页中找到答案。另一方面，使用自然语言问题“Who is the president of USA?”可以返回一列排序的总统名字（不同系统的具体结果类型也不尽相同）。问答系统的使用已经扩展到了万维网上。在这些系统中，万维网被当作语料库，因此这些系统又被称为开域系统（open domain system），其中万维网数据源的访问可以通过为它们专门设计的包装程序（wrapper）来获取问题的答案。目前已经开发出了不同的问答系统，它们的目标和功能不尽相同，例如 Mulder、WebQA、Start 和 Tritus。此外，还有一些具备不同功能的商业系统，例如 Wolfram Alpha http://www.wolframalpha.com/。

我们通过图 12.10 中给出的参考架构来介绍问答系统的主要功能。预处理模块（并非在所有系统中都采用）是一个离线的过程，用于提取和增强系统使用的规则。在很多情况下，这些规则用于分析从万维网提取的文档或是历史上查询返回的结果，从而确定将用户问题转换成哪种查询结构最为合理。这些转换规则将被储存，以在运行时用于回答用户的问题。例如，Tritus 使用基于学习的方法，将一组常见问题及其正确答案作为训练数据集。然后，通过三个步骤来分析问题以及为问题在集合中搜索答案，从而猜测答案的结构信息。第一步是分析问题以提取疑问短语（question phrase），例如在问题“What is a hard disk?”中，“What is a”是疑问短语。疑问短语将用于对问题进行的分类。第二步是分析训练数据中的问答对，并为每个疑问短语生成可能的转换结果，例如，对于疑问短语“What is a hard disk?”，可能的转换结果包括“refer to”“stands for”等。第三步是将每个可能的转换结果应用于训练数据集中的问题，并将转换后的查询发送到不同的搜索引擎上。然后，计算搜索引擎返回的结果与训练数据集中真实答案之间的相似性，并根据这些相似性对转换规则进行排序。排序后的转换规则将被储存，以供在运行时处理用户的问题。

用户提出的自然语言问题首先要经过问题分析过程，以对用户提出的问题进行理解。大部分系统都通过推测答案的类型对问题进行分类，这些分类信息将用于问题到查询的转换或答案的抽取。特别地，如果已经完成了预处理，则可以使用生成的转换规则来辅助该

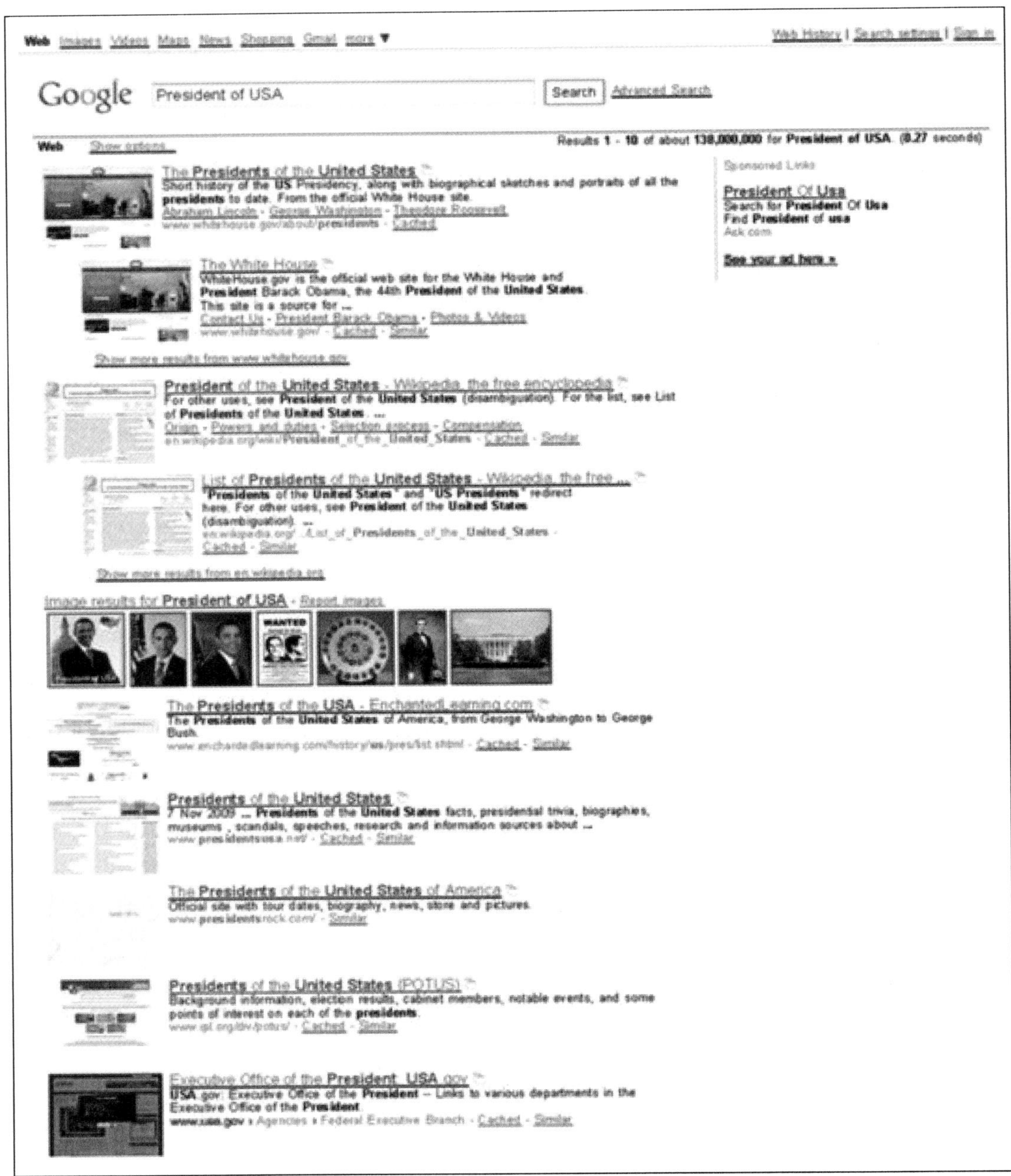

图 12.9 关键词查询举例

过程。不同系统尽管总体目标相同，但具体方法却因使用的 NLP 技术的复杂程度而有很大差异（注：这一阶段的处理通常都是关于 NLP 的）。例如，Mulder 中的问题分析过程包含三个步骤：问题解析、问题分类和查询生成。查询解析生成用于查询生成和答案提取的解析树。问题分类顾名思义是将问题分成三类：名词归为名词型（nominal），数字归为数值型（numerical），日期归为时态型（temporal）。这种分类方式被大多数问答系统所采用的，因为这样可以简化答案抽取。最后，查询生成步骤使用之前生成的解析树来构造一个或多

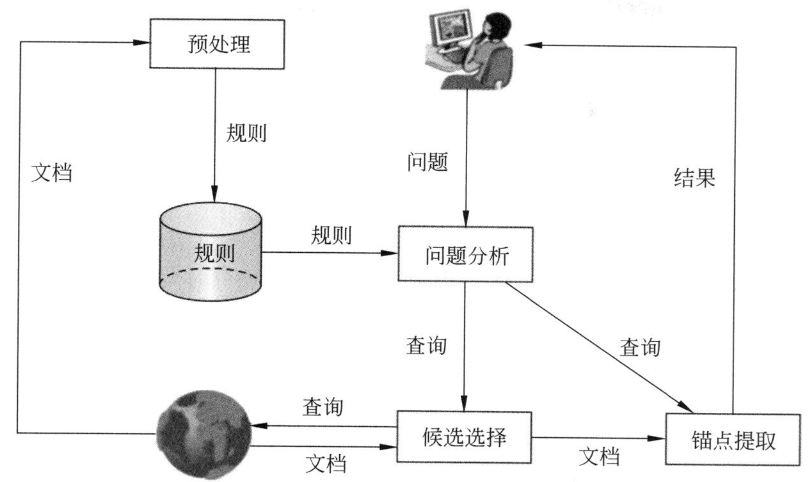

图 12.10 QA 系统的总体架构

个可以执行的查询，并获得问题的答案。Mulder 在查询生成步骤使用了 4 种不同的方法。

- 动词转换：将助动词和主动词替换为变位动词。例如，“When did Nixon visit China?”转换为“Nixon visited China”。
- 查询扩展：疑问短语中的形容词被替换为相应的属性名词。例如，“How tall is Mt. Everest?”转换为“The height of Everest is”。
- 名词短语生成：将一些名词短语组合在一起提供给搜索引擎进行下一步操作。
- 结构转换：将问题的结构转换成预测答案类型的结构。例如“Who was the first American in space?”转换成“The first American in space was”。

很多系统使用复杂的 NLP 方法进行问题分析，Mulder 便是其中一例。另一方面，一些系统使用轻量级方法进行问题解析，例如 WebQA。

一旦分析了问题并生成了一个或多个查询，下一步就是生成候选答案。在问题分析阶段生成的查询会在这一步用于对相关文档执行关键词搜索。许多系统在此步骤简单地使用通用搜索引擎，而其他系统还会考虑万维网上可用的其他数据源。例如，美国中央情报局（CIA）的 World Factbook 系统（https://www.cia.gov/library/publications/the-world-factbook/）是一个常用的获取国家可靠事实的数据源。类似地，天气信息可以从许多可靠的数据源获得，例如 Weather Network（http://www.theweathernetwork.com/）和 Weather Underground（http://www.wunderground.com/）。在某些情况下，这些额外的数据源可以提供更好的答案，而不同的系统对这些数据源的利用程度也不同。由于不同的数据源（有时甚至是不同的搜索引擎）可以更好地回答不同的查询，因此此阶段的一个重要问题是选择合适的搜索引擎/数据源来回答给定的查询。解决该问题的一种简单方案是将查询提交给所有的搜索引擎和数据源。然而这种方法显然并不明智，因为在万维网上这样做会带来很高的成本。通常，人们会使用分类信息来辅助选择合适的数据源：针对不同的分类，将合适的数据源和搜索引擎进行了排序。对于每一个搜索引擎和数据源，都需要编写包装器（wrapper）将查询转换成数据源或搜索引擎的查询格式。进而，将返回的结果文档转换为统一格式，以供进一步的分析。

回答查询时，搜索引擎返回简短片段与文档链接，而其他数据源则返回各种形式的结果。因此需要将返回的结果统一规范为我们所说的“记录（records）”。接下来，需要从这些记录中抽取直接回答问题的答案，这就是答案抽取阶段的作用。可以使用多种文本处理技术来将关键词与返回的记录进行匹配。随后，需要使用各种信息检索技术（例如词频、逆文档频率等）对这些结果进行排序。这一过程会使用在问题分析阶段生成的问题分类信息。不同的系统对正确答案的定义不同。一些系统返回排序的直接答案列表。例如，对于问题“Who invented the telephone”，系统返回“Alexander Graham Bell”或“Graham Bell”或“Bell”，或者将所有这些答案排序后返回①。其他一些系统将记录中包含查询关键词的部分记录（如文档中相关部分的摘要）进行排序后返回。

问答系统与之前探讨的其他万维网查询方法有很大不同。问答系统赋予用户更加灵活的查询方式，使用户无须了解万维网数据的结构与组织方式。另一方面，问答系统也受到自然语言自身特点和自然语言处理困难的制约。

12.5 隐藏万维网搜索与查询

目前，大多数通用搜索引擎仅在 PIW 上搜索，而大量有价值的数据以关系数据、嵌入文档或其他形式存储在隐藏的数据库中。万维网搜索目前的趋势是同时支持对隐藏万维网和 PIW 进行搜索，这主要有两个原因。其一是规模：就生成的 HTML 网页而言，隐藏万维网的规模要比 PIW 大得多，因此如果隐藏万维网也可以被搜索，则会大大提升用户找到答案的可能性。其二是数据质量：存储在隐藏万维网中的数据质量通常比公共网页上发现的数据质量高得多，因为前者是经过精心维护的。因此，获得这部分数据可以提升搜索质量。

然而，隐藏万维网搜索面临很多挑战，其中最重要的挑战包括：

（1）普通的爬虫工具无法搜索隐藏万维网，因为隐藏万维网中既没有 HTML 页面，也没有超链接以供爬取。

（2）在通常情况下，隐藏数据库中的数据只能通过搜索界面或专门的接口来访问，而且还需要访问界面的权限。

（3）至少在大多数情况下，数据库的底层结构是未知的。数据提供者往往不愿提供关于数据的任何信息，尽管这些信息可以帮助搜索，也许是由于收集并维护这些信息的成本太高。因此，用户必须通过数据源提供的界面/接口来获取数据。

本节将讨论致力于解决这些问题的一些研究方案。

12.5.1 隐藏万维网爬取

搜索隐藏万维网的一个方法是以类似于 PIW 的方式进行爬取。如前所述，处理隐藏万维网数据库的唯一方法是通过它们的搜索界面。因此，隐藏万维网爬虫必须具备两个功能：

---

① 电话的发明者这一问题充满争议。在这个例子中我们采用贝尔作为答案，因为他是第一个取得电话专利的人。

其一是向数据库的搜索界面提交查询，其二是分析返回的结果页面并从中抽取相关信息。

12.5.1.1　搜索界面的查询

一个方法是分析数据库的搜索界面，为其建立一个内部表示。内部表示了指定界面中使用的字段、字段类型（例如，文本框、列表、复选框等）、字段值域（例如，列表的特定值，或是文本框里的自由文本字符串），以及这些字段相关的标签。抽取这些标签需要对网页的 HTML 结构进行详尽的分析。

下一步，将上述表示与系统相应任务的数据库匹配起来。匹配的建立基于字段标签，一个标签匹配后，该字段将被填充可用值。这一过程不断重复，直到搜索表单（search form）中的所有字段都填充了所有可用值。之后将包含每个值组合的搜索表单提交，以检索结果。

另一种方法是使用代理技术。在这种情况下，需要开发隐藏万维网的代理，该代理与搜索表单交互，并对结果页面进行检索。这涉及三个步骤：第一步是发现搜索表单，第二步是学习并填充搜索表单，第三步是识别并获取目标（结果）页面。

具体而言，第一步要从某个 URL（入口点）开始遍历链接，并使用一些启发式方法来识别包含搜索表单的 HTML 页面，同时排除那些包含密码字段的网页，例如登录、注册或购买网页。表格填充任务取决于识别的标签，以及如何将标签与搜索表单中的字段相关联。为了实现这一任务，可以使用一些启发式算法找到与字段相关标签的位置（在左侧或上方）。给定识别的标签，代理可以确定搜索表单所属的应用领域，并根据标签将这个域的值填充到字段中，其中这些值存储在代理的资料库中。

12.5.1.2　结果页面分析

提交搜索表单后，必须分析返回的页面。例如，判断其是数据页面还是搜索优化页面。为此，可以将返回页面中的值与代理的资料库中的值进行匹配。如果判断是数据页面，则遍历该页面，以及它链接到的所有页面，特别是包含更多结果的页面，直到找不到更多属于同一域的页面为止。

然而，返回的页面通常包含许多与真实答案无关的数据，因为大多的结果页面都符合一些模板，其中有大量文本仅用于展示目的。识别网页模板的一种办法是分析文档的文本内容和相邻的标签结构，从而抽取与查询相关的数据。在这种方法中，网页可以表示为一系列文本段，其中文本段指的是封装在两个标签中的一段标签。具体而言，检测模板的方法如下：

（1）根据文本内容和相邻标签段分析文档的文本段。

（2）通过检查前两个样本文档来确定初始模板。

（3）如果从两个文档找到了匹配的文本段及其相邻的标签段，则生成模板。

（4）将随后检索到的文档与生成的模板进行比较。针对每个文档，提取模板中未找到的文本段，以供进一步处理。

（5）如果从现有模板中找不到匹配结果，则抽取文档内容以备之后生成模板。

12.5.2　元搜索

元搜索是另一个查询隐藏万维网的办法。给定用户查询，元搜索引擎执行以下任务。

（1）数据库选择：选择与用户查询最相关的数据库。这就要求收集有关每个数据库的一些信息，这类信息称为内容概要（content summary），是一种统计信息，通常包括数据库中出现的词的文档频率（document frequencies）。

（2）查询翻译：将查询翻译成适合每个数据库的形式，具体的方式包括在数据库的搜索界面中填写某些字段。

（3）结果合并：从各个数据库中收集结果，将其合并（很有可能还需要对其排序），然后返回给用户。

下面将详细介绍元搜索的重要环节。

12.5.2.1 内容概要抽取

元搜索的第一步是计算内容概要。在大多数情况下，数据提供者不愿意提供此类信息，因此，元搜索引擎需要自己抽取。

一种可能的方法是从给定的数据库D中抽取一个样本文档集，并计算样本中每个观察到的词w的频率$SampleDF(w)$。步骤如下：

（1）从一个空的内容概要开始，其中每个词w的$SampleDF(w) = 0$，同时还有一个通用的（即不特定于D的）综合词典。

（2）选择一个词并将其作为查询发送到数据集D。

（3）从返回的文档中检索 Top-k 的文档。

（4）如果检索的文档数量超过预定指定的阈值，则停止。否则，返回第（2）步继续进行取样。

上述算法有两个主要版本，区别在于第（2）步的执行方式。第一个版本从词典中随机选取一个词，而第二个版本从取样中发现的词里选择下一个查询。第一个办法的效果更好，但成本也更高。

另一种方法是使用聚焦探测（focused probing）技术，该技术将数据库进行层次式的分类。方法的思路是将一组训练文档预先划分为几类，然后从中抽取不同的词，并将它们作为数据库的查询探针。由单个词组成的探针可以用来判断这些词的真实文档频率；而对于出现在较长探针中的其他词，则仅可计算样本文档频率，并由此估计这些词的真实文档频率。

还有一个办法是从搜索界面上随机选择一个词，假设这个词很有可能与数据库的内容相关。从数据库中查询这个词，检索 Top-k 的文档。然后，从检索到的文档中抽取词，并随机选择下一个查询词。重复这一过程，直到检索到预定数量的文档。最后，根据检索到的文档计算统计数据。

12.5.2.2 数据库分类

有助于数据库选择的一个好方法是将数据库分为不同的类别（例如，雅虎目录）。分类有助于针对用户查询进行数据库定位，并保证返回的大部分结果与查询相关。

如果使用聚焦探测技术来生成内容概要，则相同的算法可以用来自某个类别的查询来探测每个数据库，并计算结果匹配的个数。如果匹配的数量超过某个阈值，则认为数据库属于相应的类别。

12.5.2.3　数据库选择

数据库选择是元搜索过程中的一项关键任务，因为它对多数据库查询处理的效率和效果都有很大的影响。数据库选择算法的目标是根据有关数据库内容的信息来选择最合适的一组数据库，并在这组数据库上执行给定的查询。其中，有关数据库内容的信息通常包括包含每个词的不同文档的数量（称为文档频率），以及一些其他简单的相关统计信息，例如数据库中储存的文档数量。有了这些概要信息，数据库选择算法会估计每个数据库与给定查询的相关性。例如，用每个数据库针对查询可能产生的匹配数量来度量相关性。

GlOSS 是一种简单的数据库选择算法，它假设查询词独立地分布在数据库文档中，并以此估计与查询相匹配的文档数量。GlOSS 是基于内容摘要进行大规模数据库选择的典型算法。此外，数据库选择算法要求内容概要既是准确的也是及时更新的。

前面提到的聚焦探测算法利用数据库分类和内容概要进行数据库选择。该算法分为两个步骤：第一，将数据库内容概要传递给层次式分类方案的类别。第二，使用分类和数据库的内容概要进行层次式的数据库选择，逐步聚焦到主题层次中最相关的部分。这一方法会获得与用户查询更相关的答案，因为它们来自于与查询本身同一类的数据库。

相关数据库选定之后，即可对每个数据库进行查询，并将查询结果合并后返回给用户。

12.6　万维网数据集成

我们在第 7 章介绍了数据库集成技术，其中每个数据库具有明确定义的数据模式，这些技术适用于企业数据的场景。然而，当我们想为万维网数据源提供集成访问时，问题会变得十分复杂——“大数据”的不同特性都会给我们带来挑战。尤为突出的是万维网数据并没有完善的数据模式，即便是有，由于数据的来源不同，这些数据模式也差异巨大。这给模式匹配任务带来了很大的现实挑战。此外，万维网数据规模，甚至是数据源的数量都会远远超过企业数据，这导致人工去整理数据变得不切实际。还有万维网数据的质量要远低于之前探讨过的企业数据，这增加了数据清理技术的重要性。

适用于万维网数据的数据集成方法应是所谓的即付即得集成（pay-as-you-go integration），该方法省掉第 7 章中介绍的一些阶段，来大幅降低数据集成的一些前期投入。相反，该方法提供一个基本的框架和一些基础设置，让数据所有者可以轻松地将他们的数据集集成到一个数据联盟（federation）中。即付即得集成方法的一个例子是数据空间（data spaces），它提出了一种轻量的集成平台，该平台在最开始具有基本的数据访问方式（如关键词搜索），然后随着时间的推移，它不断集成开发更复杂的工具，并提升数据集成的价值。我们在第 10 章中所探讨过的数据湖（data lakes），目前已开始得到关注，它或许是数据空间的更高级的版本。

本节将介绍解决上述挑战性问题的一些方法。首先在 12.6.1 节探讨万维网表格（Web tables）和融合表格（fusion tables），它们是针对表格结构化数据的一种低成本的集成方法。接下来介绍语义万维网（semantic Web）和链接开放数据（Linked Open Data, LOD）的万维网数据集成方法（12.6.2.3 节）。最后在 12.6.3 节探讨数据清洗问题，以及如何将机器学习技术应用于万维网规模的数据集成和数据清洗中的应用。

12.6.1 万维网表格/融合表格

万维网数据集成有两类轻量级的解决方案，万维网门户（Web portals）和聚合应用（mushup），它们都是为了将特定主题的万维网数据（如旅行信息、酒店预定等等）聚合在一起。二者的区别在于使用了不同的技术，但我们不在这里详细地讨论。万维网门户和聚合应用均属于“垂直集成”（vertically integrated）系统的例子，其中每个门户或应用聚焦于某个特定领域。

在开发一个应用时，一个首要的问题就是如何找到相关领域的万维网数据。万维网表格（Web table）项目是一项早期的尝试，它从万维网中寻找具有关系表结构万维网数据，并对这些表格（即所谓的“类数据库”表格）提供访问。该项目聚焦开放万维网，并不把深层万维网中的表格数据考虑在内，因为后者更难发现。不过，即便是从开放万维网中发现类数据库的表格数据也并非易事，因为关系表的结构信息（即属性名称）往往是不存在的。因此，万维网表格项目使用了一个分类器将 HTML 表格数据分为关系型（relational）和非关系型（nonrelational），然后它提供工具来抽取数据模式，并维护数据模式的统计信息以支持表格数据上的搜索。同时，它提供跨表连结操作，来支持所发现表格之间更复杂的导航操作。总的来看，万维网表格项目既可以看作是一种检索和查询万维网数据的方法，它也可以被视为一个针对具有全局模式信息的万维网数据的一种虚拟集成框架。

融合表格（fusion table）项目肇始于谷歌公司，它在万维网表格项目的基础上做了进一步改进，它支持用户上传自己的表格（支持多种格式）以补充自动发现的万维网表格数据。融合表格项目开发的基础设施可以自动地发现表格之间的连结属性，以产生可能的集成机会。图 12.11 所示的例子给出了两个来自不同所有者的数据集，一个是关于餐馆的基本信息，另一个是餐馆的评分与评级。系统会确定这两个数据集可以通过一个共有的属性连接起来，以提供统一的数据访问。尽管在这个例子中两个数据表都是用户提供的，在其他很多情况下，系统可以支持集成的一方或双方是由万维网表格项目在万维网上发现的数据。

12.6.2 语义万维网和链接开放数据

万维网的一个基本贡献是提供了一个“机器可处理”数据的资料库。语义万维网旨在进一步地将数据变得“机器可理解”，其途径是集成万维网结构化和非结构化数据，并对其进行语义标记。最初的语义万维网概念包括如下三个组成部分：

- 标记万维网数据，从而通过标注来识别元数据；
- 使用本体（ontologies）使不同的数据集合易于理解；
- 使用基于逻辑的技术来访问元数据和本体。

链接开放数据（Linked Open Data，LOD）于 2006 年推出，其目标是强调数据之间的链接关系是语义万维网的重要组成部分。它为如何在网络上发布数据以实现语义万维网的目标提供了指导。因此可以说，语义万维网是通过 LOD 来实现万维网数据集成的。通过 LOD 在万维网上发布（并因此集成）数据需要遵循四个基本原则：

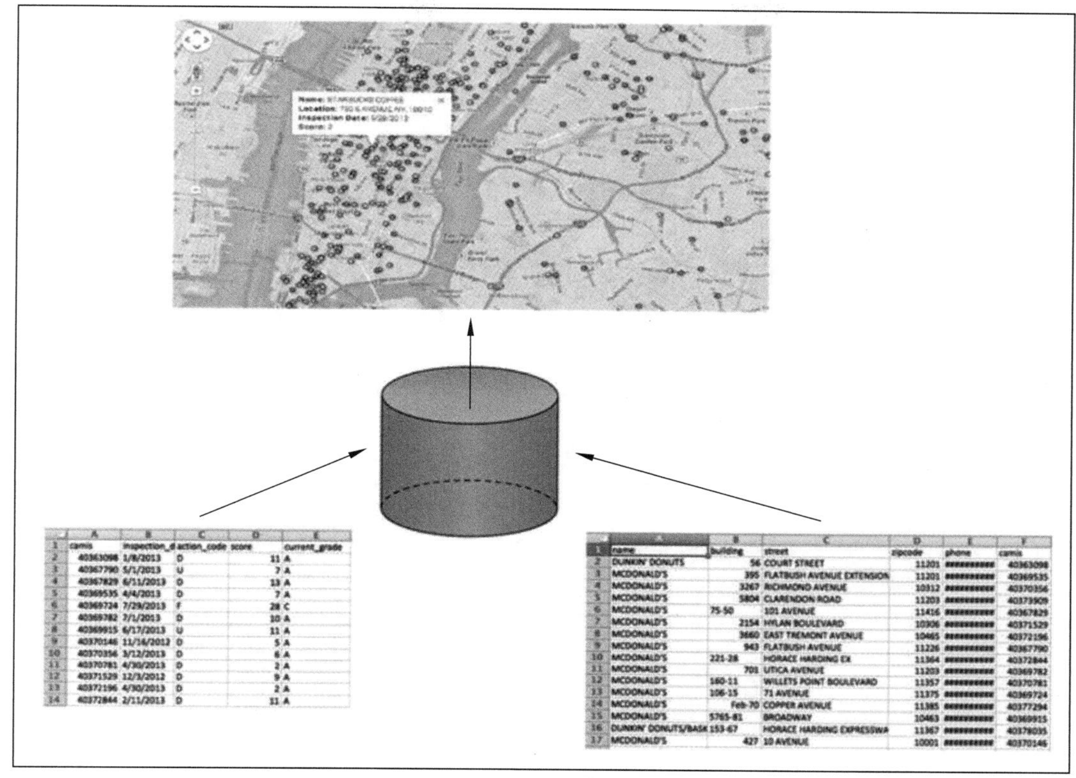

图 12.11　万维网表格/融合表格示例

- 所有万维网资源（数据）都要使用它们的 URL 来本地标识其名称；
- 这些标识的名称应可通过 HTTP 访问；
- 关于万维网资源/实体的信息应被编码为资源描述框架（RDF）格式的三元组。换句话说，RDF 是语义万维网的数据模型（我们将在下面讨论）；
- 数据集之间的关系应由数据链接描述，数据集的发布者应建立这些链接，以便发现更多的数据。

根据上述原则，LOD 会产生一个图结构，其中节点是万维网资源，边是它们之间的关系。图 12.12 给出了 2018 年“LOD 图”的简化形式，其中每个节点代表一个数据集（而非万维网资源），节点的颜色代表类别（如出版物、生命科学、社交网络），节点的大小代表其入度。当时，LOD 由 1234 个数据集和 16136 个链接组成[①]。我们稍后会具体介绍 LOD 和 LOD 图。

语义万维网由多个相互依赖的技术构成（图 12.13）。在底层，XML 提供了编写结构化万维网文档并支持文档便捷交换的语言。在此之上是 RDF，如前所述，它建立了数据模型。不管是否是必要的，一旦指定了基于此数据的模式，RDF 模式就要为之提供必要的原语（primitive）。本体（ontologies）使用更强大的结构进一步扩展 RDF 数据模式，它支持指定万维网数据之间的关联关系。最后，基于逻辑的声明性规则语言允许应用程序定义自己的规则。

---

① 从 https://lod-cloud.net 获得的统计数据，应查阅最新的统计数据。

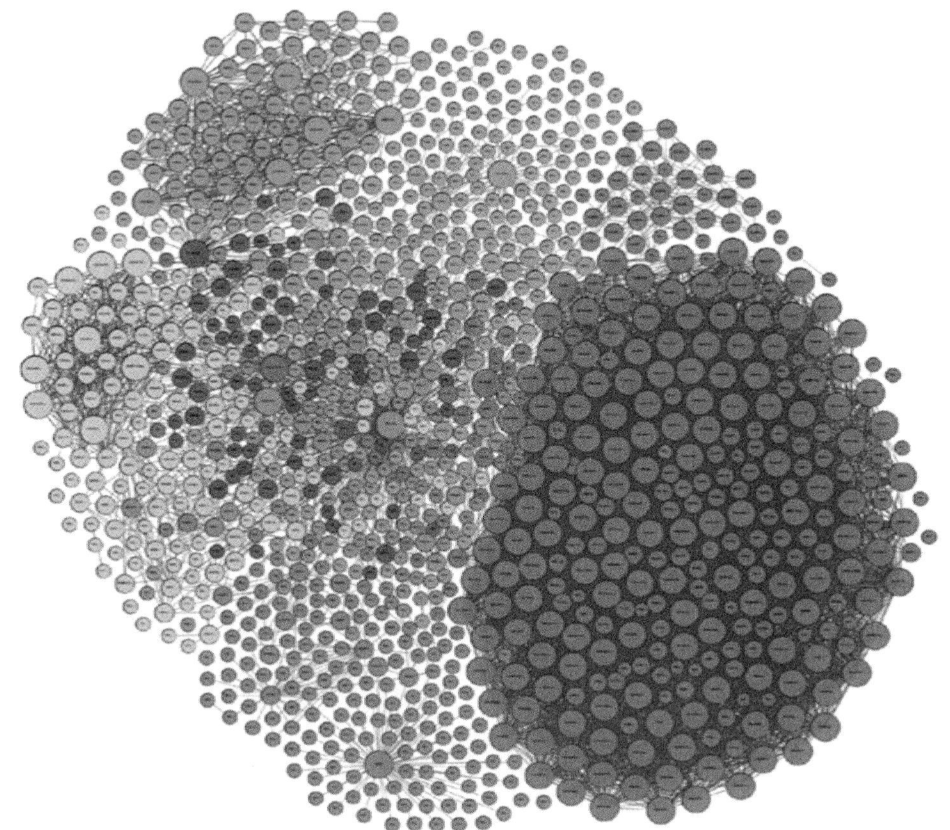

图 12.12　2018 年的 LOD 图

声明式规则语言
本体语言
RDF 模式
RDF
XML

图 12.13　语义万维网技术（简化自【Antoniou and Plexousakis 2018】）

下面将探讨前面提到的较为底层的技术，因为它们是系统得以运行的最低要求。

12.6.2.1　XML

对万维网文档进行编码的主流方法是 HTML（即超文本置标语言）。一个以 HTML 编码的万维网文档包含一组 HTML 元素，这些元素用标签（tag）括起来。在 12.6.1 节中，我们探讨了如何从 HTML 编码的万维网文档中发现与集成结构化数据。前文提到，语义万维网更倾向于使用 XML（扩展置标语言）来编码与交换万维网文档，XML 由万维网联盟（W3C）提出。

XML 标签（又称为标记）将数据划分成称为元素的片段，这样做是为了给数据增加更多语义。元素可以嵌套但不可以重叠。元素间的嵌套体现了它们之间的层次关系。例如，图 12.14 是之前参考书目数据的 XML 表示，其中有一些细微改动。

```
<bib>
<book year = "1999">
<author> M. Tamer Ozsu </author>
<author> Patrick Valduriez </author>
<title> Principles of Distributed ... </title>
<chapters>
<chapter>
<heading> ... </heading>
<body> ... </body>
</chapter>
...
<chapter>
<heading> ... </heading>
<body> ... </body>
</chapter>
</chapters>
<price currency= "USD"> 98.50 </price>
</book>
<article year = "2009">
<author> M. Tamer Ozsu </author>
<author> Yingying Tao </author>
<title> Mining data streams ... </title>
<venue> "CIKM" </venue>
<sections>
<section> ... </section>
...
<section> ... </section>
</sections>
</article>
<book>
<author> Anthony Bonato </author>
<title> A Course on the Web Graph </title>
<ISBN> TK5105.888.B667 </ISBN>
<chapters>
<chapter>
<heading> ... </heading>
<body> ... </body>
</chapter>
<chapter>
<heading> ... </heading>
<body> ... </body>
</chapter>
<chapter>
<heading> ... </heading>
<body> ... </body>
</chapter>
</chapters>
<publisher> AMS </publisher>
</book>
</bib>
```

图 12.14 XML 格式文档举例

一个 XML 文档可以表示为一棵树，它包含一个根元素，根元素有零个或多个嵌套的子元素，子元素又可以递归地包含子元素。对于每个元素，有零个或多个属性，每个属性都具有分配的原子值。一个元素还包含一个可选的值。为了配合树结构的文本表示，一个 XML 文档按照所有元素的第一个字母出现在文档中的顺序定义一个总顺序，称为文档顺序（document order）。

例如，图 12.14 中的根元素是 bib，它有三个子元素：两个 book 和一个 article。第一个

book 元素有一个属性 year 对应原子值是“1999”，同时还有一些子元素（例如 title 元素）。一个元素可能有一个值(例如title属性的值是“Principles of Distributed Database Systems”)。

标准 XML 格式文档定义有一些复杂：它可以包含 ID-IDREF，用来定义同一文档中或不同文档间元素的参照关系。在这种情况下，文档表示实际上变成了一个图的结构。不过，更常用的方式是采用简单的树形表示，在本节中我们也使用树形表示，下面是更精确的定义①。

一个 XML 文档被建模为一个有序的、节点带有标签的树$T = (V, E)$，每个节点$v \in V$对应一个元素或属性，并具有以下特征：

- 一个唯一的标记符，表示为$ID(v)$。
- 一个唯一的类型属性，表示为$kind(v)$，由集合{element,attribute,text}赋值。
- 一个标签，表示为$label(v)$，由字母表Σ赋值。
- 一个内容属性，表示为$content(v)$，非叶子节点的这一属性值为空，叶子节点为字符串。

E包含一个有向边$e = (u, v)$，当且仅当：

- $kind(u) = kind(v) =$ element，并且v是u的子元素；
- $kind(u) =$ element $\wedge$ $kind(v) =$ attribute，并且v是u的一个属性。

一个 XML 文档树被准确定义后，我们可以将 XML 数据模型的一个实例定义为一个 XML 文档树节点或原子值的有序集合（或序列）。由于 XML 文档是自描述的，我们可以为其定义一个模式，也可以不定义。如果我们为一个 XML 文档集定义一个模式，这个文档集中的每个文档都要符合这一模式；当然，这一模式允许文档间的差异，因为不是每个文档都包含所有元素或属性。XML 模式可以用文档类型定义（DTD）或 XMLSchema 进行定义。在本节，我们使用一个相对简单的模式定义，它利用了之前定义的 XML 文档图结构。

一个 XML 模式图（schema graph）定义为一个五元组$(\Sigma, \Psi, s, m, \rho)$，其中$\Sigma$是 XML 文档节点类型的字母表，$\rho$是根节点类型，$\Psi \subseteq \Sigma \times \Sigma$是节点类型间的一组边，$s{:}\,\Psi \to$ {ONCE,OPT,MULT}，$m{:}\,\Sigma \to$ {string}。这一定义的含义为：一条边$\psi = (\sigma_1, \sigma_2) \in \Psi$表示类型$\sigma_1$的节点可能包含类型$\sigma_2$的节点。$s(\psi)$表示这条边代表的包含关系的基数：如果$s(\psi) = \mathrm{ONCE}$，则类型$\sigma_1$的节点必须包含$\sigma_2$的节点。如果$s(\psi) = \mathrm{OPT}$，类型的$\sigma_1$节点可能包含也可能不包含类型$\sigma_2$的节点。如果$s(\psi) =$ MULT，则类型σ_1的节点可能包含类型σ_2的多个节点。$m(\sigma)$表示类型σ的节点的文本内容的域，它表示为在这个节点中所有可能出现的字符串的集合。

有了 XML 数据模型定义和数据模型的实例，我们可以定义查询语言。XML 查询语言以一个 XML 数据实例作为输入，产生一个 XML 数据实例作为输出。XPath 和 XQuery 是由万维网联盟（W3C）提出的两个重要的查询语言。我们之前介绍的路径表达式在这两种语言都存在，并且可以说是查询层次式 XML 数据的最自然的方式。XQuery 定义了功能更强的结构。尽管 XQuery 在 2000 年后得到了广泛的研究，但它现在已不再流行。原因在于 XQuery 比较复杂，用户难书写，系统难优化。正如我们在第 11 章中讨论的那样，JSON 已经在很多应用场景下取代了 XML 和 XQuery。不过，使用 XML 进行数据表示对于语义万

① 另外，我们从数据模型中省去了评论节点，命名空间节点和 PI 节点。

维网（而非 XQuery）来讲依然很重要。

12.6.2.2　RDF

RDF 是一种建立在 XML 之上的数据模型，它已经成为了构成语义万维网的基本组成部分（如图 12.13 所示）。尽管最初 W3C 提出 RDF 是作为语义万维网的一个组件，但 RDF 目前的用途更为广泛。例如，Yago 和 DBPedia 自动从 Wikipedia 中提取事实并以 RDF 格式存储它们，以支持对 Wikipedia 的结构化查询；生物学家使用 RDF 对他们的实验和结果进行编码，以促进彼此的交流，从而产生 RDF 数据集合，如 Bio2RDF（bio2rdf.org）和 UniprotRDF（dev.isb-sib.ch/projects/uniprot-rdf）。而讨论到语义万维网领域，LOD 项目通过链接大量数据集来构建 RDF 数据云。

RDF 将每个“事实”都建模为一个三元组（主体(**s**ubject)、属性（**p**roperty 或谓词 predicate）、对象(**o**bject)），记为$\langle s,p,o\rangle$。其中主体可以是实体、类或空白节点；属性表示实体关联的一个属性[①]；对象可以是实体、类、空白节点或文字值。根据 RDF 标准，每个实体均由一个 URI（统一资源标识符）表示，该 URI 指向某个待建模环境中的命名资源。相比之下，空白节点指的是没有名称的匿名资源[②]。因此，每个三元组代表一个命名关系；那些涉及空白节点的只是表示“存在具有给定关系的事物，但没有命名它”。

我们在这里简要讨论一下语义万维网技术架构（图 12.13）中的第三层，即 RDF 模式（RDFS）层。我们可以使用 RDFS 对 RDF 数据标注上语义元数据信息——这也是 W3C 标准[③]。标注应主要支持对 RDF 数据的推理（称为蕴含），同时在某些情况下也会影响数据的组织，并可以使用元数据支持语义查询优化。我们通过使用 RDFS 的简单示例来说明这些基本概念，RDFS 允许定义类和类的层次结构。RDFS 有内置的类定义——更重要的是 **rdfs:Class** 和 **rdfs:subClassOf**，它们分别用于定义一个类和一个子类（另一个定义 **rdfs:label** 会在下面的查询示例中介绍）。要指定某个资源是某个类的元素，我们需要使用一个特殊属性 **rdf:type**。

【例 12.13】如果想定义一个名为 Movies 的类和它的两个子类 ActionMovies 和 Dramas，可以通过以下方式完成：

```
Movies rdf:type rdfs:Class.
ActionMovies rdfs:subClassOf Movies.
Dramas rdfs:subClassOf Movies.
```

RDF 数据集可以形式化地定义如下：使用$\mathcal{U}$、$\mathcal{B}$、$\mathcal{L}$和$\mathcal{V}$分别表示所有 URI、空白节点、文字和变量的集合。元组$(s,p,o)\in(\mathcal{U}\cup\mathcal{B})\times\mathcal{U}\times(\mathcal{U}\cup\mathcal{B}\cup\mathcal{L})$是一个 RDF 三元组。一组这样的 RDF 三元组构成一个 RDF 数据集。

【例 12.14】 图 12.15 给出了一个示例的 RDF 数据集，其中数据来自多个由 URI 前缀定义的数据源。

---

① 在文献中，术语“属性”（property）和“谓词”（predicate）可以互换使用；在本书中，我们将一致地使用“属性”。

② 大多数研究会省略空白节点。因此，除非另加说明，本文也会忽略这类节点。

③ 同样的注释也可以使用本体语言来完成，例如 OWL（也是 W3C 标准），但这里不会进一步讨论。

Prefixes:
mdb=http://data.linkedmdb.org/resource/geo=http://sws.geonames.org/
bm=http://wifo5-03.informatik.uni-mannheim.de/bookmashup/
exvo=http://lexvo.org/id/
wp=http://en.wikipedia.org/wiki/

Subject	Property	Object
mdb: film/2014	rdfs:label	"The Shining"
mdb:film/2014	movie:initial_release_date	"1980-05-23"'
mdb:film/2014	movie:director	mdb:director/8476
mdb:film/2014	movie:actor	mdb:actor/29704
mdb:film/2014	movie:actor	mdb: actor/30013
mdb:film/2014	movie:music_contributor	mdb: music_contributor/4110
mdb:film/2014	foaf:based_near	geo:2635167
mdb:film/2014	movie:relatedBook	bm:0743424425
mdb:film/2014	movie:language	lexvo:iso639-3/eng
mdb:director/8476	movie:director_name	"Stanley Kubrick"
mdb:film/2685	movie:director	mdb:director/8476
mdb:film/2685	rdfs:label	"A Clockwork Orange"
mdb:film/424	movie:director	mdb:director/8476
mdb:film/424	rdfs:label	"Spartacus"
mdb:actor/29704	movie:actor_name	"Jack Nicholson"
mdb:film/1267	movie:actor	mdb:actor/29704
mdb:film/1267	rdfs:label	"The Last Tycoon"
mdb:film/3418	movie:actor	mdb:actor/29704
mdb:film/3418	rdfs:label	"The Passenger"
geo:2635167	gn:name	"United Kingdom"
geo:2635167	gn:population	62348447
geo:2635167	gn:wikipediaArticle	wp:United_Kingdom
bm:books/0743424425	dc:creator	bm:persons/Stephen+King
bm:books/0743424425	rev:rating	4.7
bm:books/0743424425	scom:hasOffer	bm:offers/0743424425amazonOffer
lexvo:iso639-3/eng	rdfs:label	"English"
lexvo:iso639-3/eng	lvont:usedIn	lexvo:iso3166/CA
lexvo:iso639-3/eng	lvont:usesScript	lexvo:script/Latn

图 12.15 RDF 数据集示例，其中前缀用来标识数据源

RDF 数据可以建模为如下的 RDF 图。一个 RDF 图被定义为一个六元组$G = \langle V, L_V, f_V, E, L_E, f_E \rangle$，其中：

（1）$V = V_c \cup V_e \cup V_l$是节点的集合，对应 RDF 数据中所有的主体和对象，其中V_c、V_e和V_l分别表示类节点、实体节点和文字节点的集合。

（2）L_V是节点标签的集合。

（3）节点标记函数$f_V : V \rightarrow L_V$是一个双射函数，为每个节点分配一个标签。节点$u \in V_l$的标签就是它的常量值，节点$u \in V_c \cup V_e$的标签是节点对应的 URI 值。

（4）$E = \{\overrightarrow{u_1, u_2}\}$是一组有向边的集合，用来连接对应的主体和对象。

（5）L_E是一组边标签的集合。

（6）边标记函数$f_E: E \rightarrow L_E$是一个双射函数，为每条边分配一个标签，边$e \in E$的标签即为它对应的属性。

针对边$\overrightarrow{u_1, u_2}$，如果$u_2 \in V_l$，则该边为属性边（attribute property edge）；否则，它为链接边（link edge）。

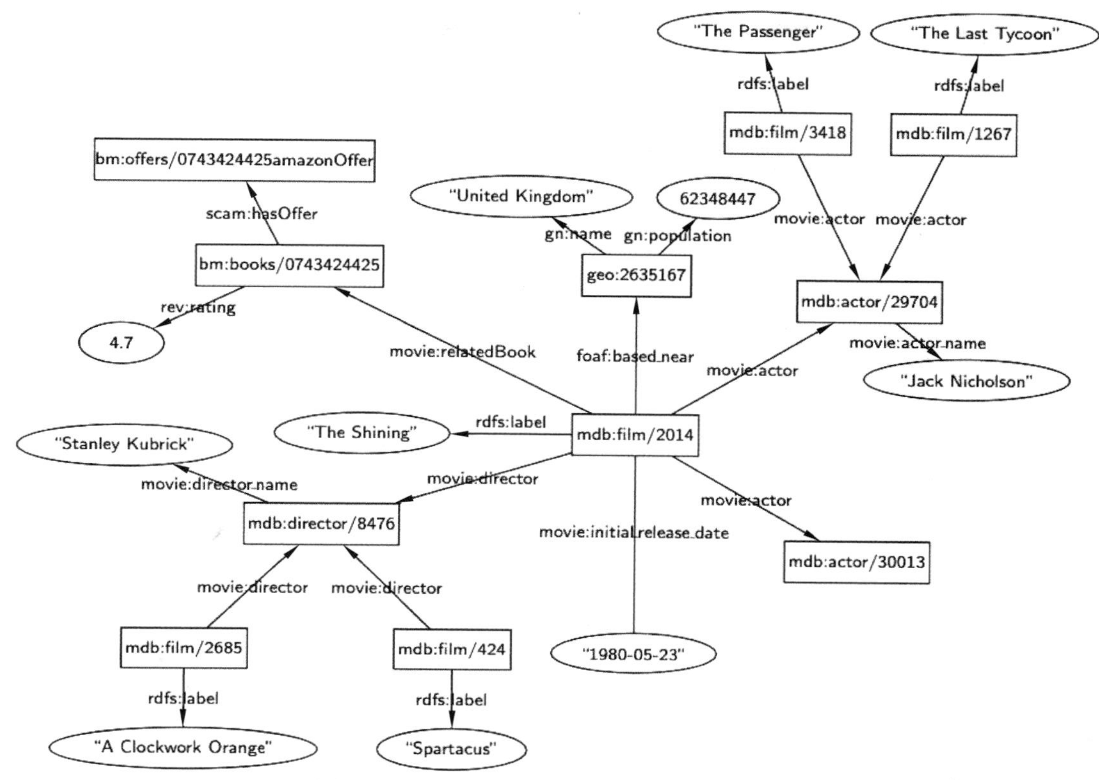

图 12.16　图 12.15 中数据集所对应的 RDF 图

需要注意的是，RDF 图结构与我们在第 10 章中讨论的属性图（property graph）不同。之前提到，在属性图中，节点和边会关联某些属性，从而允许在查询中指定基于值的复杂谓词。而在 RDF 图中，节点或边的唯一属性就是节点/边标签。属性图中的节点属性将成为标签为属性名称的边。因此，RDF 图更简单、更规范，但一般也会包含更多的节点和边。

图 12.16 给出了一个 RDF 图的示例，其中方形节点为实体或类别节点，其他的为常量节点。

W3C 针对 RDF 提供的标准查询语言是 SPARQL，其定义如下【Hartig 2012】。我们用$\mathcal{U}$、$\mathcal{B}$、$\mathcal{L}$和$\mathcal{V}$分别表示所有 URI、空白节点、文字和变量的集合。一个 SPARQL 表达式可以递归地表示如下：

（1）一个三元组$(\mathcal{U} \cup \mathcal{B} \cup \mathcal{V}) \times (\mathcal{U} \cup \mathcal{V}) \times (\mathcal{U} \cup \mathcal{B} \cup \mathcal{L} \cup \mathcal{V})$属于 SPARQL 表达式；

（2）（可选）如果P是一个 SPARQL 表达式，则$P\ FILTER\ R$同样也是一个 SPARQL 表达式，其中R是内置的 SPARQL 过滤条件；

（3）（可选）如果P_1和P_2是 SPARQL 表达式，则$P_1\ AND|OPT|OR P_2$也是 SPARQL 表达式。

一组三元模式被称为基本图模式（basic graph pattern，BGP），而仅包含基本图模式的 SPARQL 表达式被称为 BGP 查询，大多数研究工作考虑的都是 BGP 查询。

【例 12.15】 这里给出一个 SPARQL 查询的例子，用于查找由“Stanley Kubrick”导演的电影名称，并且该电影还有一本评分大于 4.0 的相关书籍：

```
SELECT ?name
WHERE {
    ?m rdfs:label ?name. ?m movie:director ?d.
    ?d movie:director_name "Stanley Kubrick".
    ?m movie:relatedBook ?b. ?b rev:rating ?r.
    FILTER(?r > 4.0)
}
```

在此查询中，WHERE 子句中的前三行构成一个由五个三元组模式组成的 BGP，其中所有三元组模式都包含变量，例如“?m”“?name”和“?r”，此外“?r”还包含一个过滤器：FILTER(? $r > 4.0$)。

一个 SPARQL 查询也可以表示为一个查询图（query graph），定义为一个七元组 $Q = \langle V^Q, L_v^Q, E^Q, L_E^Q, f_V^Q, f_E^Q, FL \rangle$，其中：

（1）$V^Q = V_c^Q \cup V_e^Q \cup V_l^Q \cup V_p^Q$是一组节点的集合，对应 SPARQL 查询中所有的主体和对象，其中V_p^Q是一组变量节点的集合（对应查询表达式中的变量），V_c^Q、V_e^Q和V_l^Q分别对应查询图Q中类别节点、实体节点和文字节点的集合。

（2）E^Q是一组边的集合，对应 SPARQL 查询中的属性。

（3）L_V^Q包含查询Q中的节点标签、L_E^Q包含查询Q中的边标签。

（4）$f_v^Q: V^Q \to L_v^Q$是一个双射的节点标记函数，为查询Q中的每个节点分配一个L_V^Q中的标签。节点$v \in V_p^Q$的标签是一个变量；节点$v \in V_l^Q$的标签是一个常量；节点$v \in V_c^Q \cup V_e^Q$的标签是对应的 URI。

（5）$f_E^Q: V^Q \to L_E^Q$是一个双射的节点标记函数，为查询Q中的每条边分配一个L_V^Q中的标签，边标签既可以一个属性，也可以是一个边变量。

（6）FL是过滤约束条件。

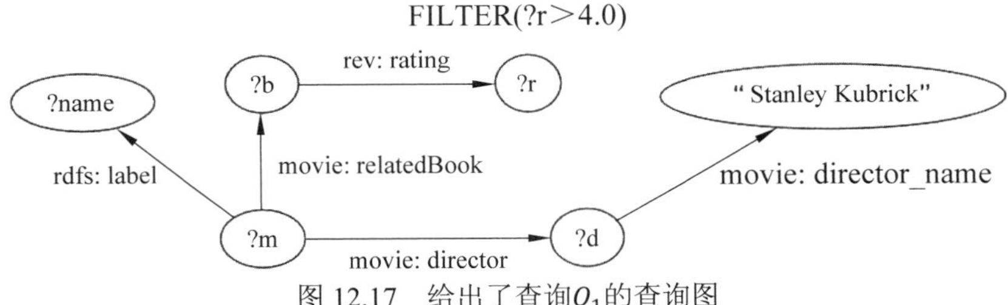

图 12.17　给出了查询Q_1的查询图

由此，执行一条 SPARQL 查询的语义可以定义为一个子图同构匹配问题。在 RDF 图G中找到所有与 SPARQL 查询图Q同构的子图。

通常可以根据查询图的形状来区分 SPARQL 查询的类型（我们将在下面的讨论中提到这些类型）。一般来讲，我们可以观察到三种查询类型：（i）线形，如图 12.18(a) 所示，一个三元组模式的对象字段中的变量会出现在另一个三元组模式的主体中（例如Q_L中的?y）；（ii）星形，如图 12.18(b) 所示，一个三元组模式对象字段中的变量会出现在其他多个三元组模式的主体中（例如，Q_S中的?a）；（iii）雪花形，如图 12.18(c)所示，由多个星形查询组合而成。

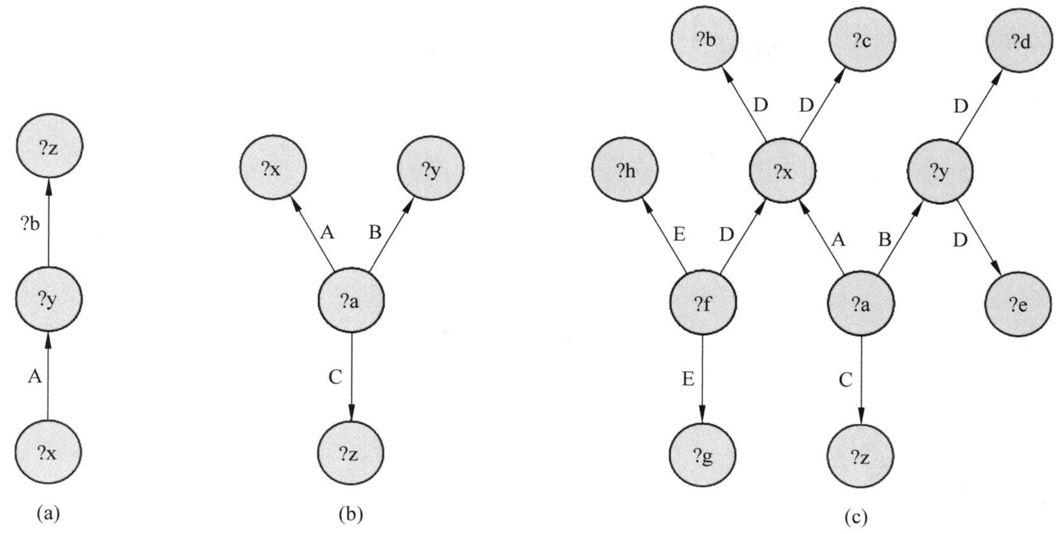

图 12.18　不同形状的 SPARQL 查询举例：(a) Q_L、(b) Q_S、(c) Q_K

现有的 RDF 数据管理系统可以大体上分为 5 类：直接关系映射；单表扩展索引（以及一个原生的存储系统）；将三元组表格非规范化为属性表；使用列存数据组织方法；使用原生的 SPARQL 图模式匹配语义。

1. 直接关系映射

直接关系映射系统利用了 RDF 三元组具有自然表格结构这一事实。由此它创建了一张包含三个列（主体，属性，对象）的关系表格来存储三元组（通常也会有一些附加的表格，此处省略），同时它将 SPARQL 查询翻译为 SQL 查询。现有工作已经表明，SPARQL 1.0 可以完全翻译为 SQL，而带有一些附加功能的 SPARQL 1.1 能否完全翻译为 SQL 还有待证实。直接关系映射方式旨在充分利用成熟的关系数据库存储引擎、查询处理与优化技术来执行 SPARQL 查询。采用这种方式的系统包括 Sesame SQL92SAIL①和 Oracle 系统。

【例 12.16】 假设图 12.15 给出的表是一张关系表，例 12.15 中的 SPARQL 查询可以转换为以下 SQL 查询（其中s、p、o分别对应于列名：主体，属性，对象）：

```
SELECT T1.object
FROM T AS T1, TAS T2, T AS T3, T AS T4, T AS T5
WHERE T1.p="rdfs:label"
AND T2.p="movie:relatedBook"
AND T3.p="movie:director"
AND T4.p="rev:rating"
AND T5.p="movie:director_name"
AND T1.s=T2.s
AND T1.s=T3.s
AND T2.o=T4.s
```

① Sesame 的设计想法是可以与任意存储系统交互，它实现了存储和推理层（Storage and Inference Layer，SAIL）来与特定存储的系统进行交互。SQL92SAIL 就是 Sesame 专门在关系系统上工作的实例。

```
    AND T3.o=T5.s
    AND T4.o > 4.0
    AND T5.o="Stanley Kubrick"
```

从这个例子可以看出，直接关系映射方法会产生大量不易优化的自连结操作。此外，针对大数据集，三元组表会变得十分庞大，这会进一步使查询处理变得复杂。

2. 单表扩展索引

为了解决直接关系映射产生的问题，一种方法是构建原生的存储系统，支持三元组表上的高效索引。Hexastore 和 RDF-3X 是这种方法的例子：维护单一的三元组表，但开发高效的索引。例如，RDF-3X 为主体（subject）、属性（property）和对象（object）可能的六种排列情况都创建了索引，即(spo, sop,ops,ops,sop,pos)，其中任一索引都按字典顺序先对第一列排序，然后是对第二列，最后是对第三列。这些索引都被存储在一个集群 B+树（clustered B^+-tree）的叶页中。

单表扩展索引的优点是，无论一个 SPARQL 查询中的变量出现在何处（主体、属性、对象），系统都可以有效地进行查询处理，因为总能找到一个适用的索引。此外，这种方式可以使用基于索引的查询处理来消除一部分自连接操作：系统将一部分自连接转换为对应索引上的范围查询。即使是在做连接操作时，也可以利用较为高效的合并连接方法，因为每个索引都在第一列上排好了顺序。不过，该方法有个明显的缺点是较大空间消耗，以及针对动态数据的索引更新开销。

3. 属性表

属性表方法的基础是 RDF 数据集存在一定的规律性，即会重复出现特定的语句模式。该方法由此将“相关”属性存储在同一个表中。Jena 是第一个提出这种方法的系统，类似的还有 IBM 的 DB2RDF 系统。这两个系统都将生成的表映射到关系数据库系统中，从而将查询转换为 SQL 进行执行。

Jena 定义了两种类型的属性表。第一种类型称为聚集属性表，它将倾向于出现在相同（或相似）主体（subject）中的属性聚集在一起。它为单值属性和多值属性定义了不同的表结构。对于单值属性，聚集属性表包含主体列和许多属性列（图 12.19(a)）。如果相应主体和属性的 RDF 三元组不存在，则将对应的属性值设为空（null）。该表中的每一行代表多个 RDF 三元组——与非空属性值的数量相同，表的主键是主体。对于多值属性，聚集属性表包括主体和多值属性（图 12.19(b)）。表的每一行代表一个 RDF 三元组，表的键是一个复合键（主体，属性）。将一个三元组表映射到上述属性表的工作是由数据库管理员在数据库设计时完成。

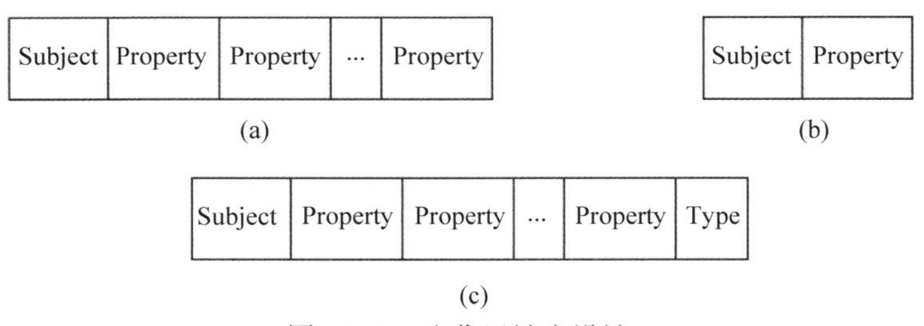

图 12.19　聚集属性表设计

Jena 还定义了一个属性类表（property class table），将具有相同属性类型的主体聚集到同一个属性表中（图 12.19(c)）。此时，从属于一个类的所有成员（类似我们之前对 RDFS 中类结构的讨论）都会被放在同一个表中，其中 Type 列用来存放该行中每个属性的 rdf:type 值。

【例 12.17】 例 12.14 中的数据集可以如下组织：创建一个电影主体的属性表、一个导演主体的属性表、一个演员主体的属性表和一个书籍主体的属性表等。

IBM DB2RDF 也采用与 Jena 相同的方法，但其组织表结构的方式更动态（图 12.20）。表按照主体进行组织，称为直接主哈希（direct primary hash，DPH）。与 Jena 中人工制定“相似”属性的方法不同，DB2RDF 的表会包含k个属性列，每个列都可以在不同的行中分配不同的属性。实际上，每个属性列会包含两列的信息：一列保存属性标签，另一列保存值。如果给定主体的属性数量大于k，则会将多出来的属性放置到第二行，并在“spill”列上做出标记。对于多值属性，系统维护一个直接二级哈希（direct secondary hash，DSH）表——原始属性值存储一个唯一的标识符l_id，该标识符会与数据值一起出现在 DS 表中。

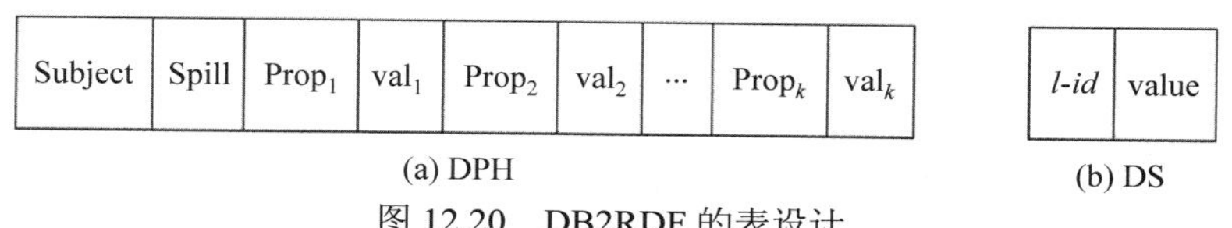

图 12.20　DB2RDF 的表设计

属性表方法的优点是能够将星形查询中的连接操作（即主体-主体连接）简化为单表扫描，从而减少翻译后的查询中的连结操作。缺点是，无论是上面讨论的两种方式中的哪一种，表中都可能会存在大量的空值（参见图 12.19 中的空值数量），多值属性的处理也需要特别小心。此外，尽管能够高效地处理星形查询，属性表方法对于其他查询类型的帮助不大。最后，当使用手动分配属性表时，将“相似”属性进行聚类设计并不容易——糟糕的设计会带来严重的空值问题。

4. 二元表

二元表方法采用了列存数据库的模式设计方法，为每个属性都设计一个包含两个列的表（主体，对象）。这样一来，系统中存在一组表，每个表都按照主体进行排序。这是一个典型的列存数据库的组织方式，具备很多优势。例如，系统由于只需读取所需的属性，以及元组长度较小，I/O 的数据量会被降低。另外，由于列值中存在冗余，二元表方法能够支持较好的数据压缩，等等。此外，这种方法避免了前面属性表方法中的空值问题，也无须采用人工或自动的方法对“相似”的属性进行聚类，此外它能够更自然地支持多值属性——就像 Jena 的 DS 表一样，每个属性都被组织为单独的行。除此之外，表按主体排序，因此它可以使用高效的合并连结操作来实现“主体-主体”连结。二元表方法的缺点是查询需要更多的连结操作，其中一些可能是“主体-对象”连结（合并连结操作不适用于此类连结）。另外，向表中插入数据会带来更高的开销，原因是这需要更新多个表。尽管有人认为该问题可以通过批量插入来解决，但在动态 RDF 存储库中，数据插入仍然是一个重要问题。最后，表数量的增加会对二元表方法的可扩展性（相对于属性的数量）产生负面影响。

【例 12.18】 例 12.14 中的数据集可以使用二元表方法，为每个属性都创建一个表，总共创建 18 个表，图 12.21 展示了其中的两个表。

Subject	Object
film/2014	"The Shining"
film/2685	"A Clockwork Orange"
film/424	"Spartacus"
film/1267	"The Last Tycoon"
film/3418	"The Passenger"
iso639-3/eng	"English"

(a) 属性“rdfs:label”

Subject	Object
film/2014	actor/29704
film/2014	actor/30013
film/1267	actor/29704
film/3418	actor/29704

(b) 属性“movie:actor”

图 12.21 示例数据集（省略前缀）的二元表组织方法

5. 基于图的处理

基于图的 RDF 处理方法从根本上实现了本节开头定义的 RDF 查询语义，即维护 RDF 数据的图结构（使用邻接表等表示），将 SPARQL 查询转换为查询图，并在 RDF 图上做同构子图匹配来进行查询处理。这种方法的例子包括 gStore 和 chameleon-db 等。

这种方法的优点是采用 RDF 数据原始的图表示，并符合 SPARQL 查询本身的语义。但缺点是子图匹配的成本过高——子图同构是一个 NP 完全问题。这会产生可扩展性的问题，特别是针对大规模 RDF 图数据时。包括索引在内的典型数据库技术有助于解决该问题。下面我们将以 gStore 系统为例介绍典型的问题与解决方法。

gStore 使用邻接表来表示图结构，将每个实体和类节点都编码为一个固定长度的位串，该位串建模每个节点的“邻居”信息，并在图匹配过程中对该信息加以利用。通过编码，gStore 会生成一个数据签名图G^*，其中每个节点对应原始 RDF 图G中的一个类或一个实体节点。可以说，G^*是由原始 RDF 图G中的所有实体和类节点以及它们之间的边共同产生的图结构。图 12.22(a)给出了图 12.16 中 RDF 图 G 对应的数据签名图G^*。SPARQL 查询可以表示为查询图Q，同样可以用类似的方法编码为查询签名图Q^*，图 12.22(b)展示了查询签名图Q_2^*，它编码自图 12.17 中的查询图。

接下来需要解决在G^*上寻找Q^*的匹配的问题。尽管 RDF 图和查询图都会因编码而变小，但问题的 NP 完备性仍然存在。因此，gStore 使用“先过滤、后评估”的策略来缩小匹配的搜索空间。其基本的思想是首先使用带有一定假阳性的剪枝策略找到一组候选子图（表示为 CL），然后使用邻接表验证这些子图是否匹配，并最终输出结果（表示为RS）。这一过程需要解决两个问题。首先，编码技术需要保证$RS \subseteq CL$——前文介绍的编码方式可以证明能够实现这一点。其次，它需要一种有效的子图匹配算法来找到Q^*对G^*的匹配。为此，gStore 使用称为VS*树的索引结构，VS*树是G^*的缩略图，能够使用剪枝策略高效地处理查询，减少在G^*上匹配Q^*的搜索空间。

6. 分布式与联邦 SPARQL 执行

随着 RDF 数据集规模的增长，人们提出了一些以并行和分布式处理为代表的水平扩展方法。它们大多将 RDF 图G划分为几个片段，并将每个片段放置在并行/分布式系统的不同站点上。每个站点都部署某种形式的集中式 RDF 存储系统。在运行时，一个 SPARQL 查询Q会被分解为几个子查询，每个子查询都可以找到一个站点进行本地处理，最终不同站点结果会汇总起来返回。不同的解决方法会提出不同的数据划分策略，以及相应的查询处理方法。一些方法使用基于 MapReduce 的方案，将 RDF 三元组存储在 HDFS 中，并通过扫描 HDFS 文件和实现 MapReduce 连结操作来处理三元组模式。另外还有一些方法或多或

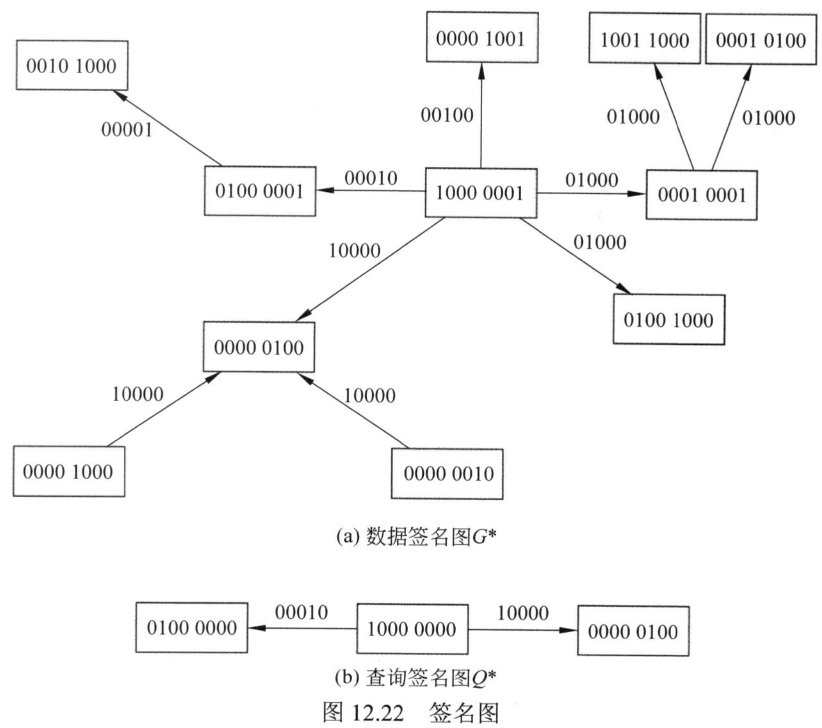

(a) 数据签名图G^*

(b) 查询签名图Q^*

图 12.22　签名图

少地遵循本书各个章节中探讨的分布式/并行查询处理策略，将查询划分为子查询，发送到多个站点进行处理。

执行分布式 SPARQL 查询的另一个策略是局部查询评估（partial query evaluation）。局部函数评估是一种流行的编程语言策略，其基本思想如下：给定一个函数$f(s,d)$，其中s是已知输入，d是未知输入，f的计算中仅取决于s的部分会产生一个局部结果。局部查询评估方法划分数据，但不划分查询，即每个站点都接收完整的 SPARQL 查询Q，并在本地存储的 RDF 图片段上并行地执行该查询。此时，局部处理策略体现在以下方面：每个站点S_i将数据片段F_i视为已知的输入，而将图的其余部分（$\bar{G} = G \backslash F_i$）视为未知的输入。为了利用局部函数评估策略，有两个重要的问题需要解决。首先是要在给定查询图Q的情况下计算每个站点S_i的局部结果——换句话说，解决Q在F_i上的图同构问题——这被称为本地局部匹配，因为其目标是找到片段F_i内部的匹配结果。其次，由于图划分只能保证节点的不相交，无法保证边的不相交，因此存在跨数据片段的边。对此，需要组装这些本地局部匹配来计算跨数据片段的匹配结果。这个组装的工作既可以在控制站点上执行，也可以由类似于分布式连接的操作完成。

前面讨论的主要是如何将一个集中的 RDF 数据集划分以支持分布式/并行执行的问题。另一方面，许多 RDF 场景会需要联邦的解决方案，类似我们数据库集成场景下探讨的问题。在很多真实的 RDF 场景中，一些存储 RDF 数据的站点也具备处理 SPARQL 查询的能力，这些站点也被称为 SPARQL 端点（SPARQL endpoints）。一个典型的例子是 LOD，其中不同的 RDF 库彼此相连，提供了一个虚拟集成的分布式数据库（virtually integrated distributed database）。针对这种联邦的 RDF 环境，一个常见的技术问题是如何为每个单独的 SPARQL

端点预先计算元数据。元数据既可以指定端点的能力，也可以描述端点能回答的三元组模式（即属性 property），或是存储算法能够利用的其他信息。基于这些元数据，原始的 SPARQL 查询可以被分解为几个子查询，每个子查询会被发送到相关的 SPARQL 端点，然后将子查询的结果连接在一起以完成查询处理。

元数据预计算可以采用SPARQL ASK查询来收集每个SPARQL端点的信息并动态构建元数据。根据这些查询的结果，SPARQL 查询被分解为子查询并分配给不同的端点。

12.6.2.3 LOD 的导航与查询

LOD 由一组万维网文档组成。因此，它的出发点是一个嵌入了 RDF 三元组的万维网文档，用来编码万维网资源。RDF 三元组包含指向其他文档的数据链接，这些链接将万维网文档相互连接以构成一个图结构。

在 LOD 上支持何种 SPARQL 查询语义并非是显而易见的。我们可以考虑完整万维网语义（full web semantics），将 SPARQL 查询表达式的应用范围确定为所有的链接数据。然而，在这种语义下，没有已知的（可终止的）查询执行算法可以保证结果的完整性。我们还可以考虑可达性语义（reachability-based semantics），根据可达的文档来定义 SPARQL 查询的范围：给定一组种子 URI 和一个可达性条件，查询的范围是从种子初始，沿路径可达的所有数据链接。在这类语义下，可以定义不同的可达性条件，同时也存在可计算的算法。

在 LOD 上执行 SPARQL 查询有三种方法：基于遍历、基于索引和混合方法。基于遍历的方法可以基本实现基于可达性的语义：从种子 URI 开始，通过在查询执行过程中遍历特定的数据链接，递归地发现所有相关的 URI。对于这类算法，种子 URI 的选择对最终性能十分关键。基于遍历方法的优点是易于实现，因为不需要维护任何数据结构（如索引）。但是，该方法的缺点是查询执行的延迟高，因为这类方法需要“浏览”万维网文档，并且从每个文档中重复检索数据会引入显著的延迟。将方法并行化的潜力也是有限，顶多可以并行化到与爬虫算法相同的程度。

基于索引的方法使用索引来确定哪些 URI 是相关的，这样做可以减少需要访问的链接文档数量。一个合理的索引键是三元组模式，在这种情况下，给定查询的“相关”URI 是通过访问索引来确定的，并且可以通过访问这些 URI 检索到的数据来回答查询。在这类方法中，数据检索可以完全并行化，从而减少数据检索对查询执行时间的负面影响。这类方法的缺点是对索引的依赖，这体现在：索引构建会带来延迟、索引可以选择的内容会带来限制、万维网的动态性会带来数据新鲜度问题、索引如何保持更新。

混合方法采用基于遍历的方法进行查找，但会利用一个 URI 的优先列表，其中初始种子来自预先填充的索引，而新发现的不在索引中的 URI 需要根据引用文档的数量进行排序。

12.6.3 万维网数据集成中的数据质量问题

第 7 章（特别是 7.1.5 节）探讨了数据库集成（主要是数据仓库）系统中的数据质量和数据清洗问题。比较而言，万维网数据的质量问题更为严重，这是因为万维网数据源规模庞大、万维网信息源的数据录入难以控制，以及数据多样性十分显著。数据质量问题包括数据的一致性（consistency）和真实性（veracity，即数据与现实世界是否相符）。在数据仓库中，数据一致性通过数据清洗技术获得，该技术能够检测和删除数据中的错误和不一致性。然而，在万维网（以及数据库）场景下，数据清洗变得十分困难，原因在于缺少数据模式信息，以及由此带来的完整性约束有限的问题。

数据真实性的检查颇具挑战。不过，如果存在很多数据源彼此重叠（例如万维网数据就会有类似的情况），则会出现高度的数据冗余，此时可以使用有效的数据融合技术来交叉验证数据项的正确值取值，从而发现真相（稍后将讨论）。

本节将重点介绍万维网数据的一些主要数据质量和数据清洗问题，并探讨目前有的解决方案。

12.6.3.1　万维网结构化数据的清洗

结构化数据代表了万维网上的一类重要数据，存在许多数据质量问题。下面首先总结一般性的结构化数据清洗技术，进而指出万维网结构化数据清洗独有的挑战。

图 12.23 给出了一个结构化数据清洗的典型工作流程，包括一个发现和分析步骤（可选）、一个错误检测步骤和一个错误修复步骤。为了清洗一个脏的数据集，我们通常需要对该数据（元数据）的各个方面进行建模，如数据模式、形态、概率分布和其他元数据。此类元数据的获取可以咨询领域专家，但这通常是昂贵且耗时的。因此，通常使用一个发现和分析步骤来自动发现这些元数据。错误检测步骤以一个脏的数据集和相关的元数据为输入，找到哪些数据不符合元数据，并以此声明这部分数据包含错误。可能的错误形式有很多：如异常值、违反完整性约束的数据和重复数据。最后，错误修复步骤生成数据更新，这些更新将被应用于脏数据集，从而删除已检测到的错误。由于数据清洗过程中存在许多不确定性，因此需要尽可能咨询知识库和专家等外部资源，以确保清洗工作流程的准确性。

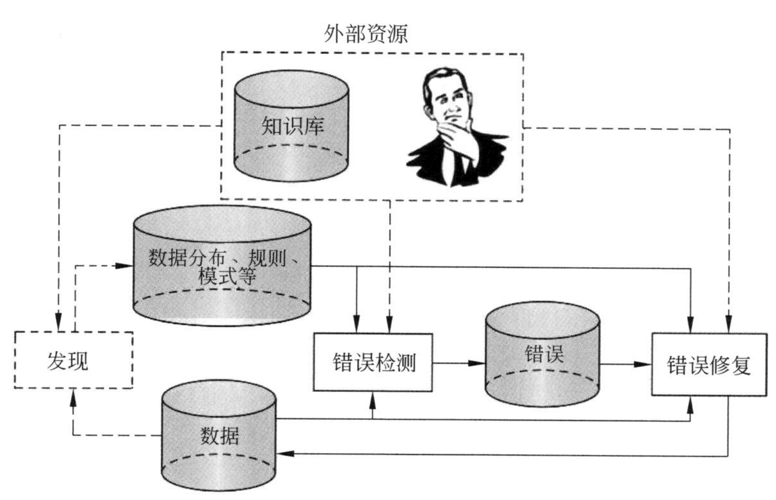

图 12.23　结构化数据清洗的典型工作流程

上述工作流程适用于元数据信息丰富的结构化数据集，例如数据模式信息完善，包含数据列和行上的约束条件。此外，当有足够的数据示例（元组）供算法比较以检测可能的错误，或是利用数据中的冗余来纠正这些错误时，错误检测和清洗步骤会更为有效。然而，在万维网表格数据的场景下，这两个前提都不满足，因为大多数万维网表格都很短（元组很少）以及很窄（属性有限）。更糟糕的是，万维网表格的数量要远远大于数据仓库中关系表的数量。这意味着人工清洗虽然对于单个万维网关系表可行，对于所有万维网结构化数据来说不切实际。图 12.24 给出了 Wikipedia 中表格数据的一些错误示例，此类错误的规模估计可达 30 万。

Sevilla - Jerez de la Frontera-Cádiz	1861
Córdoba - Málaga	1865.
Bobadilla - Granada	1874
Córdoba - Bélmez	1874
Osuna	La Roda

(a)

Polaco	15.04.1983	194	84
Vini	29.09.1982	N/A	N/A
Caiao	30/11/1982	N/A	N/A
Jairo	17.02.1990	N/A	N/A
Michael	20.04.1983	N/A	N/A
Ricardinho	19.11.1975	192	94

(b)

2002[12]	10.300 oz	899,500 oz
2005[13]	25.272	2.174.620 oz
2006[13]	49.354 oz	3.005.611 oz
2007[13]	48.807 oz	3.165408 oz
2008[9]	47.755 oz	3.157.837 oz
2009[2]	0.9 million oz	818.050 oz

(c)

WARRIORS@Susses Thunder	13-28	—
WARRIORS@Hampshire Thrashers	42-13	—
Essex Spartans@WARRIORS	P-P	Postponed
WARRIORS@Cambridgeshire Cats	36-44	—
East Kent Maver-icks@WARRIORS	12-18	—
WARRIORS@East Kent Mav-ericks	15-17	—

(d)

图 12.24 万维网结构化数据的数据质量问题（错误数据用红色单元格标记）。例子改编自【Huang and He 2018】的研究：(a) 多出了一个小数点；(b)日期格式混杂；(c) 重量表示不一致；(d) 比赛分数占位符

12.6.3.2 万维网数据融合

万维网数据集成的一个常见问题是数据融合，即融合同一数据项在多个万维网数据源中的不同表示，从而确定正确的取值。这里突出的问题是不同的万维网数据源可能会提供相互冲突的数据值，从而使数据融合变得十分困难。数据冲突可以分为两类：不确定性和矛盾性。不确定性是指一个非空值与一个或多个空值之间存在的冲突，这些空值/非空值都用来描述真实世界中同一实体的相同属性。不确定性是由数据缺失造成的，其中缺失值往往用空值表示。矛盾性是指两个或多个不同的非空值之间存在的冲突，体现了现实世界同一实体的相同属性在不同的数据源中可能取值不同。

上述数据冲突给自动的万维网表格数据清洗带来了很大的挑战。尽管现有针对数据仓库开发的清洗技术可以处理一部分错误，但需面向万维网表格数据提出更具针对性的方法。Auto-Detect 是一项最近提出的方法，主要解决万维网表格数据的错误检测问题。Auto-Detect 是一种数据驱动的基于统计的技术，利用来自大型语料库的“值共现统计”（value co-occurrence statistics）来进行错误检测。该方法的基本假设是，如果某个值组合极为罕见（计算点互信息 point-wise mutual inforamtion），则可能存在潜在的错误。虽然 Auto-Detect 能够检测出许多错误，但它并不适合对数据进行修复。目前还没有万维网表格数据的自动错误修复（或提供修复建议）的成熟技术。

图 12.25 给出了一种数据融合策略的分类。冲突忽略（conflict ignorance）策略不考虑

数据冲突，简单地将数据冲突传递给用户或应用程序。冲突避免（conflict avoidance）策略考虑数据冲突，并使用一个简单的规则来根据数据实例或元数据来解决冲突。例如：一个基于实例的冲突避免策略优先选择非空值而不是空值，而一个基于元数据的冲突避免策略优先选择来自某个来源的值。冲突解决（conflict resolution）策略通过从已经存在的值中选择一个值（称为决定性策略）或通过选择一个在当前值中不一定存在的值（称为调解性策略）来解决冲突。例如，基于实例的决定性冲突解决策略可以采用一个最常见的值，而基于实例的调解冲突解决策略可以计算当前所有值的平均值。

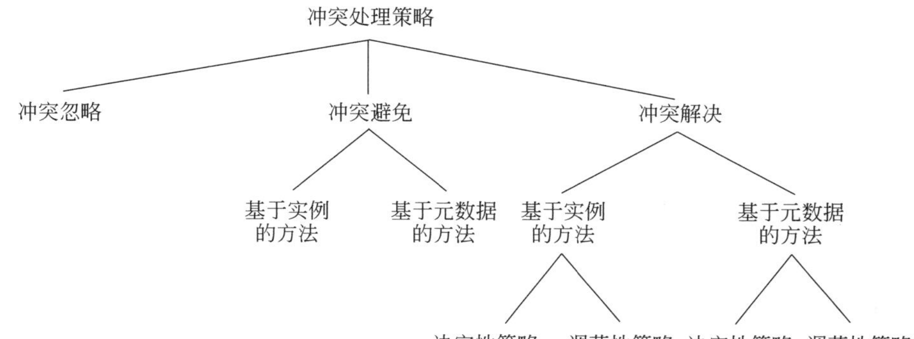

图 12.25　数据融合策略的分类，来自【Bleiholder 和 Naumann 2009】的研究

12.6.3.3　万维网数据源质量

上述冲突解决策略主要是基于相关的数据值来解决冲突，存在三点不足。第一，万维网数据源的质量存在差异，优质数据源提供的数据通常更准确。然而也存在优质数据源提供不正确数据值的情况，因此需要在预测正确数据值的时候，考虑数据源的质量。第二，万维网数据源存在相互复制的现象，因此忽略数据源之间的依赖关系会导致错误的冲突解决结果。例如，多数投票策略的效果会受到数据源相互复制现象的影响。第三，数据项的正确值也可能会随着时间而变化（如一个人所属的机构），因此，在评估数据源准确性和做出冲突解决决策时，需要对错误值和过时值加以区分。

由此可见，更为有效的数据融合策略需要对数据源的可信性和质量进行评估。本节将讨论如何对数据源的准确性进行建模，以及如何扩展准确模型来处理数据源的依赖关系和数据源的新鲜度。

1. 数据源准确性

数据准确性可以用该数据源提供真实数据值的比例进行测量。具体而言，数据源S的准确度可以表示为$A(S)$，也可以认为是S提供的数据值是正确的概率。令$V(S)$表示S提供的所有值，针对任意$v \in V(S)$，令$Pr(v)$表示v是真值的概率。由此可以计算$A(S)$如下：

$$A(S) = Avg_{v \in V(S)} Pr(v)$$

考虑一个数据项D。令$Dom(D)$为D的值域，包括一个真值和n个假值。令S_D表示为包含数据项D的数据源集合，$S_D(v) \subseteq S_D$表示数据项D取值为v的数据源集合。令$\Phi(D)$表示任意数据源$S \in S_D$中数据项D的观测值。概率$Pr(v)$可以计算如下：

$$Pr(v) = Pr(v\text{是真值}|\Phi(D)) \propto Pr(\Phi(D)|v\text{是真值})$$

假设数据源相互独立且n个假值等概率出现，则$Pr(\Phi(D)|v\text{是真值})$可以计算为：

$$Pr\big(\Phi(D)\big|v\text{是真值}\big)=\prod_{S\in S_D(v)}A(S)\prod_{S\in S_D\setminus S_D(v)}\frac{1-A(S)}{n}$$

可以推导为：

$$Pr\big(\Phi(D)\big|v\text{是真值}\big)=\prod_{S\in S_D(v)}\frac{mA(S)}{1-A(S)}\prod_{S\in S_D}\frac{1-A(S)}{n}$$

由于 $\prod_{S\in S_D}\frac{1-A(S)}{n}$ 对于不同的取值v是常数，我们有：

$$Pr\big(\Phi(D)\big|v\text{是真值}\big)\propto\prod_{S\in S_D(v)}\frac{mA(S)}{1-A(S)}$$

相应地，定义数据源S的投票数（vote count）为：

$$C(S)=\ln\frac{nA(S)}{1-A(S)}$$

则可以定义取值v的投票数为

$$C(v)=\sum_{S\in S_D(v)}C(S)$$

从直观上讲，具有较高投票数的数据源更准确，而具有较高投票数的取值更有可能是真实的。结合上面的分析，可以计算取值v为真值的概率如下：

$$Pr(v)=\frac{\exp(C(v))}{\sum_{v_0\in Dom(v)}\exp(C(v))}$$

显然，我们会选择$Pr(v)$分数最高的取值v作为数据项D的真值。可以从上述公式看出：数据源的准确性$A(S)$的计算取决于概率$Pr(v)$，而反过来概率$Pr(v)$的计算又取决于$A(S)$。因此，可以采用这样一种算法：初始时为每个数据源设置相同准确性，为每个取值设置相同的概率，进而迭代地计算所有数据源的概率和所有取值的概率，直至收敛。其中，收敛的标准可以设置为数据源准确性没有变化并且选择的真值没有波动。

2. 数据源间的依赖关系

以上数据源准确性的计算是建立在数据源彼此独立这个假设上的。然而，在实际情况中，数据源可能会相互复制，从而产生依赖关系。数据源以来关系检测有两种思路。第一，对于某个数据项，我们认为它只有一个真值，但会有多个假值。因此，该数据项在两个数据源中真值相同，可能并不意味着数据源之间存在依赖关系；但是，如果假值相同（这通常是罕见的），则更可能意味着存在数据源的依赖关系。第二，在数据源中任选一个随机的子集，通常会与全集有着相似的准确性。但是，对于一个复制的数据源，它复制得到哪部分子集会与独立提供的部分有着不同的准确性。因此，如果一个数据源从另一个数据源中复制了部分内容，则仅出现在前者的数据准确性会与同时出现在两个数据源中的数据准确性显著不同。基于上述思路，可以开发一个贝叶斯模型来计算两个数据源S_1和S_2之间存在复制关系的概率（在对所有给定数据项的观察 Φ 的前提下）；然后使用计算出的概率值来调整投票数$C(v)$的计算，从而体现考虑了数据源之间的依赖关系。

3. 数据源的新鲜度

到目前为止，我们都在假设数据融合是在数据的静态快照上完成的。然而，实际上数据会随着时间的推移而演变，数据项的真值也会发生变化。例如，航班的预定起飞时间可能会在不同的月份发生变化，一个人所从属的单位可能会随着时间而改变，公司的 CEO 也可能会发生变化。为了体现这种变化，数据源需要对其数据进行更新。在这种动态的环境中，数据错误出现的原因会发生变化，体现在：

（1）数据源可能会提供假值，类似于静态环境；

（2）数据源可能根本无法更新数据；

（3）某些数据源可能无法及时地更新数据。

此时，数据融合的目标是找到所有的真值及其在历史中的有效期限（此时真值会随着时间的推移而演变）。数据源的质量，尽管在静态情况下可以通过准确性来衡量，在动态情况下变得更为复杂：高质量的数据源应该为数据项提供某个新值的充分必要条件是该值刚刚（right after）称为真值。为此，可以引入三个指标：数据源的覆盖率：衡量数据源能否捕捉不同数据项的取值转换；准确度：衡量数据源提供错误取值转换的百分比（提供错误的取值）；新鲜度：衡量数据源适应取值变化的速度。我们依然可以依靠贝叶斯分析来确定每个数据项发生取值转换的时间和相应的取值。

机器学习技术和概率模型也已经被用在了数据融合和数据源质量建模问题上。这里具体举一个 SLiMFast 框架的例子，SLiMFast 将数据融合表示为一个判别式概率模型上的统计学习问题。与之前基于学习的融合方法相比，SLiMFast 提供了融合结果的质量保证，还可以在融合过程中整合可用的领域知识。图 12.26 提供了 SLiMFast 的系统概览，其输入包括①一组数据源观测值的集合，即不同数据源为不同数据项提供的可能存在冲突的取值集合；②一组可选的真值标注，即部分数据项的真值；③一些数据源相关的领域知识（用户认为有助于判断数据源的准确性）。SLiMFast 利用上述输入信息，将它们转换为可以用于整体学习和推理的概率图模型。根据可用的真值标注有多少，SLiMFast 会决定使用哪种算法（期望最大化或经验损失最小化）来学习图模型的参数。学习好的图模型会被用于推断数据项的真值和数据源的准确性，如图 12.26 所示。

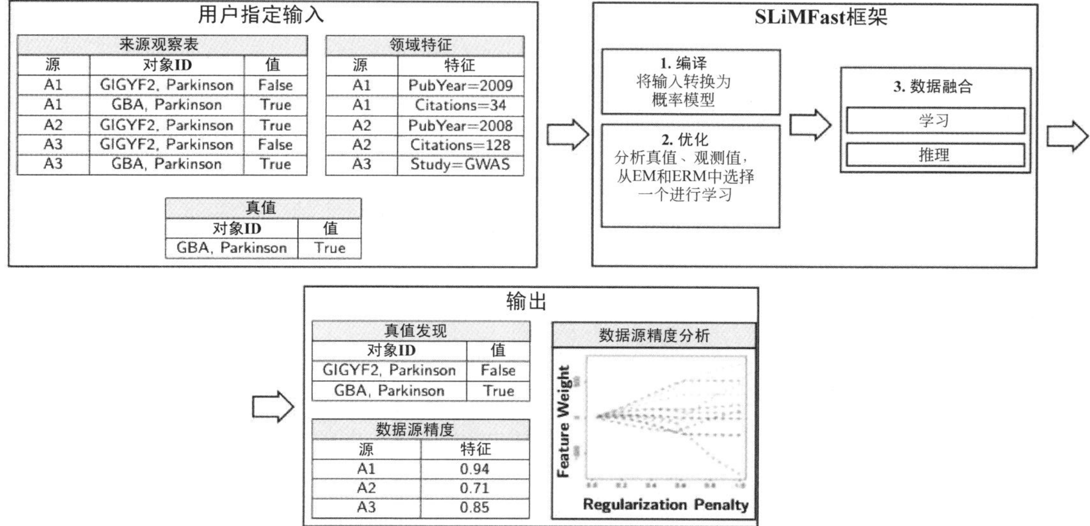

图 12.26　SLiMFast 方法概览，基于【Rekatsinas 等 2017】的研究工作

12.7 本章参考文献说明

与万维网相关的文献有很多，它们各有侧重。Abiteboul 等人【Abiteboul 等 2011】重点研究了如何使用 XML 和 RDF 对万维网数据进行建模，同时也探讨了搜索和大数据技术（如 MapReduce）。以万维网数据仓库入手的研究参见【Bhowmick 等 2004】。Bonato 主要探讨了如何将万维网建模成图结构，并研究如何利用这种图结构【Bonato 2008】。早期万维网查询语言的工作参见【Abiteboul 等 1999】。

万维网搜索问题的综述性文章参见【Arasu 等 2001】，12.2 节也参考了它的很多内容。此外，早期 Lawrence 和 Giles 也聚焦开放万维网探讨了相同的主题【Lawrence and Giles 1998】。Florescu 等从数据库的视角对万维网搜索问题进行了综述【Florescu 等 1998】。深度（隐藏）万维网主题可以参见【Raghavan and Garcia-Molina 2001】。此外，Lage 等【Lage 等 2002】以及 Hedley 等【Hedley 等 2004b】讨论了深度万维网的搜索和结果分析。深度万维网的元搜索技术可以参考【Ipeirotis and Gravano 2002】、【Callan and Connell 2001】、【Callan 等 1999】以及【Hedley 等 2004a】。与元搜索相关的数据库选择问题参考了【Ipeirotis and Gravano 2002】与【Gravano 等 1999】（GlOSS 算法）。

开放万维网的统计数据参考自【Bharat and Broder 1998】、【Lawrence and Giles 1998, 1999】和【Gulli and Signorini 2005】，深度万维网的统计数据参考自【Hirate 等 2006】和【Bergman 2001】。

万维网的图结构以及使用图来建模和查询万维网是很多工作的研究主题。【Kumar 等 2000】、【Raghavan and Garcia-Molina 2003】和【Kleinberg 等 1999】探讨了万维网数据的图模型。【Kleinberg 等 1999】、【Brin and Page 1998】以及【Kleinberg 1999】重点研究使用图来搜索，而【Chakrabarti 等 1998】研究使用图进行万维网内容的分类。万维网图的蝴蝶结结构可以参考【Bonato 2008】、【Broder 等 2000】和【Kumar 等 2000】的研究。本章没有深入探讨如何对超大规模、动态、易变的万维网图进行管理，这些内容超出了本章的范围。不过，这里可以指出两类研究路线，一个是对万维网图进行压缩以支持高效的存储和处理【Adler and Mitzenmacher 2001】，另一个是提出了一种万维网图的特殊表示方法，称为 S 节点【Raghavan and Garcia- Molina 2003】。

万维网爬取问题可以参考【Cho 等 1998】、【Najork and Wiener 2001】以及【Page 等 1998】，其中最后一篇是 PageRank 的经典论文，本章对 PageRank 的介绍采用了【Langville and Meyer 2006】中的改进形式。其他的爬取方法还包括【Cho and Garcia-Molina 2000】（基于变动频率）、【Cho and Ntoulas 2002】（基于采样）和【Edwards 等 2001】（增量式）。还有一些工作探讨了用于评价相关性的分类技术，包括【Mitchell 1997, Chakrabarti 等 2002】（朴素贝叶斯方法）、【Passerini 等 2001】、【Altingövde and Ulusoy 2004】（扩展贝叶斯方法）以及【McCallum 等 1999】、【Kaelbling 等 1996】（强化学习方法）。

万维网索引是 12.2.2 节中探讨的一个重要问题。一些工作探讨了不同的文本索引方法，包括【Manber and Myers 1990】（后缀数组）、【Hersh 2001】、【Lim 等 2003】（倒排索引）以及【Faloutsos and Christodoulakis 1984】（签名文件）。【Salton 1989】非常有可能是文本处理和分析的经典文献。万维网倒排索引构建的挑战与解决方案可以参考【Arasu 等 2001】、【Melnik 等 2001】以及【Ribeiro- Neto and Barbosa 1998】。搜索排序是与索引密切相关的主题，也得到了广泛的研究，除了众所周知的 PageRank 之外，还包括 HITS 算法【Kleinberg 1999】。

本章中有关万维网查询半结构化数据的讨论特别强调了 OEM 数据模型和 Lorel 语言来阐述相关概念，这些参考了【Papakonstantinou 等 1995】和【Abiteboulet 等 1997】的研究。【Goldman and Widom 1997】探讨了如何简化 OEM。UnQL【Buneman 等 1996】与 Lorel 的概念十分类似。12.3.2 节对万维网查询语言的讨论提出了将第一代和第二代查询语言的观点，这是参考了【Florescu 等 1998】。第一代语言包括 WebSQL【Mendelzon 等 1997】、W3QL【Konopnicki and Shmueli 1995】以及 WebLog【Lakshmanan 等 1996】。第二代语言包括 WebOQL【Arocena and Mendelzon 1998】和 StruQL【Fernandez 等 1997】。在有关问答系统的探讨中，我们参考了很多系统，包括 Mulder【Kwok 等 2001】、WebQA【Lam andÖzsu 2002】、Start【Katz and Lin 2002】以及 Tritus【Agichtein 等 2004】。

Antoniou 和 Plexousakis【Antoniou and Plexousakis 2018】提出了语义万维网的组件设计。链接开放数据（Linked Open Data，LOD）的概念和需求由【Bizer 等 2018】和【Berners-Lee 2006】提出，而有关 LOD 的主题域分离的探讨来自【Schmachtenberg 等 2014】。

本章对 RDF 的探讨主要是基于【Özsu 2016】工作，描述了管理 RDF 数据的五种主要方法：（1）直接关系映射方法，【Angles and Gutierrez 2008】和【Sequeda 等 2014】探讨了如何将 SPARQL 映射为 SQL，【Broekstra 等 2002】和【Chong 等 2005】分别探讨了 Sesame SQL92SAIL 和 Oracle；（2）单表索引方法（Hexastore 系统【Weiss 等 2008】和 RDF-3X 系统【Neumann and Weikum 2008, 2009】)；（3）属性表方法（Jena 系统【Wilkinson 2006】和 IBM 的 DB2RDF 系统【Bornea 等 2013】)；（4）二元表方法（SW-Store 系统【Abadi 等 2009】及其基于的【Abadi 等 2007】方法），其中有关表数量可能过多的问题在【Sidirourgos 等 2008】有所探讨；（5）基于图的方法【Bönström 等 2003】、gStore 系统【Zou 等 2011，2014】和 chameleon-db 系统【Aluç 2015】)。【Zou and Özsu 2017】详细探讨了基于图的技术。【Kaoudi and Manolescu 2015】解决了分布式和基于云的 SPARQL 执行问题。在 LOD【Hartig 2013a】上执行 SPARQL 查询有三种方法：基于遍历【Hartig 2013b，Ladwigand Tran 2011】、基于索引【Umbrich 等 2011】和混合方法【Ladwig and Tran 2010】。

数据仓库场景下的结构化数据清洗问题已经得到了十分充分的研究，参见【Rahm and Do 2000】和【Ilyas and Chu 2015】。【Ilyas and Chu 2019】将这问题扩展到了更广泛的场景中，包括万维网的场景。本章对于数据融合的探讨（12.6.3.2 节）将数据冲突分为不确定性和矛盾性两类，这是参考了【Dong and Naumann 2009】。同样在 12.6.3.2 节中，Auto-Detect 的介绍参考【Huang and He 2018】，分类体系（以及图 12.25）参考自【Bleiholder and Naumann 2009】。12.6.3.3 节中有关数据源准确性的探讨，以及由此扩展出的数据源依赖关系和新鲜度的介绍参考资料【Dong 等 2009b,a】。如果读者想了解更多数据融合的研究，建议参考辅导报告【Dong and Naumann 2009】以及参考书【Dong and Srivastava 2015】。SLimFAST 系统（见图 12.26）由【Rekatsinas 等 2017】和【Koller and Friedman 2009】提出。

较早解决数据湖场景中数据清洗问题的系统是 CLAMS【Farid 等 2016】，该系统支持检测和应用面向数据湖数据的完整性约束条件。CLAMS 使用了基于 RDF 的图数据模型，提出了新的完整性约束定义方法。该方法在建模关系约束的同时，还能够利用图模式来构造更具表达能力的质量规则，即拒绝约束(denial constraints)【Chu 等 2013】。CLAMS 还使用了 Spark 系统和并行算法来执行约束以及检测不一致的数据。

12.8 本章习题

习题 12.1(**) 请问万维网搜索和万维网查询有什么不同？

习题 12.2(**) 考虑图 12.2 中的通用搜索引擎架构。为一个网站设计一个架构，该架构能够在一个无共享集群中实现图中所有的部件，并提供万维网服务，用来支持大规模万维网文档、大规模索引和大量的万维网用户。请定义如何划分页面目录中的网页和索引，并为其做副本。从可扩展性、容错性和性能的角度讨论该架构的优点。

习题 12.3(**) 考虑习题 12.2 中的方案。现给定从客户端来的关键词查询，为每条查询提出一种并行执行策略对结果网页进行排序，并对网页做出概要。

习题 12.4(*) 为了提高不同地理区域访问的局部性和效率，请扩展习题 12.3 中的网站架构，支持多个站点，网页在多个站点中保存副本。定义如何为网页做副本。同时定义用户查询如何定位到网站上。从可扩展性、可用性和性能的角度讨论提出架构的优点。

习题 12.5(*) 考虑习题 12.4 的方案。考虑从客户端到万维网搜索引擎的一条关键词查询。为查询提出一个并行执行策略，对结果网页进行排序，并对网页内容做出概要。

习题 12.6(**) 考虑两个万维网数据源，分别建模成关系表 EMP1(Name,City,Phone)和EMP2(Firstname,Lastname,City)。对关系表进行数据模式集成，生成视图 EMP(Firstname, Name,City,Phone)，其中 EMP 的任何属性都来自 EMP1 或 EMP2 中，其中 EMP2.Lastname 被重命名为 Name。讨论这种集成方式的局限性。如果考虑两个万维网数据源都是 XML 格式，给出 EMP1 和 EMP2 上对应的 XML 模式定义。提出一种对 EMP1 和 EMP2 进行集成的 XML 模式，避免上述 EMP 带来的问题。

附　　录

附录 A　关系 DBMS 概述

参见：https://cs.uwaterloo.ca/ddbs

附录 B　中心化查询处理

参见：https://cs.uwaterloo.ca/ddbs

附录 C　事务处理过程基础

参见：https://cs.uwaterloo.ca/ddbs

附录 D　计算机网络概述

参见：https://cs.uwaterloo.ca/ddbs

参 考 文 献

参见：https://cs.uwaterloo.ca/ddbs